# Programação em MATLAB para Engenheiros

Dados Internacionais de Catalogação na Publicação (CIP)
(Câmara Brasileira do Livro, SP, Brasil)

```
C466p  Chapman, Stephen J.
          Programação em MATLAB para engenheiros / Stephen J.
       Chapman ; tradução: Noveritis do Brasil ; revisão técnica:
       Flávio Soares Corrêa da Silva. — São Paulo, SP : Cengage
       Learning, 2019.
          632 p. : il. ; 26 cm.

          1. reimpr. da 3. ed. brasileira de 2017.
          Inclui índice e apêndice.
          Tradução de: Matlab® programming for engineers (5. ed.).
          ISBN 978-85-221-2522-7

          1. MATLAB (Programa de computador). 2. Análise numéri-
       ca - Processamento de dados. I. Silva, Flávio Soares Corrêa da.
       II. Título.

                                                  CDU 004.438
                                                  CDD 518.028553
```

Índice para catálogo sistemático:

1. MATLAB (Programa de computador)    004.438

(Bibliotecária responsável: Sabrina Leal Araujo — CRB 10/1507)

# Programação em MATLAB para Engenheiros

Tradução da 5ª edição norte-americana

Stephen J. Chapman

Tradução

Noveritis do Brasil

Revisão técnica

Flávio Soares Corrêa da Silva

PhD em Inteligência Artificial pela Edinburgh University, livre-docente e professor associado do Departamento de Ciência da Computação no Instituto de Matemática e Estatística da Universidade de São Paulo (IME-USP).

CENGAGE

Austrália • Brasil • México • Cingapura • Reino Unido • Estados Unidos

# CENGAGE

**Programação em Matlab para Engenheiros – Tradução da 5ª edição norte-americana**
**3ª edição brasileira**
**Stephen J. Chapman**

Gerente editorial: Noelma Brocanelli

Editora de desenvolvimento: Viviane Akemi Uemura

Supervisora de produção gráfica: Fabiana Alencar Albuquerque

Título original: MATLAB® programming for engineers – 5th edition

(ISBN 13: 978-1-111-57672-1; ISBN 10: 1-111-57672-6)

Tradução: Noveritis do Brasil

Revisão técnica: Flávio Soares Corrêa da Silva

Revisão: Mayra Clara Albuquerque Venâncio dos Santos e Bel Ribeiro

Diagramação: Cia. Editorial

Indexação: Casa Editorial Maluhy

Capa: BuonoDisegno

Imagem da capa: Garsya/Shutterstock

Especialista em direitos autorais: Jenis Oh

Editora de aquisições: Guacira Simonelli

© 2016, 2008 Cengage Learning

© 2017 Cengage Learning Edições Ltda.

Todos os direitos reservados. Nenhuma parte deste livro poderá ser reproduzida, sejam quais forem os meios empregados, sem a permissão, por escrito, da Editora. Aos infratores aplicam-se as sanções previstas nos artigos 102, 104, 106 e 107 da Lei nº 9.610, de 19 de fevereiro de 1998.

Esta editora empenhou-se em contatar os responsáveis pelos direitos autorais de todas as imagens e de outros materiais utilizados neste livro. Se porventura for constatada a omissão involuntária na identificação de algum deles, dispomo-nos a efetuar, futuramente, os possíveis acertos.

A Editora não se responsabiliza pelo funcionamento dos links contidos neste livro que possam estar suspensos.

> Para informações sobre nossos produtos, entre em contato pelo telefone **0800 11 19 39**
>
> Para permissão de uso de material desta obra, envie seu pedido para **direitosautorais@cengage.com**

© 2017 Cengage Learning. Todos os direitos reservados.

ISBN 13: 978-85-221-2522-7

ISBN 10: 85-221-2522-8

**Cengage Learning**
Condomínio E-Business Park
Rua Werner Siemens, 111 – Prédio 11 – Torre A – Conjunto 12
Lapa de Baixo – CEP 05069-900 – São Paulo – SP
Tel.: (11) 3665-9900 – Fax: (11) 3665-9901
SAC: 0800 11 19 39

Para suas soluções de curso e aprendizado, visite
**www.cengage.com.br**

Impresso no Brasil
*Printed in Brazil*
1. reimpr. – 2019

*Este livro é dedicado, com amor, para minha filha mais nova, Devorah.*

# Prefácio

O MATLAB (abreviatura para MATrix LABoratory – Laboratório de Matrizes) é um programa de computador especializado otimizado para cálculos científicos e de engenharia. Inicialmente, foi projetado para cálculos com matrizes; ao longo dos anos, transformou-se em um sistema computacional flexível, capaz de resolver essencialmente qualquer problema técnico.

O programa MATLAB implementa a linguagem de mesmo nome, juntamente com vasta biblioteca de funções predefinidas que tornam as tarefas de programação técnica mais fáceis e eficientes. Essa variedade extremamente ampla de funções torna muito mais fácil resolver os problemas técnicos no MATLAB do que em outras linguagens, como Fortran ou C. Este livro apresenta a linguagem MATLAB conforme é implementada na versão R2014b e mostra como usá-la para resolver problemas técnicos típicos.

Esse livro ensina o MATLAB como linguagem de programação técnica que mostra aos estudantes como escrever programas claros, eficientes e documentados. Ele não tem a pretensão de ser a descrição completa de todas as centenas de funções do MATLAB. Contudo, ensina o estudante a utilizar o MATLAB como linguagem computacional e a forma de localizar qualquer função desejada com recursos de ajuda *on-line* extensivos do MATLAB.

Os primeiros oito capítulos do texto foram projetados para servir como texto para um curso de "Introdução à Programação/Resolução de Problemas" para estudantes calouros de engenharia. Este material deve se adequar tranquilamente a um curso de nove semanas, três horas cada. Os capítulos restantes abordam tópicos avançados como Entrada/Saída, Programação Orientada a Objetos e Interfaces Gráficas do Usuário. Esses capítulos podem ser abordados em um curso mais longo ou usados como referência pelos estudantes de engenharia ou engenheiros em exercício que usam o MATLAB como parte de seus cursos ou empregos.

## Novidades da 5ª Edição

A 5ª edição deste livro é dedicada especificamente ao MATLAB R2014b. A versão 2014b é a primeira edição do MATLAB a habilitar o novo H2 Graphics System, que produz saídas da mais alta qualidade. Os componentes gráficos agora são objetos MATLAB com identificadores que retornam propriedades. Além disso, a implementação MATLAB de objetos e programação orientada a objetos amadureceu desde a última edição deste livro e merece ser abordada detalhadamente. Este livro foi ampliado para abordar classes e objetos do MATLAB que trabalham muito estreitamente com o novo sistema de gráficos do identificador.

As principais mudanças desta edição do livro incluem:

- Redução do tamanho dos capítulos iniciais. As ramificações e os laços agora possuem um capítulo específico e a discussão das funções está dividida em dois capítulos. Essa mudança auxilia os estudantes a assimilarem o material em blocos de dimensão mais adequada.
- Um novo Capítulo 3 é totalmente dedicado aos diagramas 2D, coletando todas as informações de diagrama em um único local.
- O Capítulo 8 apresenta cobertura maior para diagramas 3D, e o Capítulo 13 agora apresenta uma seção dedicada às animações.
- O Capítulo 12 é uma discussão totalmente nova de classes MATLAB e programação orientada a objetos.
- O Capítulo 13 foi escrito novamente para abranger novos diagramas do identificador H2, em que os identificadores agora são objetos MATLAB em vez de números.
- No final do livro você encontra um encarte com figuras coloridas que facilitam seu entendimento.

## Vantagens do MATLAB para Programação Técnica

O MATLAB tem muitas vantagens, em comparação com linguagens computacionais convencionais, para resolver problemas técnicos. Entre elas estão:

1. **Facilidade de Uso**

    MATLAB é uma linguagem interpretada, assim como muitas versões do Basic. Como o Basic, ele é muito fácil de usar. O programa pode ser utilizado como bloco de rascunhos para avaliar expressões digitadas na linha de comandos ou para executar grandes programas escritos previamente. Os programas podem ser facilmente escritos e modificados no ambiente integrado de desenvolvimento, e depois depurados por meio do depurador MATLAB. Como a linguagem é fácil de usar, ela é ideal para uso educativo e para o desenvolvimento rápido de protótipo de novos programas.

    Diversas ferramentas para desenvolvimento de programas são fornecidas, o que facilita o uso do programa. Elas incluem um editor/depurador integrado, documentação e manuais *on-line*, um navegador de espaço de trabalho e diversas demos.

2. **Independência de Plataforma**

    O MATLAB tem suporte em muitos sistemas computacionais diferentes, o que proporciona grande margem de independência de plataforma. No momento da publicação deste livro, a linguagem oferece suporte para Windows 7/8, Linux e Macintosh. Os programas escritos em quaisquer plataformas serão executados em todas essas outras plataformas e os arquivos de dados escritos em qualquer plataforma podem ser lidos de maneira transparente em qualquer outra plataforma. Como resultado, os programas escritos em MATLAB podem migrar para novas plataformas quando houver mudança nas necessidades do usuário e podem ser facilmente compartilhados.

3. **Funções Predefinidas**

    O MATLAB vem completo, com uma grande biblioteca de funções predefinidas que apresentam soluções testadas e pré-embaladas para muitas tarefas técnicas básicas. Por exemplo, suponha que você esteja escrevendo um programa para calcular as estatísticas relacionadas a um conjunto de dados de entrada. Na maioria das linguagens, seria necessário escrever suas próprias sub-rotinas ou funções para implementar os cálculos como média aritmética, desvio padrão, mediana etc. Esta e centenas de outras funções fazem parte da linguagem MATLAB, facilitando muito o seu trabalho.

    Além da grande biblioteca de funções integrada na linguagem MATLAB básica, existem muitas ferramentas especiais disponíveis para ajudar a resolver problemas complexos em áreas específicas. Por exemplo, você pode adquirir ferramentas-padrão para resolver problemas de Processamento de Sinais, Sistemas de Controle, Comunicações, Processamento de Imagens e Redes Neurais, além de outros.

4. **Diagramações Independentes de Dispositivos**
   Diferente de outras linguagens computacionais, o MATLAB possui vários comandos de imagem e de diagramação integral. Os diagramas e as imagens podem ser exibidos em qualquer dispositivo de saída gráfica compatível com o computador em que o MATLAB esteja sendo executado. Este recurso torna o MATLAB uma ferramenta excepcional para visualização de dados técnicos.

5. **Interface Gráfica de Usuário**
   O MATLAB contém ferramentas que permitem aos programadores construir interativamente uma interface gráfica de usuário (GUI, do inglês *Graphical User Interface*) para seus programas. Com este recurso, os programadores são capazes de projetar programas sofisticados de análise de dados, os quais podem ser operados por usuários relativamente inexperientes.

## Características deste Livro

Muitas características deste livro foram projetadas para enfatizar a maneira adequada de escrever programas confiáveis no MATLAB. Essas características devem atender bem ao estudante quando estiver aprendendo o MATLAB pela primeira vez, mas também deve ser útil para o profissional no trabalho. Entre elas temos:

1. **Ênfase na Metodologia de Projeto *Top-Down***
   O livro apresenta uma metodologia de projeto *top-down* no Capítulo 4 e então a utiliza consistentemente em seu decorrer. Essa metodologia encoraja o estudante a pensar a respeito do projeto apropriado de um programa *antes* de iniciar a codificação. O livro enfatiza a importância de definir claramente o problema a ser resolvido e os dados de entrada e de saída requeridos antes de iniciar qualquer outra atividade. Uma vez definido apropriadamente o problema, o livro ensina os estudantes a aplicarem o refinamento passo a passo para subdividir a tarefa em subtarefas sucessivamente menores e implementarem as subtarefas como sub-rotinas ou funções separadas. Finalmente, os estudantes aprendem a importância de efetuar testes em todos os estágios do processo, tanto unitários das rotinas componentes como testes exaustivos do produto final.
   
   O processo formal do projeto ensinado no livro pode ser resumido da seguinte maneira:
   1. *Estabeleça claramente o problema que você está tentando resolver.*
   2. *Defina os dados de entrada requeridos pelo programa e os dados de saída produzidos por ele.*
   3. *Descreva o algoritmo que você pretende implementar no programa.* Esse passo requer um projeto *top-down* e a decomposição passo a passo, fazendo uso de seu pseudocódigo ou de fluxogramas.
   4. *Transforme o algoritmo em expressões do MATLAB.*
   5. *Teste o programa MATLAB.* Nesse passo estão incluídos os testes unitários de funções específicas e o teste exaustivo do programa final, com diferentes conjuntos de dados.

2. **Ênfase em Funções**
   O livro enfatiza o uso de funções para a decomposição lógica de tarefas em subtarefas menores. Ele ensina as vantagens das funções para ocultar dados. Enfatiza também a importância dos testes unitários das funções antes de combiná-las no programa final. O livro mostra ainda os erros mais comuns em funções e como evitá-los.

3. **Ênfase em Ferramentas MATLAB**
   O livro ensina o uso apropriado das ferramentas integradas do MATLAB para facilitar a programação e depuração de programas. As ferramentas tratadas são o Editor/Depurador, o Navegador do Espaço de Trabalho, o Navegador de Ajuda e as ferramentas de projeto da GUI.

4. **Notas de Boa Prática de Programação**
   Essas notas enfatizam as boas práticas de programação à medida que são apresentadas, para a conveniência do estudante. Além disso, as boas práticas de programação apresentadas em um capítulo são resumidas em seu final. Apresentamos a seguir um exemplo de Boa Prática de Programação.

   ### Boa Prática de Programação

   Sempre distancie as margens do corpo de uma construção `if` com 2 ou mais espaços para melhorar a legibilidade do código.

5. **Notas de Erros de Programação**
   Essas notas enfatizam erros comuns para que possam ser evitados. Apresentamos a seguir uma nota de erros de programação.

   ### Erros de Programação

   Verifique se os nomes de variáveis são exclusivos nos primeiros 31 caracteres. Caso contrário, o MATLAB não conseguirá diferenciá-los.

6. **Ênfase em Estruturas de Dados**
   O Capítulo 10 contém uma discussão detalhada de estruturas de dados MATLAB, incluindo matrizes escassas, matrizes celulares e matrizes de estrutura. O uso apropriado dessas estruturas de dados é ilustrado nos capítulos sobre Gráficos do Identificador e Interfaces Gráficas de Usuário.

7. **Ênfase no MATLAB Orientado a Objetos**
   O Capítulo 12 inclui uma introdução para a programação orientada a objetos (OOP) e descreve a implementação MATLAB de OOP detalhadamente.

## Características Pedagógicas

Os oito primeiros capítulos deste livro foram projetados especificamente para serem usados no curso de "Introdução à Programação/Resolução de Problemas" para iniciantes. É possível abordar este material facilmente em um curso de nove semanas, com três horas semanais. Se o tempo for insuficiente para abordar todo o material de determinado programa de engenharia, o Capítulo 8 pode ser apagado, uma vez que o material restante ainda ensina os fundamentos de programação e uso do MATLAB para resolver os problemas. Essa característica deve atrair os professores de engenharia descontentes que tentam acumular cada vez mais material em um currículo finito.

Os capítulos seguintes tratam do material avançado que será útil para estudantes e engenheiros ao longo de suas carreiras. Esse material inclui recursos avançados de Entrada/Saída, programação orientada a objetos e o projeto de Interfaces Gráficas de Usuários para os programas.

O livro possui diversas características projetadas para dar suporte à compreensão do estudante. Um total de 17 testes, distribuídos ao longo dos capítulos, com respostas a todas as perguntas incluídas no Apêndice B. Esses testes podem servir como um autoteste útil de compreensão. Além disso, existem aproximadamente 180 exercícios de final de capítulo. As boas práticas de programação são destacadas em todos os capítulos nas notas especiais de Boa Prática de Programação e os erros comuns são destacados nas notas de Erros de Programação. Os materiais do fim do capítulo incluem resumos das *Boas Práticas de Programação* e *Resumos do MATLAB*, com resumo de comandos e funções.

## Observação Final para o Usuário

Apesar das tentativas de revisar um documento como este livro, é inevitável que alguns erros tipográficos apareçam na impressão. Se você detectar algum erro desse tipo, envie uma observação por meio do editor e farei o máximo para que seja eliminado das impressões e edições subsequentes. Agradeço a sua ajuda a este respeito.

## Agradecimentos

Gostaria de agradecer a todos os meus amigos na Cengage Learning pelo apoio que me deram para colocar este livro no mercado.

Gostaria de agradecer aos revisores que ofereceram suas sugestões úteis para esta edição:

| | |
|---|---|
| David Eromon | Georgia Southern University |
| Arlene Guest | Naval Postgraduate School |
| Mary M. Hofle | Idaho State University |
| Mark Hutchenreuther | California Polytechnic State University |
| Mani Mina | Iowa State Univesity |

Além disso, gostaria de agradecer a minha esposa, Rosa, e a nossos filhos, Avi, David, Rachel, Aaron, Sarah, Naomi, Shira e Devorah pela ajuda e encorajamento.

Stephen J. Chapman
Melbourne, Austrália

# Sumário

Capítulo 1    Introdução ao MATLAB 1

    1.1    Vantagens do MATLAB 2
    1.2    Desvantagens do MATLAB 3
    1.3    O Ambiente MATLAB 3
    1.4    Utilizando o MATLAB como Calculadora 18
    1.5    Resumo 20
    1.6    Exercícios 21

Capítulo 2    MATLAB Básico 23

    2.1    Variáveis e Matrizes 23
    2.2    Criando e Inicializando Variáveis no MATLAB 26
    2.3    Matrizes Multidimensionais 32
    2.4    Submatrizes 35
    2.5    Valores Especiais 37
    2.6    Exibindo Dados de Saída 39
    2.7    Arquivos de Dados 42
    2.8    Operações com Escalares e Matrizes 44
    2.9    Hierarquia de Operações 48
    2.10    Funções MATLAB Integradas 50
    2.11    Introdução a Diagramas 52
    2.12    Exemplos 60
    2.13    Depurando Programas MATLAB 66
    2.14    Resumo 68
    2.15    Exercícios 71

Capítulo 3    Diagramas Bidimensionais 79

    3.1    Características Adicionais de Diagramação para Diagramas Bidirecionais 79
    3.2    Diagramas Polares 96
    3.3    Anotando e Gravando Diagramas 98
    3.4    Tipos Adicionais de Diagramas Bidimensionais 101

|  |  |  |
|---|---|---|
|  | 3.5 | Utilizando a Função plot com Matrizes Bidimensionais 106 |
|  | 3.6 | Resumo 108 |
|  | 3.7 | Exercícios 110 |

### Capítulo 4  Expressões de Ramificação e Projeto de Programa 113

|  |  |  |
|---|---|---|
|  | 4.1 | Introdução a Técnicas de Projeto Top-Down 113 |
|  | 4.2 | Uso de Pseudocódigo 116 |
|  | 4.3 | Tipo de Dado Lógico 117 |
|  | 4.4 | Ramificações 125 |
|  | 4.5 | Notas Adicionais a Respeito da Depuração de Programas MATLAB 143 |
|  | 4.6 | Resumo 148 |
|  | 4.7 | Exercícios 150 |

### Capítulo 5  Laços e Vetorização 155

|  |  |  |
|---|---|---|
|  | 5.1 | O Laço while 155 |
|  | 5.2 | O Laço for 160 |
|  | 5.3 | Matrizes Lógicas e Vetorização 174 |
|  | 5.4 | O Gerenciador de Perfil MATLAB 177 |
|  | 5.5 | Exemplos Adicionais 179 |
|  | 5.6 | A Função textread 192 |
|  | 5.7 | Resumo 193 |
|  | 5.8 | Exercícios 194 |

### Capítulo 6  Funções Básicas Definidas pelo Usuário 203

|  |  |  |
|---|---|---|
|  | 6.1 | Introdução às Funções MATLAB 204 |
|  | 6.2 | Passagem de Variável no MATLAB: Esquema de Passagem por Valor 208 |
|  | 6.3 | Argumentos Opcionais 218 |
|  | 6.4 | Compartilhando Dados Usando a Memória Global 222 |
|  | 6.5 | Preservando Dados entre Chamadas de uma Função 229 |
|  | 6.6 | Funções MATLAB Integradas: Funções de Ordenação 233 |
|  | 6.7 | Funções MATLAB Integradas: Funções de Número Aleatório 235 |
|  | 6.8 | Resumo 235 |
|  | 6.9 | Exercícios 236 |

### Capítulo 7  Características Avançadas de Funções Definidas pelo Usuário 245

|  |  |  |
|---|---|---|
|  | 7.1 | Funções de Funções 245 |
|  | 7.2 | Funções Locais, Funções Privadas e Funções Aninhadas 249 |
|  | 7.3 | Identificadores de Função 253 |
|  | 7.4 | Funções Anônimas 264 |
|  | 7.5 | Funções Recursivas 265 |
|  | 7.6 | Desenhando Funções 266 |
|  | 7.7 | Histogramas 268 |
|  | 7.8 | Resumo 273 |
|  | 7.9 | Exercícios 274 |

Capítulo 8   Números Complexos e Diagramas 3D 281

   8.1   Dados Complexos 281
   8.2   Matrizes Multidimensionais 292
   8.3   Diagramas Tridimensionais 294
   8.4   Resumo 303
   8.5   Exercícios 304

Capítulo 9   Tipos de Dados Adicionais 309

   9.1   Cadeias e Funções de Cadeia 310
   9.2   O Tipo de Dados single 324
   9.3   Tipos de Dados Inteiros 325
   9.4   Limitações de Tipos de Dados de Números Inteiros e single 327
   9.5   Resumo 328
   9.6   Exercícios 330

Capítulo 10   Matrizes Esparsas, Matrizes Celulares e Estruturas 331

   10.1   Matrizes Esparsas 331
   10.2   Matrizes Celulares 338
   10.3   Matrizes de Estrutura 350
   10.4   Resumo 362
   10.5   Exercícios 363

Capítulo 11   Funções de Entrada/Saída 367

   11.1   A Função textread 367
   11.2   Mais Informações sobre os Comandos load e save 368
   11.3   Uma Introdução ao Processamento de Arquivos MATLAB 371
   11.4   Abertura e Fechamento de Arquivo 373
   11.5   Funções Binárias de E/S 376
   11.6   Funções Formatadas de E/S 380
   11.7   Comparando Funções Formatadas e Binárias de E/S 389
   11.8   Posicionamento de Arquivo e Funções de Status 393
   11.9   A Função textscan 402
   11.10  A Função uiimport 404
   11.11  Resumo 407
   11.12  Exercícios 408

Capítulo 12   Classes Definidas pelo Usuário e Programação Orientada a Objetos 411

   12.1   Uma Introdução à Programação Orientada a Objetos 411
   12.2   A Estrutura de uma Classe MATLAB 416
   12.3   Classes de Valor *versus* Classes de Identificador 426
   12.4   Destruidores: O Método delete 431
   12.5   Métodos de Acesso e Controles de Acesso 433
   12.6   Métodos Estáticos 440
   12.7   Definindo Métodos de Classe em Arquivos Separados 441

- 12.8 Sobrescrevendo Operadores 442
- 12.9 Eventos e Listeners 447
- 12.10 Exceções 450
- 12.11 Superclasses e Subclasses 453
- 12.12 Resumo 465
- 12.13 Exercícios 468

## Capítulo 13  Gráficos do Identificador e Animação 471

- 13.1 Gráficos do Identificador 471
- 13.2 O Sistema de Gráficos do MATLAB 472
- 13.3 Identificadores de Objeto 473
- 13.4 Examinando e Alterando as Propriedades do Objeto 474
- 13.5 Usando set para Listar os Possíveis Valores da Propriedade 482
- 13.6 Dados Definidos pelo Usuário 483
- 13.7 Localizando Objetos 485
- 13.8 Selecionando Objetos com o Mouse 486
- 13.9 Posição e Unidades 489
- 13.10 Posições da Impressora 492
- 13.11 Propriedades Padrão e de Fábrica 493
- 13.12 Propriedades dos Objetos Gráficos 495
- 13.13 Animações e Filmes 495
- 13.14 Resumo 501
- 13.15 Exercícios 502

## Capítulo 14  Interfaces Gráficas do Usuário 507

- 14.1 Como Funciona a Interface Gráfica do Usuário 507
- 14.2 Criando e Exibindo a Interface Gráfica do Usuário 510
- 14.3 Propriedades do Objeto 523
- 14.4 Componentes da Interface Gráfica do Usuário 526
- 14.5 Recipientes Adicionais: Painéis e Grupos de Botões 544
- 14.6 Caixa de Diálogo 547
- 14.7 Menus 552
- 14.8 Dicas para Criar GUIs Eficientes 562
- 14.9 Resumo 569
- 14.10 Exercícios 571

**Apêndice A UTF-8 Conjunto de Caracteres 575**

**Apêndice B Resposta dos Testes 577**

**Índice Remissivo 595**

**Encarte Colorido 609**

# Capítulo 1

# Introdução ao MATLAB

O MATLAB (abreviatura para MATrix LABoratory – Laboratório de Matrizes) é um programa de computador especializado otimizado para cálculos científicos e de engenharia. Inicialmente, ele foi projetado para cálculos com matrizes; ao longo dos anos, transformou-se em um sistema computacional flexível, capaz de resolver essencialmente qualquer problema técnico.

O MATLAB implementa a linguagem de programação de mesmo nome, juntamente com uma vasta biblioteca de funções predefinidas que tornam as tarefas de programação técnica mais fáceis e eficientes. Este livro apresenta a linguagem MATLAB conforme é implementada no MATLAB Versão 2014B e mostra como usá-la para resolver problemas técnicos típicos.

MATLAB é um programa muito grande, com uma rica variedade de funções. Até mesmo sua versão básica, sem ferramentas adicionais, é muito mais rica do que outras linguagens de programação técnica. Existem mais de mil funções no produto básico do MATLAB sozinho, e as ferramentas estendem essa capacidade com muito mais funções em diversas especialidades. Além disso, essas funções geralmente resolvem problemas muitos complexos (resolvendo equações diferenciais, invertendo as matrizes e assim por diante) em uma única etapa, economizando muito tempo. Executar a mesma atividade em outra linguagem computacional geralmente envolve escrever programas complexos sozinho ou comprar um pacote de software de terceiros (como IMSL ou bibliotecas de software NAG) que contenha as funções.

As funções integradas do MATLAB quase sempre são melhores do que qualquer coisa que um engenheiro sozinho poderia escrever, porque muitas pessoas trabalharam nelas e elas foram testadas em muitos conjuntos de dados diferentes. Essas funções também são robustas, produzindo resultados sensíveis para a vasta gama de dados de entrada e lidando facilmente com as condições de erro.

Este livro não pretende ensinar todas as funções do MATLAB. Contudo, ele ensina o usuário sobre os fundamentos de como escrever, depurar e otimizar bons programas MATLAB, juntamente com um subconjunto das funções mais importantes utilizadas para resolver problemas de engenharia e científicos comuns. Outro aspecto igualmente importante é que o cientista ou o engenheiro aprende a utilizar as ferramentas do próprio MATLAB para localizar a função adequada a um propósito específico a partir da enorme lista de opções disponíveis. Além disso, ele ensina a usar o MATLAB para resolver muitos programas práticos de engenharia, como álgebra de matriz e vetor, ajuste de curva, equações diferenciais e representação gráfica dos dados.

O programa MATLAB é uma combinação de uma linguagem de programação procedimental, um ambiente de desenvolvimento integrado (IDE) incluindo um editor e um depurador, e um conjunto de funções extremamente rico para executar vários tipos de cálculos técnicos.

A linguagem MATLAB é uma linguagem de programação procedimental, o que significa que o engenheiro escreve procedimentos, que são efetivamente instruções para resolver um problema. Isso torna o MATLAB muito semelhante a outras linguagens procedimentais como C, Basic, Fortran e Pascal. No entanto, a lista extremamente rica de funções predefinidas e de ferramentas de representação gráfica a torna superior a essas outras linguagens para muitas aplicações de análise de engenharia.

## 1.1 Vantagens do MATLAB

O MATLAB tem muitas vantagens, em comparação com linguagens computacionais convencionais, para resolver problemas técnicos. Entre elas estão:

1. **Facilidade de Uso**
   O MATLAB é uma linguagem interpretada, assim como muitas versões do Basic. Como o Basic, ele é muito fácil de usar. O programa pode ser utilizado como um bloco de rascunhos para avaliar expressões digitadas na linha de comandos ou para executar grandes programas escritos previamente. Os programas podem ser facilmente escritos e modificados no ambiente integrado de desenvolvimento e depois depurados por meio do depurador MATLAB. Como a linguagem é fácil de usar, ela é ideal para o desenvolvimento rápido de protótipo de novos programas.
   
   Diversas ferramentas para desenvolvimento de programas são fornecidas, o que facilita o uso do programa. Elas incluem um editor/depurador integrado, documentação e manuais on-line, um navegador da área de trabalho e diversas demos.

2. **Independência de Plataforma**
   O MATLAB tem suporte em muitos sistemas computacionais diferentes, o que proporciona uma grande margem de independência de plataforma. No momento da publicação deste livro, a linguagem oferecia suporte para Windows XP/Vista/7, Linux, Unix e Macintosh. Os programas escritos em quaisquer plataformas serão executados em todas as outras, e os arquivos de dados escritos podem ser lidos de maneira transparente em qualquer outra plataforma. Como resultado, os programas escritos no MATLAB podem migrar para novas plataformas quando houver mudança nas necessidades do usuário.

3. **Funções Predefinidas**
   O MATLAB vem completo, com uma grande biblioteca de funções predefinidas, que apresentam soluções testadas e pré-embaladas para diversas tarefas técnicas básicas. Por exemplo, suponha que você esteja escrevendo um programa para calcular as estatísticas relacionadas a um conjunto de dados de entrada. Na maioria das linguagens, você precisaria gravar suas próprias sub-rotinas ou funções para implementar os cálculos, como a média aritmética, desvio padrão, mediana etc. Esta e centenas de outras funções fazem parte da linguagem MATLAB, facilitando seu trabalho.
   
   Além da grande biblioteca de funções integrada na linguagem MATLAB básica, existem muitas ferramentas específicas disponíveis para ajudar a resolver problemas complexos em áreas específicas. Por exemplo, um usuário pode adquirir ferramentas padrões para resolver problemas em processamento de sinais, sistemas de controle, comunicações, processamento de imagens e redes neurais, além de outros. Existem também muitos programas MATLAB de uso livre, que são contribuições de usuários compartilhadas por meio do site MATLAB.

4. **Representações Gráficas Independentes de Dispositivos**
   Diferente de muitas outras linguagens computacionais, o MATLAB possui vários comandos de imagem e de representação gráfica integral. Os gráficos e as imagens podem ser exibidos em qualquer dispositivo de saída gráfica compatível com o computador em que o MATLAB esteja sendo executado. Este recurso torna o MATLAB uma ferramenta excepcional para visualização de dados técnicos.

5. **Interface Gráfica de Usuário**
   O MATLAB contém ferramentas que permitem a um engenheiro construir interativamente uma interface gráfica de usuário (GUI, do inglês *Graphical User Interface*) para seus programas.

Com esse recurso, o engenheiro é capaz de projetar programas sofisticados de análise de dados, os quais podem ser operados por usuários relativamente inexperientes.

6. **O Compilador MATLAB**
A flexibilidade e a independência de plataforma do MATLAB resultam da compilação de programas MATLAB em um p-código independente de dispositivo e da interpretação das instruções p-código no tempo de execução. Essa abordagem é semelhante à usada pelo Visual Basic da Microsoft ou pelo Java. Infelizmente, os programas resultantes às vezes podem se tornar lentos, pois o código MATLAB é interpretado, e não compilado. As versões recentes do MATLAB resolveram parcialmente esse problema com a introdução da tecnologia do compilador JIT (*just-in-time*). O compilador JIT compila partes do código MATLAB conforme é executado para acelerar a velocidade geral.

Um compilador MATLAB separado também fica disponível. Esse compilador pode compilar um programa MATLAB em um executável independente que pode funcionar em um computador sem uma licença MATLAB. Essa é uma ótima maneira de converter um programa protótipo MATLAB em um executável adequado para venda e distribuição aos usuários.

## 1.2 Desvantagens do MATLAB

MATLAB tem duas desvantagens principais. Primeiro, é uma linguagem interpretada, por isso, pode ser mais lenta que as linguagens compiladas. Esse problema pode ser minimizado pela estruturação apropriada do programa MATLAB para maximizar o desempenho do código vetorizado e pelo uso do compilador JIT.

A segunda desvantagem é o custo: uma cópia completa do MATLAB é de cinco a dez vezes mais cara do que um compilador convencional C ou Fortran. Esse custo relativamente alto é mais do que compensado pelo tempo reduzido requerido para um engenheiro ou cientista criar um programa, o que torna o MATLAB economicamente eficaz para empresas. Ele pode ser muito caro, entretanto, para a compra individual. Felizmente, existe uma versão mais viável do MATLAB para o estudante, que é uma excelente ferramenta para aqueles que queiram aprender a linguagem. A versão do estudante do MATLAB é essencialmente idêntica à versão completa.[1]

## 1.3 O Ambiente MATLAB

A unidade fundamental de dados em qualquer programa MATLAB é a matriz. Uma matriz é uma coleção de valores de dados organizados em linhas e colunas e conhecidos por um único nome. Valores individuais de dados em uma matriz podem ser acessados incluindo seu nome seguido por subscritos entre parênteses que identificam a linha e a coluna de um valor específico. Até mesmo escalares são tratados como matrizes pelo MATLAB – eles são simplesmente matrizes com apenas uma linha e uma coluna. Aprenderemos a criar e a manipular matrizes MATLAB na Seção 1.4.

Na execução do MATLAB podem ser exibidas janelas de diferentes tipos, que aceitam comandos ou exibem informações. Os três tipos mais importantes são janelas de comandos, onde podem ser inseridos comandos; janelas de figuras, que exibem desenhos e gráficos; e janelas de edição, que permitem a um usuário criar e modificar programas MATLAB. Veremos exemplos desses três tipos de janelas na presente seção.

Além disso, o MATLAB pode exibir outras janelas que fornecem ajuda e que possibilitam ao usuário examinar os valores das variáveis definidas na memória. Examinaremos algumas dessas janelas adicionais aqui e as outras quando discutirmos como depurar os programas MATLAB.

---

[1] Também existem alguns programas gratuitos de software que são amplamente compatíveis com o MATLAB, como GNU Octave e FreeMat.

## 1.3.1 A Área de Trabalho MATLAB

Ao iniciar o MATLAB Versão 2014B, aparece uma janela especial denominada área de trabalho MATLAB. A área de trabalho é uma janela que contém outras janelas que mostram os dados do MATLAB, mais as barras de ferramentas e uma "Faixa de ferramentas" ou "Barra de fita" semelhante à usada pelo Microsoft Office. Como padrão, a maioria das ferramentas do MATLAB fica encaixada na área de trabalho, de modo que elas apareçam dentro da janela. Entretanto, o usuário pode desencaixar toda e qualquer ferramenta, fazendo com que apareçam em janelas separadas da área de trabalho.

A configuração padrão da área de trabalho MATLAB é apresentada na Figura 1.1. Ela integra muitas ferramentas para gerenciar arquivos, variáveis e aplicações do ambiente MATLAB.

As principais ferramentas que podem ser acessadas na ou a partir da área de trabalho MATLAB são:

- Janela de Comandos
- Faixa de Ferramentas
- Janela de Documentos, incluindo Editor/Depurador e Editor de Matriz
- Janela de Figuras

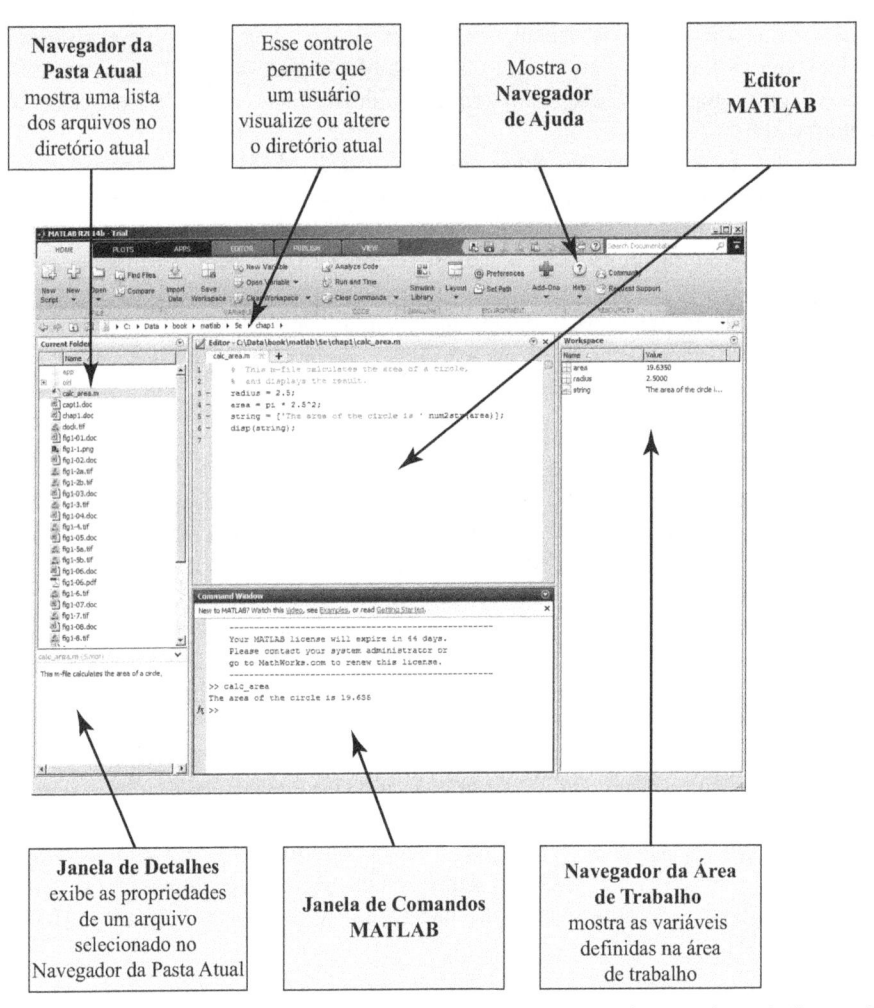

**Figura 1.1** A área de trabalho MATLAB padrão. A aparência exata da área de trabalho pode diferir ligeiramente em diferentes tipos de computadores.

- Navegador da Área de Trabalho
- Navegador da Pasta Atual, com Janela de Detalhes
- Navegador de Ajuda
- Navegador de Caminho
- Janela Pop-up de Histórico de Comandos

As funções dessas ferramentas estão resumidas na Tabela 1.1. Discutiremos sobre elas em seções posteriores deste capítulo.

Tabela 1.1: Ferramentas e Janelas Incluídas na Área de Trabalho MATLAB

| Ferramenta | Descrição |
|---|---|
| Janela de Comandos | Uma janela na qual o usuário pode digitar os comandos e ver resultados imediatos |
| Faixa de Ferramentas | Uma faixa na parte superior da área de trabalho que contém ícones para selecionar as funções e as ferramentas, organizadas em guias e seções de funções relacionadas |
| Janela de Histórico de Comandos | Uma janela que exibe os comandos recém-usados, acessados clicando na seta para cima ao digitar na Janela de Comandos |
| Janela de Documentos | Uma janela que exibe os arquivos MATLAB e permite que o usuário os edite ou depure |
| Janela de Figuras | Uma janela que exibe um gráfico MATLAB |
| Navegador da Área de Trabalho | Uma janela que exibe os nomes e os valores das variáveis armazenadas na Área de Trabalho MATLAB |
| Navegador da Pasta Atual | Uma janela que exibe os nomes de arquivos no diretório atual. Se um arquivo for selecionado no Navegador da Pasta Atual seus detalhes aparecerão na Janela de Detalhes |
| Navegador de Ajuda | Uma ferramenta para obter ajuda para funções MATLAB, acessadas clicando no botão Help |
| Navegador de Caminho | Uma ferramenta para exibir o caminho de busca do MATLAB, acessada clicando o botão Set Path |

## 1.3.2 A Janela de Comandos

A parte central inferior da área de trabalho MATLAB padrão contém a **Janela de Comandos**. Um usuário pode inserir comandos interativos pela linha de comandos (»), na Janela de Comandos, e eles serão executados imediatamente.

Como exemplo de um cálculo interativo simples, imagine que você queira calcular a área de um círculo com um raio de 2,5 m. Isso pode ser feito na Janela de Comandos MATLAB, digitando:

```
» area = pi * 2.5^2
area =
    19.6350
```

O MATLAB calcula a resposta assim que a tecla Enter é pressionada e armazena a resposta em uma variável (na realidade, uma matriz 1 × 1) denominada área. O conteúdo da variável é exibido na Janela de Comandos, conforme mostrado na Figura 1.2, e a variável pode ser usada em outros cálculos. (Observe que π é predefinido no MATLAB, por isso, podemos simplesmente usar o pi sem antes declará-lo como 3,141592....)

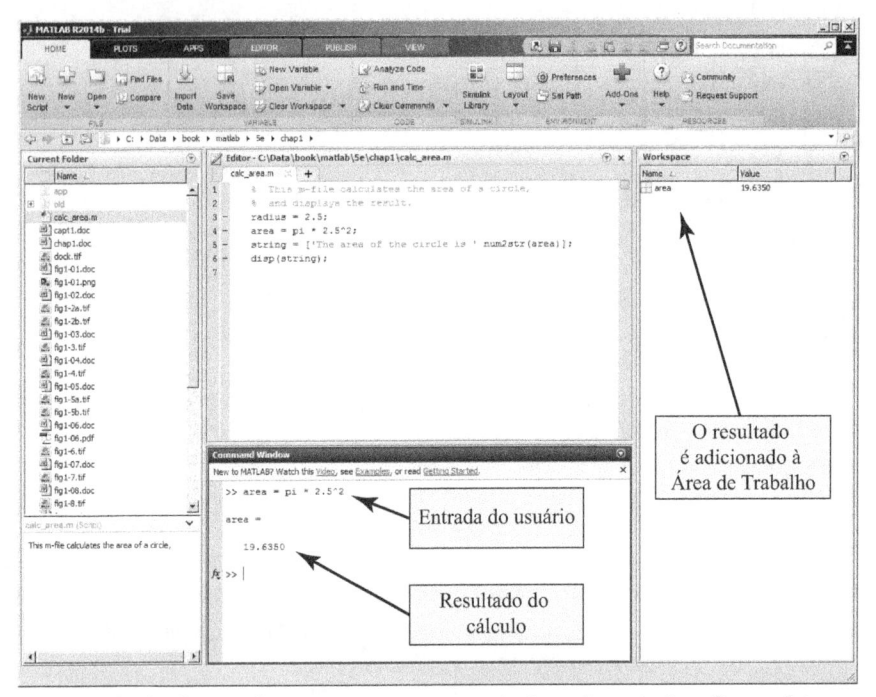

**Figura 1.2** A Janela de Comandos aparece no centro da área de trabalho. Os usuários podem inserir comandos e ver as respostas aqui.

Se uma expressão for muito extensa para ser digitada em uma única linha, ela pode continuar nas linhas seguintes digitando **reticências** (...) no final da primeira linha e então continuando na seguinte. Por exemplo, as duas expressões a seguir são idênticas.

```
x1 = 1 + 1/2 + 1/3 + 1/4 + 1/5 + 1/6
```

e

```
x1 = 1 + 1/2 + 1/3 + 1/4 ...
    + 1/5 + 1/6
```

Em vez de digitar os comandos diretamente na Janela de Comandos, uma série deles pode ser colocada em um arquivo, que pode ser executado digitando seu nome na Janela de Comandos. Esses arquivos são denominados **arquivos de script**. Os arquivos de script (e as funções, que veremos posteriormente) também são conhecidos como **arquivos M**, porque possuem uma extensão de arquivo ".m".

### 1.3.3 A Faixa de Ferramentas

A Faixa de Ferramentas (veja a Figura 1.3) é uma barra de ferramentas que aparece na parte superior da área de trabalho. Os controles na Faixa de Ferramentas são organizados em categorias de funções relacionadas, primeiro por guias e depois por grupos. Por exemplo, as guias visíveis na Figura 1.3 são Home, Plots, Apps, Editor e assim por diante. Quando uma das guias for selecionada, será exibida uma série de controles agrupados em seções. Na guia Home, as seções são File, Variable, Code e assim por diante. Com a prática, o agrupamento lógico de comandos ajuda o usuário a localizar rapidamente qualquer função desejada.

Além disso, o canto superior direito da Faixa de Ferramentas contém a Barra de Ferramenta de Acesso Rápido (Quick Access Toolbar), que é um lugar onde o usuário pode personalizar a interface e exibir os comandos e as funções mais comumente usados. Para personalizar as funções exibidas aqui, clique com o botão direito na barra de ferramentas e selecione a opção Customize no menu que aparece.

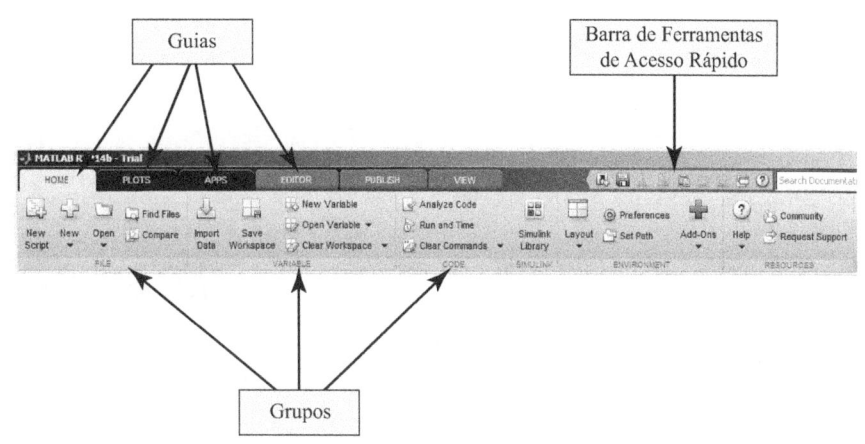

**Figura 1.3** A Faixa de Ferramentas, que permite a um usuário selecionar uma ampla variedade de ferramentas e comandos do MATLAB.

### 1.3.4 A Janela de Histórico de Comandos

A janela de Histórico de Comandos exibe uma lista dos comandos que um usuário inseriu anteriormente na Janela de Comandos. A lista de comandos pode se estender a execuções anteriores do programa. Os comandos permanecem na lista até serem apagados. Para exibir a janela de Histórico de Comandos, pressione a tecla de seta para cima enquanto digita na Janela de Comandos. Para reexecutar qualquer comando, simplesmente clique duas vezes sobre ele com o botão esquerdo do mouse. Para apagar um ou mais comandos da janela de Histórico de Comandos, selecione os comandos e clique sobre eles com o botão direito do mouse. Um menu pop-up aparecerá e permitirá ao usuário apagar os itens (veja a Figura 1.4).

### 1.3.5 A Janela de Documentos

Uma **Janela de Documentos** (também denominada **Janela de Edição/Depuração**) é usada para criar novos arquivos M ou para modificar os existentes. Uma Janela de Edição é criada automaticamente ao criar um novo arquivo M ou abrir um existente. É possível criar um novo arquivo M com o comando New Script a partir do grupo File na Faixa de Ferramentas (Figura 1.5a) ou clicando no ícone New e selecionando Script no menu pop-up (Figura 1.5b). É possível abrir um arquivo M existente com o comando Open a partir da seção File na Faixa de Ferramentas.

Uma Janela de Edição exibindo um arquivo M simples denominado `calc_area.m` é mostrada na Figura 1.5. Esse arquivo calcula a área de um círculo considerando seu raio e exibe o resultado. Por padrão, a Janela de Edição fica encaixada na área de trabalho, conforme mostrado na Figura 1.5c. A Janela de Edição também pode ser desencaixada da área de trabalho MATLAB. Nesse caso, ela aparece em um recipiente denominado Janela de Documentos (Documents Window), conforme mostrado na Figura 1.5d. Aprenderemos a encaixar e desencaixar uma janela posteriormente neste capítulo.

A Janela de Edição é essencialmente um editor de texto de programação, com recursos da linguagem MATLAB realçados em diferentes cores. Na tela, os comentários em um arquivo M aparecem em verde, as variáveis e os números em preto, as cadeias de caracteres completas em magenta, as cadeias de caracteres incompletas em vermelho, e palavras-chave da linguagem aparecem em azul. [Veja o encarte colorido.]

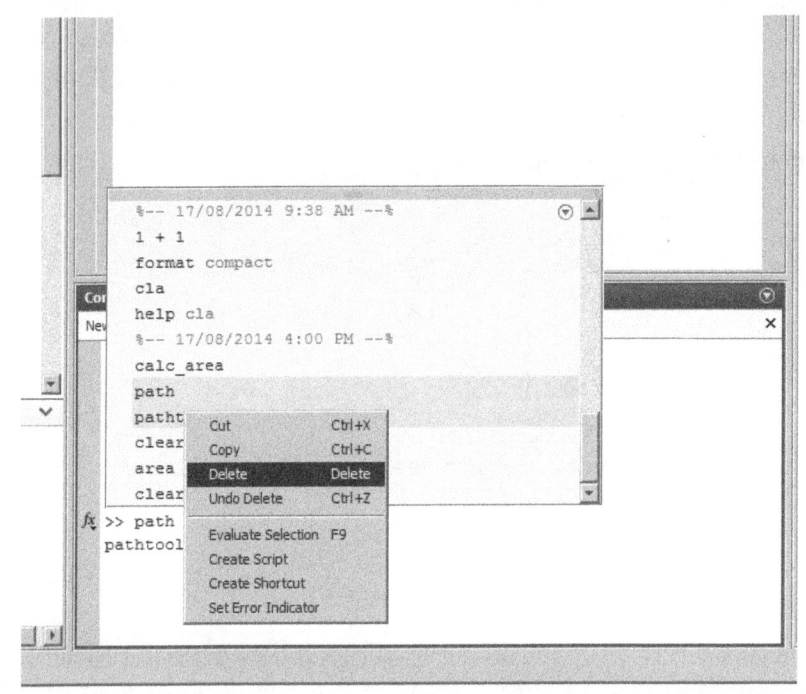

**Figura 1.4** A Janela de Históricos de Comandos mostrando dois comandos sendo apagados.

Uma vez gravado o arquivo M, ele pode ser executado ao digitarmos seu nome na Janela de Comandos. Para o arquivo M da Figura 1.5, os resultados são:

» `calc_area`
The area of the circle is 19.635

A Janela de Edição também é duplicada como um depurador, como veremos no Capítulo 2.

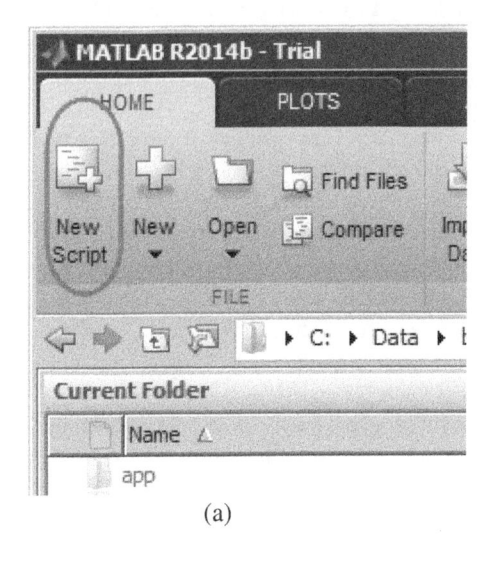

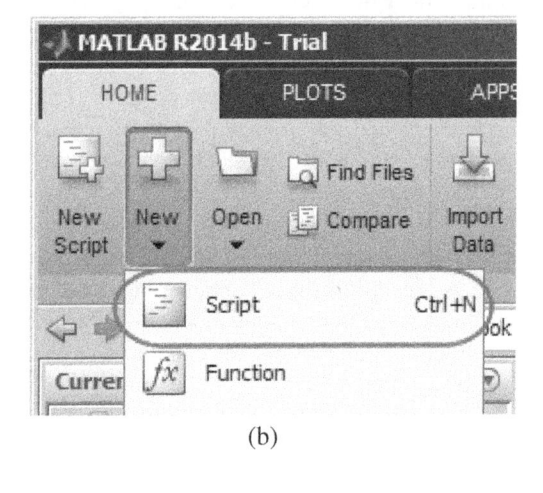

(a)

(b)

Introdução ao MATLAB | 9

(c)

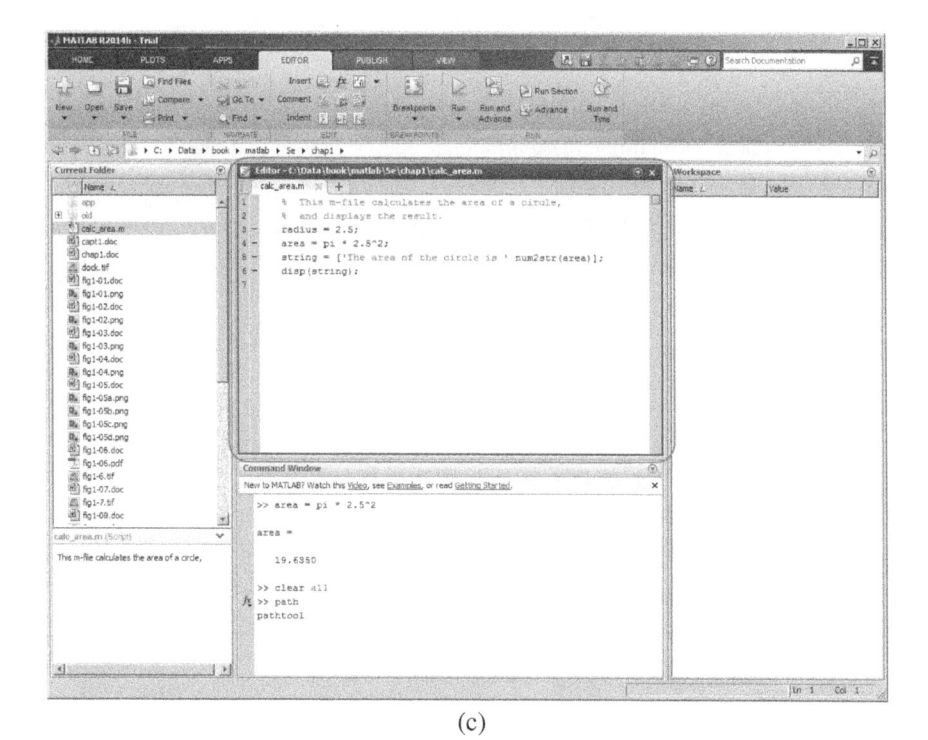

(d)

**Figura 1.5** (a) Criando um novo arquivo M com o comando New Script. (b) Criando um novo arquivo M com o menu pop-up New >> Script. (c) O Editor MATLAB encaixado na área de trabalho MATLAB (d) O Editor MATLAB exibido como uma janela independente. [Veja o encarte colorido.]

### 1.3.6 Janela de Figuras

A **Janela de Figuras** é utilizada para exibir gráficos MATLAB. Uma figura pode ser um gráfico bi ou tridimensional de dados, uma imagem ou uma interface gráfica de usuário (GUI). Um arquivo de script simples que calcula e representa graficamente a função sin $x$ é mostrada abaixo:

```
% sin_x.m: This M-file calculates and plots the
% function sin(x) for 0 <= x <= 6.
x = 0:0.1:6
y = sin(x)
plot(x,y)
```

Se este arquivo for gravado com o nome `sin_x.m`, então um usuário poderá executar o arquivo digitando "`sin_x`" na Janela de Comandos. Quando este arquivo de script for executado, o MATLAB abrirá uma janela de figuras e representará graficamente a função sin $x$ dentro dela. O gráfico resultante é mostrado na Figura 1.6.

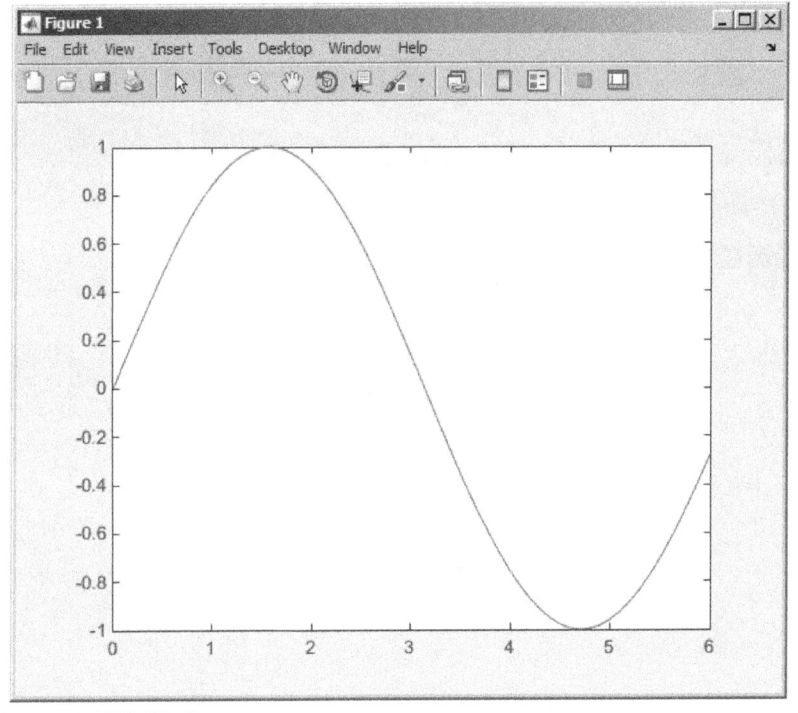

Figura 1.6 Gráfico MATLAB de sin $x$ versus $x$.

### 1.3.7 Encaixando e Desencaixando as Janelas

As janelas do MATLAB, assim como a Janela de Comandos, a Janela de Edição e as Janelas de Figuras, podem ser *encaixadas* na área de trabalho ou podem ser *desencaixadas*. Quando uma janela é encaixada, ela aparece como um painel na área de trabalho MATLAB. Quando é desencaixada, ela aparece como uma janela independente na tela do computador separada da área de trabalho. Quando uma janela é encaixada na área de trabalho, ela pode ser desencaixada selecionando a pequena seta para baixo no canto superior direito e selecionando a opção Undock no menu que aparece (veja a Figura 1.7). Quando a janela for independente, o canto superior direito conterá um pequeno botão com uma seta apontando para baixo e para a direita ( ). Se esse botão for clicado, então a janela será encaixada de volta na área de trabalho. O botão Dock pode ser visto no canto superior direito da Figura 1.6.

## 1.3.8 O Espaço de Trabalho MATLAB

Uma expressão como

    z = 10

cria uma variável denominada z, armazena o valor 10 contido nela e o grava em uma parte da memória do computador conhecida como **Espaço de Trabalho**. Um espaço de trabalho é uma coleção de todas as variáveis e matrizes que podem ser usadas pelo MATLAB quando um determinado comando, o arquivo M ou a função estiver em execução. Todos os comandos executados na Janela de Comandos (e todos os arquivos de script executados a partir dessa janela) compartilham um espaço de trabalho comum, para que eles possam compartilhar variáveis. Conforme veremos neste livro, as funções MATLAB diferem dos arquivos de script, pois cada função tem seu próprio espaço de trabalho separado.

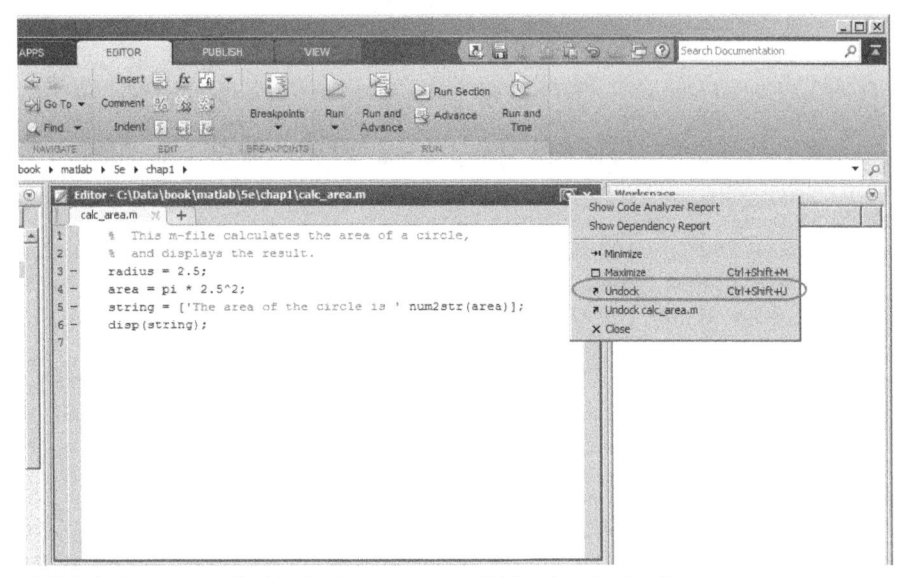

**Figura 1.7** Selecione a opção Undock no menu exibido depois de clicar na pequena seta para baixo no canto superior direito de um painel.

Uma lista das variáveis e matrizes no espaço de trabalho corrente pode ser gerada por meio do comando whos. Por exemplo, depois de executar os arquivos M calc_area e sin_x, o espaço de trabalho conterá as seguintes variáveis.

```
» whos
  Name       Size      Bytes      Class        Attributes
  area       1x1           8      double
  radius     1x1           8      double
  string     1x32         64      char
  x          1x61        488      double
  y          1x61        488      double
```

O arquivo de script calc_area criou as variáveis area, radius e string, enquanto o arquivo de script sin_x criou as variáveis x e y. Observe que todas as variáveis estão no mesmo espaço de trabalho. Se dois arquivos de script forem executados sucessivamente, o segundo poderá usar variáveis criadas pelo primeiro.

O conteúdo de qualquer variável ou matriz pode ser determinado digitando-se o nome apropriado na Janela de Comandos. Por exemplo, o conteúdo de `string` pode ser obtido da seguinte maneira:

```
» string
string =
The area of the circle is 19.635
```

Uma variável pode ser apagada do Espaço de Trabalho usando o comando `clear`. O comando `clear` apresenta a seguinte forma

```
clear var1 var2 ...
```

em que `var1` e `var2` são os nomes das variáveis a serem apagadas. O comando `clear variables`, ou simplesmente `clear`, apaga todas as variáveis da área de trabalho atual.

### 1.3.9 O Navegador do Espaço de Trabalho

O conteúdo do espaço de trabalho atual também pode ser examinado por meio do Navegador do Espaço de Trabalho baseado em GUI. O Navegador do Espaço de Trabalho aparece, como padrão, no lado direito da área de trabalho. Ele proporciona uma apresentação gráfica das mesmas informações que o comando `whos` e também mostra o conteúdo real de cada matriz, se as informações forem compactas o suficiente para caberem na área de apresentação. O Navegador de Espaço de Trabalho é atualizado dinamicamente sempre que houver alteração no conteúdo do espaço de trabalho.

Uma típica janela do Navegador de Espaço de Trabalho é mostrada na Figura 1.8. Como você pode ver, ela exibe a mesma informação que o comando `whos`. Clicar duas vezes sobre qualquer variável na janela aciona o Editor de Matrizes, que permite ao usuário modificar a informação armazenada em uma variável.

Uma ou mais variáveis podem ser apagadas do espaço de trabalho selecionando-as no Navegador de Espaço de Trabalho com o mouse e pressionando a tecla Del ou clicando com o botão direito do mouse e selecionando a opção de exclusão.

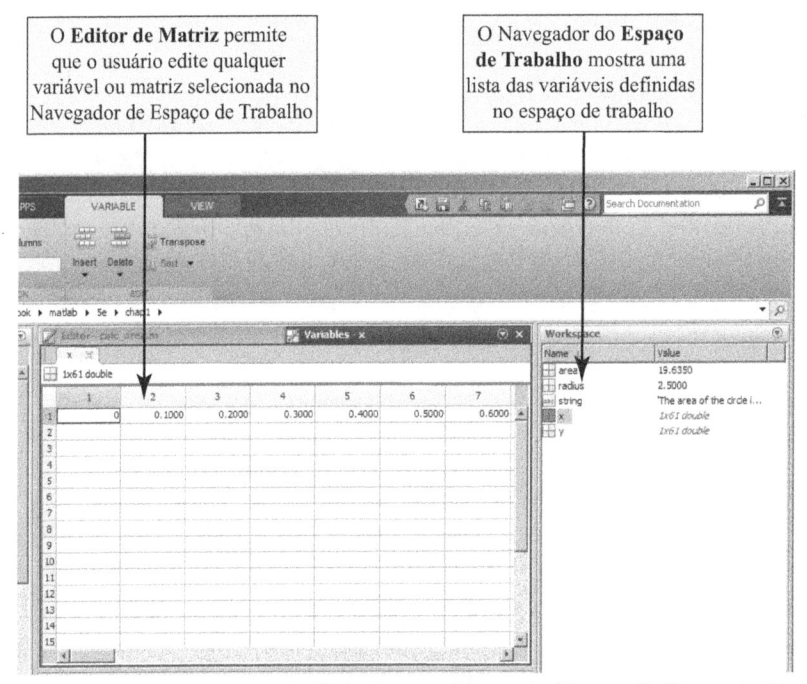

**Figura 1.8** O Navegador do Espaço de Trabalho e o Editor de Matriz. O Editor de Matriz é chamado através do clique duplo de uma variável no Navegador de Espaço de Trabalho. Permite que um usuário altere os valores contidos em uma variável ou matriz.

## 1.3.10 O Navegador da Pasta Atual

O Navegador da Pasta Atual é exibido no lado superior esquerdo da área de trabalho. Mostra todos os arquivos na pasta atualmente selecionada e permite que o usuário edite ou execute qualquer arquivo desejado. É possível clicar duas vezes em qualquer arquivo M para abri-lo no editor MATLAB ou é possível clicar nele com o botão direito e selecionar Run para executá-lo. O Navegador da Pasta Atual é mostrado na Figura 1.9. Uma barra de ferramentas acima do navegador é usada para selecionar a pasta atual a ser exibida.

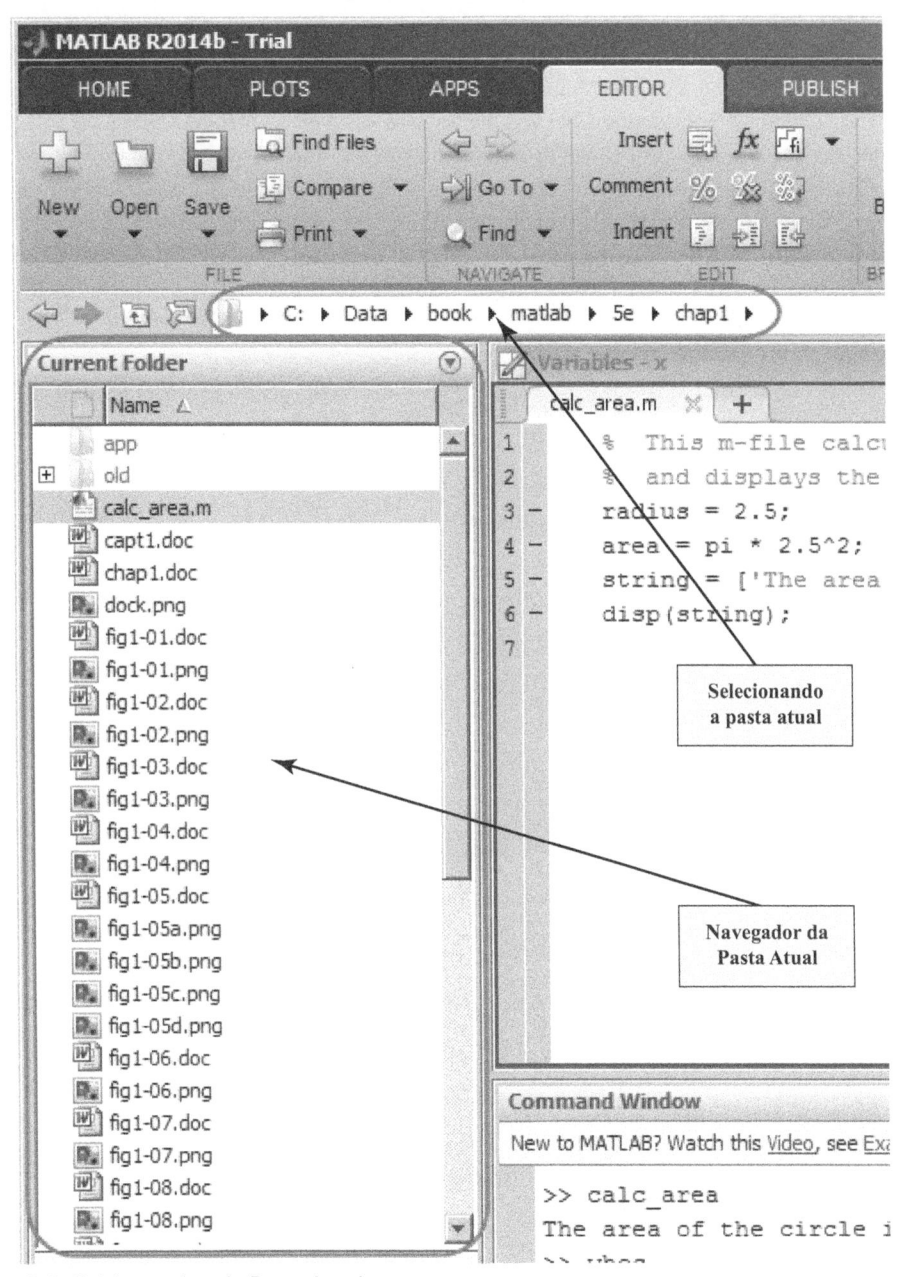

**Figura 1.9** O Navegador da Pasta Atual.

### 1.3.11 Obtendo Ajuda

Existem três maneiras de obter ajuda no MATLAB. O melhor método é utilizar o Navegador de Ajuda. O Navegador de Ajuda pode ser iniciado selecionando o ícone [?] na Faixa de Ferramentas ou digitando `helpdesk` ou `helpwin` na Janela de Comandos. Um usuário pode obter ajuda navegando pela documentação do MATLAB, ou pode procurar os detalhes de um comando em particular. O Navegador de Ajuda é mostrado na Figura 1.10.

Existem também duas maneiras baseadas em linhas de comando para obter ajuda. A primeira é digitar `help` ou `help` seguido por um nome de função na Janela de Comandos. Se você digitar `help`, o MATLAB exibirá uma lista de possíveis tópicos de ajuda na Janela de Comandos. Se uma função específica ou nome de conjunto de ferramentas for acrescentado, ajuda será fornecida para aquela função ou conjunto de ferramentas específico.

A segunda maneira de obter ajuda é o comando `lookfor`. O comando `lookfor` difere do comando `help` porque o segundo comando busca uma correspondência exata para o nome da função, enquanto o primeiro busca informações resumidas rápidas em cada função para uma correspondência. Isso torna `lookfor` mais lento do que `help`, mas melhora as chances de retornar informações úteis. Por exemplo, suponha que você esteja procurando uma função para inverter uma matriz. Como o MATLAB não tem uma função chamada `inverse`, o comando `help inverse` não encontrará nada. Por outro lado, o comando `lookfor inverse` apresentará os seguintes resultados:

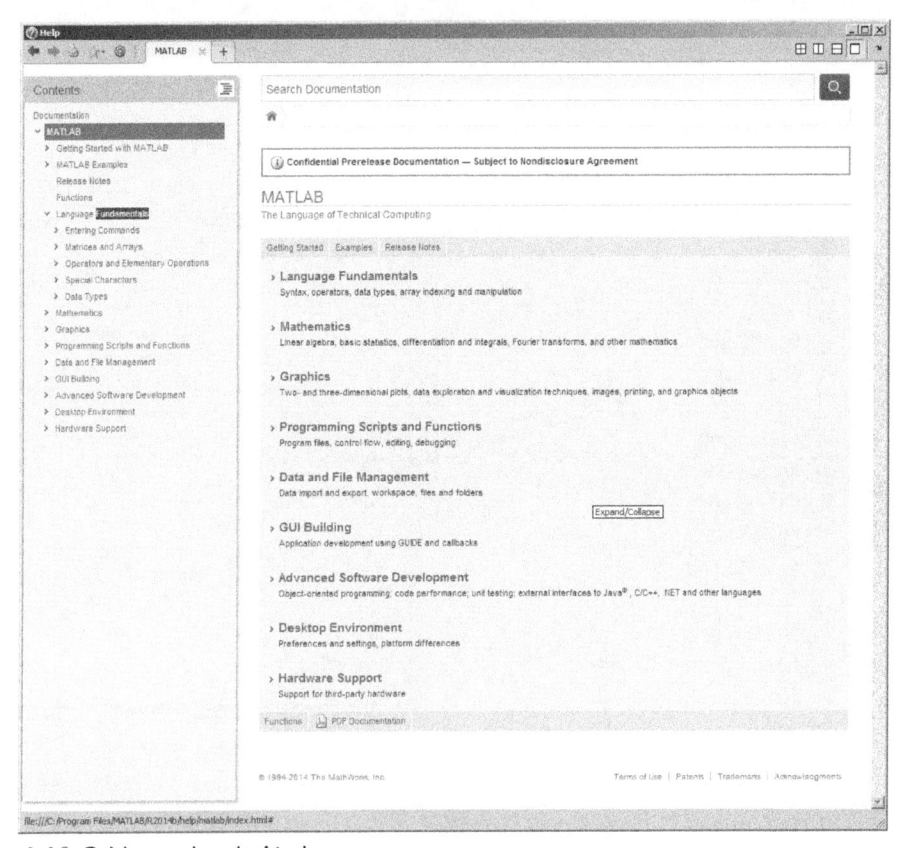

**Figura 1.10** O Navegador de Ajuda.

```
» lookfor inverse
ifft         - Inverse discrete Fourier transform.
ifft2        - Two-dimensional inverse discrete Fourier transform.
ifftn        - N-dimensional inverse discrete Fourier transform.
ifftshift    - Inverse FFT shift.
acos         - Inverse cosine, result in radians.
acosd        - Inverse cosine, result in degrees.
acosh        - Inverse hyperbolic cosine.
acot         - Inverse cotangent, result in radian.
acotd        - Inverse cotangent, result in degrees.
acoth        - Inverse hyperbolic cotangent.
acsc         - Inverse cosecant, result in radian.
acscd        - Inverse cosecant, result in degrees.
acsch        - Inverse hyperbolic cosecant.
asec         - Inverse secant, result in radians.
asecd        - Inverse secant, result in degrees.
asech        - Inverse hyperbolic secant.
asin         - Inverse sine, result in radians.
asind        - Inverse sine, result in degrees.
asinh        - Inverse hyperbolic sine.
atan         - Inverse tangent, result in radians.
atan2        - Four quadrant inverse tangent.
atan2d       - Four quadrant inverse tangent, result in degrees.
atand        - Inverse tangent, result in degrees.
atanh        - Inverse hyperbolic tangent.
invhilb      - Inverse Hilbert matrix.
ipermute     - Inverse permute array dimensions.
inv          - Matrix inverse.
pinv         - Pseudoinverse.
betaincinv   - Inverse incomplete beta function.
erfcinv      - Inverse complementary error function.
erfinv       - Inverse error function.
gammaincinv  - Inverse incomplete gamma function.
acde         - Inverse of cd elliptic function.
asne         - Inverse of sn elliptic function.
icceps       - Inverse complex cepstrum.
idct         - Inverse discrete cosine transform.
ifwht        - Fast Inverse Discrete Walsh-Hadamard Transform.
unshiftdata  - The inverse of SHIFTDATA.
```

Nesta lista, podemos verificar que a função de interesse se chama inv.

## 1.3.12 Alguns Comandos Importantes

Se você é iniciante no MATLAB, algumas demonstrações podem ajudar a fornecer uma ideia de seus recursos. Para executar as demonstrações integradas no MATLAB, digite demo na Janela de Comandos ou selecione demos no botão Start.

O conteúdo da Janela de Comandos pode ser esvaziado a qualquer momento usando o comando clc e o conteúdo da janela da figura atual pode ser esvaziado a qualquer momento usando o comando clf. As variáveis no espaço de trabalho podem ser esvaziadas com o comando clear. Conforme já visto, o conteúdo do espaço de trabalho persiste entre execuções de comandos e arquivos M separados, então é possível que os resultados de um problema tenham efeitos sobre o próximo que você tentar resolver. Para evitar essa possibilidade, uma boa ideia é usar o comando `clear` no início de cada novo cálculo independente.

Outro comando importante é o comando **abort**. Se aparentemente um arquivo M estiver demorando para ser executado, talvez ele contenha um repetição infinita e nunca terminará. Nesse caso, o usuário pode retomar o controle digitando control-c (abreviado como ^c) na Janela de Comandos. Esse comando é digitado pressionando a tecla Control e digitando "c" ao mesmo tempo. Quando o MATLAB detecta um ^c, ele interrompe o programa em execução e retorna uma linha de comandos.

Também existe um recurso de preenchimento automático no MATLAB. Se um usuário começar a digitar um comando e depois pressiona a tecla Tab, será exibida uma lista de comandos recém-digitados e funções MATLAB que correspondem à cadeia (veja a Figura 1.11). O usuário pode preencher o comando selecionando um dos itens da lista.

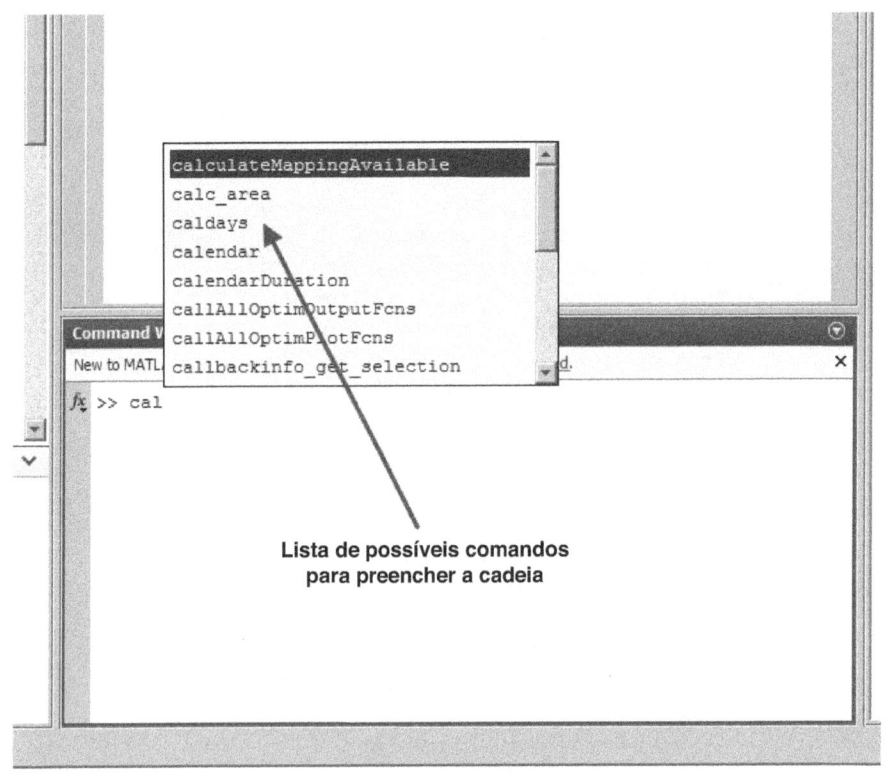

**Figura 1.11** Se um usuário digitar um comando parcial e depois pressionar a tecla Tab, o MATLAB acionará uma janela de comandos ou funções sugeridos que correspondem à cadeia.

O ponto de exclamação (!) é outro importante caractere especial. Sua função é enviar um comando para o sistema operacional do computador. Qualquer caractere depois do ponto de exclamação será enviado para o sistema operacional e executado como se tivesse sido digitado na linha de comando desse sistema. Isso permite a inclusão de comandos do sistema operacional diretamente em programas MATLAB.

Finalmente, é possível acompanhar tudo o que foi feito durante uma sessão MATLAB por meio do comando **diary**. A forma desse comando é

    diary filename

Após digitar esse comando, uma cópia de todos os dados de entrada e da maioria dos dados de saída digitados na Janela de Comandos é mostrada no arquivo diary. Essa é uma excelente ferramenta para recriar eventos quando algo der errado durante uma sessão MATLAB. O comando "`diary off`" suspende a entrada no arquivo diary, e o comando "`diary on`" reinicia a entrada novamente.

### 1.3.13 O Caminho de Busca do MATLAB

O MATLAB possui um caminho de busca que é usado para localizar arquivos M. Os arquivos M do MATLAB são organizados em diretórios em seu sistema de arquivos. Muitos desses diretórios de arquivos M são fornecidos junto com o MATLAB, e os usuários podem adicionar outros. Se um usuário insere um nome na linha de comandos do MATLAB, o interpretador MATLAB tenta encontrá-lo da seguinte forma:

1. Procura pelo nome como uma variável. Se for uma variável, o MATLAB exibe o conteúdo atual dela.
2. Ele verifica se o nome é um arquivo M no diretório atual. Se for, o MATLAB executa essa função ou comando.
3. Ele verifica se o nome é um arquivo M em qualquer diretório no caminho de busca. Se for, o MATLAB executa a função ou o comando.

Observe que o MATLAB busca primeiro os nomes das variáveis, então, se *você definir uma variável com o mesmo nome de uma função ou comando MATLAB, eles se tornarão inacessíveis.* Esse é um erro comum cometido por usuários novatos.

### Erros de Programação

Nunca use uma variável com nome igual ao de uma função ou comando MATLAB. Se fizer isso, aquela função do comando ficará inacessível.

Além disso, se houver mais de uma função ou comando com o mesmo nome, o primeiro encontrado no caminho de busca será executado e todos os outros ficarão inacessíveis. Esse é um problema comum para novatos, pois, às vezes, eles criam arquivos M com nomes iguais aos de funções MATLAB padrão, o que os torna inacessíveis.

### Erros de Programação

Nunca crie um arquivo M com nome igual ao de uma função ou comando MATLAB.

O MATLAB contém um comando especial (`which`) que ajuda a descobrir qual versão de um arquivo está sendo executada e onde está localizada. Isso pode ser útil para descobrir conflitos de nomes de arquivos. O formato desse comando é `which functionname`, em que `functionname` é o nome da função que você está tentando localizar. Por exemplo, a função de produtos vetoriais `cross.m` pode ser localizada da seguinte maneira:

```
» which cross
C:\Program
Files\MATLAB\R2014b\toolbox\matlab\specfun\cross.m
```

O caminho de busca do MATLAB pode ser examinado e modificado a qualquer momento através da seleção da ferramenta Set Path na seção Environment da guia Home na Faixa de Ferramentas, ou digitando `editpath` na Janela de Comandos. A Ferramenta de Caminhos é apresentada na Figura 1.12. Ela permite que um usuário acrescente, apague ou modifique a ordem dos diretórios no caminho.

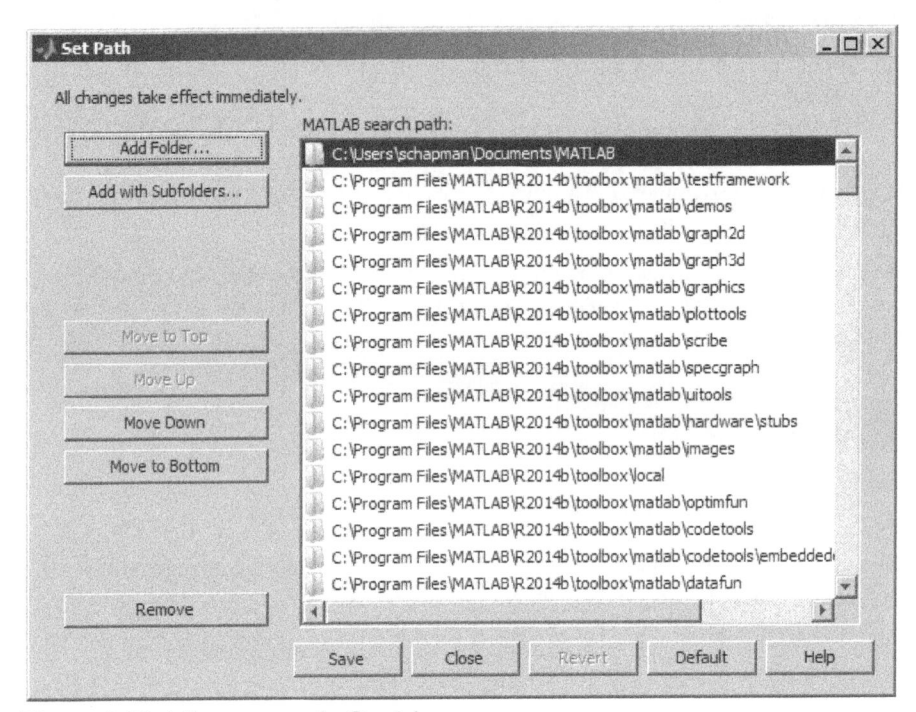

**Figura 1.12** A Ferramenta de Caminhos.

Outras funções relacionadas ao caminho são:

- `addpath`   Adiciona um diretório ao caminho de busca do MATLAB.
- `path`      Exibe o caminho de busca do MATLAB.
- `path2rc`   Adiciona o diretório atual ao caminho de busca do MATLAB.
- `rmpath`    Remove o diretório do caminho de busca do MATLAB.

## 1.4 Utilizando o MATLAB como Calculadora

Em sua forma mais simples, o MATLAB pode ser usado como calculadora para efetuar cálculos matemáticos. Os cálculos são digitados diretamente na Janela de Comandos, usando os símbolos +, -, *, / e ^ para soma, subtração, multiplicação, divisão e potência, respectivamente. Após digitar uma expressão, o resultado é automaticamente calculado e exibido. Se um sinal de igual for usado na expressão, então o resultado do cálculo ficará gravado no nome da variável à esquerda do sinal de igual.

Por exemplo, imagine que gostaríamos de calcular o volume de um cilindro de raio $r$ e comprimento $l$. A área do círculo na base do cilindro é fornecida pela equação

$$A = \pi r^2 \tag{1.1}$$

e o volume total do cilindro será

$$V = Al \tag{1.2}$$

Se o raio do cilindro for 0,1 m e o comprimento 0,5 m, o volume do cilindro pode ser obtido usando as expressões do MATLAB (as entradas do usuário são apresentadas em negrito):

```
» A = pi * 0.1^2
A =
    0.0314
» V = A * 0.5
V =
    0.0157
```

Observe que `pi` está predefinido para ser o valor 3.141592....

Quando a primeira expressão for digitada, a área na base do cilindro será calculada, armazenada na variável A e exibida para o usuário. Quando a segunda expressão for digitada, o volume do cilindro será calculado, armazenado na variável V e exibido para o usuário. Observe que o valor armazenado em A foi gravado por MATLAB e reutilizado quando calculamos V.

Se uma expressão *sem um sinal de igual* for digitada na Janela de Comandos, o MATLAB o avaliará, armazenará o resultado em uma variável especial denominada `ans` e exibirá o resultado.

```
» 200 / 7
ans =
    28.5714
```

O valor em `ans` pode ser usado em cálculos posteriores, mas tenha cuidado! Sempre que uma nova expressão sem um sinal de igual for avaliada, o valor gravado em `ans` será sobrescrito.

```
» ans * 6
ans =
    171.4286
```

O valor armazenado em `ans` agora é 171.4286, e não 28.5714.

Se deseja gravar um valor calculado e reutilizá-lo posteriormente, certifique-se de designá-lo com um nome específico em vez de usar o nome padrão `ans`.

## Erros de Programação

Se deseja reutilizar o resultado de um cálculo no MATLAB, certifique-se de incluir um nome de variável para armazenar o resultado. Caso contrário, o resultado será sobrescrito na próxima vez que você executar um cálculo.

## Teste 1.1

Neste teste, faremos uma verificação rápida da sua compreensão dos conceitos apresentados no Capítulo 1. Se você tiver problemas com o teste, releia as seções, pergunte ao seu instrutor ou discuta o material com um colega. As respostas para esse teste estão no final do livro.

1. Qual é a função da Janela de Comandos MATLAB? E da Janela de Edição? E da Janela de Figuras?
2. Liste as diferentes maneiras de obter ajuda no MATLAB.

3. O que é um espaço de trabalho? Como você pode determinar o que está armazenado em um espaço de trabalho MATLAB?
4. Como você pode limpar o conteúdo de um espaço de trabalho?
5. A distância percorrida por uma bola em queda livre é dada pela equação

$$x = x_0 + v_0 t + \frac{1}{2} a t^2$$

Use o MATLAB para calcular a posição da bola no tempo $t = 5$ s, se $x_0 = 10$ m, $v_0 = 15$ m/s, e $a = -9{,}81$ m/seg$^2$.

6. Suponha que $x = 3$ e $y = 4$. Use o MATLAB para avaliar a seguinte expressão:

$$\frac{x^2 y^2}{(x - y)^2}$$

As questões abaixo devem auxiliá-lo a se familiarizar com as ferramentas do MATLAB.

7. Execute os arquivos M `calc_area.m` e `sin_x.m` na Janela de Comandos (esses arquivos M estão disponíveis no site do livro). Depois, utilize o Navegador do Espaço de Trabalho para determinar quais variáveis estão definidas no espaço de trabalho atual.
8. Use o Editor de Matrizes para examinar e modificar o conteúdo da variável x no espaço de trabalho. Em seguida, digite o comando `plot(x, y)` na Janela de Comandos. O que acontece com os dados exibidos na Janela de Figuras?

## 1.5 Resumo

Neste capítulo, aprendemos sobre o ambiente integrado de desenvolvimento (IDE) do MATLAB. Aprendemos sobre os tipos básicos de janelas do MATLAB, o espaço de trabalho e como obter ajuda on-line. A área de trabalho MATLAB surge quando iniciamos o programa. Ela integra muitas das ferramentas do MATLAB em um único local. Essas ferramentas incluem a Janela de Comandos, a Janela do Histórico de Comandos, a Faixa de Ferramentas, a Janela de Documentos, o Navegador de Espaço de Trabalho e o Editor da Matriz, e o mostrador da Pasta Atual. A Janela de Comandos é a mais importante das janelas. Ela é aquela na qual todos os comandos são digitados e os resultados são exibidos.

A Janela de Documentos (ou Janela de Edição/Depuração) é utilizada para criar ou modificar arquivos M. Ela exibe o conteúdo do arquivo M com uma codificação de cores por função: comentários, palavras-chave, cadeias de caracteres e assim por diante.

A Janela de Figuras é utilizada para exibir gráficos.

Um usuário MATLAB pode obter ajuda usando o Navegador de Ajuda ou as funções de ajuda da linha de comandos `help` e `lookfor`. O Navegador de Ajuda possibilita acesso total à documentação do MATLAB. A função de linha de comando `help` exibe ajuda sobre uma função específica na Janela de Comandos. Infelizmente, você precisa saber o nome da função para obter ajuda sobre ela. A função `lookfor` procura por uma determinada cadeia na primeira linha do comentário de cada função MATLAB e exibe quaisquer correspondências.

Quando um usuário digita um comando na Janela de Comandos, o MATLAB busca esse comando nos diretórios especificados no caminho MATLAB. Ele executará o primeiro arquivo M no caminho que corresponde ao comando e qualquer arquivo M adicional com o mesmo nome nunca será localizado. A Ferramenta de Caminho pode ser utilizada para adicionar, remover ou modificar diretórios no caminho MATLAB.

### 1.5.1 Resumo do MATLAB

O resumo a seguir lista todos os símbolos especiais do MATLAB descritos neste capítulo, juntamente com uma breve descrição de cada um.

## Símbolos Especiais

| | |
|---|---|
| + | Soma |
| - | Subtração |
| * | Multiplicação |
| / | Divisão |
| ^ | Exponenciação |

## 1.6 Exercícios

**1.1** Obtenha ajuda sobre a função `exp` do MATLAB usando: (a) O comando `exp help` digitado na Janela de Comandos, e (b) o Navegador de Ajuda.

**1.2** Utilize o Navegador de Ajuda do MATLAB para encontrar o comando necessário para mostrar o diretório atual do MATLAB. Qual é o diretório atual quando o MATLAB é iniciado?

**1.3** Utilize o Navegador de Ajuda do MATLAB para descobrir como criar um novo diretório de dentro do MATLAB. Em seguida, crie um novo diretório denominado `mynewdir` sob o diretório atual. Coloque esse novo diretório no topo do caminho MATLAB.

**1.4** Feche a Janela de Figuras e volte para o diretório original no qual o MATLAB foi iniciado. Em seguida, digite "test2" na Janela de Comandos. O que acontece e por quê?

**1.5** As seguintes expressões MATLAB representam graficamente a função $y(x) = 2e^{-0,2x}$ para a gama $0 \le x \le 10$.

```
x = 0:0.1:10;
y = 2 * exp( -0.2 * x);
plot(x,y);
```

Use a Janela de Edição do MATLAB para criar um novo arquivo M vazio, digite essas expressões no arquivo e grave o arquivo com o nome `test1.m`. Em seguida, execute o programa digitando o nome `test1` na Janela de Comandos. Qual resultado você recebe?

**1.6** Suponha que $x = 2$ e $y = -1$. Avalie as seguintes expressões usando MATLAB.

(a) $\sqrt[4]{2x^3}$
(b) $\sqrt[4]{2y^3}$

Observe que o MATLAB avalia as expressões com respostas complexas ou imaginárias de forma transparente.

**1.7** Suponha que $u = 1$ e $v = 3$. Avalie as seguintes expressões usando MATLAB.

(a) $\dfrac{4u}{3v}$

(b) $\dfrac{2v^{-2}}{(u+v)^2}$

(c) $\dfrac{v^3}{v^3 - u^3}$

(d) $\dfrac{4}{3}\pi v^2$

**1.8** Altere o diretório atual para `mynewdir`. Abra uma Janela de Edição e adicione as seguintes linhas:

```
% Create an input array from -2*pi to 2*pi
t = -2*pi:pi/10:2*pi;

% Calculate |sin(t)|
x = abs(sin(t));
```

```
% Plot result
plot(t,x);
```

Grave o arquivo com o nome test2.m e execute-o digitando test2 na Janela de Comandos. O que acontece?

**1.9** Digite as seguintes expressões MATLAB na Janela de Comandos:

```
4 * 5
a = ans * pi
b = ans / pi
ans
```

Quais são os resultados em a, b e ans? Qual é o valor final gravado em ans? Por que esse valor foi retido durante cálculos subsequentes?

**1.10** Use o comando lookfor para determinar como obter o logaritmo de base 10 de um número no MATLAB.

# Capítulo 2

# MATLAB Básico

Neste capítulo, apresentaremos alguns elementos básicos da linguagem MATLAB. No final, você deve ser capaz de escrever programas MATLAB simples, porém funcionais.

## 2.1 Variáveis e Matrizes

A unidade fundamental de dados em qualquer programa MATLAB é a **matriz**. Matriz é a coleção de valores de dados organizados em linhas e colunas, conhecido por um nome único (Veja a Figura 2.1). Valores individuais de dados em uma matriz são acessados pelo nome da matriz, seguido de subscritos entre parênteses que identificam a linha e a coluna do valor particular. Mesmo os escalares são tratados como matrizes no MATLAB – eles são simplesmente matrizes com somente uma linha e uma coluna.

Matrizes podem ser classificadas como **vetores** ou **matrizes** propriamente ditas. O termo "vetor" geralmente descreve uma matriz com somente uma dimensão, enquanto o termo "matriz" costuma ser utilizado para descrever matrizes com duas ou mais dimensões. Neste texto, usaremos os termos "vetor" na discussão de matrizes unidimensionais, e "matriz" na discussão de matrizes com duas ou mais dimensões. Se determinada discussão se aplicar aos dois tipos de matrizes, usaremos também o termo genérico "matriz".

O **tamanho** de uma matriz é especificado pelo número de linhas e de colunas, sendo o número de linhas apresentado antes. O número total de elementos da matriz será o produto do número de linhas e do número de colunas. Por exemplo, os tamanhos das matrizes a seguir são

| Matriz | Tamanho |
|---|---|
| $a = \begin{bmatrix} 1 & 2 \\ 3 & 4 \\ 5 & 6 \end{bmatrix}$ | Esta é uma matriz 3 × 2 que contém 6 elementos. |
| $b = \begin{bmatrix} 1 & 2 & 3 & 4 \end{bmatrix}$ | Esta é uma matriz 1 × 4 que contém 4 elementos, conhecida como **vetor-linha**. |
| $c = \begin{bmatrix} 1 \\ 2 \\ 3 \end{bmatrix}$ | Esta é uma matriz 3 × 1 que contém 3 elementos, conhecida como **vetor-coluna**. |

Elementos individuais na matriz são identificados pelo nome da matriz seguido da linha e da coluna do elemento em particular. Se a matriz é um vetor-linha ou vetor-coluna, então é necessário somente um subscrito. Por exemplo, nas matrizes acima a(2, 1) é 3 e c(2) = 2.

A **variável** MATLAB é uma região de memória que contém uma matriz, conhecida por um nome especificado pelo usuário. O conteúdo da matriz pode ser utilizado ou modificado a qualquer momento pela inclusão de seu nome em um comando MATLAB apropriado.

Os nomes das variáveis MATLAB precisam iniciar com uma letra seguida de qualquer combinação de letras, números e o símbolo de sublinhado (_). Somente os primeiros 63 caracteres são importantes; se forem utilizados mais do que 63 caracteres, os excedentes serão ignorados. Se duas variáveis forem declaradas com nomes que diferem somente no 64º caractere, o MATLAB as tratará como a mesma variável. O MATLAB emitirá um aviso se ele precisar truncar um nome longo de variável para 63 caracteres.

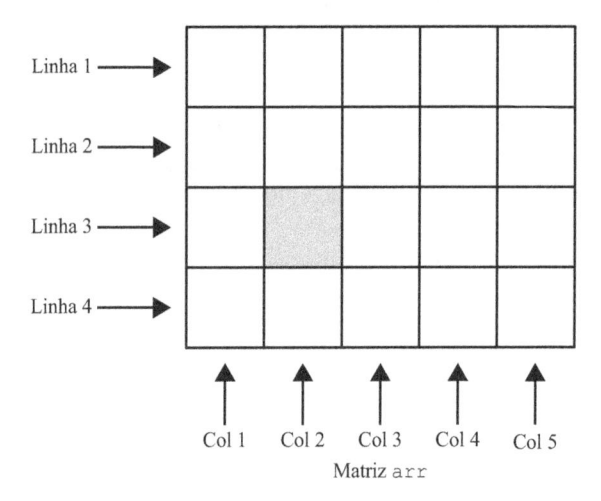

**Figura 2.1** Matriz é uma coleção de valores de dados organizados em linhas e colunas.

### Erros de Programação

Verifique se os nomes de variáveis são exclusivos nos primeiros 63 caracteres. Caso contrário, o MATLAB não poderá diferenciar as variáveis.

Ao escrever um programa, é importante escolher nomes com significado para as variáveis. Nomes com significado tornam um programa *muito* mais fácil de ser lido e mantido. Nomes como `dia`, `mês`, e `ano` são claros até mesmo para alguém que vê o programa pela primeira vez. Como os espaços não podem ser utilizados em nomes de variáveis MATLAB, o caractere de sublinhado pode ser substituído para criar nomes significativos. Por exemplo, *taxa de câmbio* pode ser representada como `taxa_de_cambio`.

### Boa Prática de Programação

Sempre use nomes descritivos e fáceis de lembrar para suas variáveis. Por exemplo, *taxa de câmbio* poderia ser chamada `taxa_de_cambio`. Esta prática tornará seus programas mais claros e fáceis de entender.

Também é importante incluir um **dicionário de dados** no cabeçalho de qualquer programa que você escrever. Este dicionário lista a definição de cada variável usada em um programa. A definição deve incluir a descrição do conteúdo e as unidades de medidas usadas. Um dicionário de dados pode parecer desnecessário enquanto o programa está sendo escrito, mas é de grande valor quando você ou outra pessoa precisa voltar para o programa e modificá-lo posteriormente.

### Boa Prática de Programação

Crie um dicionário de dados para cada programa, a fim de tornar mais fácil a manutenção.

A linguagem MATLAB é sensível às letras maiúsculas e minúsculas, o que significa que letras maiúsculas e minúsculas não são a mesma coisa. Assim, as variáveis `name`, `NAME`, e `Name` são todas diferentes no MATLAB. Tenha cuidado ao utilizar as maiúsculas e minúsculas sempre que o nome da variável for usado.

### Boa Prática de Programação

Verifique se você capitaliza uma variável exatamente da mesma forma cada vez que ela é utilizada. Uma boa prática é utilizar sempre caixa baixa em nomes de variáveis.

Vários programadores do MATLAB utilizam a convenção de empregar todas minúsculas para nomes de variáveis, com sublinhados entre as palavras. A variável `taxa_de_cambio` mencionada anteriormente é um exemplo dessa convenção. Ela é utilizada neste livro.

Outros programadores do MATLAB utilizam uma convenção comum no Java e no C++ em que os sublinhados não são utilizados, a primeira palavra aparece em minúscula e todas as palavras seguintes são capitalizadas. A mesma variável escrita nessa convenção seria `taxaDeCambio`. Qualquer convenção fica bem, mas mantenha consistência em todos os seus programas.

> ### Boa Prática de Programação
> Adote uma nomenclatura padrão e convenção de capitalização, usando-a consistentemente em todos os seus programas.

Os tipos mais comuns de variáveis MATLAB são `double` e `char`. Variáveis do tipo `double` são escalares ou matrizes de 64 bits com números de dupla precisão e ponto flutuante. Elas podem representar valores reais, imaginários ou complexos. Os componentes reais e imaginários de cada variável podem ser números positivos ou negativos, variando de $10^{-308}$ a $10^{308}$, com 15 a 16 dígitos decimais de precisão, mais o número zero. São o tipo numérico principal de dados no MATLAB.

Uma variável do tipo `double` é criada automaticamente sempre que um valor numérico for alocado a um nome de variável. Os valores numéricos alocados a variáveis `double` podem ser reais, imaginários ou complexos. Um valor real é simplesmente um número. Por exemplo, a expressão a seguir associa o valor real 10,5 à variável `double` denominada `var`:

```
var = 10.5
```

Um número imaginário é definido anexando a letra i ou j a um número.[1] Por exemplo, `10i` e `-4j` são valores imaginários. A expressão a seguir atribui o valor imaginário 4*i* à variável `double` denominada `var`:

```
var = 4i
```

Um valor complexo tem um componente real e um imaginário. Ele é criado pela soma de um número real e um número imaginário juntos. Por exemplo, a expressão a seguir atribui o valor complexo 10 + 10*i* à variável `var`:

```
var = 10 + 10i
```

As variáveis do tipo `char` consistem em escalares ou matrizes com valores de 16 bits, cada um representando um único caractere. Matrizes deste tipo são utilizadas para cadeias de caracteres. São criadas automaticamente quando um caractere único ou uma cadeia de caracteres são associados a um nome de variável. Por exemplo, a expressão abaixo cria uma variável do tipo `char` com o nome `comment` e armazena a cadeia especificada nela. Uma vez executada a expressão, `comment` será uma matriz de caracteres de $1 \times 26$.

```
comment = 'This is a character string'
```

Em linguagens como C, o tipo de cada variável precisa ser declarado explicitamente em um programa antes ser usado. Essas linguagens são chamadas de **tipos fortes**. Em contrapartida, MATLAB é uma linguagem de **tipo fraco**. As variáveis podem ser criadas a qualquer momento simplesmente associando valores a elas, e os tipos de dados associados à variável determinam o tipo de variável criada.

## 2.2 Criando e Inicializando Variáveis no MATLAB

Variáveis MATLAB são criadas automaticamente quando iniciadas. Existem três formas comuns de iniciar uma variável no MATLAB:
1.  Associar dados à variável em uma expressão apropriada.

---

[1] Um número imaginário é um número multiplicado por $\sqrt{-1}$. A letra *i* é o símbolo para $\sqrt{-1}$ usada pela maioria dos matemáticos e cientistas. A letra *j* é um símbolo para $\sqrt{-1}$ utilizada pelos engenheiros eletricistas, uma vez que a letra *i* é, em geral, reservada para correntes elétricas nesta disciplina.

2. Fornecer dados à variável a partir do teclado.
3. Ler dados de um arquivo.

As duas primeiras serão discutidas aqui; a terceira na Seção 2.6.

### 2.2.1 Iniciando Variáveis em Expressões de Atribuição

A forma mais simples inicializar uma variável é associar um ou mais valores em uma **expressão de atribuição**. Uma expressão de atribuição tem a forma geral

```
var = expression;
```

em que `var` é o nome de uma variável e *expression* é uma constante escalar, uma matriz ou uma combinação de constantes, outras variáveis e operações matemáticas (+, – etc). O valor da expressão é calculado usando as regras normais da matemática, e os valores do resultado são armazenados na variável nomeada. O ponto e vírgula no final da expressão é opcional. Se um ponto e vírgula estiver ausente, o valor associado a `var` será ecoado na Janela de Comandos. Se estiver presente, nada será mostrado nessa janela, mesmo que a atribuição tenha ocorrido.

Exemplos simples de inicialização de variáveis com expressões de atribuição são

```
var = 40i;
var2 = var / 5;
x = 1; y = 2;
array = [1 2 3 4];
```

O primeiro exemplo cria uma variável escalar do tipo `double` e armazena o número imaginário 40*i* nele. O segundo exemplo cria uma variável escalar e armazena o resultado da expressão `var/5` nela. O terceiro exemplo mostra que expressões múltiplas de atribuição podem ser colocadas em uma mesma linha, desde que sejam separadas por vírgula ou por ponto e vírgula. O quarto exemplo cria uma variável e armazena nela um vetor linha de 4 elementos. Observe que, se alguma das variáveis já existisse durante a execução da expressão, os conteúdos anteriores seriam perdidos.

O último exemplo mostra que as variáveis também podem ser inicializadas com matrizes de dados. Essas matrizes são construídas usando colchetes ([]) e ponto e vírgula. Todos os elementos de uma matriz são listados **por linha**. Em outras palavras, os valores de cada linha são listados da esquerda para a direita, com a linha de cima primeiro e a linha de baixo por último. Valores individuais em uma linha são separados por brancos ou por vírgulas, e as linhas são separadas por ponto e vírgula ou novas linhas. As expressões a seguir são todas matrizes sintaticamente corretas que podem ser usadas para iniciar uma variável:

| | |
|---|---|
| `[3.4]` | Esta expressão cria uma matriz 1 × 1 (um escalar) que contém o valor 3.4. Os colchetes não são necessários neste caso. |
| `[1.0  2.0  3.0]` | Esta expressão cria uma matriz 1 × 3 que contém o vetor-linha [1 2 3]. |
| `[1.0; 2.0; 3.0]` | Esta expressão cria uma matriz 3 × 1 que contém o vetor-coluna $\begin{bmatrix} 1 \\ 2 \\ 3 \end{bmatrix}$. |
| `[1, 2, 3; 4, 5, 6]` | Esta expressão cria uma matriz 2 × 3 que contém a matriz $\begin{bmatrix} 1 & 2 & 3 \\ 4 & 5 & 6 \end{bmatrix}$. |
| `[1, 2, 3`<br>`4, 5, 6]` | Esta expressão cria uma matriz 2 × 3 que contém a matriz $\begin{bmatrix} 1 & 2 & 3 \\ 4 & 5 & 6 \end{bmatrix}$. O final da primeira linha encerra a primeira linha. |
| `[]` | Esta expressão cria uma **matriz vazia**, que não contém linhas nem colunas. (Observe que isto não é a mesma coisa que uma matriz com zeros.) |

O número de elementos em todas as linhas de uma matriz deve ser o mesmo e o número de elementos em todas as colunas também. Uma expressão como

```
[1 2 3; 4 5];
```

é ilegal, pois a linha 1 tem três elementos e a linha 2 tem somente dois elementos.

///////////////////////////////////////////////////////////////////////////////////

### 🗙 Erros de Programação

O número de elementos em todas as linhas de uma matriz deve ser o mesmo, e o número de elementos em todas as colunas também. Tentar definir uma matriz com números diferentes de elementos nas linhas ou nas colunas produzirá um erro quando a expressão for executada.

///////////////////////////////////////////////////////////////////////////////////

As expressões utilizadas para iniciar matrizes podem incluir operações algébricas e a totalidade ou partes de matrizes previamente definidas. Por exemplo, as expressões de atribuição

```
a = [0 1+7];
b = [a(2) 7 a];
```

definirá uma matriz a = [0 8] e uma matriz b = [8 7 0 8].

Nem todos os elementos de uma matriz precisam estar definidos quando ela é criada. Se um elemento específico da matriz estiver definido e um ou mais elementos antes dele não, os elementos anteriores serão automaticamente criados e iniciados com o valor zero. Por exemplo, se c não foi previamente definido, a expressão

```
c(2,3) = 5;
```

produzirá a matriz $c = \begin{bmatrix} 0 & 0 & 0 \\ 0 & 0 & 5 \end{bmatrix}$. De maneira similar, uma matriz pode ser estendida pela especificação de um valor para um elemento além do tamanho definido. Por exemplo, suponha a matriz d = [1 2]. Então, a expressão

```
d(4) = 4;
```

produzirá a matriz d = [1 2 0 4], conforme explicado anteriormente.

O ponto e vírgula no final de cada expressão de atribuição anterior tem uma função especial: ele *suprime o eco automático de valores* que normalmente ocorre sempre que uma expressão é avaliada em uma expressão de atribuição. Se uma expressão de atribuição é digitada sem o ponto e vírgula, o resultado da expressão é automaticamente exibido na Janela de Comandos:

```
» e = [1, 2, 3; 4, 5, 6]
e =
    1  2  3
    4  5  6
```

Se um ponto e vírgula é colocado no final da expressão, o eco desaparece. O eco é uma forma excelente para verificar rapidamente seu trabalho, mas ele atrasa seriamente a execução de programas MATLAB. Por esta razão, normalmente suprimimos o eco o tempo todo finalizando cada linha com um ponto e vírgula.

Ecoar os resultados de cálculos, entretanto, é uma ótima técnica prática de depuração. Se você não está seguro a respeito dos resultados de uma expressão de atribuição específica, simplesmente não coloque o ponto e vírgula; os resultados serão exibidos na Janela de Comandos assim que a expressão for executada.

> **Boa Prática de Programação**
>
> Use ponto e vírgula no final de todas as expressões de atribuição MATLAB para suprimir o eco de valores atribuídos na Janela de Comandos. Isto acelera muito a execução dos programas.

> **Boa Prática de Programação**
>
> Se for preciso examinar os resultados da expressão durante a depuração de um programa, você poderá remover o ponto e vírgula da expressão para que os resultados sejam ecoados na Janela de Comandos.

### 2.2.2 Iniciando com Expressões de Atalho

É simples criar pequenas matrizes listando explicitamente cada termo da matriz, mas, o que ocorre se a matriz contiver centenas ou mesmo milhares de elementos? Não é prático escrever separadamente cada elemento da matriz!

O MATLAB tem uma notação especial de atalho para essas circunstâncias, utilizando o **operador dois-pontos**. Este operador determina uma série de valores pela especificação do primeiro valor na série, o passo de incremento e o último valor na série. A forma geral de um operador dois-pontos é

```
first:incr:last
```

em que `first` é o primeiro valor na série, `incr` é o incremento da etapa e `last` é o último valor na série. Se o incremento for um, ele pode ser omitido. Essa expressão irá gerar uma matriz contendo os valores `first`, `first+incr`, `first+2*incr`, `first+3*incr`, e assim por diante, contanto que os valores sejam menores ou iguais a `last`. A lista vai parar quando o próximo valor na série for maior do que o valor de `last`.

Por exemplo, a expressão 1:2:10 é um atalho para o vetor-linha de 1 × 5 que contém os valores 1, 3, 5, 7 e 9. O próximo valor na série seria 11, que é maior que 10; portanto, a série termina em 9.

```
» x = 1:2:10
x =
    1  3  5  7  9
```

Com a notação de dois-pontos, uma matriz pode ser iniciada com valores de cem $\frac{\pi}{100}, \frac{2\pi}{100}, \frac{3\pi}{100},$ ...π da seguinte maneira:

```
angles = (0.01:0.01:1.00) * pi;
```

Expressões de atalho podem ser combinadas com o **operador de transposição** ( ' ) para iniciar vetores coluna e matrizes mais complexas. O operador de transposição troca linhas e colunas de qualquer matriz à qual ele seja aplicado. Assim, a expressão

```
f = [1:4]';
```

gera um vetor-linha de 4 elementos [1  2  3  4] e depois o transpõe no vetor-coluna de 4 elementos $f = \begin{bmatrix} 1 \\ 2 \\ 3 \\ 4 \end{bmatrix}$. De forma semelhante, as expressões

```
g = 1:4;
h = [g'  g'];
```

produzirão a matriz $h = \begin{bmatrix} 1 & 1 \\ 2 & 2 \\ 3 & 3 \\ 4 & 4 \end{bmatrix}$.

### 2.2.3 Inicializando com Funções Integradas

As matrizes também podem ser iniciadas por funções integradas do MATLAB. Por exemplo, a função zeros pode ser utilizada para criar uma matriz de zeros do tamanho desejado. Existem muitas formas da função zeros. Se a função tiver um único argumento escalar, ela produzirá uma matriz quadrada utilizando o argumento único como o número de linhas e de colunas da matriz. Se a função tiver dois argumentos escalares, o primeiro será o número de linhas e o segundo, o número de colunas. Como a função size retorna dois valores com o número de linhas e colunas na matriz, ela pode ser combinada com a função zeros para gerar uma matriz de zeros com o mesmo tamanho da outra matriz. Alguns exemplos para utilização da função zeros são apresentados a seguir:

```
a = zeros(2);
b = zeros(2,3);
c = [1 2; 3 4];
d = zeros(size(c));
```

Essas expressões geram as seguintes matrizes:

$a = \begin{bmatrix} 0 & 0 \\ 0 & 0 \end{bmatrix}$  $b = \begin{bmatrix} 0 & 0 & 0 \\ 0 & 0 & 0 \end{bmatrix}$

$c = \begin{bmatrix} 1 & 2 \\ 3 & 4 \end{bmatrix}$  $d = \begin{bmatrix} 0 & 0 \\ 0 & 0 \end{bmatrix}$

De maneira similar, a função ones pode ser utilizada para gerar matrizes que contêm todas e a função eye para gerar matrizes contendo **matrizes de identidade**, nas quais todos os elementos da diagonal principal são one e os outros elementos, zero. A Tabela 2.1 apresenta uma lista de funções MATLAB comuns e úteis para iniciar variáveis.

### 2.2.4 Iniciando Variáveis com Entrada a partir do Teclado

Também é possível avisar o usuário e iniciar uma variável com dados digitados diretamente no teclado. Esta opção permite que um arquivo de script solicite a um usuário a entrada de valores de dados durante a execução. A função input exibe uma linha de aviso na Janela de Comandos e espera o usuário digitar uma resposta. Por exemplo, considere a seguinte expressão:

```
my_val = input('Enter an input value:');
```

## Tabela 2.1: Funções MATLAB Úteis para Iniciar Variáveis

| Função | Objetivo |
|---|---|
| zeros(n) | Gera uma matriz n × n de zeros. |
| zeros(m,n) | Gera uma matriz m × n de zeros. |
| zeros(size(arr)) | Gera uma matriz de zeros com o mesmo tamanho que arr. |
| ones(n) | Gera uma matriz n × n de ones. |
| ones(m,n) | Gera uma matriz m × n de ones. |
| ones(size(arr)) | Gera uma matriz de ones do mesmo tamanho que arr. |
| eye(n) | Gera uma matriz de identidade n × n. |
| eye(m,n) | Gera uma matriz de identidade m × n. |
| length(arr) | Retorna o comprimento de um vetor ou a maior dimensão de uma matriz bidimensional. |
| size(arr) | Retorna dois valores, especificando o número de linhas e o de colunas em arr. |

Quando a expressão da página anterior é executada, o MATLAB imprime a cadeia 'Enter an input value:' e espera que o usuário responda. Se o usuário fornecer um único número, ele pode ser simplesmente digitado. Se fornecer uma matriz, ela precisa ser colocada entre colchetes. De qualquer maneira, o que for digitado será armazenado na variável my_val quando a tecla de retorno for pressionada. Se só a tecla de retorno for pressionada, uma matriz vazia será criada e armazenada na variável.

Se a função input tiver o caractere 's' como segundo argumento, os dados de entrada serão armazenados na variável retornada como uma cadeia de caracteres. Assim, a expressão

```
» in1 = input('Enter data: ');
Enter data: 1.23
```

armazena o valor 1.23 em in1, enquanto a expressão

```
» in2 = input('Enter data: ','s');
Enter data: 1.23
```

armazena a cadeia de caracteres '1.23' em in2.

### Teste 2.1

Este teste apresenta uma verificação rápida do seu entendimento dos conceitos apresentados nas Seções 2.1 e 2.2. Se você tiver problemas com o teste, releia as seções, pergunte ao seu instrutor ou discuta o material com um colega. As respostas para esse teste estão no final do livro.

1. Qual a diferença entre uma matriz (array ou matrix) e um vetor?
2. Responda às questões seguintes considerando a matriz abaixo.

$$c = \begin{bmatrix} 1,1 & -3,2 & 3,4 & 0,6 \\ 0,6 & 1,1 & -0,6 & 3,1 \\ 1,3 & 0,6 & 5,5 & 0,0 \end{bmatrix}$$

(a) Qual o tamanho de c?
(b) Qual o valor de c(2,3)?
(c) Liste os subscritos de todos os elementos que contêm o valor 0,6.

3. Determine o tamanho das seguintes matrizes. Verifique suas respostas criando as matrizes no MATLAB e utilizando o comando whos ou o Navegador da Área de Trabalho. Observe que as últimas matrizes podem depender das definições das matrizes anteriores dentro deste exercício.

   (a) `u = [10 20*i 10+20];`
   (b) `v = [-1; 20; 3];`
   (c) `w = [1 0 -9; 2 -2 0; 1 2 3];`
   (d) `x = [u' v];`
   (e) `y(3,3) = -7;`
   (f) `z = [zeros(4,1) ones(4,1) zeros(1,4)'];`
   (g) `v(4) = x(2,1);`

4. Qual é o valor de `w(2,1)` acima?
5. Qual é o valor de `x(2,1)` acima?
6. Qual é o valor de `y(2,1)` acima?
7. Qual é o valor de `v(3)` depois que a expressão (g) é executada?

## 2.3 Matrizes Multidimensionais

Conforme vimos, as matrizes MATLAB podem ter uma ou mais dimensões. Matrizes unidimensionais podem ser visualizadas como uma série de valores colocados em uma linha ou em uma coluna, com um único subscrito para selecionar os elementos individuais da matriz (Figura 2.2a). Essas matrizes são úteis para descrever dados que são funções de uma variável independente, como uma série de medidas de temperatura efetuadas em intervalos fixos de tempo.

Alguns tipos de dados são funções com mais de uma variável independente. Por exemplo, podemos medir a temperatura em cinco localidades e em quatro momentos, ambos diferentes. Neste caso, nossas 20 medidas poderiam ser logicamente agrupadas em cinco colunas, cada uma contendo quatro medidas, sendo cada coluna reservada para uma localização (Figura 2.2b). Neste caso, utilizaremos dois subscritos para acessar um dado elemento na matriz: o primeiro subscrito para selecionar a linha e o segundo para selecionar a coluna. Essas matrizes são denominadas **matrizes bidimensionais**. O número de elementos em uma matriz bidimensional será o produto dos números de linhas e de colunas na matriz.

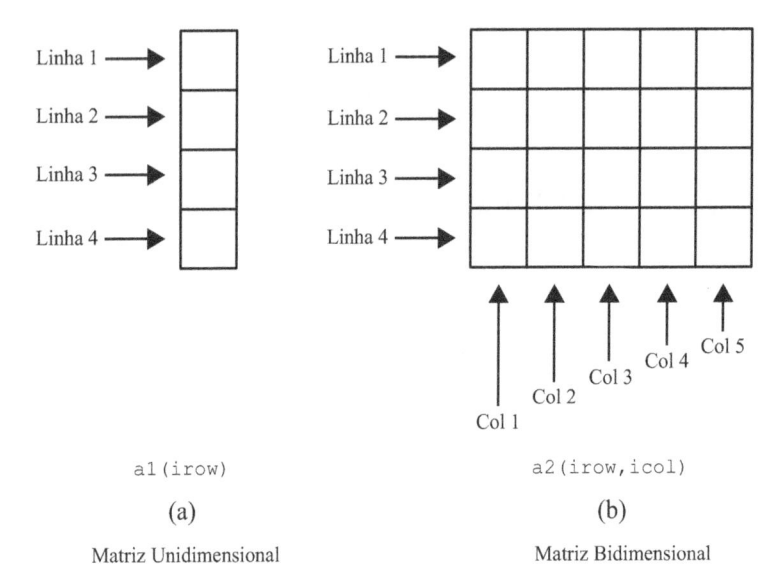

**Figura 2.2** Representações de matrizes uni e bidimensionais.

O MATLAB permite a criação de matrizes com tantas dimensões quanto necessário para um dado problema. Essas matrizes têm um subscrito para cada dimensão e um elemento individual é selecionado pela especificação de um valor para cada subscrito. O número total de elementos na matriz será o produto do valor máximo de cada subscrito. Por exemplo, as duas expressões seguintes criam uma matriz c de $2 \times 3 \times 2$:

```
» c(:,:,1)=[1 2 3; 4 5 6];
» c(:,:,2)=[7 8 9; 10 11 12];
» whos c
  Name    Size     Bytes    Class     Attributes
  c       2x3x2    96       double
```

Estra matriz contém 12 elementos ($2 \times 3 \times 2$). Seu conteúdo pode ser exibido da mesma forma que qualquer matriz.

```
» c
c(:,:,1) =
     1     2     3
     4     5     6
c(:,:,2) =
     7     8     9
    10    11    12
```

### 2.3.1 Armazenando Matrizes Multidimensionais na Memória

Uma matriz bidimensional com m linhas e n colunas conterá m $\times$ n elementos, e esses elementos ocuparão m $\times$ n localizações sucessivas na memória do computador. Como esses elementos são organizados na memória do computador? O MATLAB sempre aloca os elementos da matriz na **principal ordem de coluna**. Ou seja, o MATLAB aloca a primeira coluna na memória, depois a segunda, a terceira etc., até que todas as colunas tenham sido alocadas. A Figura 2.3 ilustra este esquema de alocação de memória para uma matriz a de $4 \times 3$. Como podemos ver, o elemento a(1,2) é efetivamente o quinto elemento alocado na memória. A ordem de alocação desses elementos na memória será importante quando discutirmos endereçamento de subscrição única na próxima seção e as funções de E/S de baixo nível, no Capítulo 8.

O mesmo esquema de alocação se aplica a matrizes com mais de duas dimensões. O primeiro subscrito da matriz é incrementado mais rápido, o segundo subscrito menos, e assim por diante; o último subscrito é o incrementado mais lentamente. Por exemplo, em uma matriz $2 \times 2 \times 2$, os elementos seriam alocados na seguinte ordem: (1,1,1), (2,1,1), (1,2,1), (2,2,1), (1,1,2), (2,1,2), (1,2,2), (2,2,2).

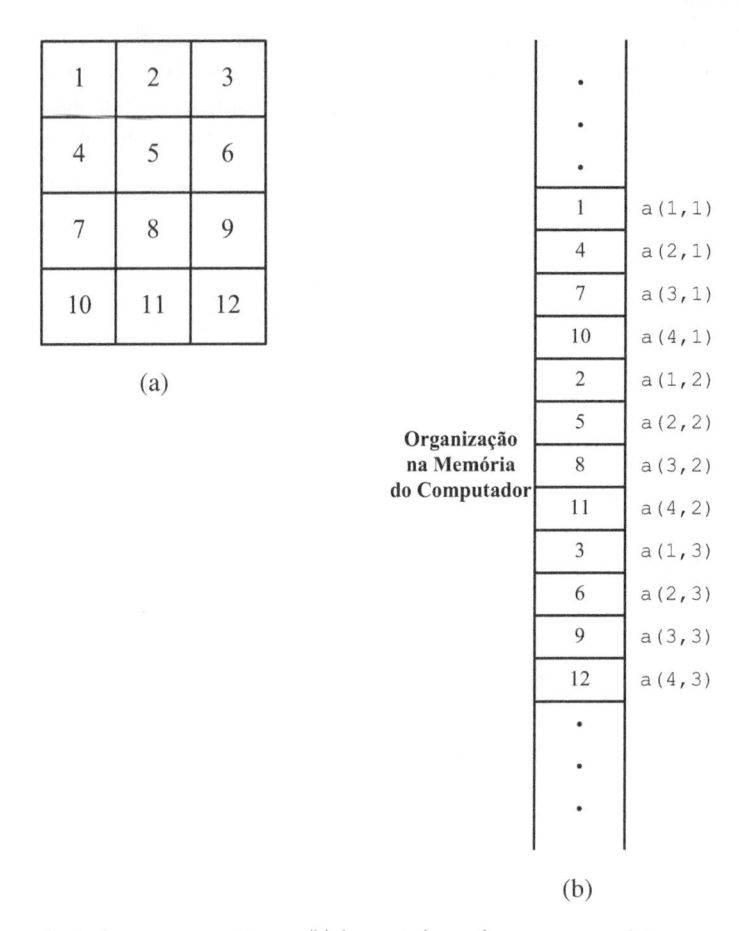

**Figura 2.3** (a) Valores de dados para a matriz a. (b) Layout dos valores na memória para a matriz a.

## 2.3.2 Acessando Matrizes Multidimensionais com Uma Dimensão

Uma das peculiaridades do MATLAB é que ele permite que o usuário ou programador trate a matriz multidimensional como se ela fosse matriz unidimensional cujo comprimento é igual ao número de elementos na matriz multidimensional. Se uma matriz multidimensional for endereçada com uma única dimensão, os elementos serão acessados na ordem em que foram colocados na memória.

Por exemplo, suponha a declaração de uma matriz de elemento de 4 × 3 a seguir:

```
» a = [1 2 3; 4 5 6; 7 8 9; 10 11 12]
a =
         1     2     3
         4     5     6
         7     8     9
        10    11    12
```

Então, o valor de a(5) será 2, que é o valor do elemento a(1,2), porque a(1,2) foi alocado em quinto lugar na memória.

Em circunstâncias normais, você nunca deveria utilizar este recurso do MATLAB. O endereçamento de matrizes multidimensionais com uma única dimensão é a receita para confusão.

> **Boa Prática de Programação**
>
> Sempre utilize o número apropriado de dimensões ao endereçar uma matriz multi-dimensional.

## 2.4 Submatrizes

É possível selecionar e utilizar subconjuntos de matrizes MATLAB como se fossem matrizes separadas. Para selecionar uma parte de uma matriz, simplesmente inclua uma lista de todos os elementos a serem selecionados entre parênteses após o nome da matriz. Por exemplo, suponha que a matriz `arr1` seja definida da seguinte maneira:

```
arr1 = [1.1 -2.2 3.3 -4.4 5.5];
```

Então `arr1(3)` é simplesmente 3.3, `arr1([1 4])` é a matriz [1.1 -4.4] e `arr1(1:2:5)` é a matriz [1.1 3.3 5.5].

Para uma matriz bidimensional, dois-pontos podem ser utilizados em um subscrito para selecionar todos os valores desse subscrito. Por exemplo, suponha que

```
arr2 = [1 2 3; -2 -3 -4; 3 4 5];
```

Esta expressão cria uma matriz `arr2` que contém os valores $\begin{bmatrix} 1 & 2 & 3 \\ -2 & -3 & -4 \\ 3 & 4 & 5 \end{bmatrix}$.

Com esta definição, a submatriz `arr2(1,:)` é [1 2 3], e a submatriz

`arr2(:,1:2:3)` é $\begin{bmatrix} 1 & 3 \\ -2 & -4 \\ 3 & 5 \end{bmatrix}$.

### 2.4.1 Função end

O MATLAB tem uma função especial denominada `end`, muito útil para criar subscritos de matrizes. Quando utilizado em um subscrito de matriz, `end` *retorna o mais alto valor obtido por esse subscrito*. Por exemplo, suponha que a matriz `arr3` esteja definida da seguinte maneira:

```
arr3 = [1 2 3 4 5 6 7 8];
```

Então `arr3(5:end)` seria a matriz [5 6 7 8], e `arr3(end)` seria o valor 8.

O valor retornado por `end` é sempre o *valor mais alto* de um determinado subscrito. Se `end` aparecer em diferentes subscritos, ele poderá retornar valores *diferentes* na mesma expressão. Por exemplo, suponha que a matriz de 3 × 4 `arr4` esteja definida da seguinte maneira:

```
arr4 = [1 2 3 4; 5 6 7 8; 9 10 11 12];
```

A expressão `arr4(2:end,2:end)` retornaria a matriz $\begin{bmatrix} 6 & 7 & 8 \\ 10 & 11 & 12 \end{bmatrix}$.

Observe que o primeiro `end` retornou o valor 3, enquanto o segundo retornou o valor 4!

## 2.4.2 Utilizando Submatrizes no Lado Esquerdo da Expressão de Atribuição

Também é possível utilizar submatrizes no lado esquerdo de instruções de atribuição para atualizar somente alguns valores da matriz, desde que a **forma** (o número de linhas e de colunas) dos valores atribuídos combine com a forma da submatriz. Se as formas não combinarem, ocorrerá um erro. Por exemplo, suponha que a matriz de 3 × 4 `arr4` esteja definida da seguinte maneira:

```
» arr4 = [1 2 3 4; 5 6 7 8; 9 10 11 12]
arr4 =
     1     2     3     4
     5     6     7     8
     9    10    11    12
```

Então, a seguinte expressão de atribuição é legal, uma vez que as expressões nos dois lados do sinal de igual têm a mesma forma (2 × 2):

```
» arr4(1:2,[1 4]) = [20 21; 22 23]
arr4 =
    20     2     3    21
    22     6     7    23
     9    10    11    12
```

Observe que os elementos (1,1), (1,4), (2,1) e (2,4) da matriz foram atualizados. Em contraposição, a expressão a seguir é ilegal, pois os dois lados não têm a mesma forma.

```
» arr5(1:2,1:2) = [3 4]
??? In an assignment A(matrix,matrix) = B, the number of rows in
B and the number of elements in the A row index matrix must be
the same.
```

### Erros de Programação

Para expressões de atribuição com submatrizes, *as formas das submatrizes em qualquer dos lados do sinal de igual precisam ser correspondentes.* O MATLAB gerará um erro se elas não combinarem.

Existe uma diferença importante, no MATLAB, entre atribuir valores a uma submatriz e atribuir valores a uma matriz. Se os valores forem atribuídos a uma submatriz, *somente aqueles valores serão atualizados e todos os outros valores na matriz permanecerão inalterados.* Por outro lado, se valores forem atribuídos a uma matriz, *todo o conteúdo da matriz será apagado e substituído pelos novos valores.* Por exemplo, suponha que a matriz de 3 × 4 `arr4` esteja definida da seguinte maneira:

```
» arr4 = [1 2 3 4; 5 6 7 8; 9 10 11 12]
arr4 =
     1     2     3     4
     5     6     7     8
     9    10    11    12
```

Então, a seguinte expressão de atribuição substitui os *elementos especificados* de `arr4`:

```
» arr4(1:2,[1 4]) = [20 21; 22 23]
arr4 =
    20     2     3    21
    22     6     7    23
     9    10    11    12
```

Em contrapartida, a expressão de atribuição a seguir substitui o *conteúdo inteiro* de `arr4` por uma matriz 2 × 2:

```
» arr4 = [20 21; 22 23]
arr4 =
    20    21
    22    23
```

### Boa Prática de Programação

Diferencie corretamente a atribuição de valores a uma submatriz e a uma matriz. O MATLAB tem comportamentos diferentes nesses dois casos.

### 2.4.3 Atribuindo Escalar à Submatriz

Um valor escalar no lado direito de uma expressão de atribuição sempre corresponde à forma especificada no lado esquerdo. O valor escalar é copiado em todos os elementos especificados no lado esquerdo da expressão. Por exemplo, assuma que a matriz de 3 × 4 `arr4` seja definida como:

```
arr4 = [1 2 3 4; 5 6 7 8; 9 10 11 12];
```

Neste caso, a expressão abaixo atribui o valor ao quatro elementos da matriz.

```
» arr4(1:2,1:2) = 1
arr4 =
     1     1     3     4
     1     1     7     8
     9    10    11    12
```

## 2.5 Valores Especiais

O MATLAB possui inúmeros valores especiais predefinidos. Esses valores podem ser utilizados a qualquer momento no MATLAB sem inicializá-los antes. Uma lista dos valores predefinidos mais comuns é dada na Tabela 2.2.

## Tabela 2.2: Valores Especiais Predefinidos

| Função | Objetivo |
|---|---|
| pi | Contém π com 15 dígitos significativos. |
| i, j | Contém o valor $i$ ($\sqrt{-1}$). |
| Inf | Este símbolo representa um infinito de máquina. É usualmente gerado como resultado de divisão por 0. |
| NaN | Este símbolo significa Não-É-Número. Ele é o resultado de uma operação matemática indefinida, como a divisão de zero por zero. |
| clock | Esta variável especial contém a data e a hora atuais na forma de um vetor-linha de 6 elementos, que contém ano, mês, dia, hora, minuto e segundo. |
| date | Contém os dados atuais em formato de cadeia de caracteres, como 24-Nov-1998. |
| eps | Este nome de variável abrevia "epsilon". Ele representa a menor diferença entre dois números que pode ser representada no computador. |
| ans | Uma variável especial utilizada para armazenar o resultado de uma expressão, caso esse resultado não seja explicitamente atribuído a outra variável. |

*Esses valores predefinidos são armazenados em variáveis ordinárias*, portanto, podem ser sobrescritos ou modificados pelo usuário. Se um novo valor for atribuído a uma das variáveis predefinidas, ele substituirá o padrão em todos os cálculos posteriores. Por exemplo, considere as expressões a seguir que calculam a circunferência de um círculo com raio de 10 cm:

```
circ1 = 2 * pi * 10
pi = 3;
circ2 = 2 * pi * 10
```

Na primeira expressão, `pi` tem valor fornecido de 3,14159..., então `circ1` equivale a 62,8319, que é a circunferência correta. A segunda expressão redefine `pi` para 3, então na terceira expressão `circ2` equivale a 60. A mudança de um valor predefinido no programa criou uma resposta incorreta e introduziu um erro delicado e difícil de ser encontrado. Imagine tentar localizar a origem de um erro oculto como este em um programa de 10.000 linhas!

### Erros de Programação

*Nunca* redefina o significado de uma variável predefinida no MATLAB. Esta é uma receita para o desastre, produzir erros sutis e difíceis de serem encontrados.

## Teste 2.2

Este teste apresenta uma verificação rápida do seu entendimento dos conceitos apresentados nas Seções de 2.3 a 2.5. Se você tiver problemas com o teste, releia as seções, pergunte ao seu professor ou discuta o material com um colega. As respostas para esse teste estão no final do livro.

1. Assuma que a matriz c seja definida como abaixo e determine o conteúdo das seguintes submatrizes:

$$c = \begin{bmatrix} 1,1 & -3,2 & 3,4 & 0,6 \\ 0,6 & 1,1 & -0,6 & 3,1 \\ 1,3 & 0,6 & 5,5 & 0,0 \end{bmatrix}$$

(a) `c(2,:)`
(b) `c(:,end)`

(c) c(1:2,2:end)
(d) c(6)
(e) c(4:end)
(f) c(1:2,2:4)
(g) c([1 3],2)
(h) c([2 2],[3 3])

2. Determine o conteúdo da matriz a após a execução das seguintes expressões.
   (a) a = [1 2 3; 4 5 6; 7 8 9];
       a([3 1],:) = a([1 3],:);
   (b) a = [1 2 3; 4 5 6; 7 8 9];
       a([1 3],:) = a([2 2],:);
   (c) a = [1 2 3; 4 5 6; 7 8 9];
       a = a([2 2],:);

3. Determine o conteúdo da matriz a após a execução das seguintes expressões.
   (a) a = eye(3,3); b = [1 2 3]; a(2,:) = b;
   (b) a = eye(3,3); b = [4 5 6]; a(:,3) = b';
   (c) a = eye(3,3); b = [7 8 9]; a(3,:) = b([3 1 2]);

## 2.6 Exibindo Dados de Saída

Existem muitas maneiras de exibir dados de saída no MATLAB. A mais simples é uma já vista – simplesmente não escreva o ponto e vírgula no final da expressão e eles serão ecoados na Janela de Comandos. Iremos agora explorar algumas outras maneiras de exibir dados.

### 2.6.1 Alterando o Formato-Padrão

Quando dados são ecoados na Janela de Comandos, valores inteiros são sempre exibidos como inteiros, os valores de caracteres são exibidos como cadeias e outros valores são impressos com um **formato-padrão**. O formato-padrão para o MATLAB exibe quatro dígitos depois do ponto decimal, e pode ser exibido com notação científica, com um expoente se o número for muito grande ou muito pequeno. Por exemplo, as expressões

```
x = 100.11
y = 1001.1
z = 0.00010011
```

produzem a seguinte saída

```
x =
   100.1100
y =
   1.0011e+003
z =
   1.0011e-004
```

Este formato-padrão pode ser alterado de uma de duas maneiras: a partir do menu principal da Janela do MATLAB ou utilizando o comando **format**. É possível alterar o formato selecionando o ícone Preferências na Faixa de Ferramentas. Esta opção faz surgir a janela de preferências (veja a Figura 2.4) e o formato pode ser selecionado a partir do item Janela de Comandos na lista de preferências.

Como alternativa, o usuário pode acionar o comando `format` para alterar as preferências. O comando `format` altera o formato-padrão de acordo com os valores dados na Tabela 2.3. O formato-padrão pode ser modificado para exibir dígitos mais significativos de dados, para forçar a exibição em notação científica, exibir dados com dois dígitos decimais ou eliminar mudanças adicionais de linha para que mais dados sejam visíveis na Janela de Comandos em uma única vez. Experimente com os comandos na Tabela 2.3 sozinho.

Qual é a melhor dessas maneiras de alterar o formato de dados? Se você estiver trabalhando diretamente no computador, provavelmente será mais fácil utilizar a Barra de Ferramentas. Por outro lado, se estiver escrevendo programas, será melhor utilizar o comando format, porque pode ser incluído diretamente em um programa.

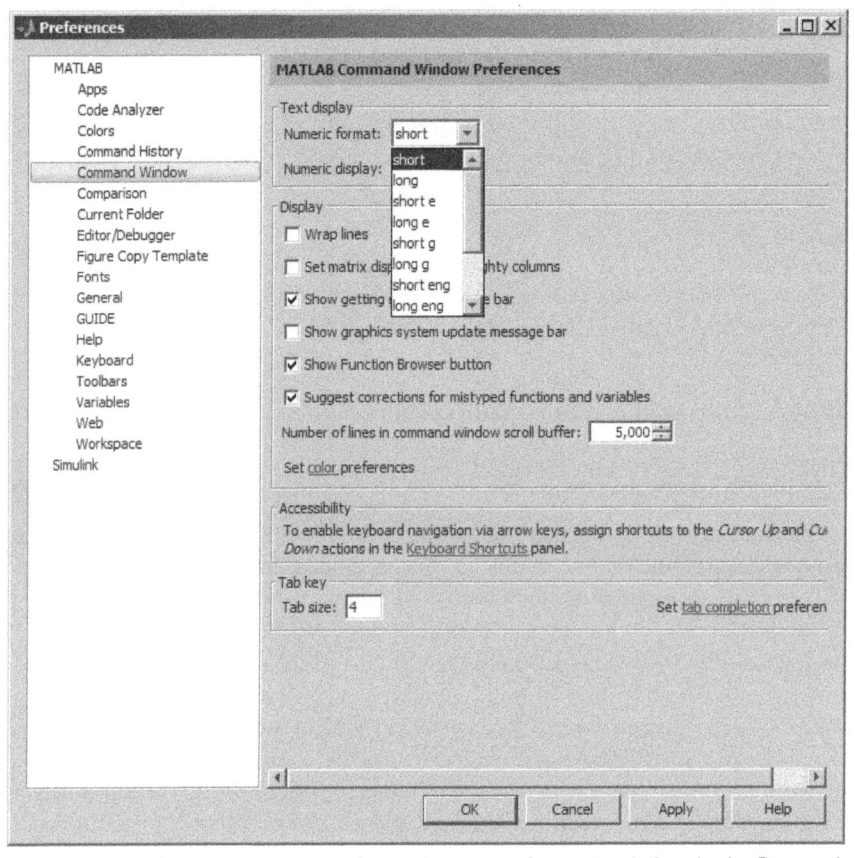

**Figura 2.4** Seleção do formato numérico desejado nas preferências da Janela de Comandos.

### Tabela 2.3: Formatos de Exibição de Saída

| Comando de Formatação | Resultados | Exemplo[1] |
|---|---|---|
| format short | 4 dígitos após decimal (formato-padrão) | 12.3457 |
| format long | 14 dígitos após decimal | 12.34567890123457 |
| format short e | 5 dígitos mais expoente | 1.2346e+001 |
| format short g | 5 dígitos no total, com ou sem expoente | 12.346 |
| format long e | 15 dígitos mais expoente | 1.234567890123457e+001 |
| format long g | 15 dígitos no total, com ou sem expoente | 12.3456789012346 |
| format bank | formato "dollars and cents" | 12.35 |
| format hex | exibição hexadecimal de bits | 4028b0fcd32f707a |
| format rat | razão aproximada entre inteiros pequenos | 1000/81 |
| format compact | suprime linhas adicionais | |
| format loose | restabelece as linhas adicionais | |
| format + | Somente os sinais são impressos | + |

[1] O valor do dado utilizado para o exemplo é 12.345678901234567 em todos os casos.

## 2.6.2 Função `disp`

Outra maneira de exibir dados é a função `disp`. A função `disp` aceita um argumento de matriz e exibe o valor da matriz na Janela de Comandos. Se a matriz for do tipo `char`, então a cadeia de caracteres contida na matriz será impressa.

Esta função geralmente é combinada com as funções `num2str` (que converte um número em uma cadeia) e `int2str` (que converte um número inteiro em uma cadeia) para criar mensagens a serem exibidas na Janela de Comandos. Por exemplo, as seguintes expressões MATLAB exibirão "The value of pi = 3.1416" na Janela de Comandos. A primeira expressão cria uma matriz de cadeia que contém a mensagem e a segunda expressão exibe a mensagem.

```
str = ['The value of pi = ' num2str(pi)];
disp (str);
```

## 2.6.3 Saída Formatada com a Função `fprintf`

Uma forma ainda mais flexível de exibir dados é com a função `fprintf`. A função `fprintf` exibe um ou mais valores juntamente com o texto relacionado e permite ao programador controlar a maneira como os valores são exibidos. Sua forma geral, quando utilizada para exibir dados na Janela de Comandos, é:

```
fprintf(format,data)
```

em que `format` é uma cadeia que descreve a maneira como os dados devem ser impressos e `data` é um ou mais escalares ou matrizes a serem impressos. A cadeia de caracteres `format` contém texto a ser apresentado, mais caracteres especiais descrevendo o formato dos dados. Por exemplo, a função

```
fprintf('The value of pi is %f \n',pi)
```

apresentará 'The value of pi is 3.141593' seguido de uma mudança de linha. Os caracteres %f são denominados **caracteres de conversão**; indicam que um valor na lista de dados deveria ser apresentado em formato de ponto flutuante naquele local da cadeia de formatação. Os caracteres \n são **caracteres de escape** que indicam que uma mudança de linha deve ser incluída, para que o texto seguinte inicie em uma nova linha. Existem muitos tipos de caracteres de conversão e de escape que podem ser utilizados em uma função `fprintf`. Alguns são apresentados na Tabela 2.4 e uma lista completa pode ser encontrada no Capítulo 11.

Também é possível especificar a largura do campo de exibição de um número e o número de casas decimais a serem exibidas. Isso é feito especificando-se a largura e a precisão depois do sinal % e antes de f. Por exemplo, a função

```
fprintf('The value of pi is %6.2f \n',pi)
```

apresentará 'The value of pi is 3.14' seguido de uma mudança de linha. Os caracteres de conversão %6.2f indicam que o primeiro item de dados na função deveria ser apresentado em formato de ponto flutuante em um campo com seis caracteres de largura, incluindo dois dígitos depois do ponto decimal.

A função `fprintf` tem uma limitação bastante significativa: *ela somente exibe a porção real de um valor complexo*. Essa limitação pode levar a resultados enganosos quando os cálculos produzem respostas complexas. Nesses casos, é melhor utilizar a função `disp` para exibir as respostas.

Por exemplo, as seguintes expressões calculam um valor complexo x e exibem esse valor utilizando `fprintf` e `disp`.

```
x = 2 * ( 1 - 2*i )^3;
str = ['disp:    x = ' num2str(x)];
disp(str);
fprintf('fprintf: x = %8.4f\n',x);
```

## Tabela 2.4: Caracteres Especiais Comuns em Cadeias de Formatação fprintf

| Cadeia de Formatação | Resultados |
|---|---|
| %d | Exibe valor como inteiro. |
| %e | Exibe valor em formato exponencial. |
| %f | Exibe valor em formato de ponto flutuante. |
| %g | Exibe valor em formato de ponto flutuante ou exponencial, o que for mais curto. |
| \n | Muda de linha. |

Os resultados impressos por essas expressões são

```
disp:    x = -22+4i
fprintf: x = -22.0000
```

Observe que a função fprintf ignorou a parte imaginária da resposta.

### Erros de Programação

A função fprintf exibe somente a parte *real* de um número complexo, que pode produzir respostas equivocadas ao trabalhar com valores complexos.

## 2.7 Arquivos de Dados

Existem muitas maneiras de carregar e gravar arquivos de dados no MATLAB, a maioria delas será vista no Capítulo 11. Por enquanto, vamos apenas considerar os comandos **load** e **save**, os mais simples de utilizar.

O comando **save** grava dados do espaço de trabalho MATLAB corrente em um arquivo de disco. A forma mais comum deste comando é

```
save filename var1 var2 var3
```

em que filename é o nome do arquivo em que as variáveis são gravadas, e var1, var2 etc. são as variáveis gravadas no arquivo. Por padrão, o nome do arquivo receberá a extensão "mat" e esses arquivos de dados são chamados arquivos MAT. Se nenhuma variável for especificada, todo o conteúdo do espaço de trabalho será gravado.

O MATLAB grava os arquivos MAT em um formato compacto especial, que preserva muitos detalhes, incluindo o nome e o tipo de cada variável, o tamanho de cada matriz e todos os valores de dados. Um arquivo MAT criado em qualquer plataforma (PC, Mac, Unix ou Linux) pode ser lido em qualquer outra plataforma; por isso, os arquivos MAT são uma boa forma de trocar dados entre computadores se ambos utilizam o MATLAB. Infelizmente, o arquivo MAT tem um formato que não pode ser lido por outros programas. Se os dados precisam ser compartilhados com outros programas, a opção -ascii precisa ser especificada e os valores de dados serão escritos no arquivo como cadeias de caracteres ASCII separadas por espaços. Entretanto, informações especiais, como nomes e tipos de variáveis, são perdidas quando gravamos os dados em formato ASCII e o arquivo resultante de dados fica muito maior.

Por exemplo, suponha que a matriz x seja definida como

```
x =[1.23 3.14 6.28; -5.1 7.00 0];
```

Então, o comando "`save x.dat x -ascii`" produzirá um arquivo denominado `x.dat` que contém os dados a seguir:

```
   1.2300000e+000   3.1400000e+000   6.2800000e+000
  -5.1000000e+000   7.0000000e+000   0.0000000e+000
```

Esses dados estão em um formato que pode ser lido por planilhas ou programas escritos em outras linguagens, o que facilita o compartilhamento de dados entre programas MATLAB e outras aplicações.

### Boa Prática de Programação

Se os dados tiverem que ser trocados entre o MATLAB e outros programas, grave os dados MATLAB em formato ASCII. Se os dados forem usados apenas pelo MATLAB, grave-os em formato de arquivo MAT.

O MATLAB não determina a extensão do arquivo usada para arquivos ASCII. No entanto, é melhor para o usuário se uma convenção de nomenclatura consistente for utilizada e uma extensão de "`dat`" for a escolha comum para arquivos ASCII.

### Boa Prática de Programação

Grave os arquivos de dados ASCII com a extensão de arquivo "`dat`" para diferenciá-los dos arquivos MAT, que têm a extensão de arquivo "`mat`".

O comando **load** é o oposto do comando `save`. Ele carrega dados de um arquivo de disco para o espaço de trabalho atual do MATLAB. A forma mais comum deste comando é

```
load filename
```

em que `filename` é o nome do arquivo a ser carregado. Se for um arquivo MAT, todas as variáveis no arquivo serão recuperadas, com os nomes e tipos idênticos aos anteriores. Se uma lista de variáveis for incluída no comando, somente essas variáveis serão recuperadas. Se o `filename` fornecido não tiver extensão ou se a extensão do arquivo for `.mat`, o comando load tratará o arquivo como um arquivo MAT.

MATLAB pode carregar dados criados por outros programas no formato ASCII separado por vírgulas ou por espaço. Se o `filename` fornecido tiver alguma extensão de arquivo que não seja `.mat`, o comando load tratará o arquivo como um arquivo ASCII. O conteúdo de um arquivo ASCII será convertido em uma matriz MATLAB que possui o mesmo nome que o arquivo (sem a extensão de arquivo) do qual os dados foram carregados. Por exemplo, suponha que um arquivo de dados ASCII denominado `x.dat` contenha os seguintes dados:

```
   1.23    3.14    6.28
  -5.1     7.00    0
```

Então o comando "`load x.dat`" criará uma matriz de 2 × 3 denominada x no espaço de trabalho atual, que contém esses valores de dados.

A expressão load pode ser forçada a tratar um arquivo como arquivo MAT, especificando a opção `-mat`. Por exemplo, a expressão

```
load -mat x.dat
```

trataria o arquivo x.dat como arquivo MAT, apesar de a extensão não ser .mat. De forma similar, a expressão load pode ser forçada a tratar um arquivo como ASCII especificando a opção -ascii. Essas opções permitem que o usuário carregue um arquivo adequadamente mesmo se sua extensão de arquivo não corresponder às convenções MATLAB.

### Teste 2.3

Este teste apresenta uma verificação rápida do seu entendimento dos conceitos apresentados nas Seções 2.6 e 2.7. Se você tiver problemas com o teste, releia as seções, pergunte ao seu professor ou discuta o material com um colega. As respostas para esse teste estão no final do livro.

1. Como você faria o MATLAB exibir todos os valores reais em formato exponencial com 15 dígitos significativos?
2. O que fazem os seguintes conjuntos de expressões? Qual a saída de cada um deles?

    (a)
    ```
    radius = input('Enter circle radius:\n');
    area = pi * radius^2;
    str = ['The area is ' num2str(area)];
    disp(str);
    ```

    (b)
    ```
    value = int2str(pi);
    disp(['The value is ' value '!']);
    ```

3. O que fazem os seguintes conjuntos de expressões? Qual a saída de cada um deles?

    ```
    value = 123.4567e2;
    fprintf('value = %e\n',value);
    fprintf('value = %f\n',value);
    fprintf('value = %g\n',value);
    fprintf('value = %12.4f\n',value);
    ```

## 2.8 Operações com Escalares e Matrizes

Cálculos são especificados no MATLAB com uma expressão de atribuição, cuja forma geral é

```
nome_de_variável = expressão;
```

A expressão de atribuição calcula o valor da expressão à direita do sinal de igual e *atribui* esse valor à variável nomeada à esquerda do sinal de igual. Observe que o sinal de igual não significa igualdade no sentido usual da palavra. Em vez disso, significa: *armazene o valor de* expressão *no local* nome_de_variável. Por esta razão, o sinal de igual é chamado de **operador de atribuição**. Uma expressão como

```
ii = ii + 1;
```

não faz o menor sentido em álgebra usual, mas faz sentido perfeitamente no MATLAB. Ela significa: pegue o valor corrente armazenado na variável ii, some um a esse valor e armazene o resultado de volta na variável ii.

### 2.8.1 Operações com Escalares

A expressão à direita do operador de atribuição pode ser qualquer combinação válida de escalares, matrizes, parênteses e operadores aritméticos. As operações aritméticas-padrão entre dois escalares são dadas na Tabela 2.5.

Parênteses podem ser usados para agrupar termos sempre que desejado. Quando são usados parênteses, as expressões dentro deles são avaliadas antes das que estão fora. Por exemplo, a expressão 2 ^ ((8+2)/5) é avaliada conforme mostrado abaixo

```
2 ^ ((8 + 2)/5) = 2 ^ (10/5)
                = 2 ^ 2
                = 4
```

## 2.8.2 Operações com Matrizes Array e Matrix

O MATLAB dá suporte a dois tipos de operações entre matrizes, conhecidos como *operações array* e *operações matrix*. As **operações array** são operações executadas entre as matrizes **com base em elemento por elemento**. Ou seja, a operação é executada nos elementos correspondentes nas duas matrizes. Por exemplo, se $a = \begin{bmatrix} 1 & 2 \\ 3 & 4 \end{bmatrix}$ e $b = \begin{bmatrix} -1 & 3 \\ -2 & 1 \end{bmatrix}$, então $a + b = \begin{bmatrix} 0 & 5 \\ 1 & 5 \end{bmatrix}$. Observe que, para que essas operações funcionem, *o número de linhas e de colunas nas duas matrizes precisa ser o mesmo*. Caso contrário, o MATLAB gera uma mensagem de erro.

### Tabela 2.5: Operações Aritméticas entre Dois Escalares

| Operação | Forma Algébrica | Forma no MATLAB |
|---|---|---|
| Soma | $a + b$ | a + b |
| Subtração | $a - b$ | a - b |
| Multiplicação | $a \times b$ | a * b |
| Divisão | $\frac{a}{b}$ | a / b |
| Exponenciação | $a^b$ | a ^ b |

Operações array também podem ocorrer entre uma matriz e um escalar. Se a operação for entre uma matriz e um escalar, o valor do escalar será aplicado a todos os elementos da matriz. Por exemplo, se $a = \begin{bmatrix} 1 & 2 \\ 3 & 4 \end{bmatrix}$, então $a + 4 = \begin{bmatrix} 5 & 6 \\ 7 & 8 \end{bmatrix}$.

Em contrapartida, as **operações matrix** seguem as regras normais da álgebra linear, como multiplicação de matrizes. Na álgebra linear, o produto c = a × b é definido pela equação

$$c(i,j) = \sum_{k=1}^{n} a(i,k)\, b(k,j)$$

em que $n$ é o número de colunas na matriz a e o número de linhas na matriz b.

Por exemplo, se $a = \begin{bmatrix} 1 & 2 \\ 3 & 4 \end{bmatrix}$ e $b = \begin{bmatrix} -1 & 3 \\ -2 & 1 \end{bmatrix}$, então $a \times b = \begin{bmatrix} -5 & 5 \\ -11 & 13 \end{bmatrix}$.

Observe que para que a multiplicação de matriz funcione, *o número de colunas na matriz a deve ser igual ao número de linhas ma matriz b*.

O MATLAB usa um símbolo especial para diferenciar operações array das operações matrix. Nos casos em que as operações array e as operações matrix possuem uma definição diferente, o MATLAB usa um ponto antes do símbolo para indicar uma operação array (por exemplo, .*). Uma lista de operações array e matrix é apresentada na Tabela 2.6.

## Tabela 2.6: Operações Comuns com Matrizes Array e Matrix

| Operação | Forma no MATLAB | Comentários |
|---|---|---|
| Soma com Array | a + b | A soma com array e com matrix são idênticas. |
| Subtração com Array | a - b | Subtração com array e com matrix são idênticas. |
| Multiplicação com Array | a .* b | A multiplicação elemento por elemento de a e b. Ambas as matrizes precisam da mesma forma ou uma delas deve ser escalar. |
| Multiplicação com Matrix | a * b | Multiplicação com matrix a e b. O número de colunas em a precisa ser igual ao de linhas em b. |
| Divisão à Direita com Array | a ./ b | Divisão elemento por elemento de a e b: a(i,j) / b(i,j). As duas matrizes precisam ter a mesma forma ou uma delas precisa ser um escalar. |
| Divisão à Esquerda com Array | a .\ b | Divisão elemento por elemento a e b, mas com b no numerador: b(i,j) / a(i,j). As duas matrizes precisam ter a mesma forma, ou uma delas precisa ser um escalar. |
| Divisão à Direita com Matrix | a / b | Divisão com matrix definida por um * inv(b), em que inv(b) é o inverso da matriz b. |
| Divisão à Esquerda com Matrix | a \ b | Divisão com matrix definida por inv(a) * b, em que inv(a) é o inverso da matriz a. |
| Exponenciação com Array | a .^b | Exponenciação elemento por elemento de a e b: a(i,j) ^ b(i,j). As duas matrizes precisam ter a mesma forma, ou uma delas precisa ser um escalar. |

Usuários novatos frequentemente confundem as operações de matriz array e matrix. Em alguns casos, a substituição de uma pela outra produz uma operação ilegal e o MATLAB relata erro. Em outros casos, as duas operações são legais e o MATLAB executa a operação errada e produz um resultado errado. O problema mais comum ocorre quando se trabalha com matrizes quadradas. Tanto a multiplicação com array quanto a com matrix são aplicáveis para duas matrizes quadradas de mesmo tamanho, mas as respostas resultantes serão totalmente diferentes. Tenha o cuidado de especificar exatamente o que você quer!

### Erros de Programação

Tenha o cuidado de diferenciar entre operações array e operações matrix em seu código MATLAB. É muito comum confundir multiplicação array com multiplicação matrix.

---

▶ **Exemplo 2.1** – Assuma que a, b, c e d são definidas da seguinte maneira

$$a = \begin{bmatrix} 1 & 0 \\ 2 & 1 \end{bmatrix} \qquad b = \begin{bmatrix} -1 & 2 \\ 0 & 1 \end{bmatrix}$$

$$c = \begin{bmatrix} 3 \\ 2 \end{bmatrix} \qquad d = 5$$

Qual é o resultado das seguintes expressões?

(a) a + b
(b) a .* b
(c) a * b
(d) a * c
(e) a + c
(f) a + d
(g) a .* d
(h) a * d

**Solução**

(a) Esta é a soma com array ou com matrix: $a + b = \begin{bmatrix} 0 & 2 \\ 2 & 2 \end{bmatrix}$

(b) Esta é a multiplicação elemento por elemento com array: $a .* b = \begin{bmatrix} -1 & 0 \\ 0 & 1 \end{bmatrix}$

(c) Esta é a multiplicação com matrix: $a * b = \begin{bmatrix} -1 & 2 \\ -2 & 5 \end{bmatrix}$

(d) Esta é a multiplicação com matrix: $a * c = \begin{bmatrix} 3 \\ 8 \end{bmatrix}$

(e) Esta operação é ilegal, porque a e c possuem números de colunas diferentes.

(f) Esta é a soma de um array para um escalar: $a + d = \begin{bmatrix} 6 & 5 \\ 7 & 6 \end{bmatrix}$

(g) Esta é a multiplicação array: $a .* d = \begin{bmatrix} 5 & 0 \\ 10 & 5 \end{bmatrix}$

(h) Esta é a multiplicação matrix: $a * d = \begin{bmatrix} 5 & 0 \\ 10 & 5 \end{bmatrix}$

---

A divisão à esquerda com matrix tem uma importância especial que deve ser entendida. Um conjunto 3 × 3 de equações lineares simultâneas tem a forma

$$a_{11}x_1 + a_{12}x_2 + a_{13}x_3 = b_1$$
$$a_{21}x_1 + a_{22}x_2 + a_{23}x_3 = b_2 \quad (2.1)$$
$$a_{31}x_1 + a_{32}x_2 + a_{33}x_3 = b_3$$

que pode ser expressa como

$$Ax = B \quad (2.2)$$

em que $A = \begin{bmatrix} a_{11} & a_{12} & a_{13} \\ a_{21} & a_{22} & a_{23} \\ a_{31} & a_{32} & a_{33} \end{bmatrix}, B = \begin{bmatrix} b_1 \\ b_2 \\ b_3 \end{bmatrix}$ e $x = \begin{bmatrix} x_1 \\ x_2 \\ x_3 \end{bmatrix}$.

A equação (2.2) pode ser resolvida para $x$ usando álgebra linear. Se $A$ for uma matriz não singular (ou seja, passiva de inversão), o resultado será

$$x = A^{-1}B \quad (2.3)$$

Como o operador de divisão à esquerda A \ B é definido para inv(A) * B, o operador de divisão à esquerda resolve um sistema de equações simultâneas em uma única expressão!

> ### Boa Prática de Programação
> Use o operador de divisão para resolver os sistemas de equações simultâneas.

## 2.9 Hierarquia de Operações

Frequentemente, muitas operações aritméticas são combinadas em uma única expressão. Por exemplo, considere a equação para a distância percorrida por um objeto inicialmente em repouso e sujeito a uma aceleração constante:

```
distance = 0.5 * accel * time ^ 2
```

Existem duas multiplicações e um exponencial nessa expressão. Em uma expressão como esta, é importante saber a ordem de avaliação dos operadores. Se o expoente for avaliado antes da multiplicação, esta expressão será equivalente a

```
distance = 0.5 * accel * (time ^ 2)
```

Se a multiplicação for avaliada antes do expoente, esta expressão será equivalente a

```
distance = (0.5 * accel * time) ^ 2
```

Essas duas equações têm resultados distintos e precisamos ser capazes de distingui-las claramente.

Para eliminar a ambiguidade da avaliação das expressões, o MATLAB estabeleceu uma série de regras que regem a hierarquia ou a ordem em que as operações são avaliadas em uma expressão. As regras em geral seguem aquelas normais da álgebra. A ordem de avaliação das operações aritméticas é dada na Tabela 2.7.

### Tabela 2.7: Hierarquia de Operações Aritméticas

| Precedência | Operação |
| --- | --- |
| 1 | O conteúdo de todos os parênteses é avaliado, a partir dos parênteses internos e de dentro para fora. |
| 2 | Todos os expoentes são avaliados, da esquerda para a direita. |
| 3 | Todas as multiplicações e divisões são avaliadas, da esquerda para a direita. |
| 4 | Todas as somas e subtrações são avaliadas, da esquerda para a direita. |

▶**Exemplo 2.2 – Variáveis a, b, c e d foram iniciadas para os seguintes valores**

```
a = 3;      b = 2;      c = 5;      d = 3;
```

Avalie as seguintes expressões de atribuição MATLAB:

(a) output = a*b+c*d;
(b) output = a*(b+c)*d;
(c) output = (a*b)+(c*d);
(d) output = a^b^d;
(e) output = a^(b^d);

**Solução**

(a) Expressão a avaliar: `output = a*b+c*d;`
    Preencha com os valores: `output = 3*2+5*3;`
    Primeiro, avalie as multiplicações e
    divisões, da esquerda para a direita: `output = 6 +5*3; output = 6 + 15;`
    Agora, avalie as somas: `output = 21`

(b) Expressão a avaliar: `output = a*(b+c)*d;`
    Preencha com os valores: `output = 3*(2+5)*3;`
    Primeiro, avalie os parênteses: `output = 3*7*3;`
    Agora, avalie as multiplicações e as
    divisões, da esquerda para a direita: `output = 21*3; output = 63;`

(c) Expressão a avaliar: `output = (a*b)+(c*d);`
    Preencha com os valores: `output = (3*2)+(5*3);`
    Primeiro, avalie os parênteses: `output = 6 + 15;`
    Agora, avalie as somas: `output = 21`

(d) Expressão a avaliar: `output = a^b^d;`
    Preencha com os valores: `output = 3^2^3;`
    Avalie os expoentes da esquerda para
    a direita: `output = 9^3;`
    `output = 729;`

(e) Expressão a avaliar: `output = a^ (b^d);`
    Preencha com os valores: `output = 3^(2^3);`
    Primeiro, avalie os parênteses: `output = 3^8;`
    Agora, avalie o exponencial: `output = 6561;`

Como podemos ver, a ordem de execução das operações tem um efeito essencial no resultado final de uma expressão algébrica.

É importante que toda expressão em um programa seja a mais clara possível. Qualquer programa de valor deve ser não só escrito, mas também mantido e modificado quando necessário. Você deve sempre se perguntar: "Vou entender com facilidade essa expressão quando voltar a ela daqui a seis meses? Outro programador poderia olhar meu código e entender com facilidade o que estou fazendo?". Se houver qualquer dúvida em sua mente, use parênteses adicionais na expressão para torná-la o mais claro possível.

### Boa Prática de Programação

Use parênteses quando necessário para tornar suas equações claras e fáceis de entender.

Se os parênteses forem usados em uma expressão, os parênteses devem ser equilibrados. Ou seja, deve haver um número igual de parênteses de abertura e parênteses de fechamento na expressão. É um erro ter mais parênteses de um tipo que do outro.

Erros deste tipo, geralmente tipográficos, são capturados pelo interpretador MATLAB quando o comando é executado. Por exemplo, a expressão

$$(2 + 4) / 2)$$

produz um erro quando é executada.

### Teste 2.4

Este teste apresenta uma verificação rápida do seu entendimento dos conceitos apresentados nas Seções 2.8 e 2.9. Se você tiver problemas com o teste, releia as seções, pergunte ao seu instrutor ou discuta o material com um colega. As respostas para esse teste estão no final do livro.

1. Assuma que a, b, c e d são definidas conforme a seguir e calcule os resultados das seguintes operações se elas forem legais. Se uma operação for ilegal, explique o motivo.

$$a = \begin{bmatrix} 2 & 1 \\ -1 & 2 \end{bmatrix} \qquad b = \begin{bmatrix} 0 & -1 \\ 3 & 1 \end{bmatrix}$$

$$c = \begin{bmatrix} 1 \\ 2 \end{bmatrix} \qquad d = -3$$

   (a) `result = a .* c;`
   (b) `result = a * [c c];`
   (c) `result = a .* [c c];`
   (d) `result = a + b * c;`
   (e) `result = a + b .* c;`

2. Resolva para $x$ na equação $Ax = B$, em que $A = \begin{bmatrix} 1 & 2 & 1 \\ 2 & 3 & 2 \\ -1 & 0 & 1 \end{bmatrix}$

   e $B = \begin{bmatrix} 1 \\ 1 \\ 0 \end{bmatrix}$.

## 2.10 Funções MATLAB Integradas

Na matemática, uma **função** é uma expressão que aceita um ou mais valores de entrada e calcula um único resultado a partir deles. Cálculos científicos e técnicos em geral requerem funções mais complexas do que simples soma, subtração, multiplicação, divisão e expoente, conforme discutido até aqui. Algumas dessas funções são muito comuns e usadas em diferentes disciplinas técnicas. Outras são mais raras e específicas de um problema ou um pequeno número de problemas. Exemplos de funções muito comuns são as trigonométricas, logarítmicas e raízes quadradas. Os exemplos de funções mais raras incluem as hiperbólicas, funções de Bessel e assim por diante. Uma das grandes forças do MATLAB é que ele vem com uma incrível variedade de funções prontas para uso.

### 2.10.1 Resultados Opcionais

Diferente das funções matemáticas, as funções MATLAB podem retornar *mais do que um resultado* para o programa que as ativa. A função `max` é um exemplo de função deste tipo. Essa função normalmente retorna o valor máximo de um vetor de entrada, mas ela também pode retornar um segundo argumento contendo a localização no vetor de entrada onde o valor máximo foi encontrado. Por exemplo, a expressão

```
maxval = max ([1 -5 6 -3])
```
retorna `maxval` = 6. Entretanto, se duas variáveis forem fornecidas para armazenar resultados, a função retomará *tanto* o valor máximo *quanto* o local do valor máximo.

```
[maxval, index] = max ([1 -5 6 -3])
```
produz os resultados `maxval` = 6 e `index` = 3.

### 2.10.2 Utilizando Funções MATLAB com Matriz como Entradas

Muitas funções MATLAB são definidas para uma ou mais entradas escalares e produzem uma saída escalar. Por exemplo, a expressão `y = sin(x)` calcula o seno de x e armazena o resultado em y. Se essas funções recebem uma matriz com valores de entrada, elas calculam uma matriz com valores de saída calculados elemento por elemento. Por exemplo, se `x = [ 0 pi/2 pi 3*pi/2 2*pi]`, então a expressão

```
y = sin(x)
```

produzirá o resultado `y = [0 1 0 -1 0]`.

### 2.10.3 Funções MATLAB Comuns

Algumas das funções mais comuns e úteis do MATLAB são apresentadas na Tabela 2.8. Elas serão usadas em muitos exemplos e exercícios. Se precisar localizar uma função específica que não esteja nesta lista, você pode pesquisar alfabeticamente ou por assunto usando o Navegador de Ajuda do MATLAB.

Observe que, diferente de outras linguagens de computador, muitas funções MATLAB operam corretamente com entradas tanto reais como complexas. As funções MATLAB calculam automaticamente a resposta correta, mesmo se o resultado for imaginário ou complexo. Por exemplo, a função `sqrt(-2)` produzirá um erro de tempo de execução em linguagens como C++, Java ou Fortran. Em contrapartida, o MATLAB calcula corretamente a resposta imaginária:

```
» sqrt(-2)
ans =
    0 + 1.4142i
```

### Tabela 2.8: Funções MATLAB Comuns

| Função | Descrição |
|---|---|
| | **Funções matemáticas** |
| `vabs(x)` | Calcula |x|. |
| `acos(x)` | Calcula $\cos^{-1}x$ (resultados em radianos). |
| `acosd(x)` | Calcula $\cos^{-1}x$ (resultados em graus). |
| `angle(x)` | Retorna o ângulo de fase do valor complexo $x$, em radianos. |
| `asin(x)` | Calcula $\sin^{-1}x$ (resultados em radianos). |
| `asind(x)` | Calcula $\sin^{-1}x$ (resultados em graus). |
| `atan(x)` | Calcula $\tan^{-1}x$ (resultados em radianos). |
| `atand(x)` | Calcula $\tan^{-1}x$ (resultados em graus). |
| `atan2(y,x)` | Calcula $\theta = \tan^{-1}\frac{y}{x}$ sobre todos os quatro quadrantes do círculo, considerando os contornos entre os quadrantes (resultados em radianos no intervalo $-\pi \leq \theta \leq \pi$). |

## Tabela 2.8: Funções MATLAB Comuns (continuação)

| Função | Descrição |
|---|---|
| | **Funções matemáticas** |
| `atan2d(y,x)` | Calcula $\theta = \tan^{-1}\frac{y}{x}$ sobre todos os quatro quadrantes do círculo, considerando os contornos entre os quadrantes (resultados em graus no intervalo $-180° \leq 0 \leq 180°$). |
| `cos(x)` | Calcula cos $x$, com $x$ em radianos. |
| `cosd(x)` | Calcula cos $x$, com $x$ em graus. |
| `exp(x)` | Calcula $e^x$. |
| `log(x)` | Calcula o logaritmo natural $\log_e x$. |
| `[value,index] = max(x)` | Retorna o valor máximo no vetor $x$, e opcionalmente o local desse valor. |
| `[value,index] = min(x)` | Retorna o valor mínimo no vetor $x$, e opcionalmente o local desse valor. |
| `mod(x,y)` | Função resto ou de módulo. |
| `sin(x)` | Calcula sin $x$, com $x$ em radianos. |
| `sind(x)` | Calcula sin $x$, com $x$ em graus. |
| `sqrt(x)` | Calcula a raiz quadrada de $x$. |
| `tan(x)` | Calcula tan $x$, com $x$ em radianos. |
| `tand(x)` | Calcula tan $x$, com $x$ em graus. |
| | **Funções de arredondamento** |
| `ceil(x)` | Arredonda $x$ para o inteiro mais próximo ao infinito positivo: `ceil(3.1) = 4` e `ceil(-3.1) = -3`. |
| `fix(x)` | Arredonda $x$ para o número inteiro mais próximo de zero: `fix(3.1) = 3` e `fix(-3.1) = -3`. |
| `floor(x)` | Arredonda $x$ para o número inteiro mais próximo a menos infinito: `floor(3.1) = 3` e `floor(-3.1) = -4`. |
| `round(x)` | Arredonda $x$ para o número inteiro mais próximo. |
| | **Funções de conversão de cadeia** |
| `char(x)` | Converte uma matriz de números em uma cadeia de caracteres. Para caracteres ASCII, a matriz deve conter números $\leq 127$. |
| `double(x)` | Converte uma cadeia de caracteres em uma matriz de números. |
| `int2str(x)` | Converte $x$ em uma cadeia de caracteres de inteiros. |
| `num2str(x)` | Converte $x$ em uma cadeia de caracteres. |
| `str2num(s)` | Converte a cadeia de caracteres s em uma matriz numérica. |

## 2.11 Introdução a Diagramas

Os recursos amplos e independentes de dispositivos do MATLAB são uma de suas características mais poderosas. Eles facilitam a diagramação de quaisquer dados em qualquer momento. Para diagramar um conjunto de dados, basta criar dois vetores contendo os valores $x$ e $y$ a serem desenhados e usar a função `plot`.

Por exemplo, suponha que queiramos desenhar o diagrama da função $y = x^2 - 10x + 15$ para valores de $x$ entre 0 e 10. São suficientes três expressões para criar esse diagrama. A primeira expressão cria um vetor de valores $x$ entre 0 e 10 utilizando a operação dois-pontos. A segunda expressão calcula os valores *y* a partir da equação (observe que estamos usando operadores de matriz aqui para que essa equação seja aplicada a cada valor *x* com base em elemento por elemento). Finalmente, a terceira expressão cria o diagrama.

```
x = 0:1:10;
y = x.^2 - 10.*x + 15;
plot(x,y);
```

Quando a função `plot` é executada, o MATLAB abre uma Janela de Figura e exibe o diagrama nessa janela. O diagrama produzido por essas expressões é mostrado na Figura 2.5.

### 2.11.1 Usando Diagramas xy Simples

Conforme visto acima, a diagramação é muito fácil no MATLAB. Qualquer par de vetores pode ser desenhado um contra o outro, desde que os vetores tenham o mesmo comprimento. Entretanto, o resultado não é um produto acabado, pois não possuem títulos, legendas para os eixos ou linhas de grade no diagrama.

Os títulos e as legendas para os eixos podem ser adicionados ao diagrama com as funções `title`, `xlabel` e `ylabel`. Cada função é acionada com uma cadeia de caracteres que contém o título ou a legenda correspondente. Linhas de grade podem ser adicionadas ou removidas do diagrama com o comando `grid`: `grid on` ativa a linhas de grade e `grid off` apaga as linhas de grade. Por exemplo, as expressões a seguir geram um diagrama da função $y = x^2 - 10x + 15$ com títulos, legendas e linhas de grade. O gráfico resultante é mostrado na Figura 2.6.

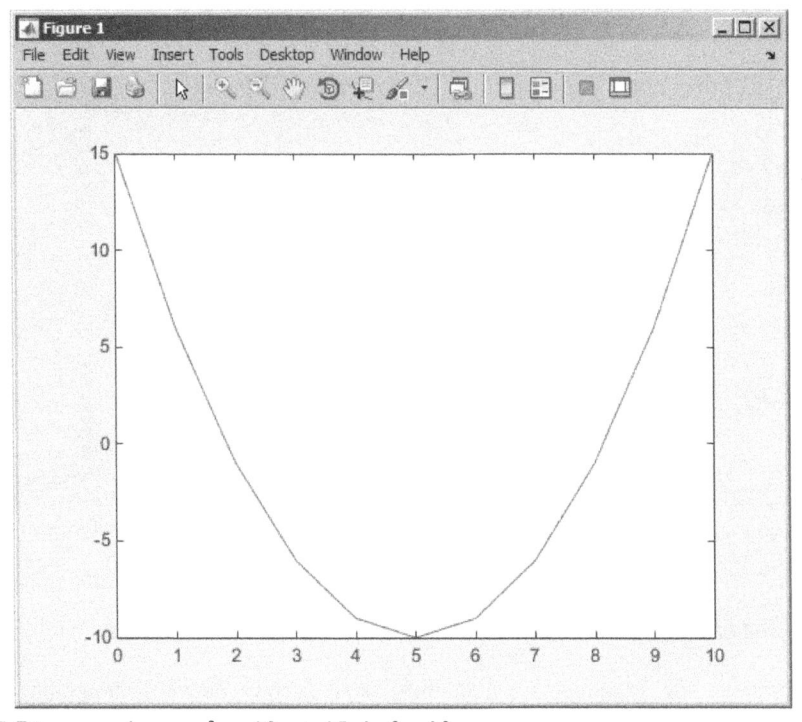

**Figura 2.5** Diagrama de $y = x^2 - 10x + 15$ de 0 a 10.

```
x = 0:1:10;
y = x.^2 - 10.*x + 15;
plot(x,y);
title ('Plot of y = x.^2 - 10.*x + 15');
xlabel ('x');
```

```
ylabel ('y');
grid on;
```

### 2.11.2 Imprimindo um Diagrama

Uma vez criado, um diagrama pode ser impresso pelo comando `print` clicando no ícone "print" na Janela de Figura ou selecionando o menu File/Print na Janela de Figura.

O comando `print` é especialmente útil graças à possibilidade de ele ser incluído em um programa MATLAB, permitindo que o programa imprima automaticamente as imagens gráficas. A forma do comando `print` é:

```
print <options> <filename>
```

Sem o nome do arquivo, esse comando envia uma cópia da figura corrente para a impressora do sistema. Com um nome de arquivo especificado, o comando imprime uma cópia da figura corrente no arquivo especificado.

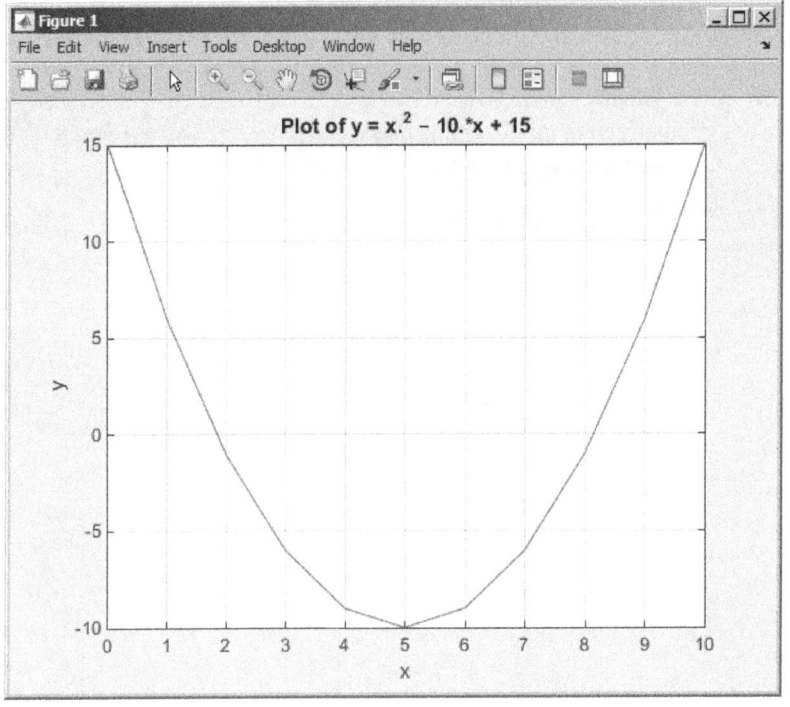

**Figura 2.6** Diagrama de $y = x^2 - 10x + 15$ com um título, legenda do eixo e linhas de grade.

### 2.11.3 Exportando um Diagrama como Imagem Gráfica

O comando `print` pode ser usado para gravar um diagrama como uma imagem gráfica especificando opções apropriadas e um nome de arquivo.

```
print <options> <filename>
```

Existem muitas opções diferentes que especificam o formato da saída enviado para um arquivo. Uma opção muito importante é `-dpng`. Essa opção especifica que a saída será para um arquivo no formato PNG (Portable Network Graphics). Como esse formato pode ser importado para todos os importantes processadores de texto nas plataformas PC, Mac, Unix e Linux, essa é uma boa maneira de incluir diagramas MATLAB em um documento. O seguinte comando criará uma imagem

PNG de 300 pontos por polegada da figura atual e guardará essa imagem em um arquivo chamado my_image.png:

```
print -dpng -r300 my_image.png
```

Observe que -png especifica que a imagem deve estar no formato PNG e -r300 especifica que a resolução deve ser de 300 pontos por polegada.

Outras opções permitem que os arquivos de imagem sejam criados em outros formatos. Alguns dos mais importantes formatos de arquivos de imagem são fornecidos na Tabela 2.9.

**Tabela 2.9:** print **Opções para Criar Arquivos Gráficos**

| Opção | Descrição |
| --- | --- |
| -deps | Cria uma imagem monocromática postscript encapsulada. |
| -depsc | Cria uma imagem colorida postscript encapsulada. |
| -djpeg | Cria uma imagem JPEG. |
| -dpng | Cria uma imagem colorida no formato Portable Network Graphic. |
| -dtiff | Cria uma imagem compactada TIFF. |

Além disso, a opção de menu File/Save As na Janela de Figura pode ser utilizada para gravar um diagrama como uma imagem gráfica. Nesse caso, o usuário seleciona o nome do arquivo e o tipo de imagem de uma caixa de diálogo padrão (veja a Figura 2.7).

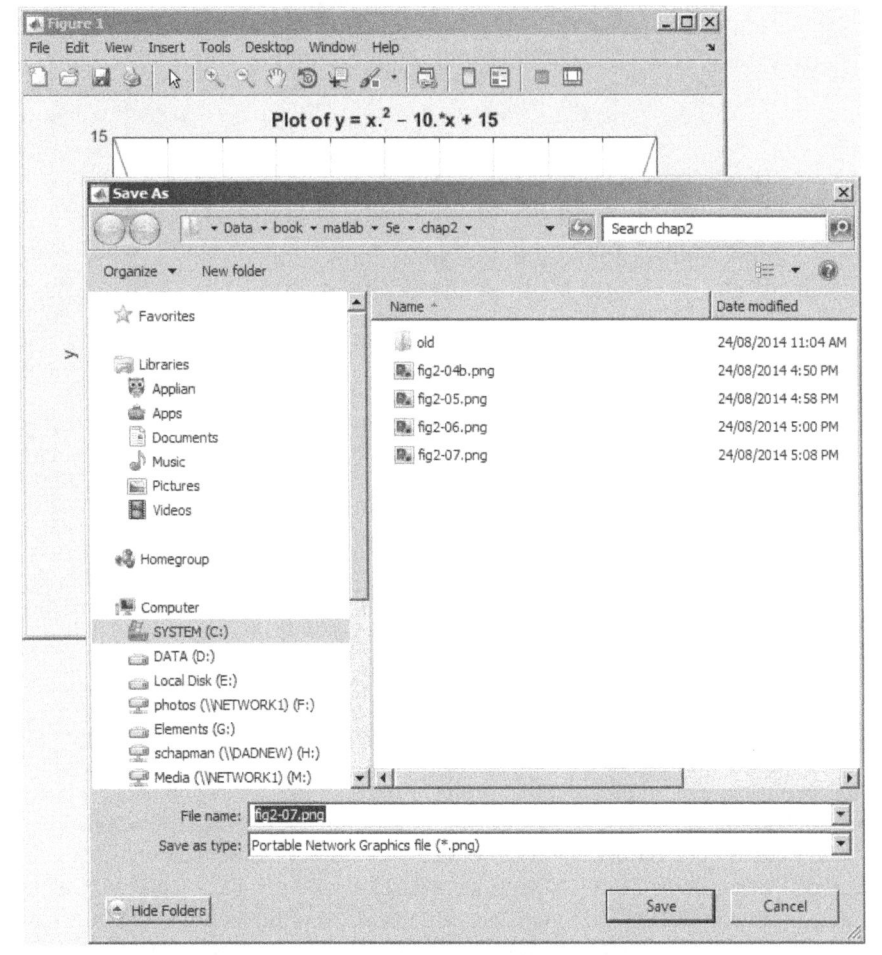

**Figura 2.7** Exportando um diagrama como um arquivo de imagem usando o item de menu File/Save As.

## 2.11.4 Múltiplos Diagramas

É possível diagramar múltiplas funções no mesmo gráfico simplesmente incluindo mais de um conjunto de valores $(x, y)$ na função de diagrama. Por exemplo, suponha que queiramos desenhar a função $f(x) = \sin 2x$ e sua derivada no mesmo diagrama. A derivada de $f(x) = \sin 2x$ é:

$$\frac{d}{dt} \sin 2x = 2 \cos 2x \tag{2.4}$$

Para desenhar o diagrama de ambas as funções nos mesmos eixos, devemos gerar um conjunto de valores $x$ e os valores $y$ correspondentes para cada função. Em seguida, para desenhar o diagrama das funções, podemos simplesmente listar ambos os conjuntos de valores $(x, y)$ na função de diagrama conforme mostrado abaixo.

```
x = 0:pi/100:2*pi;
y1 = sin(2*x);
y2 = 2*cos(2*x);
plot(x,y1,x,y2);
```

O gráfico resultante é mostrado na Figura 2.8.

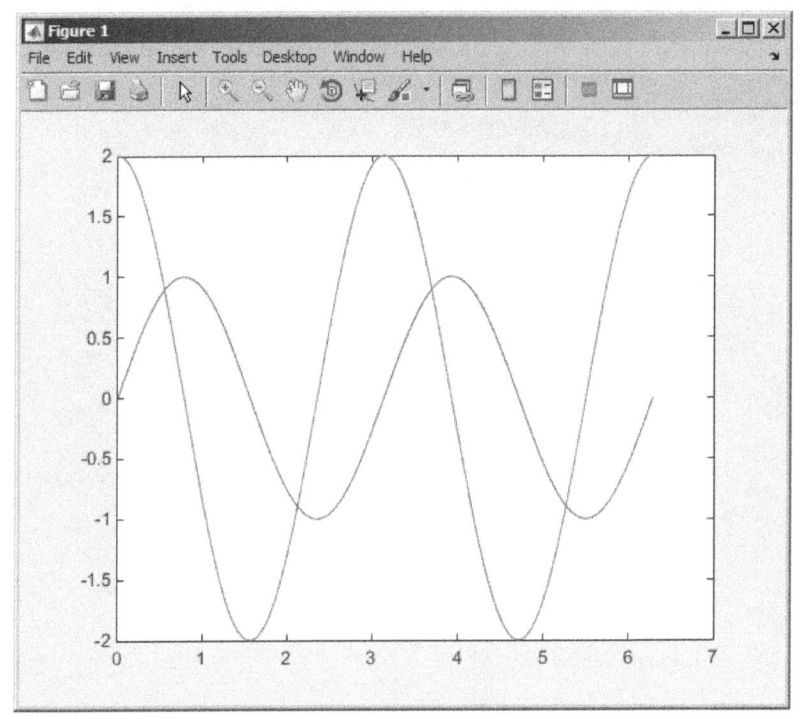

**Figura 2.8** Diagrama de $f(x) = \sin 2x$ e $f(x) = 2 \cos 2x$ nos mesmos eixos.

## 2.11.5 Cor da Linha, Estilo da Linha, Estilo do Marcador e Legendas

O MATLAB permite que o programador selecione a cor da linha a ser desenhada, o estilo da linha e o tipo de marcador para pontos de dados na linha. Esses traços podem ser selecionados utilizando uma cadeia de caracteres de atributo após os vetores $x$ e $y$ na função do diagrama.

A cadeia de caracteres de atributos pode ter até três caracteres, com o primeiro especificando a cor da linha, o segundo, o estilo do marcador, e o último, o estilo da linha. Os caracteres para as diferentes cores, marcadores e estilos de linhas são apresentados na Tabela 2.10.

Os caracteres de atributos podem ser misturados em qualquer combinação e mais de uma cadeia de caracteres de atributos pode ser especificada se mais de um par de vetores (x, y) estiver incluído em uma única chamada de função plot. Por exemplo, as seguintes expressões desenharão a função $y = x^2 - 10x + 15$ com uma linha vermelha pontilhada e incluirão os pontos de dados reais como círculos azuis (veja a Figura 2.9).

```
x = 0:1:10;
y = x.^2 - 10.*x + 15;
plot(x,y,'r--',x,y,'bo');
```

Legendas podem ser criadas por meio da função legend. A forma básica dessa função é

```
legend('string1','string2',..., pos)
```

em que string1, string2 etc. são rótulos associados a linhas diagramadas e pos é uma cadeia que especifica onde colocar a legenda. Os valores possíveis para pos são fornecidos na Tabela 2.11 e são mostrados graficamente na Figura 2.10.

O comando legend off removerá uma legenda existente.

## Tabela 2.10: Tabela de Cores de Diagrama, Estilos de Marcador e Estilos de Linha

| Cor | | Estilo de Marcador | | Estilo de Linha | |
|---|---|---|---|---|---|
| y | amarelo | . | ponto | - | sólido |
| m | magenta | o | círculo | : | pontilhado |
| c | ciano | x | marca de x | -. | traço-ponto |
| r | vermelho | + | mais | -- | traçado |
| g | verde | * | estrela | <none> | sem linha |
| b | azul | s | quadrado | | |
| w | branco | d | losango | | |
| k | preto | v | triângulo (para baixo) | | |
| | | ^ | triângulo (para cima) | | |
| | | < | triângulo (para a esquerda) | | |
| | | > | triângulo (para a direita) | | |
| | | p | pentagrama | | |
| | | h | hexagrama | | |
| | | <none> | sem marcador | | |

Um exemplo de diagrama completo está apresentado na Figura 2.11 e as expressões para produzir esse diagrama estão apresentadas a seguir. Elas diagramam a função $f(x) = \sin 2x$ e sua derivada $f'(x) = 2 \cos 2x$ nos mesmos eixos, com uma linha preta sólida para $f(x)$ e uma linha traçada para sua derivada. O diagrama inclui um título, títulos dos eixos, uma legenda no canto superior esquerdo do diagrama e linhas de grade.

```
x = 0:pi/100:2*pi;
y1 = sin(2*x);
y2 = 2*cos(2*x);
plot(x,y1,'k-',x,y2,'b--');
title ('Plot of f(x) = sin(2x) and its derivative');
xlabel ('x');
ylabel ('y');
legend ('f(x)','d/dx f(x)','Location','NW')
grid on;
```

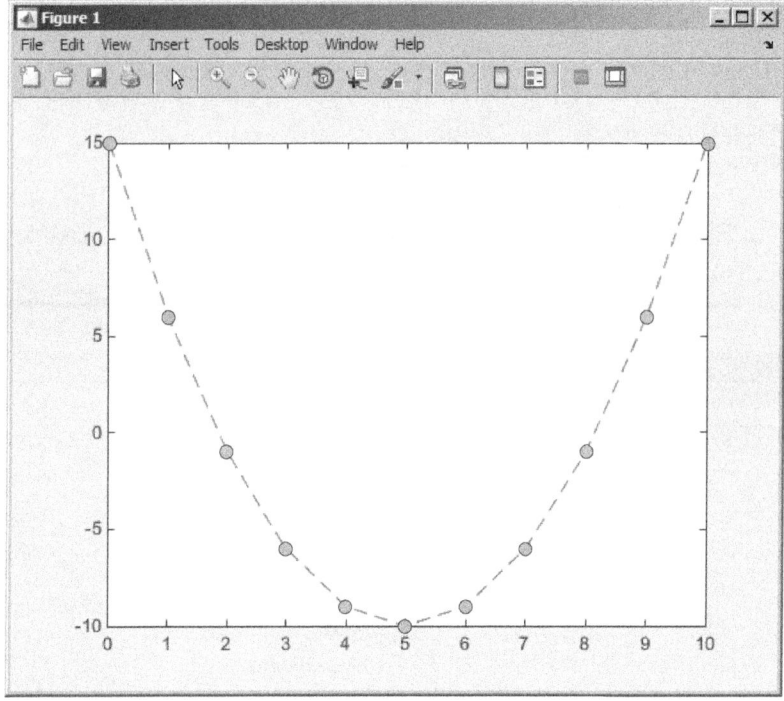

Figura 2.9 Diagrama da função $y = x^2 - 10x + 15$ com uma linha traçada, mostrando os pontos de dados reais como círculos.

**Tabela 2.11: Valores de pos no Comando** `legend`

| Valor | Local da Legenda |
|---|---|
| 'NW' | Acima à esquerda |
| 'NL' | Acima no canto superior esquerdo |
| 'NC' | Acima no centro do canto superior |
| 'NR' | Acima no canto superior direito |
| 'NE' | Acima à direita |
| 'TW' | Topo à esquerda |
| 'TL' | Canto superior esquerdo |
| 'TC' | Topo central |
| 'TR' | Canto superior direito |
| 'TE' | Topo à direita |
| 'MW' | Meio à esquerda |
| 'ML' | Margem esquerda no meio |

**Tabela 2.11: Valores de pos no Comando legend (continuação)**

| Valor | Local da Legenda |
|---|---|
| 'MC' | Meio e centro |
| 'MR' | Margem direita no meio |
| 'ME' | Meio à direita |
| 'BW' | Base à esquerda |
| 'BL' | Canto inferior esquerdo |
| 'BC' | Base central |
| 'BR' | Canto inferior direito |
| 'BE' | Base à direita |
| 'SW' | Abaixo à esquerda |
| 'SL' | Abaixo do canto inferior esquerdo |
| 'SC' | Abaixo da margem inferior no centro |
| 'SR' | Abaixo do canto inferior direito |
| 'SE' | Abaixo à direita |

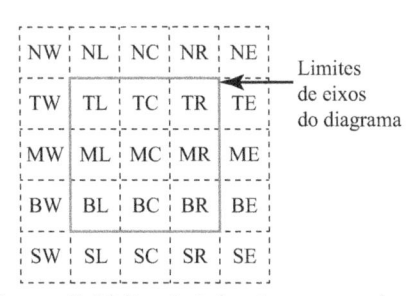

| NW | NL | NC | NR | NE |
|---|---|---|---|---|
| TW | TL | TC | TR | TE |
| MW | ML | MC | MR | ME |
| BW | BL | BC | BR | BE |
| SW | SL | SC | SR | SE |

Limites de eixos do diagrama

**Figura 2.10** Possíveis locais para uma legenda de diagrama.

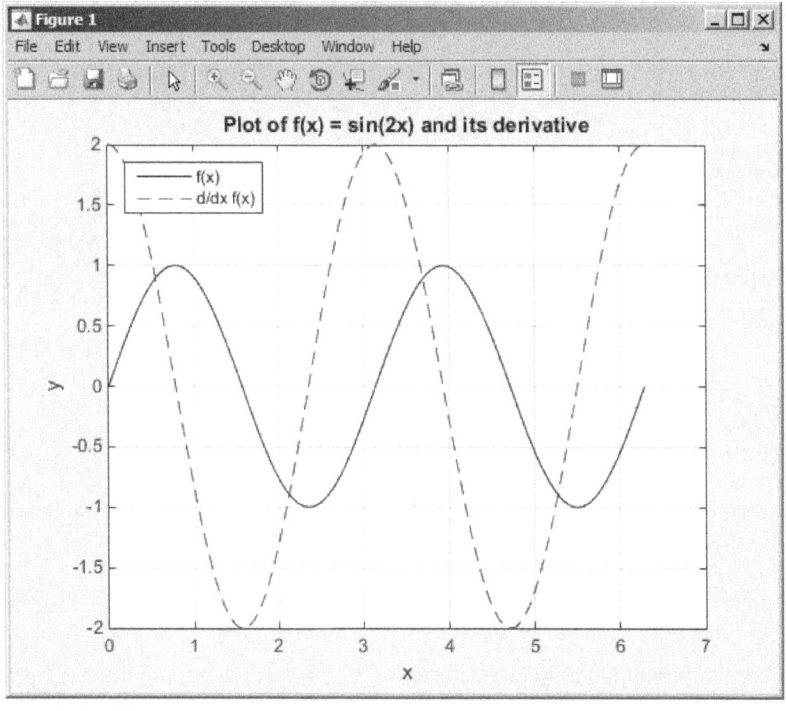

**Figura 2.11** Um diagrama completo com título, legendas de eixos, legenda, grade e múltiplos estilos de linha.

## 2.11.6 Escalas Logarítmicas

É possível diagramar dados em escalas logarítmicas e em escalas lineares. Existem quatro combinações possíveis de escalas lineares e logarítmicas nos eixos $x-$ e $y-$ e cada combinação é produzida por uma função separada.

1. A função `plot` desenha o diagrama dos dados $x$ e $y$ em eixos lineares.
2. A função `semilogx` desenha o diagrama de dados $x$ em eixos logarítmicos e dados $y$ em eixos lineares.
3. A função `semilogy` desenha o diagrama de dados $x$ em eixos lineares e dados $y$ em eixos logarítmicos.
4. A função `loglog` desenha o diagrama de dados $x$ e $y$ em eixos logarítmicos.

Todas essas funções têm a mesma sequência de chamada – a única diferença é o tipo de eixo utilizado para desenhar o diagrama dos dados. Os exemplos de cada diagrama são apresentados na Figura 2.12.

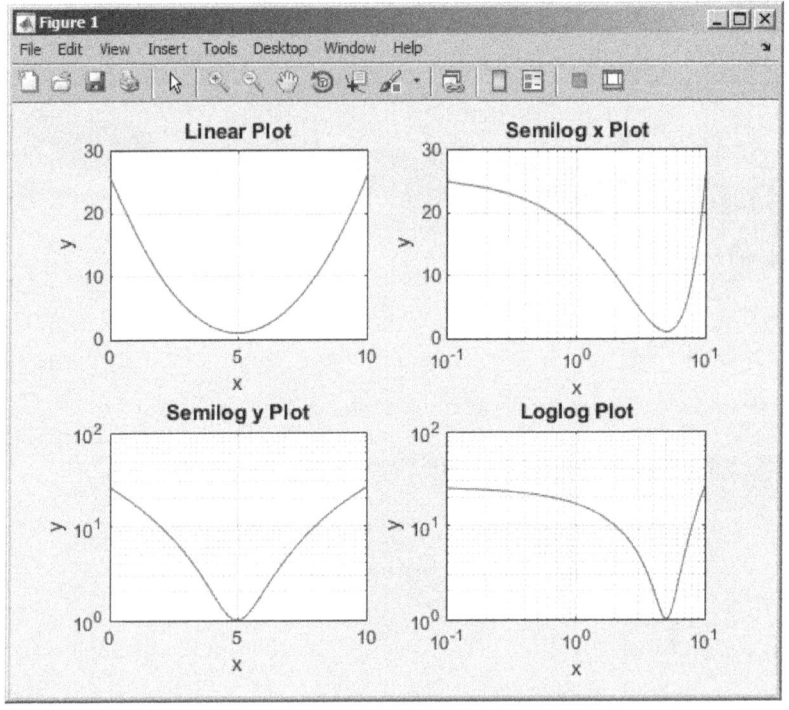

**Figura 2.12** Comparação de diagramas linear, semilog x, semilog y e log-log.

## 2.12 Exemplos

Os exemplos a seguir ilustram a resolução de problemas com MATLAB.

### ▶ Exemplo 2.3 – Conversão de Temperatura

Construa um programa MATLAB que leia uma temperatura de entrada em graus Fahrenheit, converta essa temperatura para um valor absoluto em Kelvin e escreva o resultado.

**Solução** A relação entre temperatura em graus Fahrenheit (°F) e temperatura em kelvins (K) pode ser obtida em qualquer livro de física. Ela é

$$T\,(\text{em kelvin}) = \left[\frac{5}{9}\,T\,(\text{em}^\circ\text{F}) - 32{,}0\right] + 273{,}15 \qquad (2.5)$$

Os livros de física também nos dão valores de exemplo nas duas escalas de temperatura, que podemos usar para verificar a operação de nosso programa. Esses dois valores são:

| | | |
|---|---|---|
| Ponto de ebulição da água | 212° F | 373.15 K |
| Ponto de sublimação do gelo seco | -110° F | 194.26 K |

Nosso programa precisa efetuar os seguintes passos:

1. Pedir para o usuário digitar a temperatura de entrada em °F.
2. Ler a temperatura de entrada.
3. Calcular a temperatura em kelvin a partir da Equação (2.5).
4. Escrever o resultado e parar.

Usaremos a função input para obter a temperatura em graus Fahrenheit e a função fprintf para imprimir a resposta. O programa resultante é mostrado abaixo.

```
%   Script file: temp_conversion
%
%   Purpose:
%     To convert an input temperature from degrees
%     Fahrenheit to an output temperature in kelvins.
%
%   Record of revisions:
%       Date          Programmer        Description of change
%       ====          ==========        =====================
%     01/03/14        S. J. Chapman     Original code
%
% Define variables:
%    temp_f        -- Temperature in degrees Fahrenheit
%    temp_k        -- Temperature in kelvins

% Prompt the user for the input temperature.
temp_f = input('Enter the temperature in degrees Fahrenheit:');

% Convert to kelvin.
temp_k = (5/9) * (temp_f - 32) + 273.15;

% Write out the result.
fprintf('%6.2f degrees Fahrenheit = %6.2f kelvins.\n', ...
        temp_f,temp_k);
```

Para testar o programa completo, vamos executá-lo com os valores de entrada conhecidos dados acima. Observe que as entradas de usuário aparecem em negrito no texto a seguir.

```
» temp_conversion
Enter the temperature in degrees Fahrenheit: 212
212.00 degrees Fahrenheit = 373.15 kelvins.
» temp_conversion
Enter the temperature in degrees Fahrenheit: -110
-110.00 degrees Fahrenheit = 194.26 kelvins.
```

Os resultados do programa coincidem com os valores do livro de física.

No programa da página anterior, ecoamos os valores de entrada e imprimimos os valores de saída juntamente com suas unidades. Os resultados desse programa só fazem sentido se as unidades (graus Fahrenheit e kelvins) forem incluídas com seus valores. Como regra geral, as unidades associadas a qualquer valor de entrada devem ser sempre impressas junto com a solicitação de valor e as unidades associadas a qualquer valor de saída devem ser impressas junto com esse valor.

## Boa Prática de Programação

Sempre inclua as unidades apropriadas nos valores lidos ou escritos pelo programa.

O programa da página anterior exibe diversas das Boas Práticas de Programação que descrevemos neste capítulo. Ele tem um dicionário de dados que define o significado de todas as variáveis no programa. Também utiliza nomes descritivos de variáveis, e as unidades apropriadas são associadas a todos os valores apresentados.

## ►Exemplo 2.4 – Engenharia Elétrica: Transferência Máxima de Energia para uma Carga

A Figura 2.13 mostra uma fonte de voltagem $V = 120$ V com resistência interna $R_S$ de 50 Ω fornecendo uma carga de resistência $R_L$. Encontre o valor da resistência de carga $R_L$ que resultará na potência máxima possível fornecida pela fonte para a carga. Quanta potência será fornecida nesse caso? Diagrame também a potência fornecida para a carga como uma função da resistência de carga $R_L$.

**Solução** Nesse programa, precisamos variar a resistência da carga $R_L$ e computar a potência fornecida para a carga para cada valor de $R_L$. A potência fornecida para a resistência de carga é fornecida pela equação

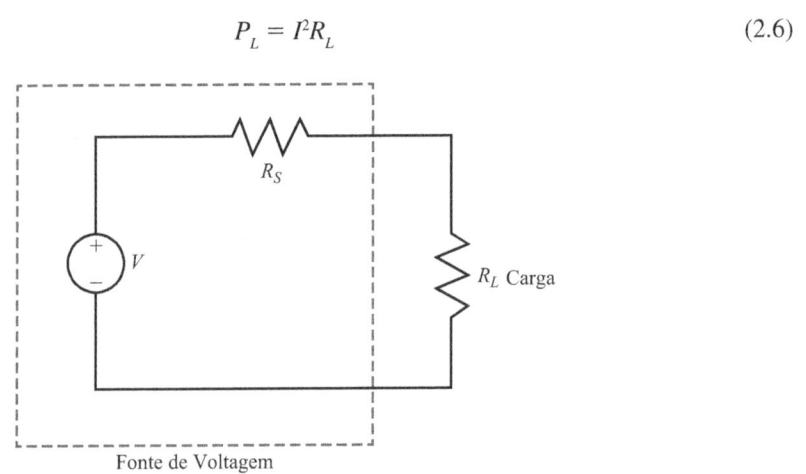

$$P_L = I^2 R_L \tag{2.6}$$

**Figura 2.13** Fonte de voltagem com uma voltagem $V$ e resistência interna $R_S$ que fornece a carga de resistência $R_L$.

em que $I$ é a corrente fornecida para a carga. A corrente fornecida à carga pode ser calculada pela Lei de Ohm:

$$I = \frac{V}{R_{TOT}} = \frac{V}{R_S + R_L} \tag{2.7}$$

O programa deve executar os seguintes passos:

1. Criar uma matriz de valores possíveis para a resistência da carga $R_L$. A matriz varia $R_L$ de 1 Ω para 100 Ω em passos de 1 Ω.
2. Calcular a corrente para cada valor de $R_L$.
3. Calcular a potência fornecida para a carga para cada valor de $R_L$.
4. Diagramar a potência fornecida para a carga para cada valor de $R_L$ e determinar o valor de resistência resultante da carga na potência máxima.

O programa MATLAB final é mostrado abaixo.

```
%   Script file: calc_power.m
%
%   Purpose:
%     To calculate and plot the power supplied to a load as
%     a function of the load resistance.
%
%   Record of revisions:
%       Date        Programmer       Description of change
%       ====        ==========       =====================
%     01/03/14      S. J. Chapman    Original code
%
% Define variables:
%     amps        -- Current flow to load (amps)
%     pl          -- Power supplied to load (watts)
%     rl          -- Resistance of the load (ohms)
%     rs          -- Internal resistance of the power source (ohms)
%     volts       -- Voltage of the power source (volts)

% Set the values of source voltage and internal resistance
volts = 120;
rs = 50;

% Create an array of load resistances
rl = 1:1:100;

% Calculate the current flow for each resistance
amps = volts ./ ( rs + rl );

% Calculate the power supplied to the load
pl = (amps .^ 2) .* rl;

% Plot the power versus load resistance
plot(rl,pl);
title('Plot of power versus load resistance');
xlabel('Load resistance (ohms)');
ylabel('Power (watts)');
grid on;
```

Quando este programa é executado, o diagrama resultante é o mostrado na Figura 2.14. A partir deste diagrama, podemos ver que a potência máxima é fornecida para a carga quando a resistência da carga é 50 Ω. A potência fornecida para a carga nessa resistência é de 72 watts.

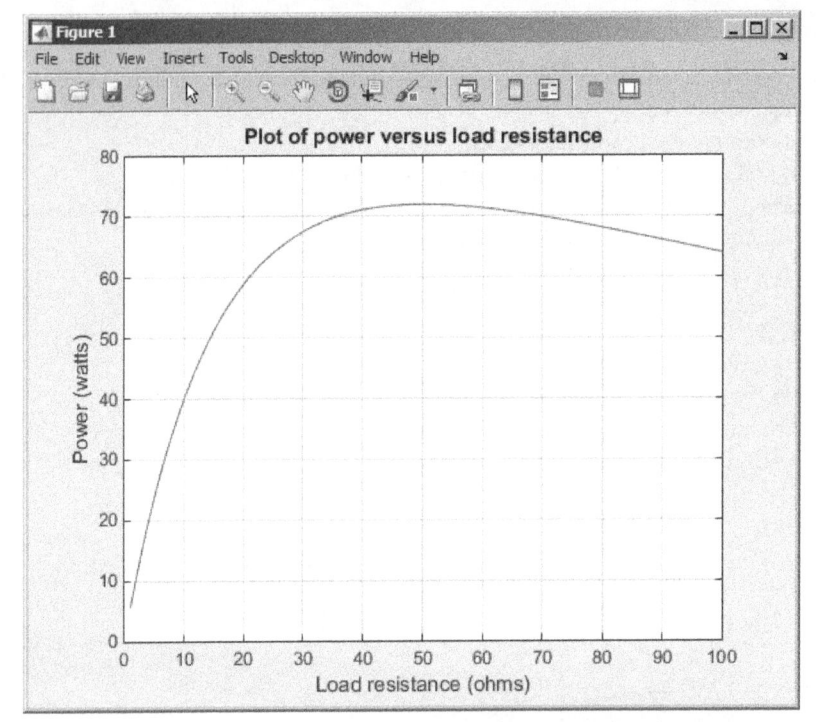

**Figura 2.14** Diagrama de potência fornecido para carga *versus* resistência da carga.

Observe o uso dos operadores de matriz .\*, .^ e ./ no programa da página anterior. Esses operadores garantem o cálculo das matrizes `amps` e `pl` elemento a elemento.

## ▶ Exemplo 2.5 – Datação de Carbono 14

O isótopo radioativo de um elemento é a forma do elemento que não é estável. Em vez disso, ele decai espontaneamente em outro elemento por certo período. O declínio radioativo é um processo exponencial. Se $Q_0$ é a quantidade inicial de uma substância radioativa no tempo $t = 0$, a quantidade da substância presente a qualquer momento $t$ no futuro é dada por

$$Q(t) = Q_0 e^{-\lambda t} \tag{2.8}$$

em que $\lambda$ é a constante de declínio radioativo.

Como o declínio radioativo ocorre a uma taxa conhecida, ela pode ser usada como um relógio para medir o tempo desde o início do declínio. Se conhecermos a quantidade inicial do material radioativo $Q_0$ presente na amostra e a quantidade do material $Q$ restante no tempo atual, poderemos resolver $t$ na Equação (2.8) para determinar por quanto tempo vem ocorrendo o declínio. A equação resultante é

$$t_{\text{decay}} = -\frac{1}{\lambda} \log_e \frac{Q}{Q_0} \tag{2.9}$$

A Equação (2.9) tem aplicações práticas em muitas áreas da ciência. Por exemplo, os arqueólogos usam um relógio radioativo com base no carbono 14 para determinar o tempo que se passou desde a morte de um organismo. O carbono 14 é obtido continuamente por uma planta ou animal em sua vida útil; portanto, a quantidade presente dessa substância no corpo no momento de sua morte é dada como conhecida. A constante de declínio $\lambda$ do carbono 14 é conhecida como 0,00012097/ano, de modo que se a quantidade de carbono 14 restante agora puder ser medida com precisão, então a Equação (2.9) pode ser usada para determinar há quanto tempo o organismo morreu. A quantidade de carbono 14 restante como função de tempo é mostrada na Figura 2.15.

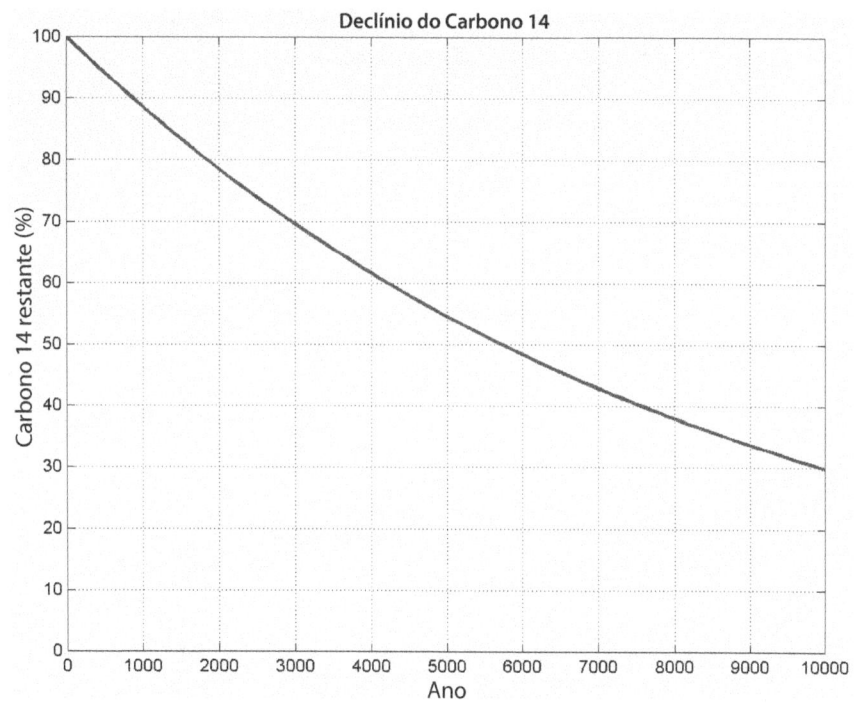

**Figura 2.15** O declínio radioativo do carbono 14 como função de tempo. Observe que 50% do carbono 14 original fica presente após aproximadamente 5.730 anos.

Escreva um programa que leia a porcentagem de carbono 14 remanescente em uma amostra, calcule a idade da amostra e imprima o resultado com as unidades apropriadas.

**Solução** Nosso programa deve efetuar os seguintes passos:

1. Pedir que o usuário forneça a porcentagem de carbono 14 remanescente na amostra.
2. Ler a porcentagem.
3. Converter a porcentagem na fração $\frac{Q}{Q_0}$
4. Calcular a idade da amostra em anos usando a Equação (2.9).
5. Escrever o resultado e parar.

O código resultante é mostrado abaixo.

```
%   Script file: c14_date.m
%
%   Purpose:
%     To calculate the age of an organic sample from the
%     percentage of the original carbon-14 remaining in
%     the sample.
%
%   Record of revisions:
%       Date          Programmer          Description of change
%       ====          ==========          =====================
%       01/05/14      S. J. Chapman       Original code
%
```

```
% Define variables:
%   age       -- The age of the sample in years
%   lambda    -- The radioactive decay constant for
%                carbon-14, in units of 1/years.
%   percent   -- The percentage of carbon-14 remaining
%                at the time of the measurement
%   ratio     -- The ratio of the carbon-14 remaining at
%                the time of the measurement to the
%                original amount of carbon-14.

% Set decay constant for carbon-14
lambda = 0.00012097;

% Prompt the user for the percentage of C-14 remaining.
percent = input('Enter the percentage of carbon-14 remaining:\n');

% Perform calculations
ratio = percent / 100;            % Convert to fractional ratio
age = (-1.0 / lambda) * log(ratio); % Get age in years

% Tell the user about the age of the sample.
string = ['The age of the sample is' num2str(age) 'years.'];
disp(string);
```

Para testar o programa completo, vamos calcular o tempo necessário para que metade do carbono 14 desapareça. Este tempo é conhecido como *meia-vida* do carbono 14.

```
» c14_date
Enter the percentage of carbon-14 remaining:
50
The age of the sample is 5729.9097 years.
```

O livro *CRC Handbook of Chemistry and Physics* afirma que a meia-vida do carbono 14 é de 5.730 anos; portanto, a saída do programa está de acordo com o livro de referência.

## 2.13 Depurando Programas MATLAB

Existe um antigo ditado que diz que as únicas certezas são a morte e os impostos. Podemos adicionar mais uma certeza a essa lista: Se você escrever um programa de tamanho significativo, ele não funcionará na primeira vez em que você tentar utilizá-lo! Erros em programas recebem o nome de **bugs** e o processo de localizar e eliminar bugs é denominado **depuração**. Quando escrevemos um programa e ele não funciona, como podemos depurá-lo?

Três tipos de erros ocorrem em programas MATLAB. O primeiro tipo é o **erro de sintaxe**. Erros de sintaxe são erros em uma expressão MATLAB por si, como erros tipográficos ou de pontuação. Esses erros são detectados pelo compilador MATLAB na primeira vez que é executado um arquivo M. Por exemplo, a expressão

```
x = (y + 3) / 2);
```

contém um erro de sintaxe, pois os parênteses estão em desequilíbrio. Se essa expressão aparecer em um arquivo M denominado `test.m`, a seguinte mensagem aparecerá quando `test` for executado.

```
» test
??? x = (y + 3) / 2)
              |
Missing operator, comma, or semi-colon.

Error in ==> d:\book\matlab\chap1\test.m
On line 2   ==>
```

O segundo tipo é o **erro em tempo de execução**. Ele aparece quando uma operação matemática ilegal ocorre durante a execução do programa (por exemplo, tentar dividir por 0). Esses erros levam o programa a retornar `Inf` ou `NaN`, que então são usados em outros cálculos. Os resultados de um programa contendo cálculos que utilizam `Inf` ou `NaN` são geralmente inválidos.

O terceiro tipo é o **erro lógico**. Ocorre quando o programa compila e executa com sucesso, mas produz a resposta errada.

Os erros mais comuns cometidos durante a programação são *erros tipográficos*. Alguns desses erros criam expressões MATLAB inválidas. Eles produzem erros de sintaxe que são capturados pelo compilador. Outros erros tipográficos ocorrem em nomes de variáveis. Por exemplo, as letras em alguns nomes de variáveis podem ser transpostas, ou uma letra incorreta pode ser digitada. O resultado será uma nova variável e o MATLAB simplesmente criará a nova variável quando ela for referenciada pela primeira vez. O MATLAB não pode detectar este tipo de erro. Erros tipográficos podem também produzir erros lógicos. Por exemplo, se as variáveis `vel1` e `vel2` forem usadas para velocidades no programa, uma delas poderá ser inadvertidamente usada no lugar da outra em algum ponto. Você precisa verificar este tipo de erro inspecionando manualmente o código.

Às vezes um programa inicia a execução, mas ocorrem erros em tempo de execução ou erros lógicos durante a operação. Nesse caso, existe algo errado com os dados de entrada ou com a estrutura lógica do programa. O primeiro passo para localizar esse tipo de bug deve ser *verificar os dados de entrada do programa*. Remova o ponto e vírgula das expressões de entrada ou adicione expressões de saída para verificar se os valores de entrada são aqueles que você espera.

Se os nomes de variáveis parecem estar corretos e os dados de entrada estão corretos, provavelmente trata-se de um erro lógico. Deve-se, então, verificar cada uma de suas expressões de atribuição.

1. Se uma expressão de atribuição é muito longa, fragmente-a em expressões de atribuição menores. Expressões menores são mais fáceis de verificar.
2. Verifique a colocação dos parênteses em suas expressões de atribuição. Um erro muito comum é ter as operações em uma expressão de atribuição avaliadas na ordem errada. Se você tem dúvidas quanto à ordem de avaliação das variáveis, adicione conjuntos de parênteses para tornar claras as suas intenções.
3. Verifique se você iniciou todas as variáveis adequadamente.
4. Confira se todas as funções utilizadas estão com unidades corretas. Por exemplo, a entrada nas funções trigonométricas precisa ser em radianos, não em graus.

Se você ainda obtiver a resposta errada, adicione expressões de saída em vários pontos do programa para ver os resultados dos cálculos intermediários. Se puder localizar o ponto em que os cálculos deram errado, você saberá onde procurar pelo problema, o que representa 95% da batalha.

Se ainda não conseguir encontrar o problema após todas as etapas anteriores, explique a um colega ou ao seu instrutor o que você está fazendo, e deixe que eles examinem seu código. É muito comum que uma pessoa veja apenas o que ela espera ver quando verifica o próprio código. Geralmente, outra pessoa pode encontrar depressa um erro que você não percebeu.

## Boa Prática de Programação

Para reduzir o esforço de depuração, verifique se durante o projeto do seu programa você:
1. Iniciou as variáveis.
2. Utilizou parênteses para tornar claras as funções nas expressões de atribuição.

O MATLAB inclui uma ferramenta especial de depuração chamada *depurador simbólico*, que é integrada na Janela de Edição/Depuração. Depurador simbólico é uma ferramenta que permite acompanhar a execução do seu programa, uma expressão por vez, e examinar os valores de cada variável a cada passo ao longo do caminho. Depuradores simbólicos possibilitam verificar todos os resultados intermediários sem a necessidade de inserir muitas expressões de saída em seu código. Aprenderemos a usar o depurador simbólico do MATLAB no Capítulo 3.

## 2.14 Resumo

Neste capítulo, apresentamos diversos conceitos fundamentais para escrever programas MATLAB funcionais. Aprendemos sobre os tipos básicos de janelas do MATLAB, a área de trabalho e como obter ajuda on-line.

Apresentamos dois tipos de dados: `double` e `char`. Também apresentamos as expressões de atribuição, cálculos aritméticos, funções intrínsecas, expressões de entrada/saída e arquivos de dados.

A ordem de avaliação das expressões MATLAB segue uma hierarquia fixa, com operações de nível mais alto avaliadas antes das operações de nível mais baixo. A hierarquia das operações está resumida na Tabela 2.12.

A linguagem MATLAB inclui um número extremamente grande de funções integradas para ajudar a resolver problemas. Esta lista de funções é muito mais rica que a lista de funções existentes em outras linguagens como Fortran ou C, e inclui recursos de diagramação independentes de dispositivo. Algumas das funções intrínsecas comuns estão apresentadas na Tabela 2.8 e muitas outras serão apresentadas ao longo do livro. Uma lista completa de todas as funções MATLAB está disponível no Help Desk on-line.

### Tabela 2.12: Hierarquia de Operações

| Precedência | Operação |
| --- | --- |
| 1 | O conteúdo de todos os parênteses é avaliado, de dentro para fora. |
| 2 | Todos os expoentes são avaliados, da esquerda para a direita. |
| 3 | Todas as multiplicações e divisões são avaliadas, da esquerda para a direita. |
| 4 | Todas as somas e subtrações são avaliadas, da esquerda para a direita. |

### 2.14.1 Resumo das Boas Práticas de Programação

Todo programa MATLAB deve ser projetado para que outra pessoa familiarizada possa entendê-lo com facilidade. Isso é muito importante, pois um bom programa pode ser utilizado por muito tempo. Com o tempo, as condições mudarão e o programa precisará ser modificado para refletir as mudanças. As modificações poderão ser feitas por outra pessoa além do programador original. O programador que fizer as alterações precisará entender o programa original muito bem antes de tentar modificá-lo.

É muito mais difícil projetar programas claros, inteligíveis e de fácil manutenção do que simplesmente escrever os programas. Para isso, o programador deve desenvolver a disciplina para documentar adequadamente seu trabalho. Além disso, precisa ter o cuidado de evitar os erros conhecidos ao longo do caminho para bons programas. As seguintes regras ajudam a desenvolver bons programas:

1. Utilize nomes significativos de variáveis sempre que possível. Escolha nomes que podem ser entendidos de imediato, como `dia`, `mes` e `ano`.
2. Crie um dicionário de dados para cada programa, para facilitar a manutenção.
3. Use somente caixa baixa nos nomes de variáveis, assim não haverá erros de diferença entre maiúsculas e minúsculas em diferentes ocorrências de um nome de variável.
4. Use ponto e vírgula no final de todas as expressões de atribuição MATLAB para suprimir o eco de valores atribuídos na Janela de Comandos. Se for preciso examinar os resultados de uma expressão durante a depuração do programa, você poderá remover o ponto e vírgula apenas dessa expressão.
5. Se os dados tiverem que ser trocados entre o MATLAB e outros programas, grave os dados MATLAB em formato ASCII. Se os dados forem apenas para o MATLAB, grave-os em formato de arquivo MAT.
6. Grave os arquivos de dados ASCII com uma extensão de arquivo `"dat"` para diferenciá-los dos arquivos MAT, que possuem uma extensão de arquivo `"mat"`.
7. Use parênteses quando necessário para tornar suas equações claras e fáceis de entender.
8. Sempre inclua as unidades apropriadas nos valores lidos ou escritos pelo programa.

### 2.14.2 Resumo do MATLAB

O resumo a seguir lista todos os símbolos especiais, comandos e funções do MATLAB apresentados neste capítulo, junto com uma breve descrição de cada item.

**Símbolos Especiais**

| | |
|---|---|
| [ ] | Construtor de matrizes |
| ( ) | Forma subscritos |
| ` ` | Marca os limites de uma cadeia de caracteres |
| , | 1. Separa subscritos ou elementos de matriz |
| | 2. Separa expressões de atribuição em uma linha |
| , | Separa subscritos ou elementos de matriz |
| ; | 1. Suprime o eco na Janela de Comandos |
| | 2. Separa linhas de matriz |
| | 3. Separa expressões de atribuição em uma linha |
| % | Marca o início de um comentário |
| : | Dois-pontos, usado para criar listas resumidas |
| + | Soma de matriz array e matrix |
| - | Subtração de matriz array e matrix |
| .* | Multiplicação com array |
| * | Multiplicação com matrix |
| ./ | Divisão à direita com array |
| .\ | Divisão à esquerda com array |
| / | Divisão à direita com matrix |
| \ | Divisão à esquerda com matrix |
| .^ | Exponenciação com array |
| ' | Operador de transposição |

**Comandos e Funções**

| | |
|---|---|
| ... | Continua uma expressão MATLAB na linha seguinte. |
| abs(x) | Calcula o valor absoluto de $x$ |
| ans | Variável padrão utilizada para armazenar o resultado de expressões não atribuído a outra variável. |

| | |
|---|---|
| acos(x) | Calcula o cosseno inverso de x. O ângulo resultante é, em radianos, entre 0 e $\pi$. |
| acosd(x) | Calcula o cosseno inverso de x. O ângulo resultante é em graus entre 0° e 180°. |
| asin(x) | Calcula o seno inverso de x. O ângulo resultante é, em radianos, entre $-\pi/2$ e $\pi/2$. |
| asind(x) | Calcula o seno inverso de x. O ângulo resultante é, em graus, entre $-90°$ e $90°$. |
| atan(x) | Calcula a tangente inversa de x. O ângulo resultante é, em radianos, entre $-\pi/2$ e $\pi/2$. |
| atand(x) | Calcula a tangente inversa de x. O ângulo resultante é, em radianos, entre $-90°$ e $90°$. |
| atan2(y,x) | Calcula a tangente inversa de y/x, considerando os contornos entre os quadrantes. O ângulo resultante é, em radianos, entre $-\pi$ e $\pi$. |
| atan2d(y,x) | Calcula a tangente inversa de y/x, considerando os contornos entre os quadrantes. O ângulo resultante é, em graus, entre $-180°$ e $180°$. |
| ceil(x) | Arredonda x para o número inteiro mais próximo em direção a infinito positivo: floor(3.1) = 4 e floor(-3.1) = -3. |
| char | Converte uma matriz de números em uma cadeia de caracteres. Para caracteres ASCII, a matriz deve conter números $\leq 127$. |
| clock | Hora atual. |
| cos(x) | Calcula o cosseno de x, em que x está em radianos. |
| cosd(x) | Calcula o cosseno de x, em que x está em graus. |
| date | Data atual. |
| disp | Exibe dados na Janela de Comandos. |
| doc | Abre o Help Desk HTML diretamente para uma descrição de função específica. |
| double | Converte uma cadeia de caracteres em uma matriz de números. |
| eps | Representa precisão de máquina. |
| exp(x) | Calcula $e^x$. |
| eye(m,n) | Gera uma matriz de identidade. |
| fix(x) | Arredonda x para o número inteiro mais próximo de zero: fix(3.1) = 3 e fix(-3.1) = -3. |
| floor(x) | Arredonda x para o número inteiro mais próximo de menos infinito: floor(3.1) = 3 e floor(-3.1) = -4. |
| format + | Imprime somente os sinais + e −. |
| format bank | Imprime em formato "dollars and cents". |
| format compact | Suprime mudanças adicionais de linha na saída. |
| format hex | Imprime a exibição hexadecimal de bits. |
| format long | Imprime com 14 dígitos após o decimal. |
| format long e | Imprime com 15 dígitos mais o expoente. |
| format long g | Imprime com 15 dígitos com ou sem o expoente. |
| format loose | Imprime com mudanças adicionais de linha na saída. |
| format rat | Imprime como razão aproximada de números inteiros pequenos. |
| format short | Imprime com 4 dígitos após o decimal. |
| format short e | Imprime com 5 dígitos mais o expoente. |
| format short g | Imprime com 5 dígitos com ou sem o expoente. |
| fprintf | Imprime a informação formatada. |
| grid | Adiciona ou remove uma grade de um diagrama. |
| i | $\sqrt{-1}$ |
| Inf | Representa o infinito de máquina ($\infty$). |
| input | Cria um marcador e lê um valor do teclado. |
| int2str | Converte x em uma cadeia de caracteres de número inteiro. |
| j | $\sqrt{-1}$ |
| legenda | Adiciona uma legenda a um diagrama. |
| length(arr) | Retorna o comprimento de um vetor ou a maior dimensão de uma matriz bidimensional. |
| load | Carrega os dados de um arquivo. |
| log(x) | Calcula o logaritmo natural de x. |
| loglog | Gera um diagrama log-log. |
| lookfor | Procura um termo correspondente nas descrições de função MATLAB on-line de uma linha. |
| max(x) | Retorna o valor máximo no vetor x e opcionalmente o local desse valor. |

| | |
|---|---|
| `min(x)` | Retorna o valor mínimo no vetor *x* e opcionalmente o local desse valor. |
| `mod(m,n)` | Função resto ou de módulo. |
| `NaN` | Representa que não é um número. |
| `num2str(x)` | Converte *x* em uma cadeia de caracteres. |
| `ones(m,n)` | Gera uma matriz de uns. |
| `pi` | Representa o número $\pi$. |
| `plot` | Gera um diagrama linear *xy*. |
| `print` | Imprime uma Janela de Figura. |
| `round(x)` | Arredonda *x* para o número inteiro mais próximo. |
| `save` | Armazena os dados da área de trabalho em um arquivo. |
| `semilogx` | Gera um diagrama log-linear. |
| `semilogy` | Gera um diagrama linear-log. |
| `sin(x)` | Calcula o seno de *x*, em que *x* está em radianos. |
| `sind(x)` | Calcula o seno de *x*, em que *x* está em graus. |
| `size` | Captura o número de linhas e de colunas de uma matriz. |
| `sqrt` | Calcula a raiz quadrada de um número. |
| `str2num` | Converte uma cadeia de caracteres em um número. |
| `tan(x)` | Calcula a tangente de *x*, em que *x* está em radianos. |
| `tand(x)` | Calcula a tangente de *x*, em que *x* está em graus. |
| `title` | Adiciona um título a um diagrama. |
| `zeros(m,n)` | Gera uma matriz de zeros. |

## 2.15 Exercícios

**2.1 Decibéis** Os engenheiros frequentemente medem a razão entre duas medias de potência em decibéis, ou dB. A equação para a razão entre duas medidas de potência, em decibéis, é

$$dB = 10 \log_{10} \frac{P_2}{P_1} \quad (2.10)$$

em que $P_2$ é o nível de potência sendo medido e $P_1$ é algum nível de potência de referência.

(a) Assuma que o nível de potência de referência $P_1$ seja de 1 milliwatt e escreva um programa que aceite uma potência de entrada $P_2$ e a converta em dB com relação ao nível de referência 1 mW. (Os engenheiros têm uma unidade especial para níveis de potência em dB com respeito à referência de 1 mW: dBm.) Utilize Boas Práticas de Programação em seu programa.

(b) Escreva um programa que crie um diagrama da potência em watts *versus* potência em dBm com relação a um nível de referência de 1 mW. Crie um diagrama linear *xy* e um diagrama log-linear *xy*.

**2.2** Use MATLAB para avaliar cada uma das seguintes expressões.
(a) $(3 - 4i)(-4 + 3i)$
(b) $\cos^{-1}(1.2)$

**2.3** Resolva o seguinte sistema de equações simultâneas para x:
```
-2.0 x₁ + 5.0 x₂ + 1.0 x₃ + 3.0 x₄ + 4.0 x₅ - 1.0 x₆ = 0.0
 2.0 x₁ - 1.0 x₂ - 5.0 x₃ - 2.0 x₄ + 6.0 x₅ + 4.0 x₆ = 1.0
-1.0 x₁ + 6.0 x₂ - 4.0 x₃ - 5.0 x₄ + 3.0 x₅ - 1.0 x₆ = -6.0
 4.0 x₁ + 3.0 x₂ - 6.0 x₃ - 5.0 x₄ - 2.0 x₅ - 2.0 x₆ = 10.0
-3.0 x₁ + 6.0 x₂ + 4.0 x₃ + 2.0 x₄ - 6.0 x₅ + 4.0 x₆ = -6.0
 2.0 x₁ + 4.0 x₂ + 4.0 x₃ + 4.0 x₄ + 5.0 x₅ - 4.0 x₆ = -2.0
```

**2.4** Assuma que `value` foi iniciado para $10\pi$, e determine o que é impresso por cada uma das expressões a seguir.

```
disp (['value = ' num2str(value)]);
disp (['value = ' int2str(value)]);
fprintf('value = %e\n',value);
```

```
fprintf('value = %f\n',value);
fprintf('value = %g\n',value);
fprintf('value = %12.4f\n',value);
```

**2.5** Determine o tamanho e o conteúdo das matrizes a seguir. Observe que as últimas matrizes podem depender das definições das matrizes anteriores neste exercício.

(a) `a = 2:3:8;`
(b) `b = [a' a' a'];`
(c) `c = b(1:2:3,1:2:3);`
(d) `d = a + b(2,:);`
(e) `w = [zeros(1,3) ones(3,1)' 3:5'];`
(f) `b([1 3],2) = b([3 1],2);`
(g) `e = 1:-1:5;`

**2.6** Assuma que a matriz `array1` seja definida conforme mostrado e determine o conteúdo das seguintes submatrizes:

$$\text{array1} = \begin{bmatrix} 1{,}1 & 0{,}0 & -2{,}1 & -3{,}5 & 6{,}0 \\ 0{,}0 & -3{,}0 & -5{,}6 & 2{,}8 & 4{,}3 \\ 2{,}1 & 0{,}3 & 0{,}1 & -0{,}4 & 1{,}3 \\ -1{,}4 & 5{,}1 & 0{,}0 & 1{,}1 & -3{,}0 \end{bmatrix}$$

(a) `array1(3,:)`
(b) `array1(:,3)`
(c) `array1(1:2:3,[3 3 4])`
(d) `array1([1 1],:)`

**2.7** Assuma que a, b, c e d são definidas conforme a seguir e calcule os resultados das seguintes operações se elas forem legais. Se uma operação for ilegal, explique o motivo.

$$a = \begin{bmatrix} 2 & 1 \\ -1 & 4 \end{bmatrix} \qquad b = \begin{bmatrix} -1 & 3 \\ 0 & 2 \end{bmatrix}$$

$$c = \begin{bmatrix} 2 \\ 1 \end{bmatrix} \qquad d = \text{eye}(2)$$

(a) `result = a + b;`
(b) `result = a * d;`
(c) `result = a .* d;`
(d) `result = a * c;`
(e) `result = a .* c;`
(f) `result = a \ b;`
(g) `result = a .\ b;`
(h) `result = a .^ b;`

**2.8** Responda às seguintes questões considerando a matriz abaixo.

$$\text{array1} = \begin{bmatrix} 0{,}0 & 0{,}5 & 2{,}1 & -3{,}5 & 6{,}0 \\ 0{,}0 & -1{,}1 & -6{,}6 & 2{,}8 & 3{,}4 \\ 2{,}1 & 0{,}1 & 0{,}3 & -0{,}4 & 1{,}3 \\ 1{,}1 & 5{,}1 & 0{,}0 & 1{,}1 & -2{,}0 \end{bmatrix}$$

(a) Qual é o tamanho de `array1`?

(b) Qual é o valor de `array1(1,4)`?
(c) Qual é o tamanho e o valor de `array1(:,1:2:5)`?
(d) Qual é o tamanho e o valor de `array1([1 3],end)`?

**2.9** Avalie cada uma das seguintes expressões.

(a) `11 / 5 + 6`
(b) `(11 / 5) + 6`
(c) `11 / (5 + 6)`
(d) `3 ^ 2 ^ 3`
(e) `v3 ^ (2 ^ 3)`
(f) `(3 ^ 2) ^ 3`
(g) `round(-11/5) + 6`
(h) `ceil(-11/5) + 6`
(i) `floor(-11/5) + 6`

**2.10** Os nomes de variáveis MATLAB a seguir são legais ou ilegais? Por quê?

(a) `dog1`
(b) `1dog`
(c) `Do_you_know_the_way_to_san_jose`
(d) `_help`
(e) `What's_up`

**2.11** A distância entre dois pontos $(x_1, y_1, z_1)$ e $(x_2, y_2, z_2)$ em um sistema de coordenadas tridimensional cartesiano é fornecida pela equação

$$d = \sqrt{(x_1 - x_2)^2 + (y_1 - y_2)^2 + (z_1 - z_2)^2} \qquad (2.11)$$

Escreva um programa para calcular a distância entre dois pontos quaisquer $(x_1, y_1, z_1)$ e $(x_2, y_2, z_2)$ especificado pelo usuário. Utilize boas práticas de programação em seu programa. Use o programa para calcular a distância entre os pontos $(-3, 2, 5)$ e $(3, -6, -5)$.

**2.12 Potência em um resistor** A voltagem que atravessa um resistor está relacionada à corrente que flui por ele com base na lei de Ohm

$$V = IR \qquad (2.12)$$

e a potência consumida no resistor é fornecida pela equação

$$P = IV \qquad (2.13)$$

Escreva um programa que crie um diagrama de potência consumida por um resistor 1.000 Ω à medida que a voltagem que o atravessa varia de 1 V a 200 V. Crie dois diagramas, um mostrando a potência em watts e outro mostrando a potência em dBW (níveis de potência em dB com relação à referência de 1 W).

**2.13 Receptor de rádio** A média de voltagem (rms) na carga resistiva na Figura 2.16 varia como uma função de frequência de acordo com a Equação (2.14).

$$V_R = \frac{R}{\sqrt{R^2 + \left(\omega L - \dfrac{1}{\omega C}\right)^2}} V_0 \qquad (2.14)$$

em que $\omega = 2\pi f$ e $f$ é a frequência em hertz. Assuma que $L = 0{,}25$ mH, $C = 0{,}10$ nF, $R = 50$ Ω, e $V_0 = 10$ mV.

(a) Diagrame a voltagem rms na carga resistiva como uma função de frequência. Em qual frequência temos o pico de voltagem na carga resistiva? Qual a voltagem na carga com essa frequência? Essa frequência também é chamada frequência de ressonância $f_0$ do circuito.

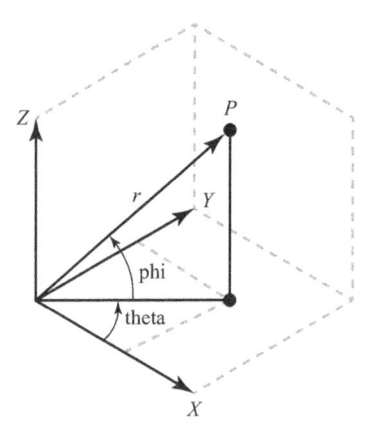

**Figura 2.16** Um vetor tridimensional v pode ser representado nas coordenadas retangulares (x, y, z) ou coordenadas esféricas (r, θ, ϕ).

(b) Se a frequência mudar para 10% acima da frequência de ressonância, qual será a voltagem na carga? Quão seletivo será o receptor de rádio?

(c) Em quais frequências a voltagem na carga cairá para a metade da voltagem na frequência de ressonância?

**2.14** Suponha que dois sinais sejam recebidos na antena do rádio descrita no problema anterior. Um sinal tem potência de 1 V a uma frequência de 1.000 kHz, e o outro sinal tem potência de 1 V a 950 kHz. Calcule a voltagem $V_R$ que será recebida para cada um desses sinais. Quanta potência será fornecida pelo primeiro sinal para a carga resistiva $R$? Quanta potência o segundo sinal fornecerá para a carga resistiva $R$? Expresse a proporção da potência fornecida pelo sinal 1 para a potência fornecida pelo sinal 2 em decibéis (veja o Problema 2.1 para a definição de um decibel). Qual é a melhoria ou supressão do segundo sinal comparada ao primeiro? (*Observação*: A potência fornecida pela carga resistiva pode ser calculada pela equação $P = V_R^2/R$.)

**2.15 Raio de Curva de Aeronaves** Um objeto movendo-se em uma trajetória circular, com velocidade tangencial constante $v$ é mostrada na Figura 2.17. A aceleração radial requerida para o objeto se mover na trajetória circular é dada pela Equação (2.15)

$$a = \frac{v^2}{r} \tag{2.15}$$

em que $a$ é a aceleração centrípeta do objeto em m/s², $v$ é a velocidade tangencial do objeto em m/s e $r$ é o raio da curva em metros. Supondo que o objeto seja uma aeronave, responda às seguintes questões sobre ela:

(a) Suponha que a aeronave esteja se movendo a Mach 0,85 ou 85% da velocidade do som. Se a aceleração centrípeta for 2 g, qual é o raio da curva da aeronave? (*Observação*: Para esse problema, você pode assumir que Mach 1 é igual a 340 m/s, e 1 g = 9,81 m/s²).

(b) Suponha que a velocidade da aeronave aumente para Mach 1,5. Qual o raio da curva para a aeronave agora?

(c) Desenhe o diagrama do raio da curva como função da velocidade da aeronave para velocidades entre Mach 0,5 e Mach 2,0, assumindo que a aceleração permaneça em 2 g.

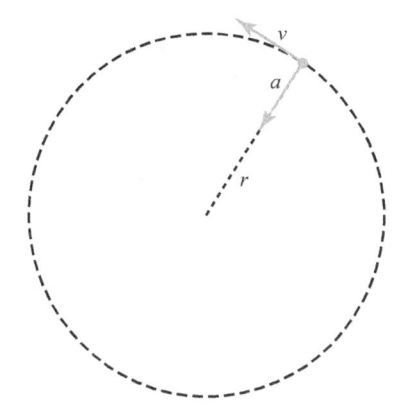

**Figura 2.17** Um objeto que se move em movimento circular uniforme por causa da aceleração centrípeta a.

(a) Suponha que a aceleração máxima suportada pelo piloto seja de 7 g. Qual o menor raio da curva possível da aeronave a Mach 1,5?

(b) Desenhe o diagrama do raio da curva como função da aceleração centrípeta para acelerações entre 2 g e 8 g, assumindo uma velocidade constante de Mach 0,85.

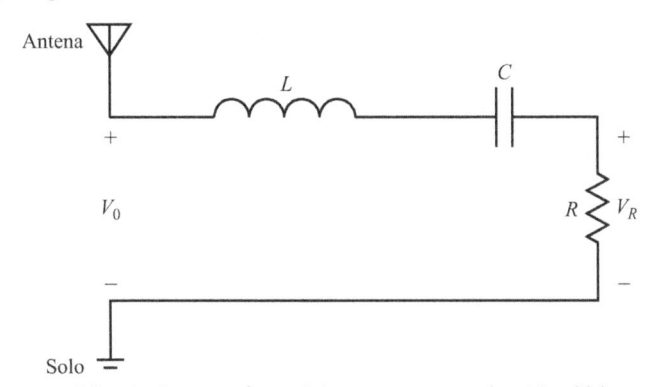

**Figura 2.18** Versão simplificada da parte frontal de um receptor de rádio AM.

**2.16 Receptor de Raio** A versão simplificada na parte frontal de um receptor de rádio AM é mostrada na Figura 2.18. Esse receptor consiste em um circuito *RLC* ajustado que contém um resistor, capacitor e um indutor conectado em série. O circuito *RLC* é conectado a uma antena externa e aterramento, conforme mostrado na figura.

O circuito permite que o rádio selecione uma estação específica dentre as que transmitem na faixa AM. Na frequência de ressonância do circuito, essencialmente todo sinal $V_0$ que aparece na antena aparece no resistor, que representa o resto do rádio. Em outras palavras, o rádio recebe seu sinal mais forte na frequência de ressonância. A frequência de ressonância do circuito LC é dada pela equação

$$f_0 = \frac{1}{2\pi\sqrt{LC}} \tag{2.16}$$

em que *L* é a indutância em henrys (H) e *C* é a capacitância em farads (F). Escreva um programa que calcule a frequência de ressonância desse rádio considerando valores específicos de *L* e *C*. Teste seu programa calculando a frequência do rádio quando $L = 0{,}25$ mH e $C = 0{,}10$ nF.

**2.17** Um vetor tridimensional pode ser representado nas coordenadas retangulares $(x, y, z)$ ou nas coordenadas esféricas $(r, \theta, \phi)$, conforme mostrado na Figura 2.16.[2] As relações entre esses dois grupos de coordenadas são fornecidas pelas seguintes equações:

$$x = r \cos \phi \cos \theta \qquad (2.17)$$

$$y = r \cos \phi \sin \theta \qquad (2.18)$$

$$z = r \sin \phi \qquad (2.19)$$

$$r = \sqrt{x^2 + y^2 + z^2} \qquad (2.20)$$

$$\theta = \tan^{-1} \frac{y}{x} \qquad (2.21)$$

$$\phi = \tan^{-1} \frac{z}{\sqrt{x^2 + y^2}} \qquad (2.22)$$

Use o sistema de ajuda MATLAB para consultar a função `atan2` e use essa função ao responder às perguntas abaixo.

(a) Escreva um programa que aceite um vetor 3D nas coordenadas retangulares e calcule o vetor nas coordenadas esféricas, com os ângulos $\theta$ e $\phi$ expressos em graus.

(b) Escreva um programa que aceite um vetor 3D nas coordenadas esféricas (com ângulos $\theta$ e $\phi$ em graus) e calcule o vetor em coordenadas retangulares.

**2.18** A distância entre dois pontos $(x_1, y_1)$ e $(x_2, y_2)$ em um plano de coordenada cartesiana é fornecida pela equação

$$d = \sqrt{(x_1 - x_2)^2 + (y_1 - y_2)^2} \qquad (2.23)$$

(Veja a Figura 2.19). Escreva um programa para calcular a distância entre quaisquer dois pontos $(x_1, y_1)$ e $(x_2, y_2)$ especificados pelo usuário. Utilize boas práticas de programação em seu programa. Use o programa para calcular a distância entre os pontos $(-3, 2)$ e $(3, -6)$.

**2.19 Posição e Velocidade de uma Bola** Se uma bola estacionária é liberada a uma altura $h_0$ acima da superfície da Terra com velocidade vertical $v_0$, a posição e a velocidade da bola como uma função de tempo são fornecidas pelas equações

$$h(t) = \frac{1}{2} g t^2 + v_0 t + h_0 \qquad (2.24)$$

$$v(t) = gt + v_0 \qquad (2.25)$$

em que $g$ é a aceleração decorrente da gravidade ($-9,81$ m/s$^2$), $h$ é a altura acima da superfície da Terra (assumindo ausência de atrito do ar) e $v$ é o componente vertical de velocidade. Escreva um programa MATLAB que solicite ao usuário a altura inicial da bola em metros e a velocidade vertical da bola em metros por segundo, depois desenhe o diagrama da altura e velocidade como função do tempo. Não deixe de incluir as legendas apropriadas no seu diagrama.

---

[2] Essas definições dos ângulos nas coordenadas esféricas são não padrão de acordo com o uso internacional, mas correspondem a definições empregadas pelo programa MATLAB.

**Figura 2.19** Distância entre dois pontos em um plano Cartesiano.

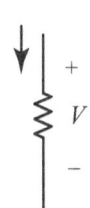

**Figura 2.20** Voltagem e corrente em um resistor.

**2.20 Cosseno hiperbólico** A função do cosseno hiperbólico é definida pela equação

$$\cosh x = \frac{e^x + e^{-x}}{2} \qquad (2.26)$$

Escreva um programa que calcule o cosseno hiperbólico de um valor x fornecido pelo usuário. Use o programa para calcular o cosseno hiperbólico de 3.0. Compare a resposta que seu programa produz com a resposta produzida pela função intrínseca MATLAB `cosh(x)`. Além disso, use MATLAB para desenhar o diagrama da função `cosh(x)`. Qual é o menor valor admitido para essa função? Qual o valor de x correspondente a esse valor?

**2.21** O MATLAB inclui duas funções `cart2sph` e `sph2cart` para converter as coordenadas cartesianas e esféricas para trás e para frente. Consulte essas funções no sistema de ajuda MATLAB e escreva novamente os programas do Exercício 2.17 usando essas funções. Como você compararia as respostas entre os programas escritos utilizando as Equações (2.17) a (2.22) e os programas escritos utilizando as funções MATLAB integradas?

**2.22 Energia Armazenada em Mola** A força necessária para comprimir uma mola linear é fornecida pela equação

$$F = kx \qquad (2.27)$$

em que $F$ é a força em newtons e $k$ é a constante de mola em newtons por metro. A energia potencial armazenada na mola comprimida é dada pela equação

$$E = \frac{1}{2}kx^2 \qquad (2.28)$$

em que $E$ é a energia em joules. As seguintes informações estão disponíveis para quatro molas:

|  | Mola 1 | Mola 2 | Mola 3 | Mola 4 |
| --- | --- | --- | --- | --- |
| Força (N) | 20 | 30 | 25 | 20 |
| Constante de mola $k$ (N/m) | 200 | 250 | 300 | 400 |

Determine a compressão de cada mola e a energia potencial armazenada em cada uma delas. Qual mola tem mais energia potencial armazenada?

# Capítulo 3

# Diagramas Bidimensionais

Uma das mais poderosas características do MATLAB é a capacidade de criar facilmente diagramas que visualizam as informações com as quais o engenheiro trabalha. Em outras linguagens de programação utilizadas pelos engenheiros (como C++, Java, Fortran etc.), a diagramação é uma tarefa importante que envolve muito esforço ou pacotes adicionais de software que não fazem parte da linguagem básica. Em contrapartida, o MATLAB está pronto para criar diagramas de alta qualidade com o mínimo de esforço assim que sai da caixa.

Apresentamos alguns comandos simples de diagramação no Capítulo 2 e os utilizamos para exibir uma variedade de dados em escalas lineares e logarítmicas em vários exemplos e exercícios.

Em razão da grande importância de criar diagramas, dedicaremos esse capítulo inteiro ao aprendizado sobre a criação de bons diagramas bidimensionais de dados de engenharia. Os diagramas tridimensionais serão abordados futuramente no Capítulo 8.

## 3.1 Características Adicionais de Diagramação para Diagramas Bidirecionais

Esta seção descreve recursos adicionais que melhoram diagramas bidimensionais simples apresentados no Capítulo 2. Essas características nos permitem controlar o intervalo de valores $x$ e $y$ exibidos em um diagrama, dispor múltiplos diagramas uns sobre os outros, criar múltiplas figuras, criar múltiplos subdiagramas em uma figura e fornecer mais controle das linhas desenhadas e cadeias de texto. Além disso, aprenderemos a criar diagramas polares.

### 3.1.1 Escalas Logarítmicas

É possível desenhar dados em escalas logarítmicas e em escalas lineares. Existem quatro combinações possíveis de escalas lineares e logarítmicas nos eixos $x$ e $y$, e cada combinação é produzida por uma função separada.

1. A função `plot` desenha em diagrama tanto dados $x$ quanto $y$ em eixos lineares.
2. A função `semilogx` desenha em diagrama os dados $x$ em um eixo logarítmico e os dados $y$ em um eixo linear.

3. A função `semilogy` desenha em diagrama os dados *x* em um eixo linear e os dados *y* em um eixo logarítmico.
4. A função `loglog` desenha em diagrama tanto dados *x* quanto *y* em eixos logarítmicos.

Todas essas funções têm a mesma sequência de chamada – a única diferença é o tipo de eixo utilizado para desenhar o diagrama dos dados.

Para comparar esses quatro tipos de diagramas, desenharemos a função $y(x) = 2x^2$ sobre o intervalo de 0 a 100 com cada tipo de diagrama. O código MATLAB para essa tarefa é:

```
x = 0:0.2:100;
y = 2 * x.^2;

% For the linear / linear case
plot(x,y);
title('Linear / linear Plot');
xlabel('x');
ylabel('y');
grid on;

% For the log / linear case
semilogx(x,y);
title('Log / linear Plot');
xlabel('x');
ylabel('y');
grid on;

% For the linear / log case
semilogy(x,y);
title('Linear / log Plot');
xlabel('x');
ylabel('y');
grid on;

% For the log / log case
loglog(x,y);
title('Log / log Plot');
xlabel('x');
ylabel('y');
grid on;
```

Exemplos de cada diagrama são exibidos na Figura 3.1.

É importante considerar o tipo de dados sendo desenhados em diagrama ao selecionar escalas lineares ou logarítmicas. Em geral, se o intervalo de dados sendo desenhados em diagrama cobrir várias ordens de grandeza, uma escala logarítmica será mais apropriada, porque em uma escala linear a menor parte do conjunto de dados ficará invisível. Se os dados sendo desenhados em diagrama cobrirem um intervalo dinâmico relativamente pequeno, então as escalas lineares também funcionarão bem.

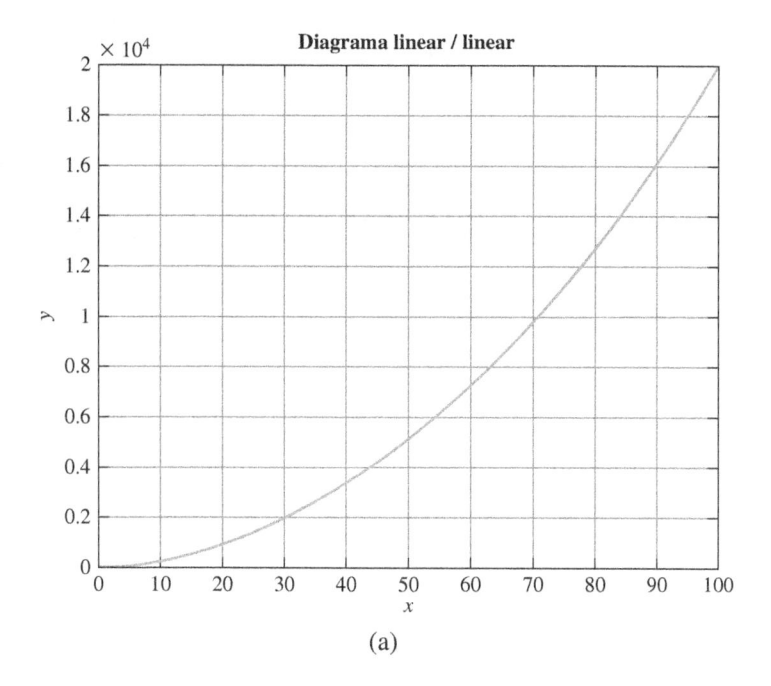

**Diagrama linear / linear**

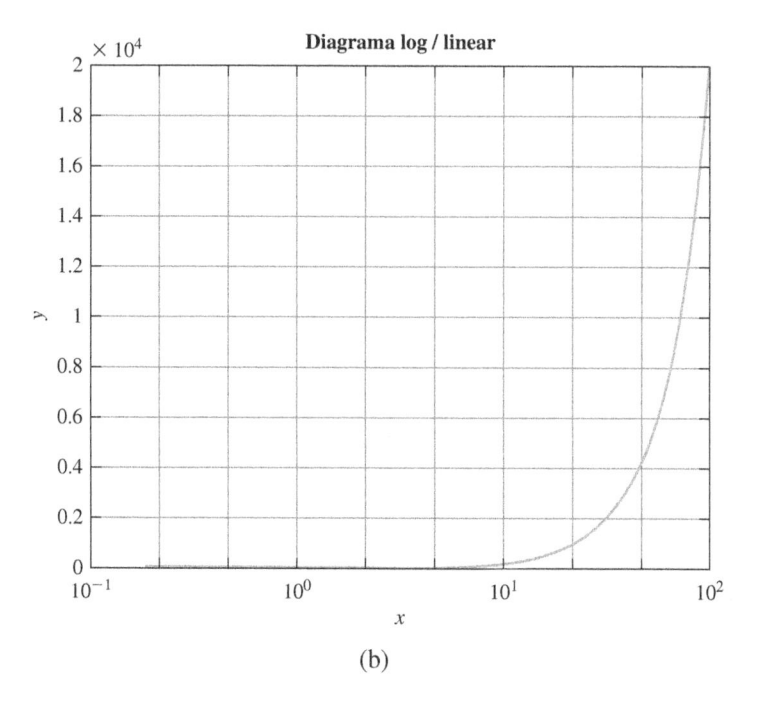

(a)

**Diagrama log / linear**

(b)

**Diagrama linear / log**

(c)

**Diagrama log / log**

(d)

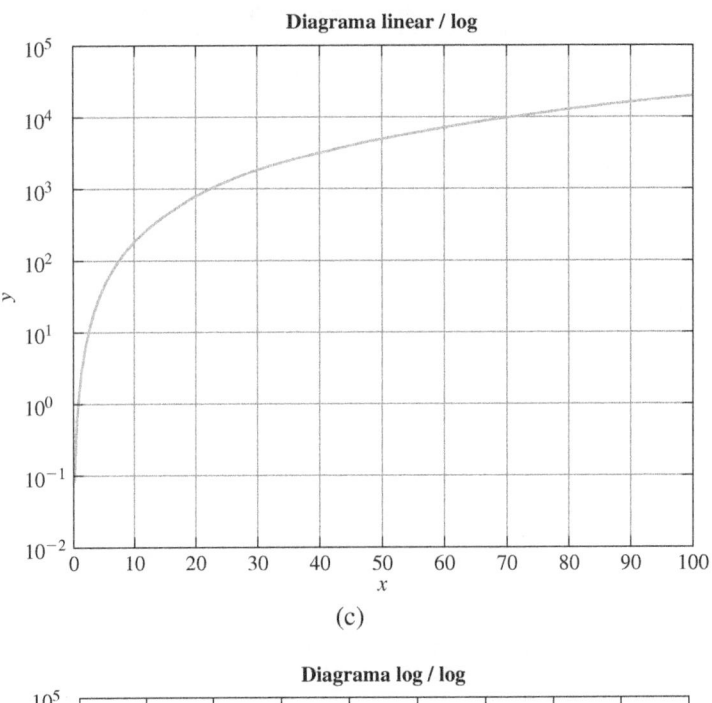

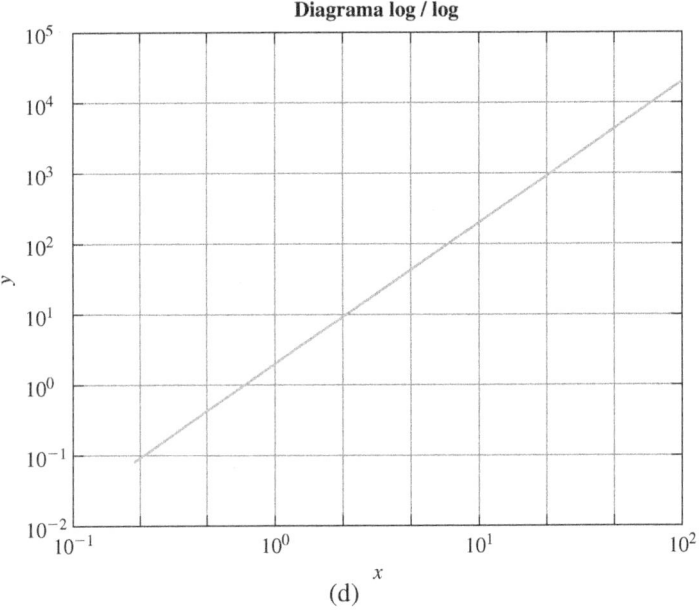

**Figura 3.1** Comparação de diagramas lineares, semilog x, semilog y e log-log.

## Boa Prática de Programação

Se o intervalo de dados para desenhar em diagrama abranger várias ordens de grandeza, utilize uma escala logarítmica para representar os dados corretamente. Se o intervalo dos dados para diagramação for de uma ordem de grandeza ou menor, então utilize a escala linear.

Além disso, tenha cuidado ao tentar desenhar dados com zeros ou valores negativos em uma escala logarítmica. O logaritmo de zero ou um número negativo é indefinido para números reais; portanto, esses pontos negativos nunca serão desenhados em diagrama. O MATLAB emite um aviso e ignora esses valores negativos.

---

### ▣ Erros de Programação

Não tente desenhar o diagrama de dados negativos em uma escala logarítmica. Os dados serão ignorados.

---

## 3.1.2 Controlando limites de diagramação dos eixos x e y

Por padrão, um diagrama é exibido com intervalos de eixos *x* e *y* grandes o suficiente para mostrar cada ponto em um conjunto de dados de entrada. No entanto, às vezes é útil exibir somente o subconjunto dos dados que são de interesse específico. Isso pode ser feito utilizando o comando/função `axis` (veja a Barra Lateral sobre o relacionamento entre os comandos e as funções do MATLAB).

### Dualidade de Comando/Função

Alguns itens no MATLAB parecem ser incapazes de decidir se são comandos (palavras digitadas na linha de comandos) ou funções (com argumentos entre parênteses). Por exemplo, algumas vezes, `axis` parece se comportar como um comando e, outras vezes, parece se comportar como uma função. Às vezes, tratamos isso como um comando: `axis on` e, outras vezes, podemos tratá-lo como uma função: `axis ([0 20 0 35])`. Como isso é possível?

A resposta breve é que os comandos do MATLAB são realmente implementados como funções e o interpretador MATLAB é inteligente o suficiente para substituir a chamada da função sempre que encontra o comando. É sempre possível chamar o comando diretamente como uma função em vez de utilizar a sintaxe de comandos. Portanto, as duas expressões a seguir são idênticas:

```
axis on;
axis ('on');
```

Sempre que o MATLAB encontra um comando, ele forma uma função a partir do comando tratando cada argumento de comando como uma cadeia de caracteres e chamando a função equivalente com essas cadeias de caracteres como argumentos. O MATLAB interpreta o comando

```
garbage 1 2 3
```

como a seguinte chamada de função:

```
garbage('1','2','3')
```

Observe que *só funções com argumentos de caracteres podem ser tratadas como comandos*. As funções com argumentos numéricos devem ser utilizadas somente na forma de função. Esse fato explica o motivo pelo qual `axis` algumas vezes é tratado como comando e outras vezes como função.

Algumas formas de comando/função `axis` são mostradas na Tabela 3.1 a seguir. Os dois formulários mais importantes são mostrados em negrito – eles permitem que o engenheiro obtenha os limites atuais de um diagrama e os modifique. Uma lista completa de todas as opções pode ser encontrada na documentação on-line do MATLAB.

Para ilustrar o uso de `axis`, vamos desenhar o diagrama da função $f(x) = \sin x$ de $-2\pi$ a $2\pi$, e depois restringir os eixos para a região definida por $0 \leq x \leq \pi$ e $0 \leq y \leq 1$. As expressões para criar esse diagrama são mostradas abaixo e o diagrama resultante é mostrado na Figura 3.2a.

```
x = -2*pi:pi/20:2*pi;
y = sin(x);
plot(x,y);
title ('Plot of sin(x) vs x');
grid on;
```

Os limites atuais desse diagrama podem ser determinados a partir da função básica `axis`.

```
» limits = axis
limits =
    -8     8    -1     1
```

Esses limites podem ser modificados com a chamada de função `axis([0 pi 0 1])`. Depois que essa função é executada, o diagrama resultante é o mostrado na Figura 3.2b.

### Tabela 3.1: Formas de Função/Comando `axis`

| Comando | Descrição |
|---|---|
| `v = axis;` | Esta função retorna um vetor de linha de 4 elementos contendo [xmin xmax ymin ymax], em que xmin, xmax, ymin e ymax são os limites atuais do diagrama. |
| `axis ([xmin xmax ymin ymax]);` | Esta função define os limites $x$ e $y$ do diagrama para os valores especificados. |
| `axis equal` | Este comando define os incrementos de eixo para que sejam iguais a ambos os eixos. |
| `axis square` | Este comando torna a caixa do eixo atual quadrada. |
| `axis normal` | Este comando cancela o efeito de axis equal e axis square. |
| `axis off` | Este comando desativa toda a identificação de eixo, marcas de visto e segundo plano. |
| `axis on` | Este comando ativa toda a identificação de eixo, marcas de visto e segundo plano (caso padrão). |

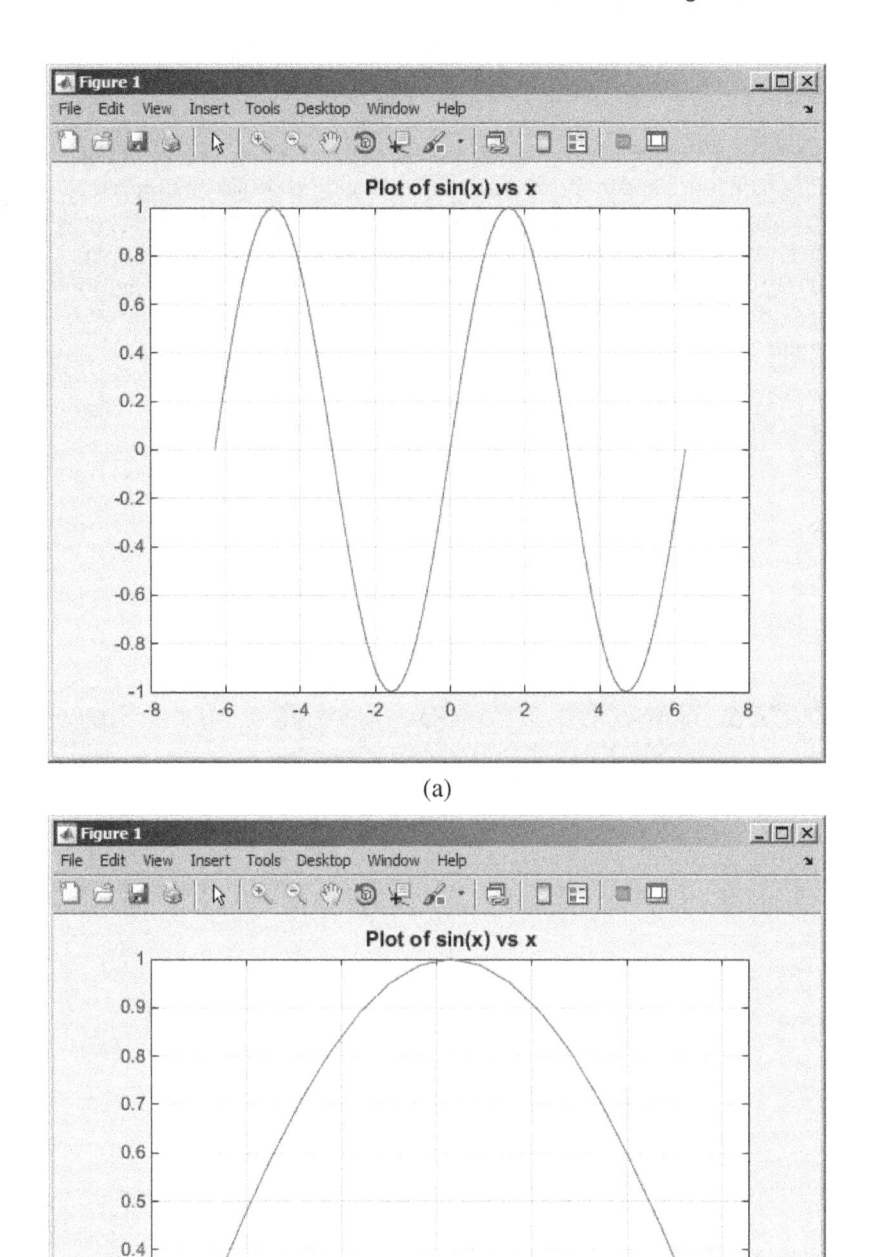

**Figura 3.2** (a) Diagrama do seno *x versus x*. (b) Aproximação da região [0 $\pi$ 0 1].

## 3.1.3 Desenhando Múltiplos Diagramas nos Mesmos Eixos

Normalmente, um novo diagrama é criado sempre que um comando plot é emitido e os dados anteriores exibidos na figura são perdidos. Esse comportamento pode ser modificado com o comando **hold**. Depois que um comando hold on é emitido, todos os diagramas adicionais serão dispostos no topo dos diagramas anteriormente existentes. Um comando hold off comuta o comportamento de diagramação de volta para a situação padrão, na qual um novo diagrama substitui o anterior.

Por exemplo, os seguintes comandos desenham o diagrama do seno $x$ e cosseno $x$ nos mesmos eixos. O diagrama resultante é mostrado na Figura 3.3.

```
x = -pi:pi/20:pi;
y1 = sin(x);
y2 = cos(x);
plot(x,y1,'b-');
hold on;
plot(x,y2,'k--');
hold off;
legend ('sin x','cos x');
```

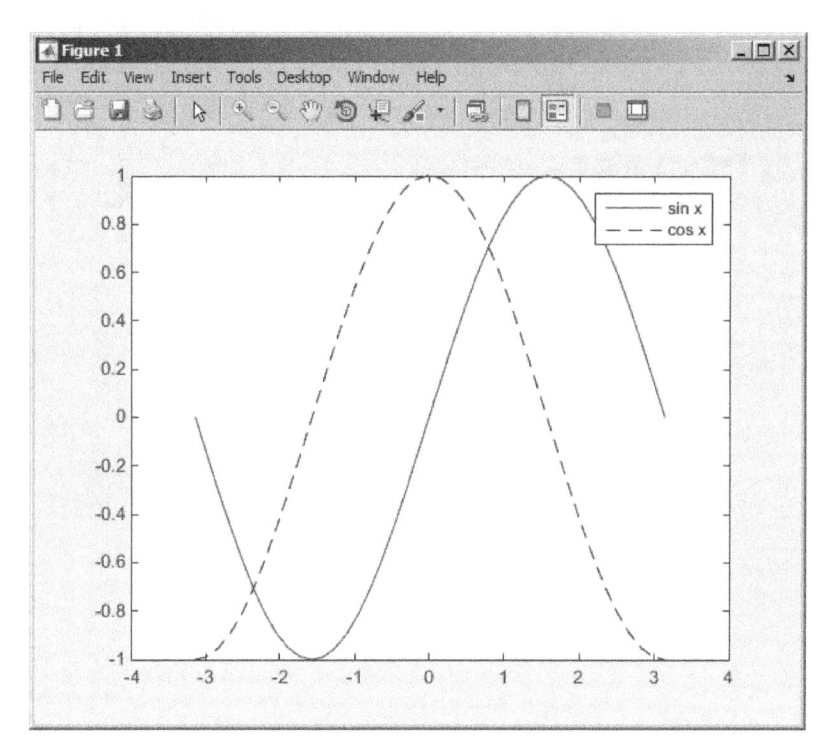

**Figura 3.3** Múltiplas curvas desenhadas em um único conjunto de eixos utilizando o comando hold.

## 3.1.4 Criando Múltiplas Figuras

O MATLAB pode criar múltiplas Janelas de Figuras, com diferentes dados exibidos em cada janela. Cada Janela de Figura é identificada por um *número de figura*, que é um número inteiro positivo pequeno. A primeira Janela de Figura é a Figura 1, a segunda é a Figura 2 e assim por diante. Uma das Janelas de Figuras será a **figura atual** e os novos comandos de diagramação serão exibidos nessa janela.

A figura atual é selecionada com a **função figure**. Esta função assume a forma de "figure(n)", em que n é um número de figura.[1] Quando esse comando é executado, a Figura n se torna a figura atual e é usada para todos os comandos de diagramação. A figura é automaticamente criada se ainda não existir. A figura atual também pode ser selecionada clicando nela com o mouse.

A função gcf retorna um *identificador* (uma referência) para a figura atual; portanto, essa função pode ser utilizada por um arquivo M, se precisar conhecer a figura atual.

Os seguintes comandos ilustram o uso da função figure. Eles criam duas figuras, exibindo $e^x$ na primeira figura e $e^{-x}$ na segunda (veja a Figura 3.4).

```
figure(1)
x = 0:0.05:2;
y1 = exp(x);
plot(x,y1);
title(' exp(x)');
grid on;

figure(2)
y2 = exp(-x);
plot (x,y2);
title(' exp(-x)');
grid on;
```

### 3.1.5 Subdiagramas

É possível colocar mais de um conjunto de eixos em uma única figura, criando múltiplos **subplots**. Os subdiagramas são criados com um comando subplot da forma

```
subplot(m,n,p)
```

Este comando divide a figura atual em regiões de igual tamanho de m × n, organizadas em linhas m e colunas n, e cria um conjunto de eixos na posição p para receber todos os atuais comandos de diagramação. Os subdiagramas são numerados da esquerda para a direita e de cima para baixo. Por exemplo, o comando subplot(2,3,4) pode dividir a figura atual em seis regiões organizadas em duas linhas e três colunas e criar um eixo na posição 4 (inferior esquerda) para aceitar novos dados de diagrama (veja a Figura 3.5).

Se um comando subplot criar um novo conjunto de eixos em conflito com um conjunto anteriormente existente, então os eixos anteriores serão automaticamente excluídos.

---

[1] A função figure também pode aceitar um identificador de figura, conforme será explicado posteriormente no Capítulo 13.

(a)

(b)

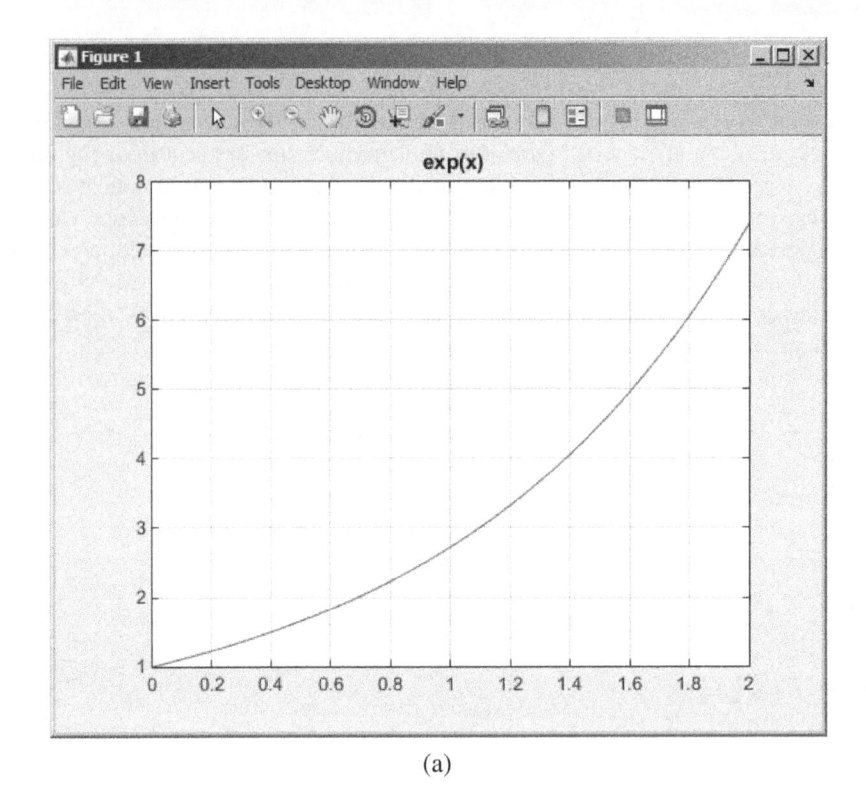

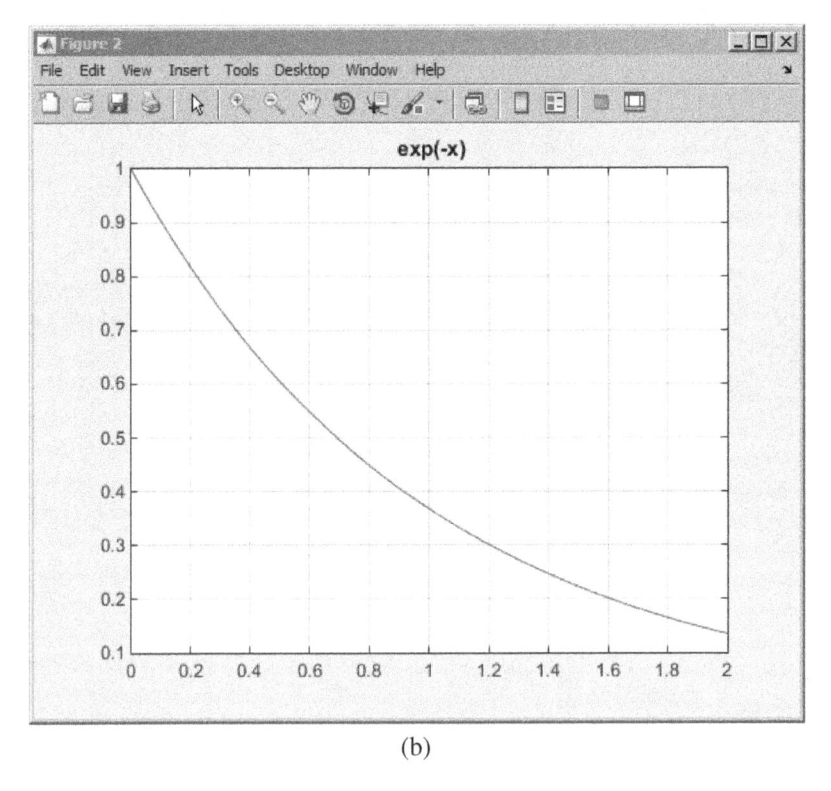

**Figura 3.4** Criando múltiplos diagramas em figuras separadas utilizando a função `figure`. (a) Figura 1; (b) Figura 2.

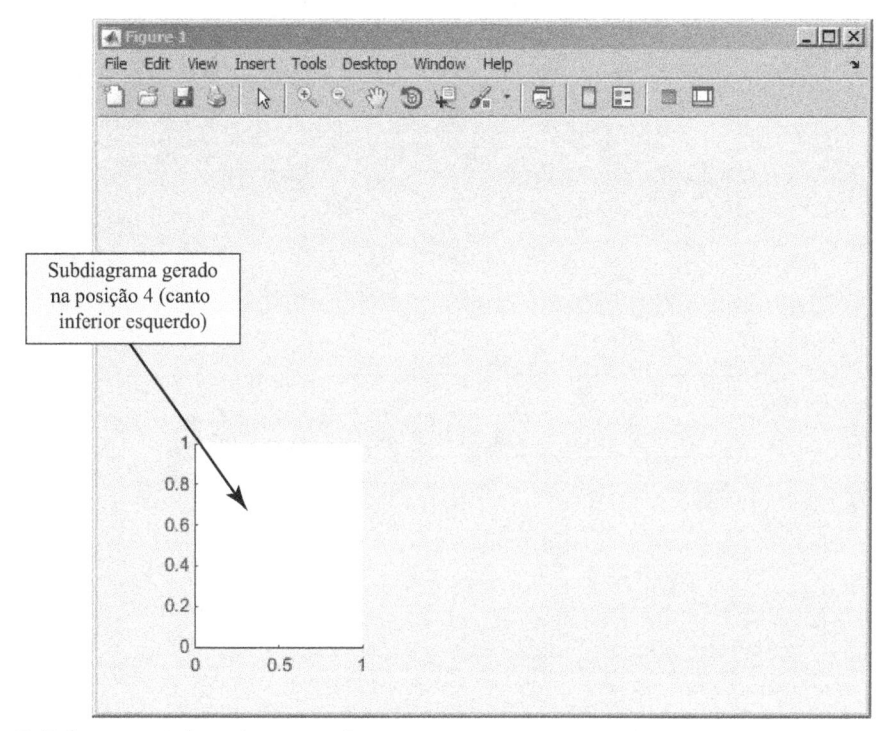

**Figura 3.5** O eixo criado pelo comando `subplot(2,3,4)`.

Os comandos abaixo criam dois subdiagramas em uma única janela e exibem gráficos separados em cada subdiagrama. A figura resultante é mostrada na Figura 3.6.

```
figure(1)
subplot(2,1,1)
x = -pi:pi/20:pi;
y = sin(x);
plot(x,y);
title('Subplot 1 title');
subplot(2,1,2)
x = -pi:pi/20:pi;
y = cos(x);
plot(x,y);
title('Subplot 2 title');
```

### 3.1.6 Controlando o Espaçamento Entre Pontos no Diagrama

No Capítulo 2 aprendemos a criar uma matriz de valores utilizando o operador de dois pontos. O operador de dois pontos

```
start:incr:end
```

[Figura com dois subdiagramas mostrando seno e cosseno]

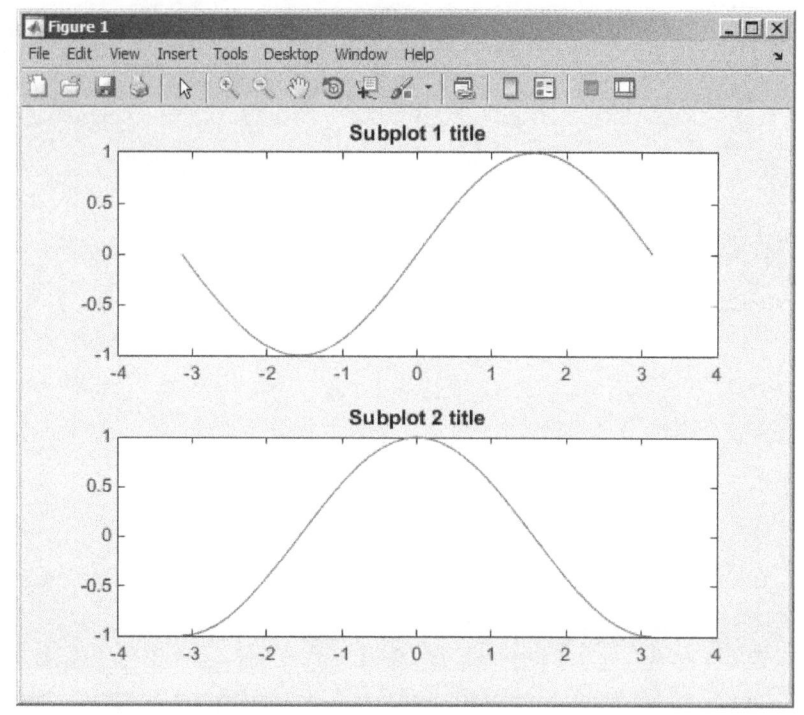

**Figura 3.6** Uma figura com dois subdiagramas que mostra o seno *x* e o cosseno *x* respectivamente.

produz uma matriz que inicia com start, avança em incrementos de incr e termina quando o último ponto for igual ao valor end ou quando o último ponto mais o incremento exceder o valor end. O operador de dois pontos pode ser utilizado para criar uma matriz, mas possui duas desvantagens quando usado regularmente:

1. Nem sempre é fácil saber quantos pontos estarão na matriz. Por exemplo, você consegue saber quantos pontos teria na matriz definida por 0:pi:20?
2. Não há garantia de que o último ponto especificado estará na matriz, porque o incremento poderia exceder esse ponto.

Para evitar esses problemas o MATLAB inclui duas funções para gerar uma matriz de pontos em que o usuário possui controle total dos limites exatos da matriz e do número de pontos na matriz. Essas funções são linspace, que produz um espaçamento linear entre as amostras e logspace, que produz um espaçamento logarítmico entre as amostras.

As formas da função linspace são:

```
y = linspace(start,end);
y = linspace(start,end,n);
```

em que start é o valor inicial, end é o valor final e n é o número de pontos a ser produzido na matriz. Se somente os valores start e end forem especificados, linspace produzirá 100 pontos igualmente espaçados que iniciam com start e terminam com end. Por exemplo, podemos criar uma matriz de 10 pontos igualmente espaçados em uma escala linear com o comando

```
» linspace(1,10,10)
ans =
     1    2    3    4    5    6    7    8    9   10
```

As formas da função logspace são:

```
y = logspace(start,end);
y = logspace(start,end,n);
```

em que `start` é o *expoente* da potência inicial de 10, `end` é o *expoente* da potência final de 10 e n é o número de pontos a ser produzido na matriz. Se somente os valores `start` e `end` forem especificados, `logspace` produzirá 50 pontos igualmente espaçados em uma escala logarítmica, iniciando com `start` e terminando com `end`. Por exemplo, podemos criar uma matriz de pontos espaçados logaritmicamente iniciando com 1 (= $10^0$) e terminando com 10 (= $10^1$) em uma escala logarítmica com o comando

```
» logspace(0,1,10)
ans =
    1.0000    1.2915    1.6681    2.1544    2.7826    3.5938
    4.6416    5.9948    7.7426   10.0000
```

A função `logspace` é especialmente útil para gerar os dados a serem desenhados em uma escala logarítmica, porque os pontos no diagrama serão uniformemente espaçados.

## ▶ Exemplo 3.1 – Criando Diagramas Lineares e Logarítmicos

Desenhe a função no diagrama

$$y(x) = x^2 - 10x + 25 \qquad (3.1)$$

no intervalo de 0 a 10 em um diagrama linear utilizando 21 pontos uniformemente espaçados em um subdiagrama e durante o intervalo $10^{-1}$ a $10^1$ em um diagrama logarítmico utilizando 21 pontos uniformemente espaçados em um eixo *x* logarítmico em um segundo subdiagrama. Coloque os marcadores em cada ponto utilizado no cálculo para que sejam visíveis e certifique-se de incluir um título e identificações de eixo em cada diagrama.

**Solução** Para criar esses diagramas, utilizaremos a função `linspace` para calcular um conjunto uniformemente espaçado de 21 pontos em uma escala linear e a função `logspace` para calcular um conjunto uniformemente espaçado de 21 pontos em uma escala logarítmica. Em seguida, avaliaremos a Equação (3.1) nesses pontos e desenharemos o diagrama das curvas resultantes. O código MATLAB para isso é mostrado a seguir.

```
%   Script file: linear_and_log_plots.m
%
%   Purpose:
%     This program plots y(x) = x^2 - 10*x + 25
%     on linear and semilogx axes.
%
%   Record of revisions:
%      Date          Programmer         Description of change
%      ====          ==========         =====================
%      11/15/14      S. J. Chapman      Original code
%

% Create a figure with two subplots
subplot(2,1,1);

% Now create the linear plot
x = linspace(0, 10, 21);
y =  x.^2 - 10*x + 25;
plot(x,y,'b-');
```

```
hold on;
plot(x,y,'ro');
title('Linear Plot');
xlabel('x');
ylabel('y');
hold off;

% Select the other subplot
subplot(2,1,2);

% Now create the logarithmic plot
x = logspace(-1, 1, 21);
y =  x.^2 - 10*x + 25;
semilogx(x,y,'b-');
hold on;
semilogx(x,y,'ro');
title('Semilog x Plot');
xlabel('x');
ylabel('y');
hold off;
```

O diagrama resultante é mostrado na Figura 3.7. Observe que as escalas de diagrama são diferentes, mas cada diagrama inclui 21 amostras uniformemente espaçadas.

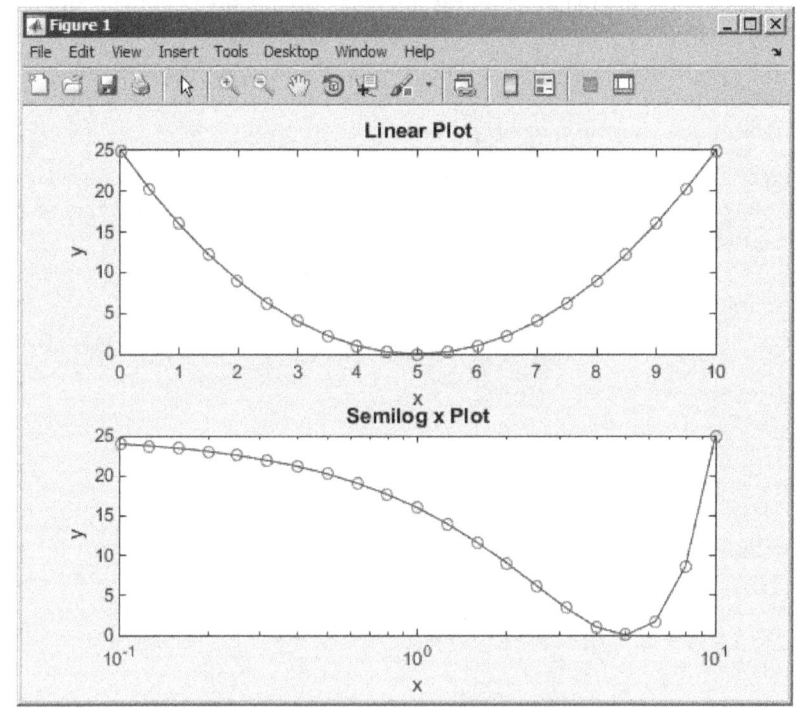

**Figura 3.7** Diagramas da função $y(x) = x^2 - 10x + 25$ em eixos lineares e semilogarítmicos.

## 3.1.7 Controle Avançado de Linhas no Diagrama

No Capítulo 2, aprendemos a definir a cor, estilo e tipo de marcador para uma linha. Também é possível definir quatro propriedades adicionais associadas a cada linha:

- `LineWidth` – especifica a largura de cada linha em pontos
- `MarkerEdgeColor` – especifica a cor do marcador ou a cor da margem para os marcadores preenchidos
- `MarkerFaceColor` – especifica a cor da face dos marcadores preenchidos.
- `MarkerSize` – especifica o tamanho do marcador em pontos.

Essas propriedades são especificadas no comando `plot` após os dados a serem desenhados em diagrama da seguinte maneira:

```
plot(x,y,'PropertyName',value,...)
```

Por exemplo, o seguinte comando desenha o diagrama de uma linha preta sólida de 3 pontos de largura com marcadores circulares de 6 pontos de largura nos pontos de dados. Cada marcador possui uma margem vermelha e um centro verde, conforme mostrado na Figura 3.8.

```
x = 0:pi/15:4*pi;
y = exp(2*sin(x));
```

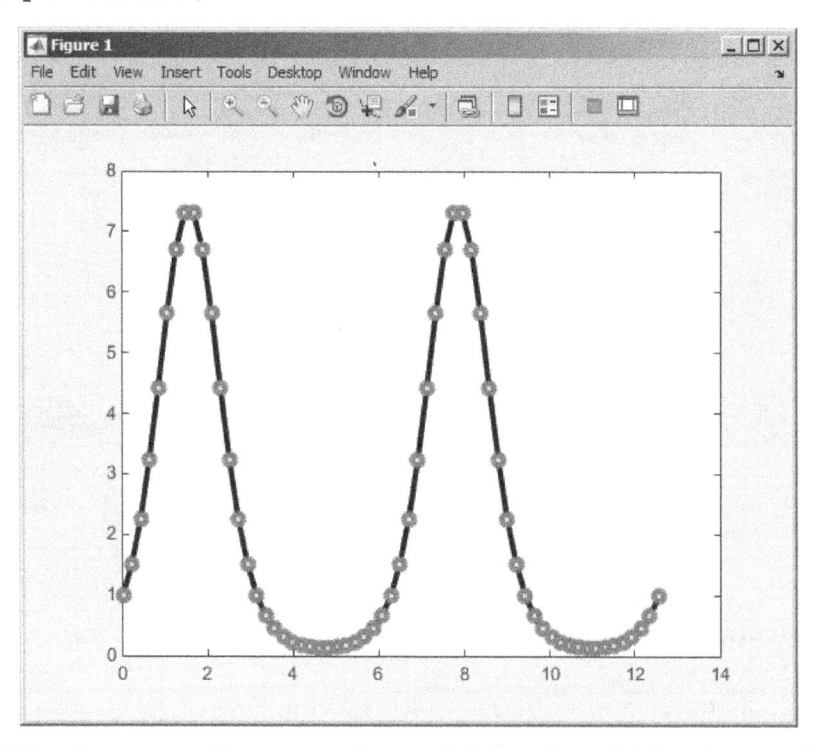

**Figura 3.8** Um diagrama que ilustra o uso de propriedades `LineWidth` e `Marker`. [Veja o encarte colorido.]

```
plot(x,y,'-ko','LineWidth',3.0,'MarkerSize',6,...
    'MarkerEdgeColor','r','MarkerFaceColor','g')
```

## 3.1.8 Controle Avançado de Cadeias de Texto

É possível melhorar as cadeias de texto desenhadas em diagrama (títulos, identificações do eixo e assim por diante) com formatação como negrito, itálico etc. e com caracteres especiais como símbolos matemáticos e letras gregas.

A fonte utilizada para exibir o texto pode ser modificada por **modificadores de corrente**. Um modificador de corrente é uma sequência especial de caracteres que informa ao interpretador do MATLAB que ele deve mudar seu comportamento. Os modificadores de corrente mais comuns são:

- \bf – Negrito
- \it – Itálico
- \rm – Remove os modificadores de corrente, restaurando a fonte normal
- \fontname{fontname} – Especifica o nome da fonte a ser utilizada
- \fontsize{fontsize} – Especifica o tamanho da fonte
- _{xxx} – Os caracteres entre chaves são subscritos
- ^{xxx} – Os caracteres entre chaves são sobrescritos

Depois que um modificador de corrente for inserido em uma cadeia de texto, ele permanecerá em vigor até o fim da cadeia ou até ser cancelado. Qualquer modificador de cadeia pode ser seguido por chaves { }. Se um modificador for seguido por chaves, somente o texto entre as chaves será afetado.

Os símbolos especiais matemáticos e letras gregas também podem ser utilizados em cadeias de texto. Eles são criados ao inserir as *sequências de escape* na cadeia de texto. Essas sequências de escape são iguais às definidas na linguagem TeX. Uma amostra das possíveis sequências de escape é mostrada na Tabela 3.2; o conjunto completo de possibilidades é incluído na documentação on-line do MATLAB.

Se um dos caracteres especiais de escape \, {, }, _ ou ~ tiver que ser impresso, ele deve ser precedido por um caractere de barra invertida.

Os exemplos a seguir ilustram o uso de modificadores de corrente e caracteres especiais.

| Cadeia | Resultado |
|---|---|
| \tau_{ind} versus \omega_{\itm} | $\tau_{ind}$ versus $\omega_m$ |
| \theta varies from 0\circ to 90\circ | $\theta$ varia de $0°$ a $90°$ |
| \bf{B}_{\itS} | $\mathbf{B}_S$ |

### Boa Prática de Programação

Utilize os modificadores de corrente para criar efeitos como negrito, itálico, sobrescrito, subscrito e caracteres especiais em seus títulos de diagrama e identificações.

**Tabela 3.2: Símbolos Matemáticos e Letras Gregas Selecionados**

| Sequência de Caracteres | Símbolo | Sequência de Caracteres | Símbolo | Sequência de Caracteres | Símbolo |
|---|---|---|---|---|---|
| \alpha | $\alpha$ | | | \int | $\int$ |
| \beta | $\beta$ | | | \cong | $\cong$ |
| \gamma | $\gamma$ | \Gamma | $\Gamma$ | \sim | $\sim$ |
| \delta | $\delta$ | \Delta | $\Delta$ | \infty | $\infty$ |
| \epsilon | $\epsilon$ | | | \pm | $\pm$ |
| \eta | $\eta$ | | | \leq | $\leq$ |
| \theta | $\theta$ | | | \geq | $\geq$ |

## Tabela 3.2: Símbolos Matemáticos e Letras Gregas Selecionados (continuação)

| Sequência de Caracteres | Símbolo | Sequência de Caracteres | Símbolo | Sequência de Caracteres | Símbolo |
|---|---|---|---|---|---|
| \lambda | λ | \Lambda | Λ | \neq | ≠ |
| \mu | μ | | | \propto | ∝ |
| \nu | ν | | | \div | ÷ |
| \pi | π | \Pi | Π | \circ | ° |
| \phi | φ | | | \leftrightarrow | ↔ |
| \rho | ρ | | | \leftarrow | ← |
| \sigma | σ | \Sigma | Σ | \rightarrow | → |
| \tau | τ | | | \uparrow | ↑ |
| \omega | ω | \Omega | Ω | \downarrow | ↓ |

### ▶ Exemplo 3.2 – Identificando Diagramas com Símbolos Especiais

Desenhe o diagrama da função de decaimento exponencial

$$y(t) = 10e^{-t/\tau} \operatorname{sen} \omega t \tag{3.2}$$

em que o tempo constante $\tau = 3$ s e a velocidade radial $\omega = \pi$ rad/s sobre o intervalo $0 \leq t \leq 10$ s. Inclua a equação diagramada no título do diagrama e a identifique os eixos $x$ e $y$ corretamente.

**Solução** Para criar esse diagrama, usaremos a função `linspace` para calcular um conjunto uniformemente espaçado de 100 pontos entre 0 e 10. Em seguida, avaliaremos a Equação (3.2) nesses pontos e desenharemos o diagrama da curva resultante. Finalmente, utilizaremos os símbolos especiais neste capítulo para criar o título do diagrama.

O título do diagrama deve incluir letras em itálico para $y(t)$, $t/\tau$ e $\omega t$, e deve definir $-t/\tau$ como sobrescrito. A cadeia de símbolos que fará isso é

```
\it{y(t)} = \it{e}^{-\it{t / \tau}} sin \it{\omegat}
```

O código MATLAB que desenha essa função é mostrado abaixo.

```
%   Script file: decaying_exponential.m
%
%   Purpose:
%     This program plots the function
%     y(t) = 10*EXP(-t/tau)*SIN(omega*t)
%     on linear and semilogx axes.
%
%   Record of revisions:
%       Date          Programmer        Description of change
%       ====          ==========        =====================
%       11/15/14      S. J. Chapman     Original code
%
%   Define variables:
%       tau         -- Time constant, s
%       omega       -- Radial velocity, rad/s
```

```
%   t            -- Time (s)
%   y            -- Output of function

% Declare time constant and radial velocity
tau = 3;
omega = pi;

% Now create the plot
t = linspace(0, 10, 100);
y =  10 * exp(-t./tau) .* sin(omega .* t);
plot(t,y,'b-');
title('Plot of \it{y(t)} = \it{e}^{-\it{t / \tau}} sin \it{\omegat}');
xlabel('\it{t}');
ylabel('\it{y(t)}');
grid on;
```

O diagrama resultante é mostrado na Figura 3.9.

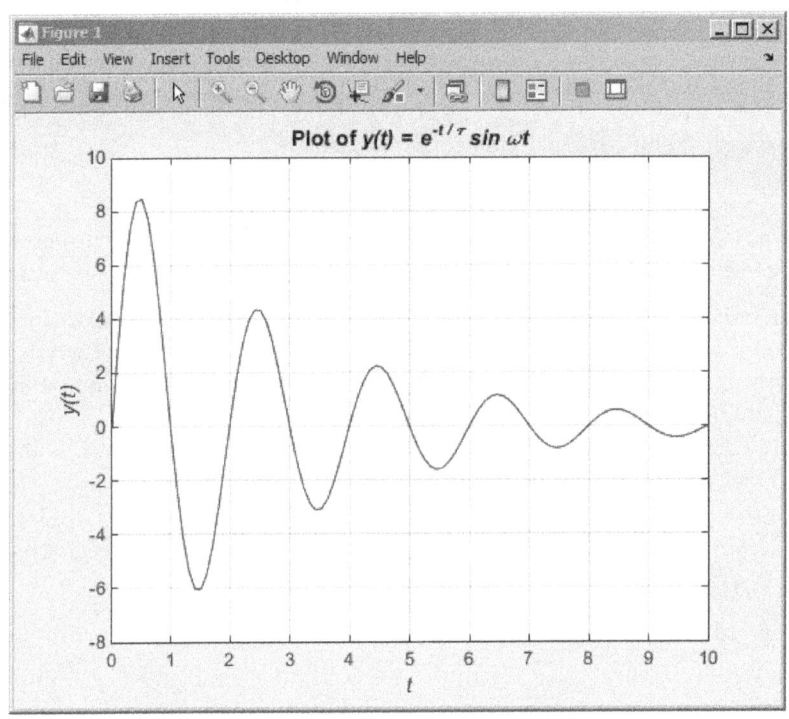

**Figura 3.9** Diagramas da função $y(t) = 10e^{-t/\tau} \sin \omega t$ com símbolos especiais utilizados para reproduzir a equação no título.

## 3.2 Diagramas Polares

O MATLAB inclui uma função especial denominada `polar`, que desenha dados bidimensionais em coordenadas polares em vez de coordenadas retangulares. A forma básica dessa função é

```
polar(theta,r)
```

em que theta é uma matriz de ângulos em radianos e r é uma matriz de distâncias do centro do diagrama. O ângulo theta é o ângulo (em radianos) de um ponto em sentido anti-horário do eixo horizontal direito e r é a distância do centro do diagrama até o ponto.

Essa função é útil para a diagramação de dados que é intrinsecamente uma função de ângulo, como veremos no próximo exemplo.

## ▶Exemplo 3.3 – Microfone Cardioide

A maioria dos microfones para uso em palcos é direcional, eles são construídos especialmente para melhorar os sinais recebidos do cantor na frente do microfone enquanto suprime o ruído do público de trás do microfone. O ganho desse microfone varia como uma função do ângulo de acordo com a equação

$$Gain = 2g(1 + \cos \theta) \tag{3.3}$$

em que $g$ é uma constante associada a determinado microfone e $\theta$ é o ângulo do eixo do microfone até a origem sonora. Assuma que $g$ é 0,5 para determinado microfone e torne o diagrama polar o ganho do microfone como função da direção da fonte sonora.

**Solução** Precisamos calcular o ganho do microfone em relação ao ângulo e depois desenhá-lo com um diagrama polar. O código MATLAB para isso é mostrado abaixo.

```
%   Script file: microphone.m
%
%   Purpose:
%     This program plots the gain pattern of a cardioid
%     microphone.
%
%   Record of revisions:
%      Date          Engineer         Description of change
%      ====          ========         =====================
%     01/05/14      S. J. Chapman     Original code
%
% Define variables:
%    g          -- Microphone gain constant
%    gain       -- Gain as a function of angle
%    theta      -- Angle from microphone axis (radians)

% Calculate gain versus angle
g = 0.5;
theta = linspace(0,2*pi,41);
gain = 2*g*(1+cos(theta));

% Plot gain
polar (theta,gain,'r-');
title ('\bfGain versus angle \it{\theta}');
```

O diagrama resultante é mostrado na Figura 3.10. Observe que esse tipo de microfone é chamado de "microfone cardioide", pois seu ganho apresenta a forma de um coração.

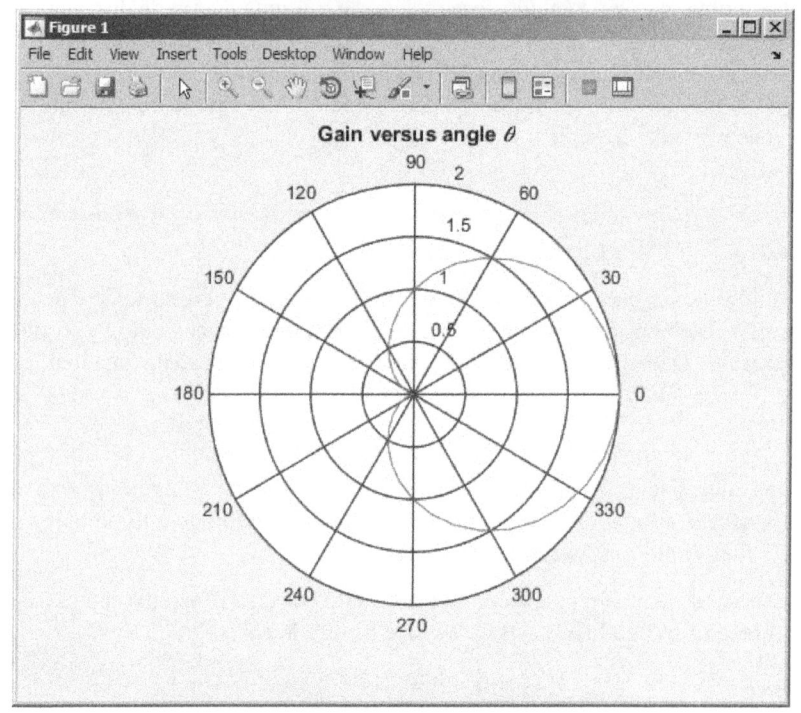

Figura 3.10 Ganho de microfone cardioide. [Veja o encarte colorido.]

## 3.3 Anotando e Gravando Diagramas

Depois que um diagrama tiver sido criado pelo programa MATLAB, o usuário poderá editar e anotar o diagrama utilizando as ferramentas baseadas em GUI disponíveis a partir da barra de ferramentas do diagrama. A Figura 3.11 mostra as ferramentas disponíveis, que permitem ao usuário editar as propriedades de quaisquer objetos no diagrama e adicionar anotações ao diagrama. Quando o botão de edição ( ) for selecionado a partir da barra de ferramentas, as ferramentas de edição ficarão disponíveis para uso. Quando o botão é pressionado, clicar em qualquer linha ou texto na figura fará com que ele seja selecionado para edição, e clicar duas vezes na linha ou texto abrirá a janela Editor de Propriedade que permite modificar alguma ou todas as características desse objeto. A Figura 3.12 mostra a Figura 3.10 depois que um usuário tiver clicado na linha vermelha para alterá-lo em uma linha azul sólida de 3 pixels de largura.

A barra de ferramentas da figura também inclui um botão do Navegador de Diagrama ( ). Quando o botão é pressionado, o Navegador de Diagrama é exibido. Essa ferramenta permite que o usuário controle completamente a figura. Ele pode adicionar eixos, editar propriedades de objeto, modificar valores de dados e adicionar anotações como linhas e caixas de texto.

Caso ela não seja exibida, o usuário pode ativar a Barra de Ferramentas de Edição de Diagrama selecionando o item de menu View/Plot Edit Toolbar. Essa barra de ferramentas permite que o usuário adicione linhas, setas, texto, retângulos e elipses para anotar e explicar um diagrama. A Figura 3.13 mostra uma Janela de Figura com a Barra de Ferramentas de Edição de Diagrama ativada.

A Figura 3.14 mostra o diagrama na Figura 3.10 depois que o Navegador de Diagrama e a Barra de Ferramentas de Edição de Diagrama forem ativadas. Nessa figura, o usuário utilizou os controles na Barra de Ferramentas de Edição de Diagrama para adicionar uma seta e um comentário no diagrama.

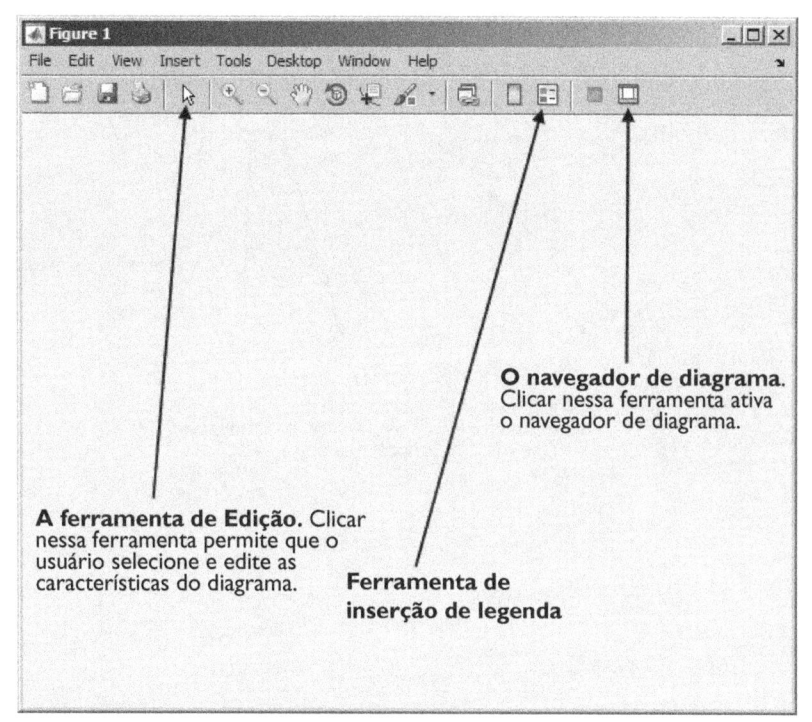

**Figura 3.11** As ferramentas de edição na barra de ferramentas da figura.

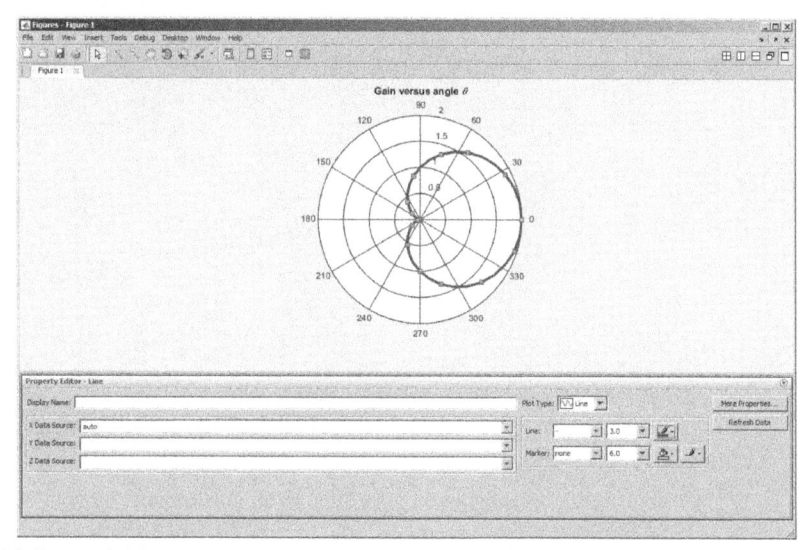

**Figura 3.12** Figura 3.10 depois que a linha tiver sido modificada utilizando as ferramentas de edição criadas na barra de ferramentas da figura. [Veja o encarte colorido.]

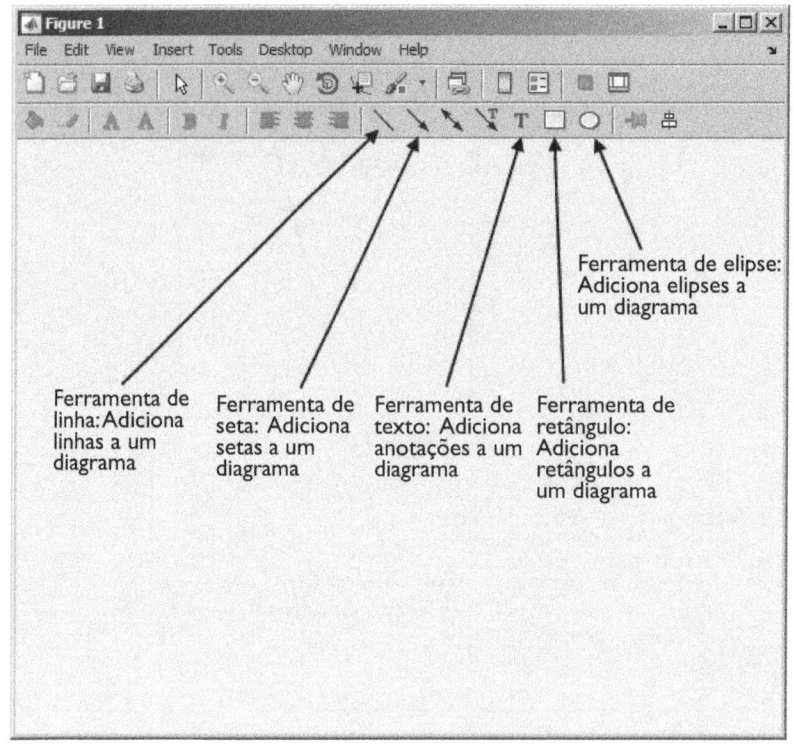

**Figura 3.13** Uma janela de figura que mostra a Barra de Ferramentas de Edição de Diagrama.

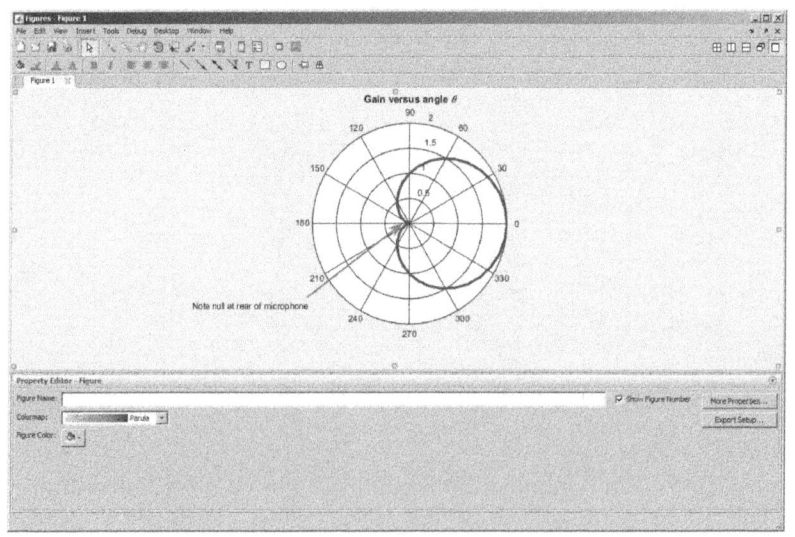

**Figura 3.14** A Figura 3.10 após o Navegador de Diagrama ter sido utilizado para adicionar uma seta e anotação.

Após a edição e anotação do diagrama, será possível salvar o diagrama inteiro de forma modificável utilizando o item de menu File/Save As na Janela de Figura. O arquivo de figura resultante (`*.fig`) contém todas as informações necessárias para recriar a figura mais as anotações em qualquer momento no futuro.

### Teste 3.1

Neste teste, faremos uma verificação rápida da sua compreensão dos conceitos apresentados na Seção 3.5. Se você tiver problemas com o teste, releia a seção, pergunte ao seu instrutor ou discuta o material com um colega. As respostas para esse teste estão no final do livro.

1. Escreva as expressões MATLAB necessárias para desenhar o diagrama do seno $x$ em relação ao cosseno $2x$ de 0 a $2\pi$ nas etapas de $\pi/10$. Os pontos devem ser conectados a uma linha vermelha de 2 pixels de largura e cada ponto deve ser marcado com um marcador circular azul de 6 pixels de largura.
2. Use as ferramentas de edição de Figura para alterar os marcadores no diagrama anterior em quadrados pretos. Adicione uma seta e anotação apontando para o local $x = \pi$ no diagrama.

Escreva a cadeia de texto MATLAB que produzirá as expressões a seguir:

3. $f(x) = \sin\theta\cos 2\phi$
4. **Diagrama de $\sum x^2$ versus $x$**

Escreva a expressão produzida pelas cadeias de texto a seguir:

5. `'\tau\it_{m}'`
6. `'\bf\itx_{1}^{ 2} + x_{2}^{ 2} \rm(units: \bfm^{2}\rm)'`
7. Desenhe o diagrama da função $r = 10^* \cos(3\theta)$ para $0 \leq \theta \leq 2\pi$ é de etapas de $0,01\pi$ utilizando o diagrama polar.
8. Desenhe o diagrama da função $y(x) = \frac{1}{2x^2}$ para $0,01 \leq x \leq 100$ em um diagrama linear e um diagrama loglog. Utilize `linspace` e `logspace` ao criar os diagramas. Qual é o formato dessa função em um diagrama loglog?

## 3.4 Tipos Adicionais de Diagramas Bidimensionais

Além dos diagramas bidimensionais que já foram vistos, o MATLAB suporta *muitos* outros diagramas mais especializados. Na realidade, o MATLAB ajuda o sistema a listar mais de 20 tipos de diagramas bidimensionais! Os exemplos incluem diagramas de **haste, de escada, de barras, de pizza e de bússola**. O *diagrama de haste* é um diagrama no qual cada valor de dados é representado por um marcador e uma linha que conecta o marcador verticalmente ao eixo $x$. Um *diagrama de escada* é um diagrama no qual cada ponto de dados é representado por uma linha horizontal e os pontos sucessivos são conectados por linhas verticais, produzindo um efeito de degrau de escada. O *diagrama de barras* é um diagrama em que cada ponto é representado por uma barra vertical ou horizontal. O *diagrama de pizza* é um diagrama representado por "fatias de pizza" de vários tamanhos. [Veja o encarte colorido.] Finalmente, o *diagrama de bússola* é um tipo de diagrama polar no qual cada valor é representado por uma seta cujo comprimento é proporcional ao seu valor. Esses tipos de diagramas são resumidos na Tabela 3.3 e os exemplos de todos os diagramas são mostrados na Figura 3.15.

Todos os diagramas de escada, haste, barra vertical, barra horizontal e bússola são semelhantes a `plot`, e são utilizados da mesma maneira. Por exemplo, o seguinte código produz o diagrama de haste mostrado na Figura 3.15a.

```
x = [ 1 2 3 4 5 6];
y = [ 2 6 8 7 8 5];
stem(x,y);
title('\bfExample of a Stem Plot');
xlabel('\bf\itx');
```

```
ylabel('\bf\ity');
axis([0 7 0 10]);
```

Os diagramas de escada, barra e bússola podem ser criados substituindo `stairs`, `bar`, `barh` ou `compass` no lugar de `stem` no código acima. Os detalhes de todos esses diagramas, incluindo todos os parâmetros opcionais, podem ser encontrados no sistema de ajuda on-line do MATLAB.

O comportamento da função `pie` é diferente dos outros diagramas descritos acima. Para criar um diagrama de pizza, um engenheiro passa uma matriz x que contém os dados a serem desenhados no diagrama e a função `pie` determina a *porcentagem de pizza total* que cada elemento de x representa. Por exemplo, se a matriz x for [1 2 3 4], então `pie` calculará que o primeiro elemento x(1) é 1/10 ou 10% da pizza, o segundo elemento x(2) é 2/10 ou 20% da pizza e assim por diante. A função então desenha o diagrama dessas porcentagens como fatias de pizza.

### Tabela 3.3: Funções Adicionais de Diagramação Bidimensional

| Função | Descrição |
| --- | --- |
| `bar(x,y)` | Esta função cria um diagrama de barras *verticais*, com os valores de x utilizados para identificar cada barra e os valores de y utilizados para determinar a altura da barra. |
| `barh(x,y)` | Esta função cria um diagrama de barras *horizontal*, com os valores em x utilizados para identificar cada barra e os valores em y utilizados para determinar o comprimento horizontal da barra. |
| `compass(x,y)` | Essa função cria um diagrama polar, com uma seta desenhada a partir da origem até o local de cada ponto (x, y). Observe que os locais dos pontos a serem desenhados no diagrama são especificados em coordenadas cartesianas, não coordenadas polares. |
| `pie(x)` `pie(x,explode)` | Esta função cria um diagrama de pizza. Esta função determina a porcentagem da pizza total que corresponde a cada valor de x e desenha o diagrama das fatias de pizza desse tamanho. A matriz opcional `explode` controla se as fatias de pizza são, ou não, separadas do restante da pizza. |
| `stairs(x,y)` | Esta função cria um diagrama de escada, com cada degrau da escada centralizado em um ponto (x, y). |
| `stem(x,y)` | Esta função cria um diagrama de haste, com um marcador em cada ponto (x, y) e uma haste desenhada verticalmente a partir desse ponto até o eixo x. |

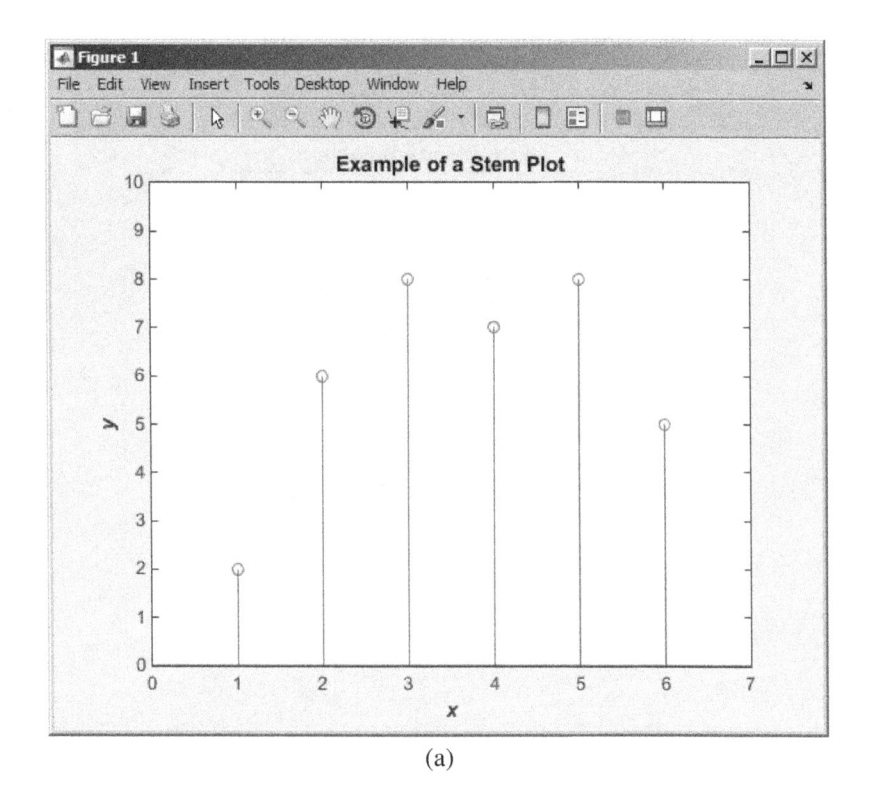

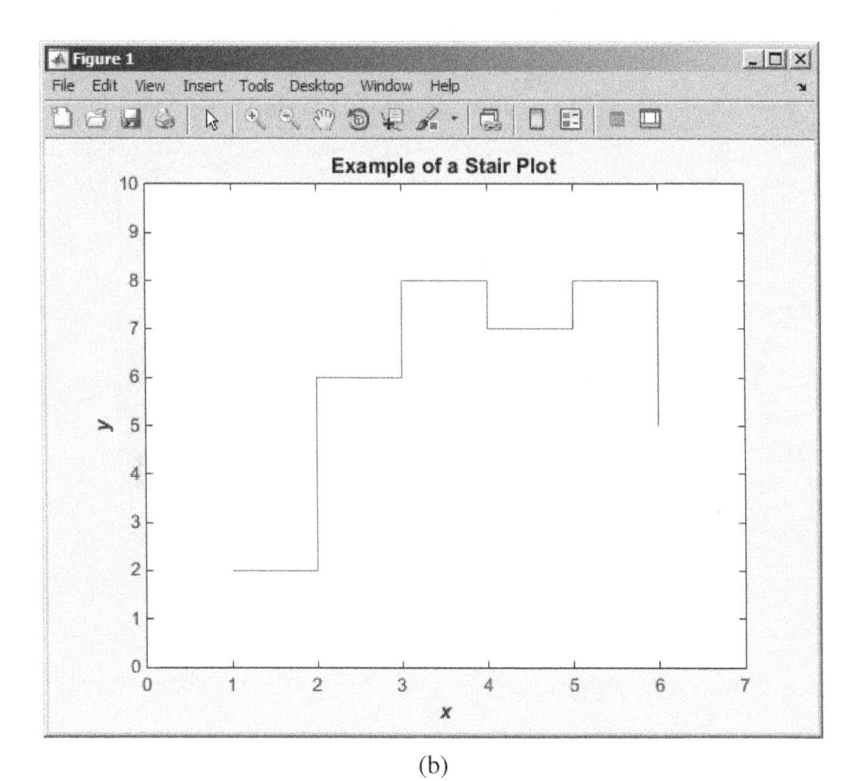

(a)

(b)

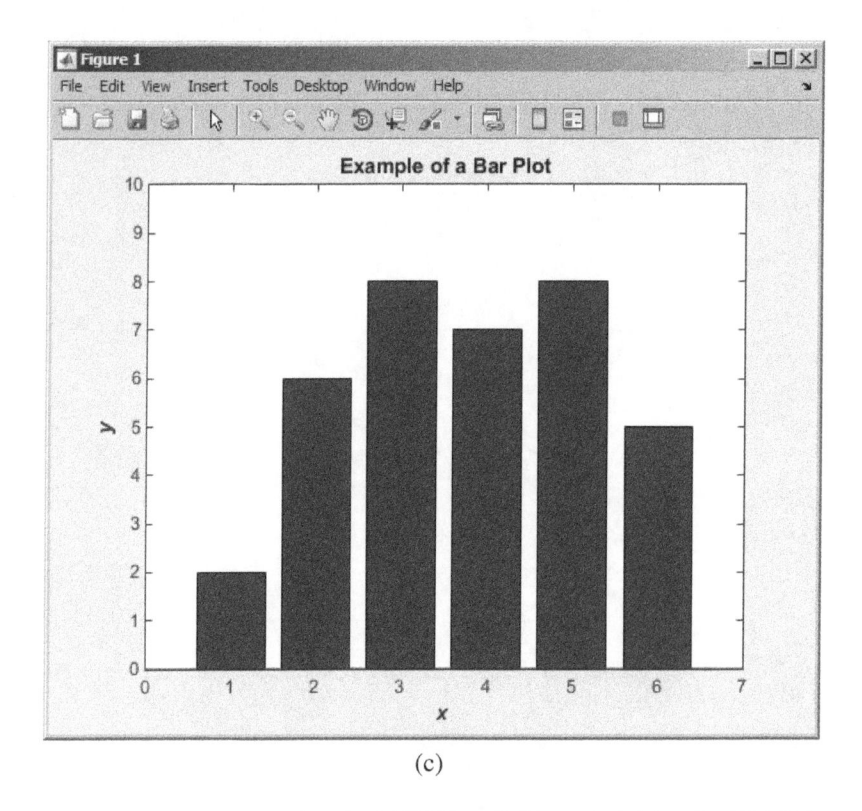

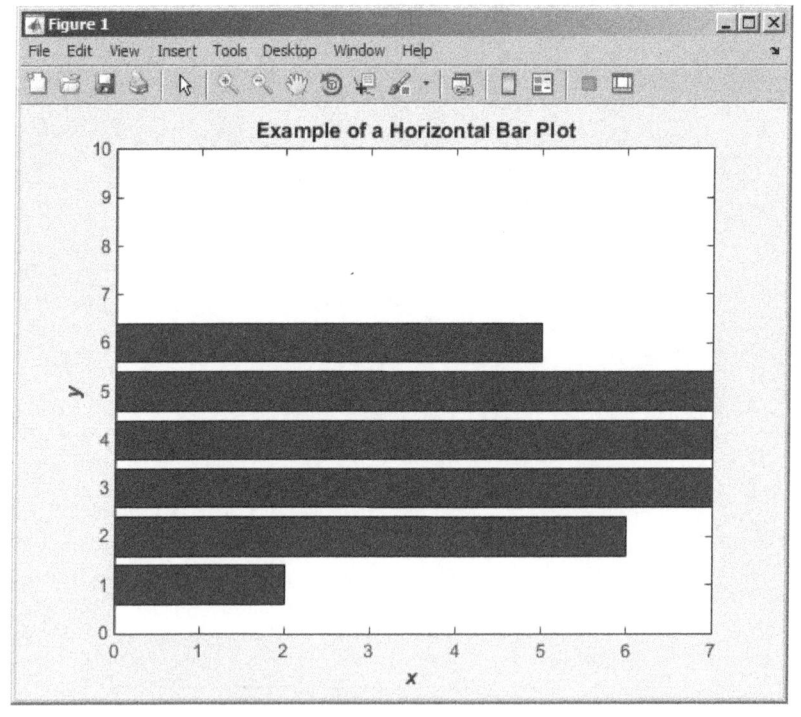

(c)

(d)

Diagramas Bidimensionais | 105

(e)

(f)

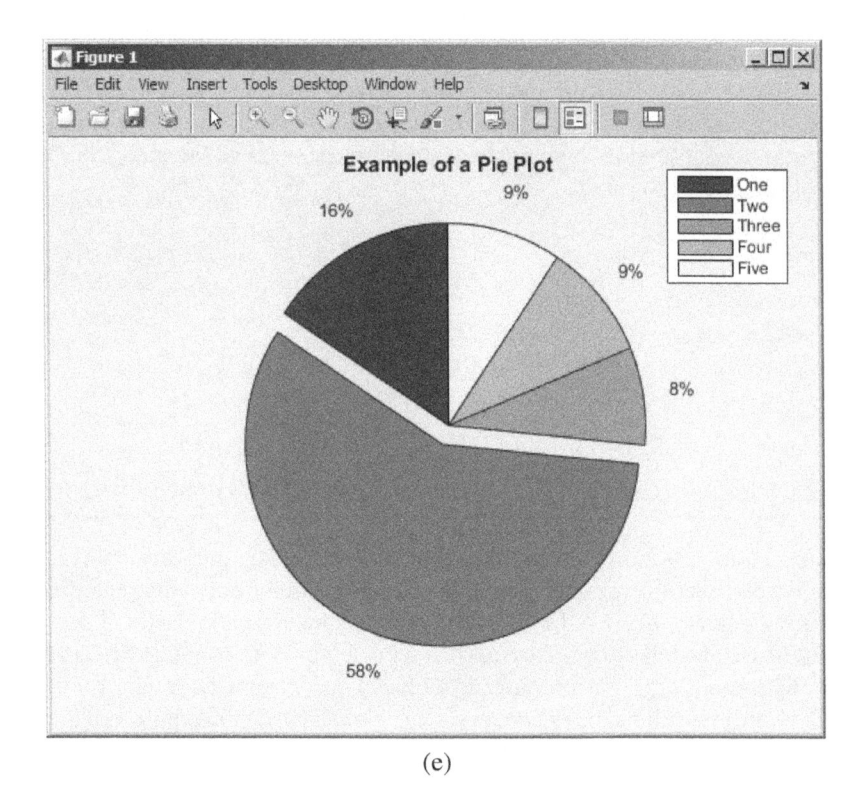

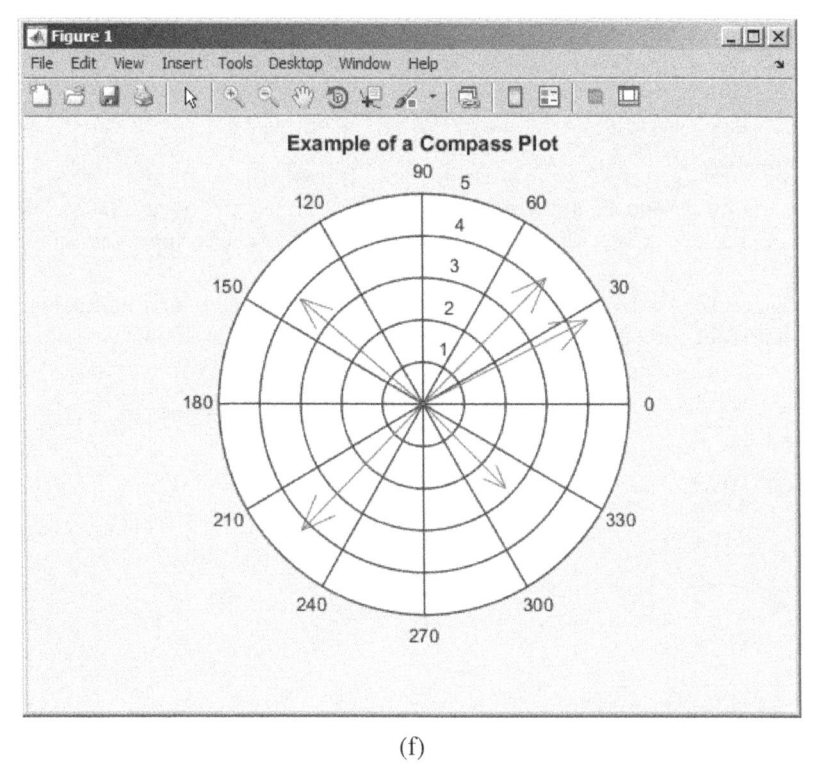

**Figura 3.15** Tipos adicionais de diagramas bidimensionais: (a) diagrama de haste; (b) diagrama de escada; (c) diagrama de barra vertical; (d) diagrama de barra horizontal; (e) diagrama de pizza; (f) diagrama de bússola. [Veja o encarte colorido para (e).]

A função pie também admite um parâmetro opcional, explode. Se estiver presente, explode é uma matriz lógica de 1's e 0's, com um elemento para cada elemento na matriz x. Se um valor em explode for 1, a fatia de pizza correspondente será desenhada um pouco separada da pizza. Por exemplo, o código mostrado abaixo produz o diagrama de pizza na Figura 3.15e. Observe que a segunda fatia da pizza está "separada".

```
data = [10 37 5 6 6];
explode = [0 1 0 0 0];
pie(data,explode);
title('\bfExample of a Pie Plot');
legend('One','Two','Three','Four','Five');
```

## 3.5 Utilizando a Função plot com Matrizes Bidimensionais

Em todos os exemplos anteriores neste livro, desenhamos o diagrama dos dados um vetor por vez. O que aconteceria se, em vez de um vetor de dados, tivéssemos uma matriz bidimensional de dados? A resposta é que o MATLAB trata cada coluna da matriz bidimensional como uma linha separada e desenha a quantidade de linhas que houver de colunas no conjunto de dados. Por exemplo, suponha que criamos uma matriz contendo a função $f(x) = \sin x$ na coluna 1, $f(x) = \cos x$ na coluna 2, $f(x) = \sin^2 x$ na coluna 3 e $f(x) = \cos^2 x$ na coluna 4, cada um para $x = 0$ a 10 nas etapas de 0.1. Essa matriz pode ser criada utilizando as seguintes expressões

```
x = 0:0.1:10;
y = zeros(length(x),4);
y(:,1) = sin(x);
y(:,2) = cos(x);
y(:,3) = sin(x).^2;
y(:,4) = cos(x).^2;
```

Se essa matriz for desenhada utilizando o comando plot(x,y), os resultados serão conforme mostrado na Figura 3.16. Observe que cada coluna da matriz y se tornou uma linha separada no diagrama.

Os diagramas bar e barh também podem obter argumentos de matriz bidirecional. Se um argumento de matriz for fornecido para esses diagramas, o programa exibirá cada coluna como uma barra colorida separadamente no diagrama. Por exemplo, o seguinte código produz o diagrama de barras mostrado na Figura 3.17.

```
x = 1:5;
y = zeros(5,3);
y(1,:) = [1 2 3];
y(2,:) = [2 3 4];
y(3,:) = [3 4 5];
y(4,:) = [4 5 4];
y(5,:) = [5 4 3];
bar(x,y);
title('\bfExample of a 2D Bar Plot');
xlabel('\bf\itx');
ylabel('\bf\ity');
```

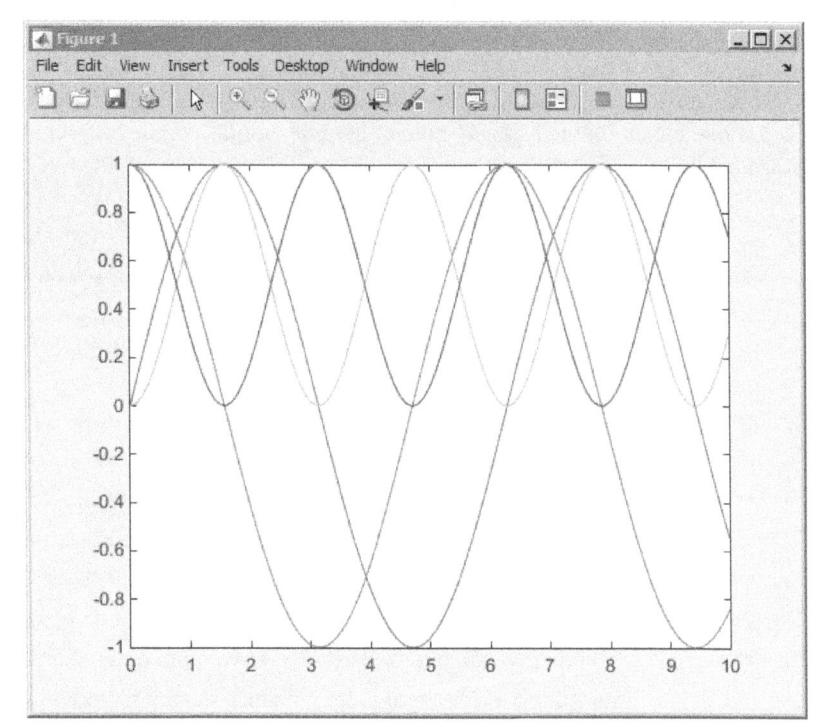

**Figura 3.16** O resultado da diagramação da matriz bidirecional y. Observe que cada coluna é uma linha separada no diagrama.

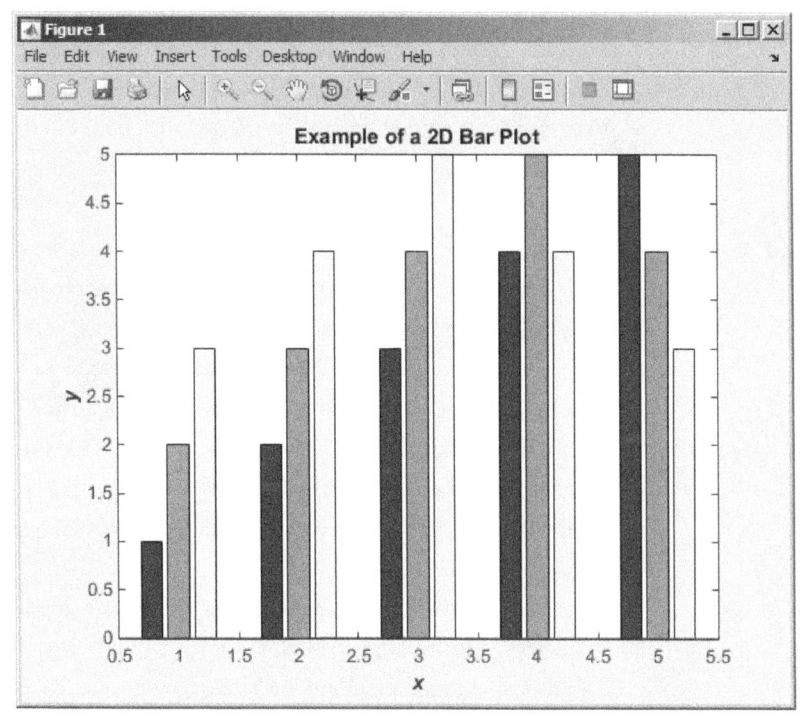

**Figura 3.17** Um diagrama de barras criado a partir de uma matriz bidirecional y. Observe que cada coluna é uma barra colorida separada no diagrama.

## 3.6 Resumo

O Capítulo 3 ampliou nosso conhecimento sobre diagramas bidimensionais, que foram apresentados no Capítulo 2. Os diagramas bidimensionais podem assumir muitas formas diferentes, conforme resumido na Tabela 3.4.

### Tabela 3.4: Resumo de Diagramas Bidimensionais

| Função | Descrição |
| --- | --- |
| plot(x,y) | Esta função desenha o diagrama de pontos ou linhas com uma escala linear nos eixos $x$ e $y$. |
| semilogx(x,y) | Esta função desenha o diagrama de pontos ou linhas com uma escala logarítmica no eixo $x$ e uma escala linear no eixo $y$. |
| semilogy(x,y) | Esta função desenha o diagrama de pontos ou linhas com uma escala linear no eixo $x$ e uma escala logarítmica no eixo $y$. |
| loglog(x,y) | Esta função desenha o diagrama de pontos ou linhas com uma escala logarítmica no eixo $x$ e uma escala logarítmica no eixo $y$. |
| polar(theta,r) | Esta função desenha pontos ou linhas em um diagrama polar, em que theta é o ângulo (em radianos) de um ponto anti-horário do eixo horizontal direito e r é a distância do centro do diagrama até o ponto. |
| barh(x,y) | Esta função cria um diagrama de barra *horizontal*, com os valores em $x$ utilizados para identificar cada barra e os valores em $y$ utilizados para determinar o comprimento horizontal da barra. |
| bar(x,y) | Esta função cria um diagrama de barras *verticais*, com os valores de $x$ utilizados para identificar cada barra e os valores de $y$ utilizados para determinar a altura da barra. |
| compass(x,y) | Esta função cria um diagrama polar, com uma seta desenhada a partir da origem até o local de cada ponto $(x, y)$. Observe que os locais dos pontos a serem desenhados no diagrama são especificados em coordenadas cartesianas, não coordenadas polares. |
| pie(x) pie(x,explode) | Esta função cria um diagrama de pizza. Esta função determina a porcentagem da pizza total que corresponde a cada valor de $x$ e desenha o diagrama das fatias de pizza desse tamanho. A matriz opcional explode controla se as fatias de pizza são, ou não, separadas do restante da pizza. |
| stairs(x,y) | Esta função cria um diagrama de escada, com cada degrau da escada centralizado em um ponto $(x, y)$. |
| stem(x,y) | Esta função cria um diagrama de haste, com um marcador em cada ponto $(x, y)$ e uma haste desenhada verticalmente a partir desse ponto até o eixo $x$. |

O comando `axis` permite que o engenheiro selecione o intervalo específico de dados *x* e *y* a serem desenhados em diagrama. O comando `hold` permite que os últimos diagramas sejam desenhados no topo dos anteriores, de modo que os elementos possam ser adicionados a um gráfico uma parte por vez. O comando `figure` permite que o engenheiro crie e selecione entre múltiplas Janelas de Figuras, de modo que um programa possa criar múltiplos diagramas em janelas separadas. O comando `subplot` permite que o engenheiro crie e selecione múltiplos diagramas em uma única Janela de Figura.

Também aprendemos a controlar as características adicionais de nossos diagramas, como a largura da linha e a cor do marcador. Essas propriedades podem ser controladas especificando pares `'PropertyName'`, `value` no comando `plot` após os dados a serem desenhados em diagrama.

As cadeias de texto nos diagramas podem ser melhoradas com modificadores de corrente e sequências de escape. Os modificadores de corrente permitem que o engenheiro especifique características como negrito, itálico, sobrescrito, subscrito, tamanho de fonte e nome da fonte. As sequências de escape permitem que o engenheiro inclua caracteres especiais como símbolos matemáticos e letras gregas na cadeia de texto.

### 3.6.1 Resumo das Boas Práticas de Programação

As regras a seguir devem ser adotadas ao trabalhar com funções MATLAB.

1. Considere o tipo de dado com o qual você está trabalhando ao determinar como desenhá-lo melhor no diagrama. Se o intervalo de dados para desenhar o diagrama abranger várias ordens de grandeza, utilize a escala logarítmica para representar os dados corretamente. Se o intervalo dos dados para diagramação for de uma ordem de grandeza ou menos, então utilize a escala linear.
2. Utilize os modificadores de corrente para criar efeitos como negrito, itálico, sobrescrito, subscrito e caracteres especiais em seus títulos de diagrama e identificações.

### 3.6.2 Resumo do MATLAB

O resumo a seguir lista todos os comandos e funções do MATLAB apresentados neste capítulo, junto a uma breve descrição de cada item.

**Comandos e Funções**

| | |
|---|---|
| `axis` | (a) Define os limites *x* e *y* dos dados a serem desenhados no diagrama. |
| | (b) Obtém os limites *x* e *y* dos dados a serem desenhados no diagrama. |
| | (c) Define outras propriedades relacionadas ao eixo. |
| `bar(x,y)` | Cria um diagrama de barra vertical. |
| `barh(x,y)` | Cria um diagrama de barra horizontal. |
| `compass(x,y)` | Cria um diagrama de bússola. |
| `figure` | Seleciona a Janela de Figura para que seja a Janela de Figura atual. Se a Janela de Figura selecionada não existir, ela será automaticamente criada. |
| `hold` | Permite que múltiplos comandos do diagrama sejam escritos no topo uns dos outros. |
| `linspace` | Cria uma matriz de amostras com espaçamento igual em uma escala linear. |
| `loglog(x,y)` | Cria um diagrama log/log. |
| `logspace` | Cria uma matriz de amostras com espaçamento igual em uma escala logarítmica. |
| `pie(x)` | Cria um diagrama de pizza. |
| `polar(theta,r)` | Cria um diagrama polar. |
| `semilogx(x,y)` | Cria um diagrama log/linear. |

```
semilogy(x,y)     Cria um diagrama linear/log.
stairs(x,y)       Cria um diagrama de escada.
stem(x,y)         Cria um diagrama de haste.
subplot           Seleciona o subdiagrama na Janela de Figura atual. Se o subdiagrama
                  selecionado não existir, ele será automaticamente criado. Se o novo
                  subdiagrama entrar em conflito com o conjunto de eixos anteriormente
                  existente, ele será automaticamente apagado.
```

## 3.7 Exercícios

**3.1** Desenhe a função $y(x) = e^{-0,5x} \sin 2x$ em um diagrama de barras. Use 100 valores de $x$ entre 0 e 10 no diagrama. Certifique-se de incluir legenda, título, identificações de eixo e grade nos diagramas.

**3.2** Desenhe a função $f(x) = x^4 - 3x^3 + 10x^2 - x - 2$ para $-6 \le x \le 6$. Desenhe a função como uma linha preta sólida de 2 pontos de largura e ative a grade. Certifique-se de incluir um título e identificações de eixo, e inclua a equação para a função sendo desenhada na cadeia de títulos. (Observe que você precisará de modificadores de haste para obter os itálicos e sobrescritos na cadeia de títulos.)

**3.3** Desenhe o diagrama da função $f(x) = \dfrac{x^2 - 6x + 5}{x - 3}$ utilizando 200 pontos no intervalo $-2 \le x \le 8$. Observe que existe uma assíntota em $x = 3$, portanto, a função tenderá até o infinito próximo desse ponto. Para ver o restante do diagrama corretamente, você precisará limitar o eixo $y$ para um tamanho razoável; portanto, utilize o comando `axis` para limitar o eixo $y$ até o intervalo de $-10$ a $10$.

**3.4** Crie um diagrama polar da função $r(\theta) = \sin(2\theta) \cos \theta$ for $0 \le \theta \le 2\pi$.

**3.5** Desenhe o diagrama da função $y(x) = e^{-x} \sin x$ para $x$ entre 0 e 4 em etapas de 0.1. Crie os seguintes tipos de diagrama: (a) diagrama linear; (b) diagrama log/linear; (c) diagrama de haste; (d) diagrama de escada; (e) diagrama de barras; (f) diagrama de barra horizontal; (g) diagrama polar. Certifique-se de incluir os títulos e identificações de eixo em todos os diagramas.

**3.6** Por que não tem sentido desenhar o diagrama da função $y(x) = e^{-x} \sin x$ a partir do exercício anterior em um diagrama linear/log ou log/log?

**3.7** Suponha que George, Sam, Betty, Charlie e Suzie contribuíram com $15, $5, $10, $5 e $15 respectivamente para um presente de despedida de um colega. Crie um diagrama de pizza de suas contribuições. Que porcentagem do presente foi paga por Sam?

**3.8** Desenhe o diagrama da função $y(x) = e^{-0,5x} \sin 2x$ para 100 valores de $x$ entre 0 e 10. Use uma linha azul sólida de 2 pontos de largura para esta função. Em seguida, desenhe o diagrama da função $y(x) = e^{-0,5x} \cos 2x$ nos mesmos eixos. Use uma linha vermelha traçada de 3 pontos de largura para essa função. Certifique-se de incluir uma legenda, título, identificações de eixo e grade nos diagramas.

**3.9** Use as ferramentas de edição de diagrama do MATLAB para modificar o diagrama no Exercício 3.8. Altere a linha que representa a função $y(x) = e^{-0,5x} \sin 2x$ para que seja uma linha preta traçada que tenha 1 ponto de largura.

**3.10** Desenhe o diagrama das funções no Exercício 3.8 em um diagrama log/linear. Certifique-se de incluir uma legenda, título, identificações de eixo e grade nos diagramas.

**3.11** Crie uma matriz de 100 amostras de entrada no intervalo de 1 a 100 utilizando a função `linspace` e desenhe o diagrama da equação

$$y(x) = 20 \log_{10}(2x) \tag{3.4}$$

em um diagrama `semilogx`. Desenhe o diagrama de uma linha sólida azul com largura 2 e identifique cada ponto com um círculo vermelho. Agora crie uma matriz de 100 amostras de entrada no intervalo de 1 a 100 utilizando a função `logspace` e desenhe a Equação (3.4) em um diagrama `semilogx`. Desenhe o diagrama de uma linha sólida vermelha com largura 2 e identifique cada ponto com uma estrela preta. Como o espaçamento dos pontos no diagrama é comparado ao utilizar `linspace` and `logspace`?

**3.12 Espiral de Arquimedes** A espiral de Arquimedes é uma curva descrita em coordenadas polares pela equação

$$r = k\theta \tag{3.5}$$

em que $r$ é a distância de um ponto da origem e $\theta$ é o ângulo desse ponto em radianos em relação à origem. Desenhe o diagrama da espiral de Arquimedes para $0 \leq \theta \leq 6\pi$ quando $k = 0{,}5$. Certifique-se de identificar seu diagrama corretamente.

**3.13** Assuma que a função complexa $f(t)$ é definida pela equação

$$f(t) = (1 + 0{,}25i)\,t - 2{,}0 \tag{3.6}$$

Desenhe o diagrama da amplitude e fase da função $f$ para $0 \leq t \leq 4$ em dois subdiagramas separados em uma única figura. Certifique-se de fornecer títulos apropriados e identificações de eixo. [OBSERVAÇÃO: É possível calcular a amplitude da função utilizando a função MATLAB `abs` e a fase da função utilizando a função MATLAB `phase`.]

**3.14 Potência de Saída do Motor** A potência de saída produzida por um motor rotativo é dada pela equação

$$P = \tau_{IND}\,\omega_m \tag{3.7}$$

em que $\tau_{IND}$ é o torque induzido no eixo, em newton-metros, $\omega_m$ é a velocidade rotacional do eixo em radianos por segundo, e $P$ está em watts. Assuma que a velocidade rotacional de determinado eixo de motor em particular seja dada pela equação

$$\omega_m = 188{,}5(1 - e^{-0{,}2t})\ \text{rad/s} \tag{3.8}$$

e o torque induzido no eixo seja dado por

$$\tau_{IND} = 10e^{-0{,}2t}\ \text{N}\cdot\text{m} \tag{3.9}$$

Desenhe o diagrama do torque, velocidade e potência fornecidos por este eixo em relação ao tempo em três subdiagramas alinhados verticalmente em uma única figura para $0 \leq t \leq 10$ s. Certifique-se de identificar seus diagramas corretamente com os símbolos $\tau_{IND}$ e $\omega_m$ onde apropriado. Crie dois diagramas separados, um com a potência e o torque exibido em uma escala linear e um com a potência de saída exibida em uma escala logarítmica. O tempo sempre deve ser exibido em escala linear.

**3.15 Diagramação das Órbitas** Quando um satélite orbita a Terra, a órbita do satélite formará uma elipse com a Terra localizada em um dos pontos focais da elipse. A órbita do satélite pode ser expressa em coordenadas polares como

$$r = \frac{p}{1 - \varepsilon \cos \theta} \tag{3.10}$$

em que $r$ e $\theta$ são a distância e o ângulo do satélite do centro da Terra, $p$ é um parâmetro que especifica o tamanho da órbita e $\varepsilon$ é um parâmetro que representa a excentricidade da órbita. Uma órbita circular tem uma excentricidade $\varepsilon$ de 0. Uma órbita elíptica tem uma excentricidade de $0 \leq \varepsilon < 1$. Se $\varepsilon > 1$, o satélite segue um trajeto hiperbólico e escapa do campo gravitacional da Terra.

Considere um satélite com um parâmetro de tamanho $p = 1000$ km. Desenhe o diagrama da órbita desse satélite se (a) $\varepsilon = 0$; (b) $\varepsilon = 0{,}25$; (c) $\varepsilon = 0{,}5$. Qual é a aproximação de cada órbita para chegar até a Terra? Qual é o afastamento de cada órbita em relação à Terra? Compare os três diagramas que você criou. Você pode determinar o que o parâmetro $p$ significa olhando esses diagramas?

**3.16 Barras de Erro** Quando os diagramas são criados a partir de medidas reais gravadas no laboratório, os dados que desenhamos geralmente são a *média* de muitas medidas separadas. Esse tipo de dado tem duas partes importantes de informações: o valor médio da medida e a quantidade de variação nas medidas que entraram no cálculo.

É possível transmitir as duas partes de informações no mesmo diagrama adicionando *barras de erro* para os dados. A barra de erros é uma linha vertical pequena que mostra a quantidade de variação que entrou na medida em cada ponto. A função MATLAB errorbar fornece essa capacidade para diagramas MATLAB.

Consulte errorbar na documentação do MATLAB e aprenda a utilizá-lo. Observe que existem duas versões dessa chamada, uma que mostra um único erro que é aplicado igualmente na lateral do ponto médio, e outra que permite especificar os limites superiores e limites inferiores separadamente.

Suponha que você queira utilizar essa capacidade para desenhar a temperatura média alta em um local por mês, bem como os extremos mínimos e máximos. Os dados podem assumir a forma da tabela a seguir:

### Temperaturas no Local (°F)

| Mês | Média Diária Alta | Extremo Alto | Extremo Baixo |
|---|---|---|---|
| Janeiro | 66 | 88 | 16 |
| Fevereiro | 70 | 92 | 24 |
| Março | 75 | 100 | 25 |
| Abril | 84 | 105 | 35 |
| Maio | 93 | 114 | 39 |
| Junho | 103 | 122 | 50 |
| Julho | 105 | 121 | 63 |
| Agosto | 103 | 116 | 61 |
| Setembro | 99 | 116 | 47 |
| Outubro | 88 | 107 | 34 |
| Novembro | 75 | 96 | 27 |
| Dezembro | 66 | 87 | 22 |

Crie um diagrama da temperatura média alta por mês nesse local, mostrando os extremos como barras de erro. Certifique-se de identificar seu diagrama corretamente.

# Capítulo 4

# Expressões de Ramificação e Projeto de Programa

No Capítulo 2, desenvolvemos diversos programas MATLAB completos e funcionais. Entretanto, todos foram muito simples, compostos por diversas expressões MATLAB executadas uma após a outra em ordem fixa. Esses programas são denominados programas *sequenciais*. Eles leem dados de entrada, processam esses dados para produzir uma resposta desejada, exibem essa resposta e encerram o processamento. Não há como repetir partes do programa mais de uma vez nem como executar seletivamente apenas certas partes do programa, dependendo dos valores dos dados de entrada.

Nos próximos dois capítulos apresentaremos diversas expressões MATLAB para controlar a ordem de execução das expressões em um programa. Existem duas grandes categorias de expressões de controle: **ramificações**, que selecionam seções específicas do código a serem executadas, e **laços**, que fazem seções específicas do código serem repetidas. As ramificações serão discutidas neste capítulo, e os laços no Capítulo 5.

Com a introdução de ramificações e laços, nossos programas se tornarão mais complexos, por isso será mais fácil cometer erros. Para ajudar a evitar erros de programação, apresentaremos um procedimento formal para projetos de programas, baseado na técnica conhecida como projeto top-down ("de cima para baixo"). Vamos também introduzir uma ferramenta de desenvolvimento de algoritmos comum conhecida como pseudocódigo.

Estudaremos também o tipo de dados MATLAB lógico antes de discutir as ramificações, pois elas são controladas por valores e expressões lógicas.

## 4.1 Introdução a Técnicas de Projeto Top-Down

Suponha que você, engenheiro em uma empresa, precise escrever um programa para resolver um problema. Como você começa?

Diante de um novo problema, existe a tendência natural de irmos direto para o teclado sem "perdermos" tempo pensando a respeito do problema. Geralmente, é possível resolver a situação com essa abordagem "em tempo real" para problemas muito pequenos, como boa parte dos exemplos neste livro. No mundo real, entretanto, os problemas são maiores, e o engenheiro com uma abordagem dessas tenderá a se perder irremediavelmente. Para problemas maiores, vale a pena pensar no problema e na abordagem a ser usada para resolvê-lo antes mesmo de escrever uma linha de código.

Apresentaremos aqui um processo formal para projetos de programas, e então usaremos este processo em todas as aplicações desenvolvidas no restante do livro. Para alguns exemplos simples que faremos, o processo de projeto poderá parecer um exagero. Entretanto, à medida que os problemas resolvidos se tornarem maiores, o processo passará a ser cada vez mais essencial para o sucesso na programação.

Quando eu era estudante da graduação, um de meus professores gostava de dizer: "Programar é fácil. Saber o que programar é o difícil". Isto ficou claro para mim quando deixei a universidade e comecei a trabalhar em empresas, envolvido com projetos de software de grande porte. Descobri que a parte mais difícil do meu trabalho era *entender o problema* que eu estava tentando resolver. Uma vez entendido o problema, era fácil quebrá-lo em partes menores e mais fáceis de gerenciar, com funções bem definidas, para então atacar cada uma das funções, uma por vez.

O **projeto top-down** é o processo de iniciar com uma tarefa grande e fragmentá-la em partes menores e mais fáceis de entender (subtarefas), que desempenhem uma parte da tarefa desejada. Cada subtarefa deve, por sua vez, ser subdividida em subtarefas ainda menores, se necessário. Uma vez dividido o programa em pequenas partes, cada parte pode ser codificada e testada independentemente. Não tentamos combinar as subtarefas em uma tarefa completa antes que cada uma delas seja verificada individualmente.

O conceito de projeto top-down é a base de nosso processo formal de projeto de programas. Vamos agora introduzir os detalhes do processo, que é ilustrado na Figura 4.1. Os passos envolvidos são:

1. *Estabeleça claramente o problema que você está tentando resolver.*
   Os programas em geral são escritos para satisfazer alguma necessidade, mas essa necessidade pode não ser claramente articulada pela pessoa que solicita o programa. Por exemplo, um usuário pode solicitar um programa para resolver o sistema de equações lineares simultâneas. Essa requisição não é suficientemente clara para permitir que o engenheiro projete o programa necessário; primeiro, é preciso saber muito mais sobre o problema a ser resolvido. O sistema de equações a ser resolvido é real ou complexo? Qual o número máximo de equações e de incógnitas que o programa precisa tratar? Existem simetrias nas equações que possam ser exploradas para facilitar a resolução? O projetista do programa precisa conversar com o usuário que o solicitou e os dois devem estabelecer claramente e com exatidão o que estão tentando realizar. O claro estabelecimento do problema evita mal-entendidos e ajuda o projetista do programa a organizar adequadamente o raciocínio. No exemplo que estamos descrevendo, uma expressão adequada do problema poderia ter sido:

   Projete e crie um programa para resolver o sistema de equações lineares simultâneas, com coeficientes reais e até 20 equações e 20 incógnitas.

2. *Defina os dados de entrada requeridos pelo programa e os dados de saída produzidos por ele.*
   As entradas para o programa e as saídas produzidas por ele precisam ser especificadas para que o novo programa se ajuste adequadamente ao esquema de processamento geral. No exemplo acima, os coeficientes das equações a resolver estão provavelmente em alguma ordem preexistente e nosso novo programa precisa ser capaz de lê-los nessa ordem. De maneira similar, ele precisa produzir respostas requeridas pelos programas que podem vir em seguida no esquema de processamento geral, e escrever essas respostas no formato necessário para esses programas.

3. *Projete o algoritmo que você pretende implementar no programa.*
   **Algoritmo** é o procedimento passo a passo para encontrar a solução de um problema. É nesse estágio do processo que entram as técnicas de projeto top-down. O projetista busca divisões lógicas no problema, e o divide em subtarefas de acordo com essas linhas. Esse processo é chamado *decomposição*. Se as subtarefas sozinhas forem grandes, o projetista pode subdividi-las em subtarefas ainda menores. O processo se repete até o problema ser dividido em diversas partes pequenas, cada uma efetuando uma tarefa simples e de claro entendimento.

   Após a decomposição do problema em partes menores, cada parte é refinada por meio de um processo denominado *refinamento passo a passo*. No refinamento passo a passo, um projetista inicia com a descrição geral do que a porção do código deve fazer e então define as funções em

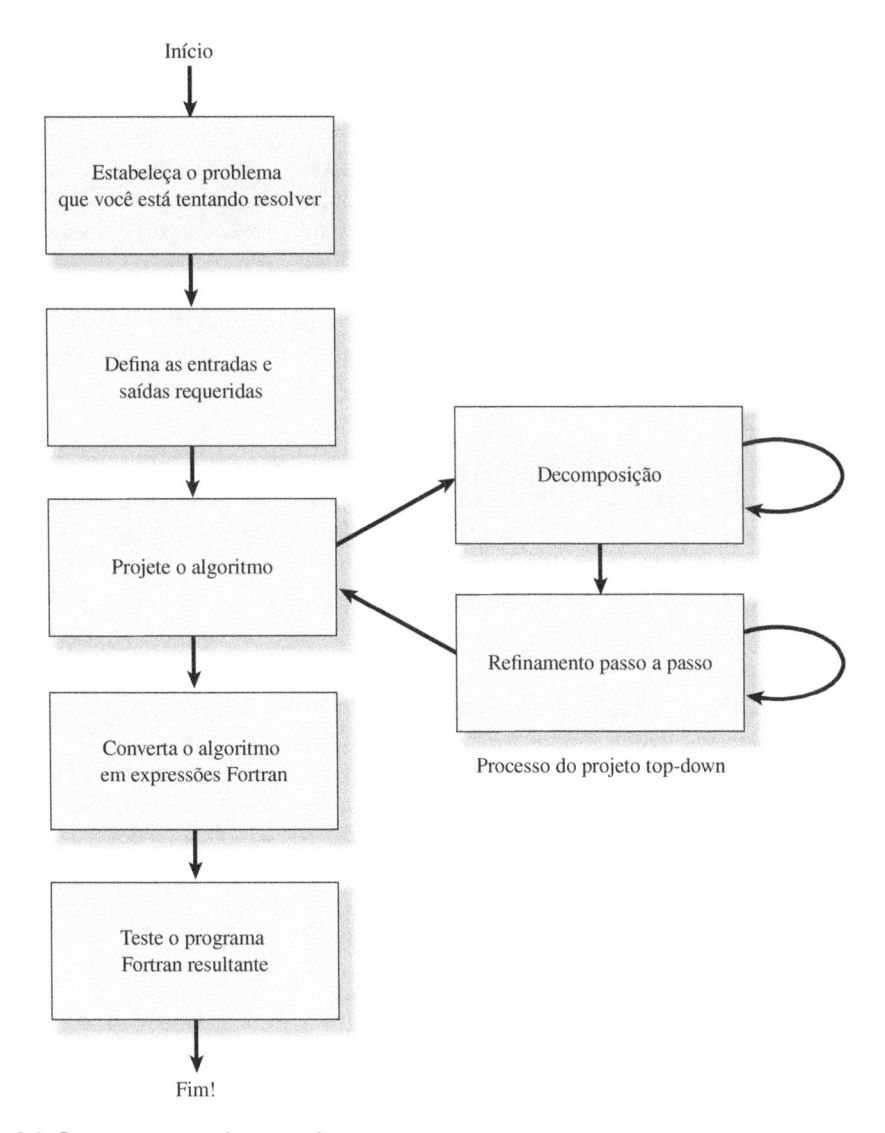

**Figura 4.1** O processo usado neste livro para projetar programas.

detalhes cada vez maiores, até que elas se tornem específicas o suficiente para serem transformadas em expressões MATLAB. O refinamento passo a passo é geralmente efetuado com **pseudocódigo**, que será descrito na próxima seção.

Costuma ser útil resolver um exemplo simples do problema à mão durante o processo de desenvolvimento do algoritmo. Se o projetista entender os passos seguidos durante a resolução do problema à mão, ele aplicará com mais facilidade a decomposição ao problema e seu refinamento passo a passo.

4. *Transforme o algoritmo em expressões do MATLAB.*
   Se o processo de decomposição e refinamento foi executado apropriadamente, este passo será muito simples. Tudo que o engenheiro terá que fazer é substituir o pseudocódigo pelas expressões MATLAB correspondentes, na relação de um para um.

5. *Teste o programa MATLAB resultante.*
   Este passo é crucial. Os componentes do programa precisam ser testados primeiro individualmente, se possível, para depois testar o programa por inteiro. Ao testar um programa, precisamos

verificar se ele funciona corretamente para todos os *conjuntos legais de dados de entrada*. É muito comum que um programa seja escrito, testado com alguns conjuntos de dados padrão e liberado para uso, para então verificarmos que ele gera as respostas erradas (ou falhas) com um conjunto de dados de entrada diferente. Se o algoritmo implementado em um programa inclui ramificações diferentes, precisamos testar todas as possíveis ramificações para garantir que o programa opere corretamente sob qualquer circunstância possível. Esse teste exaustivo pode ser quase impossível em programas realmente grandes, de modo que os *bugs* podem ser descobertos depois que o programa tiver ficado em uso regular por anos.

Como os programas neste livro são bastante pequenos, não passaremos por testes extensivos como os descritos anteriormente. Entretanto, seguiremos os princípios básicos para testar todos os nossos programas.

### Boa Prática de Programação

Siga os passos do processo de projetar programas para construir programas MATLAB confiáveis e de fácil entendimento.

Em um projeto de programação grande, o tempo efetivamente ocupado por programação é surpreendentemente pequeno. No livro *The Mythical Man-Month*,[1] Frederick P. Brooks Jr. sugere que em um típico projeto de software grande, 1/3 do tempo é ocupado planejando o que fazer (passos 1 a 3), 1/6 efetivamente escrevendo o programa (passo 4) e 1/2 do tempo testando e depurando o programa! Obviamente, qualquer coisa que pudermos fazer para reduzir o tempo de testes e depuração será muito útil. Podemos reduzir da melhor maneira os testes e a depuração sendo cuidadosos na fase de planejamento e utilizando boas práticas de programação. Boas práticas de programação reduzirão o número de *bugs* no programa e tornarão mais fáceis de identificar os que ainda sobrarem.

## 4.2 Uso de Pseudocódigo

Como parte do processo de projeto, é necessário descrever o algoritmo a ser implementado. Esta descrição do algoritmo deve ser de forma padronizada e fácil para você e outras pessoas entenderem, e ajudá-lo a transformar seus conceitos em código MATLAB. As formas padrão que utilizamos para descrever algoritmos são denominadas **construções** (ou estruturas, às vezes), e um algoritmo descrito por meio dessas construções é denominado algoritmo estruturado. Quando o algoritmo é implementado no programa MATLAB, o programa resultante é denominado **programa estruturado**.

As construções utilizadas para criar algoritmos podem ser descritas de uma forma especial denominada **pseudocódigo**. Pseudocódigo é a mistura híbrida de MATLAB e inglês. Ele é estruturado como o MATLAB, com uma linha separada para cada ideia ou segmento distinto de código, mas as descrições de cada linha estão em inglês. Cada linha do pseudocódigo deve descrever sua ideia em inglês simples, de fácil compreensão. O pseudocódigo é muito útil para desenvolver algoritmos, pois é flexível e fácil de modificar. E é especialmente útil pela possibilidade de ser escrito e modificado pelo mesmo editor ou processador de texto usado para escrever o programa MATLAB – nenhum recurso gráfico especial é requerido.

---

[1] *The Mythical Man-Month, Anniversary Edition*, by Frederick P. Brooks Jr., Addison-Wesley, 1995.

Por exemplo, o pseudocódigo para o algoritmo do Exemplo 2-3 é:

```
Prompt user to enter temperature in degrees Fahrenheit
Read temperature in degrees Fahrenheit (temp_f)
temp_k in kelvins <- (5/9) * (temp_f - 32) + 273.15
Write temperature in kelvins
```

Observe que é utilizada uma seta para a esquerda (<-) em vez de um sinal de igual (=) para indicar que um valor está armazenado em uma variável, porque isso evita confusão entre atribuição e igualdade. O pseudocódigo deve auxiliar a organização de seu raciocínio antes de convertê-lo em código MATLAB.

## 4.3 Tipo de Dado Lógico

O tipo de dado lógico é um tipo especial de dados que pode assumir um dentre dois valores possíveis: true ou false. Esses valores são gerados pelas duas funções especiais true e false. Eles também são gerados por dois tipos de operadores MATLAB: operadores relacionais e operados lógicos.

Os valores lógicos são armazenados em um único byte de memória; portanto, ocupam muito menos espaço do que os números, que geralmente ocupam 8 bytes.

A operação de várias construções de ramificação MATLAB é controlada por variáveis lógicas e expressões. Se o resultado de uma variável ou expressão for verdadeira, uma seção do código será executada. Caso contrário, outra seção diferente do código será executada.

Para criar uma variável lógica, basta atribuir um valor lógico em uma expressão de atribuição. Por exemplo, a expressão

```
a1 = true;
```

cria uma variável lógica a1 que contém o valor lógico true. Se essa variável for examinada com o comando whos, podemos ver que ela possui o tipo de dado lógico:

```
» whos a1
Name        Size        Bytes       Class
a1          1x1         1           logical array
```

Diferente de linguagens de programação como Java, C++ e Fortran, é válido no MATLAB misturar dados numéricos e lógicos nas expressões. Se um valor lógico for utilizado onde seria esperado um valor numérico, valores true serão convertidos em 1 e valores false serão convertidos em 0, depois utilizados como números. Se um valor numérico for utilizado em um lugar em que o valor lógico é esperado, os valores diferentes de zero serão convertidos para true e valores 0 serão convertidos para false, e depois utilizados como valores lógicos.

Também é possível converter explicitamente valores numéricos para lógicos e vice-versa. A função logical converte dados numéricos para dados lógicos e a função real converte dados lógicos para dados numéricos.

### 4.3.1 Operadores Relacionais e Lógicos

Os operadores relacionais e lógicos são os que produzem resultado true ou false. Esses operadores são muito importantes, porque controlam qual código é executado em algumas estruturas de ramificação MATLAB.

**Operadores relacionais** são operadores que comparam dois números e produzem um resultado true ou false. Por exemplo, a > b é um operador relacional que compara os números em variáveis a e b. Se o valor em a for maior do que o valor em b, então esse operador retornará um resultado true. Caso contrário, o operador retornará um resultado false.

**Operadores lógicos** são operadores que comparam um ou dois valores lógicos, e produzem um resultado true ou false. Por exemplo, && é um operador AND lógico. A operação a && b compara os valores lógicos armazenados em variáveis a e b. Se tanto a quanto b forem true (diferentes de zero), então o operador retornará um resultado true. Caso contrário, o operador retornará um resultado false.

### 4.3.2 Operadores Relacionais

**Operadores relacionais** são operadores com dois operandos numéricos ou de cadeias de caracteres que retornam true (1) ou false (0), dependendo da relação entre os dois operandos. A forma geral de um operador relacional é

$$a_1 \text{ op } a_2$$

em que $a_1$ e $a_2$ são expressões aritméticas, variáveis ou cadeias, e op é um dos seguintes operadores relacionais:

**Tabela 4.1: Operadores Relacionais**

| Operador | Operação |
|---|---|
| == | Igual a |
| ~= | Diferente de |
| > | Maior que |
| >= | Maior que ou igual a |
| < | Menor que |
| <= | Menor que ou igual a |

Se a relação entre $a_1$ e $a_2$ expressa pelo operador for verdadeira, a operação retornará um valor true; caso contrário, a operação retornará false.

Algumas operações relacionais e seus resultados são fornecidos abaixo:

| Operação | Resultado |
|---|---|
| 3 < 4 | true (1) |
| 3 <= 4 | true (1) |
| 3 == 4 | false (0) |
| 3 > 4 | false (0) |
| 4 <= 4 | true (1) |
| 'A' < 'B' | true (1) |

A última operação relacional é verdadeira porque os caracteres são avaliados em ordem alfabética.

Os operadores relacionais podem ser utilizados para comparar um valor escalar com uma matriz. Por exemplo, se $a = \begin{bmatrix} 1 & 0 \\ -2 & 1 \end{bmatrix}$ e b = 0, então a expressão a > b produzirá a matriz $\begin{bmatrix} 1 & 0 \\ 0 & 1 \end{bmatrix}$.

Os operadores relacionais também podem ser utilizados para comparar duas matrizes, contanto que ambas as matrizes tenham o mesmo tamanho. Por exemplo, se $a = \begin{bmatrix} 1 & 0 \\ -2 & 1 \end{bmatrix}$ e $b = \begin{bmatrix} 0 & 2 \\ -2 & -1 \end{bmatrix}$, então a expressão a >= b produz a matriz $\begin{bmatrix} 1 & 0 \\ 1 & 1 \end{bmatrix}$. Se as matrizes tiverem tamanhos diferentes, um erro será produzido.

Observe que como cadeias são na realidade matrizes de caracteres, o*s operadores relacionais podem comparar somente duas cadeias se forem de comprimentos iguais*. Se tiverem comprimentos distintos, a operação de comparação produzirá um erro. Aprenderemos uma forma mais geral de comparar cadeias no Capítulo 9.

O operador relacional de equivalência é escrito com dois sinais de igual, enquanto o operador de atribuição é escrito com um único sinal de igual. Eles são operadores muito diferentes que os engenheiros novatos geralmente confundem. O símbolo == é uma operação de *comparação* que retorna um resultado lógico (0 ou 1), enquanto o símbolo = *atribui* o valor da expressão à direita do sinal de

### Erros de Programação

Cuidado para não confundir o operador de equivalência relacional (==) com o operador de atribuição (=).

igual para a variável à esquerda do sinal de igual. Um erro muito comum de engenheiros novatos é usar um sinal de igual único para tentar efetuar uma comparação.

Na hierarquia de operações, operadores relacionais são avaliados depois de todos os operadores aritméticos serem avaliados. Portanto, as duas expressões seguintes são equivalentes (ambas são verdadeiras).

```
7 + 3 < 2 + 11
(7 + 3) < (2 + 11)
```

### 4.3.3 Cuidado com Operadores == e ~=

O operador de equivalência (==) retorna um valor `true` (1) quando dois valores sendo comparados são iguais, e `false` (0) quando os dois valores sendo comparados são diferentes. De forma semelhante, o operador de não equivalência (~=) retorna um `false` (0) quando os dois valores sendo comparados forem iguais, e um `true` (1) quando os dois valores sendo comparados forem diferentes. Esses operadores são, de maneira geral, bons para comparar cadeias, mas podem às vezes produzir resultados surpreendentes quando dois valores numéricos são comparados. Em razão de **erros de arredondamento** durante cálculos computacionais, dois números teoricamente iguais podem ser ligeiramente diferentes, levando o teste de igualdade ou de desigualdade a falhar.

Por exemplo, considere os dois seguintes números; ambos deveriam ser iguais a 0.0.

```
a = 0;
b = sin(pi);
```

Como esses números são teoricamente os mesmos, a operação relacional a == b *deve* produzir 1. Na verdade, os resultados desse cálculo MATLAB são

```
» a = 0;
» b = sin(pi);
» a == b
ans =
     0
```

O MATLAB relata que a e b são diferentes em decorrência de um leve erro de arredondamento no cálculo de `sin(pi)` que leva o resultado a ser $1{,}2246 \times 10^{-16}$ em vez de exatamente zero. Os dois valores teoricamente iguais diferem ligeiramente por causa do erro de arredondamento!

Em vez de comparar dois números para ver a igualdade *exata*, você deve ajustar os testes para determinar se dois números são *aproximadamente* iguais entre si, em alguma exatidão que considera o erro de arredondamento esperado para os números sendo comparados. O teste

```
» abs(a - b) < 1.0E-14
ans =
     1
```

produz a resposta correta, apesar do erro de arredondamento no cálculo de b.

### Boa Prática de Programação

Tenha cuidado ao testar a igualdade com valores numéricos, pois os erros de arredondamento podem fazer com que duas variáveis que deveriam ser iguais falhem no teste de igualdade. Em vez disso, teste para ver se as variáveis são *aproximadamente* iguais no erro de arredondamento ao esperado no computador com o qual você está trabalhando.

### 4.3.4 Operadores Lógicos

Operadores lógicos são operadores com um ou dois operandos lógicos que produzem um resultado lógico. Existem cinco operadores lógicos binários: AND (& e &&), OR inclusivo (| and ||) e OR exclusivo (xor), e um operador lógico unário: NOT (~). A forma geral de uma operação lógica unária é

$$l_1 \text{ op } l_2$$

e a forma geral de uma operação lógica unária é

$$\text{op } l_1$$

em que $l_1$ e $l_2$ são expressões ou variáveis e op é um dos seguintes operadores lógicos mostrados na Tabela 4.2.

Tabela 4.2: Operadores Lógicos

| Operador | Operação |
|---|---|
| & | AND Lógico |
| && | AND lógico com avaliação de atalho |
| \| | OR Inclusivo Lógico |
| \|\| | OR Inclusivo Lógico com avaliação de atalho |
| xor | OR Exclusivo Lógico |
| ~ | NOT Lógico |

Se a relação entre $l_1$ e $l_2$ expressa pelo operador for true, o operador retornará um true (1); caso contrário, a operação retornará um false (0). Observe que os operadores lógicos tratam qualquer valor diferente de zero como true e qualquer valor zero como false.

Os resultados dos operadores são resumidos em **tabelas de verdades**, que mostram o resultado de cada operação para todas as combinações possíveis de $l_1$ e $l_2$. A Tabela 4.3 mostra as tabelas de verdades para todos os operadores lógicos.

### ANDs Lógicos

O resultado de um operador AND é true (1) se, e somente se, ambos os operandos de entrada forem true. Se um ou os dois operandos forem false, o resultado será false (0), conforme mostrado na Tabela 4.3.

Observe que existem dois operadores AND lógicos: && e &. Por que existem dois operadores AND e qual é a diferença entre eles? A diferença básica entre && e & é que && suporta *avaliações de curto-circuito* (ou *avaliações parciais*), enquanto & não. Ou seja, && avaliará a expressão $l_1$ e retornará imediatamente um valor false (0) se $l_1$ for false. Se $l_1$ for false, o operador nunca avaliará $l_2$, porque o resultado do operador será falso independentemente do valor de $l_2$. Por outro lado, o operador & sempre avalia ambos, $l_1$ e $l_2$, antes de retornar uma resposta.

Uma segunda diferença entre && e & é que && funciona somente entre valores escalares, enquanto & funciona com valores escalares ou de matriz, contanto que os tamanhos das matrizes sejam compatíveis.

Quando você deve utilizar && e quando deve usar & em um programa? Na maior parte do tempo, não importa qual operação AND é utilizada. Se você estiver comparando escalares e nem sempre for necessário avaliar $l_2$, utilize o operador &&. A avaliação parcial tornará a operação mais rápida nos casos em que o primeiro operando for `false`.

Às vezes, é importante utilizar expressões de atalho. Por exemplo, suponha que seja necessário testar a situação em que a proporção das duas variáveis a e b seja maior que 10. O código para executar esse teste é:

```
x = a / b > 10.0
```

Esse código normalmente funciona bem, mas, e se b for zero? Nesse caso, efetuaríamos uma divisão por zero, que produziria um `Inf` em vez de um número. O teste poderia ser modificado para evitar esse problema da seguinte maneira:

```
x = (b ~= 0) && (a/b > 10.0)
```

Essa expressão utiliza a avaliação parcial, de modo que se b = 0, a expressão `a/b > 10.0` nunca será avaliada e não ocorrerá `Inf`.

### Tabela 4.3: Tabelas de Verdades para Operadores Lógicos

| Entradas | | and | | or | | xor | not |
|---|---|---|---|---|---|---|---|
| $l_1$ | $l_2$ | $l_1$ & $l_2$ | $l_1$ && $l_2$ | $l_1$ \| $l_2$ | $l_1$ \|\| $l_2$ | xor($l_1$,$l_2$) | ~$l_1$ |
| false | false | false | false | false | false | false | true |
| false | true | false | false | true | true | true | true |
| true | false | false | false | true | true | true | false |
| true | true | true | true | true | true | false | false |

### Boa Prática de Programação

Use o operador & AND se for necessário assegurar que ambos os operandos são avaliados em uma expressão ou se a comparação for entre matrizes. Caso contrário, use o operador && AND, porque a avaliação parcial tornará a operação mais rápida nos casos em que o primeiro operando for `false`. O operador & é o preferido na maioria dos casos práticos.

## ORs Inclusivos Lógicos

O resultado de um OR inclusivo é true (1) se e somente se ambos os operandos de entrada forem true. Se os dois operandos forem false, o resultado será false (0), conforme mostrado na Tabela 4.3.

Observe que existem dois operadores OR inclusivos: || e |. Por que existem dois operadores OR inclusivos e qual é a diferença entre eles? A diferença básica entre || e | é que || suporta avaliações parciais, enquanto | não. Ou seja, || avaliará a expressão $l_1$ e retornará imediatamente um valor true se $l_1$ for true. Se $l_1$ for true, o operador nunca avaliará $l_2$, porque o resultado do operador será true, independentemente do valor de $l_2$. Em contrapartida, o operador | sempre avalia ambos $l_1$ e $l_2$ antes de retornar uma resposta.

Uma segunda diferença entre || e | é que || funciona somente entre valores escalares, enquanto | funciona com valores escalares ou de matriz, contanto que os tamanhos das matrizes sejam compatíveis.

Quando você deve utilizar || e quando deve usar | em um programa? Na maior parte do tempo, não importa qual operação OR é utilizada. Se você estiver comparando escalares e não for necessário avaliar sempre $l_2$, use o operador ||. A avaliação parcial tornará a operação mais rápida nos casos em que o primeiro operando é true.

> ### Boa Prática de Programação
> 
> Use o operador OR inclusivo | se for necessário assegurar que ambos os operandos sejam avaliados em uma expressão ou se a comparação for entre matrizes. Caso contrário, use o operador ||, porque a avaliação parcial tornará a operação mais rápida nos casos em que o primeiro operando for `true`. O operador | é o preferido na maioria dos casos práticos.

## OR Exclusivo Lógico

O resultado de um operador OR exclusivo é true se e somente se um operando for true e o outro for false. Se ambos os operandos forem true ou ambos os operandos forem false, então o resultado será false, como mostrado na Tabela 4.3. Observe que ambos os operandos sempre devem ser avaliados para calcular o resultado de um OR exclusivo.

A operação OR lógica exclusiva é implementada como uma função. Por exemplo,

```
a = 10;
b = 0;
x = xor(a, b);
```

O valor em a é diferente de zero; portanto, é tratado como true. O valor em b é zero; portanto, é tratado como false. Como um valor é true e o outro é false, o resultado da operação xor será true e retornará um valor 1.

## NOT Lógico

O operador NOT (~) é um operador unário, com somente um operando. O resultado de um operador NOT é true (1) se seu operando for zero, e false (0) se seu operando for diferente de zero, conforme mostrado na Tabela 4.3.

## Hierarquia de Operações

Na hierarquia de operações, os operadores lógicos são avaliados *depois que todas as operações aritméticas e todos os operadores relacionais tiverem sido avaliados*. A ordem na qual os operadores em uma expressão são avaliados é:

1. Todos os operadores aritméticos são avaliados primeiro, na ordem descrita anteriormente.
2. Todos os operadores relacionais (==, ~=, >, >=, <, <=) são avaliados, trabalhando da esquerda para a direita.
3. Todos os operadores ~ são avaliados.
4. Todos os operadores & e && são avaliados, da esquerda para a direita.
5. Todos os operadores |, || e xor são avaliados, trabalhando da esquerda para a direita.

Assim como acontece com as operações aritméticas, os parênteses podem ser usados para mudar a ordem padrão de avaliação. Os exemplos de alguns operadores lógicos e seus resultados são dados abaixo.

### ▶ Exemplo 4.1 – Avaliando Expressões Lógicas:

Considere que as seguintes variáveis são iniciadas com os valores mostrados, e calcule o resultado das expressões especificadas:

```
value1 = 1
value2 = 0
value3 = 1
value4 = -10
value5 = 0
value6 = [1 2; 0 1]
```

| Expressão | | Resultado | Comentário |
|---|---|---|---|
| (a) | ~value1 | false (0) | |
| (b) | ~value3 | false (0) | O número 1 é tratado como true e as operações not são aplicadas |
| (c) | value1 \| value2 | true (1) | |
| (d) | value1 & value2 | false (0) | |
| (e) | value4 & value5 | false (0) | −10 é tratado como true e 0 é tratado como false quando a operação AND é aplicada |
| (f) | ~(value4 & value5) | true (1) | −10 é tratado como true e 0 é tratado como false quando a operação AND é aplicada e, em seguida, a operação NOT reserva o resultado |
| (g) | value1 + value4 | −9 | |
| (h) | value1 + (~value4) | 1 | O número value4 é diferente de zero e assim considerado true. Quando a operação NOT é executada, o resultado é false (0). Em seguida, value1 é adicionado a 0, de modo que o resultado final é 1 + 0 = 1. |
| (i) | value3 && value6 | Ilegal | O operador && deve ser utilizado com operandos escalares. |
| (j) | value3 & value6 | $\begin{bmatrix} 1 & 1 \\ 0 & 1 \end{bmatrix}$ | AND entre um escalar e um operando de matriz. Os valores diferentes de zero da matriz value6 são tratados como true. |

◀

O operador ~ é avaliado antes dos outros operadores lógicos. Portanto, os parênteses na parte (f) do exemplo acima foram necessários. Sem esses parênteses, a expressão na parte (f) teria sido avaliada na ordem (~value4) & value5.

### 4.3.5 Funções Lógicas

O MATLAB tem inúmeras funções lógicas que retornam `true` sempre que a condição para a qual elas testam for true e retornam `false` sempre que a condição para a qual elas testam for false. Essas funções podem ser utilizadas com operadores relacionais e lógicos para controlar a operação de ramificações e laços.

Algumas das funções lógicas mais importantes são dadas na Tabela 4.4.

**Tabela 4.4: Funções Lógicas MATLAB Selecionadas**

| Função | Objetivo |
|---|---|
| `false` | Retorna um valor `false` (0). |
| `ischar(a)` | Retorna `truev`, se a for uma matriz de caracteres, do contrário, retorna `false`. |
| `isempty(a)` | Retorna `true` se a for uma matriz vazia, do contrário, retorna `false`. |
| `isinf(a)` | Retorna `true`, se o valor de a for infinito (`Inf`), do contrário, retorna `false`. |
| `isnan(a)` | Retorna `true`, se o valor de a for `NaN` (não um número), do contrário, retorna `false`. |
| `isnumeric(a)` | Retorna `true` se a for uma matriz numérica, do contrário, retorna `false`. |
| `logical` | Converte valores numéricos em valores lógicos: se um valor for diferente de zero, ele será convertido para `true`. Se for zero, ele será convertido para `false`. |
| `true` | Retorna um valor `true` (1). |

### Teste 4.1

Este teste apresenta uma verificação rápida sobre o que foi entendido sobre os conceitos apresentados na Seção 4.3. Se você tiver problemas com o teste, releia as seções, pergunte ao seu professor ou discuta o material com um colega. As respostas para esse teste estão no final do livro.

Assuma que a, b, c e d sejam os valores definidos e avalie as seguintes expressões.

$$a = 20; \quad b = -2;$$
$$c = 0; \quad d = 1;$$

1. a > b
2. b > d
3. a > b && c > d
4. va == b
5. a && b > c
6. ~~b

Assuma que a, b, c e d sejam os valores definidos e avalie as seguintes expressões.

$$a = 2; \quad b = \begin{bmatrix} 1 & -2 \\ 0 & 10 \end{bmatrix};$$

$$c = \begin{bmatrix} 0 & 1 \\ 2 & 0 \end{bmatrix}; \quad d = \begin{bmatrix} -2 & 1 & 2 \\ 0 & 1 & 0 \end{bmatrix};$$

7. ~(a > b)
8. a > c && b > c

9. `c <= d`
10. `logical(d)`
11. `a * b > c`
12. `a * (b > c)`

Assuma agora que a, b, c e d sejam conforme definido. Explique a ordem de avaliação de cada uma das seguintes expressões, e especifique os resultados em cada caso:

$$a = 2; \quad b = 3;$$
$$c = 10; \quad d = 0;$$

13. `a*b^2 > a*c`
14. `d || b > a`
15. `(d | b) > a`

Assuma que a, b, c e d sejam conforme definido e avalie as seguintes expressões.

$$a = 20; \quad b = -2;$$
$$c = 0; \quad d = \text{'Test'};$$

16. `isinf(a/b)`
17. `isinf(a/c)`
18. `a > b && ischar(d)`
19. `isempty(c)`
20. `(~a) & b`
21. `(~a) + b`

## 4.4 Ramificações

**Ramificações** são expressões MATLAB que permitem selecionar e executar seções específicas de código (denominadas *blocos*) e pular outras seções do código. Elas são variações da construção `if`, construção `switch` e construção `try/catch`.

### 4.4.1 Construção `if`

A construção `if` tem a forma

```
if control_expr_1
   Statement 1
   Statement 2            } Bloco 1
   ...

elseif control_expr_2
   Statement 1
   Statement 2            } Bloco 2
   ...


else
   Statement 1
   Statement 2            } Bloco 3
   ...

end
```

em que as expressões de controle são expressões lógicas que controlam a operação da construção if. Se *control_expr_1* for true (diferente de zero), o programa executará as expressões no Bloco 1 e saltará para a primeira expressão executável depois de end. Caso contrário, o programa verificará o status de c*ontrol_expr_2*. Se *control_expr_2* for true (diferente de zero), o programa executará as expressões no Bloco 2 e saltará para a primeira expressão depois de end. Se todas as expressões de controle forem zero, o programa executará as expressões no bloco associado à cláusula else.

Pode haver qualquer número de cláusulas elseif (0 ou mais) em uma construção if, mas pode haver no máximo uma cláusula else. A expressão de controle em cada cláusula será testada somente se as expressões de controle em todas as cláusulas acima forem false (0). Quando uma das expressões é true e o bloco de código correspondente é executado, o programa salta para a primeira expressão executável depois de end. Se todas as expressões de controle forem false, o programa executará as declarações no bloco associadas com a cláusula else. Se não houver cláusula else, a execução continuará após a expressão end sem executar qualquer parte da construção if.

Observe que a palavra-chave MATLAB end nesta construção é *completamente diferente* da função MATLAB end que usamos no Capítulo 2 para retornar o mais alto valor de determinado subscrito. O MATLAB mostra a diferença entre esses dois usos de end a partir do contexto no qual a palavra aparece em um arquivo M.

Na maioria das circunstâncias, *as expressões de controle serão alguma combinação de operadores relacionais e lógicos*. Conforme aprendemos no início deste capítulo, os operadores relacionais e lógicos produzem true (1) quando a condição correspondente é verdadeira e false (0) quando a condição correspondente é falsa. Quando um operador for verdadeiro, o resultado será diferente de zero e o bloco correspondente será executado.

Como exemplo de construção if, considere a solução da equação quadrática da forma

$$ax^2 + bx + c = 0 \tag{4.1}$$

A solução desta equação é

$$x = \frac{-b \pm \sqrt{b^2 - 4ac}}{2a} \tag{4.2}$$

O termo $b^2 - 4ac$ é conhecido como o *discriminante* da equação. Se $b^2 - 4ac > 0$, então existem duas raízes reais distintas para a equação quadrática. Se $b^2 - 4ac = 0$, então existe uma única raiz repetida para a equação, e se $b^2 - 4ac < 0$, então existem duas raízes complexas para a equação quadrática.

Suponha que queiramos examinar o discriminante de uma equação quadrática e dizer ao usuário se a equação tem duas raízes complexas, duas raízes reais idênticas ou duas raízes reais distintas. Em pseudocódigo, essa construção adotaria a forma

```
if (b^2 - 4*a*c) < 0
   Write msg that equation has two complex roots.
elseif (b**2 - 4.*a*c) == 0
   Write msg that equation has two identical real roots.
else
   Write msg that equation has two distinct real roots.
end
```

As expressões MATLAB para isso são

```
if (b^2 - 4*a*c) < 0
   disp('This equation has two complex roots.');
elseif (b^2 - 4*a*c) == 0
   disp('This equation has two identical real roots.');
else
   disp('This equation has two distinct real roots.');
end
```

Para facilitar a leitura, os blocos de código em uma construção `if` são em geral tabulados em 3 ou 4 espaços, mas isto não é estritamente necessário.

### Boa Prática de Programação

Sempre distancie as margens do corpo de uma construção `if` com 3 ou mais espaços para melhorar a legibilidade do código. Observe que a tabulação é automática se você utilizar o editor MATLAB para escrever seus programas.

É possível escrever uma construção `if` completa em uma única linha, separando as partes da construção por vírgulas ou ponto e vírgula. Assim, as duas construções a seguir são idênticas:

```
if x < 0
   y = abs(x);
end
```

e

```
if x < 0; y = abs(x); end
```

Entretanto, isto deve ser feito somente para construções simples.

### 4.4.2. Exemplos de Utilização de Construções `if`

Agora vamos analisar dois exemplos que ilustram o uso de construções `if`.

#### ▶Exemplo 4.2 – Equação Quadrática

Escreva um programa para resolver as raízes de uma equação quadrática, independentemente do tipo.

**Solução** Seguiremos os passos de projeto apresentados anteriormente no capítulo.

1. **Estabeleça o problema**
   A apresentação do problema para este exemplo é muito simples. Queremos escrever um programa para resolver as raízes de uma equação quadrática, independentemente de serem raízes reais distintas, reais repetidas ou complexas.

2. **Defina as entradas e saídas**
   As entradas requeridas para este programa são os coeficientes $a$, $b$, e $c$ da equação quadrática
   $$ax^2 + bx + c = 0 \tag{4.1}$$
   A saída do programa serão as raízes da equação quadrática, independentemente de serem raízes reais distintas, reais repetidas ou complexas.

3. **Projete o algoritmo**
   Esta tarefa pode ser quebrada em três seções, cujas funções são entrada, processamento e saída:

   ```
   Read the input data
   Calculate the roots
   Write out the roots
   ```

   Vamos agora segmentar as principais seções acima em partes menores e mais detalhadas. Existem três maneiras possíveis de calcular as raízes, dependendo do valor do discriminante; portanto, é lógico implementar esse algoritmo com uma construção `if` de três ramificações. O pseudocódigo resultante é:

```
        Prompt the user for the coefficients a, b, and c.
        Read a, b, and c
        discriminant ← b^2 - 4 * a * c
        if discriminant > 0
            x1 ← ( -b + sqrt(discriminant) ) / ( 2 * a )
            x2 ← ( -b - sqrt(discriminant) ) / ( 2 * a )
            Write msg that equation has two distinct real roots.
            Write out the two roots.
        elseif discriminant == 0
            x1 ← -b / ( 2 * a )
            Write msg that equation has two identical real roots.
            Write out the repeated root.
        else
            real_part ← -b / ( 2 * a )
            imag_part ← sqrt ( abs ( discriminant ) ) / ( 2 * a )
            Write msg that equation has two complex roots.
            Write out the two roots.
        end
```
4. **Transforme o algoritmo em expressões MATLAB.**

O código MATLAB final é mostrado abaixo:
```
% Script file: calc_roots.m
%
% Purpose:
%    This program solves for the roots of a quadratic equation
%    of the form a*x^2 + b*x + c = 0. It calculates the answers
%    regardless of the type of roots that the equation possesses.
%
% Record of revisions:
%       Date        Programmer          Description of change
%       ====        ==========          =====================
%    01/02/14      S. J. Chapman        Original code
%
% Define variables:
%      a              -- Coefficient of x^2 term of equation
%      b              -- Coefficient of x term of equation
%      c              -- Constant term of equation
%      discriminant   -- Discriminant of the equation
%      imag_part      -- Imag part of equation (for complex roots)
%      real_part      -- Real part of equation (for complex roots)
%      x1             -- First solution of equation (for real roots)
%      x2             -- Second solution of equation (for real roots)

% Prompt the user for the coefficients of the equation
disp ('This program solves for the roots of a quadratic');
disp ('equation of the form A*X^2 + B*X + C = 0.');
a = input ('Enter the coefficient A:');
b = input ('Enter the coefficient B:');
c = input ('Enter the coefficient C:');
% Calculate discriminant
discriminant = b^2 - 4 * a * c;

% Solve for the roots, depending on the value of the discriminant
```

```
if discriminant > 0 % there are two real roots, so...
    x1 = (-b + sqrt(discriminant) ) / (2 * a);
    x2 = (-b - sqrt(discriminant) ) / (2 * a);
    disp ('This equation has two real roots:');
    fprintf ('x1 = %f\n', x1);
    fprintf ('x2 = %f\n', x2);
elseif discriminant == 0 % there is one repeated root, so...
    x1 = (-b) / (2 * a);
    disp ('This equation has two identical real roots:');
    fprintf ('x1 = x2 = %f\n',x1);
else % there are complex roots, so ...
    real_part = ( -b ) / ( 2 * a );
    imag_part = sqrt ( abs ( discriminant ) ) / (2 * a);
    disp ('This equation has complex roots:');
    fprintf('x1 = %f +i %f\n', real_part, imag_part);
    fprintf('x1 = %f -i %f\n', real_part, imag_part);
end
```

5. **Teste o programa.**
   Precisamos agora testar o programa usando dados reais de entrada. Como existem três possíveis caminhos no programa, precisamos testar todos os três caminhos antes de termos certeza de que o programa está funcionando corretamente. A partir da Equação (4.2), é possível verificar as soluções para as equações fornecidas abaixo:

$$x^2 + 5x + 6 = 0 \qquad x = -2 \text{ e } x = -3$$
$$x^2 + 4x + 4 = 0 \qquad x = -2$$
$$x^2 + 2x + 5 = 0 \qquad x = -1 \pm i2$$

Se este programa for executado três vezes com os coeficientes acima, os resultados serão como os mostrados abaixo (as entradas do usuário são mostradas em negrito):

```
» calc_roots
This program solves for the roots of a quadratic
equation of the form A*X^2 + B*X + C = 0.
Enter the coefficient A: 1
Enter the coefficient B: 5
Enter the coefficient C: 6
This equation has two real roots:
x1 = -2.000000
x2 = -3.000000
» calc_roots
This program solves for the roots of a quadratic
equation of the form A*X^2 + B*X + C = 0.
Enter the coefficient A: 1
Enter the coefficient B: 4
Enter the coefficient C: 4
This equation has two identical real roots:
x1 = x2 = -2.000000
» calc_roots
This program solves for the roots of a quadratic
equation of the form A*X^2 + B*X + C = 0.
```

```
Enter the coefficient A: 1
Enter the coefficient B: 2
Enter the coefficient C: 5
This equation has complex roots:
x1 = -1.000000 +i 2.000000
x1 = -1.000000 -i 2.000000
```

O programa dará as respostas corretas para nossos dados de testes em todos os três casos possíveis.

◀

## ▶ Exemplo 4.3 – Avaliando a Função de Duas Variáveis

Escreva um programa MATLAB para avaliar uma função $f(x, y)$ para quaisquer dois valores especificados pelo usuário $x$ e $y$. A função $f(x, y)$ é definida da seguinte maneira.

$$f(x, y) = \begin{cases} x + y & x \geq 0 \text{ e } y \geq 0 \\ x + y^2 & x \geq 0 \text{ e } y < 0 \\ x^2 + y & x < 0 \text{ e } y \geq 0 \\ x^2 + y^2 & x < 0 \text{ e } y < 0 \end{cases}$$

**Solução** A função $f(x, y)$ é avaliada de forma diferente dependendo dos sinais das duas variáveis independentes $x$ e $y$. Para determinar a equação ideal a ser aplicada, será necessário verificar os sinais dos valores $x$ e $y$ fornecidos pelo usuário.

1. **Estabeleça o problema**
   Essa expressão do problema é muito simples: Avalie a função $f(x, y)$ para qualquer valor fornecido de $x$ e $y$ pelo usuário.
2. **Defina as entradas e saídas**
   As entradas necessárias por esse programa são os valores das variáveis independentes $x$ e $y$. A saída do programa será o valor da função $f(x, y)$.
3. **Projete o algoritmo**
   Esta tarefa pode ser quebrada em três seções maiores, cujas funções são entrada, processamento e saída:

   ```
   Read the input values x and y
   Calculate f(x,y)
   Write out f(x,y)
   ```

   Vamos agora quebrar as principais seções acima em partes menores e mais detalhadas. Existem quatro maneiras possíveis de calcular a função $f(x, y)$, dependendo dos valores de $x$ e $y$; portanto, é lógico implementar esse algoritmo com uma expressão `if` de quatro ramificações. O pseudocódigo resultante é:

   ```
   Prompt the user for the values x and y.
   Read x and y
   if x ≥ 0 and y ≥ 0
      fun ← x + y
   elseif x ≥ 0 and y < 0
      fun ← x + y^2
   elseif x < 0 and y ≥ 0
      fun ← x^2 + y
   else
      fun ← x^2 + y^2
   end
   Write out f(x,y)
   ```

4. **Transforme o algoritmo em expressões MATLAB.**
   O código MATLAB final é mostrado abaixo.

```
% Script file: funxy.m
%
% Purpose:
%     This program solves the function f(x,y) for a
%     user-specified x and y, where f(x,y) is defined as:
%
%                  ⎧ x + y               x >= 0 and y >= 0
%                  ⎪ x + y^2             x >= 0 and y < 0
%     f(x, y) =    ⎨ x^2 + y             x < 0 and y >= 0
%                  ⎪ x^2 + y^2           x < 0 and y < 0
%                  ⎩
% Record of revisions:
%     Date          Programmer       Description of change
%     ====          ==========       =====================
%     01/03/14      S. J. Chapman    Original code
%
% Define variables:
%     x     -- First independent variable
%     y     -- Second independent variable
%     fun   -- Resulting function

% Prompt the user for the values x and y
x = input ('Enter the x value: ');
y = input ('Enter the y value: ');

% Calculate the function f(x,y) based upon
% the signs of x and y.
if x >= 0 && y >= 0
    fun = x + y;
elseif x >= 0 && y < 0
    fun = x + y^2;
elseif x < 0 && y >= 0
    fun = x^2 + y;
else % x < 0 and y < 0, so
    fun = x^2 + y^2;
end

% Write the value of the function.
disp (['The value of the function is ' num2str(fun)]);
```

5. **Teste o programa.**
   Agora precisamos testar o programa usando dados reais de entrada. Como existem quatro caminhos possíveis no programa, precisamos testar todos os quatro antes de termos certeza de que o programa está funcionando corretamente. Para testar todos os possíveis caminhos, executaremos o programa com os quatro conjuntos de valores de entrada $(x, y) = (2, 3), (2, -3), (-2, 3)$ e $(-2, -3)$. Calculando à mão, veremos que

$$f(2,3) = 2 + 3 = 5$$
$$f(2,-3) = 2 + (-3)^2 = 11$$
$$f(-2,3) = (-2)^2 + 3 = 7$$
$$f(-2,-3) = (-2)^2 + (-3)^2 = 13$$

Se o programa for compilado e executado quatro vezes com os valores dados (p. 131), os resultados serão:

```
» funxy
Enter the x coefficient: 2
Enter the y coefficient: 3
The value of the function is 5
» funxy
Enter the x coefficient: 2
Enter the y coefficient: -3
The value of the function is 11
» funxy
Enter the x coefficient: -2
Enter the y coefficient: 3
The value of the function is 7
» funxy
Enter the x coefficient: -2
Enter the y coefficient: -3
The value of the function is 13
```

O programa dará as respostas corretas para nossos valores de teste em todos os quatro casos possíveis.

### 4.4.3 Observações a Respeito do Uso de Construções if

A construção `if` é muito flexível. Ela exige uma expressão `if` e uma expressão `end`. No meio, ela pode ter inúmeras cláusulas `elseif` e também pode ter uma cláusula `else`. Com essa combinação de características, é possível implementar qualquer construção desejada de ramificação.

Além disso, construções `if` podem ser **aninhadas**. Duas construções `if` são aninhadas se uma delas se posiciona inteiramente dentro de um único bloco de código da outra. As duas construções `if` a seguir estão apropriadamente aninhadas.

```
if x > 0
    ...
    if y < 0
        ...
    end
    ...
end
```

O interpretador MATLAB sempre associa uma dada instrução `end` à instrução `if` mais recente; portanto, o primeiro `end` acima fecha a expressão `if y < 0`, enquanto o segundo `end` fecha a expressão `if x > 0`. Isso funciona bem para um programa escrito apropriadamente, mas pode levar o interpretador a produzir mensagens confusas de erros se o programador cometer um erro de codificação. Por exemplo, suponha que tenhamos um programa grande que contenha uma construção como a mostrada abaixo.

```
...
if (test1)
    ...
    if (test2)
        ...
        if (test3)
            ...
        end
```

```
       ...
    end
       ...
end
```

Esse programa contém três construções if aninhadas que podem se espalhar por centenas de linhas de código. Agora, suponha que a primeira expressão end seja acidentalmente removida durante uma sessão de edição. Quando isso acontecer, o interpretador MATLAB associará automaticamente o segundo end à construção if (test3) mais interna e o terceiro end ao if (test2) do meio. Quando o interpretador atingir o fim do arquivo, ele perceberá que a primeira construção if (test1) nunca foi encerrada, e irá gerar uma mensagem de erro informando que existe um end ausente. Infelizmente, ele não pode dizer *onde* o problema ocorreu, daí a necessidade de voltar e procurar manualmente em todo o programa para localizar o erro.

Às vezes é possível implementar um algoritmo utilizando múltiplas cláusulas elseif ou expressões if aninhadas. Neste caso, um programador pode escolher o estilo que preferir.

## ▶ Exemplo 4.4 – Atribuindo Notas Usando Letras

Imagine que estamos escrevendo um programa que lê a nota numérica e atribui uma nota de letra para isso de acordo com a seguinte tabela:

```
95 < grade              A
86 < grade ≤ 95         B
76 < grade ≤ 86         C
66 < grade ≤ 76         D
 0 < grade ≤ 66         F
```

Escreva uma construção if que atribuirá as notas conforme descrito acima utilizando (*a*) múltiplas cláusulas elseif e (*b*) construções if aninhadas.

**Solução** (a) Uma possível estrutura utilizando as cláusulas elseif é

```
if grade > 95.0
   disp('The grade is A.');
elseif grade > 86.0
   disp('The grade is B.');
elseif grade > 76.0
   disp('The grade is C.');
elseif grade > 66.0
   disp('The grade is D.');
else
   disp('The grade is F.');
end
```

(b) Uma possível estrutura utilizando construções if aninhadas é

```
if grade > 95.0
   disp('The grade is A.');
else
   if grade > 86.0
      disp('The grade is B.');
   else
      if grade > 76.0
         disp('The grade is C.');
```

```
          else
             if grade > 66.0
                disp('The grade is D.');
             else
                disp('The grade is F.');
             end
          end
       end
    end
end
```

Deve ficar claro pelo exemplo acima que, se houver muitas opções mutuamente exclusivas, uma construção `if` única com múltiplas cláusulas `elseif` será mais simples do que uma construção `if` aninhada.

> **Boa Prática de Programação**
>
> Para ramificações nas quais existem opções mutuamente exclusivas, utilize uma única construção `if` com múltiplas cláusulas `elseif` como preferência para construções `if` aninhadas.

### 4.4.4 Construção `switch`

A construção `switch` é outra forma de construção de ramificação. Ela permite que o programador selecione um bloco de código em particular a ser executado com base no valor de um único inteiro, caractere ou expressão lógica. A forma geral de uma construção `switch` é:

```
switch (switch_expr)
case case_expr_1
   Statement 1  ⎫
   Statement 2  ⎬ Bloco 1
   ...          ⎭

case case_expr_2
   Statement 1  ⎫
   Statement 2  ⎬ Bloco 2
   ...          ⎭

...
otherwise
   Statement 1  ⎫
   Statement 2  ⎬ Bloco n
   ...          ⎭

end
```

Se o valor de *switch_expr* for igual a *case_expr_1*, o primeiro bloco do código será executado e o programa saltará para a primeira expressão após o fim da construção `switch`. De forma semelhante, se o valor de *switch_expr* for igual a *case_expr_2*, o segundo bloco de código será executado e o programa saltará para a primeira expressão após o fim da construção `switch`. A mesma ideia se aplica aos outros casos na construção. O bloco do código `otherwise` é opcional. Se ele estiver presente, isso será executado sempre que o valor de *switch_expr* estiver fora do intervalo coberto por todos os seletores de caso. Se não estiver presente e o valor de *switch_expr* estiver fora do intervalo de todos os seletores de caso, então nenhum dos blocos de código será executado. O pseudocódigo para a construção de casos é idêntico à sua implementação em MATLAB.

Se muitos valores do *switch_expr* provocarem a execução do mesmo código, todos esses valores podem ser incluídos em um único bloco colocando-os entre chaves, conforme mostrado abaixo. Se a expressão `switch` combinar com alguma das expressões na lista, o bloco será executado.

```
switch (switch_expr)
case {case_expr_1, case_expr_2, case_expr_3}
   Statement 1
   Statement 2            Bloco 1
   ...

otherwise
   Statement 1
   Statement 2            Bloco n
   ...

         end
```

A *switch_expr* e cada *case_expr* podem ser valores numéricos ou de cadeia.

Observe que no máximo um bloco de código pode ser executado. Após a execução de um bloco de código, a execução salta para a primeira expressão executável depois da expressão `end`. Portanto, se a expressão `switch` corresponder a mais de uma expressão de caso, *somente a primeira será executada*.

Analisaremos um exemplo simples de construção `switch`. As seguintes expressões determinam se um número inteiro entre 1 e 10 é par ou ímpar e imprime uma mensagem apropriada. Isso ilustra o uso de uma lista de valores como seletores de casos, e também o uso do bloco `otherwise`.

```
switch (value)
case {1,3,5,7,9}
    disp('The value is odd.');
case {2,4,6,8,10}
    disp('The value is even.');
otherwise
    disp('The value is out of range.');
end
```

### 4.4.5 Construção `try/catch`

A construção `try/catch` é uma construção de ramificação de forma especial projetada para capturar erros. Normalmente, quando um programa MATLAB encontra um erro durante a execução, o programa aborta. A construção `try/catch` modifica esse comportamento padrão. Se ocorrer um erro em uma expressão no bloco `try` dessa construção, então, em vez de abortar, o código no bloco `catch` será executado e o programa continuará em execução. Com isto o programador pode manipular erros dentro do programa sem provocar a parada.

A forma geral de uma construção `try/catch` é:

```
try
   Statement 1
   Statement 2          } Bloco Try
   ...

catch
   Statement 1
   Statement 2          } Bloco Catch
   ...

end
```

Quando uma construção `try/catch` for alcançada, as expressões no bloco `try` serão executadas. Se não ocorrer nenhum erro, as expressões no bloco `catch` serão ignoradas e a execução continuará na primeira expressão após o fim da construção. Por outro lado, se um erro *realmente* ocorrer no bloco `try`, o programa vai parar a execução das expressões no bloco `try` e executará imediatamente as expressões no bloco `catch`.

Uma expressão `catch` pode executar um argumento `ME` opcional, em que `ME` equivale ao objeto `MException` (exceção MATLAB). O objeto `ME` é criado quando ocorre uma falha durante a execução das expressões no bloco `try`. O objeto `ME` contém detalhes sobre o tipo de exceção (`ME.identifier`), a mensagem de erro (`ME.message`), a causa do erro (`ME.cause`), e a pilha (`ME.stack`), que especifica exatamente onde ocorreu o erro. Essas informações podem ser exibidas ao usuário ou o programador pode utilizar essas informações para tentar recuperar o erro e deixar o programa continuar.[2]

Um programa de exemplo que contém uma construção `try/catch` é apresentado a seguir. Ele cria uma matriz e solicita que o usuário especifique um elemento da matriz para ser exibido. O usuário fornece um número de subscrito e o programa exibe o elemento correspondente da matriz. As expressões no bloco `try` sempre serão executadas nesse programa, enquanto as expressões no bloco `catch` serão executadas somente se ocorrer um erro no bloco `try`. Se o usuário especificar um subscrito ilegal, a execução será transferida para o bloco catch e o objeto `ME` conterá dados que explicam o que houve de errado. Nesse programa simples, essas informações são apenas ecoadas para a Janela de Comando. Em programas mais complicados, isso poderia ser utilizado para recuperação do erro.

```
% Test try/catch

% Initialize array
a = [ 1 -3 2 5];

try

   % Try to display an element
   index = input('Enter subscript of element to display:');
   disp(['a(' int2str(index) ')=' num2str(a(index))]);

catch ME

   % If we get here, an error occurred. Display the error.
   ME
   stack = ME.stack

end
```

---

[2] Aprenderemos mais sobre as exceções quando estudarmos a programação orientada a objetos no Capítulo 12.

Quando este programa for executado com um subscrito legal, os resultadores serão:

```
» test_try_catch
Enter subscript of element to display: 3
a(3) = 2
```

Quando esse programa for executado com um subscrito ilegal, os resultados serão:

```
» test_try_catch
Enter subscript of element to display: 9
ME =
    MException with properties:

        identifier: 'MATLAB:badsubscript'
           message: 'Attempted to access a(9); index out of
           bounds because numel(a)=4.'
             cause: {}
             stack: [1x1 struct]
stack =
        file: 'C:\Data\book\matlab\5e\chap4\test_try_catch.m'
        name: 'test_try_catch'
        line: 10
```

## Teste 4.2

Neste teste, faremos uma verificação rápida da sua compreensão dos conceitos apresentados na Seção 4.4. Se você tiver problemas com o teste, releia a seção, pergunte ao seu professor ou discuta o material com um colega. As respostas para esse teste estão no final do livro.

Escreva as expressões MATLAB que executam as funções descritas abaixo.

1. Se $x$ for maior que ou igual a zero, atribua a raiz quadrada de x para a variável `sqrt_x` e imprima o resultado. Caso contrário, mostre uma mensagem de erro sobre o argumento da função de raiz quadrada e defina `sqrt_x` como zero.
2. Uma variável `fun` é calculada como `numerator/denominator`. Se o valor absoluto de `denominator` for menor que 1.0E-300, escreva "Divide by 0 error". Caso contrário, calcule e imprima `fun`.
3. O custo por milha de um veículo alugado é $1,00 para as primeiras 100 milhas, $0,80 para as próximas 200 milhas, e $0,70 para todas as milhas acima de 300 milhas. Escreva expressões MATLAB que determinam o custo total e o custo médio por milha para determinado número de milhas (armazenados na variável `distance`).

Examine as seguintes expressões MATLAB. Elas estão corretas ou incorretas? Se estiverem corretas, qual a saída do programa? Se estiverem incorretas, onde está o erro?

4. ```
   if volts > 125
       disp('WARNING: High voltage on line.');
   if volts < 105
       disp('WARNING: Low voltage on line.');
   else
       disp('Line voltage is within tolerances.');
   end
   ```
   ```

```
5. color = 'yellow';
   switch (color)
   case 'red',
      disp('Stop now!');
   case 'yellow',
      disp('Prepare to stop.');
   case 'green',
      disp('Proceed through intersection.');
   otherwise,
      disp('Illegal color encountered.');
   end
6. if temperature > 37
      disp('Human body temperature exceeded.');
   elseif temperature > 100
      disp('Boiling point of water exceeded.');
   end
```

▶**Exemplo 4.5 – Engenharia Elétrica: Resposta de Frequência de um Filtro de Passagem Baixa**

Um filtro de passagem baixa simples é apresentado na Figura 4.2. Esse circuito é composto por um resistor e um capacitor em série e a razão entre a voltagem de saída $V_o$ para a voltagem de entrada $V_i$ é dada pela equação

$$\frac{V_o}{V_i} = \frac{1}{1 + j2\pi fRC} \quad (4.3)$$

em que $V_i$ é a voltagem de entrada senoidal de frequência $f$, $R$ é a resistência em ohms, $C$ é a capacitância em farads e $j$ é $\sqrt{-1}$ (os engenheiros eletricistas utilizam $j$ em vez de $i$ para $\sqrt{-1}$ porque a letra $i$ é tradicionalmente reservada para a corrente em um circuito).

Assuma que a resistência $R = 16$ kΩ, e a capacitância $C = 1$ μF, e desenhe em diagrama a amplitude e resposta de frequência desse filtro sobre o intervalo de frequência $0 <= f <= 1000$ Hz.

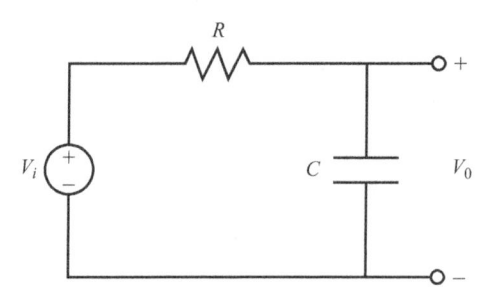

Figura 4.2 Um circuito simples de filtro de passagem.

**Solução** A resposta de amplitude de um filtro é a razão da amplitude da voltagem de saída em relação à amplitude da voltagem de entrada, e a resposta de fase do filtro é a diferença entre a fase da voltagem de saída e a fase de voltagem de entrada. A forma mais simples de calcular a amplitude e a resposta de fase do filtro é avaliar a Equação (4.3) para muitas frequências diferentes. O diagrama da magnitude da Equação (4.3) *versus* a frequência é a resposta de amplitude do filtro, e o diagrama do ângulo da Equação (4.3) *versus* a frequência é a resposta de fase do filtro.

Como a frequência e a resposta de amplitude de um filtro podem variar bastante, é usual desenhar esses dois valores em escalas logarítmicas. Por outro lado, a fase varia sobre uma faixa bastante limitada; assim, costuma-se desenhar no diagrama a fase do filtro utilizando escala linear. Portanto, utilizaremos um diagrama `loglog` para a resposta de amplitude e um diagrama `semilogx` para a resposta de fase do filtro. Vamos apresentar as duas respostas como dois subdiagramas de uma mesma figura.

Também usaremos os modificadores de corrente para criar o título e as identificações de eixo em negrito, porque isso melhora a aparência dos diagramas.

O código MATLAB para criar e desenhar as respostas é apresentado a seguir.

```
% Script file: plot_filter.m
%
% Purpose:
%   This program plots the amplitude and phase responses
%   of a low-pass RC filter.
%
% Record of revisions:
%       Date            Programmer          Description of change
%       ====            ==========          =====================
%       01/05/14        S. J. Chapman       Original code
%
% Define variables:
%       amp     -- Amplitude response
%       C       -- Capacitance (farads)
%       f       -- Frequency of input signal (Hz)
%       phase   -- Phase response
%       R       -- Resistance (ohms)
%       res     -- Vo/Vi

% Initialize R & C
R = 16000;      % 16 k ohms
C = 1.0E-6;     % 1 uF

% Create array of input frequencies
f = 1:2:1000;

% Calculate response
res = 1 ./ (1 + j*2*pi*f*R*C);

% Calculate amplitude response
amp = abs(res);

% Calculate phase response
phase = angle(res);

% Create plots
subplot(2,1,1);
loglog(f, amp);
title('\bfAmplitude Response');
xlabel('\bfFrequency (Hz)');
ylabel('\bfOutput/Input Ratio');
grid on;
```

```
subplot(2,1,2);
semilogx(f, phase);
title('\bfPhase Response');
xlabel('\bfFrequency (Hz)');
ylabel('\bfOutput-Input Phase (rad)');
grid on;
```

As respostas de amplitude e de fase resultantes estão na Figura 4.3. Observe que esse circuito recebe o nome de filtro de passagem baixa, pois as frequências baixas recebem pouca atenuação, enquanto as frequências mais altas são fortemente atenuadas.

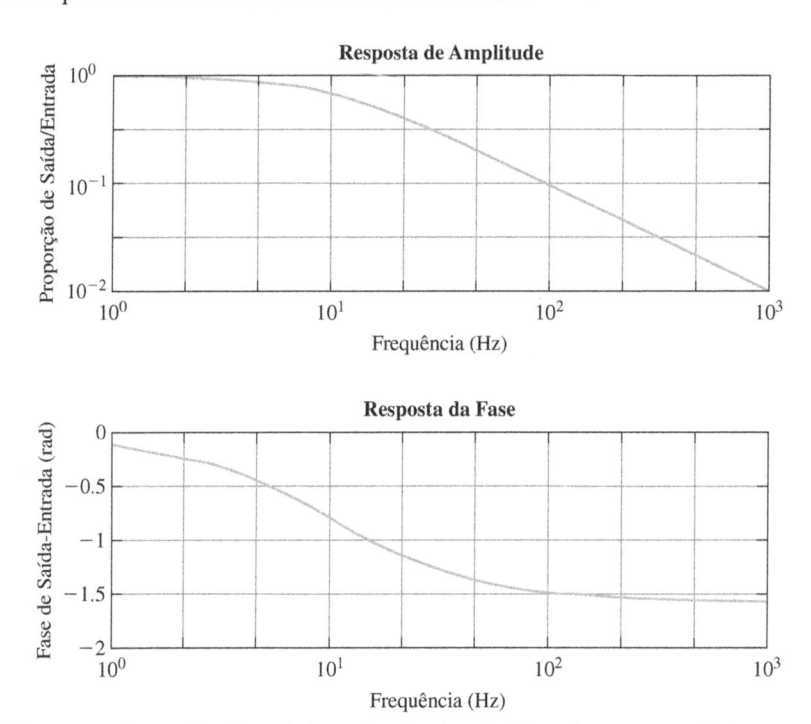

**Figura 4.3** Resposta de amplitude e de fase do circuito de filtro de passagem baixa.

## ▶ Exemplo 4.6 – Termodinâmicas: Lei dos Gases Ideais

Em um gás ideal, todas as colisões entre moléculas são perfeitamente elásticas. Podemos considerar as moléculas de um gás ideal como bolas de bilhar perfeitamente rígidas que colidem e ricocheteiam sem perda de energia cinética.

Esse gás ideal pode ser caracterizado por três quantidades: pressão absoluta ($P$), volume ($V$) e temperatura absoluta ($T$). A relação entre essas quantidades em um gás ideal é conhecida como Lei dos Gases Ideais:

$$PV = nRT \tag{4.4}$$

em que $P$ é a pressão do gás em kilopascals (kPa), $V$ é o volume do gás em litros ($L$), $n$ é o número de moléculas do gás em unidades de moles (mol), $R$ é a constante de gás universal (8,314 L·kPa/mol·K) e $T$ é a temperatura absoluta em kelvins (K). (Observação: 1 mol = 6,02 × $10^{23}$ moléculas.)

Assuma que uma amostra de gás ideal contenha 1 mol de moléculas em uma temperatura de 273 K e responda às seguintes perguntas.

(a) Como varia o volume desse gás à medida que a pressão varia de 1 para 1.000 kPa? Desenhe o diagrama da pressão em relação ao volume para esse gás, utilizando um conjunto apropriado de eixos. Utilize uma linha cheia vermelha com espessura de 2 pixels.
(b) Suponha que a temperatura do gás seja aumentada para 373 K. Como o volume desse gás varia com a pressão agora? Desenhe o diagrama da pressão em relação a esse gás no mesmo conjunto de eixos como na parte (a). Utilize uma linha tracejada azul com espessura de 2 pixels.

Inclua um título em negrito e as identificações dos eixos $x$ e $y$ no diagrama, bem como as legendas para cada linha.

**Solução** Os valores que desejamos desenhar variam de acordo com um fator de 1.000; portanto, um diagrama linear ordinário não produzirá um resultado especialmente útil. Por isso, nós desenhamos os dados em uma escala log-log.

Observe que devemos desenhar duas curvas no mesmo conjunto de eixos; portanto, devemos emitir o comando hold on depois que o primeiro é desenhado e hold off depois que o diagrama estiver completo. Precisamos também especificar a cor, o estilo e a espessura de cada linha, e especificar que os rótulos precisam estar em negrito.

Um programa que calcula o volume do gás como função da pressão e cria o diagrama apropriado é apresentado a seguir. Observe que os recursos especiais que controlam o estilo do diagrama são apresentados em negrito.

```
% Script file: ideal_gas.m
%
% Purpose:
%   This program plots the pressure versus volume of an
%   ideal gas.
%
% Record of revisions:
%      Date          Programmer         Description of change
%      ====          ==========         =====================
%    01/16/14        S. J. Chapman      Original code
%
% Define variables:
%   n       -- Number of molecules (mol)
%   P       -- Pressure (kPa)
%   R       -- Ideal gas constant (L kPa/mol K)
%   T       -- Temperature (K)
%   V       -- volume (L)

% Initialize nRT
n = 1;              % Moles of atoms
R = 8.314;          % Ideal gas constant
T = 273;            % Temperature (K)

% Create array of input pressures. Note that this
% array must be quite dense to catch the major
% changes in volume at low pressures.
P = 1:0.1:1000;

% Calculate volumes
V = (n * R * T) ./ P;
```

```matlab
% Create first plot
figure(1);
loglog(P,V,'r-','LineWidth',2);
title('\bfVolume vs Pressure in an Ideal Gas);
xlabel('\bfPressure (kPa)');
ylabel('\bfVolume (L)');
grid on;
hold on;

% Now increase temperature
T = 373;         % Temperature (K)

% Calculate volumes
V = (n * R * T) ./ P;

% Add second line to plot
figure(1);
loglog(P,V,'b--','LineWidth',2);
hold off;

% Add legend
          legend('T = 273 K','T = 373 k');
```

O diagrama resultante de volume *versus* pressão está na figura a seguir.

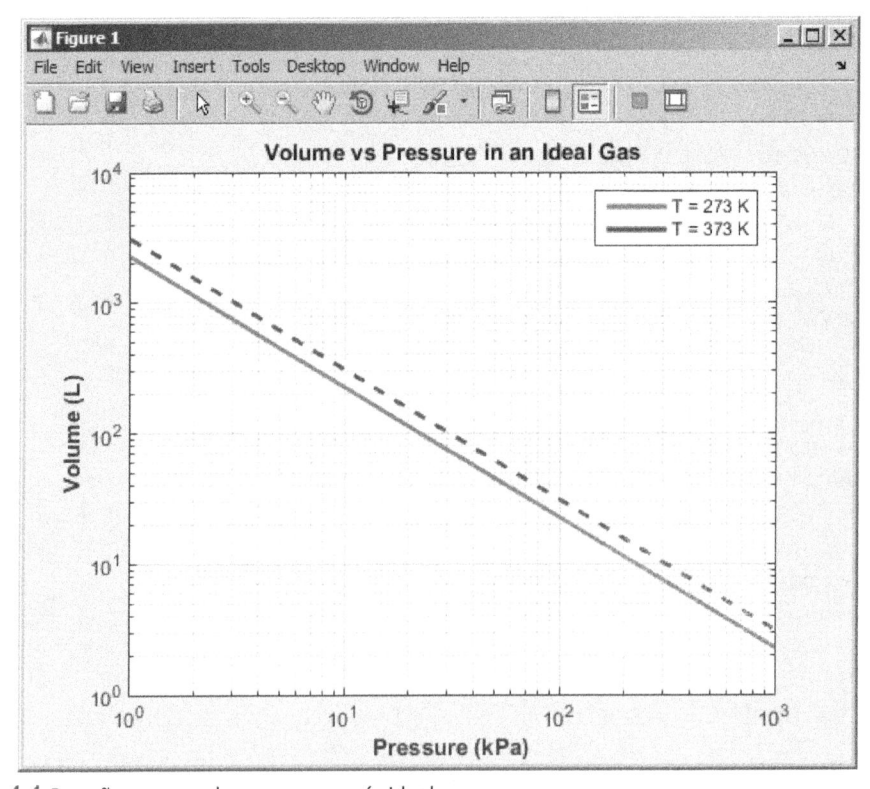

**Figura 4.4** Pressão *versus* volume para um gás ideal.

## 4.5 Notas Adicionais a Respeito da Depuração de Programas MATLAB

É muito mais fácil cometer erros na escrita de um programa que contenha ramificações e laços do que na escrita de programas sequenciais. Mesmo passando por todo o processo do projeto, é quase certo que um programa de qualquer porte contenha erros quando for utilizado pela primeira vez. Suponha que tenhamos construído o programa e descoberto durante os testes que os resultados contêm erros. Como podemos encontrar e corrigir os *bugs*?

Quando começamos a utilizar laços e ramificações, a melhor maneira de localizar um erro é pelo depurador simbólico do próprio MATLAB. Esse depurador é integrado ao editor MATLAB.

Para utilizar o depurador, primeiro abra o arquivo a ser depurado, utilizando a seleção de menu Arquivo/Abrir da Janela de Comando do MATLAB. Quando o arquivo é aberto, ele é colocado no editor e a sintaxe é automaticamente codificada por cor. Comentários em verde, variáveis e números em preto, cadeias de caracteres aparecem em vermelho e palavras-chave da linguagem aparecem em azul. A Figura 4.5 mostra um exemplo de Janela de Edição/Depuração que contém o arquivo `calc_roots.m`. [Veja o encarte colorido.]

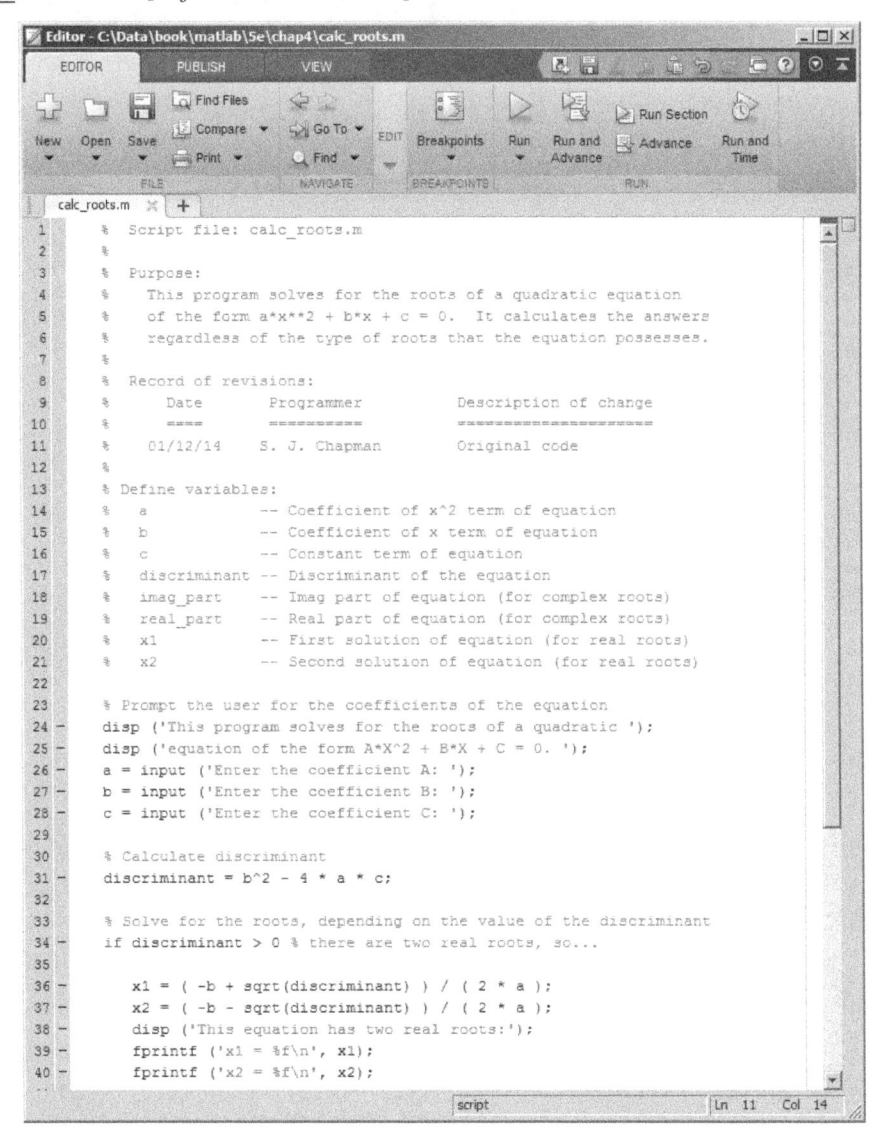

**Figura 4.5** Janela de Edição/Depuração com um programa MATLAB carregado. [Veja o encarte colorido.]

Digamos que nosso interesse seja determinar o que acontece quando o programa é executado. Para isso, podemos definir um ou mais **pontos de interrupção** clicando no tempo do mouse na marca de traço horizontal à esquerda da(s) linha(s) de interesse. Quando um ponto de interrupção é definido, um ponto vermelho aparece à esquerda da linha que contém o ponto de interrupção, conforme exibido na Figura 4.6.

Depois que os pontos de interrupção forem definidos, execute o programa da forma usual digitando calc_roots na Janela de Comandos. O programa executará até atingir o primeiro ponto de interrupção e parar nele. Uma flecha verde aparecerá sobre a linha corrente durante o processo de depuração, conforme exibido na Figura 4.7. Assim que o ponto de interrupção for atingido, o programador poderá examinar e/ou modificar qualquer variável no espaço de trabalho, digitando o nome na Janela de Comando ou examinando os valores no Navegador do Espaço de Trabalho. Quando o programador estiver satisfeito com o programa nesse ponto, ele poderá adiantar o programa uma linha por vez, pressionando repetidamente a tecla F10 ou clicando na ferramenta de Etapa ( ) na Faixa de Ferramentas. Como alternativa, o programador poderá ir para o próximo ponto de interrupção pressionando F5 ou clicando na ferramenta Continuar ( ). É sempre possível examinar os valores de qualquer variável em qualquer ponto do programa.

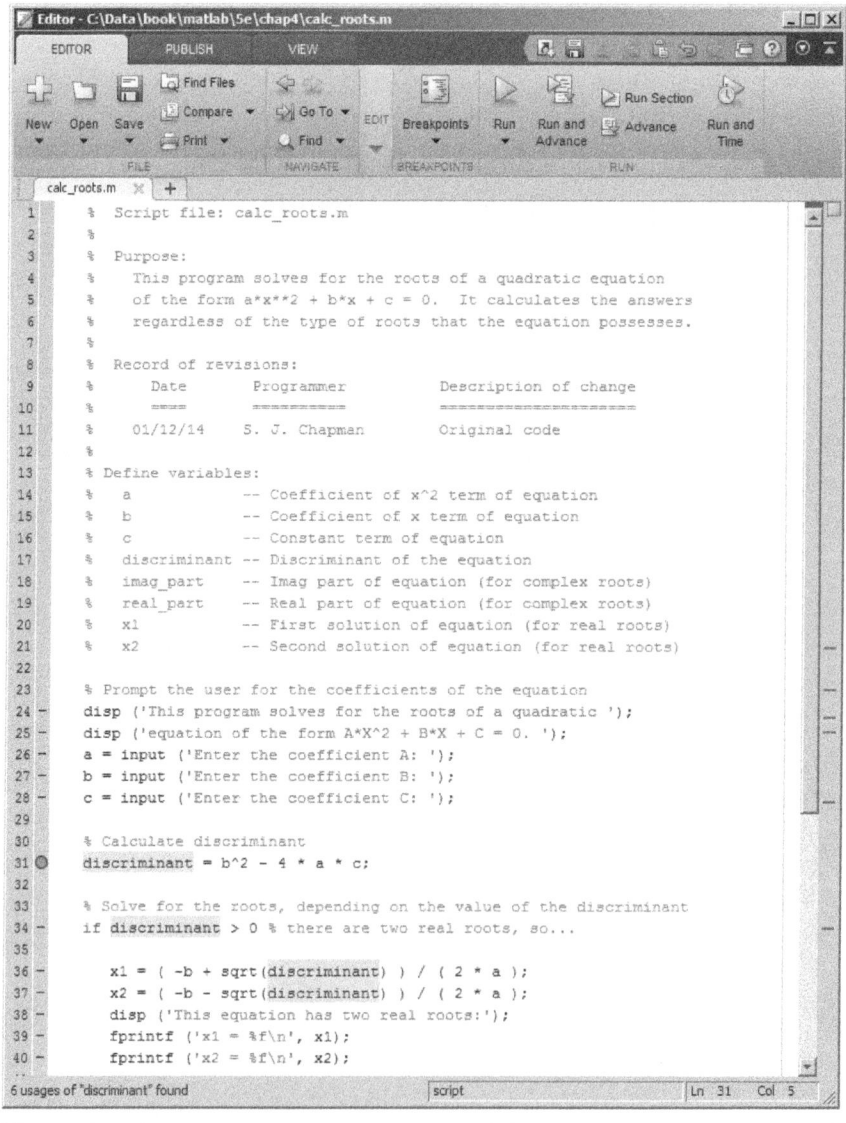

**Figura 4.6** A janela após um ponto de interrupção ter sido definido. Observe o ponto vermelho à esquerda da linha com o ponto de interrupção. [Veja o encarte colorido.]

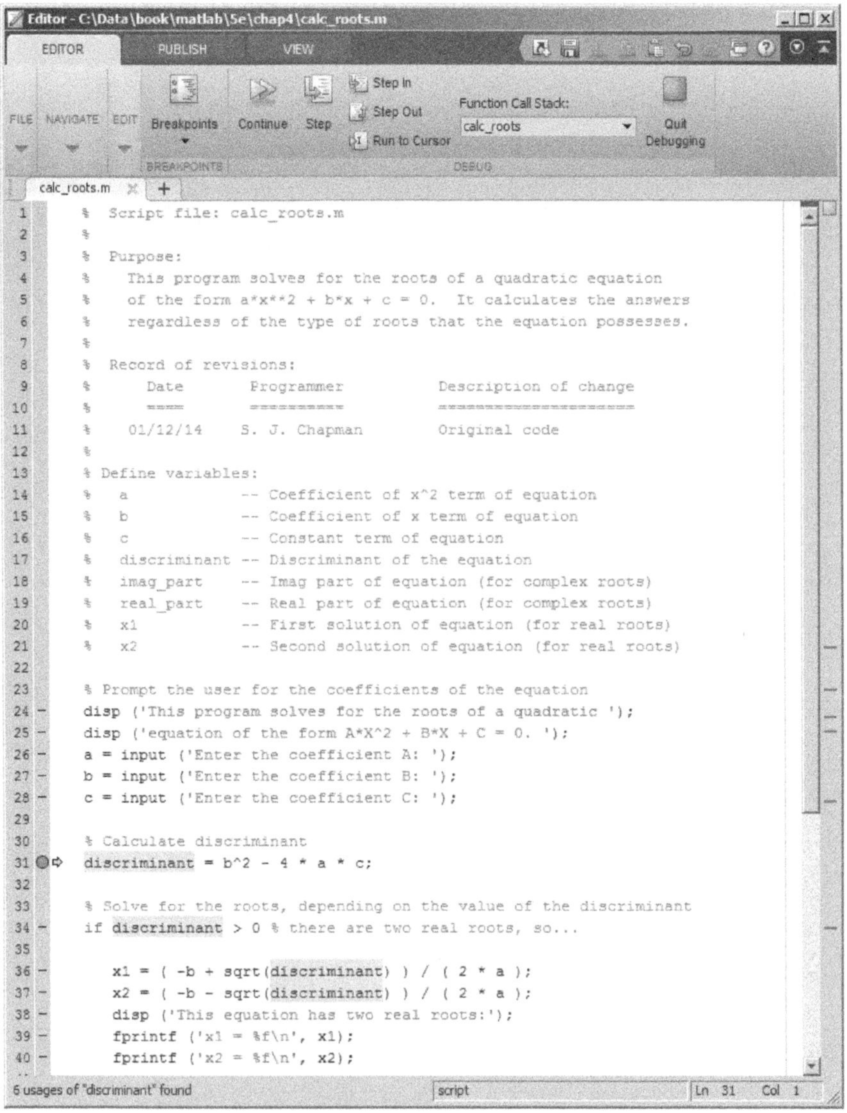

**Figura 4.7** Uma seta verde será exibida pela linha atual durante o processo de depuração. [Veja o encarte colorido.]

Quando um erro é encontrado, o programador pode utilizar o Editor para corrigir o programa MATLAB e armazenar a versão modificada no disco. Observe que todos os pontos de interrupção podem ser perdidos quando o programa é armazenado no disco com um novo nome, por isso eles precisam ser definidos novamente antes que a depuração continue. Esse processo se repete até o programa parecer livre de erros.

Dois outros recursos muito importantes do depurador estão no grupo de Pontos de Interrupção na Faixa de Ferramentas (veja a Figura 4.8a). O primeiro recurso é Ajustar a Condição, que define ou modifica um ponto de interrupção condicional. **Ponto de interrupção condicional** é um ponto de interrupção em que o código só para se alguma condição for `true`. Por exemplo, um ponto de interrupção condicional pode ser utilizado para parar a execução dentro de um laço `for` após repetir 200 vezes. Isso pode ser muito importante se um *bug* aparecer somente após um laço ter sido executado várias vezes. A condição que faz com que o ponto de interrupção pare a execução pode ser modificada e o ponto de interrupção pode ser ativado ou desativado durante a depuração.

(a)

(b)

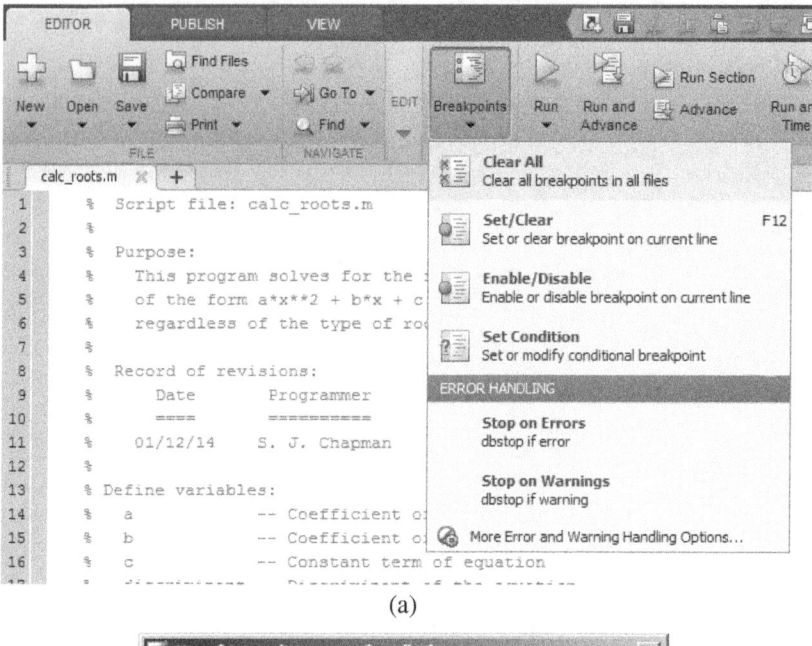

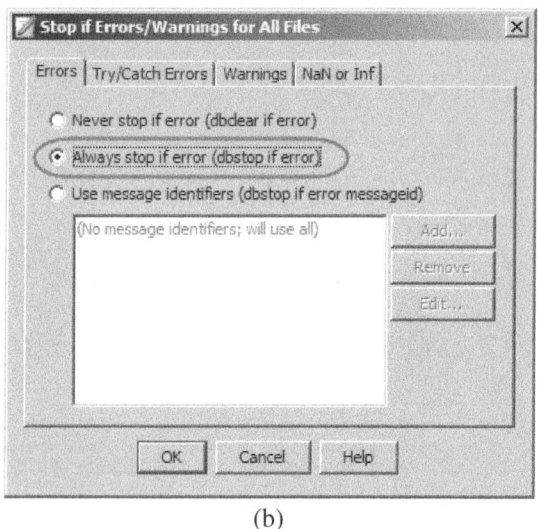

**Figura 4.8** (a) Opções no grupo de Ponto de Interrupção da Faixa de Ferramentas. (b) Selecionando a opção de depuração "Always stop if error".

O segundo recurso é Stop if Errors/Warnings, que aparece se o usuário selecionar a opção More Error e Warning Handling (veja a Figura 4.8b). Se estiver ocorrendo um erro em um programa que provoque o travamento ou que gere mensagens de aviso, o desenvolvedor do programa pode selecionar o botão "Always stop if error" ou "Always stop if warning" e executar o programa. Ele será executado até o ponto do erro e parará nesse ponto, permitindo que o programador examine os valores das variáveis e determine exatamente o que está causando o problema.

O recurso final crítico é a ferramenta chamada Code Analyzer (antes chamada de M-Lint). O Code Analyzer examina um arquivo MATLAB e procura por problemas potenciais. Se encontrar um problema, ele sombreia essa parte do código no editor (veja a Figura 4.9).

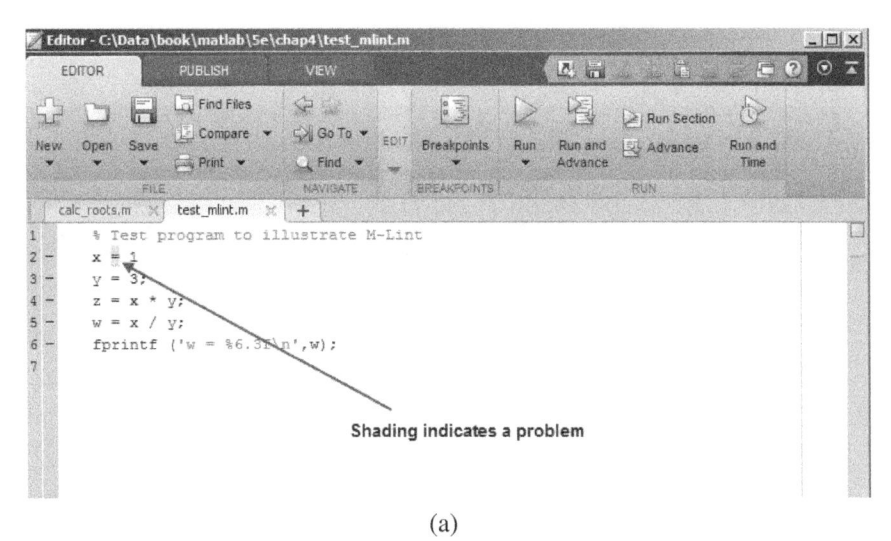

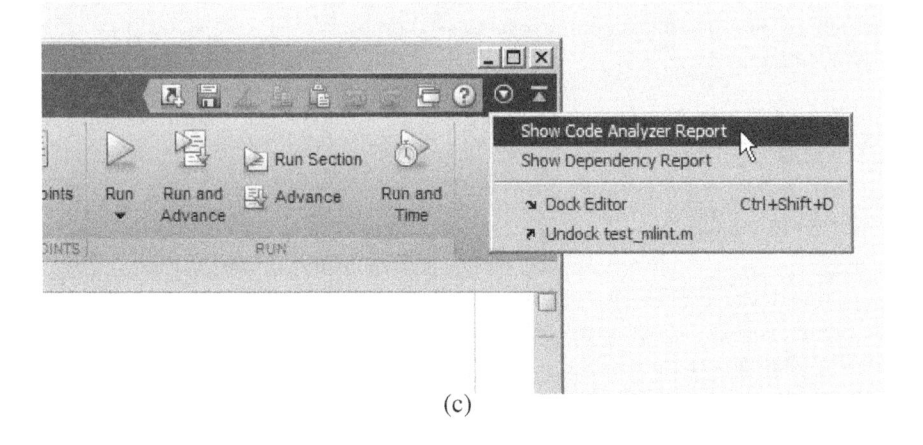

Expressões de Ramificação e Projeto de Programa | 147

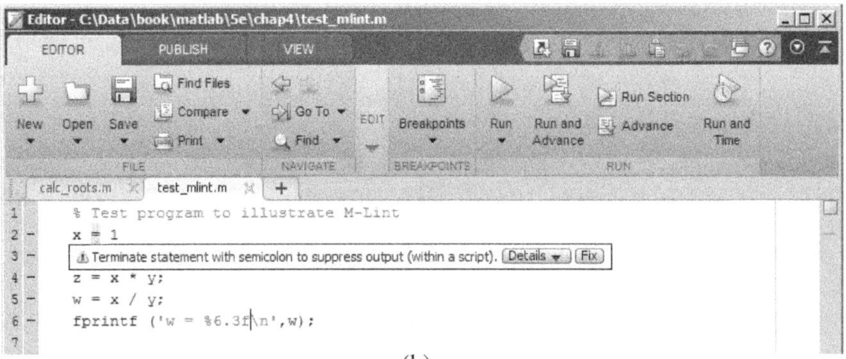

(a)

(b)

(c)

(d)

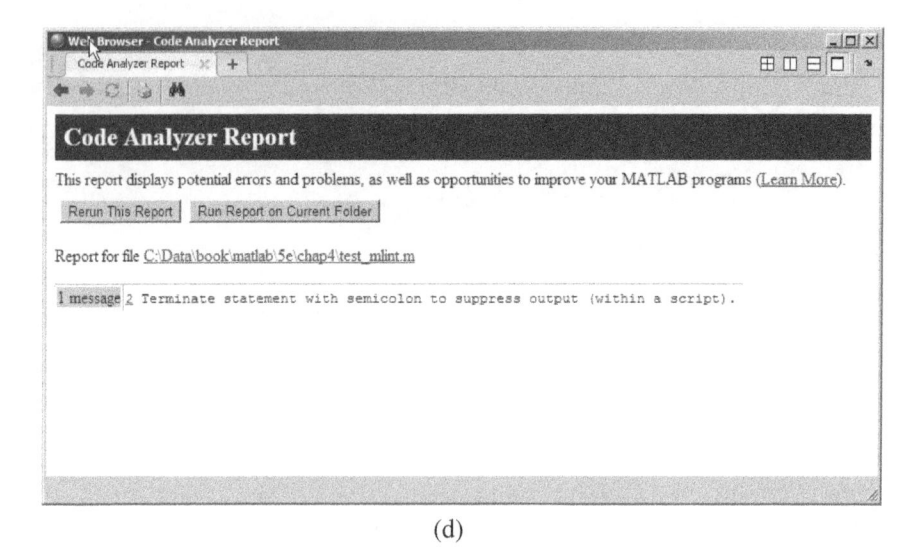

**Figura 4.9** Utilizando o Code Analyzer: (a) Uma área sombreada no Editor indica um problema. (b) Colocar o mouse sobre a área sombreada produz um pop-up que descreve o problema. (c) Um relatório completo também pode ser gerado utilizando a opção de menu "Tools > Show Code Analyzer Report". (d) Uma amostra do Relatório do Code Analyzer.

Se o desenvolvedor colocar o cursor do mouse sobre a área sombreada, aparecerá um pop-up descrevendo o problema de modo que ele possa ser corrigido. Também é possível exibir uma lista completa de todos os problemas em um arquivo MATLAB, clicando na seta para baixo no canto superior direito do editor e selecionando a opção Tools > Show Code Analyzer Report.

O Code Analyzer é uma ferramenta ótima para localizar erros, uso insuficiente ou recursos obsoletos no código MATLAB, incluindo itens como variáveis que são definidas, mas nunca são utilizadas. O Code Analyzer é executado automaticamente sobre qualquer script carregado na Janela de Edição/Depuração e os pontos com problema são sombreados. Preste atenção na saída e corrija qualquer problema relatado.

## 4.6 Resumo

No Capítulo 4, apresentamos os tipos básicos de ramificações no MATLAB e as operações relacionais e lógicas utilizadas para controlá-los. O tipo principal de ramificação é a construção `if`. Essa construção é muito flexível. Ela pode ter quantas cláusulas `elseif` forem necessárias para construir qualquer teste desejado. Além disso, as construções `if` podem ser aninhadas para produzir testes mais complexos. Um segundo tipo de ramificação é a construção `switch`. Ela pode ser usada para selecionar alternativas mutuamente exclusivas especificadas por uma expressão de controle.

Um terceiro tipo de ramificação é a construção `try/catch`. Ela é utilizada para capturar erros que possam ocorrer durante a execução. A cláusula `catch` pode ter um objeto `ME` de exceção opcional que fornece informações sobre o erro que ocorreu.

O depurador simbólico MATLAB e as ferramentas relacionadas como o Code Analyzer tornam a depuração do código MATLAB muito mais fáceis. Você deve investir um pouco de tempo para se familiarizar com essas ferramentas.

### 4.6.1 Resumo das Boas Práticas de Programação

As próximas orientações devem ser seguidas ao programar com construções de ramificação ou de laços. Seguindo-as consistentemente, seu código deverá conter menos *bugs*, ficar mais fácil de depurar e se tornar mais fácil de entender para terceiros que precisarem trabalhar com ele no futuro.

1. Siga os passos do processo de projetar programas para construir programas MATLAB confiáveis e de fácil entendimento.
2. Tenha cuidado ao testar a igualdade com valores numéricos, pois os erros de arredondamento podem fazer com que duas variáveis que deveriam ser iguais falhem no teste de igualdade. Em vez disso, teste para ver se as variáveis são aproximadamente iguais no erro de arredondamento a ser esperado no computador com o qual você está trabalhando.
3. Use o operador & AND se for necessário assegurar que ambos os operandos são avaliados na expressão ou se a comparação for entre matrizes. Caso contrário, use o operador && AND, porque a avaliação parcial tornará a operação mais rápida nos casos em que o primeiro operando for false. O operador & é o preferido na maioria dos casos práticos.
4. Use o operador OR inclusivo | se for necessário assegurar que ambos os operandos sejam avaliados em uma expressão ou se a comparação for entre matrizes. Caso contrário, use o operador ||, porque a avaliação parcial tornará a operação mais rápida nos casos em que o primeiro operando for true. O operador | é o preferido na maioria dos casos práticos.
5. Sempre use tabulação nos blocos de código em construções if, switch e try/catch para que se tornem mais legíveis.
6. Para ramificações nas quais existem muitas opções mutuamente exclusivas, use uma única construção if com múltiplas cláusulas elseif na preferência para construções if aninhadas.

### 4.6.2 Resumo do MATLAB

O resumo a seguir lista todos os comandos e funções do MATLAB apresentados neste capítulo, junto a uma breve descrição de cada item.

## Comandos e Funções

| | |
|---|---|
| if | Seleciona um bloco de expressões para execução se uma condição especificada foi satisfeita. |
| ischar(a) | Retorna 1 se a for uma matriz de caracteres, caso contrário, retorna 0. |
| isempty(a) | Retorna 1 se a for uma matriz vazia, caso contrário, retorna 0. |
| isinf(a) | Retorna 1 se o valor de a for infinito (Inf), caso contrário, retorna 0. |
| isnan(a) | Retorna 1 se o valor de a for NaN (não um número), caso contrário, retorna 0. |
| isnumeric(a) | Retorna 1 se a for uma matriz numérica, caso contrário, retorna 0. |
| logical | Converte os dados numéricos em dados lógicos, com valores diferentes de zero se tornando valores true e zero se tornando false. |
| poly | Converte uma lista de raízes de um polinômio em coeficientes polinomiais. |
| root | Calcula as raízes de um polinômio expresso como uma série de coeficientes. |
| switch | Seleciona um bloco de instruções para executar a partir de um conjunto de opções mutuamente exclusivas com base no resultado de uma única expressão. |
| try/catch | Uma construção especial utilizada para capturar erros. Executa a construção do código no bloco try. Se ocorrer um erro, a execução vai parar imediatamente e transferir para o código na construção catch. |

## 4.7 Exercícios

**4.1** **Lei dos Gases Ideais** A Lei dos Gases Ideais foi definida no Exemplo 4.6. Assuma que o volume de 1 mole desse gás é 10 L e desenhe o diagrama da pressão do gás como uma função de temperatura, uma vez que a temperatura é alterada de 250 para 400 kelvins. Que tipo de diagrama (`linear`, `semilogx` e assim por diante) é mais apropriado para esses dados?

**4.2** **Lei dos Gases Ideais** Um tanque retém uma quantidade de gás pressurizado a 200 kPa no inverno quando a temperatura do tanque é 0° C. Qual seria a pressão no tanque se ele retiver a mesma quantidade de gás quando a temperatura for 100° C? Crie um diagrama que mostre a pressão esperada, uma vez que a temperatura no tanque aumenta de 0° C para 200° C.

**4.3** Escreva um programa que permita que o usuário insira uma cadeia que contenha um dia da semana ('domingo', 'segunda', 'terça', etc.) e utilize uma construção `switch` para converter o dia em seu número correspondente, em que domingo é considerado o primeiro dia da semana e sábado é considerado o último dia da semana. Mostre o número do dia resultante. Além disso, certifique-se de tratar o caso de um nome de dia inválido com uma expressão `otherwise`! (*Observação*: Certifique-se de utilizar a opção `'s'` na função `input` de modo que a entrada seja tratada como uma cadeia.)

**4.4** No Exemplo 4.3, escrevemos um programa para avaliar a função $f(x, y)$ para alguns valores $x$ e $y$ especificados pelo usuário, em que a função $f(x, y)$ foi definida da seguinte maneira.

$$f(x,y) = \begin{cases} x + y & x \geq 0 \text{ e } y \geq 0 \\ x + y^2 & x \geq 0 \text{ e } y < 0 \\ x^2 + y & x < 0 \text{ e } y \geq 0 \\ x^2 + y^2 & x < 0 \text{ e } y < 0 \end{cases}$$

O problema foi resolvido com uma única construção `if` de quatro blocos de código para calcular $f(x, y)$ para todas as combinações possíveis de $x$ e $y$. Reescreva o programa `funxy` para utilizar as construções `if` aninhadas, em que a construção externa avalia o valor de $x$ e as construções internas avaliam o valor de $y$.

**4.5** Escreva um programa MATLAB para avaliar a função

$$y(x) = \ln \frac{1}{1-x}$$

para qualquer valor especificado pelo usuário de $x$, em que $x$ é um número $< 1,0$ (observe que ln é o logaritmo natural, o logaritmo até a base $e$). Utilize uma estrutura `if` para verificar se o valor passado para o programa é legal. Se o valor de $x$ for legal, calcule $y(x)$. Caso contrário, escreva uma mensagem de erro adequada e saia.

**4.6** O custo de enviar um pacote por um serviço de entrega expressa é de $15,00 para as duas primeiras libras e de $5,00 para cada libra ou fração dela acima de duas libras. Se o pacote pesar mais de 70 libras, uma taxa de peso adicional de $15,00 será adicionada ao custo. Nenhum pacote com mais de 100 libras é aceito. Escreva um programa que aceite o peso de um pacote em libras e calcule o custo de enviá-lo. Inclua o caso dos pacotes acima do peso.

**4.7** A função de tangente é definida como tg $\theta$ = sen $\theta$ / cos $\theta$. Esta expressão pode ser avaliada para obter a tangente se a magnitude de cos $\theta$ não for muito próxima de 0. (Se cos $\theta$ for 0, a avaliação da equação para tg $\theta$ produzirá o valor não numérico `Inf`.) Assuma que $\theta$ seja fornecido em *graus* e escreva as expressões MATLAB para avaliar tan $\theta$ se a magnitude de cos $\theta$ for maior que ou igual a $10^{-20}$. Se a magnitude de cos $\theta$ for menor que $10^{-20}$, escreva uma mensagem de erro em seu lugar.

**4.8** As expressões a seguir destinam-se a alertar o usuário para leituras perigosamente altas de termômetros orais (valores estão em graus Fahrenheit). Elas estão corretas ou incorretas? Se estiverem incorretas, explique o erro e as corrija.

```
        if temp < 97.5
           disp('Temperature below normal');
        elseif temp > 97.5
           disp('Temperature normal');
        elseif temp > 99.5
           disp('Temperature slightly high');
        elseif temp > 103.0
           disp('Temperature dangerously high');
        end
```

**4.9** Avalie as seguintes expressões MATLAB.

(a) `5 >= 5.5`
(b) `20 > 20`
(c) `xor(17 - pi < 15, pi < 3)`
(d) `true > false`
(e) `~~(35 / 17) == (35 / 17)`
(f) `(7 <= 8) == (3 / 2 == 1)`
(g) `17.5 && (3.3 > 2.)`

**4.10 Padrão de Ganho de Antena** O ganho $G$ de uma antena parabólica de micro-ondas pode ser expresso como a função de ângulo pela equação

$$G(\theta) = \left|\operatorname{sinc} 4\theta\right| \quad \text{for} \quad -\frac{\pi}{2} \leq \theta \leq \frac{\pi}{2} \tag{4.4}$$

em que $\theta$ é medido em radianos a partir das bordas da antena e sinc $x = \sin x / x$. Desenhe essa função de ganho em um diagrama polar com o título "**Ganho da Antena vs $\theta$**" em negrito.

**4.11** O autor deste livro agora mora na Austrália. Em 2009, cada cidadão e morador da Austrália pagava os seguintes impostos sobre rendimentos:

| Rendimentos Tributáveis (em A$) | Imposto sobre Este Rendimento |
|---|---|
| $0–$6.000 | Nenhum |
| $6.001–$34.000 | 15¢ para cada $1 acima de $6.000 |
| $34.001–$80.000 | $4.200 mais 30¢ para cada $1 acima de $34.000 |
| $80.001–$180.000 | $18.000 mais 40¢ para cada $1 acima de $80.000 |
| Acima de $180.000 | $ 58.000 mais 45¢ para cada $1 acima de $180.000 |

Além disso, um tributo simples de 1,5% de serviço de saúde era cobrado sobre todos os rendimentos. Escreva um programa para calcular quanto imposto uma pessoa deve com base nessas informações. O programa deve aceitar o total de rendimento do usuário e calcular os impostos, os tributos de serviço de saúde e o imposto total a ser pago pelo indivíduo.

**4.12** Localize as raízes da equação polimonial

$$y(x) = x^6 - x^5 - 6x^4 + 14x^3 - 12x^2$$

Desenhe o diagrama da função resultante e compare as raízes observadas com as calculadas. Além disso, desenhe o diagrama do local das raízes em um plano complexo.

**4.13** Em 2002, cada cidadão e morador da Austrália pagou os seguintes impostos sobre rendimentos:

| Rendimentos Tributáveis (em A$) | Imposto sobre Este Rendimento |
|---|---|
| $0–$6.000 | Nenhum |
| $6.001–$20.000 | 17¢ para cada $1 acima de $6.000 |
| $20.001–$50.000 | $ 2.380 mais 30¢ para cada $1 acima de $ 20.000 |
| $50.001–$60.000 | $11.380 mais 42¢ para cada $1 acima de $50.000 |
| Acima de $60.000 | $15.580 mais 47¢ para cada $1 acima de $60.000 |

Além disso, um tributo simples de 1,5% de serviço de saúde é cobrado sobre todos os rendimentos. Escreva um programa para calcular quanto imposto *a menos* uma pessoa pagou em determinado montante de rendimentos em 2009 do que ela teria pago em 2002.

**4.14** Suponha que uma equação polinomial possua as 6 raízes a seguir: $-6$, $-2$, $1 + \sqrt{2}$, $1 - i\sqrt{2}$, 2 e 6. Localize os coeficientes do polimônio.

**4.15 Filtro de Passagem Alta** – A Figura 4.10 mostra um filtro simples de passagem alta que consiste em um resistor e um capacitor. A razão entre a voltagem de saída $V_o$ e a voltagem de entrada $V_i$ é determinada pela equação

$$\frac{V_o}{V_i} = \frac{j2\pi fRC}{1 + j2\pi fRC} \tag{4.5}$$

Assuma que $R = 16$ k$\Omega$ e $C = 1$ $\mu$F. Calcule e desenhe a amplitude e resposta de fase deste filtro como uma função da frequência.

**4.16 Refração** Quando um raio de luz passa de uma região com índice de refração $n_1$ para uma região com um índice diferente de refração $n_2$, o raio de luz é desviado (veja a Figura 4.11). O ângulo no qual a luz é desviada é dado pela Lei de Snell

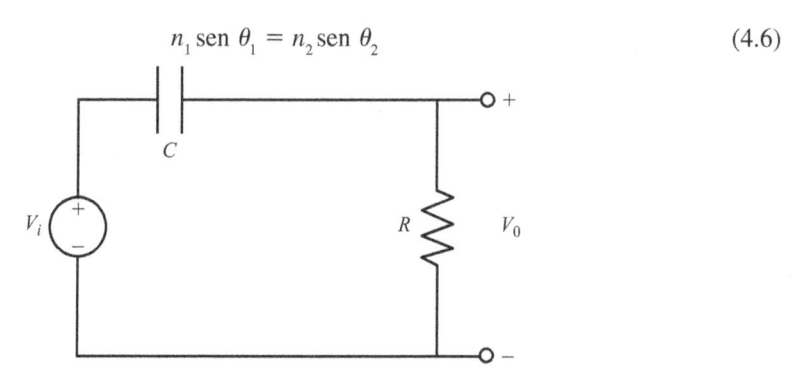

$$n_1 \operatorname{sen} \theta_1 = n_2 \operatorname{sen} \theta_2 \tag{4.6}$$

**Figura 4.10** Um circuito simples do filtro de passagem alta.

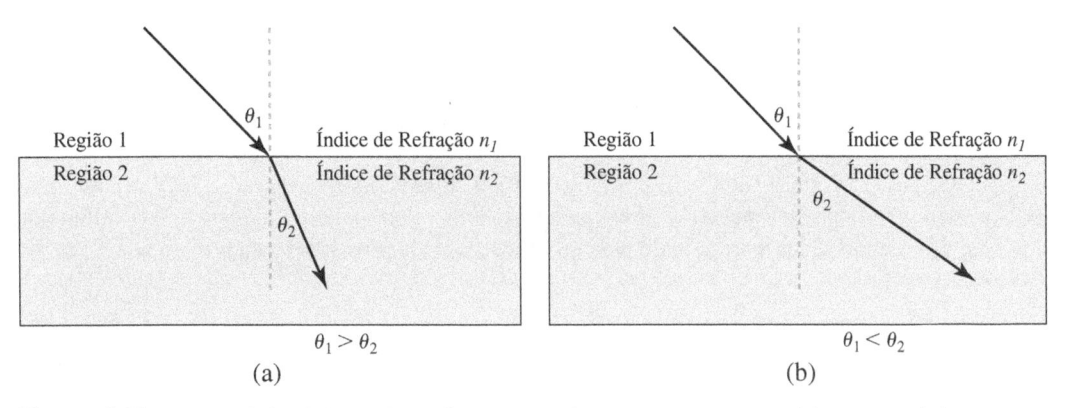

**Figura 4.11** Um raio de luz é desviado conforme passa de um meio para outro. (a) Se o raio de luz passa de uma região com índice baixo de refração para uma região com índice mais alto de refração, o raio de luz desvia mais em direção ao normal. (b) Se o raio de luz passar de uma região com alto índice de refração para uma região com índice menor de refração, o raio de luz será desviado distante do normal.

em que $\theta_1$ é o ângulo da incidência de luz na primeira região e $\theta_2$ é o ângulo de incidência da luz na segunda região. Utilizando a Lei de Snell, é possível prever o ângulo de incidência de um raio de luz na Região 2 se o ângulo de incidência $\theta_1$ na Região 1 e os índices da refração $n_1$ e $n_2$ forem conhecidos. A equação para executar esse cálculo é

$$\theta_2 = \sin^{-1}\left[\frac{n_1}{n_2}\sin\theta_1\right] \qquad (4.7)$$

Escreva um programa para calcular o ângulo de incidência (em graus) de um raio de luz na Região 2 considerando o ângulo de incidência $\theta_1$ na Região 1 e os índices de refração $n_1$ e $n_2$. (*Observação*: Se $n_1 > n_2$, então para alguns ângulos $\theta_1$, a Equação (4.7) não terá solução porque o valor absoluto da quantidade $\left[\frac{n_2}{n_1}\sin\theta_1\right]$ será maior que 1,0. Quando isso ocorrer, toda a luz será refletida de volta para a Região 1 e nenhuma luz passará para a Região 2. Seu programa deve ser capaz de reconhecer e tratar apropriadamente esta condição.)

O programa também deve criar um diagrama que mostre o raio incidente, a fronteira entre as duas regiões e o raio refratado do outro lado da fronteira.

Teste seu programa com os dois seguintes casos: (a) $n_1 = 1,0$, $n_2 = 1,7$ e $\theta_1 = 45°$. (b) $n_1 = 1,7$, $n_2 = 1,0$ e $\theta_1 = 45°$.

**4.17** Conforme vimos no Capítulo 2, o comando `load` pode ser utilizado para carregar os dados de um arquivo MAT para a área de trabalho MATLAB. Escreva um script que solicite ao usuário o nome de um arquivo a ser carregado e, em seguida, carrega os dados a partir desse arquivo. O script deve estar em uma construção `try/catch` para capturar e exibir os erros se o arquivo especificado não puder ser aberto. Teste seu arquivo de script para carregar os arquivos MAT válidos e inválidos.

**4.18** Suponha que um aluno tenha a opção de se inscrever para uma única disciplina durante um período. O aluno deve selecionar um curso a partir de uma lista limitada de opções: Inglês, História, Astronomia ou Literatura. Construa um fragmento de código MATLAB que solicite ao aluno a sua opção, leia a opção e utilize a resposta como uma expressão de caso para uma construção `switch`. Certifique-se de incluir um caso padrão para tratar as entradas inválidas.

**4.19 Equação de van der Waals** – A Lei de Gases Ideais descreve a temperatura, a pressão e o volume de um gás ideal:

$$PV = nRT \qquad (4.8)$$

em que $P$ é a pressão do gás em kilopascals (kPa), $V$ é o volume do gás em litros (L), $n$ é o número de moléculas do gás em unidades de moles (mol), $R$ é a constante de gás universal (8,314 L·kPa/mol·K) e $T$ é a temperatura absoluta em kelvins (K). (Observação: 1 mol = 6,02 × 10$^{23}$ moléculas.)

Os gases reais não são ideais porque suas moléculas não são perfeitamente elásticas – elas tendem a se aderir um pouco. O relacionamento entre a temperatura, a pressão e o volume de um gás real pode ser representado pela modificação da lei dos gases ideais chamada *Equação van der Waals*:

$$\left(P + \frac{n^2 a}{V^2}\right)(V - nb) = nRT \tag{4.9}$$

em que $P$ é a pressão do gás em kilopascals (kPa), $V$ é o volume do gás em litros (L), $a$ é a medição da atração entre as partículas, $n$ é o número de moléculas do gás em unidades de moles (mol) e $b$ é o volume de um mole de partícula, $R$ é a constante de gás universal (8,314 L·kPa/mol·K) e $T$ é a temperatura absoluta em kelvins (K).

Esta equação pode ser resolvida para $P$ para fornecer pressão como uma função de temperatura e volume.

$$P = \frac{nRT}{V - nb} - \frac{n^2 a}{V^2} \tag{4.10}$$

Para o dióxido de carbono, o valor de $a$ = 0,396 kPa · $L$ e o valor de $b$ = 0,0427 L/mol. Assuma que uma amostra do dióxido de carbono contenha 1 mol de moléculas a uma temperatura de 0° C (273 K) e ocupe 30 L de volume. Responda às seguintes perguntas.

(a) Qual é a pressão do gás de acordo com a Lei dos Gases Ideais?
(b) Qual é a pressão do gás de acordo com a equação van der Waals?
(c) Desenhe o diagrama da pressão em relação ao volume nessa temperatura de acordo com a Lei dos Gases Ideais e com a equação van der Waals nos mesmos eixos. A pressão de um gás real é mais alta ou mais baixa do que a pressão de um gás ideal sob as mesmas condições de temperatura?

# Capítulo 5

# Laços e Vetorização

**Laços** são construções MATLAB que nos permitem executar uma sequência de expressões mais de uma vez. Existem duas formas básicas de construção de laços: **laços** while e **laços** for. A principal diferença entre esses dois tipos de laços é como a repetição é controlada. O código em um laço while é repetido uma quantidade indefinida de vezes até que alguma condição especificada pelo usuário seja satisfeita. Por outro lado, o código em um laço for é repetido uma quantidade determinada de vezes, e o número de repetições é conhecido antes do início do laço.

**Vetorização** é uma maneira rápida e alternativa de executar a mesma função na quantidade de vezes para laços for MATLAB. Depois de introduzir os laços, este capítulo mostrará como substituir muitos deles pelo código vetorizado para maior velocidade.

Os programas MATLAB que utilizam os laços geralmente processam grande quantidade de dados e precisam de uma maneira eficiente de ler esses dados para processamento. Este capítulo apresenta a função textread para tornar simples a leitura de grandes conjuntos de dados a partir dos arquivos de disco.

## 5.1 O Laço while

Um **laço while** é um bloco de instruções que são repetidas indefinidamente desde que alguma condição seja satisfeita. A forma geral de um laço while é

```
while expression
    ...
    ...         } Bloco de código
    ...
end
```

A expressão de controle produz um valor lógico. Se *expression* for verdadeira, o bloco de código será executado e depois o controle será retornado para a expressão while. Se *expression* ainda for verdadeira, as expressões serão executadas novamente. Esse processo se repetirá até que *expression* se torne falsa. Quando o controle retornar para a declaração while e a expressão for falsa, o programa executará a primeira declaração depois de end.

O pseudocódigo correspondente a um laço while é

```
while expr
    ...
    ...
    ...
end
```

Vamos agora mostrar um exemplo de programa para análise estatística implementado com um laço `while`.

## ▶ Exemplo 5.1 – Análise Estatística

É muito comum na ciência e na engenharia trabalharmos com grandes conjuntos de números, os quais são medidas de alguma propriedade em particular na qual estamos interessados. Um exemplo simples seriam as notas da primeira prova deste curso. Cada nota seria uma medida de quanto um estudante em particular aprendeu no curso até o momento.

Na maior parte do tempo, não estamos interessados em observar tão de perto cada uma das medidas efetuadas. Em vez disso, queremos resumir os resultados de um conjunto de medidas por meio de poucos números que nos indiquem bastante a respeito do conjunto de dados como um todo. Dois desses números são a *média* (ou *média aritmética*) e o *desvio padrão* do conjunto de medidas. A média aritmética de um conjunto de números é definida como

$$\bar{x} = \frac{1}{N}\sum_{i=1}^{N} x_i \tag{5.1}$$

em que $x_i$ é a amostra $i$ de $N$ amostras. Se todos os valores de entrada forem apresentados em uma matriz, a média de um conjunto de números poderá ser calculada pela função `mean` do MATLAB. O desvio padrão de um conjunto de números é definido como

$$s = \sqrt{\frac{N\sum_{i=1}^{N} x_i^2 - \left(\sum_{i=1}^{N} x_i\right)^2}{N(N-1)}} \tag{5.2}$$

O desvio padrão é uma medida do espalhamento das medidas; quanto maior o desvio padrão, mais espalhados serão os pontos no conjunto de dados.

Implemente um algoritmo que leia um conjunto de medidas e calcule a média e o desvio padrão do conjunto de dados de entrada.

**Solução** Esse programa precisa ser capaz de ler uma quantidade arbitrária de medidas e calcular a média e o desvio padrão delas. Vamos utilizar um laço `while` para acumular as medidas de entrada antes de efetuar os cálculos.

Depois que todas as medidas forem lidas, precisaremos informar, de alguma maneira, ao programa que não há mais dados a serem fornecidos. Por enquanto, vamos assumir que todas as medidas de entrada sejam positivas ou zero, e utilizar um valor de entrada negativo como *indicador* de que não há mais dados a serem lidos. Se um valor negativo for fornecido, o programa interromperá a leitura dos valores de entrada e calculará a média e o desvio padrão do conjunto de dados.

1. **Estabeleça o problema.**
   Como assumiremos que os números de entrada precisam ser positivos ou zero, uma apresentação apropriada do problema seria: *calcule a média e o desvio padrão de um conjunto de medidas, assumindo que todas elas são positivas ou zero e que não sabemos quantas estão incluídas no conjunto de dados. Um valor negativo indica o final do conjunto de medidas.*

2. **Defina as entradas e saídas.**
   Os dados de entrada requeridos por esse programa são um número desconhecido de números positivos ou iguais a zero. Os dados de saída desse programa são a média e o desvio padrão do conjunto de dados de entrada. Além disso, exibiremos o número de pontos fornecidos ao programa, uma vez que essa é uma verificação útil da correção dos dados de entrada.
3. **Projete o algoritmo.**
   Esse programa pode ser subdividido em três passos principais:

   ```
   Accumulate the input data
   Calculate the mean and standard deviation
   Write out the mean, standard deviation, and number
     of points
   ```

   O primeiro passo do programa é acumular os dados de entrada. Para isso, temos de solicitar os números ao usuário. Quando os números forem inseridos, precisaremos registrar o número de valores fornecidos, sua soma e a soma dos quadrados desses valores. O pseudocódigo para esses passos é:

   ```
   Initialize n, sum_x, and sum_x2 to 0
   Prompt user for first number
   Read in first x
   while x >= 0
      n ← n + 1
      sum_x ← sum_x + x
      sum_x2 ← sum_x2 + x^2
      Prompt user for next number
      Read in next x
   end
   ```

   Note que precisamos ler o primeiro valor antes do laço while iniciar, para que ele tenha um valor a ser testado durante a primeira execução.

   Depois, precisamos calcular a média e o desvio padrão. O pseudocódigo para esse passo são as versões MATLAB para as Equações (5.1) e (5.2).

   ```
   x_bar ← sum_x / n
   std_dev ← sqrt((n*sum_x2 - sum_x^2) / (n*(n-1)))
   ```

   Para finalizar, precisamos publicar os resultados.

   ```
   Write out the mean value x_bar
   Write out the standard deviation std_dev
   Write out the number of input data points n
   ```

4. **Transforme o algoritmo em expressões MATLAB.**
   O programa MATLAB final é mostrado abaixo.

   ```
   %   Script file: stats_1.m
   %
   %   Purpose:
   %     To calculate mean and the standard deviation of
   %     an input data set containing an arbitrary number
   %     of input values.
   %
   %   Record of revisions:
   %       Date        Engineer        Description of change
   %       ====        ==========      =====================
   %     01/24/14     S. J. Chapman    Original code
   ```

```
%
% Define variables:
%   n        -- The number of input samples
%   std_dev  -- The standard deviation of the input samples
%   sum_x    -- The sum of the input values
%   sum_x2   -- The sum of the squares of the input values
%   x        -- An input data value
%   xbar     -- The average of the input samples

% Initialize sums.
n = 0; sum_x = 0; sum_x2 = 0;

% Read in first value
x = input('Enter first value:');

% While Loop to read input values.
while x >= 0

    % Accumulate sums:
    n       = n + 1;
    sum_x   = sum_x + x;
    sum_x2  = sum_x2 + x^2;
    % Read in next value
    x = input('Enter next value:');

end

% Calculate the mean and standard deviation
x_bar = sum_x / n;
std_dev = sqrt( (n * sum_x2 - sum_x^2) / (n * (n-1)) );

% Tell user.
fprintf('The mean of this data set is: %f\n', x_bar);
fprintf('The standard deviation is:    %f\n', std_dev);
fprintf('The number of data points is: %f\n', n);
```

5. **Teste o programa.**
   Para testar esse programa, vamos calcular à mão as respostas para um conjunto simples de dados, e então compará-las com os resultados do programa. Se utilizarmos três valores de entrada: 3, 4 e 5, a média e o desvio padrão seriam

$$\bar{x} = \frac{1}{N}\sum_{i=1}^{N} x_i = \frac{1}{3}(12) = 4$$

$$s = \sqrt{\frac{N\sum_{i=1}^{N} x_i^2 - \left(\sum_{i=1}^{N} x_i\right)^2}{N(N-1)}} = 1$$

Quando os valores são alimentados no programa, os resultados são

```
» stats_1
Enter first value: 3
Enter next value:  4
```

```
      Enter next value:   5
      Enter next value:   -1
      The mean of this data set is: 4.000000
      The standard deviation is:     1.000000
      The number of data points is: 3.000000
```
O programa dará as respostas corretas para nosso conjunto de dados de teste.

No exemplo acima, não conseguimos seguir o processo do projeto completamente. Essa falha deixou o programa com um erro fatal! Você o identificou?

A falha está em *não haver testado o programa completamente com todos os tipos possíveis de entrada*. Observe novamente o exemplo. Se não fornecermos nenhum número ou então somente um, estaremos dividindo por zero nas equações acima! O erro da divisão por zero provocará avisos, e os valores de saída serão NaN. Precisamos modificar o programa para detectar este problema, informá-lo ao usuário e encerrá-lo apropriadamente.

Uma versão modificada do programa stats_2 é mostrada abaixo. Aqui, verificamos se temos dados de entrada em quantidade suficiente antes de efetuar os cálculos. Se não tivermos, o programa apresenta uma mensagem de erro inteligente e encerra o processamento. Teste o programa modificado.

```
% Script file: stats_2.m
%
% Purpose:
%   To calculate mean and the standard deviation of
%   an input data set containing an arbitrary number
%   of input values.
%
% Record of revisions:
%      Date       Engineer          Description of change
%      ====       ==========        =====================
%      01/24/14   S. J. Chapman     Original code
% 1.   01/24/14   S. J. Chapman     Correct divide-by-0 error if
%                                   0 or 1 input values given.
%
% Define variables:
%    n        -- The number of input samples
%    std_dev  -- The standard deviation of the input samples
%    sum_x    -- The sum of the input values
%    sum_x2   -- The sum of the squares of the input values
%    x        -- An input data value
%    xbar     -- The average of the input samples

% Initialize sums.
n = 0; sum_x = 0; sum_x2 = 0;

% Read in first value
x = input('Enter first value: ');

% While Loop to read input values.
while x >= 0
```

```
        % Accumulate sums.
        n     = n + 1;
        sum_x  = sum_x + x;
        sum_x2 = sum_x2 + x^2;

        % Read in next value
        x = input('Enter next value:');
    end
    % Check to see if we have enough input data.
    if n < 2    % Insufficient information

        disp('At least 2 values must be entered!');

    else % There is enough information, so
         % calculate the mean and standard deviation

        x_bar = sum_x / n;
        std_dev = sqrt((n * sum_x2 - sum_x^2)/(n*(n-1)));

        % Tell user.
        fprintf('The mean of this data set is: %f\n', x_bar);
        fprintf('The standard deviation is:    %f\n', std_dev);
        fprintf('The number of data points is: %f\n', n);

end
```

Observe que a média e o desvio padrão poderiam ter sido calculados com as funções integradas mean e std do MATLAB se os valores de entrada fossem armazenados em um vetor e este vetor fosse passado para essas funções. Em um exercício no final deste capítulo, será solicitado que você crie uma versão do programa que utilize as funções padrões do MATLAB.

## 5.2 O Laço for

O **laço for** executa um bloco de expressões durante um número especificado de vezes. O laço for tem o formato

```
for index = expr
    ...
    ...         } Corpo
    ...
end
```

em que index é a variável do laço (também conhecida como **índice do laço**) e expr é a expressão de controle do laço que resulta em uma matriz. As colunas desta matriz, produzidas por expr são armazenadas uma por vez na variável index e o corpo do laço é executado, de modo que ele seja executado uma vez para cada coluna na matriz produzida por expr. A expressão em geral adota a forma de um vetor em notação abreviada first:incr:last.

As expressões entre a expressão for e a expressão end são conhecidas como o *corpo* do laço. Elas são executadas repetidamente durante cada passagem do laço for. A construção do laço for funciona conforme descrito a seguir:

1. No início do laço, o MATLAB gera uma matriz pelo cálculo da expressão de controle.

2. Na primeira passagem pelo laço, o programa associa a primeira coluna da matriz à variável de laço `index`, e o programa executa as expressões no corpo do laço.
3. Após a execução das expressões no corpo do laço, o programa atribui a próxima coluna da matriz à variável de laço `index`, e o programa executa as expressões no corpo do laço novamente.
4. O passo 3 é repetido enquanto houver colunas adicionais na matriz.

Vamos analisar alguns exemplos específicos para esclarecer melhor a operação do laço `for`. Primeiro, considere o seguinte exemplo:

```
for ii = 1:10
   Statement 1
   ...
   Statement n
end
```

Nesse laço, o índice de controle é a variável `ii`.[1] Neste caso, a expressão de controle gera uma matriz $1 \times 10$, por isso as expressões de 1 a n serão executadas 10 vezes. O índice de laço `ii` será 1 na primeira vez, 2 na segunda, e assim por diante. O índice de laço será 10 na última passagem pelas expressões. Quando o controle é devolvido para a expressão `for` depois da décima passagem, não há mais colunas na expressão de controle; a execução é transferida para a primeira expressão depois da expressão `end`. Note que o índice do laço `ii` permanece com o valor 10 após o término da execução do laço.

Segundo, considere o exemplo a seguir:

```
for ii = 1:2:10
   Statement 1
   ...
   Statement n
end
```

Neste caso, a expressão de controle gera uma matriz $1 \times 5$, por isso as expressões de 1 a n serão executadas 5 vezes. O índice do laço `ii` será 1 na primeira vez, 3 na segunda, e assim por diante. O índice de laço será 9 durante a quinta e última passagem pelas expressões. Quando o controle é retornado para a expressão `for` depois da quinta passagem, não há mais colunas na expressão de controle; a execução é transferida para a primeira expressão após a expressão `end`. Note que o índice do laço `ii` permanece com o valor 9 após o término da execução do laço.

Terceiro, considere o exemplo abaixo:

```
for ii = [5 9 7]
   Statement 1
   ...
   Statement n
end
```

Aqui, a expressão de controle é uma matriz $1 \times 3$ explicitamente escrita, de modo que as expressões de 1 a n serão executadas 3 vezes, com o índice do laço valendo 5 na primeira vez, 9 na segunda e 7 na última. O índice de laço `ii` ainda é definido para 7 depois que o laço termina a execução.

Por último, considere este exemplo:

---

[1] Por hábito, os programadores que trabalham na maioria das linguagens de programação utilizam nomes de variáveis simples como i e j como índices de laço. No entanto, o MATLAB predefine as variáveis i e j para que sejam o valor $\sqrt{-1}$. Por causa dessa definição, os exemplos no livro utilizam `ii` e `jj` como exemplo de índices de laço.

```
for ii = [1 2 3;4 5 6]
    Statement 1
    ...
    Statement n
end
```

Neste caso, a expressão de controle é uma matriz 2 × 3, de modo que as expressões de 1 a n serão executadas 3 vezes. O índice de laço ii será o vetor de coluna $\begin{bmatrix}1\\4\end{bmatrix}$ na primeira vez, $\begin{bmatrix}2\\5\end{bmatrix}$ na segunda vez, e $\begin{bmatrix}3\\6\end{bmatrix}$ na terceira vez. O índice de laço ii ainda é definido para $\begin{bmatrix}3\\6\end{bmatrix}$ depois que o laço termina a execução. Este exemplo ilustra o fato de que um índice de laço pode ser um vetor.

O pseudocódigo correspondente a um laço for assemelha-se ao próprio laço:

```
for index = expression
    Statement 1
    ...
    Statement n
end
```

## ▶ Exemplo 5.2 – A Função Fatorial

Para ilustrar a operação de um laço for, vamos utilizar um laço desses para calcular a função fatorial. A função fatorial é definir para qualquer número inteiro ≥ 0 como

$$n! = \begin{cases} 1 & n = 0 \\ n \times (n-1) \times (n-2) \times \ldots \times 2 \times 1 & n > 0 \end{cases} \quad (5.3)$$

O código MATLAB para calcular N fatorial para o valor positivo de N será

```
n_factorial = 1
for ii = 1:n
    n_factorial = n_factorial * ii;
end
```

Suponha que queremos calcular o valor de 5!. Se n vale 5, a expressão de controle do laço for será o vetor linha [1 2 3 4 5]. Esse laço será executado 5 vezes, com a variável ii assumindo os valores 1, 2, 3, 4 e 5 em laços sucessivos. O valor resultante de n_factorial será 1 × 2 × 3 × 4 × 5 = 120.

## ▶ Exemplo 5.3 – Calculando o Dia do Ano

O *dia do ano* é o número de dias (incluindo o dia presente) desde o início de determinado ano. Ele varia de 1 a 365 para anos ordinários e de 1 a 366 para anos bissextos. Escreva um programa MATLAB que aceite um dia, mês e ano e calcule o dia do ano correspondente a essa data.

**Solução** Para determinar o dia do ano, esse programa precisa somar o número de dias em cada mês anterior ao mês corrente, mais o número de dias passados no mês corrente. Um laço for será utilizado para efetuar essa soma. Como o número de dias varia para cada mês, é preciso determinar o número correto de dias a serem adicionados em decorrência de cada mês. Uma construção switch será utilizada para determinar o número apropriado de dias a serem adicionados em decorrência de cada mês.

Durante um ano bissexto, um dia a mais precisa ser adicionado ao dia do ano para qualquer mês corrente depois de fevereiro. Esse dia a mais contabiliza o dia 29 de fevereiro do ano bissexto. Portanto, para executar corretamente o cálculo do dia do ano, precisamos determinar quais são bissextos. Segundo o calendário gregoriano, os anos bissextos são determinados pelas seguintes regras:

1. Anos divisíveis por 400 são bissextos.
2. Anos divisíveis por 100 mas *não* por 400 não são anos bissextos.
3. Todos os anos divisíveis por 4 mas *não* por 100 são anos bissextos.
4. Todos os outros anos não são bissextos.

Utilizaremos a função mod (de módulo) para determinar se um ano é divisível por um dado valor. A função mod retorna o resto após a divisão de dois números. Por exemplo, o resto de 9/4 é 1, porque 4 chega a 9 duas vezes com um resto de 1. Se o resultado da função mod(year,4) for zero, saberemos que o ano é divisível por 4. De maneira similar, se o resultado da função mod(year,4) for zero, sabemos que o ano é divisível igualmente por 400.

Um programa para calcular o dia do ano é apresentado a seguir. Observe que o programa soma o número de dias de cada mês até o mês corrente, e que ele utiliza uma construção switch para determinar o número de dias em cada mês.

```
%   Script file: doy.m
%
%   Purpose:
%     This program calculates the day of year corresponding
%     to a specified date. It illustrates the use of switch and
%     for constructs.
%
%   Record of revisions:
%       Date              Engineer           Description of change
%       ====              ==========         =====================
%       01/27/14          S. J. Chapman      Original code
%
% Define variables:
%    day            -- Day (dd)
%    day_of_year    -- Day of year
%    ii             -- Loop index
%    leap_day       -- Extra day for leap year
%    month          -- Month (mm)
%    year           -- Year (yyyy)

% Get day, month, and year to convert
disp('This program calculates the day of year given the');
disp('specified date.');
month = input('Enter specified month (1-12):');
day   = input('Enter specified day(1-31):   ');
year  = input('Enter specified year(yyyy):  ');

% Check for leap year, and add extra day if necessary
if mod(year,400) == 0
   leap_day = 1;         % Years divisible by 400 are leap years
elseif mod(year,100) == 0
   leap_day = 0;         % Other centuries are not leap years
elseif mod(year,4) == 0
   leap_day = 1;              % Otherwise every 4th year is a leap
```

```
      year
   else
      leap_day = 0;        % Other years are not leap years
   end

   % Calculate day of year by adding current day to the
   % days in previous months.
   day_of_year = day;
   for ii = 1:month-1

      % Add days in months from January to last month
      switch (ii)
      case {1,3,5,7,8,10,12},
         day_of_year = day_of_year + 31;
      case {4,6,9,11},
         day_of_year = day_of_year + 30;
      case 2,
         day_of_year = day_of_year + 28 + leap_day;
      end

   end

   % Tell user
   fprintf('The date %2d/%2d/%4d is day of year %d.\n', ...
           month, day, year, day_of_year);
```

Utilizaremos os seguintes resultados conhecidos para testar o programa:

1. O ano de 1999 não é um ano bissexto. 1º de janeiro deve ser o dia do ano 1 e 31 de dezembro deve ser o dia do ano 365.
2. O ano 2000 é um ano bissexto. 1º de janeiro deve ser o dia do ano 1 e 31 de dezembro deve ser o dia do ano 366.
3. O ano de 2001 não é um ano bissexto. 1º de março deve ser o dia do ano 60, porque janeiro tem 31 dias, fevereiro tem 28 dias e esse é o primeiro dia de março.

Se esse programa for executado cinco vezes com as datas acima, os resultados são

```
» doy
This program calculates the day of year given the
specified date.
Enter specified month (1-12):  1
Enter specified day(1-31):     1
Enter specified year(yyyy):    1999
The date  1/ 1/1999 is day of year 1.
» doy
This program calculates the day of year given the
specified date.
Enter specified month (1-12):  12
Enter specified day(1-31):     31
Enter specified year(yyyy):    1999
The date 12/31/1999 is day of year 365.
» doy
This program calculates the day of year given the
```

```
specified date.
Enter specified month (1-12): 1
Enter specified day(1-31):    1
Enter specified year(yyyy):   2000
The date  1/ 1/2000 is day of year 1.
» doy
This program calculates the day of year given the
specified date.
Enter specified month (1-12): 12
Enter specified day(1-31):    31
Enter specified year(yyyy):   2000
The date 12/31/2000 is day of year 366.
» doy
This program calculates the day of year given the
specified date.
Enter specified month (1-12): 3
Enter specified day(1-31):    1
Enter specified year(yyyy):   2001
The date  3/ 1/2001 is day of year 60.
```

O programa fornece as respostas corretas para nossas datas de teste em todos os cinco casos.

## ▶ Exemplo 5.4 – Análise Estatística

Implemente um algoritmo que leia um conjunto de medidas e calcule a média e o desvio padrão do conjunto de dados de entrada, considerando que cada valor no conjunto de dados pode ser positivo, negativo ou zero.

**Solução** Esse programa precisa ser capaz de ler uma quantidade arbitrária de medidas e calcular a média e o desvio padrão delas. Cada medida pode ser positiva, negativa ou zero.

Como não podemos usar um valor de data como um sinalizador desta vez, solicitaremos ao usuário o número de valores de entrada e depois utilizaremos um laço for para leitura nesses valores. O programa modificado que permite o uso de qualquer valor de entrada é apresentado a seguir. Avalie a sua operação pelo cálculo da média e do desvio padrão para os 5 valores seguintes de entrada: 3, –1, 0, 1 e –2.

```
%  Script file: stats_3.m
%
%  Purpose:
%    To calculate mean and the standard deviation of
%    an input data set, where each input value can be
%    positive, negative, or zero.
%
%  Record of revisions:
%      Date          Engineer           Description of change
%      ====          ========           =====================
%    01/27/14     S. J. Chapman         Original code
%
% Define variables:
%    ii      -- Loop index
%    n       -- The number of input samples
%    std_dev -- The standard deviation of the input samples
```

```
%   sum_x     -- The sum of the input values
%   sum_x2    -- The sum of the squares of the input values
%   x         -- An input data value
%   xbar      -- The average of the input samples

% Initialize sums.
sum_x = 0; sum_x2 = 0;

% Get the number of points to input.
n = input('Enter number of points:');

% Check to see if we have enough input data.
if n < 2   % Insufficient data

   disp ('At least 2 values must be entered.');

else % we will have enough data, so let's get it.

   % Loop to read input values.
   for ii = 1:n

      % Read in next value
      x = input('Enter value: ');
      % Accumulate sums.
      sum_x  = sum_x + x;
      sum_x2 = sum_x2 + x^2;

   end

   % Now calculate statistics.
   x_bar = sum_x / n;
   std_dev = sqrt((n * sum_x2 - sum_x^2) / (n * (n-1)));

   % Tell user.
   fprintf('The mean of this data set is: %f\n', x_bar);
   fprintf('The standard deviation is:    %f\n', std_dev);
   fprintf('The number of data points is: %f\n', n);

end
```

### 5.2.1 Detalhes da Operação

Agora que já vimos exemplos de um laço for em operação, precisamos examinar alguns detalhes importantes necessários para usá-lo apropriadamente.

1. **Use tabulação nos corpos dos laços.** Não é necessário tabular o corpo de um laço for conforme mostrado acima. O MATLAB reconhece o laço mesmo quando cada expressão nele iniciar na coluna 1. Entretanto, o código ficará muito mais legível se o corpo do laço for estiver tabulado, por isso você deveria sempre tabular o corpo de um laço.

### Boa Prática de Programação

Sempre tabule o corpo de um laço `for` com 3 ou mais espaços, para melhorar a legibilidade do código.

2. **Não modifique o índice de laço no corpo de um laço.** O índice do laço para um laço `for` *não deve ser modificado em nenhum lugar no corpo do laço.* A variável de índice frequentemente é utilizada como um contador dentro do laço, e modificar seu valor pode provocar erros estranhos e difíceis de encontrar. O exemplo abaixo deveria iniciar os elementos de uma matriz, mas a expressão "ii = 5" foi inserida acidentalmente no corpo do laço. Como resultado, somente a(5) é iniciada, recebendo os valores que deveriam ir para a(1), a(2) e assim por diante.

```
for ii = 1:10
   ...
   ii = 5;      % Error!
   ...
   a(ii) = <calculation>
end
```

### Boa Prática de Programação

Nunca modifique o valor de um índice de laço no corpo do laço.

3. **Alocação prévia de matrizes.** Aprendemos no Capítulo 2 que podemos estender uma matriz existente pela simples atribuição de um valor a um elemento de índice mais alto. Por exemplo, a expressão

```
arr = 1:4;
```

define uma matriz de quatro elementos que contém os valores [1 2 3 4]. Se a expressão

```
arr(8) = 6;
```

for executada, a matriz será automaticamente estendida para 8 elementos e conterá os valores [1 2 3 4 0 0 0 6]. Infelizmente, sempre que uma matriz for estendida, o MATLAB precisa (1) criar uma matriz, (2) copiar o conteúdo da antiga matriz para a nova matriz maior, (3) adicionar o novo valor à matriz, e depois (4) apagar a antiga matriz. Esse processo consome bastante tempo para matrizes grandes.

Quando um laço `for` armazena valores em uma matriz anteriormente indefinida, o laço força o MATLAB a passar por todo esse processo cada vez que ele é executado. Por outro lado, se a matriz for **pré-alocada** com seu valor máximo antes de iniciar a execução do laço, nenhuma cópia precisará acontecer e o código será executado muito mais depressa. O fragmento de código a seguir mostra como pré-alocar uma matriz antes de iniciar o laço.

```
square = zeros(1,100);
for ii = 1:100
   square(ii) = ii^2;
end
```

### Boa Prática de Programação

Sempre pré-aloque as matrizes utilizadas em um laço antes de executá-lo. Essa prática aumenta significativamente a velocidade de execução do laço.

## 5.2.2 Vetorização: Uma Alternativa Mais Rápida para Laços

Muitos laços são utilizados para aplicar os mesmos cálculos várias vezes para os elementos de uma matriz. Por exemplo, o fragmento de código a seguir calcula quadrados, raízes quadradas e raízes cúbicas de todos os números inteiros entre 1 e 100 utilizando um laço for.

```
for ii = 1:100
    square(ii) = ii^2;
    square_root(ii) = ii^(1/2);
    cube_root(ii) = ii^(1/3);
end
```

Aqui, o laço é executado 100 vezes e um valor de cada matriz de saída é calculado durante cada ciclo no laço.

O MATLAB oferece uma alternativa mais rápida para cálculos desse tipo: **vetorização**. Em vez de executar cada expressão 100 vezes, o MATLAB pode executar o cálculo para todos os elementos em uma matriz em uma *única* expressão. Devido à maneira como o MATLAB foi projetado, essa única expressão pode ser muito mais rápida do que o laço e executar exatamente o mesmo cálculo.

Por exemplo, o seguinte fragmento de código utiliza vetores para executar o mesmo cálculo que o laço mostrado acima. Primeiro calculamos um vetor dos índices nas matrizes e depois executamos cada cálculo somente uma vez, executando todos os 100 elementos em uma única expressão.

```
ii = 1:100;
square = ii.^2;
square_root = ii.^(1/2);
cube_root = ii.^(1/3);
```

Apesar de esses cálculos produzirem as mesmas respostas, eles *não* são equivalentes. A versão com o laço for pode ser *mais do que 15 vezes mais lenta* do que a versão vetorizada! Isso acontece porque as expressões no laço for devem ser interpretadas[2] e executadas uma linha por vez pelo MATLAB durante cada passagem do laço. De fato, o MATLAB precisa interpretar e executar 300 linhas separadas de código. Em contraposição, o MATLAB precisa interpretar e executar somente quatro linhas no caso vetorizado. Como o MATLAB é projetado para implementar expressões vetorizadas de forma muito eficiente, esse modo é muito mais rápido.

No MATLAB, o processo de substituir laços por expressões vetorizadas é conhecido como vetorização. A vetorização pode promover melhorias drásticas em desempenho para muitos programas MATLAB.

### Boa Prática de Programação

Se for possível implementar um cálculo por meio de um laço for ou utilizando vetores, implemente utilizando vetores. Seu programa ficará muito mais rápido.

---

[2] Mas veja o próximo item sobre o compilador MATLAB Just-In-Time.

## 5.2.3 O Compilador MATLAB Just-In-Time (JIT)

Um compilador just-in-time (JIT) foi adicionado ao MATLAB 6.5 e versões posteriores. O compilador JIT examina o código MATLAB antes que ele seja executado e, onde possível, compila o código antes de executá-lo. Como o código MATLAB é compilado em vez de ser interpretado, ele é executado quase tão rápido quanto o código vetorizado. O compilador JIT geralmente pode acelerar drasticamente a execução de laços for.

O compilador JIT é uma ferramenta muito boa quando trabalha, porque acelera os laços sem qualquer ação do engenheiro. No entanto, o compilador JIT possui algumas limitações que o impedem de acelerar todos os laços. As limitações do compilador JIT variam com a versão MATLAB, com menos limitações nas versões posteriores do programa.[3]

### Boa Prática de Programação

Não dependa do compilador JIT para acelerar seu código. Ele possui limitações que variam com a versão do MATLAB que você está utilizando e um engenheiro geralmente pode realizar um trabalho melhor com a vetorização manual.

### ▶ Exemplo 5.5 – Comparando Laços e Vetores

Para comparar as velocidades de execução de laços e vetores, execute e sincronize os quatro conjuntos de cálculos a seguir.

1. Calcule os quadrados de cada número inteiro de 1 a 10000 em um laço for sem inicializar a matriz dos quadrados primeiro.
2. Calcule os quadrados de cada número inteiro de 1 a 10000 em um laço for, utilizando a função de zeros para pré-alocar a matriz de quadrados primeiro calculando o quadrado do número na linha. (Isso permitirá que o compilador JIT funcione.)
3. Calcule os quadrados de cada número inteiro de 1 a 10000 com vetores.

**Solução** Esse programa deve calcular os quadrados dos números inteiros de 1 a 10000 em cada uma das três maneiras descritas acima, sincronizando as execuções em cada caso. A sincronização pode ser realizada utilizando as funções MATLAB tic e toc. A função tic redefine o contador de tempo integrado decorrido e a função toc retorna o tempo decorrido em segundos desde a última chamada para a função tic.

Como os relógios em tempo real em vários computadores possuem uma granularidade bastante grosseira, pode ser necessário executar cada conjunto de instruções múltiplas vezes para obter um tempo médio válido.

Um programa MATLAB para comparar as velocidades das três abordagens é mostrado abaixo:

```
%   Script file: timings.m
%
%   Purpose:
%      This program calculates the time required to
```

---

[3] O Mathworks se recusa a liberar uma lista de situações em que o compilador JIT funciona e situações em que ele não funciona, alegando ser complicado e que isso varia entre as versões do MATLAB. Eles sugerem que você escreva seus laços e depois sincronize-os para ver se são rápidos ou lentos! A boa notícia é que o compilador JIT funciona corretamente em cada vez mais situações a cada liberação, mas nunca se sabe....

```
%   calculate the squares of all integers from 1 to
%   10,000 in three different ways:
%   1.  Using a for loop with an uninitialized output
%       array.
%   2.  Using a for loop with a preallocated output
%       array and the JIT compiler.
%   3.  Using vectors.
%
% Record of revisions:
%    Date         Engineer        Description of change
%    ====         ==========      =====================
%    01/29/14     S. J. Chapman   Original code
%
% Define variables:
%    ii, jj       -- Loop index
%    average1     -- Average time for calculation 1
%    average2     -- Average time for calculation 2
%    average3     -- Average time for calculation 3
%    maxcount     -- Number of times to loop calculation
%    square       -- Array of squares

% Perform calculation with an uninitialized array
% "square". This calculation is done only 10 times
% because it is so slow.
maxcount = 10;              % Number of repetitions
tic;                        % Start timer
for jj = 1:maxcount
   clear square             % Clear output array
   for ii = 1:10000
      square(ii) = ii^2;    % Calculate square
   end
end
average1 = (toc)/maxcount;  % Calculate average time

% Perform calculation with a preallocated array
% "square". This calculation is averaged over 1000
% loops.
maxcount = 1000;            % Number of repetitions
tic;                        % Start timer
for jj = 1:maxcount
   clear square             % Clear output array
   square = zeros(1,10000); % Pre-initialize array
   for ii = 1:10000
      square(ii) = ii^2;    % Calculate square
   end
end
average2 = (toc)/maxcount;  % Calculate average time
% Perform calculation with vectors. This calculation
% averaged over 1000 executions.
maxcount = 1000;            % Number of repetitions
tic;                        % Start timer
for jj = 1:maxcount
   clear square             % Clear output array
```

```
        ii = 1:10000;              % Set up vector
        square = ii.^2;            % Calculate square
    end
    average3 = (toc)/maxcount;     % Calculate average time

    % Display results
    fprintf('Loop / uninitialized array    = %8.5f\n', average1);
    fprintf('Loop / initialized array / JIT = %8.5f\n', average2);
    fprintf('Vectorized                    = %8.5f\n', average3);
```

Quando esse programa é executado utilizando MATLAB 2014B em meu computador, os resultados são:

```
» timings
Loop / uninitialized array      =  0.00275
Loop / initialized array / JIT  =  0.00012
Vectorized                      =  0.00003
```

O laço com a matriz não inicializada era muito lento comparado ao laço executado com o compilador JIT ou o laço vetorizado. O laço vetorizado era a maneira mais rápida de executar o cálculo, mas se o compilador JIT funcionar para seu laço, você receberá a máxima aceleração sem ter que fazer nada! Como você pode ver, projetar os laços permite que o compilador JIT funcione ou substitui-los pelos cálculos vetorizados pode fazer uma diferença incrível na velocidade de seu código MATLAB.

◄

A ferramenta de verificação do código do Analisador de Código pode ajudá-lo a identificar os problemas com matrizes não inicializadas que podem desacelerar a execução de um programa MATLAB. Por exemplo, se executarmos o Analisador de Código no programa `timings.m`, o verificador de código identificará a matriz não inicializada e escreverá uma mensagem de aviso (veja a Figura 5.1).

### 5.2.4 As Expressões `break` e `continue`

Existem duas expressões adicionais que podem ser utilizadas para controlar a operação dos laços `while` e dos laços `for`: as expressões `break` e `continue`. A expressão `break` termina a execução de um laço e passa o controle para a próxima expressão após o fim do laço e a expressão `continue` termina a passagem atual através do laço e retorna o controle para o topo do laço.

Se uma expressão `break` for executada no corpo de um laço, a execução do corpo irá parar e o controle será transferido para a primeira expressão executável após o laço. Um exemplo da expressão `break` em um laço `for` é mostrado a seguir.

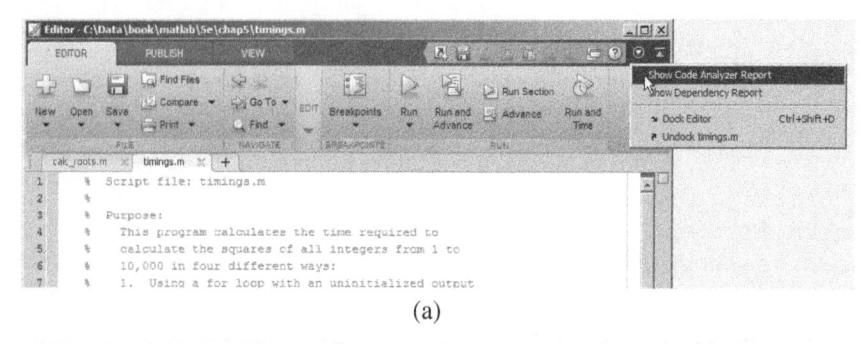

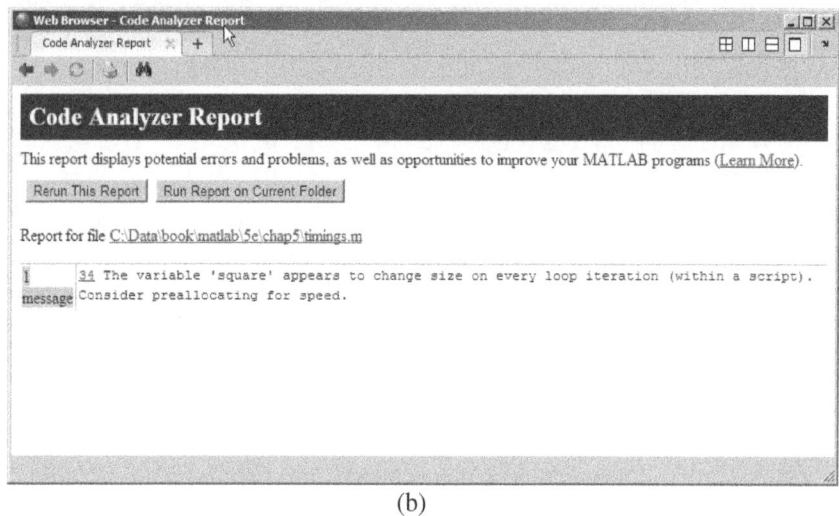

**Figura 5.1** O Analisador de Código pode identificar alguns problemas que desacelerarão a execução dos laços MATLAB: (a) Executando o Analisador de Código nos programas `timings.m`. (b) O relatório do Analisador de Código identifica a matriz não inicializada no programa.

```
for ii = 1:5
   if ii == 3
      break;
   end
   fprintf('ii = %d\n',ii);
end
disp(['End of loop!']);
```

Quando esse programa é executado, a saída é:

```
» test_break
ii = 1
ii = 2
End of loop!
```

Observe que a expressão `break` foi executada na iteração quando `ii` era 3 e o controle transferido para a primeira expressão executável após o laço sem executar a expressão `fprintf`.

Se uma expressão `continue` for executada no corpo de um laço, a execução da passagem corrente pelo laço será interrompida e o controle retornará ao início do laço. A variável de controle no laço `for` assumirá o seu próximo valor e o laço será executado novamente. Um exemplo da expressão `continue` em um laço `for` é mostrado a seguir.

```
for ii = 1:5
   if ii == 3
      continue;
   end
   fprintf('ii = %d\n',ii);
end
disp(['End of loop!']);
```

Quando esse programa é executado, a saída é:

```
» test_continue
ii = 1
ii = 2
ii = 4
ii = 5
End of loop!
```

Observe que a expressão `continue` foi executada na iteração quando `ii` era 3 e o controle transferido para o início do laço sem executar a expressão `fprintf`.

As expressões `break` e `continue` funcionam com ambos os laços `while` e `for`.

### 5.2.5 Aninhando Laços

É possível que um laço fique completamente dentro de outro laço. Nesta condição, eles são denominados **laços aninhados**. O exemplo abaixo mostra dois laços `for` aninhados que calculam e escrevem o produto de dois inteiros.

```
for ii = 1:3
   for jj = 1:3
      product = ii * jj;
      fprintf('%d * %d = %d\n',ii,jj,product);
   end
end
```

Nesse exemplo, o laço `for` externo associará um valor 1 à variável de índice `ii` e o laço `for` interno será executado novamente. O laço `for` interno será executado 3 vezes com a variável de índice `jj` tendo os valores 1, 2 e 3. Quando o laço `for` interno estiver completo, o laço `for` externo atribuirá um valor 2 à variável de índice `ii` e o laço `for` interno será executado novamente. Este processo se repetirá até que o laço `for` externo tenha sido executado três vezes e a saída resultante será

```
1 * 1 = 1
1 * 2 = 2
1 * 3 = 3
2 * 1 = 2
2 * 2 = 4
2 * 3 = 6
3 * 1 = 3
3 * 2 = 6
3 * 3 = 9
```

Observe que o laço `for` interno é executado completamente antes que a variável de índice do laço `for` externo seja incrementada.

*Quando o MATLAB encontra uma expressão* end, *ele a associa à construção atualmente aberta mais interna.* Portanto, a primeira expressão end acima fecha o laço "`for jj = 1:3`" e a segunda expressão end acima fecha o laço "for ii = 1:3". Este fato pode produzir erros difíceis de encontrar se uma expressão end for acidentalmente apagada dentro de uma construção de laço aninhado.

*Se os laços* for *estiverem aninhados, eles devem ter variáveis de índice de laço distintas.* Se tiverem a mesma variável de índice, o laço interno modificará o valor do índice de laço ajustado pelo laço externo.

Se uma expressão break ou continue aparecer dentro de um conjunto de laços aninhados, essa expressão vai se referir aos laços *mais internos* que a contém. Por exemplo, considere o seguinte programa

```
for ii = 1:3
   for jj = 1:3
      if jj == 3
         break;
      end
      product = ii * jj;
      fprintf('%d * %d = %d\n',ii,jj,product);
   end
   fprintf('End of inner loop\n');
end
fprintf('End of outer loop\n');
```

Se o contador de laço interno jj for igual a 3, a expressão break será executada. Isto levará o programa a sair do laço mais interno. O programa exibirá "End of inner loop", o índice do laço externo será aumentado em 1 e a execução do laço interno será reiniciada. Os valores de saída resultantes serão

```
1 * 1 = 1
1 * 2 = 2
End of inner loop
2 * 1 = 2
2 * 2 = 4
End of inner loop
3 * 1 = 3
3 * 2 = 6
End of inner loop
End of outer loop
```

## 5.3 Matrizes Lógicas e Vetorização

Aprendemos sobre os dados lógicos no Capítulo 4. Os dados lógicos podem ter um de dois valores possíveis: true (1) ou false (0). Os escalares e as matrizes de dados lógicos são criados como a saída de operadores relacionais e lógicos.

Por exemplo, considere as seguintes expressões:

```
a = [1 2 3; 4 5 6; 7 8 9];
b = a > 5;
```

Essas expressões produziram duas matrizes a e b. A matriz a é uma matriz double que contém os valores $\begin{bmatrix} 1 & 2 & 3 \\ 4 & 5 & 6 \\ 7 & 8 & 9 \end{bmatrix}$, enquanto a matriz b é uma matriz logical que contém os valores $\begin{bmatrix} 0 & 0 & 0 \\ 0 & 0 & 1 \\ 1 & 1 & 1 \end{bmatrix}$. Quando o comando whos é executado, os resultados são os mostrados a seguir.

```
» whos
  Name         Size        Bytes        Class
  a            3x3         72           double array
  b            3x3         9            logical array
Grand total is 18 elements using 81 bytes
```

As matrizes lógicas possuem uma propriedade especial muito importante – *elas podem servir como uma **máscara** para operações aritméticas*. Uma máscara é uma matriz que seleciona os elementos de outra matriz para uso em uma operação. A operação especificada será aplicada aos elementos selecionados e *não* aos elementos restantes.

Por exemplo, imagine que as matrizes a e b sejam conforme definido acima. Em seguida, a expressão a(b) = sqrt(a(b)) ocupará a raiz quadrada de todos os elementos para os quais a matriz lógica b é true e deixará todos os outros elementos na matriz inalterados.

```
» a(b) = sqrt(a(b))
a =
    1.0000    2.0000    3.0000
    4.0000    5.0000    2.4495
    2.6458    2.8284    3.0000
```

Essa é uma maneira muito rápida e muito inteligente de executar uma operação em um subconjunto de uma matriz sem precisar de laços e ramificações.

Os dois fragmentos de código a seguir tomam a raiz quadrada de todos os elementos na matriz a cujo valor é maior que 5, mas a abordagem vetorizada é mais compacta, elegante e mais rápida do que a abordagem de laço.

```
for ii = 1:size(a,1)
    for jj = 1:size(a,2)
        if a(ii,jj) > 5
            a(ii,jj) = sqrt(a(ii,jj));
        end
    end
end

b = a > 5;
a(b) = sqrt(a(b));
```

## 5.3.1 Criando o Equivalente das Construções if/else com Matrizes Lógicas

As matrizes lógicas também podem ser utilizadas para implementar o equivalente de uma construção if/else dentro de um conjunto para laços for. Conforme vimos na última seção, é possível aplicar uma operação sobre elementos selecionados de uma matriz utilizando uma matriz lógica como máscara. Também é possível aplicar um conjunto diferente de operações para os elementos *não selecionados* da matriz simplesmente adicionando o operador not (~) à máscara lógica. Por exemplo, suponha que queiramos calcular a raiz quadrada dos elementos de uma matriz bidimensional cujo valor seja maior que 5, e calcular o quadrado dos elementos restantes na matriz. O código para essa operação, utilizando laços e ramificações, é

```
for ii = 1:size(a,1)
    for jj = 1:size(a,2)
        if a(ii,jj) > 5
```

```
            a(ii,jj) = sqrt(a(ii,jj));
         else
            a(ii,jj) = a(ii,jj)^2;
         end
      end
   end
```

O código vetorizado para essa operação é

```
b = a > 5;
a(b) = sqrt(a(b));
a(~b) = a(~b).^2;
```

O código vetorizado é significativamente mais rápido que a versão baseada em laços e ramificações.

## Teste 5.1

Este teste apresenta uma verificação rápida do seu entendimento dos conceitos apresentados nas Seções de 5.1 a 5.3. Se você tiver problemas com o teste, releia as seções, pergunte ao seu instrutor ou discuta o material com um colega. As respostas para esse teste estão no final do livro.

Examine os laços for abaixo e determine quantas vezes cada laço será executado.

1. `for index = 7:10`
2. `for jj = 7:-1:10`
3. `for index = 1:10:10`
4. `for ii = -10:3:-7`
5. `for kk = [0 5 ; 3 3]`

Examine os seguintes laços e determine o valor em ires no fim de cada laço.

6.
```
       ires = 0;
       for index = 1:10
          ires = ires + 1;
       end
```

7.
```
       ires = 0;
       for index = 1:10
          ires = ires + index;
       end
```

8.
```
      ires = 0;
      for index1 = 1:10
         for index2 = index1:10
            if index2 == 6
               break;
            end
            ires = ires + 1;
         end
      end
```

9.
```
       ires = 0;
       for index1 = 1:10
          for index2 = index1:10
             if index2 == 6
                continue;
```

```
            end
            ires = ires + 1;
        end
    end
```

10. Escreva as expressões MATLAB para calcular os valores da função

$$f(t) = \begin{cases} \text{sen } t & \text{para todo } t \text{ em que sen } t > 0 \\ 0 & \text{em caso contrário} \end{cases}$$

para $-6\pi \le t \le 6\pi$ em intervalos de $\pi/10$. Faça isso duas vezes: uma, utilizando laços e ramificações e, outra, utilizando código vetorizado.

## 5.4 O Gerenciador de Perfil MATLAB

MATLAB inclui um gerenciador de perfil, que pode ser utilizado para identificar as partes de um programa que consomem o maior tempo de execução. O gerenciador de perfil pode identificar os "pontos quentes", nos quais a otimização do código resultará em grandes aumentos de velocidade.

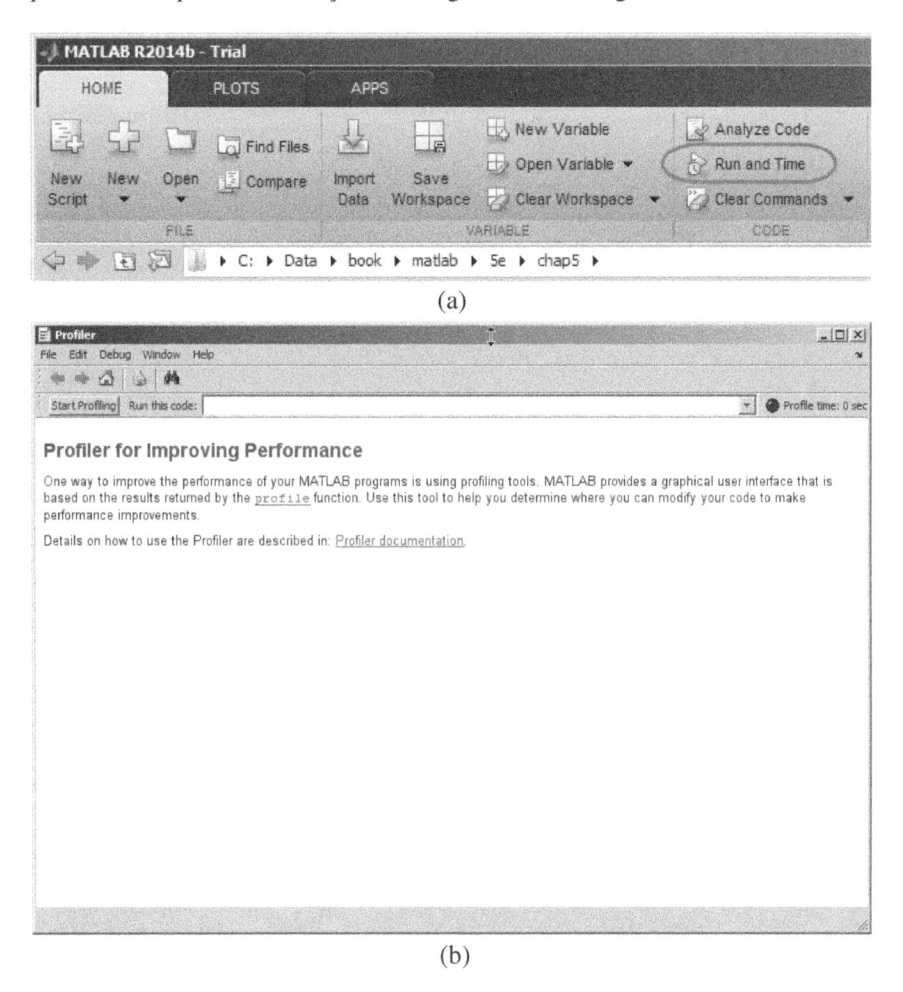

**Figura 5.2** (a) O Gerenciador de Perfil MATLAB é aberto utilizando a opção de menu "Desktop/Profiler" na Área de Trabalho do MATLAB. (b) O gerenciador de perfil possui uma caixa para digitar o nome do programa a executar e um botão para iniciar a criação de perfil.

O gerenciador de perfil do MATLAB é iniciado selecionando Run and Time ( Run and Time ) na seção Code da Guia Home. A Janela do Gerenciador de Perfil se abre, com um campo para inserir o nome do programa para o perfil e um botão para iniciar a execução do processo de perfil[4] (veja a Figura 5.2).

Após a execução de um gerenciador de perfil, um Resumo de Perfil é exibido, mostrando quanto tempo é gasto em cada função com perfil sendo criado (veja a Figura 5.3a). Clicar em qualquer função de perfil faz aparecer uma exibição mais detalhada mostrando exatamente quanto tempo foi gasto em cada linha quando essa função foi executada (ver a Figura 5.3b). Com essas informações,

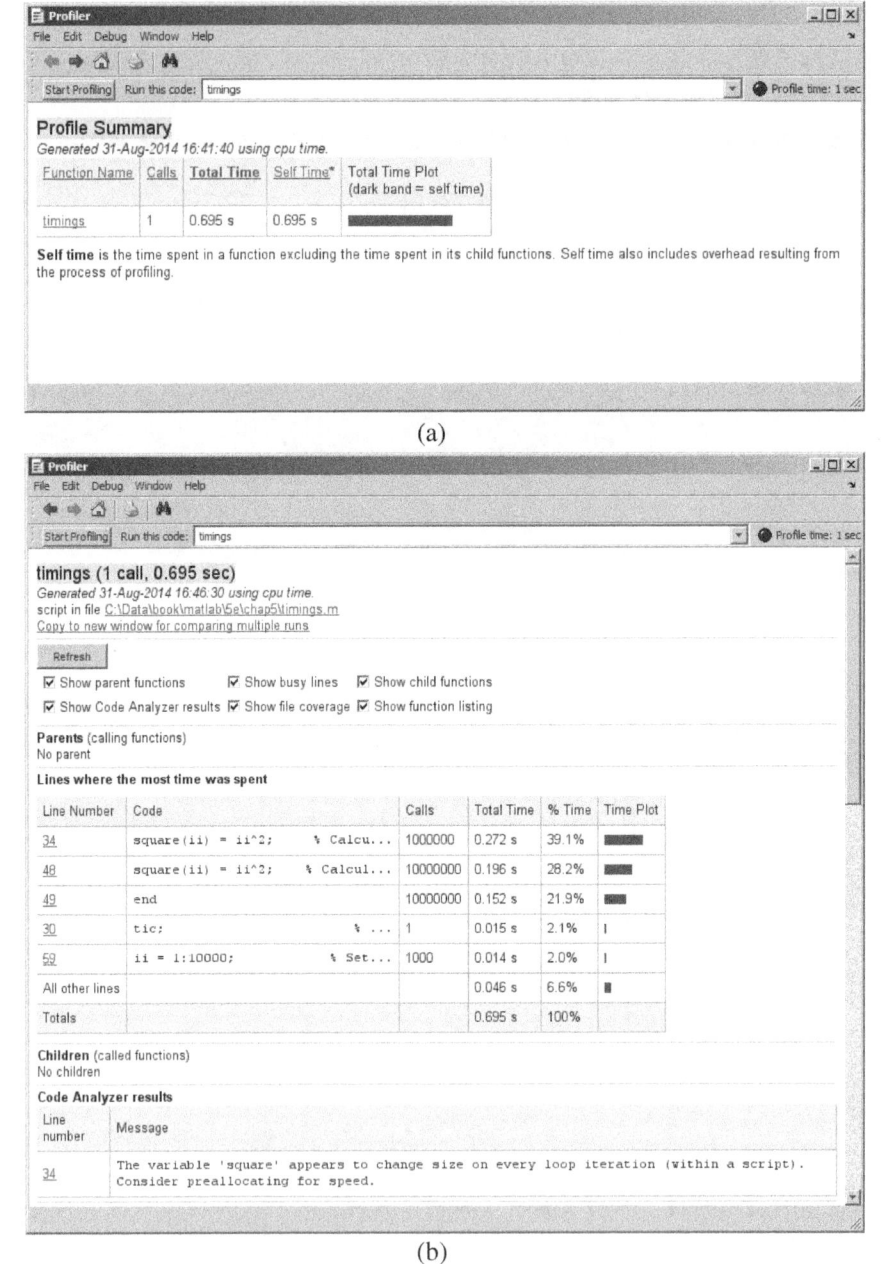

**Figura 5.3** (a) O Gerenciador de Perfil MATLAB é aberto utilizando a ferramenta "Run and Time" na seção Código da guia Home na faixa de ferramentas. (b) O gerenciador de perfil possui uma caixa para digitar o nome do programa para executar e um botão para iniciar a criação de perfil.

---

[4] Também existe uma ferramenta "Run and Time" na guia Editor. Clicar nessa ferramenta cria o perfil automaticamente do arquivo M atual exibido.

o engenheiro pode identificar as partes lentas do código e trabalhar para acelerá-las com vetorização e técnicas semelhantes. Por exemplo, o gerenciador de perfil destacará os laços que são executados lentamente porque não podem ser tratados pelo compilador JIT.

Normalmente, o gerenciador de perfil deve ser executado *depois que um programa estiver funcionando corretamente*. **É uma perda de tempo analisar o perfil de um programa antes de ele estar funcionando.**

> ### Boa Prática de Programação
> Use o Gerenciador de Perfil MATLAB para identificar as partes dos programas que consomem o maior tempo de CPU. Otimizar essas partes do programa acelerará a execução geral do programa.

## 5.5 Exemplos Adicionais

### ▶ Exemplo 5.6 – Ajustando uma Linha para um Conjunto de Medidas com Ruído

A velocidade de um objeto em queda na presença de um campo gravitacional constante é dada pela equação

$$v(t) = at + v_0 \tag{5.4}$$

em que $v(t)$ é a velocidade a qualquer instante $t$, $a$ é a aceleração devido à gravidade e $v_0$ é a velocidade no instante 0. Esta equação advém da física elementar – qualquer calouro de um curso de física a conhece. Se desenharmos em diagrama a velocidade *versus* o tempo para o objeto em queda, nossos pontos de medida $(v, t)$ devem seguir uma linha reta. Entretanto, o mesmo calouro do curso de física sabe que, se formos ao laboratório e tentarmos *medir* a velocidade *versus* o tempo de um objeto, nossas medidas *não* seguirão uma linha reta. Elas poderão se aproximar disso, mas nunca se alinharão perfeitamente. Por que não? Isso acontece porque nunca conseguimos efetuar medidas perfeitas. As medidas sempre incluem algum *ruído*, que as distorcem.

Em muitos casos, em ciência e engenharia, temos conjuntos de dados com ruídos como este, e desejamos estimar a linha reta que "melhor se ajuste" aos dados. Esse problema é chamado de *regressão linear*. Considerando um conjunto de medidas com ruído $(x, y)$ que parece seguir uma linha reta, como podemos encontrar a equação da linha

$$y = mx + b \tag{5.5}$$

que "melhor se ajuste" às medidas? Se pudermos determinar os coeficientes de regressão $m$ e $b$, poderemos utilizar essa equação para prever o valor de $y$ para um dado $x$ avaliando a Equação (5.5) para esse valor de $x$.

Um método padrão para encontrar os coeficientes de regressão $m$ e $b$ é o *método dos mínimos quadrados*. Esse método é denominado "mínimos quadrados" porque produz a linha $y = mx + b$ para a qual a soma dos quadrados das diferenças entre os valores $y$ observados e os valores $y$ previstos são os menores possíveis. A inclinação da reta dos mínimos quadrados é dada por

$$m = \frac{\left(\sum xy\right) - \left(\sum x\right)\bar{y}}{\left(\sum x^2\right) - \left(\sum x\right)\bar{x}} \tag{5.6}$$

e o ponto de interseção da reta dos mínimos quadrados é dado por

$$b = \bar{y} - m\bar{x} \tag{5.7}$$

em que

$\sum x$ é a soma dos valores de $x$
$\sum x^2$ é a soma dos quadrados dos valores de $x$
$\sum xy$ é a soma dos produtos dos valores de $x$ e $y$ correspondentes
$\bar{x}$ é a média dos valores de $x$
$\bar{y}$ é a média dos valores de $y$

Escreva um programa que calculará a inclinação dos mínimos quadrados $m$ e a interseção do eixo $y$ $b$ para um determinado conjunto de pontos de dados medidos de ruído $(x, y)$. Os pontos devem ser lidos a partir do teclado, e tanto os pontos individuais como a reta dos mínimos quadrados precisam ser desenhados.

**Solução**

1. **Estabeleça o problema.**
   Calcule a inclinação $m$ e a interseção $b$ de uma linha de mínimos quadrados que se ajusta melhor a um conjunto de dados de entrada que consiste em um número arbitrário de pares $(x, y)$. Os dados de entrada $(x, y)$ são lidos a partir do teclado. Desenhe os pontos de entrada e a reta sobre um mesmo diagrama.

2. **Defina as entradas e saídas.**
   As entradas requeridas para este programa são o número de pontos a serem lidos, mais os pares de pontos $(x, y)$.
   
   As saídas deste programa são a inclinação e a interseção da reta dos mínimos quadrados, o número de pontos utilizados para o ajuste e um diagrama com os dados de entrada e a curva ajustada.

3. **Descreva o algoritmo.**
   Este programa pode ser dividido em seis grandes passos

   ```
   Get the number of input data points
   Read the input statistics
   Calculate the required statistics
   Calculate the slope and intercept
   Write out the slope and intercept
   Plot the input points and the fitted line
   ```

   O primeiro grande passo do programa é conseguir o número de pontos a serem lidos. Para isso, solicitamos ao usuário e lemos sua resposta com a função `input`. A seguir, lemos os pares $(x, y)$ um por vez, utilizando uma função `input` em um laço `for`. Cada par de valores será colocado em uma matriz (`[x y]`) e a função retornará essa matriz para o programa solicitante. Observe que um laço `for` aqui é apropriado, pois sabemos antecipadamente quantas vezes o laço será executado.

   O pseudocódigo para estes passos é mostrado abaixo.

   ```
   Print message describing purpose of the program
   n_points ← input('Enter number of [x y] pairs:');
   for ii = 1:n_points
      temp ← input('Enter [x y] pair:');
      x(ii) ← temp(1)
   ```

```
        y(ii) ← temp(2)
end
```

A seguir, precisamos acumular as estatísticas requeridas para o cálculo. Essas estatísticas são as somas $\Sigma x$, $\Sigma y$, $\Sigma x^2$ e $\Sigma xy$. O pseudocódigo para esses passos é:

```
Clear the variables sum_x, sum_y, sum_x2, and sum_y2
for ii = 1:n_points
    sum_x ← sum_x + x(ii)
    sum_y ← sum_y + y(ii)
    sum_x2 ← sum_x2 + x(ii)^2
    sum_xy ← sum_xy + x(ii)*y(ii)
end
```

Depois, precisamos calcular a inclinação e a interseção da reta dos mínimos quadrados. O pseudocódigo para este passo é simplesmente a versão em MATLAB das Equações (5.6) e (5.7).

```
x_bar ← sum_x / n_points
y_bar ← sum_y / n_points
slope ← (sum_xy-sum_x * y_bar)/(sum_x2 - sum_x * x_bar)
y_int ← y_bar - slope * x_bar
```

Finalmente, devemos escrever e desenhar os resultados. Os pontos de entrada devem ser desenhados com marcadores circulares e sem uma linha de conexão, e a reta ajustada deve ser desenhada como uma linha cheia com espessura de dois pixels. Para fazer isso, precisamos primeiro desenhar os pontos, definir `hold on`, desenhar a linha ajustada e definir `hold off`. Adicionaremos títulos e legendas para completar o diagrama.

4. **Transforme o algoritmo em expressões MATLAB.**
   O programa MATLAB final é mostrado abaixo.

```
%
%   Purpose:
%     To perform a least-squares fit of an input data set
%     to a straight line and print out the resulting slope
%     and intercept values. The input data for this fit
%     comes from a user-specified input data file.
%
% Record of revisions:
%      Date          Engineer          Description of change
%      ====          ==========        =====================
%      01/30/14      S. J. Chapman     Original code
%
% Define variables:
%    ii             -- Loop index
%    n_points       -- Number in input [x y] points
%    slope          -- Slope of the line
%    sum_x          -- Sum of all input x values
%    sum_x2         -- Sum of all input x values squared
%    sum_xy         -- Sum of all input x*y values
%    sum_y          -- Sum of all input y values
%    temp           -- Variable to read user input
%    x              -- Array of x values
%    x_bar          -- Average x value
%    y              -- Array of y values
```

```
%   y_bar       -- Average y value
%   y_int       -- y-axis intercept of the line
disp('This program performs a least-squares fit of an');
disp('input data set to a straight line.');
n_points = input('Enter the number of input [x y] points:');

% Read the input data
for ii = 1:n_points
   temp = input('Enter [x y] pair:');
   x(ii) = temp(1);
   y(ii) = temp(2);
end

% Accumulate statistics
sum_x = 0;
sum_y = 0;
sum_x2 = 0;
sum_xy = 0;
for ii = 1:n_points
   sum_x  = sum_x + x(ii);
   sum_y  = sum_y + y(ii);
   sum_x2 = sum_x2 + x(ii)^2;
   sum_xy = sum_xy + x(ii) * y(ii);
end

% Now calculate the slope and intercept.
x_bar = sum_x / n_points;
y_bar = sum_y / n_points;
slope = (sum_xy - sum_x * y_bar) / (sum_x2 - sum_x * x_bar);
y_int = y_bar - slope * x_bar;

% Tell user.
disp('Regression coefficients for the least-squares line:');
fprintf('Slope (m)        = %8.3f\n', slope);
fprintf('Intercept (b)    = %8.3f\n', y_int);
fprintf('No. of points    = %8d\n', n_points);

% Plot the data points as blue circles with no
% connecting lines.
plot(x,y,'bo');
hold on;

% Create the fitted line
xmin = min(x);
xmax = max(x);
ymin = slope * xmin + y_int;
ymax = slope * xmax + y_int;

% Plot a solid red line with no markers
plot([xmin xmax],[ymin ymax],'r-','LineWidth',2);
hold off;

% Add a title and legend
title ('\bfLeast-Squares Fit');
```

```
xlabel('\bf\itx');
ylabel('\bf\ity');
legend('Input data','Fitted line');
grid on
```

5. **Teste o programa.**
   Para testar esse programa, tentaremos um conjunto de dados simples. Por exemplo, se todos os pontos no conjunto de dados seguirem exatamente uma linha reta, a inclinação e a interseção resultantes deverão ser precisamente a inclinação e a interseção dessa linha reta. Assim, o conjunto de dados

   ```
   [1.1  1.1]
   [2.2  2.2]
   [3.3  3.3]
   [4.4  4.4]
   [5.5  5.5]
   [6.6  6.6]
   [7.7  7.7]
   ```

   deverá produzir uma inclinação 1.0 e uma interseção de 0.0. Se executarmos o programa com esses valores, os resultados serão:

   ```
   » lsqfit
   This program performs a least-squares fit of an
   input data set to a straight line.
   Enter the number of input [x y] points: 7
   Enter [x y] pair: [1.1 1.1]
   Enter [x y] pair: [2.2 2.2]
   Enter [x y] pair: [3.3 3.3]
   Enter [x y] pair: [4.4 4.4]
   Enter [x y] pair: [5.5 5.5]
   Enter [x y] pair: [6.6 6.6]
   Enter [x y] pair: [7.7 7.7]
   Regression coefficients for the least-squares line:
     Slope (m)       =    1.000
     Intercept (b)   =    0.000
     No. of points   =        7
   ```

   Vamos agora acrescentar ruído a essas medidas. O conjunto de dados passará a ser

   ```
   [1.1  1.01]
   [2.2  2.30]
   [3.3  3.05]
   [4.4  4.28]
   [5.5  5.75]
   [6.6  6.48]
   [7.7  7.84]
   ```

   Se executarmos o programa com esses valores, os resultados serão:

   ```
   » lsqfit
   This program performs a least-squares fit of an
   input data set to a straight line.
   Enter the number of input [x y] points: 7
   Enter [x y] pair: [1.1 1.01]
   ```

```
Enter [x y] pair: [2.2 2.30]
Enter [x y] pair: [3.3 3.05]
Enter [x y] pair: [4.4 4.28]
Enter [x y] pair: [5.5 5.75]
Enter [x y] pair: [6.6 6.48]
Enter [x y] pair: [7.7 7.84]
Regression coefficients for the least-squares line:
  Slope (m)      =     1.024
  Intercept (b)  =    -0.120
  No. of points  =         7
```

Calculando à mão a resposta, fica fácil mostrar que o programa dá as respostas corretas para nossos dois conjuntos de dados de teste. Os dados de entrada com ruído e a reta ajustada dos mínimos quadrados resultante são apresentados na Figura 5.4.

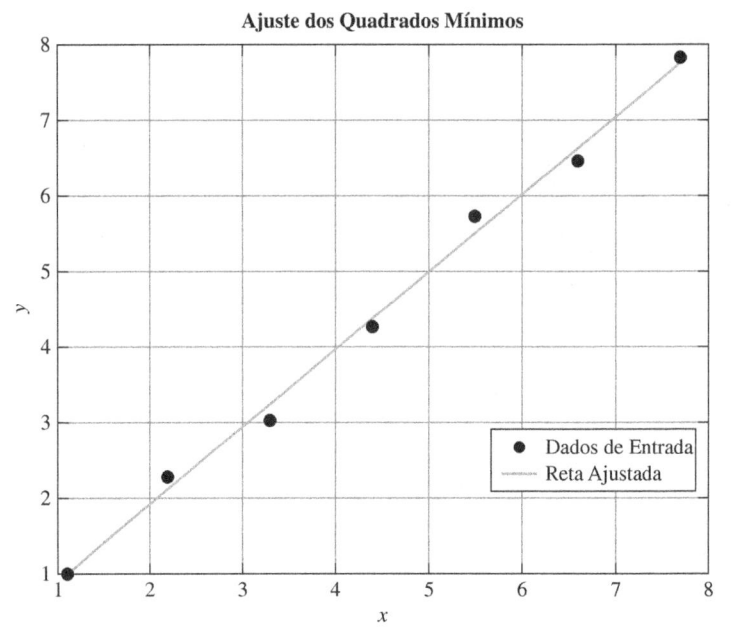

**Figura 5.4** Um conjunto de dados com ruído com uma linha ajustada de mínimos quadrados.

Este exemplo utiliza diversos recursos de diagrama apresentados no Capítulo 3. Ele utiliza o comando `hold` para que múltiplos diagramas sejam colocados nos mesmos eixos, a propriedade `LineWidth` para definir a largura da linha ajustada do mínimo quadrado e as sequências de escape tornem o título negrito e as legendas dos eixo negrito itálico.

### ▶ Exemplo 5.7 – Física – O Voo de uma Bola

Se assumirmos que a resistência do ar é desprezível e ignorarmos a curvatura da Terra, uma bola lançada ao ar, de qualquer ponto da superfície da Terra, seguirá um percurso de voo parabólico (veja a Figura 5.5a). A altura da bola em um instante $t$ depois que é lançada é dada pela Equação (5.8)

$$y(t) = y_0 + v_{y0}t + \frac{1}{2}gt^2 \tag{5.8}$$

em que $y_0$ é a altura inicial do objeto acima do solo, $v_{y0}$ é a velocidade vertical inicial do objeto e $g$ é a aceleração devido à gravidade da Terra. A distância horizontal percorrida pela bola como função do tempo após o lançamento é dada pela Equação (5.9)

$$x(t) = x_0 + v_{x0}t \tag{5.9}$$

em que $x_0$ é a posição horizontal inicial da bola no solo e $v_{x0}$ é a velocidade horizontal inicial da bola.

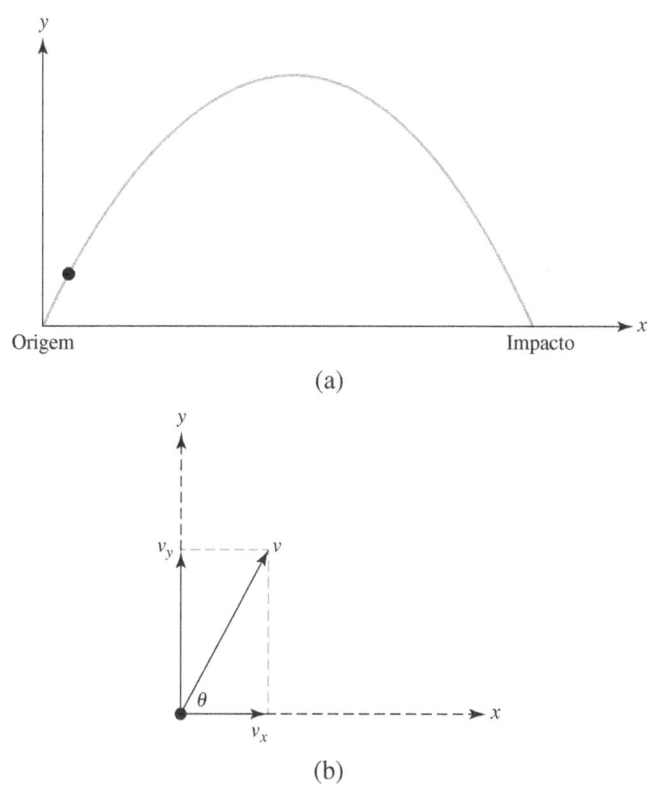

**Figura 5.5** (a) Quando uma bola é lançada para cima, ela segue uma trajetória parabólica. (b) Os componentes horizontais e verticais de um vetor de velocidade v em um ângulo θ em relação ao horizontal.

Se a bola for lançada com uma velocidade inicial $v_0$ e um ângulo de $\theta$ graus em relação à superfície da Terra, os componentes horizontal e vertical da velocidade serão

$$v_{x0} = v_0 \cos \theta \tag{5.10}$$
$$v_{y0} = v_0 \operatorname{sen} \theta \tag{5.11}$$

Assuma que a bola seja inicialmente lançada da posição $(x_0, y_0) = (0, 0)$ com velocidade inicial $v_0$ de 20 metros por segundo e ângulo inicial de $\theta$ graus. Escreva um programa para desenhar a trajetória da bola e determine a distância horizontal percorrida antes dela tocar o solo novamente. O programa deve desenhar as trajetórias da bola para todos os ângulos $\theta$ de 5 a 85° em etapas de 10°, e deve determinar a distância horizontal para todos os ângulos $\theta$ de 0 a 90° em etapas 1°. Finalmente, ele deve determinar o ângulo $\theta$ que maximiza a distância percorrida pela bola, e desenhar essa trajetória particular com uma cor diferente e uma linha mais espessa.

**Solução** Para resolver esse problema, precisamos determinar uma equação para o tempo que a bola leva para retornar ao solo. Em seguida, podemos calcular a posição $(x, y)$ da bola utilizando as Equações de (5.8) a (5.11). Se fizermos isso várias vezes entre 0 e o tempo que a bola retorna ao solo, poderemos utilizar esses pontos para desenhar a trajetória da bola.

O tempo em que a bola permanece no ar após ser lançada pode ser calculado pela Equação (5.8). A bola tocará o solo no tempo $t$ do qual $y(t) = 0$. Lembrando que a bola iniciará do nível do solo ($y(0) = 0$) e resolvendo para $t$, temos:

$$y(t) = y_0 + v_{y0}t + \frac{1}{2}gt^2$$
$$0 = 0 + v_{y0}t + \frac{1}{2}gt^2 \quad (5.8)$$
$$0 = \left(v_{y0} + \frac{1}{2}gt\right)t$$

portanto, a bola estará no nível do solo no tempo $t_1 = 0$ (quando a lançamos) e no tempo

$$t_2 = -\frac{2v_{y0}}{g} \quad (5.12)$$

Na expressão do problema, sabemos que a velocidade inicial $v_0$ é de 20 metros por segundo e que a bola será lançada em todos os ângulos de 0° a 90° em etapas 1°. Finalmente, um livro de física elementar nos diz que a aceleração devido à gravidade da Terra é de $-9,81$ metros por segundo ao quadrado.

Agora, apliquemos nossa técnica de projeto a este problema.

1. **Estabeleça o problema.**
   O problema pode ser bem apresentado assim: *Calcule a distância percorrida por uma bola quando ela é lançada com uma velocidade inicial $v_0$ de 20 m/s em um ângulo inicial $\theta$. Calcule essa distância para todos os ângulos entre 0° e 90°, em etapas de 1°. Determine o ângulo $\theta$ que resultará o intervalo máximo para a bola. Desenhe o diagrama do trajeto da bola para os ângulos entre 5° e 85°, em incrementos de 10°. Desenhe a trajetória do percurso máximo de cor diferente e com uma linha mais espessa. Assuma que não existe resistência do ar.*

2. **Defina as entradas e saídas.**
   Com esta definição do problema não precisamos de dados de entrada. Sabemos pela expressão do problema o que será $v_0$ e $\theta$; portanto, não há necessidade de fornecê-los. As saídas desse programa serão uma tabela que mostra o intervalo da bola para cada ângulo $\theta$, o ângulo $\theta$ para o qual o intervalo é máximo e um desenho das trajetórias especificadas.

3. **Projete o algoritmo.**
   Este programa pode ser dividido nos seguintes grandes passos

   ```
   Calculate the range of the ball for θ between 0 and 90°
   Write a table of ranges
   Determine the maximum range and write it out
   Plot the trajectories for θ between 5 and 85°
   Plot the maximum-range trajectory
   ```

   Como sabemos o número exato de vezes que os laços serão repetidos, laços `for` são apropriados para este algoritmo. Vamos agora refinar o pseudocódigo para cada um dos grandes passos.

Para calcular a distância máxima percorrida pela bola para cada ângulo, vamos primeiro calcular as velocidades iniciais horizontal e vertical, usando as Equações (5.10) e (5.11). Depois, vamos determinar o tempo para a bola retornar à Terra, utilizando a Equação (5.12). Finalmente, vamos calcular a distância percorrida, utilizando a Equação (5.8). O pseudocódigo detalhado para estes passos é mostrado abaixo. Observe que precisamos converter todos os ângulos para radianos antes de utilizar as funções trigonométricas!

```
Create and initialize an array to hold ranges
for ii = 1:91
    theta ← ii - 1
    vxo ← vo * cos(theta*conv)
    vyo ← vo * sin(theta*conv)
    max_time ← -2 * vyo / g
    range(ii) ← vxo * max_time
end
```

Depois, precisamos escrever uma tabela de intervalos. O pseudocódigo para este passo é:

```
Write heading
for ii = 1:91
    theta ← ii - 1
    print theta and range
end
```

O intervalo máximo percorrido pode ser obtido pela função max. Lembre que esta função retorna o valor máximo e sua posição. O pseudocódigo para este passo é:

```
[maxrange index] ← max(range)
Print out maximum range and angle (=index-1)
```

Vamos utilizar laços for aninhados para calcular e desenhar as trajetórias. Para que todos os diagramas apareçam na tela, devemos desenhar a primeira trajetória e definir hold on antes de desenhar qualquer outra trajetória. Depois de desenhar a última trajetória, devemos definir hold off. Para realizar esse cálculo, dividiremos cada trajetória em 21 períodos de tempo e encontraremos as posições *x* e *y* da bola para cada período de tempo. Em seguida, desenharemos essas posições (*x*, *y*). O pseudocódigo para este passo é:

```
for ii = 5:10:85
    % Get velocities and max time for this angle
    theta ← ii - 1
    vxo ← vo * cos(theta*conv)
    vyo ← vo * sin(theta*conv)
    max_time ← -2 * vyo / g

    Initialize x and y arrays
    for jj = 1:21
        time ← (jj-1) * max_time/20
        x(time) ← vxo * time
        y(time) ← vyo * time + 0.5 * g * time^2
    end
    plot(x,y) with thin green lines
      Set "hold on" after first plot
end
Add titles and axis labels
```

Para finalizar, precisamos desenhar a trajetória do intervalo máximo com cor diferente e linha mais espessa.

```
vxo ← vo * cos(max_angle*conv)
vyo ← vo * sin(max_angle*conv)
max_time ← -2 * vyo / g

Initialize x and y arrays
for jj = 1:21
   time ← (jj-1) * max_time/20
   x(jj) ← vxo * time
   y(jj) ← vyo * time + 0.5 * g * time^2
end
plot(x,y) with a thick red line
hold off
```

4. **Transforme o algoritmo em expressões MATLAB.**
   O programa MATLAB final é mostrado abaixo.

```
%   Script file: ball.m
%
%   Purpose:
%     This program calculates the distance traveled by a ball
%     thrown at a specified angle "theta" and a specified
%     velocity "vo" from a point on the surface of the Earth,
%     ignoring air friction and the Earth's curvature. It
%     calculates the angle yielding maximum range and also
%     plots selected trajectories.
%
%   Record of revisions:
%       Date            Engineer            Description of change
%       ====            ========            =====================
%       01/30/14        S. J. Chapman       Original code
%
% Define variables:
%   conv         -- Degrees-to-radians conv factor
%   g            -- Accel. due to gravity (m/s^2)
%   ii, jj       -- Loop index
%   index        -- Location of maximum range in array
%   maxangle     -- Angle that gives maximum range (deg)
%   maxrange     -- Maximum range (m)
%   range        -- Range for a particular angle (m)
%   time         -- Time (s)
%   theta        -- Initial angle (deg)
%   traj_time    -- Total trajectory time (s)
%   vo           -- Initial velocity (m/s)
%   vxo          -- X-component of initial velocity (m/s)
%   vyo          -- Y-component of initial velocity (m/s)
%   x            -- X-position of ball (m)
%   y            -- Y-position of ball (m)

%   Constants
conv = pi / 180;    % Degrees-to-radians conversion factor
g = -9.81;          % Accel. due to gravity
```

```
vo = 20;                % Initial velocity

%Create an array to hold ranges
range = zeros(1,91);

% Calculate maximum ranges
for ii = 1:91
   theta = ii -1;
   vxo = vo * cos(theta*conv);
   vyo = vo * sin(theta*conv);
   max_time = -2 * vyo / g;
   range(ii) = vxo * max_time;
end

% Write out table of ranges
fprintf ('Range versus angle theta:\n');
for ii = 1:91
   theta = ii -1;
   fprintf(' %2d    %8.4f\n',theta, range(ii));
end

% Calculate the maximum range and angle
[maxrange index] = max(range);
maxangle = index - 1;
fprintf ('\nMax range is %8.4f at %2d degrees.\n',...
         maxrange, maxangle);

% Now plot the trajectories
for ii = 5:10:85

   % Get velocities and max time for this angle
   theta = ii;
   vxo = vo * cos(theta*conv);
   vyo = vo * sin(theta*conv);
   max_time = -2 * vyo / g;

   % Calculate the (x,y) positions
   x = zeros(1,21);
   y = zeros(1,21);
   for jj = 1:21
      time = (jj-1) * max_time/20;
      x(jj) = vxo * time;
      y(jj) = vyo * time + 0.5 * g * time^2;
   end
   plot(x,y,'b');
   if ii == 5
      hold on;
   end
end

% Add titles and axis labels
title ('\bfTrajectory of Ball vs Initial Angle \theta');
```

```
xlabel ('\bf\itx \rm\bf(meters)');
ylabel ('\bf\ity \rm\bf(meters)');
axis ([0 45 0 25]);
grid on;

% Now plot the max range trajectory
vxo = vo * cos(maxangle*conv);
vyo = vo * sin(maxangle*conv);
max_time = -2 * vyo / g;

% Calculate the (x,y) positions
x = zeros(1,21);
y = zeros(1,21);
for jj = 1:21
   time = (jj-1) * max_time/20;
   x(jj) = vxo * time;
   y(jj) = vyo * time + 0.5 * g * time^2;
end
plot(x,y,'r','LineWidth',3.0);
hold off
```

A aceleração da gravidade no nível do mar pode ser obtida de qualquer livro de física. Ela é de aproximadamente 9,81 m/s², em direção ao solo.

5. **Teste o programa.**
Para testar o programa, vamos calcular à mão as respostas para alguns ângulos e comparar os resultados com a saída do programa.

| $\theta$ | $v_{x0} = v_0 \cos \theta$ | $v_{y0} = v_0 \sen \theta$ | $t_2 = -\dfrac{2v_{y0}}{g}$ | $x = v_{x0} t_2$ |
|---|---|---|---|---|
| 0° | 20 m/s | 0 m/s | 0 s | 0 m |
| 5° | 19,92 m/s | 1,74 m/s | 0,355 s | 7,08 m |
| 40° | 15,32 m/s | 12,86 m/s | 2,621 s | 40,15 m |
| 45° | 14,14 m/s | 14,14 m/s | 2,883 s | 40,77 m |

Quando o programa `ball` é executado, é produzida uma tabela de 91 linhas de ângulos e intervalos. Para economizar espaço, somente uma parte da tabela é reproduzida abaixo.

```
» ball
Range versus angle theta:
     0        0.0000
     1        1.4230
     2        2.8443
     3        4.2621
     4        5.6747
     5        7.0805
   ...
    40       40.1553
    41       40.3779
    42       40.5514
```

```
        43      40.6754
        44      40.7499
        45      40.7747
        46      40.7499
        47      40.6754
        48      40.5514
        49      40.3779
        50      40.1553
        ...
        85       7.0805
        86       5.6747
        87       4.2621
        88       2.8443
        89       1.4230
        90       0.0000

    Max range is   40.7747 at 45 degrees.
```

O diagrama resultante é mostrado na Figura 5.6. A saída do programa está de acordo com nosso cálculo à mão para os ângulos calculados com precisão de 4 dígitos neste mesmo tipo de cálculo. Observe que o percurso máximo ocorreu com ângulo de 45°.

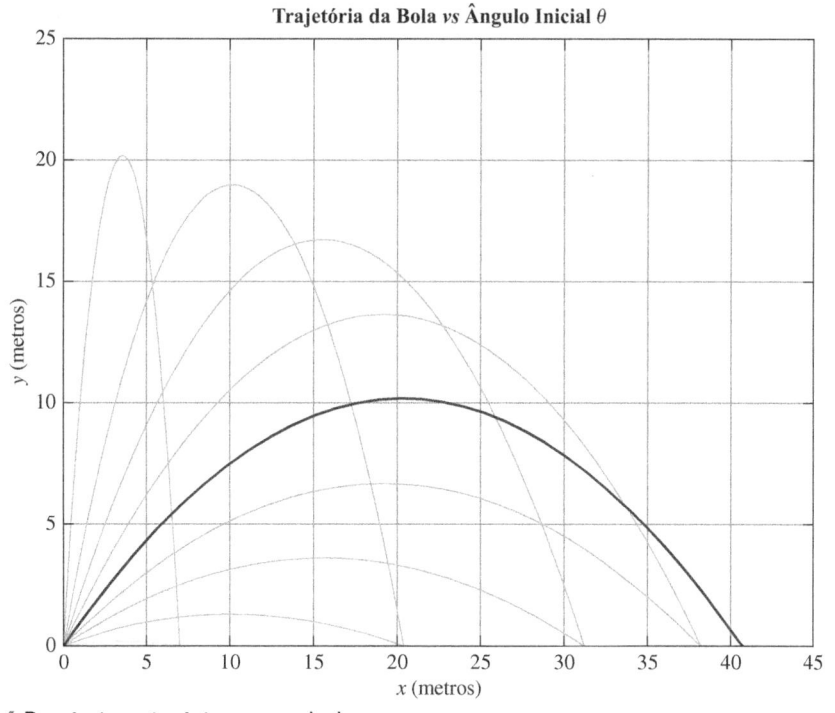

**Figura 5.6** Possíveis trajetórias para a bola.

Este exemplo utiliza diversos recursos de desenhos apresentados no Capítulo 3. Ele usa o comando `axis` para configurar o intervalo de dados a ser exibido, o comando `hold` para permitir que múltiplos diagramas sejam colocados nos mesmos eixos, a propriedade `LineWidth` para configurar a largura da linha correspondente à trajetória de intervalo máximo e as sequências de escape para criar o título desejado as legendas dos eixos $x$ e $y$.

Este programa, entretanto, não foi escrito da maneira mais eficiente, pois temos diversos laços que poderiam ser substituídos por expressões vetorizadas. Será solicitado que você escreva novamente e melhore `ball.m` no Exercício 5.10 no fim deste capítulo.

## 5.6 A Função `textread`

No problema de ajuste dos quadrados mínimos no Exemplo 5.6, tivemos que inserir cada par $(x,y)$ do ponto de dados a partir do teclado e incluí-los em um construtor de matriz ([ ]). Isso será um processo *muito* desgastante se quisermos inserir grande quantidade de dados em um programa; portanto, precisamos de uma maneira melhor de carregar os dados em nossos programas. Grandes conjuntos de dados quase sempre são armazenados em arquivos, e não digitados na linha de comandos; portanto, precisamos realmente de uma maneira fácil de ler os dados a partir de um arquivo e utilizá-lo em um programa MATLAB. A função `textread` atente a esse propósito.

A função `textread` lê os arquivos ASCII que são formatados nas colunas de dados, em que cada coluna pode ser de um tipo diferente e armazena o conteúdo de cada coluna em uma matriz de saída separada. Essa função é *muito* útil para importar grandes quantidades de dados impressos por outros aplicativos.

A forma da função `textread` é

```
[a,b,c,...] = textread(filename,format,n)
```

em que `filename` é o nome do arquivo a ser aberto, `format` é a cadeia que contém uma descrição do tipo de dados em cada coluna e `n` é o número de linhas a ser lido. (Se `n` estiver ausente, a função lerá o fim do arquivo.) A cadeia de formato contém os mesmos tipos de descritores de formato como função `fprintf`. Observe que o número de argumentos de saída deve corresponder ao número de colunas que você está lendo.

Por exemplo, suponha que o arquivo `test_input.dat` contenha os seguintes dados:

```
James   Jones   O+   3.51   22   Yes
Sally   Smith   A+   3.28   23   No
```

As três primeiras colunas nesse arquivo contém dados de caracteres, as duas seguintes contêm números e a última coluna contém os dados de caracteres. Esses dados poderiam ser lidos em uma série de matrizes com a seguinte função:

```
[first,last,blood,gpa,age,answer] = ...
textread('test_input.dat','%s %s %s %f %d %s')
```

Observe que os descritores de cadeia `%s` para as colunas em que existem dados de cadeia e os descritores numéricos `%f` e `%d` para colunas em que existem ponto flutuante e dados de número inteiro. Os dados de cadeia são retornados em uma matriz de célula (sobre a qual aprenderemos no Capítulo 10) e os dados numéricos são sempre retornados em uma matriz dupla.

Quando esse comando é executado, os resultados são:

```
» [first,last,blood,gpa,age,answer] = ...
textread('test_input.dat','%s %s %s %f %d %s')

first =
    'James'
    'Sally'
last =
    'Jones'
    'Smith'
blood =
    'O+'
    'A+'
gpa =
    3.5100
    3.2800
```

```
age =
    42
    28
answer=
    'Yes'
    'No'
```

Essa função também pode ignorar as colunas selecionadas adicionando um asterisco ao descritor de formato correspondente (por exemplo, %*s). A seguinte expressão lê somente first, last, e gpa a partir do arquivo:

```
» [first,last,gpa] = ...
            textread('test_input.dat','%s %s %*s %f %*d %*s')

first =
    'James'
    'Sally'
last =
    'Jones'
    'Smith'
gpa =
    3.5100
    3.2800
```

A função textread é muito mais útil e flexível do que o comando load. O comando load assume que todos os dados no arquivo de entrada sejam de um tipo único – ele não pode suportar diferentes tipos de dados em diferentes colunas. Além disso, armazena todos os dados em uma única matriz. Em contrapartida, a função textread permite que cada coluna vá para uma variável separada, que é *muito* mais conveniente ao trabalhar com colunas de dados mistos.

A função textread possui um número de opções adicionais que aumenta sua flexibilidade. Consulte o sistema de ajuda on-line do MATLAB para obter detalhes dessas opções.

## 5.7 Resumo

Existem dois tipos básicos de laços no MATLAB, o laço while e o laço for. O laço while é utilizado para repetir uma seção de código nos casos em que não sabemos antecipadamente quantas vezes o laço deve ser repetido. O laço for é utilizado para repetir um trecho de código quando sabemos *a priori* quantas vezes o laço deve ser repetido. É possível sair do tipo de laço a qualquer momento utilizando a expressão break.

Um laço for geralmente pode ser substituído pelo código vetorizado, que executa os mesmos cálculos em expressões simples em vez de em um laço. Devido à maneira como o MATLAB é projetado, o código vetorizado é mais rápido do que os laços; portanto, ele paga para substituir os laços com código vetorizado sempre que possível.

O compilador Just-in-Time (JIT) do MATLAB também acelera a execução do laço em alguns casos, mas os casos exatos para os quais ele funciona variam em diferentes versões do MATLAB. Se funcionar, o compilador JIT produzirá o código que é quase tão rápido quanto as expressões vetorizadas.

A função textread pode ser utilizada para ler as colunas selecionadas de um arquivo de dados ASCII em um programa MATLAB para processamento. Essa função é bastante flexível, facilitando a leitura de arquivos de saída criados por outros programas.

## 5.7.1 Resumo das Boas Práticas de Programação

As seguintes orientações devem ser seguidas na programação utilizando construções de laço. Seguindo-as consistentemente, seu código deverá conter menos *bugs*, ficar mais fácil de depurar e para terceiros entendê-lo, caso precisem trabalhar com ele no futuro.

1. Sempre use a tabulação nos blocos de código em construções `while` e `for` para torná-los mais legíveis.
2. Use um laço `while` para repetir as seções de código quando você não souber antecipadamente a frequência na qual o laço será executado.
3. Use um laço `for` para repetir as seções de código quando souber antecipadamente a frequência na qual será executada.
4. Nunca modifique os valores de um índice de laço `for` enquanto estiver dentro do laço.
5. Sempre pré-aloque as matrizes utilizadas em um laço antes de executá-lo. Essa prática aumenta significativamente a velocidade de execução do laço.
6. Se for possível implementar um cálculo por meio de um laço `for` ou utilizando vetores, implemente utilizando vetores. Seu programa ficará muito mais rápido.
7. Não dependa do compilador JIT para acelerar seu código. Ele possui muitas limitações e um engenheiro geralmente pode executar um trabalho melhor com a vetorização manual.
8. Use o Gerenciador de Perfil MATLAB para identificar as partes dos programas que consomem o maior tempo de CPU. Otimizar essas partes do programa acelerará a execução geral do programa.

## 5.7.2 Resumo do MATLAB

O resumo a seguir lista todos os comandos e funções do MATLAB apresentados neste capítulo, junto a uma breve descrição de cada item.

### Comandos e Funções

| | |
|---|---|
| `break` | Para a execução de um laço e transferir o controle para a primeira expressão após o fim do laço. |
| `continue` | Para a execução de um laço e transferir o controle para o topo do laço para a próxima iteração. |
| `factorial` | Calcula a função fatorial. |
| `for` loop | Repete um bloco de expressões um número de vezes especificado. |
| `tic` | Reinicia o contador de tempo decorrido. |
| `textread` | Lê os dados do texto a partir de um arquivo em uma ou mais variáveis de entrada. |
| `toc` | Retorna o tempo desde a última chamada para `tic`. |
| `while` loop | Repete um bloco de expressões até que uma condição de teste se torne 0 (falso) |

# 5.8 Exercícios

**5.1** Escreva um arquivo M para avaliar a equação $y(x) = x^2 - 3x + 2$ para todos os valores de $x$ entre $-1$ e 3, em etapas de 0,1. Faça isso duas vezes, uma com laços `for` e uma com vetores. Desenhe a função resultante utilizando uma linha vermelha espessa e tracejada de três pontos

**5.2** Escreva um arquivo M para calcular a função fatorial N! conforme definida no Exemplo 5.2. Observe o caso especial do 0! Seu programa também deve indicar um erro se N for negativo ou não for um número inteiro.

**5.3** Escreva as expressões MATLAB para calcular $y(t)$ na equação

$$y(t) = \begin{cases} -3t^2 + 5 & t \geq 0 \\ 3t^2 + 5 & t < 0 \end{cases}$$

para valores de $t$ entre $-9$ e $9$ em etapas de 0,5. Utilize laços e ramificações para esses cálculos.

**5.4** Reescreva as expressões para resolver o Exercício 5.3 utilizando vetorização.

**5.5** Examine os seguintes laços `for` e determine o valor de `ires` no fim de cada laço e também o número de vezes em que cada laço é executado.

(a)
```
ires = 0;
for index = -10:10
   ires = ires + 1;
end
```

(b)
```
ires = 0;
for index = 10:-2:4
   if index == 6
       continue;
   end
   ires = ires + index;
end
```

(c)
```
ires = 0;
for index = 10:-2:4
   if index == 6
      break;
   end
   ires = ires + index;
end
```

(d)
```
ires = 0;
for index1 = 10:-2:4
   for index2 = 2:2:index1
      if index2 == 6
         break
      end
      ires = ires + index2;
   end
end
```

**5.6** O que está contido em uma matriz `arr1` depois que cada um dos conjuntos de expressões é executado?

(a)
```
arr1 = [1 2 3 4; 5 6 7 8; 9 10 11 12];
mask = mod(arr1,2) == 0;
arr1(mask) = -arr1(mask);
```

(b)
```
arr1 = [1 2 3 4; 5 6 7 8; 9 10 11 12];
arr2 = arr1 <= 5;
arr1(arr2) = 0;
arr1(~arr2) = arr1(~arr2).^2;
```

**5.7** Examine os seguintes laços `while` e determine o valor de `ires` no fim de cada um dos laços e o número de vezes em que cada um é executado.

(a) ```
ires = 1;
while mod(ires,10) ~= 0
   ires = ires + 1;
end
```

(b) ```
ires = 2;
while ires <= 200
   ires = ires^2;
end
```

(c) ```
ires = 2;
while ires > 200
   ires = ires^2;
end
```

**5.8** Examine as seguintes expressões `for` e determine quantas vezes cada laço será executado.

(d)    `for ii = -32768:32767`
(e)    `for ii = 32768:32767`
(f)    `for kk = 2:4:3`
(g)    `for jj = ones(5,5)`

**5.9** Escreva as expressões MATLAB necessárias para calcular e imprimir os quadrados de todos os inteiros pares entre 0 e 50. Crie uma tabela composta pelos inteiros e seus quadrados, com legendas apropriadas para cada coluna.

**5.10** Modifique o programa `ball` a partir do Exemplo 5.7 substituindo os laços `for` internos com cálculos vetorizados.

**5.11** Como fazer para que uma matriz lógica se comporte como uma máscara lógica para operações de vetor?

**5.12** O programa `lsqfit` do Exemplo 5.6 solicitou ao usuário que especificasse o número de pontos de dados de entrada antes de inserir os valores. Modifique o programa para que ele leia uma quantidade arbitrária de valores utilizando um laço `while` e pare de ler os valores de entrada quando o usuário pressionar a tecla Enter sem digitar quaisquer valores. Teste seu programa utilizando os mesmos dois conjuntos de dados que foram utilizados no Exemplo 5.6. *(Dica: A função `input` retorna uma matriz vazia ([]) se um usuário pressionar Enter sem fornecer quaisquer dados. É possível utilizar a função `isempty` para testar uma matriz vazia e parar de ler os dados quando uma for detectada.)*

**5.13** Modifique o programa `ball` a partir do Exemplo 5.7 para ler a aceleração devida à gravidade em um determinado local e para calcular o intervalo máximo da bola para essa aceleração. Depois de modificar o programa, execute-o com as acelerações de −9,8 m/s², −9,7 m/s² e −9,6 m/s². Que efeito provoca a redução na atração gravitacional sobre o percurso da bola? Qual efeito a redução na atração gravitacional possui no melhor ângulo $\theta$ em que lança a bola?

**5.14** Modifique o programa `ball` a partir do Exemplo 5.7 a ser lido na velocidade inicial com a qual a bola é lançada. Depois de modificar o programa, execute-o com velocidades iniciais de 10 m/s, 20 m/s e 30 m/s. Qual efeito a mudança na velocidade inicial $v_0$ possui no intervalo da bola? Qual efeito possui no melhor ângulo $\theta$ de lançamento da bola?

**5.15 Função Fatorial** O MATLAB inclui uma função padrão denominada `factorial` para calcular a função fatorial. Use o sistema de ajuda do MATLAB para consultar essa função e depois calcule 5!, 10! e 15! utilizando o programa no Exemplo 5.2 e a função `factorial`. Como os resultados são comparados?

**5.16 Executando Filtro de Média** Outra maneira de suavizar um conjunto de dados com ruído é com uma *execução do filtro de média*. Para cada amostra de dados em uma execução de filtro
```

de média, o programa examina um subconjunto de $n$ amostras centradas na amostra em teste e substitui essa amostra pelo valor médio das $n$ amostras. *(Observação:* Para os pontos próximo ao início e ao fim do conjunto de dados, utilize um número menor de amostras na média em execução, mas certifique-se de manter um número igual de amostras em um lado da amostra em teste.)

Escreva um programa que permita ao usuário especificar o nome de um conjunto de dados de entrada e o número de amostras para estimar no filtro e depois executar o filtro de média de execução nos dados. O programa deve desenhar os dados originais e a curva suavizada após a execução do filtro de média.

Teste seu programa utilizando os dados no arquivo `input3.dat`, que estão disponíveis no site do livro.

**5.17 Filtro da Mediana** Outra maneira de suavizar um conjunto de dados com ruído é com um *filtro da mediana*. Para cada amostra de dados em um filtro da mediana, o programa examina um subconjunto de $n$ amostras centrado na amostra em teste e a substitui pelo valor da mediana das amostras $n$. *(Observação:* Para os pontos próximos ao início e ao fim do conjunto de dados, utilize um número menor de amostras no cálculo da mediana, mas certifique-se de manter um número igual de amostras em um lado da amostra em teste.) Este tipo de filtro é muito eficaz nos conjuntos de dados que contêm pontos isolados "selvagens" que estão muito mais longe de outros pontos próximos.

Escreva um programa que permita ao usuário especificar o nome de um conjunto de dados de entrada e o número de amostras para usar no filtro e depois executar o filtro da mediana nos dados. O programa deve desenhar os dados originais e a curva suavizada após o filtro da mediana.

Teste seu programa utilizando os dados no arquivo `input3.dat`, que estão disponíveis no site do livro. O filtro da mediana é melhor ou pior do que a execução do filtro da média para suavizar esse conjunto de dados? Por quê?

**5.18 Série de Fourier** Uma série de Fourier é uma representação de série infinita de uma função periódica em termos de senos e cossenos em uma frequência fundamental (correspondendo ao período da forma de ondas) e múltiplos dessa frequência. Por exemplo, considere uma função de onda quadrada do período $L$, cuja amplitude seja 1 para [0 $L/2$), $-1$ para [$L/2$ L), 1 para [$L$ 3$L/2$) e assim por diante. Essa função está desenhada na Figura 5.7. Essa função pode ser representada pela série de Fourier

$$f(x) = \sum_{n=1,3,5,\ldots}^{\infty} \frac{1}{n} \text{sen}\left(\frac{n\pi x}{L}\right) \tag{5.13}$$

Desenhe a função original assumindo $L = 1$ e calcule e desenhe as aproximações da série de Fourier para essa função que contém 3, 5 e 10 termos.

**5.19** Modifique o programa `lsqfit` do Exemplo 5.6 para ler seus valores de entrada a partir de um arquivo ASCII denominado `input1.dat`. Os dados no arquivo serão organizados em linhas, com um par de valores $(x, y)$ em cada linha, conforme mostrado abaixo:

```
1.1    2.2
2.2    3.3
...
```

Use a função `load` para ler os dados de entrada. Teste seu programa utilizando os mesmos dois conjuntos de dados que foram utilizados no Exemplo 5.6.

**5.20** Modifique o programa `lsqfit` a partir do Exemplo 5.6 para ler seus valores de entrada a partir de um arquivo ASCII especificado pelo usuário. Os dados no arquivo serão organizados em linhas, com um par de valores $(x, y)$ em cada linha, conforme mostrado a seguir:

```
1.1    2.2
2.2    3.3
...
```

Use a função `textread` para ler os dados de entrada. Teste seu programa utilizando os mesmos dois conjuntos de dados que foram utilizados no Exemplo 5.6.

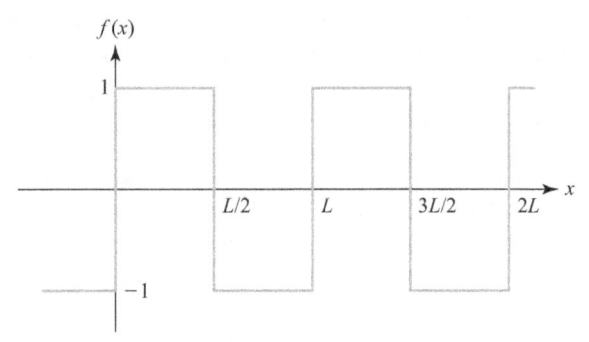

**Figura 5.7** Uma forma de onda quadrada.

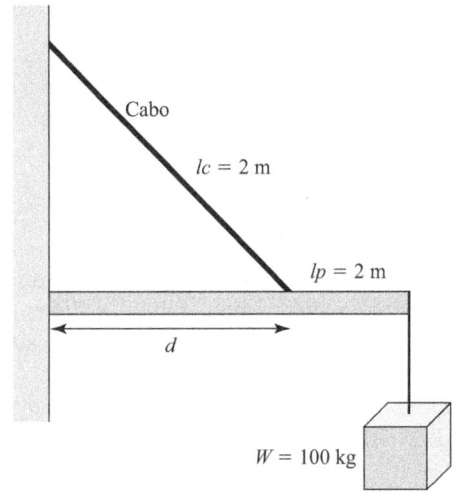

**Figura 5.8** Um peso de 100 kg suspenso a partir de uma barra rígida apoiada por um cabo.

**5.21 Tensão em um Cabo** Um objeto de 100 kg deve ser pendurado na ponta de um polo rígido horizontal com 2 metros e peso desprezível, conforme mostrado na Figura 5.8. O polo está conectado a uma parede por um pivô e é apoiado por um cabo de 2 metros afixado na parede em um ponto superior. A tensão nesse cabo é dada pela equação

$$T = \frac{W \cdot lc \cdot lp}{d\sqrt{lp^2 - d^2}} \quad (5.14)$$

em que $T$ é a tensão no cabo, $W$ é o peso do objeto, $lc$ é o comprimento do cabo, $lp$ é o comprimento do polo e $d$ é a distância ao longo do polo no qual o cabo está conectado. Escreva um programa para determinar a distância $d$ na qual conectar o cabo ao polo a fim de minimizar a tensão no cabo. Para isso, o programa deve calcular a tensão no cabo em intervalos regulares de 0,1 m a partir de $d = 0,3$ m a $d = 1,8$ m, e deve localizar a posição $d$ que produz a tensão mínima. Além disso, o programa deve traçar a tensão no cabo como uma função de $d$, com títulos e legendas de eixo apropriados.

**5.22** Modifique o programa criado no Exercício 5.21 para determinar o grau de sensibilidade da tensão no cabo em relação ao local preciso $d$ em que o cabo está conectado. Em específico, determine o intervalo de valores $d$ que manterão a tensão no cabo em 10% de seu valor mínimo.

**5.23** Escreva um programa MATLAB para avaliar a função

$$y(x) = \ln \frac{1}{1-x} \tag{5.15}$$

para qualquer valor de $x$ especificado pelo usuário, sendo ln o logaritmo natural (logaritmo para a base $e$). Escreva o programa com um laço `while`, de modo que o programa repita o cálculo para cada valor legal de $x$ inserido no programa. Quando um valor ilegal de $x$ é inserido, termine o programa. (Qualquer $x \geq 1$ é considerado um valor ilegal.)

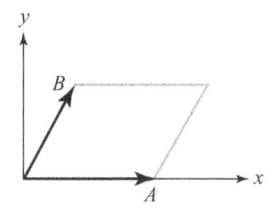

**Figura 5.9** Um paralelogramo.

**5.24 Área de um Paralelogramo** A área de um paralelogramo com dois lados adjacentes definidos pelos vetores **A** e **B** pode ser encontrada pela Equação (5.16) (veja a Figura 5.9).

$$\text{área} = |\mathbf{A} \times \mathbf{B}| \tag{5.16}$$

Escreva um programa para ler os vetores **A** e **B** a partir do usuário e calcule a área resultante do paralelogramo. Teste seu programa calculando a área de um paralelogramo delimitado por vetores $\mathbf{A} = 10\,\hat{\mathbf{i}}$ e $\mathbf{B} = 5\,\hat{\mathbf{i}} + 8{,}66\,\hat{\mathbf{j}}$.

**5.25 Crescimento Bacteriano** Suponha que um biólogo execute um experimento no qual ele meça a taxa na qual um tipo específico de bactéria se reproduza assexuadamente em meios de cultura diferentes. O experimento mostra que no meio A as bactérias se reproduzem uma vez a cada 60 minutos, e uma vez a cada 90 minutos no meio B. Assuma que uma única bactéria seja colocada em um meio de cultura no início do experimento. Escreva um programa para calcular e desenhar o número de bactérias presentes em cada cultura em intervalos de três horas, do início do experimento até completar 24 horas. Crie dois diagramas, um diagrama $xy$ linear e outro diagrama linear-log (`semilogy`). Como se comparam as quantidades de bactérias nos dois meios após 24 horas?

**5.26 Corrente Através de um Diodo** A corrente que flui através do diodo semicondutor mostrado na Figura 5.10 é fornecida pela equação

$$i_D = I_0\left(e^{\frac{q v_D}{kT}} - 1\right) \tag{5.17}$$

em que  $i_D$ = a voltagem no diodo, em volts
$v_D$ = o fluxo de corrente através do diodo, em ampères
$I_0$ = a perda de corrente do diodo, em ampères
$q$ = a carga em um elétron, $1{,}602 \times 10^{-19}$ coulombs
$k$ = constante de Boltzmann, $1{,}38 \times 10^{-23}$ joule/K
$T$ = temperatura, em kelvins (K)

A perda de corrente $I_0$ do diodo é 2,0 $\mu$A. Escreva um programa para calcular a corrente que flui através desse diodo para todas as voltagens de $-1{,}0$ V a $+0{,}6$ V, nas etapas de 0,1 V. Repita esse processo para as seguintes temperaturas: 75°F, 100°F e 125°F. Crie um diagrama da corrente como uma função da voltagem aplicada, com as curvas para as três temperaturas aparecendo com cores diferentes.

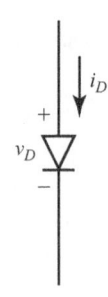

**Figura 5.10** Um diodo semicondutor.

**5.27 Números Fibonacci** O $n$-ésimo número Fibonacci é definido pelas seguintes equações recursivas:
$$f(1) = 1$$
$$f(2) = 2$$
$$f(n) = f(n-1) \, I \, f(n-2) \, n > 2$$

Portanto, $f(3) = f(2) + f(1) = 2 + 1 = 3$ e assim por diante para números maiores. Escreva um arquivo M para calcular e escrever o $n$-ésimo número Fibonacci para $n > 2$, em que $n$ é fornecido pelo usuário. Utilize um laço `while` para efetuar o cálculo.

**5.28** O programa `doy` no Exemplo 5.3 calcula o dia do ano associado a qualquer mês, dia e ano fornecidos. Aquele programa não verifica se a data fornecida pelo usuário é válida. Ele aceita valores absurdos para meses e dias, e os cálculos com esses valores produzem resultados sem significado. Modifique o programa para verificar os valores fornecidos antes de utilizá-los. Se as entradas forem inválidas, o programa deve informar ao usuário o que está errado e encerrar a execução. O ano deve ser um número maior que zero, o mês precisa ser um número entre 1 e 12 e o dia deve ser um número entre 1 e um máximo que dependa do mês. Utilize uma construção `switch` para implementar a verificação de limites executada no dia.

**5.29 Área de um Retângulo** A área do retângulo na Figura 5.11 é fornecida pela Equação (5.18) e o perímetro do retângulo é fornecido pela Equação (5.19).

$$\text{área} = W \times H \tag{5.18}$$
$$\text{perímetro} = 2W + 2H \tag{5.19}$$

Assuma que o perímetro total de um retângulo seja limitado a 10 e escreva um programa que calcule e desenhe a área do retângulo cuja largura varia do menor valor possível para o maior valor possível. Em qual largura a área do retângulo é maximizada?

**5.30** Escreva um único programa que calcule as médias aritmética, rms, geométrica e harmônica para uma coleção de números positivos. Utilize o método que você preferir para ler os valores de entrada. Compare esses valores para os seguintes conjuntos de números:

(a) 4, 4, 4, 4, 4, 4, 4
(b) 4, 3, 4, 5, 4, 3, 5
(c) 4, 1, 4, 7, 4, 1, 7
(d) 1, 2, 3, 4, 5, 6, 7

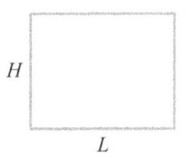

**Figura 5.11** Um retângulo.

**5.31 Decibéis** Os engenheiros frequentemente medem a razão entre duas medidas de potência em *decibéis*, ou dB. A equação para a razão entre duas medidas de potência, em decibéis, é

$$dB = 10 \log_{10} \frac{P_2}{P_1} \qquad (5.20)$$

em que $P_2$ é o nível de energia sendo medido e $P_1$ é algum nível de potência de referência. Assuma que o nível de potência de referência $P_1$ seja 1 watt e escreva um programa que calcule o nível de decibel correspondente aos níveis de energia entre 1 e 20 watts, em etapas de 0,5 W. Desenhe um diagrama da curva dB *versus* energia em uma escala log-linear.

**5.32 Cálculos do Tempo Médio entre Falhas** A confiabilidade de um equipamento eletrônico é em geral medida em termos do tempo médio entre falhas (TMEF) – o tempo médio que a peça do equipamento pode operar antes de ocorrer uma falha. Para sistemas grandes compostos de diversos equipamentos eletrônicos, é usual determinar o TMEF de cada componente e então calcular o TMEF global para o sistema a partir das taxas de falhas dos componentes individuais. Se o sistema for estruturado como na Figura 5.12, cada componente deve trabalhar para que o sistema inteiro trabalhe e o sistema TMEF geral pode ser calculado como

$$\text{TMEF}_{sys} = \frac{1}{\dfrac{1}{\text{TMEF}_1} + \dfrac{1}{\text{TMEF}_2} + \cdots + \dfrac{1}{\text{TMEF}_n}} \qquad (5.21)$$

Escreva um programa para ler o número de componentes em série de um sistema e o TMEF de cada componente, e então calcule o TMEF global para o sistema. Para testar seu programa, determine o TMEF para um sistema de radar composto de um subsistema de antena com TMEF de 2.000 horas, um transmissor com TMEF de 800 horas, um receptor com TMEF de 3.000 horas e um computador com TMEF de 5.000 horas.

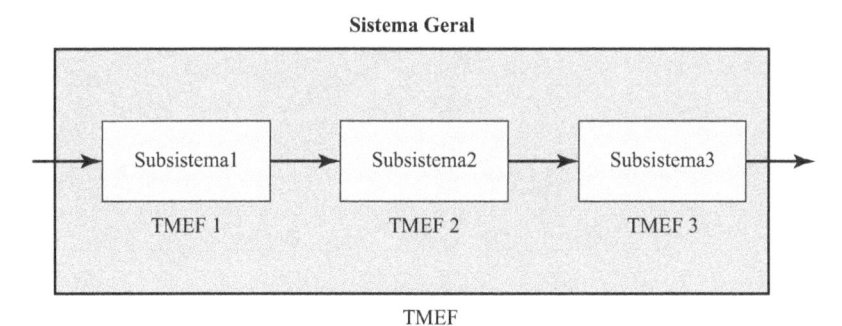

**Figura 5.12** Um sistema eletrônico que contém três subsistemas com TMEFs conhecidos.

**5.33 Média RMS** A *média da raiz quadrada* (rms) é outra maneira de calcular uma média para um conjunto de números. A média rms de uma série de números é a raiz quadrada da média aritmética dos quadrados dos números:

$$\text{média rms} = \sqrt{\frac{1}{N}\sum_{i=1}^{N} x_i^2} \qquad (5.22)$$

Escreva um programa MATLAB que aceite um número arbitrário de valores positivos e calcule a média rms dos números. Solicite ao usuário o número de valores a serem fornecidos e utilize um laço for para ler os números. Teste seu programa calculando a média rms dos números 10, 5, 2 e 5.

**5.34 Média Harmônica** A *média harmônica* é outra maneira de calcular um meio para um conjunto de números. A média harmônica de um conjunto de números é dada pela equação:

$$\text{média harmônica} = \frac{N}{\frac{1}{x_1} + \frac{1}{x_2} + \cdots + \frac{1}{x_n}} \tag{5.23}$$

Escreva um programa MATLAB que aceite um número arbitrário de valores positivos de entrada e calcule a média harmônica dos números. Utilize qualquer método que você preferir para ler os valores de entrada. Teste seu programa calculando a média harmônica dos números 10, 5, 2 e 5.

**5.35 Média Geométrica** A *média geométrica* de um conjunto de números positivos $x_1$ até $x_n$ é definida como *n*-ésima raiz do produto dos números:

$$\text{média geométrica} = \sqrt[n]{x_1 x_2 x_3 \cdots x_n} \tag{5.24}$$

Escreva um programa MATLAB que aceitará um número arbitrário de valores de entrada positivos e calcule a média aritmética (*ou seja*, a média) e a média geométrica dos números. Utilize um laço `while` para obter os valores de entrada e termine as entradas quando um usuário inserir um número negativo. Teste seu programa calculando as médias aritmética e geométrica dos quatro números 10, 5, 2 e 5.

# Capítulo 6
# Funções Básicas Definidas pelo Usuário

No Capítulo 4, aprendemos a importância de um bom projeto de programa. A técnica básica empregada foi o **projeto top-down**. Nessa forma de desenvolver projetos, o engenheiro inicialmente estabelece o problema a ser resolvido e os dados de entrada e de saída. Em seguida, descreve o algoritmo a ser implementado pelo programa em linhas gerais, e aplica *decomposição* para quebrar o algoritmo em subdivisões lógicas denominadas subtarefas. Então, o engenheiro divide cada subtarefa até conseguir pequenas tarefas, cada uma das quais simples e de fácil entendimento. Finalmente, as tarefas individuais são transformadas em código MATLAB.

Embora tenhamos seguido esse processo de projeto em nossos exemplos, os resultados têm sido restritos, pois tivemos que combinar em um programa maior o código final MATLAB gerado para cada subtarefa. Não tivemos a oportunidade de codificar, verificar e testar cada subtarefa independentemente antes de combinar as subtarefas no programa final.

Felizmente, o MATLAB tem um mecanismo especial projetado para facilitar o desenvolvimento e a depuração de subtarefas independentemente, antes de construir o programa final. É possível codificar cada subtarefa como uma **função** separada e cada função pode ser testada e depurada independentemente das outras no programa.

Funções bem projetadas reduzem enormemente o esforço requerido em um grande projeto de programação. Seus benefícios são:

1. **Teste independente de subtarefas.** Cada subtarefa pode ser escrita como uma unidade independente. A subtarefa pode ser testada separadamente para garantir o bom funcionamento antes de combiná-la no programa maior. Este passo é conhecido como **teste unitário**. Ele elimina uma fonte importante de problemas antes mesmo de construir o programa final.
2. **Código reutilizável.** Em muitos casos, a mesma subtarefa básica pode ser requerida em várias partes de um programa. Por exemplo, muitas vezes pode ser preciso ordenar uma lista de valores em ordem ascendente dentro de um programa, ou mesmo em outros programas. É possível projetar, codificar, testar e depurar uma *única* função para a ordenação, e então reutilizar esta função toda vez que a ordenação for necessária. Esse código reutilizável tem duas vantagens principais: reduz o esforço total de programação necessário e simplifica a depuração, já que a função de organização precisa ser depurada somente uma vez.
3. **Isolamento dos efeitos colaterais indesejado.** As funções recebem dados de entrada do programa, que as chama por meio de uma lista de variáveis denominada **lista de argumentos de entrada** e retorna os resultados para o programa por meio de uma **lista de argumentos de saída**. Cada

função tem seu próprio espaço de trabalho, com suas variáveis próprias, independente de todas as outras funções e do programa de chamada. *As únicas variáveis do programa de chamada que podem ser vistas pela função são aquelas na lista de argumentos de entrada, e as únicas variáveis da função que podem ser vistas pelo programa de chamada são aquelas na lista de argumentos de saída.* Isto é muito importante, pois os erros acidentais de programação dentro de uma função somente podem afetar as variáveis dentro da que ocorreu o erro.

Quando um programa grande é escrito e liberado, ele precisa ser *mantido*. A manutenção de programas envolve consertar erros e modificá-lo para lidar com circunstâncias novas e inicialmente não previstas. O engenheiro que modifica um programa durante a manutenção com frequência não é a pessoa que originalmente o escreveu. Em um programa mal escrito, é comum que o engenheiro efetue uma alteração em uma região do código e esta provoque efeitos colaterais indesejados em partes totalmente diferentes do programa. Isto ocorre porque nomes de variáveis são reutilizados em partes diferentes do programa. Quando o engenheiro altera os valores em algumas das variáveis, eles são acidentalmente capturados e utilizados em outras partes do código.

O uso de funções bem projetadas minimiza este problema pela **ocultação de dados.** As variáveis no programa principal não são visíveis para a função (exceto aquelas na lista de argumentos de entrada) nem podem ser acidentalmente modificadas por algo que ocorra dentro da função. Assim, erros ou alterações nas variáveis da função não podem acidentalmente provocar efeitos colaterais indesejados em outras partes do programa.

## Boa Prática de Programação

Divida as grandes tarefas em funções sempre que for útil para alcançar os importantes benefícios do teste independente dos componentes, da reutilização e do isolamento de efeitos colaterais indesejados.

## 6.1 Introdução às Funções MATLAB

Todos os arquivos M vistos até aqui foram **arquivos de script**. Os arquivos de script são simplesmente coleções de expressões MATLAB que são armazenadas em um arquivo. Quando um arquivo de script é executado, o resultado é o mesmo que executar todos os comandos diretamente pela Janela de Comandos. Arquivos de script compartilham o espaço de trabalho da Janela de Comandos, assim, qualquer variável definida antes do arquivo de script iniciar a execução é visível para ele, e as variáveis por ele criadas permanecem no espaço de trabalho após o término da execução do arquivo. Arquivos de script não têm argumentos de entrada e não retornam resultados, mas podem se comunicar entre si pelos dados deixados no espaço de trabalho.

Em contrapartida, uma **função MATLAB** é um tipo especial de arquivo M executado em um espaço de trabalho independente. Ela recebe dados de entrada por meio de uma **lista de argumentos de entrada**, e retorna resultados por uma **lista de argumentos de saída**. A forma geral de uma função MATLAB é

```
function [outarg1, outarg2, ...] = fname(inarg1, inarg2, ...)
% H1 comment line
% Other comment lines
...
(Executable code)
...
(return)
end
```

A expressão `function` determina o início da função. Ela especifica o nome da função e as listas de argumentos de entrada e de saída. A lista de argumentos de entrada aparece entre parênteses após o nome da função, e a de argumentos de saída aparece entre colchetes à esquerda do sinal de igual. (Se existir somente um argumento de saída, os colchetes são dispensáveis.)

Cada função MATLAB ordinária deve ser colocada em uma arquivo com o mesmo nome (incluindo capitalização) como a função e a extensão de arquivo ".m". Por exemplo, se uma função for denominada `My_fun`, ela deve ser colocada em um arquivo denominado `My_fun.m`.

A lista de argumentos de entrada é uma lista com nomes que representam os valores que serão passados por quem ativou a função. Esses nomes são chamados **argumentos simulados**. São marcadores para os valores efetivamente passados pelo ativador quando a função é chamada. Similarmente, a lista de argumentos de saída contém uma lista de argumentos simulados que são marcadores para os valores retornados para o ativador quando a função termina sua execução.

Uma função é chamada utilizando seu nome em uma expressão, juntamente com uma lista de **argumentos efetivos**. Uma função pode ser invocada pela digitação do seu nome diretamente na Janela de Comandos, ou pela inclusão do seu nome em um arquivo de script ou em outra função. O nome no programa de chamada deve *corresponder exatamente* ao nome da função (incluindo capitalização).[1] Quando a função é chamada, o valor do primeiro argumento real é utilizado no lugar do primeiro argumento simulado e assim por diante para cada par de argumento efetivo/argumento simulado.

A execução começa no topo da função e termina quando encontra uma expressão `return`, uma expressão `end` ou o final da função. Como a execução é encerrada de qualquer maneira ao final da função, a expressão `return` não é na realidade obrigatória na maioria das funções, e por isso é usada raramente. Cada item na lista de argumentos de saída precisa aparecer à esquerda de pelo menos uma expressão de atribuição na função. Quando a função termina, os valores armazenados na lista de argumentos de saída são retornados para o ativador e podem ser utilizados em outros cálculos.

O uso de uma expressão `end` para terminar uma função é uma nova característica a partir do MATLAB 7.0. Isso é opcional, a menos que um arquivo inclua funções aninhadas, que estão descritas no Capítulo 7. Não utilizaremos a expressão `end` para terminar uma função a menos que seja realmente necessário; portanto, você raramente verá isso neste livro.

As linhas iniciais de comentários em uma função têm um objetivo especial. A primeira linha de comentário depois da expressão de função é a **linha de comentário H1**. Ela deve sempre conter um resumo de uma linha do objetivo da função. A importância especial desta função decorre de ela ser encontrada e exibida pelo comando `lookfor`. As linhas de comentários restantes que vão da H1 até a primeira linha em branco ou a primeira expressão executável são exibidas pelo comando `help`. Elas devem conter um resumo breve de como utilizar a função.

Um exemplo simples de função definida pelo usuário é apresentado abaixo. A função `dist2` calcula a distância entre os pontos $(x_1, y_1)$ e $(x_2, y_2)$ em um sistema de coordenada cartesiana.

```
function distance = dist2 (x1, y1, x2, y2)
%DIST2 Calculate the distance between two points
% Function DIST2 calculates the distance between
% two points (x1,y1) and (x2,y2) in a Cartesian
% coordinate system.
%
% Calling sequence:
%distance = dist2(x1, y1, x2, y2)
```

---

[1] Por exemplo, suponha que uma função tenha sido declarada com o nome `My_Fun` e colocada no arquivo `My_Fun.m`. Em seguida, essa função deve ser chamada com o nome `My_Fun`, e não pode ser chamada com nomes como `my_fun` ou `MY_FUN`. Se a capitalização não for correspondida, isso produzirá um erro em computadores Linux e Macintosh e um aviso nos computadores baseados em Windows.

```
% Define variables:
% x1        -- x-position of point 1
% y1        -- y-position of point 1
% x2        -- x-position of point 2
% y2        -- y-position of point 2
% distance  -- Distance between points

% Record of revisions:
%      Date          Programmer         Description of change
%      ====          ==========         =====================
%    02/01/14       S. J. Chapman       Original code
% Calculate distance.
distance = sqrt((x2-x1).^2 + (y2-y1).^2);
```

Essa função tem quatro argumentos de entrada e um argumento de saída. Um arquivo de script simples que utiliza essa função é apresentado a seguir:

```
%   Script file: test_dist2.m
%
%   Purpose:
% This program tests function dist2.
%
%   Record of revisions:
%       Date          Programmer         Description of change
%       ====          ==========         =====================
%     02/01/14       S. J. Chapman       Original code
%
%   Define variables:
% ax         -- x-position of point a
% ay         -- y-position of point a
% bx         -- x-position of point b
% by         -- y-position of point b
% result     -- Distance between the points

%  Get input data.
disp('Calculate the distance between two points:');
ax = input('Enter x value of point a:');
ay = input('Enter y value of point a:');
bx = input('Enter x value of point b:');
by = input('Enter y value of point b:');

% Evaluate function
result = dist2 (ax, ay, bx, by);

% Write out result.
fprintf('The distance between points a and b is %f\n',result);
```

Quando esse arquivo de script é executado, os resultados são:

```
» test_dist2
Calculate the distance between two points:
Enter x value of point a:  1
Enter y value of point a:  1
```

```
Enter x value of point b:  4
Enter y value of point b:  5
The distance between points a and b is 5.000000
```

Esses resultados estão corretos, conforme podemos verificar com simples cálculos à mão.

A função dist2 também suporta o subsistema de ajuda do MATLAB. Se digitarmos "help dist2", os resultados são:

```
» help dist2
DIST2 Calculate the distance between two points
    Function DIST2 calculates the distance between
    two points (x1,y1) and (x2,y2) in a Cartesian
    coordinate system.

    Calling sequence:
      res = dist2(x1, y1, x2, y2)
```

De maneira similar, se digitarmos "lookfor distance", obteremos o resultado

```
» lookfor distance
DIST2 Calculate the distance between two points
MAHAL Mahalanobis distance.
DIST Distances between vectors.
NBDIST Neighborhood matrix using vector distance.
NBGRID Neighborhood matrix using grid distance.
NBMAN Neighborhood matrix using Manhattan-distance.
```

Para observar o comportamento do espaço de trabalho do MATLAB antes, durante e após a execução da função, vamos carregar a função dist2 e o arquivo de script test_dist2 no depurador MATLAB e ajustar os pontos de interrupção antes, durante e depois da chamada da função (veja a Figura 6.1). Quando o programa para no ponto de interrupção *antes* da função chamada, o espaço de trabalho fica conforme mostrado na Figura 6.2 (a). Observe que as variáveis ax, ay, bx e by estão definidas na área de trabalho com os valores que colocamos. Quando o programa para no ponto de interrupção *na* função chamada, a área de trabalho da função fica ativa. Conforme mostrado na Figura 6.2 (b). Observe que as variáveis x1, x2, y1, y2 e distance são definidas na área de trabalho da função e as variáveis definidas no arquivo M de chamada não estão presentes. Quando o programa para no programa de chamada no ponto de interrupção *após* a função chamada, a área de trabalho é mostrada na Figura 6.2 (c). Agora as variáveis originais estão de volta, com a variável result adicionada para conter o valor retornado pela função. Essas figuras mostram que o espaço de trabalho da função é diferente do espaço de trabalho do arquivo M de chamada.

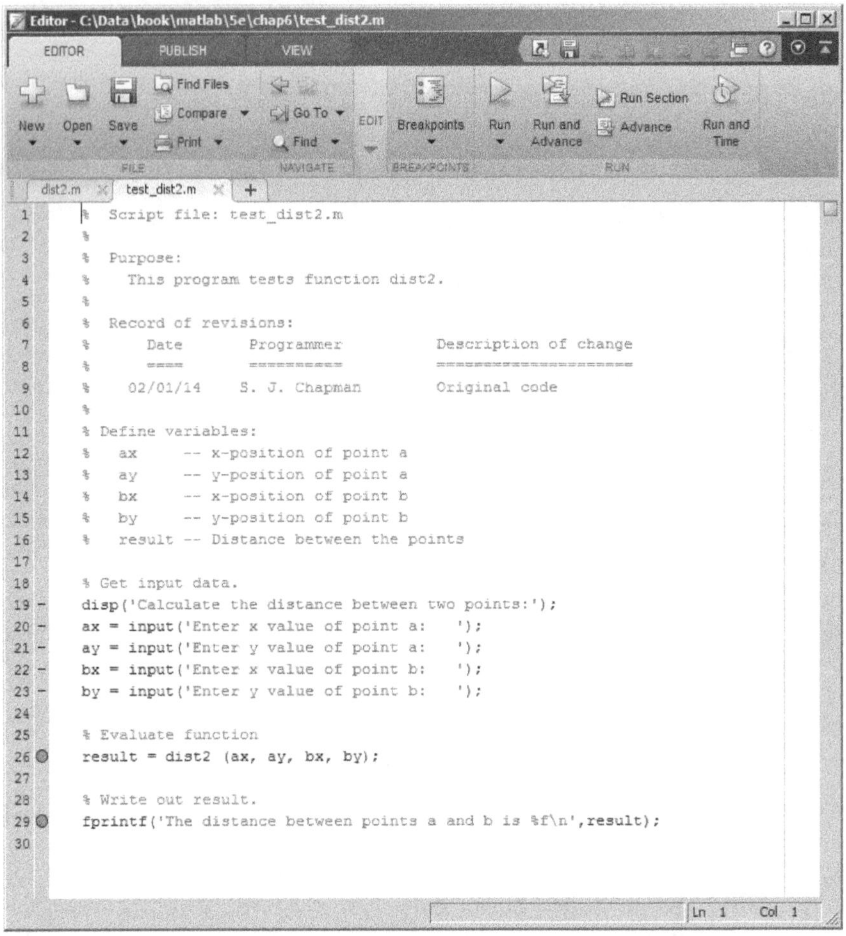
Editor - C:\Data\book\matlab\5e\chap6\test_dist2.m
EDITOR
PUBLISH
VIEW
New
Open
Save
Find Files
Compare
Print
FILE
Go To
Find
NAVIGATE
EDIT
Breakpoints
BREAKPOINTS
Run
Run and Advance
Run Section
Advance
Run and Time
RUN
dist2.m
test_dist2.m
% Script file: test_dist2.m
%
% Purpose:
% This program tests function dist2.
%
% Record of revisions:
% Date Programmer Description of change
% ==== ========== =====================
% 02/01/14 S. J. Chapman Original code
%
% Define variables:
% ax -- x-position of point a
% ay -- y-position of point a
% bx -- x-position of point b
% by -- y-position of point b
% result -- Distance between the points
% Get input data.
disp('Calculate the distance between two points:');
ax = input('Enter x value of point a: ');
ay = input('Enter y value of point a: ');
bx = input('Enter x value of point b: ');
by = input('Enter y value of point b: ');
% Evaluate function
result = dist2 (ax, ay, bx, by);
% Write out result.
fprintf('The distance between points a and b is %f\n',result);
Ln 1
Col 1

**Figura 6.1** O arquivo M `test_dist2` e a função `dist2` são carregados no depurador, com pontos de interrupção ajustados antes, durante e depois da função chamada.

## 6.2 Passagem de Variável no MATLAB: Esquema de Passagem por Valor

Os programas MATLAB comunicam-se com suas funções utilizando um esquema de **passagem por valor**. Quando ocorre uma função chamada, o MATLAB faz uma *cópia* dos argumentos efetivos e os passa para a função. Essa cópia é muito significativa, porque mesmo se a função modificar os argumentos de entrada, ela não afetará os dados originais no ativador. Isso ajuda a prevenir efeitos colaterais indesejáveis em que um erro na função possa modificar de maneira não intencional as variáveis no programa de chamada.

Esse comportamento é ilustrado na função abaixo. Essa função tem dois argumentos de entrada: a e b. Durante os cálculos, ela modifica ambos os argumentos de entrada.

```
function out = sample(a, b)
fprintf('In      sample: a = %f, b = %f %f\n',a,b);
a = b(1) + 2*a;
b = a .* b;
out = a + b(1);
fprintf('In      sample: a = %f, b = %f %f\n',a,b);
```

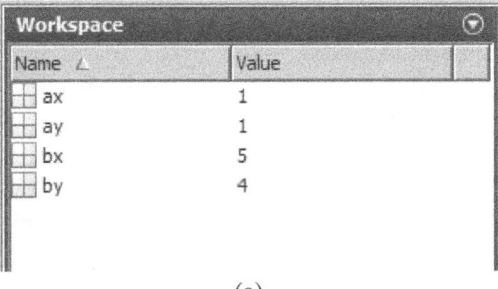

**Figura 6.2** (a) O espaço de trabalho antes da função chamada.
(b) O espaço de trabalho durante a função chamada.
(c) O espaço de trabalho após a função chamada.

Um programa de teste simples para chamar essa função é apresentado abaixo.

```
a = 2; b = [6 4];
fprintf('Before sample: a = %f, b = %f %f\n',a,b);
out = sample(a,b);
fprintf('After  sample: a = %f, b = %f %f\n',a,b);
fprintf('After  sample: out = %f\n',out);
```

Quando esse programa é executado, os resultados são:

```
» test_sample
Before sample: a = 2.000000, b = 6.000000 4.000000
In     sample: a = 2.000000, b = 6.000000 4.000000
In     sample: a = 10.000000, b = 60.000000 40.000000
After  sample: a = 2.000000, b = 6.000000 4.000000
After  sample: out = 70.000000
```

Observe que a e b foram modificadas dentro da função `sample`, mas essas mudanças *não tiveram efeito nos valores no programa de chamada.*

Usuários da linguagem C devem estar familiarizados com o esquema de passagem por valor, pois C utiliza esse esquema para os valores escalares passados para funções. Entretanto C *não* utiliza o esquema de passagem para matrizes, assim, uma modificação indesejável para uma matriz simulada em uma função C pode provocar efeitos colaterais no programa de chamada. O MATLAB melhora isso pois utiliza a passagem por valor tanto para escalares como para matrizes.[2]

## ▶Exemplo 6.1 – Conversão de Retangular para Polar

A localização de um ponto em um plano cartesiano pode ser expressa por coordenadas retangulares $(x, y)$ ou coordenadas polares $(r, \theta)$, conforme mostrado na Figura 6.3. As relações entre esses dois grupos de coordenadas são fornecidas pelas seguintes equações:

$$x = r \cos \theta \qquad (6.1)$$
$$x = r \operatorname{sen} \theta \qquad (6.2)$$
$$r = \sqrt{x^2 + y^2} \qquad (6.3)$$
$$\theta = \tan^{-1} \frac{y}{x} \qquad (6.4)$$

Escreva duas funções `rect2polar` e `polar2rect` que convertem as coordenadas da forma retangular para a polar e vice-versa, em que o ângulo $\theta$ é expresso em graus.

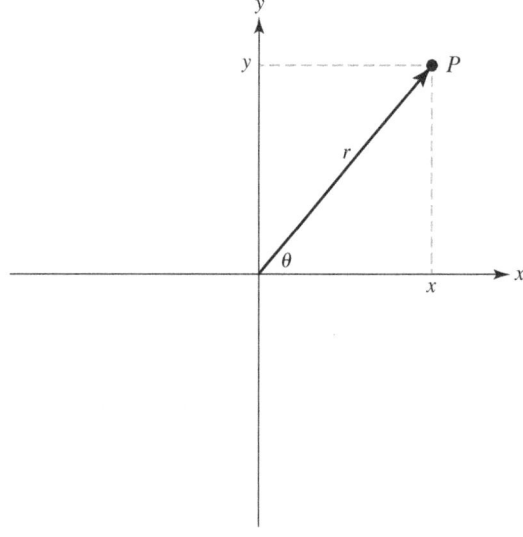

**Figura 6.3** Um ponto *P* em um plano cartesiano pode ser localizado pelas coordenadas retangulares $(x, y)$ ou pelas coordenadas polares $(r, \theta)$.

---

[2] A implementação do argumento que passa no MATLAB é realmente mais sofisticada do que indicado nessa discussão. Conforme apontado, a cópia associada com a passagem por valor ocupa bastante tempo, mas protege contra efeitos colaterais indesejáveis. O MATLAB na realidade utiliza o melhor das duas abordagens: ele analisa cada argumento de cada função e determina se a função modifica ou não o argumento. Se a função modifica o argumento, o MATLAB faz uma cópia dela. Se não, o MATLAB simplesmente aponta para o valor no programa de chamada. Esta prática acelera e preserva a proteção contra efeitos colaterais!

**Solução** Vamos agora aplicar nossa abordagem padrão para resolução de problemas, e assim criar essas funções. Observe que as funções trigonométricas do MATLAB utilizam radianos, então precisamos converter de graus para radianos e vice-versa na resolução desse problema. A relação básica entre graus e radianos é

$$180° = \pi \text{ radianos} \tag{6.5}$$

1. **Estabeleça o problema**

   Uma descrição sucinta do problema é:

   Escreva uma função que converta uma localização em um plano cartesiano expresso em coordenadas retangulares nas coordenadas polares correspondentes, com o ângulo $\theta$ expresso em graus. Escreva também uma função que converta uma localização em um plano cartesiano expresso em coordenadas polares, com o ângulo $\theta$ expresso em graus nas coordenadas retangulares correspondentes.

2. **Defina as entradas e saídas**

   As entradas para a função `rect2polar` são a localização retangular $(x, y)$ de um ponto. As saídas da função são a localização polar $(r, \theta)$ do ponto. As entradas para a função `polar2rect` são a localização polar $(r, \theta)$ de um ponto. As saídas da função são a localização retangular $(x, y)$ do ponto.

3. **Descreva o algoritmo**

   Essas funções são muito simples, então podemos escrever diretamente o pseudocódigo para elas. O pseudocódigo para a função `polar2rect` é:

   ```
   x ← r * cos(theta * pi/180)
   y ← r * sin(theta * pi/180)
   ```

   O pseudocódigo para função `rect2polar` utilizará a função `atan2`, pois ela opera nos quatro quadrantes do plano cartesiano. (Procure essa função no Navegador de Ajuda do MATLAB!)

   ```
   r ← sqrt(x.^2 + y.^2)
   theta ← 18/pi * atan2(y,x)
   ```

4. **Transforme o algoritmo em expressões MATLAB.**

   O código MATLAB para a função `polar2rect` de seleção é mostrado abaixo.

   ```
   function [x, y] = polar2rect(r,theta)
   %POLAR2RECT Convert rectangular to polar coordinates
   % Function POLAR2RECT accepts the polar coordinates
   % (r,theta), where theta is expressed in degrees,
   % and converts them into the rectangular coordinates
   % (x,y).
   %
   % Calling sequence:
   %    [x, y] = polar2rect(r,theta)

   % Define variables:
   %    r         -- Length of polar vector
   %    theta     -- Angle of vector in degrees
   %    x         -- x-position of point
   %    y         -- y-position of point

   % Record of revisions:
   %     Date          Programmer        Description of change
   %     ====          ==========        ====================
   %     02/01/14      S. J. Chapman     Original code
   ```

```
x = r * cos(theta * pi/180);
y = r * sin(theta * pi/180);
```

O código MATLAB para a função `rect2polar` de seleção é mostrado abaixo.

```
function [r, theta] = rect2polar(x,y)
%RECT2POLAR Convert rectangular to polar coordinates
% Function RECT2POLAR accepts the rectangular coordinates
% (x,y) and converts them into the polar coordinates
% (r,theta), where theta is expressed in degrees.
%
% Calling sequence:
%    [r, theta] = rect2polar(x,y)

% Define variables:
%    r           -- Length of polar vector
%    theta       -- Angle of vector in degrees
%    x           -- x-position of point
%    y           -- y-position of point

% Record of revisions:
%    Date            Programmer          Description of change
%    ====            ==========          =====================
%    02/01/14        S. J. Chapman       Original code

r = sqrt (x.^2 + y .^2);
theta = 180/pi * atan2(y,x);
```

Observe que essas duas funções incluem informação de ajuda, por isso funcionarão apropriadamente com o subsistema de ajuda do MATLAB e com o comando `lookfor`.

5. **Teste o programa.**
Para testar essas funções, vamos executá-las diretamente pela Janela de Comandos do MATLAB. Vamos fazer isso utilizando o triângulo 3-4-5, familiar para a maioria das pessoas desde o curso secundário. O ângulo menor no triângulo 3-4-5 é de aproximadamente 36,87°. Vamos também testar a função nos quatro quadrantes do plano cartesiano para garantir que as conversões estejam corretas em todos os pontos.

```
» [r, theta] = rect2polar(4,3)
r =
     5
theta =
    36.8699
» [r, theta] = rect2polar(-4,3)
r =
     5
theta =
   143.1301
» [r, theta] = rect2polar(-4,-3)
r =
     5
theta =
  -143.1301
» [r, theta] = rect2polar(4,-3)
```

```
r =
    5
theta =
    -36.8699
» [x, y] = polar2rect(5,36.8699)
x =
    4.0000
y =
    3.0000
» [x, y] = polar2rect(5,143.1301)
x =
    -4.0000
y =
    3.0000
» [x, y] = polar2rect(5,-143.1301)
x =
    -4.0000
y =
    -3.0000
» [x, y] = polar2rect(5,-36.8699)
x =
    4.0000
y =
    -3.0000
»
```

Essas funções aparentemente funcionam corretamente em todos os quadrantes do plano cartesiano.

◀

## ▶Exemplo 6.2 – Ordenando Dados

Em muitas aplicações científicas e de engenharia, é necessário ordenar um conjunto de dados de entrada para que os números fiquem todos em *ordem ascendente* (do menor para o maior) ou todos na *ordem descendente* (do maior para o menor). Por exemplo, suponha que você seja um zoólogo estudando uma grande população de animais e queira identificar os 5% da população com os maiores animais. A forma mais direta de abordar este problema seria classificar em ordem ascendente os tamanhos de todos os animais na população e pegar os 5% de valores mais altos.

Classificar dados em ordem ascendente ou descendente parece ser uma tarefa fácil. Afinal, fazemos isso o tempo todo. Para nós é simples classificar os dados (10, 3, 6, 4, 9) na ordem (3, 4, 6, 9, 10). Como fazemos isso? Primeiro, varremos a lista de dados de entrada (10, 3, 6, 4, 9) para encontrar o menor valor na lista (3) e depois varremos os dados de entrada restantes (10, 6, 4, 9) para encontrar o menor valor seguinte (4) e assim por diante, até que toda a lista esteja classificada.

Na realidade, a classificação pode ser uma tarefa bastante difícil. Com o crescimento da quantidade de valores a serem classificados, o tempo necessário para executar essa simples tarefa descrita acima cresce rapidamente, pois precisamos varrer o conjunto de dados de entrada uma vez para cada valor colocado em ordem. Para conjuntos de dados muito grandes, esta técnica demora muito para ser considerada prática. E pior ainda: como vamos classificar os dados se houver números demais para caber na memória principal do computador? O desenvolvimento de técnicas eficientes para classificar grandes conjuntos de dados é uma área ativa de pesquisa e assunto de cursos inteiros.

Neste exemplo, vamos nos confinar ao algoritmo mais simples possível para ilustrar o conceito de ordenação. Esse algoritmo mais simples é denominado **ordenação por seleção**. É apenas uma implementação por computador da matemática mental anteriormente descrita. O algoritmo básico para a ordenação por seleção é:

1. Percorrer a lista de números para localizar seu menor valor. Colocar esse valor no começo da lista, trocando-o pelo valor que estiver originalmente nessa posição. Se o valor na frente da lista já for o menor, não faça nada.
2. Varrer a lista de números da posição 2 até o fim para localizar o próximo valor menor na lista. Percorrer a lista de números da posição 2 até o final para localizar o terceiro menor valor na lista. Se o valor na posição 2 já estiver nessa posição, não faça nada.
3. Varrer a lista de números da posição 3 até o fim para localizar o terceiro número menor na lista. Percorrer a lista de números da posição 3 até o final para localizar o terceiro menor valor na lista. Se o valor na posição 3 já é o terceiro menor, então não faça nada.
4. Repetir esse processo até a penúltima posição da lista ser alcançada. Após processar a penúltima posição da lista, a ordenação estará completa.

Observe que, se estivermos ordenando N valores, o algoritmo de ordenação requer N − 1 percursos por meio dos dados para completar a ordenação.

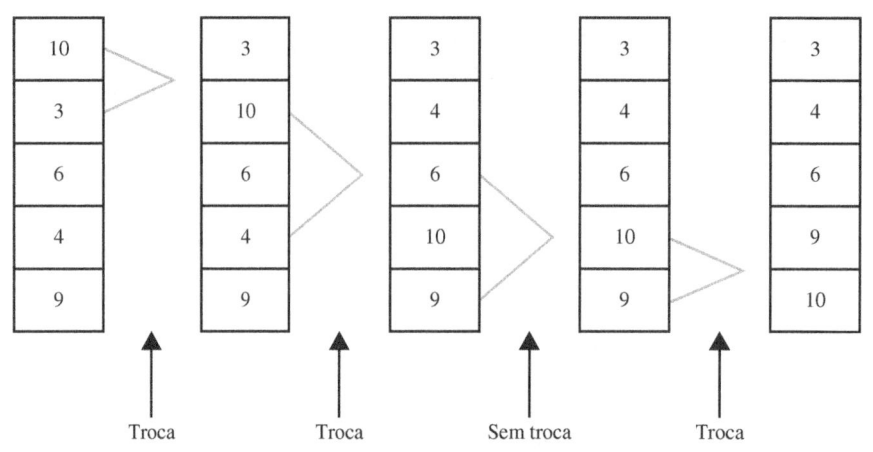

**Figura 6.4** Um exemplo que demonstra o algoritmo de ordenação por seleção.

Esse processo está ilustrado na Figura 6.4. Como temos cinco valores para ordenar no conjunto de dados, vamos varrer quatro vezes os dados. Na primeira passagem pelo conjunto de dados inteiro, o valor mínimo é 3, então o 3 é trocado pelo 10, que ocupa a posição 1. A segunda passada procura o valor mínimo nas posições de 2 a 5. O mínimo é 4, então 4 é trocado pelo 10, que ocupa a posição 2. A terceira passada procura o valor mínimo nas posições de 3 a 5. Esse mínimo é 6, que já está na posição 3, então nenhuma troca é necessária. Finalmente, a quarta passada procura o valor mínimo nas posições de 4 a 5. O mínimo é 9, então o 9 é trocado pelo 10 na posição 4, e a ordenação está completa.

### Erros de Programação

O algoritmo de ordenação por seleção é o algoritmo de ordenação mais fácil de entender, mas é computacionalmente ineficiente. *Ele nunca deve ser aplicado a grandes conjuntos de dados* (por exemplo, conjuntos com mais de 1.000 elementos). Ao longo dos anos, os cientistas de computação têm desenvolvido algoritmos de ordenação muito mais eficientes. As funções `sort` e `sortrows` construídas no MATLAB são extremamente eficientes e devem ser utilizadas em situações reais.

Vamos agora desenvolver um programa para ler um conjunto de dados da Janela de Comandos, classificá-los em ordem ascendente e exibir o conjunto ordenado de dados. A classificação será efetuada por uma função separada definida pelo usuário.

**Solução** Este programa deve conseguir solicitar ao usuário os dados de entrada, classificá-los e escrevê-los. O processo do projeto para esse problema é fornecido abaixo.

1. **Estabeleça o problema**
   Ainda não especificamos o tipo dos dados a serem ordenados. Se os dados forem numéricos, então o problema pode ser apresentado da seguinte maneira:

   Desenvolva um programa para ler um número arbitrário de valores numéricos de entrada da Janela de Comandos, classificar os dados em ordem ascendente, utilizando uma função de ordenação separada, e escrever os dados ordenados na Janela de Comandos.

2. **Defina os dados de entrada e de saída**
   Os dados de entrada são valores numéricos digitados pelo usuário na Janela de Comandos. Os dados de saída são os dados ordenados escritos na Janela de Comandos.

3. **Descreva o algoritmo**
   Esse programa pode ser subdividido em três passos principais

   ```
   Read the input data into an array
   Sort the data in ascending order
   Write the sorted data
   ```

   A primeira etapa principal é lida nos dados. Precisamos solicitar ao usuário o número de valores a serem fornecidos e então ler os dados. Como saberemos quantos valores serão lidos, um laço for é apropriado para a leitura dos dados. O pseudocódigo detalhado é mostrado abaixo:

   ```
   Prompt user for the number of data values
   Read the number of data values (nvals)
   Preallocate an input array
   for ii = 1:nvals
      Prompt for next value
      Read value
   end
   ```

A seguir, temos que ordenar os dados em uma função separada. Precisaremos passar **nvals**-1 vezes através dos dados, localizando o menor valor restante a cada vez. Utilizaremos um ponteiro para localizar o menor valor de cada passada. Encontrado o menor valor, ele será trocado com o topo da lista se ainda não estiver lá. O pseudocódigo detalhado é mostrado abaixo:

```
for ii = 1:nvals-1

   % Find the minimum value in a(ii) through a(nvals)
   iptr ← ii
   for jj = ii+1 to nvals
      if a(jj) < a(iptr)
         iptr ← jj
      end
   end

   % iptr now points to the min value, so swap a(iptr)
   % with a(ii) if iptr ~= ii.
   if ii ~= iptr
      temp ← a(ii)
```

```
            a(ii)   ← a(iptr)
            a(iptr) ← temp
         end
   end
```

O passo final é apresentar os valores ordenados. Não precisamos refinar o pseudocódigo para esse passo. O pseudocódigo final é a combinação de ler, ordenar e apresentar o resultado.

4. **Transforme o algoritmo em expressões MATLAB.**
   O código MATLAB para a função de ordenação de seleção é mostrado abaixo.

```
function out = ssort(a)
%SSORT Selection sort data in ascending order
% Function SSORT sorts a numeric data set into
% ascending order. Note that the selection sort
% is relatively inefficient. DO NOT USE THIS
% FUNCTION FOR LARGE DATA SETS. Use MATLAB's
% "sort" function instead.

% Define variables:
%   a        -- Input array to sort
%   ii       -- Index variable
%   iptr     -- Pointer to min value
%   jj       -- Index variable
%   nvals    -- Number of values in "a"
%   out      -- Sorted output array
%   temp     -- Temp variable for swapping

%   Record of revisions:
%       Date        Programmer       Description of change
%       ====        ==========       =====================
%       02/02/14    S. J. Chapman    Original code

% Get the length of the array to sort
nvals = length(a);

% Sort the input array
for ii = 1:nvals-1
   % Find the minimum value in a(ii) through a(n)
   iptr = ii;
   for jj = ii+1:nvals
      if a(jj) < a(iptr)
         iptr = jj;
      end
   end

   % iptr now points to the minimum value, so swap a(iptr)
   % with a(ii) if ii ~= iptr.
   if ii ~= iptr
      temp     = a(ii);
      a(ii)    = a(iptr);
      a(iptr)  = temp;
   end
end
```

```
    % Pass data back to caller
    out = a;
```

O programa para ativar a função de ordenação por seleção é apresentado abaixo.

```
    %   Script file: test_ssort.m
    %
    %   Purpose:
    %     To read in an input data set, sort it into ascending
    %     order using the selection sort algorithm, and to
    %     write the sorted data to the Command Window. This
    %     program calls function "ssort" to do the actual
    %     sorting.
    %
    %   Record of revisions:
    %       Date          Programmer         Description of change
    %       ====          ==========         =====================
    %     02/02/14        S. J. Chapman      Original code
    %
    % Define variables:
    %   array   -- Input data array
    %   ii      -- Index variable
    %   nvals   -- Number of input values
    %   sorted  -- Sorted data array

    % Prompt for the number of values in the data set
    nvals = input('Enter number of values to sort: ');

    % Preallocate array
    array = zeros(1,nvals);

    % Get input values
    for ii = 1:nvals

       % Prompt for next value
       string = ['Enter value ' int2str(ii) ': '];
       array(ii) = input(string);

    end

    % Now sort the data
    sorted = ssort(array);

    % Display the sorted result.
    fprintf('\nSorted data:\n');
    for ii = 1:nvals
       fprintf(' %8.4f\n',sorted(ii));
    end
```

5. **Teste o programa.**
   Para testar este programa, vamos criar um conjunto de dados de entrada e executar o programa. O conjunto de dados deve conter uma mistura de valores positivos e negativos e pelo menos um valor duplicado para verificar se o programa funciona corretamente nessas circunstâncias.

   ```
   » test_ssort
   Enter number of values to sort:  6
   Enter value 1:   -5
   Enter value 2:   4
   Enter value 3:   -2
   Enter value 4:   3
   Enter value 5:   -2
   Enter value 6:   0

   Sorted data:
     -5.0000
     -2.0000
     -2.0000
      0.0000
      3.0000
      4.0000
   ```

   O programa fornece a resposta correta para nosso conjunto de dados de teste. Observe que ele funciona para números positivos e negativos, bem como para números repetidos. ◀

## 6.3 Argumentos Opcionais

Muitas funções MATLAB dão suporte a argumentos de entrada e de saída opcionais. Por exemplo, já vimos chamadas para a função plot com a quantidade de argumentos variando entre dois e sete. Por outro lado, a função max suporta um ou dois argumentos de saída. Se houver somente um argumento de saída, max retorna o valor máximo em uma matriz. Se houver dois argumentos de saída, max retornará o valor máximo e a sua localização na matriz. Como as funções MATLAB podem saber quantos argumentos de entrada e de saída estão presentes, e como elas ajustam seu comportamento?

Existem oito funções especiais que podem ser utilizadas pelas funções MATLAB para obter informações sobre os argumentos opcionais e informar sobre erros nesses argumentos. Seis dessas funções são apresentadas aqui; as duas restantes serão apresentadas no Capítulo 10, após estudarmos o tipo de dados matriz de células. As funções apresentadas agora são:

- nargin – Essa função retorna o número de argumentos de entrada real utilizados na chamada da função.
- nargout – Essa função retorna o número de argumentos de saída utilizados na chamada da função.
- nargchk – Essa função retorna o número de argumentos utilizados na chamada da função.
- error – Exibe mensagem de erro e interrompe a função produzindo o erro. Essa função será utilizada se os erros de argumentos forem fatais.
- warning – Exibe mensagem de aviso e continua a execução da função. Esta função é utilizada se os erros dos argumentos não forem fatais e a execução puder continuar.
- inputname – Essa função retorna o nome atual da variável que corresponde a um número de argumento em particular.

Quando as funções `nargin` e `nargout` são chamadas dentro de uma função definida pelo usuário, elas retornam respectivamente o número de argumentos de entrada e de saída que foram utilizados quando a função definida pelo usuário foi chamada.

A função `nargchk` gera uma cadeia que contém a mensagem de erro padrão se uma função for chamada com argumentos insuficientes ou demais. A sintaxe desta função é

```
message = nargchk(min_args,max_args,num_args);
```

em que `min_args` é o número mínimo de argumentos, `max_args` é o número máximo de argumentos e `num_args` é o número real de argumentos. Se o número de argumentos estiver fora dos limites admissíveis, uma mensagem de erro padrão será gerada. Se o número de argumentos estiver dentro dos limites aceitáveis, uma cadeia de caracteres vazia será gerada.

A função `error` é uma maneira padrão de exibir uma mensagem de erro e interromper a função definida pelo usuário, provocando um erro. A sintaxe dessa função é `error('msg')`, em que `msg` é uma cadeia de caracteres que contém uma mensagem de erro. Quando `error` é executado, ele interrompe a função em andamento e retorna o controle para o teclado, exibindo a mensagem de erro na Janela de Comandos. Se a cadeia de mensagem estiver vazia, `error` não faz nada e a execução continua. Essa função funciona bem com `nargchk`, que produz uma cadeia de mensagem quando ocorre um erro e uma cadeia vazia quando não há erro.

A função `warning` é uma maneira padrão de exibir uma mensagem de aviso que inclui a função e o número de linha em que o problema ocorreu, mas deixa a execução continuar.

A sintaxe dessa função é `warning ('msg')`, em que `msg` é uma cadeia de caractere que contém uma mensagem de aviso. Quando `warning` é executado, ele exibe a mensagem de aviso na Janela de Comandos e lista o nome de função e o número de linha do qual o aviso veio. Se a cadeia de mensagem estiver vazia, `warning` não faz nada. Em quaisquer das situações, a execução da função tem continuidade.

A função `inputname` retorna o nome do argumento real utilizado quando a função é chamada. A sintaxe desta função é

```
name = inputname(argno);
```

em que `argno` é o número do argumento. Se o argumento for uma variável, seu nome é exibido. Se o argumento for uma expressão, esta função retorna uma cadeia de caracteres vazia. Por exemplo, considere a função

```
function myfun(x,y,z)
name = inputname(2);
disp(['The second argument is named' name]);
```

Quando esta função é ativada, o resultado é

```
» myfun(dog,cat)
The second argument is named cat
» myfun(1,2+cat)
The second argument is named
```

A função `inputname` é útil para exibir nomes de argumentos em mensagens de aviso e de erro.

## ▶ Exemplo 6.3 – Utilizando Argumentos Opcionais

Vamos ilustrar o uso de argumentos opcionais pela criação de uma função que aceita um valor $(x, y)$ de coordenadas retangulares e produz uma representação equivalente em coordenadas polares, composta por uma amplitude e um ângulo em graus. A função é projetada para dar suporte a dois argumentos de entrada $x$ e $y$. Entretanto, se somente um argumento for fornecido, a função assume que o valor de *y* é zero e continua com o cálculo. A função normalmente retornará a magnitude e o ângulo em graus, mas, se apenas um argumento de saída for fornecido, ela retornará somente a magnitude. A função é apresentada abaixo:

```
function [mag, angle] = polar_value(x,y)
%POLAR_VALUE Converts (x,y) to (r,theta)
% Function POLAR_VALUE converts an input (x,y)
% value into (r,theta), with theta in degrees.
% It illustrates the use of optional arguments.

% Define variables:
%    angle     -- Angle in degrees
%    msg       -- Error message
%    mag       -- Magnitude
%    x         -- Input x value
%    y         -- Input y value (optional)

%   Record of revisions:
%       Date          Programmer          Description of change
%       ====          ==========          =====================
%       02/03/14      S. J. Chapman       Original code

% Check for a legal number of input arguments.
msg = nargchk(1,2,nargin);
error(msg);

% If the y argument is missing, set it to 0.
if nargin < 2
   y = 0;
end

% Check for (0,0) input arguments, and print out
% a warning message.
if x == 0 & y == 0
   msg = 'Both x any y are zero: angle is meaningless!';
   warning(msg);
end

% Now calculate the magnitude.
mag = sqrt(x.^2 + y.^2);

% If the second output argument is present, calculate
% angle in degrees.
if nargout == 2
   angle = atan2(y,x) * 180/pi;
end
```

Vamos testar esta função ativando-a repetidamente a partir da Janela de Comandos. Primeiro, vamos tentar ativar a função com poucos ou com muitos argumentos.

```
» [mag angle] = polar_value
??? Error using ==> polar_value
Not enough input arguments.
```

```
» [mag angle] = polar_value(1,-1,1)
??? Error using ==> polar_value
Too many input arguments.
```

A função apresenta as mensagens de erro apropriadas nos dois casos. Agora, vamos tentar ativar a função com um ou dois argumentos de entrada.

```
» [mag angle] = polar_value(1)
mag =
     1
angle =
     0
» [mag angle] = polar_value(1,-1)
mag =
     1.4142
angle =
    -45
```

A função apresenta as respostas corretas nos dois casos. A seguir, vamos tentar ativar a função com um ou dois argumentos de saída.

```
» mag = polar_value(1,-1)
mag =
     1.4142
» [mag angle] = polar_value(1,-1)
mag =
     1.4142
angle =
    -45
```

A função apresenta as respostas corretas nos dois casos. Para finalizar, vamos tentar ativar a função com *x* e *y* igual a zero.

```
» [mag angle] = polar_value(0,0)

Warning: Both x any y are zero: angle is meaningless!
> In d:\book\matlab\chap6\polar_value.m at line 32
mag =
     0
angle =
     0
```

Neste caso, a função exibe a mensagem de aviso, mas a execução não é interrompida.

Observe que uma função MATLAB pode ser declarada para ter mais argumentos de saída que aqueles efetivamente usados, e isto *não* é um erro. A função não tem realmente que verificar nargout para determinar se um argumento de saída está presente. Por exemplo, considere a seguinte função:

```
function [z1, z2] = junk(x,y)
z1 = x + y;
z2 = x - y;
end % function junk
```

Esta função pode ser ativada com sucesso utilizando um ou dois argumentos de saída.

```
» a = junk(2,1)
a =
   3
» [a b] = junk(2,1)
a =
   3
b =
   1
```

O motivo de verificar `nargout` em uma função é evitar o trabalho desnecessário. Se um resultado não será aproveitado, por que calculá-lo? Um engenheiro pode acelerar a operação de um programa ao evitar cálculos desnecessários.

### Teste 6.1

Este teste fornece uma verificação rápida do seu entendimento sobre os conceitos apresentados nas Seções de 6.1 a 6.3. Se você tiver problemas com o teste, releia as seções, pergunte ao seu instrutor ou discuta o material com um colega. As respostas para esse teste estão no final do livro.

1. Quais as diferenças entre um arquivo de script e uma função?
2. Como funciona o comando `help` com as funções definidas pelo usuário?
3. Qual a importância da linha de comentário H1 em uma função?
4. O que é um esquema de passagem por valor? Como isso contribui para um bom projeto de programa?
5. Como uma função MATLAB pode ser projetada para ter argumentos opcionais?

Para as questões 6 e 7, determine se as chamadas da função estão corretas ou não. Se elas contiverem erros, especifique o que está errado.

6. `out = test1(6);`

    ```
    function res = test1(x,y)
    res = sqrt(x.^2 + y.^2);
    ```

7. `out = test2(12);`

    ```
    function res = test2(x,y)
    error(nargchk(1,2,nargin));
    if nargin == 2
       res = sqrt(x.^2 + y.^2);
    else
       res = x;
    end
    ```

## 6.4 Compartilhando Dados Usando a Memória Global

Já vimos que os programas trocam dados com as funções utilizando listas de argumentos. Quando uma função é ativada, cada argumento é copiado, e a cópia é utilizada pela função.

Além da lista de argumentos, as funções MATLAB podem trocar dados entre si e com o espaço de trabalho básico utilizando a memória global. **Memória global** é um tipo especial de memória que pode ser acessado de qualquer espaço de trabalho. Se uma variável for declarada como global em uma função, ela será colocada na memória local, não no espaço de trabalho local. Se a mesma variável for declarada global em outra função, essa variável se referirá à *mesma localização de memória* que a variável da primeira função. Cada arquivo de script ou função que declarar a variável como global terá acesso aos mesmos valores de dados, assim, a *memória global proporcionará uma maneira de compartilhar dados entre funções*.

Uma variável global é declarada por uma expressão **global statement**. A forma de uma expressão global é

```
global var1 var2 var3 ...
```

em que *var1, var2, var3*, e assim por diante são as variáveis a serem colocadas na memória global. Por convenção, as variáveis globais são declaradas com letras maiúsculas, embora isso não seja requerido pela linguagem.

### Boa Prática de Programação

Declare as variáveis globais com todas as letras maiúsculas, para facilitar que elas sejam diferenciadas das variáveis locais.

Cada variável global precisa ser declarada como global antes de ser utilizada pela primeira vez em uma função – é um erro declarar uma variável como global depois de ela ter sido criada no espaço de trabalho local.[3] Para evitar esse erro, costuma-se declarar as variáveis globais imediatamente após os comentários iniciais e antes da primeira expressão executável de uma função.

### Boa Prática de Programação

Declare variáveis globais imediatamente após os comentários iniciais e antes da primeira expressão executável em cada função que as utilize.

As variáveis globais são especialmente úteis para compartilhar grandes volumes de dados entre muitas funções, pois o conjunto de dados como um todo não precisa ser copiado cada vez que uma função é chamada. O lado ruim de utilizar a memória global para troca de dados entre funções é que elas funcionarão somente para um conjunto de dados específico. Uma função que troca dados utilizando argumentos de entrada pode ser reutilizada simplesmente pela sua ativação com argumentos distintos, mas uma função que troca dados utilizando a memória global precisa ser modificada para funcionar com um conjunto de dados diferente.

As variáveis globais também são úteis para compartilhar dados ocultos entre um grupo de funções relacionados, mantendo-os invisíveis para a unidade do programa ativador.

---

[3] Se uma variável for declarada como global depois de já ter sido definida em uma função, MATLAB apresentará uma mensagem de aviso e alterará o valor local para corresponder ao valor global. Não se deve confiar nesse recurso, entretanto, pois futuras versões do MATLAB não permitirão essa conversão.

## Boa Prática de Programação

Você pode utilizar a memória global para passar grandes quantidades de dados entre funções dentro de um programa.

### ▶ Exemplo 6.4 – Gerador de Números Aleatórios

E impossível efetuar medidas perfeitas no mundo real. Sempre existe algum *ruído de medida* associado a cada medida. Esse fato é uma consideração importante no projeto de sistemas para controlar a operação desses dispositivos reais como aviões, refinarias e reatores nucleares. Um bom projeto de engenharia precisa considerar esses erros de medida para que o ruído não leve a comportamentos instáveis (como quedas de aviões, explosões de refinarias ou abalos em usinas nucleares!).

Os projetos de engenharia são em sua maioria testados com *simulações* da operação do sistema antes de sua construção. As simulações envolvem a criação de modelos matemáticos do comportamento do sistema e a alimentação desses modelos com uma cadeia realista de dados de entrada. Se os modelos respondem corretamente aos dados de entrada simulados, podemos ter confiança razoável de que o sistema real responderá corretamente aos dados reais.

Os dados de entrada simulados fornecidos para os modelos precisam ser corrompidos com ruídos de medida simulados, ou seja, uma sequência de números aleatórios acrescentados aos dados de entrada ideais. O ruído simulado é em geral produzido por um *gerador de números aleatórios*.

Gerador de números aleatórios é uma função que retorna um número distinto e aparentemente aleatório cada vez que é ativada. Como os números são na realidade gerados por um algoritmo determinístico, eles somente aparentam ser aleatórios.[4] Entretanto, se o algoritmo utilizado for complexo o suficiente, os números serão aleatórios o suficiente para uso na simulação.

Um algoritmo gerador de números aleatórios simples é apresentado abaixo.[5] Ele fundamenta-se na imprevisibilidade da função módulo aplicada a números grandes. Releia no Capítulo 2 que a função de módulo mod retorna ao restante após a divisão de dois números. Considere a seguinte equação:

$$n_{i+1} = \mod(8121 n_i + 28411, 134456) \qquad (6.6)$$

Assume que $n_i$ é um número inteiro não negativo. Em seguida, devido à função módulo, $n_{i+1}$ será um número entre 0 e 134455 inclusive. Depois, $n_{i+1}$ pode ser alimentado na equação para produzir um número $n_{i+2}$ que também está entre 0 e 134455. Este processo pode ser repetido indefinidamente para produzir uma série de números no intervalo [0,134455]. Se não tivéssemos informação a respeito dos números 8121, 28411 e 134456 antecipadamente, seria impossível adivinhar a ordem em que esses valores de *n* seriam produzidos. Além disso, existe uma probabilidade igual (ou uniforme) de aparecimento de qualquer número dado na sequência. Devido a essas propriedades, a Equação (6.6) pode servir de base para um gerador de números aleatórios simples com distribuição uniforme.

Agora utilizaremos a Equação (6.6) para projetar um gerador de número aleatório cuja saída é um número real no intervalo [0.0, 1.0).[6]

**Solução** Vamos escrever uma função que gere um número aleatório no intervalo 0 ≤ *ran* < 1.0 sempre que for chamada. O número aleatório será baseado na equação

---

[4] Por esse motivo, algumas pessoas se referem a essas funções como *geradores de número pseudoaleatórios*.
[5] Esse algoritmo é adaptado a partir da discussão localizada no Capítulo 7 do livro *Numerical Recipes*: The Art of Scientific Programming. de Press, Flannery; Teukolsky; Vetterling. Cambridge University Press, 1986.
[6] A notação [0.0,1.0) indica que o intervalo de números aleatórios vai de 0,0 a 1,0, incluindo o número 0,0, mas excluindo o número 1,0.

$$ran_i = \frac{n_i}{134456} \tag{6.7}$$

em que $n_i$ é um número no intervalo de 0 a 134455 produzido pela Equação (6.7).

A sequência específica produzida pelas Equações (6.6) e (6.7) dependerá do valor inicial de $n_0$ (chamado *seed*) da sequência. Precisamos fornecer ao usuário uma maneira de especificar $n_0$ para que a sequência possa mudar cada vez que a função for executada.

1. **Estabeleça o problema**

   Escreva uma função random0 que gerará e retornará uma matriz executada contendo um ou mais números com uma distribuição de probabilidade uniforme no intervalo $0 \leq$ ran $< 1.0$, baseado na sequência especificada pelas Equações (6.6) e (6.7). A função deve ter um ou dois argumentos de entrada (m e n) que especifiquem o tamanho da matriz a ser retomada. Se houver somente um argumento, a função deve gerar uma matriz quadrada de tamanho m × m. Se houver dois argumentos, a função deve gerar uma matriz de tamanho m × n. O valor inicial da semente $n_0$ será especificado pela chamada de uma função denominada seed.

2. **Defina as entradas e saídas**

   Existem duas funções neste problema: seed e random0. A entrada para a função seed é um inteiro que serve como ponto de partida para a sequência. Essa função não tem dados de saída. A entrada para a função random0 apresenta um ou dois inteiros que especificam o tamanho da matriz de números aleatórios a ser gerada. Se somente um argumento m for fornecido, a função deveria gerar uma matriz quadrada de tamanho m × m. Se os dois argumentos m e n forem fornecidos, a função deve gerar uma matriz de tamanho m × n. A saída dessa função é a matriz de valores aleatórios no intervalo [0.0, 1.0).

3. **Descreva o algoritmo**

   O pseudocódigo para a função random0 é:

   ```
   function ran = random0 ( m, n )
   Check for valid arguments
   Set n ← m if not supplied
   Create output array with "zeros" function
   for ii = 1:number of rows
      for jj = 1:number of columns
         ISEED ← mod (8121 * ISEED + 28411, 134456)
         ran(ii,jj) ← iseed / 134456
      end
   end
   ```

   em que o valor de ISEED é colocado na memória global para que seja salvo entre as chamadas para a função. O pseudocódigo para a função seed é trivial:

   ```
   function seed (new_seed)
   new_seed ← round(new_seed)
   ISEED ← abs(new_seed)
   ```

   A função round é utilizada para o caso de o usuário não fornecer um inteiro, e a função de valor absoluto é utilizada quando o usuário fornecer um valor negativo. O usuário não precisa saber que somente inteiros positivos são valores legais.

   A variável ISEED será colocada na memória global para ser acessada por ambas as funções.

4. **Transforme o algoritmo em expressões MATLAB.**

   A função random0 é mostrada abaixo.

   ```
   function ran = random0(m,n)
   %RANDOM0 Generate uniform random numbers in [0,1)
   ```

```
% Function RANDOM0 generates an array of uniform
% random numbers in the range [0,1). The usage
% is:
%
% random0(m)      -- Generate an m x m array
% random0(m,n)    -- Generate an m x n array

% Define variables:
%   ii        -- Index variable
%   ISEED     -- Random number seed (global)
%   jj        -- Index variable
%   m         -- Number of columns
%   msg       -- Error message
%   n         -- Number of rows
%   ran       -- Output array
%
%   Record of revisions:
%       Date        Programmer        Description of change
%       ====        ==========        =====================
%       02/04/14    S. J. Chapman     Original code

% Declare global values
global ISEED              % Seed for random number generator

% Check for a legal number of input arguments.
msg = nargchk(1,2,nargin);
error(msg);

% If the n argument is missing, set it to m.
if nargin < 2
   n = m;
end

% Initialize the output array
ran = zeros(m,n);

% Now calculate random values
for ii = 1:m
   for jj = 1:n
      ISEED = mod(8121*ISEED + 28411, 134456);
      ran(ii,jj) = ISEED / 134456;
   end
end
```

A função seed é mostrada abaixo.

```
function seed(new_seed)
%SEED Set new seed for function RANDOM0
% Function SEED sets a new seed for function
% RANDOM0. The new seed should be a positive
% integer.

% Define variables:
```

```
%   ISEED      -- Random number seed (global)
%   new_seed   -- New seed

%   Record of revisions:
%       Date          Programmer         Description of change
%       ====          ==========         =====================
%       02/04/14      S. J. Chapman      Original code
%
% Declare global values
global ISEED                  % Seed for random number generator

% Check for a legal number of input arguments.
msg = nargchk(1,1,nargin);
error(msg);

% Save seed
new_seed = round(new_seed);
ISEED = abs(new_seed);
```

5. **Teste os programas MATLAB resultantes.**
Se os números gerados por essas funções forem aleatórios uniformemente distribuídos no intervalo $0 \leq$ ran $< 1.0$, então a média de muitos números deve ser perto de 0,5 e o desvio padrão dos números deve ser perto de $\frac{1}{\sqrt{12}}$.

Adicionalmente, se o intervalo de 0 a 1 for dividido em faixas de mesmo tamanho, o número de valores aleatórios em cada faixa deve ser aproximadamente o mesmo. Um **histograma** é um diagrama do número de valores em cada caixa. A função MATLAB hist criará e desenhará um histograma de um conjunto de dados de entrada, de modo que o utilizaremos para verificar a distribuição de números aleatórios gerados por random0.

Para testar os resultados dessas funções, vamos efetuar os seguintes testes:
1. Chamar seed com new_seed ajustado para 1024.
2. Chamar random0 (4) para ver se os resultados parecem ser aleatórios.
3. Chamar random0 (4) para verificar se os resultados são diferentes de chamada para chamada.
4. Chamar seed novamente com new_seed definido como 1024.
5. Chamar random0 (4) para ver se os resultados são os mesmos que em (2) acima. Isso permite verificar se o valor foi reajustado apropriadamente.
6. Chamar random0 (2,3) para verificar se ambos os argumentos de entrada estão sendo utilizados corretamente.
7. Chamar random0 (1, 100000) e calcular a média e o desvio padrão do conjunto de dados resultante utilizando as funções MATLAB mean e std. Compare os resultados para 0,5 e $\frac{1}{\sqrt{12}}$.
8. Criar um histograma dos dados de (7) para ver se números aproximadamente iguais de valores ocorrem em cada caixa.

Vamos efetuar esses testes interativamente, verificando os resultados durante o percurso.
```
» seed(1024)
» random0(4)
ans =
    0.0598    1.0000    0.0905    0.2060
    0.2620    0.6432    0.6325    0.8392
    0.6278    0.5463    0.7551    0.4554
```

```
            0.3177      0.9105      0.1289      0.6230
» random0(4)
ans =
            0.2266      0.3858      0.5876      0.7880
            0.8415      0.9287      0.9855      0.1314
            0.0982      0.6585      0.0543      0.4256
            0.2387      0.7153      0.2606      0.8922
» seed(1024)
» random0(4)
ans =
            0.0598      1.0000      0.0905      0.2060
            0.2620      0.6432      0.6325      0.8392
            0.6278      0.5463      0.7551      0.4554
            0.3177      0.9105      0.1289      0.6230
» random0(2,3)
ans =
            0.2266      0.3858      0.5876
            0.7880      0.8415      0.9287
» arr = random0(1,100000);
» mean(arr)
ans =
            0.5001
» std(arr)
ans =
            0.2887
» hist(arr,10)
» title('\bfHistogram of the Output of random0');
» xlabel('Bin');
» ylabel('Count');
```

Os resultados desses testes parecem razoáveis, então a função parece estar funcionando. A média do conjunto de dados foi de 0,5001, que é bem próxima ao valor teórico de 0,5000 e o desvio padrão do conjunto de dados foi de 0,2887, que é igual ao valor teórico de 0,2887 para a exatidão exibida. O histograma é apresentado na Figura 6.5 e a distribuição dos valores aleatórios é aproximadamente uniforme em todas as caixas.

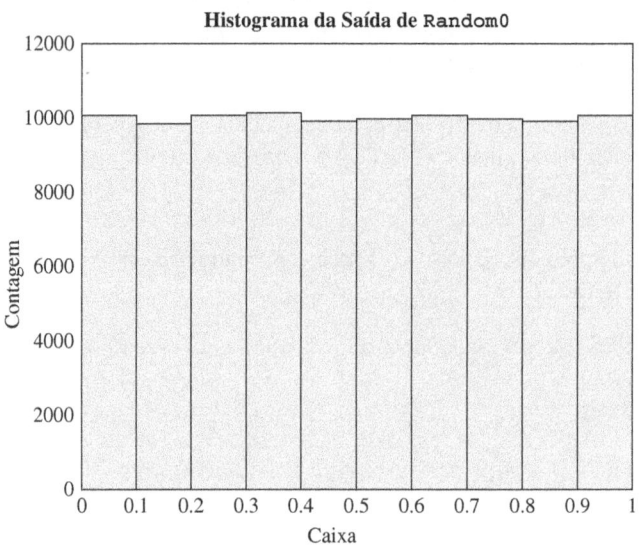

**Figura 6.5** Histograma da saída da função `random0`.

## 6.5 Preservando Dados entre Chamadas de uma Função

Quando termina a execução de uma função, o espaço de trabalho especial criado para esta função é destruído e o conteúdo de todas as variáveis locais desaparece. Quando a função for ativada novamente, um novo espaço de trabalho será criado e todas as variáveis locais retornarão para seus valores básicos. Este é o comportamento geralmente desejável, pois ele garante que as funções MATLAB se comportem de maneira similar sempre que ativadas.

As vezes, no entanto, pode ser útil preservar alguma informação local entre ativações de uma função. Por exemplo, há a possibilidade de querermos criar um contador para o número de vezes que uma função foi chamada. Se esse contador for destruído cada vez que a função encerrar sua execução, a contagem nunca passará de 1!

O MATLAB contém um mecanismo especial para permitir que variáveis locais sejam preservadas entre chamadas de uma função. A **memória persistente** é um tipo especial de memória que pode ser acessada somente de dentro da função, mas fica preservada inalterada entre chamadas da função.

Uma variável persistente é declarada com a **expressão `persistent`** A forma de uma expressão global é

```
persistent var1 var2 var3 ...
```

em que `var1, var2, var3` etc. são as variáveis a serem colocadas na memória persistente.

### Boa Prática de Programação

Utilize a memória persistente para preservar os valores das variáveis locais em uma função entre as chamadas da função.

### ▶ Exemplo 6.5 – Executando Médias

Por vezes é desejável calcular estatísticas em execução sobre conjuntos de dados à medida que os valores são fornecidos. As funções `mean` e `std` integradas do MATLAB poderiam efetuar essas tarefas, mas precisaríamos lhe fornecer todo o conjunto de dados para recalcular os valores cada vez que novos fossem fornecidos. Um resultado melhor pode ser obtido escrevendo uma função especial que acompanhe as somas apropriadas em execução e somente precise do último valor para calcular a média corrente e o desvio padrão.

A média aritmética de um conjunto de números é definida como

$$\bar{x} = \frac{1}{N} \sum_{i=1}^{N} x_i \qquad (6.8)$$

em que $x_i$ é a amostra $i$ de $N$ amostras. O desvio padrão de um conjunto de números é definido como

$$s = \sqrt{\frac{N \sum_{i=1}^{N} x_i^2 - \left( \sum_{i=1}^{N} x_i \right)^2}{N(N-1)}} \qquad (6.9)$$

O desvio padrão é uma medida da quantidade do espalhamento das medidas – quanto maior o desvio padrão, mais espalhados serão os pontos no conjunto de dados. Se pudermos acompanhar o número de valores $N$, a soma dos valores $\Sigma x$ e a soma dos quadrados dos valores $\Sigma x^2$, então podemos calcular a média e o desvio padrão a qualquer momento das Equações (6.8) e (6.9).

Escreva uma função para calcular a média e o desvio padrão em execução de um conjunto de dados que está sendo fornecido.

**Solução** Esta função precisa aceitar valores de entrada um por vez e manter as somas em execução de $N$, $\Sigma x$ e $\Sigma x^2$, que será utilizado para calcular a média e o desvio padrão. Ela precisa armazenar as somas em execução na memória global para que sejam preservadas entre chamadas. Por fim, deve haver um mecanismo para redefinir as somas em execução.

1. **Estabeleça o problema**
   Crie uma função para calcular a média e o desvio padrão em execução de um conjunto de dados à medida que novos valores são fornecidos. A função precisa também incluir um recurso para redefinir as somas em execução quando desejado.
2. **Defina as entradas e saídas**
   Existem dois tipos de entradas necessárias para esta função:
   1. A cadeia de caracteres 'reset' para redefinir as somas em execução para zero.
   2. Os valores numéricos do conjunto de dados de entrada apresentam um valor por função chamada.
   
   As saídas dessa função são a média e o desvio padrão dos dados fornecidos para a função até o momento.
3. **Projete o algoritmo**
   Esta função pode ser dividida em quatro grandes passos

   ```
   Check for a legal number of arguments
   Check for a 'reset', and reset sums if present
   Otherwise, add current value to running sums
   Calculate and return running average and std dev
      if enough data is available. Return zeros if
      not enough data is available.
   ```

   O pseudocódigo detalhado para essas etapas é:

   ```
   Check for a legal number of arguments
   if x == 'reset'
      n ← 0
      sum_x ← 0
      sum_x2 ← 0
   else
      n ← n + 1
      sum_x ← sum_x + x
      sum_x2 ← sum_x2 + x^2
   end

   % Calculate ave and sd
   if n == 0
      ave ← 0
      std ← 0
   elseif n == 1
      ave ← sum_x
      std ← 0
   else
      ave ← sum_x / n
      std ← sqrt((n*sum_x2 - sum_x^2) / (n*(n-1)))
   end
   ```

4. **Transforme o algoritmo em expressões MATLAB.**
   A função MATLAB final é mostrada abaixo.

```
function [ave, std] = runstats(x)
%RUNSTATS Generate running ave & std deviation
% Function RUNSTATS generates a running average
% and standard deviation of a data set. The
% values x must be passed to this function one
% at a time. A call to RUNSTATS with the argument
% 'reset' will reset the running sums.

% Define variables:
%    ave         -- Running average
%    msg         -- Error message
%    n           -- Number of data values
%    std         -- Running standard deviation
%    sum_x       -- Running sum of data values
%    sum_x2      -- Running sum of data values squared
%    x           -- Input value
%
%   Record of revisions:
%       Date        Programmer       Description of change
%       ====        ==========       =====================
%       02/05/14    S. J. Chapman    Original code

% Declare persistent values
persistent n                % Number of input values
persistent sum_x            % Running sum of values
persistent sum_x2           % Running sum of values squared

% Check for a legal number of input arguments.
msg = nargchk(1,1,nargin);
error(msg);

% If the argument is 'reset', reset the running sums.
if x == 'reset'
   n = 0;
   sum_x = 0;
   sum_x2 = 0;
else
   n = n + 1;
   sum_x = sum_x + x;
   sum_x2 = sum_x2 + x^2;
end

% Calculate ave and sd
if n == 0
   ave = 0;
   std = 0;
elseif n == 1
   ave = sum_x;
   std = 0;
```

```
        else
            ave = sum_x / n;
            std = sqrt((n*sum_x2 - sum_x^2) / (n*(n-1)));
        end
```

5. **Teste o programa.**

Para testar esta função, devemos criar um arquivo de script que redefina runstats, leia os valores de entrada, chame runstats e exiba as estatísticas em execução. Um arquivo de script apropriado é mostrado abaixo:

```
%   Script file: test_runstats.m
%
%   Purpose:
%     To read in an input data set and calculate the
%     running statistics on the data set as the values
%     are read in. The running stats will be written
%     to the Command Window.
%
%   Record of revisions:
%       Date          Programmer        Description of change
%       ====          ==========        =====================
%       02/05/14      S. J. Chapman     Original code
%
% Define variables:
%   array   -- Input data array
%   ave     -- Running average
%   std     -- Running standard deviation
%   ii      -- Index variable
%   nvals   -- Number of input values
%   std     -- Running standard deviation

% First reset running sums
[ave std] = runstats('reset');

% Prompt for the number of values in the data set
nvals = input('Enter number of values in data set:  ');

% Get input values
for ii = 1:nvals

   % Prompt for next value
   string = ['Enter value ' int2str(ii) ':  '];
   x = input(string);

   % Get running statistics
   [ave std] = runstats(x);

   % Display running statistics
   fprintf('Average = %8.4f; Std dev = %8.4f\n',ave,std);

end
```

Para testar esta função, vamos calcular à mão as estatísticas em execução para um conjunto de 5 números e comparar os cálculos com os resultados do programa. Se um conjunto de dados for criado com os seguintes 5 valores de entrada

$$3., \quad 2., \quad 3., \quad 4., \quad 2.8$$

as estatísticas em execução calculadas à mão serão:

| Value | n | $\Sigma x$ | $\Sigma x^2$ | Average | Std_dev |
|---|---|---|---|---|---|
| 3,0 | 1 | 3,0 | 9,0 | 3,00 | 0,000 |
| 2,0 | 2 | 5,0 | 13,0 | 2,50 | 0,707 |
| 3,0 | 3 | 8,0 | 22,0 | 2,67 | 0,577 |
| 4,0 | 4 | 12,0 | 38,0 | 3,00 | 0,816 |
| 2,8 | 5 | 14,8 | 45,84 | 2,96 | 0,713 |

A saída do programa de teste para o mesmo conjunto de dados é:

```
» test_runstats
Enter number of values in data set:   5
Enter value 1:   3
Average =    3.0000; Std dev =    0.0000
Enter value 2:   2
Average =    2.5000; Std dev =    0.7071
Enter value 3:   3
Average =    2.6667; Std dev =    0.5774
Enter value 4:   4
Average =    3.0000; Std dev =    0.8165
Enter value 5:   2.8
Average =    2.9600; Std dev =    0.7127
```

portanto, os resultados conferem com a precisão mostrada com relação aos dados calculados à mão.

## 6.6 Funções MATLAB Integradas: Funções de Ordenação

O MATLAB inclui duas funções integradas de ordenação que são extremamente eficientes e devem ser utilizadas em vez da função simples de ordenação que criamos no Exemplo 6.2. Essas funções são bem mais rápidas do que a ordenação que criamos no Exemplo 6.2 e a diferença de velocidade aumenta conforme aumenta o tamanho do conjunto de dados a ser ordenado.

A função `sort` ordena um conjunto de dados em ordem ascendente ou descendente. Se os dados forem um vetor de coluna ou de linha, todo o conjunto de dados será ordenado. Se os dados forem uma matriz bidimensional, as colunas da matriz serão ordenadas separadamente.

As formas mais comuns da função `sort` são

```
res = sort(a);              % Sort in ascending order
res = sort(a,'ascend');     % Sort in ascending order
res = sort(a,'descend');    % Sort in descending order
```

Se a for um vetor, o conjunto de dados será ordenado na ordem especificada. Por exemplo,

```
» a = [1 4 5 2 8];
» sort(a)
ans =
     1     2     4     5     8
» sort(a,'ascend')
```

```
ans =
     1     2     4     5     8
» sort(a,'descend')
ans =
     8     5     4     2     1
```

Se b for uma matriz, o conjunto de dados será ordenado independentemente pela coluna. Por exemplo,

```
» b = [1 5 2; 9 7 3; 8 4 6]
b =
     1     5     2
     9     7     3
     8     4     6
» sort(b)
ans =
     1     4     2
     8     5     3
     9     7     6
```

A função sortrows ordena uma matriz de dados em ordem ascendente ou descendente *de acordo com uma ou mais colunas especificadas*.

As formas mais comuns da função sortrows são

```
res = sortrows(a);        % Ascending sort of col 1
res = sortrows(a,n);      % Ascending sort of col n
res = sortrows(a,-n);     % Descending order of col n
```

Também é possível ordenar por mais de uma coluna. Por exemplo, a expressão

```
res = sortrows(a,[m n]);
```

ordenaria as linhas pela coluna m e se duas ou mais linhas tiverem o mesmo valor na coluna m, ordenaria mais essas linhas pela coluna n.

Por exemplo, suponha que b seja uma matriz conforme definido abaixo. Então sortrows (b) ordenará as linhas na ordem ascendente de coluna 1 e sortrows (b, [2 3]) ordenará a linha na ordem ascendente de colunas 2 e 3.

```
» b = [1 7 2; 9 7 3; 8 4 6]
b =
     1     7     2
     9     7     3
     8     4     6
» sortrows(b)
ans =
     1     7     2
     8     4     6
     9     7     3
» sortrows(b,[2 3])
ans =
     8     4     6
     1     7     2
     9     7     3
```

## 6.7 Funções MATLAB Integradas: Funções de Número Aleatório

O MATLAB possui duas funções padrões que geram valores aleatórios de diferentes distribuições. São elas

- `rand` – Gera valores aleatórios de uma distribuição uniforme no intervalo [0,1)
- `randn` – Gera valores aleatórios de uma distribuição normal padrão

As duas são muito mais rápidas e mais "aleatórias" do que a função simples que criamos. Se você precisar realmente de números aleatórios em seus programas, utilize uma dessas funções.

Em uma distribuição uniforme, cada número no intervalo [0,1) possui uma probabilidade igual de aparição. Em contrapartida, a distribuição normal é uma "curva em forma de sino" clássica com o número mais provável sendo 0.0 e um desvio padrão de 1.0.

As funções `rand` e `randn` possuem as seguintes sequências de chamada:

- `rand () ou randn ()` – Gera um único valor aleatório
- `rand (n) ou randn (n)` – Gera uma matriz $n \times n$ de valores aleatórios
- `rand (m,n) ou randn(m,n)` – Gera uma matriz $m \times n$ de valores aleatórios

## 6.8 Resumo

No Capítulo 6, apresentamos uma introdução para funções definidas pelo usuário. Funções são arquivos M especiais que recebem dados como argumentos de entrada e retornam resultados como argumentos de saída. Cada função tem seu espaço de trabalho independente. Cada função deve aparecer em um arquivo separado com o mesmo nome que a função, *incluindo a capitalização*.

As funções são chamadas nomeando-as na Janela de Comandos ou outro arquivo M. Os nomes utilizados devem corresponder exatamente ao nome da função, incluindo a capitalização.

Os argumentos são passados para as funções utilizando um esquema de passagem por valor, indicando que o MATLAB copia cada argumento e passa a cópia para a função. Essa cópia é importante, porque a função pode modificar livremente seus argumentos de entrada sem afetar os argumentos reais no programa de chamada.

As funções do MATLAB podem suportar a variação de números de argumentos de entrada e de saída. A função `nargin` relata o número de argumentos de entrada reais utilizados em uma função chamada, e a função `nargout` relata o número de argumentos de saída reais utilizados em uma função chamada.

Os dados também podem ser compartilhados entre as funções MATLAB, pela sua colocação na memória global. As variáveis globais são declaradas utilizando a expressão `global`. As variáveis globais podem ser compartilhadas por todas as funções que as declaram. Por convenção, os nomes das variáveis globais são escritos com letras maiúsculas.

Dados internos em uma função podem ser preservados entre as chamadas para essa função, colocando os dados na memória persistente. As variáveis persistentes são declaradas utilizando a expressão `persistent`.

### 6.8.1 Resumo das Boas Práticas de Programação

As regras a seguir devem ser adotadas ao trabalhar com funções MATLAB.

1. Sempre que possível, quebre tarefas grandes em funções menores e fáceis de entender.
2. Declare variáveis globais com letras maiúsculas, para que elas sejam facilmente diferenciadas das variáveis locais.
3. Declare variáveis globais imediatamente após os comentários iniciais e antes da primeira expressão executável em cada função que as utilize.

4. Você pode utilizar a memória global para passar grandes quantidades de dados entre funções dentro de um programa.
5. Utilize a memória persistente para preservar os valores das variáveis locais dentro de uma função entre as chamadas da função.

### 6.8.2 Resumo do MATLAB

O resumo a seguir lista todos os comandos e funções do MATLAB apresentados neste capítulo, junto com uma breve descrição de cada item.

**Comandos e Funções**

| | |
|---|---|
| `error` | Exibe mensagem de erro e interrompe a execução da função que o produziu. Essa função é utilizada se os erros de argumentos forem fatais. |
| `global` | Declara variáveis globais. |
| `nargchk` | Retorna uma mensagem de erro padrão se uma função for chamada com poucos ou muitos argumentos. |
| `nargin` | Retorna o número de argumentos reais de entrada utilizados na chamada da função. |
| `nargout` | Retorna o número de argumentos reais de saída utilizados na chamada da função. |
| `persistent` | Declara variáveis persistentes. |
| `rand` | Gera valores aleatórios com distribuição uniforme. |
| `randn` | Gera valores aleatórios com distribuição normal padrão. |
| `return` | Interrompe a execução de uma função e retorna para o ativador. |
| `sort` | Ordena os dados em ordem ascendente ou descendente. |
| `sortrows` | Ordena as linhas de uma matriz na ordem ascendente ou descendente com base em uma coluna especificada. |
| `warning` | Exibe uma mensagem de erro e continua a execução da função. Esta função é utilizada se os erros dos argumentos não forem fatais e a execução puder continuar. |

## 6.9 Exercícios

**6.1** Qual a diferença entre um arquivo de `script` e uma função?
**6.2** Quando uma função é chamada, como os dados passam do ativador para a função e como os resultados da função são retornados para o ativador?
**6.3** Quais as vantagens e desvantagens do esquema de passagem por valor utilizado no MATLAB?
**6.4** Modifique a função de ordenação por seleção desenvolvida neste capítulo para que ela aceite um segundo argumento opcional, que pode ser `'up'` ou `'down'`. Se o argumento for `'up'`, ordene os dados na ordem ascendente. Se o argumento for `'down'`, ordene os dados na ordem descendente. Se o argumento estiver ausente, o caso padrão é ordenar os dados na ordem ascendente. (Certifique-se de manipular o caso de argumentos inválidos e de incluir informações de ajuda adequados em sua função.)

**6.5** As entradas para funções `sin`, `cos` e `tan` do MATLAB estão em radianos e a saída de funções `asin`, `acos`, `atan` e `atan2` estão em radianos. Crie um novo conjunto de funções `sin_d`, `cos_d` e assim por diante, cujas entradas e saídas estejam em graus. Certifique-se de testar suas funções. (*Observação*: As versões recentes do MATLAB possuem funções integradas `sind`, `cosd` e assim por diante, que trabalham com entradas em graus em vez de radianos. É possível avaliar suas funções e as funções integradas correspondentes com os mesmos valores de entrada para verificar a operação apropriada de suas funções.)

**6.6** Escreva uma função `f_to_c` que aceite uma temperatura em graus Fahrenheit e retorne a temperatura em graus Celsius. A equação é

$$T \text{ (em °C)} = \frac{5}{9}\left[T \text{ (em °F)} - 32,0\right] \tag{6.10}$$

**6.7** Escreva uma função `c_to_f` que aceite uma temperatura em graus Celsius e retorne a temperatura em graus Fahrenheit. A equação é:

$$T \text{ (em °F)} = \frac{9}{5} T \text{ (em °C)} + 32 \tag{6.11}$$

Demonstre que essa função é o inverso daquela no Exercício 6.6. Em outras palavras, demonstre que a expressão `c_to_f(f_to_c(temp))` é apenas a temperatura original `temp`.

**6.8** A área de um triângulo cujos três vértices são pontos $(x_1, y_1)$, $(x_2, y_2)$ e $(x_3, y_3)$ (veja a Figura 6.6) pode ser encontrada a partir da equação

$$A = \frac{1}{2} \begin{vmatrix} x_1 & x_2 & x_3 \\ y_1 & y_2 & y_3 \\ 1 & 1 & 1 \end{vmatrix} \tag{6.12}$$

em que | | é a operação determinante. A área retornada será positiva se os pontos forem obtidos na ordem anti-horária e negativa se os pontos forem obtidos na ordem horária. Esse determinante pode ser avaliado à mão para produzir a seguinte equação

$$A = \frac{1}{2}\left[x_1(y_2-y_3) - x_2(y_1-y_3) + x_3(y_1-y_2)\right] \tag{6.13}$$

Escreva uma função `area2d` que calcula a área de um triângulo considerando os três pontos limites $(x_1, y_1)$, $(x_2, y_2)$ e $(x_3, y_3)$ utilizando a Equação (6.13). Em seguida, teste sua função calculando a área de um triângulo contornado pelos pontos (0, 0), (10, 0) e (15, 5).

**6.9** A área dentro de qualquer polígono pode ser dividida em uma série de triângulos, conforme mostrado na Figura 6.7. Se esse for um polígono de $n$ lados, ele poderá ser dividido em $n - 2$ triângulos. Crie uma função que calcule o perímetro do polígono e a área cercada por ele. Use a função `area2d` do exercício anterior para calcular a área do polígono. Escreva um programa que aceite uma lista ordenada de pontos que limitam um polígono e chame sua função para retornar o perímetro e a área do polígono. Em seguida, teste sua função calculando o perímetro e a área de um polígono limitada pelos pontos (0, 0), (10, 0), (8, 8), (2, 10) e (−4, 5).

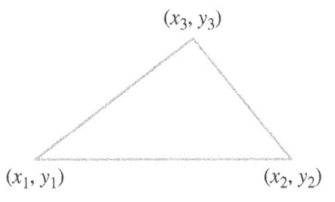

**Figura 6.6** Um triângulo limitado por pontos $(x_1, y_1)$, $(x_2, y_2)$ e $(x_3, y_3)$.

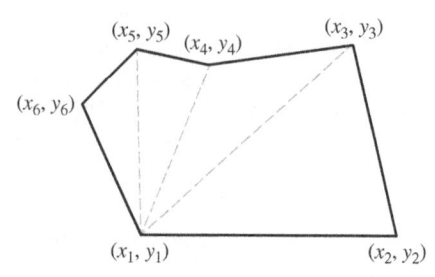

**Figura 6.7** Um polígono arbitrário pode ser divido em uma série de triângulos. Se houver *n* lados para o polígono, ele poderá ser divido em *n* − 2 triângulos.

**6.10 Indutância de uma Linha de Transmissão** A indutância por metro de uma linha de transmissão monofásica de dois fios é fornecida pela equação

$$L = \frac{\mu_0}{\pi}\left[\frac{1}{4} + \ln\left(\frac{D}{r}\right)\right] \quad (6.14)$$

em que $L$ é a indutância em henrys por metro de linha, $\mu_0 = 4\pi \times 10^{-7}$ H/m é a permeabilidade de espaço livre, $D$ é a distância entre dois condutores e $r$ é o raio de cada condutor. Escreva uma função que calcule a indutância total de uma linha de transmissão como uma função de seu comprimento em quilômetros, o espaçamento entre os dois condutores e o diâmetro de cada condutor. Utilize esta função para calcular a indutância de uma linha de transmissão de 100 km com condutores de raio de $r = 2$ cm e distância $D = 1,5$ m.

**6.11** Com base na Equação (6.14), a indutância de uma linha de transmissão aumentaria ou diminuiria se o diâmetro de seus condutores aumentar? Quanto a indutância da linha mudaria se o diâmetro de cada condutor fosse dobrado?

**6.12 Capacitância de uma Linha de Transmissão** A capacitância por metro de uma linha de transmissão monofásica de dois fios é fornecida pela equação

$$C = \frac{\pi\varepsilon}{\ln\left(\dfrac{D-r}{r}\right)} \quad (6.15)$$

em que $C$ é a capacitância em farads por metro de linha, $\varepsilon_0 = 4\pi \times 10^{-7}$ F/m é a permitividade de espaço livre, $D$ é a distância entre os dois condutores e $r$ é o raio de cada condutor. Escreva uma função que calcule a capacitância total de uma linha de transmissão como uma função de seu comprimento em quilômetros, o espaçamento entre os dois condutores e o diâmetro de cada condutor. Utilize esta função para calcular a capacitância de uma linha de transmissão de 100 km com condutores de raio de $r = 2$ cm e distância $D = 1,5$ m.

**6.13** O que acontece à indutância e à capacitância de uma linha de transmissão conforme a distância entre os dois condutores aumenta?

**6.14** Utilize a função `random0` para gerar um conjunto de 100.000 valores aleatórios. Classifique esse conjunto de dados duas vezes, uma vez com a função `ssort` do Exemplo 6.2 e uma vez com a função `sort` integrada do MATLAB. Utilize `tic` e `toc` para sincronizar as duas funções de classificação. Como os tempos de sincronização são comparados? (*Observação:* Certifique-se de copiar a matriz original e apresentar os mesmos dados para cada função de classificação. Para uma comparação justa, ambas as funções devem obter o mesmo conjunto de dados de entrada.)

**6.15** Tente as funções de classificação no Exercício 6.14 para os tamanhos de matriz de 10.000, 100.000 e 200.000. Como o tempo de classificação aumenta com o tamanho do conjunto de dados para a função de classificação do Exemplo 6.2? Como o tempo de classificação aumenta com o tamanho do conjunto de dados para a função `sort` integrada? Qual função é mais eficiente?

**6.16** Modifique a função random0 para que possa aceitar os argumentos de chamada 0, 1 ou 2. Se não tiver argumentos de chamada, isso deve retornar um único valor aleatório. Se tiver 1 ou 2 argumentos de chamada, deve se comportar como faz atualmente.

**6.17** Como a função random0 está escrita no momento, ela falhará se a função seed não for chamada primeiro. Modifique a função random0 para que funcione corretamente com algum valor padrão mesmo se a função seed nunca for chamada.

**6.18 Simulação de Dados** Geralmente é útil conseguir simular o lance de um dado justo. Escreva uma função MATLAB dice que simule o lançamento de um dado justo retornando algum inteiro aleatório entre 1 e 6 sempre que ele for chamado. *(Dica:* Chame random0 para gerar um número aleatório. Divida os valores possíveis de random0 em seis intervalos iguais e retorne o número do intervalo no qual cai um determinado valor aleatório.)

**6.19 Densidade do Tráfego Rodoviário** A função random0 produz um número com uma distribuição de probabilidade *uniforme* no intervalo [0.0, 1.0). Essa função é apropriada para simular eventos aleatórios se cada saída tiver uma probabilidade igual de ocorrência. Entretanto, em muitos eventos, a probabilidade de ocorrência *não* é igual para cada evento e a distribuição de probabilidade uniforme não é adequada para simular esses eventos.

Por exemplo, quando engenheiros de tráfego estudaram o número de veículos que passavam por uma dada localização em um intervalo de tempo de comprimento $t$, eles descobriram que a probabilidade de $k$ carros passarem durante o intervalo é dada pela equação

$$P(k, t) = e^{-\lambda t} \frac{(\lambda t)^k}{k!} \text{ for } t \geq 0, \lambda > 0, \text{ and } k = 0, 1, 2, \ldots \quad (6.16)$$

Esta distribuição de probabilidade é conhecida como a *distribuição de Poisson;* ela ocorre em muitas aplicações na ciência e na engenharia. Por exemplo, o número de chamadas $k$ para uma mesa de distribuição telefônica no intervalo de tempo $t$, o número de bactérias $k$ em um volume $t$ especificado de líquido e o número de falhas $k$ de um sistema complicado no intervalo de tempo $t$ todos possuem distribuições de Poisson.

Escreva uma função para avaliar a distribuição de Poisson para qualquer $k$, $t$ e $\lambda$. Teste sua função calculando a probabilidade de 0, 1, 2, ..., 5 veículos passando por um ponto em particular em uma via em 1 minuto, considerando que $\lambda$ é 1,6 por minuto para essa via. Desenhe a distribuição de Poisson para $t = 1$ e $\lambda = 1,6$.

**6.20** Escreva três funções MATLAB para calcular as funções de seno, cosseno e tangente hiperbólicos:

$$\text{senh}(x) = \frac{e^x - e^{-x}}{2} \qquad \cosh(x) = \frac{e^x + e^{-x}}{2} \qquad \tanh(x) = \frac{e^x - e^{-x}}{e^x + e^{-x}}$$

Utilize suas funções para desenhar a forma das funções de seno, cosseno e tangente hiperbólicos.

**6.21** Escreva uma função MATLAB para executar um filtro de média de execução em um conjunto de dados, conforme descrito no Exercício 5.16. Teste sua função utilizando o mesmo conjunto de dados utilizado no Exercício 5.16.

**6.22** Escreva uma função MATLAB para executar um filtro mediano em um conjunto de dados, conforme descrito no Exercício 5.17. Teste sua função utilizando o mesmo conjunto de dados utilizado no Exercício 5.17.

**6.23 Ordenação com Arraste** Geralmente é útil ordenar uma matriz arr1 em ordem ascendente e ao mesmo tempo arrastar uma segunda matriz arr2. Neste caso, cada vez que um elemento da matriz arr1 troca de posição com outro elemento de arr1, os elementos correspondentes da matriz arr2 também trocam de posição. Ao final da ordenação, os elementos da matriz arr1 ficam em ordem ascendente, enquanto os elementos da matriz arr2 que foram associados a elementos particulares da matriz arr1 ainda ficam associados a eles. Por exemplo, suponha as seguintes duas matrizes:

| Element | arr1 | arr2 |
|---------|------|------|
| 1.      | 6.   | 1.   |
| 2.      | 1.   | 0.   |
| 3.      | 2.   | 10.  |

Após a ordenação da matriz `arr1` arrastando a matriz `arr2`, o conteúdo das duas deve ser:

| Element | arr1 | arr2 |
|---------|------|------|
| 1.      | 1.   | 0.   |
| 2.      | 2.   | 10.  |
| 3.      | 6.   | 1.   |

Escreva uma função para ordenar uma matriz real em ordem ascendente e arrastar uma segunda matriz. Teste a função com as seguintes matrizes de 9 elementos:

```
a = [1, 11, -6, 17, -23, 0, 5,  1, -1];
b = [31, 101, 36, -17,  0, 10, -8, -1, -1];
```

**6.24** A função de ordenação com arraste do Exercício 6.23 é um caso especial da função integrada `sortrows`, em que o número de colunas é dois. Crie uma única matriz c com duas colunas que consistem nos dados nos vetores a e b no exercício anterior e classifique os dados utilizando `sortrows`. Como os dados classificados se comparam aos resultados do Exercício 6.23?

**6.25** Compare o desempenho de `sortrows` com a função de ordenação com arraste criada no Exercício 6.23. Para fazer isso, crie duas cópias de uma matriz de 10.000 × 2 que contenha valores aleatórios e classifique a coluna 1 de cada matriz enquanto arrasta a coluna 2 utilizando ambas as funções. Determine os tempos de execução de cada função de classificação utilizando `tic` e `toc`. Como se compara a velocidade da sua função com relação à função padrão `sortrows`?

**6.26** A Figura 6.8 mostra dois navios no oceano. O navio 1 está na posição $(x_1, y_1)$ e apontando para a direção $\theta_1$. O navio 2 está na posição $(x_2, y_2)$ e apontando para a direção $\theta_2$. Suponha que o Navio 1 faça contato por radar com um objeto no intervalo $r_1$ e suporte $\phi_1$. Escreva uma função MATLAB que calculará o intervalo $r_2$ e suporte $\phi_2$ em que o Navio 2 deve ver o objeto.

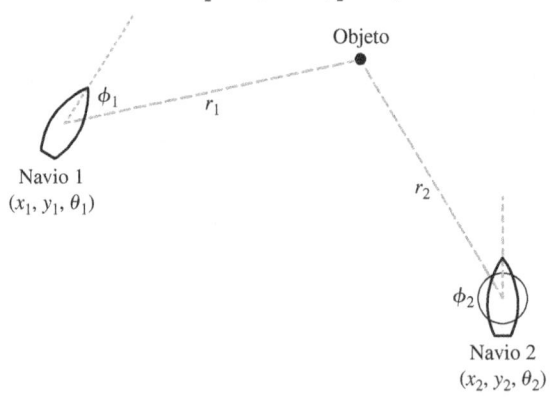

**Figura 6.8** Dois navios nas posições $(x_1, y_1)$ e $(x_2, y_2)$ respectivamente. O Navio 1 está viajando na direção $\theta_1$, e o Navio 2 está viajando na direção $\theta_2$

**6.27 Ajuste Linear para Quadrados Mínimos** Desenvolva uma função para calcular a inclinação $m$ e a interceptação $b$ da linha de quadrados mínimos que se ajuste melhor a um conjunto de dados de entrada. Os pontos dos dados de entrada $(x, y)$ serão passados para a função em duas matrizes de entrada, x e y. (As equações que descrevem a inclinação e a interseção da linha dos quadrados mínimos estão no Exemplo 5.6 do capítulo anterior.) Teste sua função utilizando um programa de teste e o seguinte conjunto de dados de entrada de 20 pontos:

## Dados de Amostra para Testar a Rotina de Ajuste dos Quadrados Mínimos

| Nº | x | y | Nº | x | y |
|---|---|---|---|---|---|
| 1 | −4,91 | −8,18 | 11 | −0,94 | 0,21 |
| 2 | −3,84 | −7,49 | 12 | 0,59 | 1,73 |
| 3 | −2,41 | −7,11 | 13 | 0,69 | 3,96 |
| 4 | −2,62 | −6,15 | 14 | 3,04 | 4,26 |
| 5 | −3,78 | −6,62 | 15 | 1,01 | 6,75 |
| 6 | −0,52 | −3,30 | 16 | 3,60 | 6,67 |
| 7 | −1,83 | −2,05 | 17 | 4,53 | 7,70 |
| 8 | −2,01 | −2,83 | 18 | 6,13 | 7,31 |
| 9 | 0,28 | −1,16 | 19 | 4,43 | 9,05 |
| 10 | 1,08 | 0,52 | 20 | 4,12 | 10,95 |

**6.28 Coeficiente de Correlação do Ajuste dos Quadrados Mínimos** Desenvolva uma função que calculará tanto a inclinação $m$ quanto a interceptação $b$ da linha dos quadrados mínimos que se ajustam melhor a um conjunto de dados de entrada e também ao coeficiente de correlação do ajuste. Os pontos de dados de entrada $(x, y)$ serão passados para a função em duas matrizes de entrada, x e y. As equações que descrevem a inclinação e a interceptação da linha de quadrados mínimos são fornecidas no Exemplo 5.1, e a equação para o coeficiente de correlação é

$$r = \frac{n\left(\sum xy\right) - \left(\sum x\right)\left(\sum y\right)}{\sqrt{\left[\left(n\sum x^2\right) - \left(\sum x\right)^2\right]\left[\left(n\sum y^2\right) - \left(\sum y\right)^2\right]}} \quad (6.17)$$

em que
  $\sum x$ é a soma dos valores $x$
  $\sum y$ é a soma dos valores $y$
  $\sum x^2$ é a soma dos quadrados dos valores $x$
  $\sum y^2$ é a soma dos quadrados dos valores $y$
  $\sum xy$ é a soma dos produtos dos valores $x$ e $y$ correspondentes
  $n$ é o número de pontos incluídos no ajuste

Teste sua função utilizando um programa do condutor de teste e o conjunto de dados de entrada de 20 pontos do problema anterior.

**6.29** Crie uma função `random1` que utilize a função `random0` para gerar valores aleatórios uniformes no intervalo [−1, 1). Teste sua função calculando e exibindo 20 amostras aleatórias.

**6.30 Distribuição Gaussiana (Normal)** A função `random0` retorna uma variável aleatória uniformemente distribuída no intervalo [0, 1), o que significa que temos igual probabilidade para qualquer número no intervalo ocorrer em uma data ativação da função. Outro tipo de distribuição aleatória é a distribuição Gaussiana, em que os valores aleatórios assumem a clássica forma de sino mostrada na Figura 6.9. Uma distribuição Gaussiana com uma média de 0,0 e um desvio padrão de 1,0 é chamada de *distribuição padrão normal*, e a probabilidade de qualquer valor fornecido que ocorra na distribuição normal padronizada é fornecida pela equação

$$p(x) = \frac{1}{\sqrt{2\pi}} e^{-x^2/2} \quad (6.18)$$

Podemos gerar uma variável aleatória, com distribuição normal padrão, partindo de uma variável aleatória com distribuição uniforme no intervalo [−1, 1) da seguinte maneira:

1. Selecione duas variáveis aleatórias uniformes $x_1$ e $x_2$ a partir do intervalo [−1, 1) de modo que $x_1^2 + x_2^2 < 1$. Para isso, gere duas variáveis aleatórias uniformes no intervalo [−1, 1) e

veja se a soma de seus quadrados parece ser menor do que 1. Se for, utilize-os. Caso contrário, tente novamente.
2. Em seguida, cada um dos valores $y_1$ e $y_2$ nas equações abaixo será uma variável aleatória distribuída normalmente.

$$y_1 = \sqrt{\frac{-2\ln r}{r}} x_1 \qquad (6.19)$$

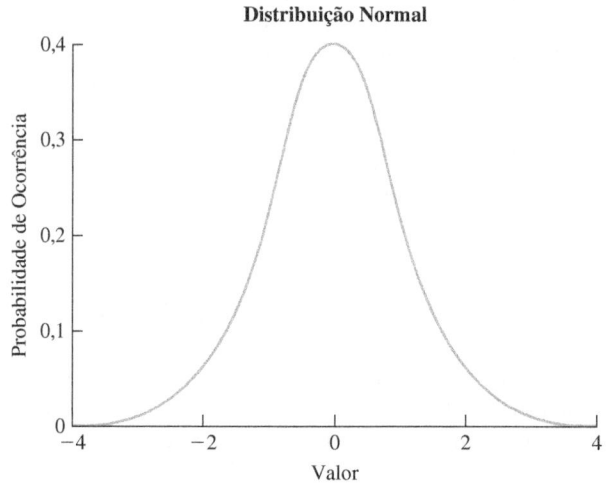

**Figura 6.9** Uma distribuição de probabilidade normal.

$$y_2 = \sqrt{\frac{-2\ln r}{r}} x_2 \qquad (6.20)$$

em que

$$p(x) = \frac{1}{\sqrt{2\pi}} e^{-x^2/2} \qquad (6.21)$$

Escreva uma função que retorne um valor aleatório com distribuição normal sempre que ativada. Teste sua função obtendo 1.000 valores aleatórios, calculando o desvio padrão e desenhando um histograma da distribuição. Quão próximo de 1,0 ficou o desvio padrão?

**6.31 Força Gravitacional** A força gravitacional $F$ entre dois corpos de massas $m_1$ e $m_2$ é dada pela equação

$$F = \frac{G m_1 m_2}{r^2} \qquad (6.22)$$

em que $G$ é a constante gravitacional ($6,672 \times 10^{-11}$ N m² / kg²), $m_1$ e $m_2$ são as massas dos corpos em quilogramas e $r$ é a distância entre os dois corpos. Escreva uma função para calcular a força gravitacional entre dois corpos dadas as suas massas e a distância entre eles. Teste sua função determinando a força em um satélite de 800 kg em órbita 38.000 km acima da Terra. (A massa da Terra é de $6,98 \times 10^{24}$ kg e o raio da Terra é de $6,371 \times 10^6$ m.)

**6.32 Distribuição de Rayleigh** A distribuição de Rayleigh é outra distribuição de números aleatórios que aparece em diversos problemas práticos. Um valor aleatório distribuído por Rayleigh pode ser criado pela raiz quadrada da soma dos quadrados de dois valores aleatórios com distribuição normal. Em outras palavras, para gerar um valor aleatório $r$ distribuído por Rayleigh, obtenha dois valores aleatórios de distribuição normal ($n_1$ e $n_2$) e execute o seguinte cálculo:

$$r = \sqrt{n_1^2 + n_2^2} \qquad (6.23)$$

(a) Crie uma função `rayleigh(n,m)` que retorne uma matriz n × m de números aleatórios distribuídos por Rayleigh. Se somente um argumento for dado [`rayleigh(n)`], a função deve retornar uma matriz n × n de números aleatórios distribuídos por Rayleigh. Projete sua função com verificação de argumentos de entrada e com documentação apropriada para o sistema de ajuda do MATLAB.
(b) Teste sua função criando uma matriz de 20.000 valores aleatórios distribuídos por Rayleigh e desenhando em diagrama um histograma da distribuição. Qual a aparência da distribuição?
(c) Determine a média e o desvio padrão da distribuição de Rayleigh.

# Capítulo 7
# Características Avançadas de Funções Definidas pelo Usuário

No Capítulo 6, apresentamos as características básicas da funções definidas pelo usuário. Este capítulo continua a discussão com uma seleção de características mais avançadas.

## 7.1 Funções de Funções

A **"função de função"** é um nome um tanto estranho que o MATLAB fornece a uma função cujos argumentos de entrada incluem os nomes ou os indicadores de outras funções. As funções cujos nomes são passados para a "função de função" são normalmente utilizadas durante a execução dessa função.

Por exemplo, o MATLAB contém uma função de função denominada `fzero`. Esta função localiza um zero da função passada para ela. Por exemplo, a expressão `fzero('cos', [0 pi])` localiza um zero da função cos entre 0 e $\pi$, e `fzero ('exp (x)-2', [0 1])` localiza um zero da função "exp (x) -2" entre 0 e 1. Ao executar essas expressões, o resultado é:

```
» fzero('cos',[0 pi])
ans =
    1.5708
» fzero('exp(x)-2',[0 1])
ans =
    0.6931
```

As chaves para a operação das funções de função são duas funções especiais do MATLAB, `eval` e `feval`. A função `eval` *avalia uma cadeia de caracteres* como se ela tivesse sido digitada na Janela de Comandos, enquanto a função `feval` *avalia uma função nomeada* em um valor de entrada específico.

A função `eval` avalia uma cadeia de caracteres como se ela tivesse sido digitada na Janela de Comandos. Essa função fornece às funções MATLAB uma oportunidade de construir expressões executáveis durante a execução. A forma da função `eval` é

```
eval(string)
```

Por exemplo, a expressão x = `eval('sin(pi/4)')` produz o resultado

```
» x = eval('sin(pi/4)')
x =
    0.7071
```

Um exemplo no qual uma cadeia de caracteres é construída e avaliada utilizando a função eval é apresentado a seguir:

```
x = 1;
str = ['exp(' num2str(x) ') -1'];
res = eval(str);
```

Nesse caso, str contém a cadeia de caracteres 'exp(1) -1', que eval avalia para conseguir o resultado 1.7183.

A função feval avalia uma *função nomeada* definida por um arquivo M em um valor de entrada especificado. A forma geral da função feval é

```
feval(fun,value)
```

Por exemplo, a expressão x = feval('sin',pi/4) produz o resultado

```
» x = feval('sin',pi/4)
x =
    0.7071
```

Algumas das funções de função mais comuns do MATLAB estão na Tabela 7.1. Digite help fun_name para aprender a utilizar cada uma dessas funções.

### Tabela 7.1: Funções de Funções Comuns do MATLAB

| Nome da Função | Descrição |
|---|---|
| fminbnd | Minimiza uma função de uma variável. |
| fzero | Encontra um zero de uma função de uma variável. |
| quad | Integra numericamente uma função. |
| ezplot | Desenha com simplicidade uma função. |
| fplot | Desenha uma função pelo nome. |

▶ **Exemplo 7.1 – Criando uma Função de Função**

Crie uma função de função que desenhe o diagrama de qualquer função MATLAB de uma única variável entre um valor inicial e um final.

**Solução** Esta função tem dois argumentos de entrada; o primeiro contendo o nome da função a ser desenhada e o segundo contendo um vetor com dois elementos indicando o intervalo de valores a serem desenhados.

1. **Estabeleça o problema.**
   Crie uma função para desenhar qualquer função MATLAB de uma única variável entre dois limites especificados pelo usuário.
2. **Defina as entradas e saídas.**
   Temos duas entradas requeridas para esta função:
   (a) Uma cadeia de caracteres que contém o nome de uma função.
   (b) Um vetor com dois elementos que contém o primeiro e o último valores para desenhar.

   A saída desta função é um diagrama da função especificada no primeiro argumento de entrada.

3. **Projete o algoritmo.**
   Esta função pode ser dividida em quatro grandes passos

   ```
   Check for a legal number of arguments
   Check that the second argument has two elements
   Calculate the value of the function between the
      start and stop points
   Plot and label the function
   ```

   O pseudocódigo detalhado para os passos de avaliação e desenho é:

   ```
   n_steps ← 100
   step_size ← (xlim(2) - xlim(1)) / n_steps
   x ← xlim(1):step_size:xlim(2)
   y ← feval(fun,x)
   plot(x,y)
   title(['\bfPlot of function ' fun '(x)'])
   xlabel('\bfx')
   ylabel(['\bf' fun '(x)'])
   ```
4. **Transforme o algoritmo em expressões MATLAB.**
   A função MATLAB final é mostrada abaixo.

   ```
   function quickplot(fun,xlim)
   %QUICKPLOT Generate quick plot of a function
   % Function QUICKPLOT generates a quick plot
   % of a function contained in a external m-file,
   % between user-specified x limits.
   % Define variables:
   %   fun        -- Name of function to plot in a char string
   %   msg        -- Error message
   %   n_steps    -- Number of steps to plot
   %   step_size  -- Step size
   %   x          -- X-values to plot
   %   y          -- Y-values to plot
   %   xlim       -- Plot x limits
   %
   % Record of revisions:
   %      Date          Programmer         Description of change
   %      ====          ==========         =====================
   %      02/07/14      S. J. Chapman      Original code

   % Check for a legal number of input arguments.
   msg = nargchk(2,2,nargin);
   error(msg);

   % Check the second argument to see if it has two
   % elements. Note that this double test allows the
   % argument to be either a row or a column vector.
   if ( size(xlim,1) == 1 && size(xlim,2) == 2 ) | ...
      ( size(xlim,1) == 2 && size(xlim,2) == 1 )

      % Ok--continue processing.
      n_steps = 100;
      step_size = (xlim(2) - xlim(1)) / n_steps;
      x = xlim(1):step_size:xlim(2);
   ```

```
        y = zeros(size(x));
        h = str2func(fun)

        for ii = 1:length(x)
           y(ii) = feval(h,x(ii));
        end

        plot(x,y);
        title(['\bfPlot of function ' fun '(x)']);
        xlabel('\bfx');
        ylabel(['\bf' fun '(x)']);
    else
        % Else wrong number of elements in xlim.
        error('Incorrect number of elements in xlim.');
    end
```

5. **Teste o programa.**
   Para testar esta função, precisamos ativá-la com argumentos de entrada corretos e incorretos, verificando se ela trata de maneira adequada erros e dados corretos de entrada. Os resultados são mostrados abaixo:

   ```
   » quickplot('sin')
   ??? Error using ==> quickplot
   Not enough input arguments.

   » quickplot('sin',[-2*pi 2*pi],3)
   ??? Error using ==> quickplot
   Too many input arguments.

   » quickplot('sin',-2*pi)
   ??? Error using ==> quickplot
   Incorrect number of elements in xlim.

   » quickplot('sin',[-2*pi 2*pi])
   ```

   A última chamada da função estava correta e produziu o diagrama mostrado na Figura 7.1.

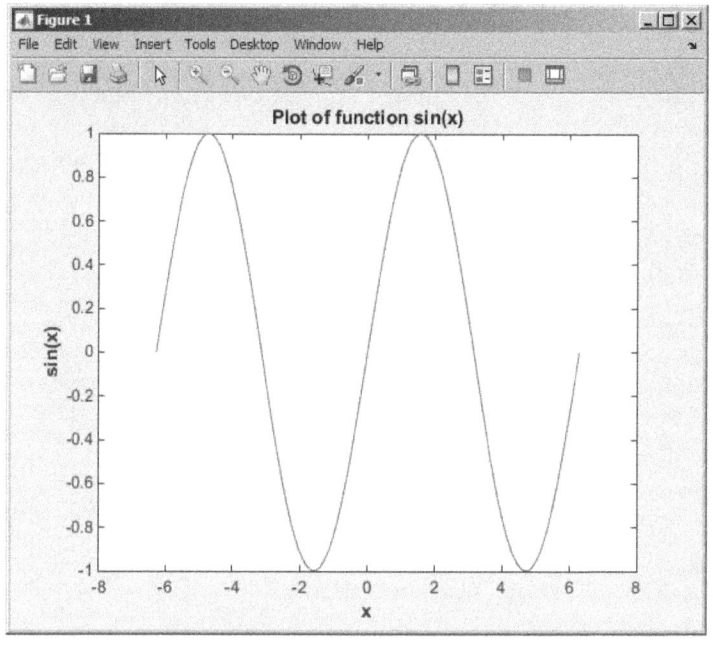

**Figura 7.1** Diagrama de sen *x versus x* gerado pela função `quickplot`.

## 7.2 Funções Locais, Funções Privadas e Funções Aninhadas

O MATLAB contém diversos tipos especiais de funções, as quais se comportam diferente das funções ordinárias utilizadas até aqui. As funções ordinárias podem ser chamadas por qualquer outra função, desde que estejam no mesmo diretório ou em qualquer diretório no caminho de busca do MATLAB.

O **escopo** de uma função é definido como os locais no MATLAB de onde a função pode ser acessada. O escopo de uma função MATLAB ordinária é o diretório de trabalho corrente. Se a função estiver em um diretório no caminho do MATLAB, o escopo se estende a todas as funções MATLAB no programa, pois todas elas verificam o caminho ao tentar encontrar a função com o nome fornecido.

Em contrapartida, o escopo de outros tipos de função que discutiremos ao longo deste capítulo é mais limitado.

### 7.2.1 Funções Locais

Existe a possibilidade de colocar mais de uma função em um único arquivo. Se mais de uma função estiver presente em um arquivo, a primeira é uma função normal, ou **função primária**, e as outras abaixo são **funções locais** ou **subfunções**. A função primária deve ter o mesmo nome que o do arquivo no qual aparece. As funções locais se parecem com as funções ordinárias, mas só podem ser acessadas por outras funções do mesmo arquivo. Em outras palavras, o escopo de uma função local são as outras funções dentro do mesmo arquivo (veja a Figura 7.2).

As funções locais são frequentemente utilizadas para implementar os cálculos de "utilidade" para uma função principal. Por exemplo, o arquivo `mystats.m` mostrado abaixo contém uma função primária `mystats` e duas funções locais `mean` e `median`. A função `mystats` é uma função normal do MATLAB, de modo que pode ser chamada por qualquer outra função MATLAB no mesmo diretório. Se esse arquivo estiver em um diretório incluído no caminho de busca do MATLAB, ele poderá ser chamado por qualquer outra função MATLAB, mesmo se a outra função não estiver no mesmo diretório. Em contrapartida, o escopo das funções `mean` e `median` está restrito a outras funções no mesmo arquivo. A função `mystats` pode chamá-las e podem chamar uma à outra, mas uma função fora do arquivo não. Elas são funções de "utilidade" que executam uma parte da tarefa da função principal `mystats`.

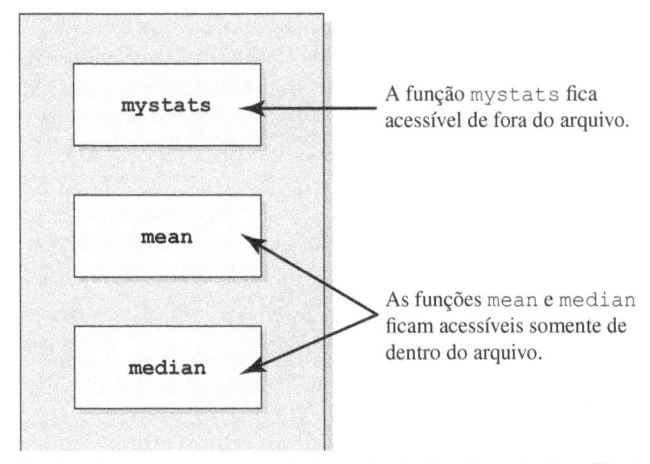

**Figura 7.2** A primeira função em um arquivo é chamada de função primária. Ela deve ter o mesmo nome do arquivo onde aparece e fica acessível de fora do arquivo. As demais funções no arquivo são subfunções; elas ficam acessíveis somente dentro do arquivo.

```
function [avg, med] = mystats(u)
%MYSTATS Find mean and median with internal functions.
% Function MYSTATS calculates the average and median
% of a data set using local functions.

n = length(u);
avg = mean(u,n);
med = median(u,n);

function a = mean(v,n)
% Subfunction to calculate average.
a = sum(v)/n;

function m = median(v,n)
% Subfunction to calculate median.
w = sort(v);
if rem(n,2) == 1
   m = w((n+1)/2);
else
   m = (w(n/2)+w(n/2+1))/2;
end
```

### 7.2.2 Funções Privadas

As **funções privadas** são funções que residem em subdiretórios com o nome especial `private`. Elas são visíveis somente para as outras funções no diretório `private` ou para funções no diretório pai. Em outras palavras, o escopo dessas funções é restrito ao diretório privado e ao diretório pai que o contém.

Por exemplo, considere o diretório `testing` no caminho de busca do MATLAB. Um subdiretório `testing` chamado `private` pode conter funções que somente as funções no `testing` podem chamar. Como as funções privadas são invisíveis fora do diretório pai, elas podem utilizar os mesmos nomes de funções em outros diretórios. Isto é útil se você quiser criar sua própria versão de uma função em particular e preservar a original em outro diretório. Como o MATLAB procura por funções privadas antes das funções padrão de arquivo M, ele encontrará uma função privada denominada `test.m` antes de uma função não privada denominada `test.m`.

É possível criar seus próprios diretórios privados simplesmente criando um subdiretório chamado `private` sob o diretório que contém suas funções. Não coloque esses diretórios privados em seu caminho de busca.

Quando uma função é chamada de dentro de um arquivo M, o MATLAB primeiro verifica o arquivo para ver se a função é uma função local definida no mesmo arquivo. Se não for, ele verifica se existe uma função privada com esse nome. Se a função não for privada, o MATLAB verifica o diretório atual para o nome da função. Se não estiver no diretório atual, o MATLAB verifica o caminho de busca padrão para a função.

Se você tiver funções MATLAB específicas que devem ser utilizadas somente por outras funções e nunca serem chamadas diretamente pelo usuário, considere a opção de ocultá-las como funções locais ou como funções privadas. Ocultar as funções evita seu uso acidental e também conflitos com outras funções públicas de mesmo nome.

### 7.2.3 Funções Aninhadas

**Funções aninhadas** são funções que são definidas *inteiramente no corpo de outra função*, chamada de **função host** (hospedeira). Elas ficam visíveis somente para a função host em que são incorporadas e para outras funções aninhadas incorporadas no mesmo nível na mesma função host.

Uma função aninhada possui acesso a quaisquer variáveis definidas com ela, *mais quaisquer variáveis definidas na função host* (veja a Figura 7.3). Em outras palavras, o **escopo** das variáveis declaradas na função host inclui a função host e quaisquer funções aninhadas nela. A única exceção ocorre se uma variável na função aninhada tiver o mesmo nome que uma variável na função host. Nesse caso, a variável na função host não fica acessível.

Observe que se um arquivo contiver uma ou mais funções aninhadas, *cada função no arquivo deve ser terminada com uma expressão* end. Essa é a única vez em que a expressão end é obrigatória no fim de uma função — em todas as outras vezes isso é opcional.

```
host_function

    nested_function_1

    end % nested_function_1


    nested_function_2

    end % nested_function_2

end % host_function
```

As variáveis definidas na função host ficam visíveis dentro de quaisquer funções aninhadas.

As variáveis definidas nas funções aninhadas *não* ficam visíveis na função host.

nested_function_1 pode ser chamada de dentro de host_function ou nested_function_2.

nested_function_2 pode ser chamada de dentro de host_function ou nested_function_1.

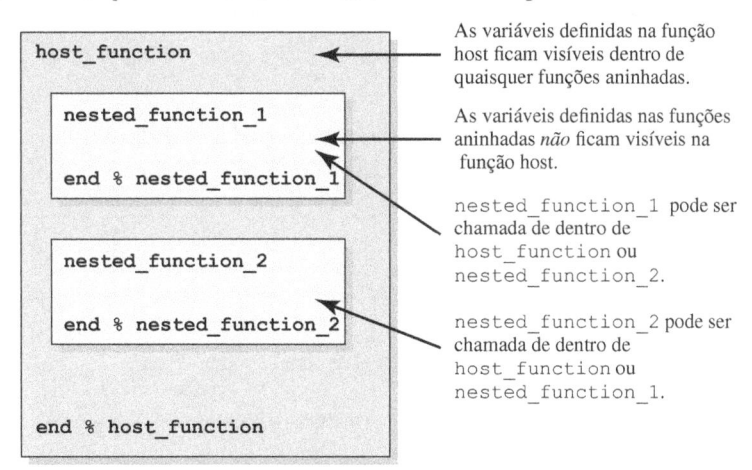

**Figura 7.3** As funções aninhadas são definidas em uma função host e herdam variáveis definidas na função host.

### Erros de Programação

Se um arquivo contiver uma ou mais funções aninhadas, *cada função no arquivo deve ser terminada com uma expressão* end. É um erro omitir as expressões end nesse caso.

O seguinte programa ilustra o uso de variáveis em funções aninhadas. Ele contém uma função host test_nested_1 e uma função aninhada fun1. Quando o programa é iniciado, as variáveis a, b, x e y são inicializadas conforme mostrado na função host e seus valores são exibidos. Em seguida, o programa chama fun1. Como fun1 é aninhada, ela herda a, b, e x da função host. Observe que *não* herda y, porque fun1 define uma variável local com esse nome. Quando os valores das variáveis são exibidos no fim de fun1, vemos que a foi aumentado em 1 (devido à expressão de designação) e que y está configurado como 5. Quando a execução retorna à função host, a ainda é aumentado em 1, mostrando que a variável na função host e a variável a na função aninhada são realmente as mesmas. Por outro lado, y é novamente 9, porque a variável y na função host não é o mesmo que a variável y na função aninhada.

```
function res = test_nested_1

% This is the top level function.
% Define some variables.
a = 1; b = 2; x = 0; y = 9;
```

```
% Display variables before call to fun1
fprintf('Before call to fun1:\n');
fprintf('a, b, x, y = %2d %2d %2d %2d\n', a, b, x, y);

% Call nested function fun1
x = fun1(x);

% Display variables after call to fun1
fprintf('\nAfter call to fun1:\n');
fprintf('a, b, x, y = %2d %2d %2d %2d\n', a, b, x, y);

    % Declare a nested function
    function res = fun1(y)

    % Display variables at start of call to fun1
    fprintf('\nAt start of call to fun1:\n');
     fprintf('a, b, x, y = %2d %2d %2d %2d\n', a, b, x, y);

    y = y + 5;
    a = a + 1;
    res = y;

    % Display variables at end of call to fun1
    fprintf('\nAt end of call to fun1:\n');
    fprintf('a, b, x, y = %2d %2d %2d %2d\n', a, b, x, y);

    end % function fun1
end % function test_nested_1
```

Quando esse programa é executado, os resultados são:

```
» test_nested_1
Before call to fun1:
a, b, x, y =  1  2  0  9

At start of call to fun1:
a, b, x, y =  1  2  0  0

At end of call to fun1:
a, b, x, y =  2  2  0  5

After call to fun1:
a, b, x, y =  2  2  5  9
```

Como as funções locais, as funções aninhadas podem ser utilizadas para executar cálculos de propósito especial em uma função host.

### Boa Prática de Programação

Use funções locais, funções privadas ou funções aninhadas para ocultar cálculos de propósito especial que não devem estar geralmente acessíveis para outras funções. Ocultar as funções evita seu uso acidental e também conflitos com outras funções públicas de mesmo nome.

## 7.2.4 Ordem de Avaliação da Função

Em um programa grande, poderia haver possivelmente múltiplas funções (funções locais, funções privadas, funções aninhadas e funções públicas) com o mesmo nome. Quando uma função com um nome fornecido é chamado, como sabemos qual cópia da função será executada?

A resposta a essa pergunta é que o MATLAB localiza as funções em uma ordem específica da seguinte maneira:

1. O MATLAB verifica se existe uma função aninhada na função corrente com o nome especificado. Se existir, isso é executado.
2. O MATLAB verifica se existe uma função local no arquivo corrente com o nome especificado. Se existir, isso é executado.
3. O MATLAB procura uma função privada com o nome especificado. Se existir, isso é executado.
4. O MATLAB procura uma função com o nome especificado no diretório corrente. Se existir, isso é executado.
5. O MATLAB procura uma função com o nome especificado no caminho MATLAB. O MATLAB irá parar a busca e executar a primeira função com o nome correto localizado no caminho.

## 7.3 Identificadores de Função

Um **identificador de função** é um tipo de dados do MATLAB que retém informações a serem utilizadas ao referenciar uma função. Ao criar um identificador de função, o MATLAB captura todas as informações sobre a função que precisará executar isso no futuro. Depois que o identificador é criado, será possível ser utilizado para executar a função a qualquer momento.

Os identificadores de função são a chave para a operação de funções MATLAB que utilizam outras funções.

### 7.3.1 Criando e Usando Identificadores de Função

Um identificador de função pode ser criado de duas maneiras possíveis: o operador @ ou a função `str2func`. Para criar um identificador de função com o operador @, apenas coloque-o na frente do nome da função. Para criar um identificador de função com a função `str2func`, chame a função com o nome da função em uma cadeia. Por exemplo, imagine que a função `my_func` esteja definida da seguinte maneira:

```
function res = my_func(x)
res = x.^2 - 2*x + 1;
```

Então uma das seguintes linhas criará um identificador de função para a função `my_func`:

```
hndl = @my_func
hndl = str2func('my_func');
```

Depois que um identificador de função tiver sido criado, a função poderá ser executada nomeando o identificador de função seguido por quaisquer parâmetros de chamada. O resultado será exatamente o mesmo se a função sozinha fosse nomeada.

```
» hndl = @my_func
hndl =
    @my_func
» hndl(4)
ans =
     9
```

```
» my_func(4)
ans =
     9
```

Se uma função não tiver parâmetros de chamada, o identificador de função deve ser seguido por parênteses vazios quando for utilizado para chamar a função:

```
» h1 = @randn;
» h1()
ans =
    -0.4326
```

Depois que um identificador de função for criado, ele aparecerá no espaço de trabalho com o tipo de dados "identificador de função":

```
» whos
Name      Size      Bytes     Class              Attributes
ans       1x1       8         double
h1        1x1       16        function_handle
hndl      1x1       16        function_handle
```

Um identificador de função também pode ser executado utilizando a função feval. Isso fornece uma maneira conveniente de executar os identificadores em um programa MATLAB.

```
» feval(hndl,4)
ans =
     9
```

É possível recuperar o nome da função a partir de um identificador de função utilizando a função func2str.

```
» func2str(hndl)
ans =
my_func
```

Essa característica é muito útil quando quisermos criar mensagens descritivas, mensagens de erro ou legendas dentro de uma função que aceite e avalie os identificadores de função. Por exemplo, a função mostrada abaixo aceita um identificador de função no primeiro argumento e desenha em diagrama a função nos pontos especificados no segundo. Ela também imprime um título que contém o nome da função sendo desenhada.

```
function plotfunc(fun,points)
% PLOTFUNC Plots a function between the specified points.
% Function PLOTFUNC accepts a function handle and
% plots the function at the points specified.

% Define variables:
%   fun         -- Function handle
%   msg         -- Error message
%
%   Record of revisions:
%      Date         Programmer         Description of change
%      ====         ==========         =====================
%      03/05/14     S. J. Chapman      Original code

% Check for a legal number of input arguments.
msg = nargchk(2,2,nargin);
```

```
    error(msg);

    % Get function name
    fname = func2str(fun);

    % Plot the data and label the plot
    plot(points,fun(points));
    title(['\bfPlot of ' fname '(x) vs x']);
    xlabel('\bfx');
    ylabel(['\bf' fname '(x)']);
    grid on;
```

Por exemplo, essa função pode ser utilizada para desenhar em diagrama a função do seno $x$ de $-2\pi$ a $2\pi$ com a expressão a seguir:

```
plotfunc(@sin,[-2*pi:pi/10:2*pi])
```

A função resultante é mostrada na Figura 7.4.

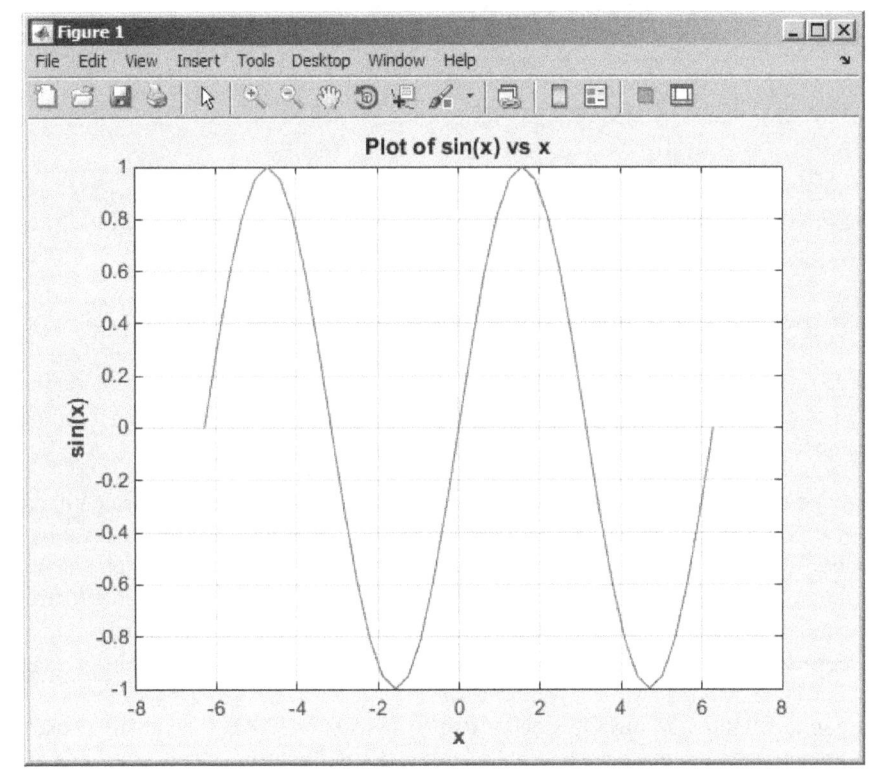

**Figura 7.4** Diagrama da função de seno $x$ de $-2\pi$ a $2\pi$, criado utilizando a função `plotfunc`.

## Tabela 7.2: As Funções MATLAB que Manipulam Identificadores de Função

| Função | Descrição |
|---|---|
| @ | Cria um identificador de função. |
| feval | Avalia uma função utilizando um identificador de função. |
| func2str | Recupera o nome da função associado a um identificador de função fornecido. |
| functions | Recupera diversas informações de um identificador de função. Os dados são retornados em uma estrutura. |
| str2func | Cria um identificador de função de uma cadeia especificada. |

Observe que as funções de funções como `feval` e `fzero` aceitam identificadores de função bem como nomes de função em seus argumentos de chamada. Por exemplo, as duas expressões a seguir são equivalentes e produzem a mesma respostas:

```
» res = feval('sin',3*pi/2)
res =
    -1
» res = feval(@sin,3*pi/2)
res =
    -1
```

Algumas funções comuns do MATLAB utilizadas com os identificadores de função estão resumidas na Tabela 7.2.

### 7.3.2 A Importância dos Identificadores de Função

Os nomes de função ou identificadores de função podem ser utilizados para executar a maioria das funções. No entanto, os identificadores de função possuem certas vantagens sobre os nomes de função. Essas vantagens incluem:

1. **Passagem de Informações de Acesso de Função a Outras Funções**. Conforme vimos na seção anterior, é possível passar um identificador de função como um argumento em uma chamada para outra função. O identificador de função permite que a função de recepção chame a função conectada ao identificador. É possível executar um identificador de função de dentro de outra função *mesmo se a função do identificador não estiver no escopo da função de avaliação*. Isso ocorre porque o identificador da função possui uma descrição completa da função a ser executada – a função de chamada não precisa buscá-la.
2. **Desempenho Melhorado nas Operações Repetidas**. O MATLAB executa uma busca por uma função no momento em que você cria um identificador de função e depois armazena essas informações de acesso no próprio identificador. Depois de definido, é possível utilizar esse identificador várias vezes sem ter que consultá-lo novamente. Isso torna a execução da função mais rápida.
3. **Permitir Acesso Mais Amplo a Funções Locais (Subfunções) e Funções Privadas**. Todas as funções do MATLAB possuem um certo escopo. Elas são visíveis a outras entidades do MATLAB nesse escopo, mas não são visíveis fora dele. É possível chamar uma função diretamente de outra função que está dentro de seu escopo, mas *não* de uma função fora desse escopo. Funções locais, funções privadas e funções aninhadas são limitadas em sua visibilidade a outras funções do MATLAB. É possível chamar uma função local somente de outra função que esteja definida no mesmo arquivo M. É possível chamar uma função privada somente de uma função no diretório imediatamente acima do subdiretório `private`. É possível chamar uma função aninhada somente de dentro da função host ou outra função aninhada no mesmo nível. No entanto, quando

você criar um identificador para uma função que tenha escopo limitado, o identificador de função armazenará todas as informações que o MATLAB precisar para avaliar a função a partir de *qualquer* local no ambiente MATLAB. Se você criar um identificador para uma função local no arquivo M que defina a função local, é possível passar o identificador para o código que reside fora desse arquivo M e avaliar a função local além de seu escopo usual. O mesmo é verdadeiro para funções privadas e funções aninhadas.

4. **Incluir Mais Funções por Arquivo M para Gerenciar Arquivos com Mais Facilidade.** É possível utilizar os identificadores de função para ajudar a reduzir o número de arquivos M necessários para conter suas funções. O problema com o agrupamento de um número de funções em um arquivo M é que isso as define como funções locais e portanto reduz seu escopo no MATLAB. Utilizar esses identificadores de função para acessar essas funções locais remove essa limitação. Isso permite que você agrupe as funções como desejar e reduza o número de arquivos que precisa gerenciar.

## 7.3.3 Identificadores de Função e Funções Aninhadas

Quando o MATLAB chamar uma função ordinária, um espaço de trabalho especial será criado para conter as variáveis da função. A função é executada até a conclusão e depois o espaço de trabalho é destruído. Todos os dados no espaço de trabalho da função são perdidos, exceto para quaisquer valores identificados como `persistent`. Se a função for executada novamente, um espaço de trabalho completamente novo será criado para a nova execução.

Em contrapartida, quando a função host criar um identificador para uma função aninhada e retornar esse identificador para um programa de chamada, o espaço de trabalho da função host será criado e *permanecerá existente enquanto o identificador de função permanecer existente*. Como a função aninhada possui acesso às variáveis da função host, o MATLAB precisa preservar os dados da função do host enquanto houver alguma oportunidade para que a função aninhada seja utilizada. Isso significa que *podemos salvar os dados em uma função entre os usos*.

Essa ideia é ilustrada na função mostrada abaixo. Quando a função `count_calls` é executada, ela inicializa uma variável local `current_count` para uma contagem inicial especificada pelo usuário e então cria e retorna um identificador para a função aninhada `increment_count`. Quando `increment_count` é chamado utilizando o identificador de função, a contagem é aumentada em um e o novo valor é retornado.

```
function fhandle = count_calls(initial_value)

   % Save initial value in a local variable
   % in the host function.
   current_count = initial_value;

   % Create and return a function handle to the
   % nested function below.
   fhandle = @increment_count;

      % Define a nested function to increment counter
      function count = increment_count
      current_count = current_count + 1;
      count = current_count;
      end % function increment_count

end % function count_calls
```

Quando esse programa é executado, os resultados são os mostrados a seguir. Cada chamada para o identificador de função incrementa a contagem em um.

```
» fh = count_calls(4);
» fh()
ans =
    5
» fh()
ans =
    6
» fh()
ans =
    7
```

Ainda mais importante, *cada identificador de função criado para uma função possui seu próprio espaço de trabalho independente*. Se criarmos dois identificadores diferentes para essa função, cada um terá seus próprios dados locais e serão independentes entre si. Como se pode ver, podemos incrementar o contador independentemente chamando a função com o identificador apropriado.

```
» fh1 = count_calls(4);
» fh2 = count_calls(20);
» fh1()
ans =
    5
» fh1()
ans =
    6
» fh2()
ans =
    21
» fh1()
ans =
    7
```

Você pode utilizar esse recurso para executar múltiplos contadores e assim por diante em um programa sem que interfira uns com os outros.

### 7.3.4 Um Aplicativo de Exemplo: Resolvendo Equações Diferenciais Ordinárias

Uma aplicação muito importante de identificadores de função ocorre nas funções MATLAB projetadas para resolver as equações diferenciais. O MATLAB inclui uma infinidade de funções para resolver equações diferenciais sob diversas condições, mas a mais útil delas é `ode45`. Essa função resolve equações diferenciais no formato

$$y' = f(t,y) \tag{7.1}$$

utilizando um algoritmo de integração Runge-Kutta (4,5), e funciona bem para vários tipos de equações com muitas condições diferentes de entrada.

A sequência de chamada para essa função é

```
[t,y] = ode45(odefun_handle,tspan,y0,options)
```

em que os parâmetros de chamada são:

| | |
|---|---|
| `odefun_handle` | Um identificador para uma função $f(t, y)$ que calcula o derivado $y'$ da equação diferencial. |
| `tspan` | Um vetor que contém os tempos a serem integrados. Se essa for uma matriz de dois elementos `[t0 tend]`, os valores serão interpretados como os tempos iniciais e finais a serem integrados. O integrador aplica as condições iniciais no tempo `t0` e integra a equação até o tempo `tend`. Se a matriz tiver mais de dois elementos, o integrador retornará os valores da equação diferencial exatamente nos tempos especificados. |
| `y0` | As condições iniciais para a variável no tempo `t0` |
| `options` | Uma estrutura de parâmetros opcionais que alteram as propriedades de integração padrão. (Não utilizaremos esse parâmetro nesse livro.) |

e os resultados são:

| | |
|---|---|
| `t` | Um vetor de coluna de pontos de tempo no qual a equação diferencial foi resolvida. |
| `y` | A matriz da solução. Cada linha de `y` contém as soluções para todas as variáveis no tempo especificado na mesma linha de `t`. |

Essa função também trabalha bem em sistemas de equações diferenciais de primeira ordem simultânea, em que existem vetores de variáveis dependentes $y_1$, $y_2$ e assim por diante.

Tentaremos algumas equações diferenciais de exemplo para obter um entendimento melhor dessa função. Primeiro, considere a equação diferencial de tempo linear invariante de primeira ordem simples

$$\frac{dy}{dt} + 2y = 0 \qquad (7.2)$$

com a condição inicial $y(0) = 1$. A função que especificaria a derivada da equação diferencial é

$$\frac{dy}{dt} = -2y \qquad (7.3)$$

Essa função poderia ser programada no MATLAB da seguinte maneira:

```
function yprime = fun1(t,y)
yprime = -2 * y;
```

A função `ode45` poderia ser utilizada para resolver a Equação (7.2) para $y(t)$

```
%   Script file: ode45_test1.m
%
%   Purpose:
%     This program solves a differential equation of the
%     form dy/dt + 2 * y = 0, with the initial condition
%     y(0) = 1.
%
%   Record of revisions:
%       Date            Programmer          Description of change
%       ====            ==========          =====================
%     03/15/14         S. J. Chapman        Original code
```

```
%
% Define variables:
%     odefun_handle  -- Handle to function that defines the
derivative
%     tspan          -- Duration to solve equation for
%     y0             -- Initial condition for equation
%     t              -- Array of solution times
%     y              -- Array of solution values

% Get a handle to the function that defines the
% derivative.
odefun_handle = @fun1;

% Solve the equation over the period 0 to 5 seconds
tspan = [0 5];

% Set the initial conditions
y0 = 1;

% Call the differential equation solver.
[t,y] = ode45(odefun_handle,tspan,y0);

% Plot the result
figure(1);
plot(t,y,'b-','LineWidth',2);
grid on;
title('\bfSolution of Differential Equation');
xlabel('\bfTime (s)');
ylabel('\bf\ity''');
```

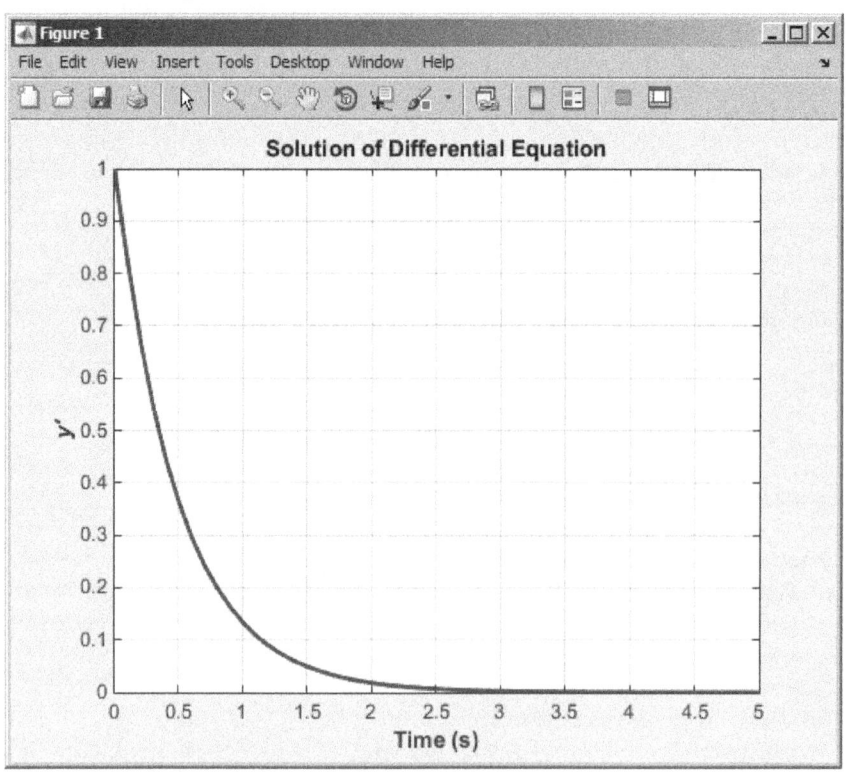

**Figura 7.5** A solução para a equação diferencial $dy/dt + 2y = 0$ com a condição inicial $y(0) = 1$.

Quando esse arquivo de script é executado, a saída resultante é mostrada na Figura 7.5. Esse tipo de queda exponencial é exatamente o que seria esperado para uma equação diferencial linear de primeira ordem.

## ▶ Exemplo 7.2 – Cadeias de Decaimento Radioativo

O isótopo radioativo tório-227 decai em rádio-223 com uma meia-vida média de 18,68 dias, e o rádio-223 por sua vez decai em rádon-219 com uma meia-vida média de 11,43 dias. O decaimento radioativo constante para tório-227 é $\lambda t_h$ = 0,03710638/dia e o decaimento radioativo constante para rádon é $\lambda_{ra}$ = 0,0606428/dia. Assuma que inicialmente tenhamos 1 milhão de átomos de tório-227 e calcule e desenhe o diagrama da quantidade de tório-227 e rádio-223 que estará presente como uma função de tempo.

**Solução** A taxa de redução no tório-227 é igual à quantidade de tório-227 presente em um determinado momento vezes o decaimento constante para o material.

$$\frac{dn_{th}}{dt} = -\lambda_{th} n_{th} \qquad (7.4)$$

em que $n_{ésimo}$ é a quantidade de tório-227 e $\lambda_{ésimo}$ é a taxa de decaimento por dia. A taxa de redução em rádio-223 é igual à quantidade de rádio-223 presente em um determinado momento vezes o decaimento constante para o material. No entanto, a quantidade de rádio-223 é *aumentada* pelo número de átomos de tório-227 que decaiu, de modo que a mudança total na quantidade de rádio-223 é

$$\frac{dn_{ra}}{dt} = -\lambda_{ra} n_{ra} - \frac{dn_{th}}{dt}$$

$$\frac{dn_{ra}}{dt} = -\lambda_{ra} n_{ra} + \lambda_{th} n_{th} \qquad (7.5)$$

em que $n_{ra}$ é a quantidade de rádon-219 e $\lambda_{ra}$ é a taxa de decaimento por dia. As Equações (7.4) e (7.5) devem ser resolvidas simultaneamente para determinar a quantidade de tório-227 e rádio-223 presentes em qualquer momento determinado.

1. **Estabeleça o problema.**
   Calcule e desenhe a quantidade de tório-227 e rádio-223 presentes como uma função de tempo, considerando que havia inicialmente 1.000.000 átomos de tório-227 e nenhum rádio-223.
2. **Defina as entradas e saídas.**
   Não há entradas para esse programa. As saídas desse programa são os diagramas de tório-227 e rádio-223 como uma função de tempo.
3. **Descreva o algoritmo.**
   Este programa pode ser quebrado em três grandes passos:

```
Create a function to describe the derivatives of thorium-227 and
radium-223
Solve the differential equations using ode45
Plot the resulting data
```

A primeira etapa principal é criar uma função que calcule a taxa de mudança de tório-227 e rádio-223. Essa é apenas uma implementação direta das Equações (7.4) e (7.5). O pseudocódigo detalhado é mostrado a seguir:

```
function yprime = decay1(t,y)
yprime(1) = -lambda_th * y(1);
yprime(2) = -lambda_ra * y(2) + lambda_th * y(1);
```

Em seguida, temos que resolver a equação diferencial. Para isso, precisamos configurar as condições iniciais e a duração, e depois chamar ode45. O pseudocódigo detalhado é mostrado abaixo:

```
% Get a function handle.
odefun_handle = @decay1;

% Solve the equation over the period 0 to 100 days
tspan = [0 100];

% Set the initial conditions
y0(1) = 1000000;        % Atoms of thorium-227
y0(2) = 0;              % Atoms of radium-223

% Call the differential equation solver.
[t,y] = ode45(odefun_handle,tspan,y0);
```

O passo final é escrever e desenhar em diagrama os resultados. Cada resultado aparece em sua própria coluna, portanto y(:,1) conterá a quantidade de tório-227 e y(:,2) conterá a quantidade de rádio-223.

4. **Transforme o algoritmo em expressões MATLAB.**
O código MATLAB para a função de ordenação de seleção é mostrado abaixo.

```
%   Script file: calc_decay.m
%
%   Purpose:
%     This program calculates the amount of thorium-227 and
%     radium-223 left as a function of time, given an initial
%     concentration of 1000000 atoms of thorium-227
%     and no atoms 0 radium-223.%
%   Record of revisions:
%       Date            Programmer         Description of change
%       ====            ==========         =====================
%       03/15/14        S. J. Chapman      Original code
%
% Define variables:
%   odefun_handle -- Handle to function that defines the derivative
%   tspan         -- Duration to solve equation for
%   yo            -- Initial condition for equation
%   t             -- Array of solution times
%   y             -- Array of solution values

% Get a handle to the function that defines the derivative.
odefun_handle = @decay1;

% Solve the equation over the period 0 to 100 days
tspan = [0 100];

% Set the initial conditions
y0(1) = 1000000;        % Atoms of thorium-227
y0(2) = 0;              % Atoms of radium-223

% Call the differential equation solver.
[t,y] = ode45(odefun_handle,tspan,y0);

% Plot the result
```

```
figure(1);
plot(t,y(:,1),'b-','LineWidth',2);
hold on;
plot(t,y(:,2),'k--','LineWidth',2);
title('\bfAmount of Thorium-227 and Radium-223 vs Time');
xlabel('\bfTime (days)');
ylabel('\bfNumber of Atoms');
legend('Thorium-227','Radium-223');
grid on;
hold off;
```

A função para calcular as derivadas é mostrada abaixo.

```
function yprime = decay1(t,y)
%DECAY1 Calculates the decay rates of thorium-227 and radium-223.
% Function DECAY1 Calculates the rates of change of thorium-227
% and radium-223 (yprime) for a given current concentration y.

% Define variables:
%    t           -- Time (in days)
%    y           -- Vector of current concentrations
%
%  Record of revisions:
%       Date            Programmer          Description of change
%       ====            ==========          =====================
%       03/15/07        S. J. Chapman       Original code

% Set decay constants.
lambda_th = 0.03710636;
lambda_ra = 0.0606428;

% Calculate rates of decay
yprime = zeros(2,1);
yprime(1) = -lambda_th * y(1);
yprime(2) = -lambda_ra * y(2) + lambda_th * y(1);
```

5. **Teste o programa.**
Quando esse programa for executado, os resultados serão conforme mostrado na Figura 7.6. Esses resultados parecem razoáveis. A quantidade inicial de tório-227 inicia alta e diminui exponencialmente com uma meia-vida de aproximadamente 18 dias. A quantidade inicial de rádio-223 inicia em zero e aumenta rapidamente devido à queda de tório-227 e depois começa a diminuir conforme a quantidade do aumento da queda de tório-227 se torna inferior à taxa de queda do rádio-223.

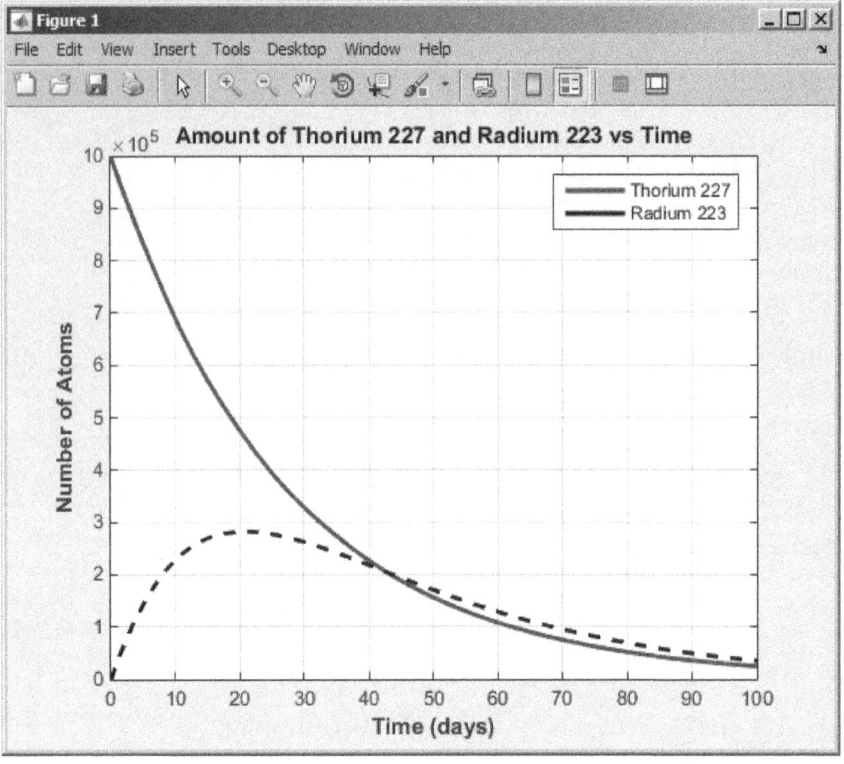

**Figura 7.6** Diagrama de uma queda radioativa de tório-227 e rádio-223 em relação ao tempo.

## 7.4 Funções Anônimas

Uma função anônima é uma função "sem um nome".[1] É uma função que é declarada em uma única expressão MATLAB que retorna um identificador de função, que então pode ser utilizado para executar a função. A forma de uma função anônima é

```
fhandle = @ (arglist) expr
```

em que `fhandle` é um identificador de função utilizado para referenciar a função, `arglist` é uma lista de variáveis de chamada e `expr` é uma expressão que envolve a lista de argumentos que avalia a função. Por exemplo, podemos criar uma função para avaliar a expressão $f(x) = x^2 - 2x - 2$ da seguinte maneira:

```
myfunc = @ (x) x.^2 - 2*x - 2
```

A função então pode ser chamada utilizando o identificador de função. Por exemplo, podemos avaliar $f(2)$ da seguinte forma:

```
» myfunc(2)
ans =
    -2
```

---

[1] Esse é o significado da palavra "anônimo"!

As funções anônimas são uma maneira rápida de escrever funções breves que podem ser utilizadas em funções de funções. Por exemplo, podemos encontrar uma raiz da função $f(x) = x^2 - 2x - 2$ passando a função anônima para fzero da seguinte maneira:

```
» root = fzero(myfunc,[0 4])
root =
    2.7321
```

## 7.5 Funções Recursivas

Uma função é considerada **recursiva**, se a função chamar a si própria. A função fatorial é um bom exemplo de uma função recursiva. No Capítulo 5, definimos a função fatorial como

$$n! = \begin{cases} 1 & n = 0 \\ n \times (n-1) \times (n-2) \times \ldots \times 2 \times 1 & n > 0 \end{cases} \quad (7.6)$$

Essa definição também pode ser escrita como

$$n! = \begin{cases} 1 & n = 0 \\ n \times (n-1)! & n > 0 \end{cases} \quad (7.7)$$

em que o valor da função fatorial $n!$ é definido utilizando a própria função fatorial. As funções do MATLAB são projetadas para ser recursivas, portanto a Equação (7.7) pode ser implementada diretamente em MATLAB.

### ▶Exemplo 7.3 – A Função Fatorial

Para ilustrar a operação de uma função recursiva, implementaremos a função fatorial utilizando a definição na Equação (7.7). O código MATLAB no cálculo de n fatorial para valores positivos de n será

```
function result = fact(n)
%FACT Calculate the factorial function
% Function FACT calculates the factorial function
% by recursively calling itself.

% Define variables:
%   n          -- Non-negative integer input
%
%   Record of revisions:
%      Date         Programmer          Description of change
%      ====         ==========          =====================
%      07/07/14     S. J. Chapman       Original code

% Check for a legal number of input arguments.
msg = nargchk(1,1,nargin);
error(msg);

% Calculate function
if n == 0
   result = 1;
else
```

```
        result = n * fact(n-1);
end
```

Quando esse programa é executado, os resultados são conforme o esperado.

```
» fact(5)
ans =
   120
» fact(0)
ans =
   1
```

## 7.6 Desenhando Funções

Em todos os diagramas anteriores, criamos matrizes de dados para desenhar em diagrama e passamos essas matrizes para a função de diagramação. O MATLAB também inclui duas funções que desenharão uma função diretamente sem a necessidade de criar matrizes de dados intermediárias. Essas funções são ezplot e fplot.

A função ezplot assume um dos seguintes formatos.

```
ezplot(fun);
ezplot(fun, [xmin xmax]);
ezplot(fun, [xmin xmax], figure);
```

O argumento fun é um identificador de função, o nome de uma função de arquivo M ou uma *cadeia de caracteres* que contém a expressão funcional a ser avaliada. O parâmetro opcional [xmin xmax] especifica o intervalo da função a ser desenhado em diagrama. Se ele estiver ausente, a função será desenhada em diagrama entre $-2\pi$ e $2\pi$. O parâmetro opcional figure especifica o número da figura no qual desenhar a função.

Por exemplo, as seguintes expressões desenham a função $f(x) = \text{sen } x/x$ entre $-4\pi$ e $4\pi$. A saída dessas expressões é mostrada na Figura 7.7.[2]

```
ezplot('sin(x)/x',[-4*pi 4*pi]);
title('Plot of sin x / x');
grid on;
```

A função fplot é semelhante, porém mais sofisticada do que ezplot. Essa função assume os seguintes formatos.

```
fplot(fun);
fplot(fun, [xmin xmax]);
fplot(fun, [xmin xmax], LineSpec);
[x, y] = fplot(fun, [xmin xmax], ...);
```

O argumento fun é um identificador de função, o nome de uma função de arquivo M ou uma *cadeia de caracteres* que contém a expressão funcional a ser avaliada. O parâmetro opcional [xmin xmax] especifica o intervalo da função a ser desenhada em diagrama. Se estiver ausente, a função será desenhada entre $-2\pi$ e $2\pi$. O parâmetro opcional LineSpec especifica a cor da linha, estilo da linha e estilo de marcador a ser utilizado ao exibir a função. Os valores LineSpec são os mesmos que os da função plot. A versão final da função fplot retorna os valores x e y da linha sem realmente desenhar a função.

---

[2] Observe que o valor da função exatamente em zero será 0/0, que é indefinido e retorna o valor NaN (não um número). O MATLAB ignora NaNs quando desenha um vetor, de modo que o diagrama resultante parece contínuo.

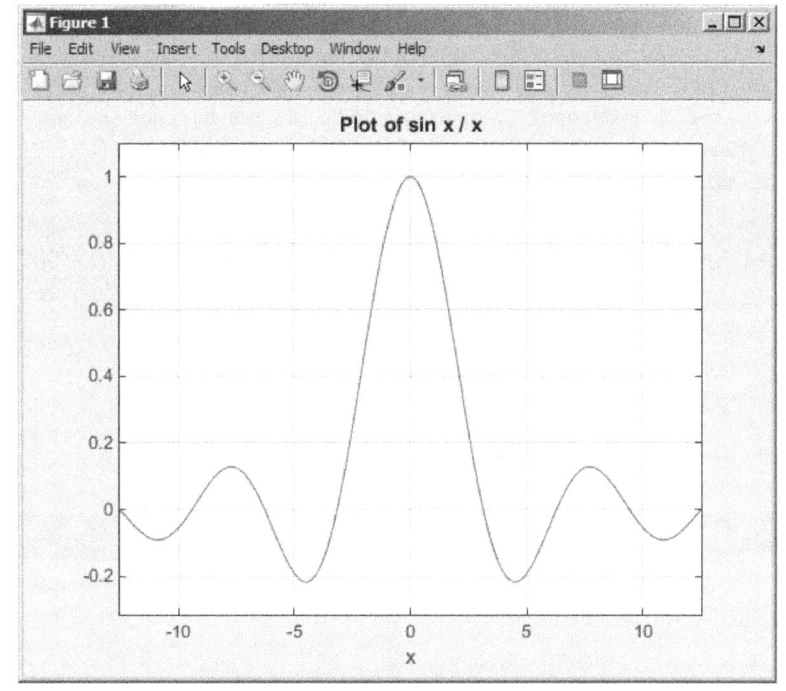

**Figura 7.7** A função f(x) = sen x/x desenhada com a função `ezplot`.

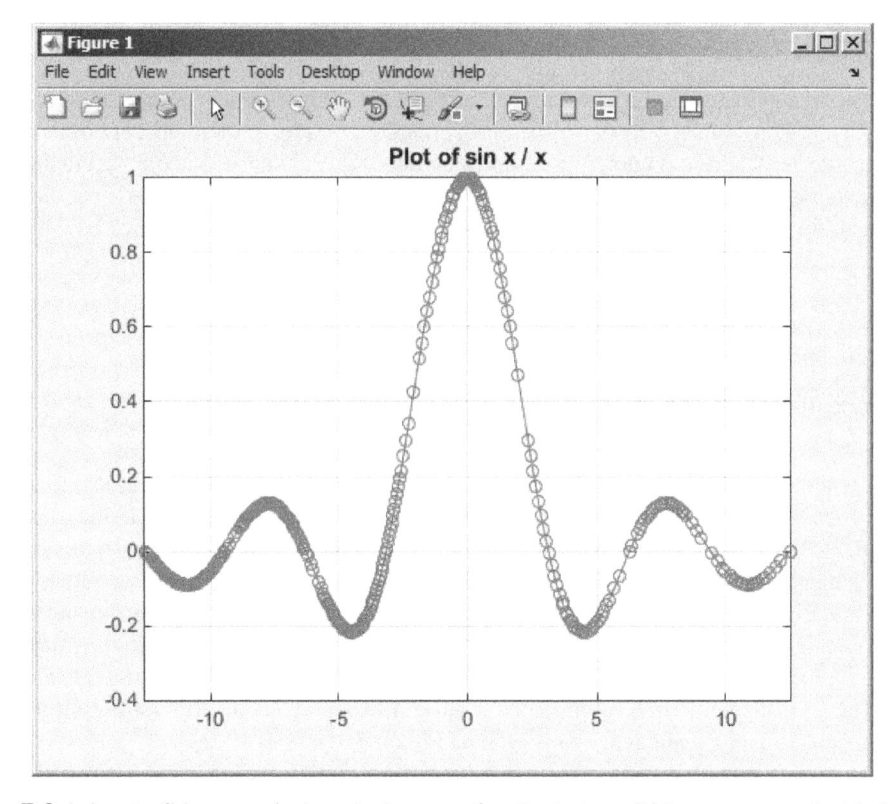

**Figura 7.8** A função f(x) = sen x/x desenhada com a função `fplot`. [Veja o encarte colorido.]

A função `fplot` possui as seguintes vantagens sobre `ezplot`:

1. A função `fplot` é *adaptativa*, o que significa que calcula e exibe mais pontos de dados nas regiões em que a função sendo desenhada está mudando mais rapidamente. O diagrama resultante é mais preciso em locais em que o comportamento de uma função muda repentinamente.
2. A função `fplot` suporta especificações de linha definidas pelo usuário (cor, estilo de linha e estilo de marcador).

Em geral, você deve utilizar `fplot` como preferência a `ezplot` sempre que desenhar as funções.

As seguintes expressões desenham a função $f(x) = \text{sen } x/x$ entre $-4\pi$ e $4\pi$ utilizando a função `fplot`. Observe que elas especificam uma linha vermelha traçada com marcadores circulares. A saída dessas expressões é mostrada na Figura 7.8. [Veja o encarte colorido.]

```
fplot('sin(x)/x',[-4*pi 4*pi],'-or');
title('Plot of sin x / x');
grid on;
```

### Boa Prática de Programação

Use a função `fplot` para desenhar as funções diretamente sem ter que criar matrizes de dados intermediárias.

## 7.7 Histogramas

Um *histograma* é um diagrama que mostra a distribuição de valores em um conjunto de dados. Para criar um histograma, o intervalo de valores no conjunto de dados é dividido em compartimentos uniformemente espaçados e o número de valores de dados que cai em cada compartimento é determinado. A contagem resultante pode ser desenhada como uma função de número de compartimento.

A função do histograma MATLAB padrão é `hist`. Os formatos dessa função são mostrados abaixo:

```
hist(y)
hist(y,nbins)
hist(y,x)
[n,xout] = hist(y,...)
```

O primeiro formato da função cria e desenha um histograma com 10 compartimentos igualmente espaçados, enquanto o segundo formato cria e desenha um histograma com `nbins` compartimentos igualmente espaçados. O terceiro formato da função permite que o usuário especifique os centros de compartimento a serem utilizados em uma matriz `x`; a função cria um compartimento centralizado em cada elemento na matriz. Em todos esses três casos, a função cria e desenha o histograma. O último formulário da função cria um histograma e retorna os centros do compartimento na matriz `xout` e a contagem em cada compartimento na matriz `n`, sem realmente criar um diagrama.

Por exemplo, as seguintes expressões criam um conjunto de dados contendo 10.000 valores aleatórios de Gaussian e geram um histograma dos dados utilizando 15 compartimentos uniformemente espaçados. O histograma resultante é mostrado na Figura 7.9.

```
y = randn(10000,1);
hist(y,15);
```

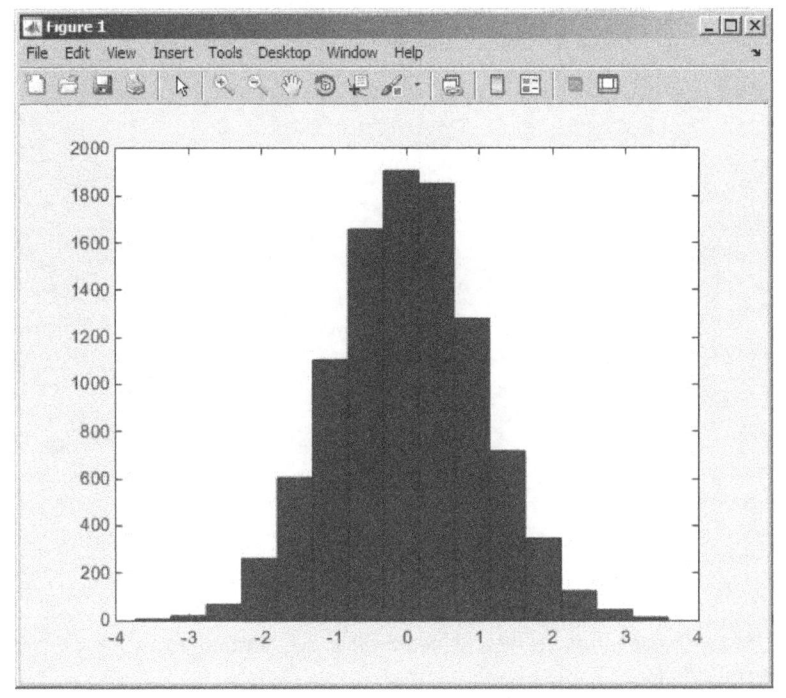

**Figura 7.9** Um histograma.

O MATLAB também inclui uma função rose para criar e desenhar um histograma em eixos radiais. É especialmente útil para distribuições de dados angulares. Será solicitado que você utilize esta função em um exercício de fim de capítulo.

## ▶ Exemplo 7.4 – Processamento de Alvo de Radar

Alguns radares modernos utilizam integração coerente, permitindo que determinem o intervalo e a velocidade de alvos detectados. A Figura 7.10 mostra a saída de um intervalo de integração desse radar. Esse é um diagrama de amplitude (em dB milliwatts) *versus* o intervalo relativo e a velocidade. Dois alvos estão presentes nesse conjunto de dados — um em um intervalo relativo de aproximadamente 0 metro e movendo-se a aproximadamente 80 metros por segundo, e o segundo em um intervalo relativo de aproximadamente 20 metros movendo-se a aproximadamente 60 m/s. O restante do intervalo e do espaço de velocidade é preenchido com lóbulos laterais e ruído de fundo.

Para estimar a força dos alvos detectados por este radar, precisamos calcular o sinal da proporção de ruído (SNR, *signal-to-noise ratio*) dos alvos. É fácil localizar as amplitudes de cada alvo, mas como podemos determinar o nível de ruído do plano de fundo? Uma abordagem comum depende de reconhecer que a maioria das células de intervalo/velocidade nos dados do radar contém somente ruído. Se pudermos localizar a amplitude mais comum entre as células de intervalo/velocidade, então isso deve corresponder ao nível do ruído. Uma boa maneira de fazer isso é criar um histograma das amplitudes de todas as amostras no espaço de intervalo/velocidade e depois procurar pelo compartimento de amplitude que contém a maioria das amostras.

**Dados de radar processados que contêm alvos e ruído**

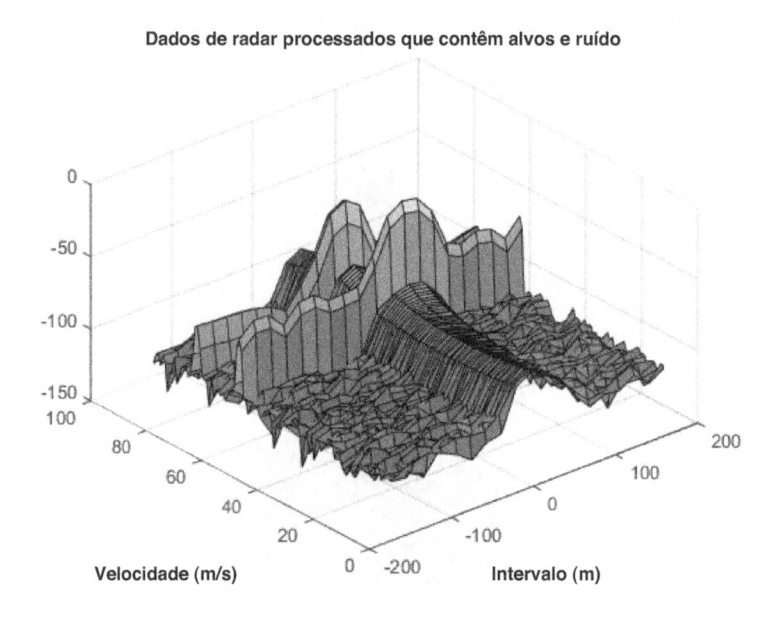

**Figura 7.10** Um espaço de intervalo-velocidade do radar que contém dois alvos e o ruído de fundo. [Veja o encarte colorido.]

Localize o nível de ruído de fundo nessa amostra de dados de radar processados.

**Solução**
1. **Estabeleça o problema.**
   Determine o nível de ruído de fundo em uma determinada amostra de dados de radar de intervalo/velocidade e relate esse valor ao usuário.
2. **Defina as entradas e saídas.**
   A entrada para esse problema é uma amostra dos dados de radar armazenados no arquivo `rd_space.mat`. Esse arquivo MAT contém um vetor de dados de intervalo chamado `range`, um vetor de dados de velocidade chamado `velocity` e uma matriz de valores de amplitude chamada `amp`. A saída desse programa é a amplitude do maior compartimento em um histograma de amostras de dados, que deve corresponder ao nível de ruído.
3. **Descreva o algoritmo.**
   Esta tarefa pode ser dividida em quatro principais seções:

   ```
   Read the input data set
   Calculate the histogram of the data
   Locate the peak bin in the data set
   Report the noise level to the user
   ```

   O primeiro passo é ler os dados, que são triviais. O pseudocódigo para este passo é:

   ```
   % Load the data
   load rd_space.mat
   ```

   Depois, devemos calcular o histograma dos dados. Utilizando o sistema de ajuda do MATLAB, podemos ver que a função do histograma requer um *vetor* de dados de entrada, não uma matriz 2D. Podemos converter a matriz 2D `amp` em um vetor 1D de dados utilizando o formato `amp(:)`, conforme descrevemos no Capítulo 2. O formato da função de histograma que especifica parâmetros de saída retornará uma matriz de contagens de compartimento e centros de compartimento. O número de compartimentos a ser utilizado também deve ser escolhido cuidadosamente. Se houver muito poucos compartimentos, a estimativa do nível de ruído será grosseira. Se houver excessivos compartimentos, não haverá amostras suficientes no espaço de intervalo/velocidade para preenchê-los apropriadamente. Como compromisso, tentaremos 31 compartimentos. O pseudocódigo para este passo é:

```
% Calculate histogram
[nvals, amp_levels] = hist(amp(:), 31)
```

em que `nvals` é uma matriz das contagens em cada compartimento e `amp_levels` é uma matriz que contém o valor de amplitude central para cada compartimento.

Agora devemos localizar o compartimento pico na matriz de saída `nvals`. A melhor maneira de fazer isso é utilizando a função MATLAB `max`, que retorna o valor máximo (e opcionalmente o local desse valor máximo) em uma matriz. Utilize o sistema de ajuda MATLAB para procurar essa função. A forma dessa função que precisamos é:

```
[max_val, max_loc] = max(array)
```

em que `max_val` é o valor máximo na matriz e `max_loc` é o índice da matriz no valor máximo. Depois que o local da amplitude máxima for conhecido, a força do sinal desse compartimento pode ser encontrada examinando o local `max_loc` na matriz `amp_levels`. O pseudocódigo para este passo é:

```
% Calculate histogram
[nvals, amp_levels] = hist(amp, 31)

% Get location of peak
[max_val, max_loc] = max(nvals)

% Get the power level of that bin
noise_power = amp_levels(max_loc)
```

O passo final é informar o usuário. Isso é trivial.

```
Tell user.
```

4. **Transforme o algoritmo em expressões MATLAB.**
   O código MATLAB final é mostrado abaixo.

```
%   Script file: radar_noise_level.m
%
%   Purpose:
%     This program calculates the background noise level
%     in a buffer of radar data.
%
%   Record of revisions:
%       Date            Programmer              Description of change
%       ====            ==========              =====================
%     05/29/14        S. J. Chapman             Original code
%
% Define variables:
%    amp_levels      -- Amplitude level of each bin
%    noise_power     -- Power level of peak noise
%    nvals           -- Number of samples in each bin

% Load the data
load rd_space.mat

% Calculate histogram
[nvals, amp_levels] = hist(amp(:), 31);

% Get location of peak
```

```
[max_val, max_loc] = max(nvals);

% Get the power level of that bin
noise_power = amp_levels(max_loc);

% Tell user
fprintf('The noise level in the buffer is %6.2f dBm.\n', noise_power);
```

5. **Teste o programa.**
   Em seguida, devemos testar a função utilizando diversas cadeias.

   ```
   » radar_noise_level
   The noise level in the buffer is -104.92 dBm.
   ```

   Para verificar essa resposta, podemos desenhar o histograma dos dados chamando hist sem argumentos de saída.

   ```
   hist(amp(:), 31);
   xlabel('\bfAmplitude (dBm)');
   ylabel('\bfCount');
   title('\bfHistogram of Cell Amplitudes');
   ```

   O diagrama resultante é mostrado na Figura 7.11. A energia alvo parece ser de aproximadamente $-20$ dBm e a energia do ruído parece ser de aproximadamente $-105$ dBm. Esse programa parecer estar funcionando corretamente.

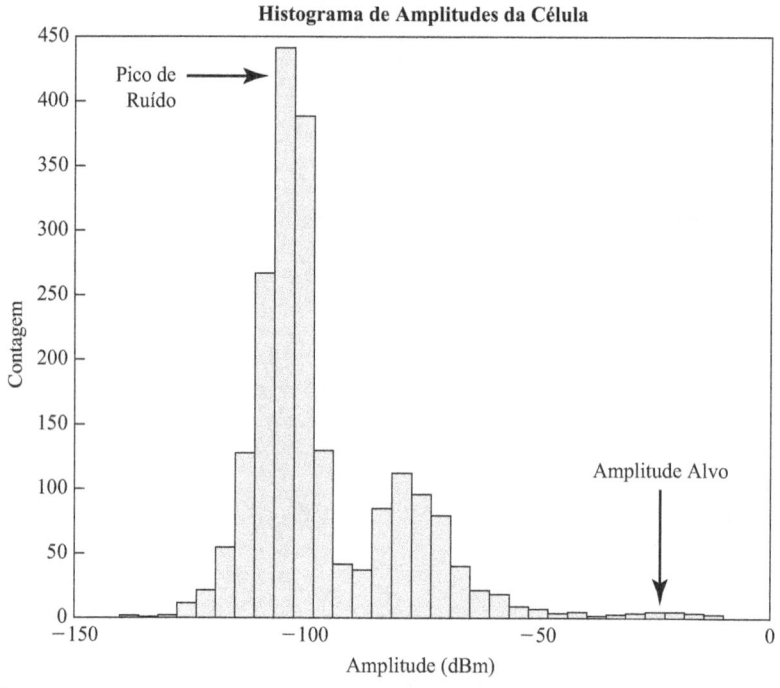

**Figura 7.11** Um histograma que mostra a energia do ruído de fundo e a energia dos alvos detectados.

## Teste 7.1

Este teste apresenta uma verificação rápida do seu entendimento dos conceitos apresentados nas Seções de 7.1 a 7.7. Se você tiver problemas com o teste, releia as seções, pergunte ao seu instrutor ou discuta o material com um colega. As respostas para esse teste estão no final do livro.

1. O que é uma função local? Como isso difere de uma função ordinária?
2. O que quer dizer o termo "escopo"?
3. O que é uma função privada? Como isso difere de uma função ordinária?
4. O que são funções aninhadas? Qual é o escopo de uma variável na função pai de uma função aninhada?
5. Em qual ordem o MATLAB decide buscar uma função a ser executada?
6. O que é um identificador de função? Como você cria um identificador de função? Como você chama uma função utilizando um identificador de função?
7. O que será retornado pela seguinte função, se ela for chamada com a expressão `myfun(@cosh)`?

    ```
    function res = myfun(x)
    res = func2str(x);
    end
    ```

## 7.8 Resumo

No Capítulo 7, apresentamos características avançadas de funções definidas pelo usuário.

Funções de funções são funções MATLAB cujos argumentos de entrada incluem nomes de outras funções. As funções cujos nomes são passados para a função de função são normalmente utilizadas durante a execução dessa função. Alguns exemplos são funções para cálculo de raízes e desenhos de diagramas de outras funções.

As funções locais são funções adicionais colocadas em um único arquivo. As funções locais são acessíveis somente a partir de outras funções no mesmo arquivo. As funções privadas são funções colocadas em um subdiretório especial chamado `private`. Elas são acessíveis somente para as funções no diretório pai. As funções locais e as funções privadas podem ser utilizadas para restringir o acesso as funções MATLAB.

Os identificadores de função são um tipo de dados especial que contêm todas as informações necessárias para chamar uma função. Os identificadores de função são criados com o operador @ ou a função `str2func` e são utilizados nomeando o identificador seguinte por parênteses e argumentos de chamada necessários.

As funções anônimas são funções simples sem um nome, que são criadas em uma única linha e chamadas por seus identificadores de função.

As funções `ezplot` e `fplot` são funções de funções que podem desenhar diretamente uma função especificada pelo usuário sem ter que criar primeiro os dados de saída.

Histogramas são diagramas do número de amostras de um conjunto de dados que se enquadram em cada um de uma série de compartimentos de amplitude.

### 7.8.1 Resumo das Boas Práticas de Programação

As regras a seguir devem ser adotadas ao trabalhar com funções MATLAB.

1. Use funções locais ou funções privadas para ocultar cálculos de propósito especial que não devem estar geralmente acessíveis para outras funções. Ocultar as funções evita seu uso acidental e também conflitos com outras funções públicas de mesmo nome.
2. Use a função `fplot` para desenhar as funções diretamente sem ter que criar matrizes de dados intermediárias.

## 7.8.2 Resumo do MATLAB

O resumo a seguir lista todos os comandos e funções do MATLAB apresentados neste capítulo, junto com uma breve descrição de cada item.

### Comandos e Funções

| | |
|---|---|
| @ | Cria um identificador de função (ou uma função anônima). |
| eval | Avalia uma cadeia de caracteres como se ela tivesse sido digitada na Janela de Comandos. |
| ezplot | Função simples para desenhar diagramas de função. |
| feval | Calcula o valor de uma função $f(x)$ definida por um arquivo M em um $x$ específico. |
| fminbnd | Minimiza uma função de uma variável. |
| fplot | Desenha uma função pelo nome. |
| functions | Recupera diversas informações de um identificador de função. |
| func2str | Recupera o nome da função associada a um identificador de função fornecido. |
| fzero | Encontra um zero de uma função de uma variável. |
| global | Declara variáveis globais. |
| hist | Calcula e desenha um histograma de um conjunto de dados. |
| inputname | Retorna o nome da variável que corresponde a um número de argumento em particular. |
| nargchk | Retorna uma mensagem de erro padrão se uma função for chamada com poucos ou com muitos argumentos. |
| nargin | Retorna o número de argumentos reais de entrada utilizados na chamada da função. |
| nargout | Retorna o número de argumentos reais de saída utilizados na chamada da função. |
| ode4 5 | Função para resolver equações diferenciais ordinárias utilizando uma técnica Runge-Kutta (4,5). |
| quad | Integra numericamente uma função. |
| str2func | Cria um identificador de função a partir de uma cadeia especificada. |

## 7.9 Exercícios

**7.1** Escreva uma função que utilize a função random0 do Capítulo 6 para gerar um valor aleatório no intervalo [−1,0,1,0). Torne random0 uma função local de sua nova função.

**7.2** Escreva uma função que utilize a função random0 para gerar um valor aleatório no intervalo [low, high), em que low e high são passados como argumentos de chamada. Torne random0 uma função privada chamada por sua nova função.

**7.3** Escreva uma única função MATLAB hyperbolic para calcular as funções hiperbólicas de seno, cosseno e tangente conforme definido no Exercício 6.20. A função deve ter dois argumentos. O primeiro argumento será uma cadeia que contém os nomes de função 'sinh', 'cosh' ou 'tanh' e o segundo argumento será o valor de $x$ no qual avaliar a função. O arquivo também deve conter três funções locais sinh1, cosh1 e tanh1 para executar os cálculos reais e a função primária deve chamar a função local apropriada dependendo do valor na cadeia. (*Observação:* Certifique-se de manipular o caso de um número incorreto de argumento e também o caso de uma cadeia inválida. Em qualquer um dos casos a função deve gerar um erro.)

**7.4** Escreva um programa que crie três funções anônimas representando as funções $f(x) = 10 \cos x$, $g(x) = 5 \sen x$, e $h(a,b) = \sqrt{a^2 + b^2}$. Desenhe $h(f(x), g(x))$ sobre o intervalo $-10 \leq x \leq 10$.

**7.5** Desenhe a função $f(x) = 1/\sqrt{x}$ sobre o intervalo $0.1 \leq x \leq 10.0$ utilizando a função `fplot`. Certifique-se de identificar seu diagrama corretamente.

**7.6 Minimizando uma Função de Uma Variável** A função `fminbnd` pode ser utilizada para localizar o mínimo de uma função sobre um intervalo definido pelo usuário. Consulte os detalhes dessa função na ajuda MATLAB e localize o mínimo da função $y(x) = x^4 - 3x^2 + 2x$ sobre o intervalo (0,5 1,5). Utilize uma função anônima para $y(x)$.

**7.7** Desenhe a função $y(x) = x^4 - 3x^2 + 2x$ sobre o intervalo $(-2, 2)$. Em seguida, utilize a função `fminbnd` para localizar o valor mínimo sobre o intervalo $(-1,5, 0,5)$. A função localizou o valor mínimo sobre essa região? O que está acontecendo aqui?

**7.8 Histograma** Crie uma matriz de 100.000 amostras da função `randn`, o gerador de número aleatório Gaussian do MATLAB integrado. Desenhe um histograma dessas amostras sobre 21 compartimentos.

**7.9 Diagrama Rose** Crie uma matriz de 100.000 amostras da função `randn`, o gerador de número aleatório Gaussian do MATLAB integrado. Crie um histograma dessas amostras sobre 21 compartimentos e desenhe-as em um diagrama rose. (*Dica:* Consulte os diagramas rose no subsistema de ajuda MATLAB.)

**7.10 Mínimos e Máximos de uma Função** Escreva uma função que tente localizar os valores máximos e mínimos de uma função arbitrária $f(x)$ sobre um certo intervalo. O identificador de função da função sendo avaliada deve ser passado para a função como um argumento de chamada. A função deve ter os seguintes argumentos de entrada:

  `first_value`  -- O primeiro valor de $x$ a ser buscado
  `last_value`   -- O último valor de $x$ a ser buscado
  `num_steps`    -- O número de passos a ser incluído na busca
  `func`         -- O nome da função a ser buscada

A função deve ter os seguintes argumentos de saída:

  `xmin`      -- O valor de $x$ em que o mínimo foi localizado
  `min_value` -- O valor mínimo de $f(x)$ localizado
  `xmax`      -- O valor de $x$ em que o máximo foi localizado
  `max_value` -- O valor máximo $f(x)$ localizado

Certifique-se de verificar se existe um número válido de argumentos de entrada e se os comandos `help` e `lookfor` do MATLAB estão corretamente considerados.

**7.11** Escreva um programa de teste para a função gerada no exercício anterior. O programa de teste deve passar da função de função a função definida pelo usuário $f(x) = x^3 - 5x^2 + 5x + 2$ e buscar o mínimo e o máximo em 200 passos sobre o intervalo $-1 \leq x \leq 3$. Isso deve imprimir os valores resultantes mínimos e máximos.

**7.12** Escreva um programa que localize os zeros da função $f(x) = \cos^{2x} - 0{,}25$ entre 0 e $2\pi$. Use a função `fzero` para localizar realmente os zeros dessa função. Desenhe a função sobre esse intervalo e mostre que `fzero` relatou os valores corretos.

**7.13** Escreva um programa que avalie a função $f(x) = \tan^2 x + x - 2$ entre $-2\pi$ e $2\pi$ em passos de $\pi/10$ e desenhe em diagrama os resultados. Crie um identificador de função para a sua função e utilize a função `feval` para avaliar sua função nos pontos especificados.

**7.14** Escreva um programa que localize e relate as posições de cada alvo do radar no espaço de intervalo de velocidade do Exemplo 7.4. Para cada alvo, intervalo de relatório, velocidade, amplitude e proporção sinal de ruído (SNR).

**7.15 Derivada de uma Função** A *derivada* de uma função contínua $f(x)$ é definida pela equação

$$\frac{d}{dx}f(x) = \lim_{\Delta x \to 0} \frac{f(x + \Delta x) - f(x)}{\Delta x} \tag{7.8}$$

Em uma função de amostra, essa definição torna-se

$$f'(x_i) = \frac{f(x_{i+1}) - f(x_i)}{\Delta x} \tag{7.9}$$

em que $\Delta x = x_{i+1} - x_i$. Assuma que um vetor vect contenha amostras nsamp de uma função obtida em um espaçamento de dx por amostra. Escreva uma função que calculará a derivada desse vetor a partir da Equação (7.9). A função deve verificar se dx é maior que zero para evitar erros de divisão por zero na função.

Para verificar sua função, você deve gerar um conjunto de dados cuja derivada seja conhecida e comparar o resultado da função com a resposta correta. Uma boa escolha para uma função de teste é o seno $x$. A partir do cálculo elementar, sabemos que $\frac{d}{dx}(\operatorname{sen} x) = \cos x$. Gere um vetor de entrada contendo 100 valores da função de seno $x$ iniciando em $x = 0$ e utilizando o tamanho do passo $\Delta x$ de 0,05. Calcule a derivada do vetor com a sua função e compare os resultados com a resposta correta. Quão próxima ficou sua função do cálculo da resposta correta para a derivada?

7.16 **Derivada na Presença de Ruído** Agora exploraremos os efeitos do ruído de entrada na qualidade de uma derivada numérica. Primeiro, gere um vetor de entrada que contenha 100 valores da função de seno $x$ iniciando em $x = 0$ e utilizando o tamanho do passo $\Delta x$ de 0,05, assim como fez no problema anterior. Em seguida, utilize a função random0 para gerar uma pequena quantidade de ruído aleatório com uma amplitude máxima de ±0,02 e adicione esse ruído aleatório às amostras em seu vetor de entrada. A Figura 7.12 mostra um exemplo de sinuosidade corrompida pelo ruído. Observe que a amplitude de pico do ruído é somente 2% da amplitude de pico do sinal, pois o valor máximo do seno $x$ é 1. Agora, calcule a derivada da função utilizando a função derivada desenvolvida no último problema. Quão próxima do valor teórico ficou sua derivada?

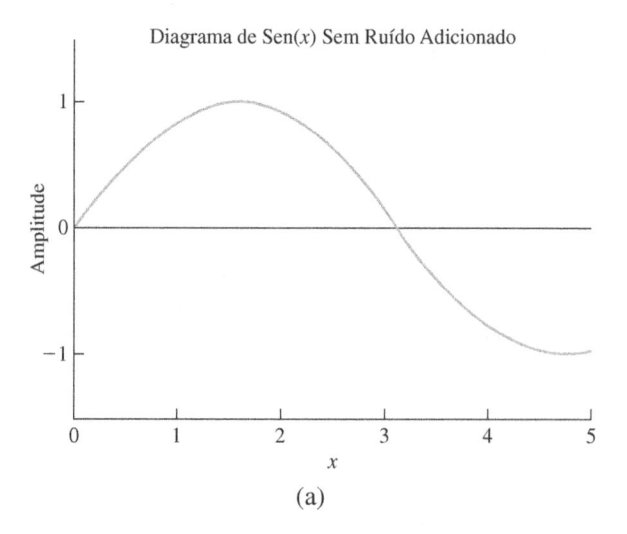

(a)

Sen(x) Corrompido pelo Ruído Aleatório

(b)

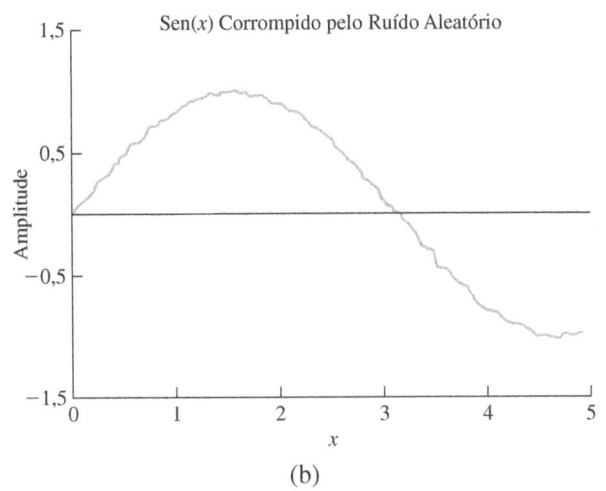

**Figura 7.12** (a) Um diagrama de seno x como uma função de x sem ruído adicionado aos dados. (b) Um diagrama de seno x como uma função de x com um ruído aleatório uniforme de amplitude de 2% de pico adicionados aos dados.

**7.17** Crie uma função anônima para avaliar a expressão $y(x) = 2e^{-0,5x} \cos x - 0.2$ e localize as raízes dessa função com `fzero` entre 0 e 7.

**7.18** A função fatorial criada no Exemplo 7.4 não verifica se os valores de entrada são números inteiros não negativos. Modifique a função para executar essa verificação e escreva um erro se um valor ilegal for passado como um argumento de chamada.

**7.19 Números de Fibonacci** Uma função é considerada *recursiva* caso a função chame a si própria. As funções MATLAB são projetadas para permitir a operação recursiva. Para testar essa característica, escreva uma função MATLAB que derive os números de Fibonacci. O *n*-ésimo número de Fibonacci é definido pela equação:

$$F_n = \begin{cases} F_{n-1} + F_{n-2} & n > 1 \\ 1 & n = 1 \\ 0 & n = 0 \end{cases} \quad (7.10)$$

em que *n* é um número inteiro não negativo. A função deve verificar se existe um único argumento *n* e que *n* é um número inteiro não negativo. Se não for, gere um erro utilizando a função `error`. Se o argumento de entrada for um número inteiro não negativo, a função deve avaliar $F_n$ utilizando a Equação (7.10). Teste sua função calculando os números de Fibonacci para $n = 1$, $n = 5$ e $n = 10$.

**7.20 O Problema de Aniversário** O Problema de Aniversário é: se houver um grupo de *n* pessoas em uma sala, qual é a probabilidade de que duas delas ou mais façam aniversário juntas (mês e dia, ignorando o ano)? Podemos determinar a resposta para esta pergunta por simulação. Escreva uma função que calcule a probabilidade de que duas ou mais de *n* pessoas terão o mesmo dia de aniversário, em que *n* é um argumento de chamada. *(Dica:* Para isso, a função deve criar uma matriz de tamanho *n* e gerar *n* aniversários no intervalo de 1 a 365 aleatoriamente. Ela deve então verificar se algum dos *n* aniversários são idênticos. A função deve executar esse experimento em pelo menos 5.000 vezes e calcular a fração desses tempos em que duas ou mais pessoas tinham o mesmo aniversário.) Escreva um programa de teste que calcule e imprima a probabilidade de que 2 ou mais de *n* pessoas terão o mesmo aniversário para $n = 2, 3, ..., 40$.

**7.21 Taxa de Alarme de Constante Falsa (CFAR,** do inglês *constant false alarm rate*) Uma cadeia do receptor do radar simplificada é mostrada na Figura 7.13a. Quando um sinal é recebido, ele contém a informação desejada (retorno do alvo) e o ruído térmico. Após o passo de detecção no receptor, gostaríamos de conseguir separar os retornos de alvo recebido do ruído térmico de fundo. Podemos fazer isso pelo ajuste de um nível de limiar e então declarar que vemos um alvo toda vez que o sinal ultrapassa esse limiar. Infelizmente, é possível que o ruído do receptor ocasionalmente cruze o limite de detecção mesmo se nenhum alvo estiver presente. Se isso acontecer, declararemos o ruído para que seja o alvo, criando um *alarme falso*. O limiar de detecção precisa ser ajustado o mais baixo possível para detectar alvos fracos, mas não pode ser muito baixo ou podemos receber muitos alarmes falsos.

Após a detecção por vídeo, o ruído térmico no receptor apresenta uma distribuição de Rayleigh. A Figura 7.13b apresenta 100 amostras de um ruído distribuído por Rayleigh com uma amplitude média de 10 volts. Observe que ocorreria um alarme falso mesmo se o limiar de detecção fosse 26! A distribuição de probabilidade dessas amostras de ruído é amostrada na Figura 7.13c.

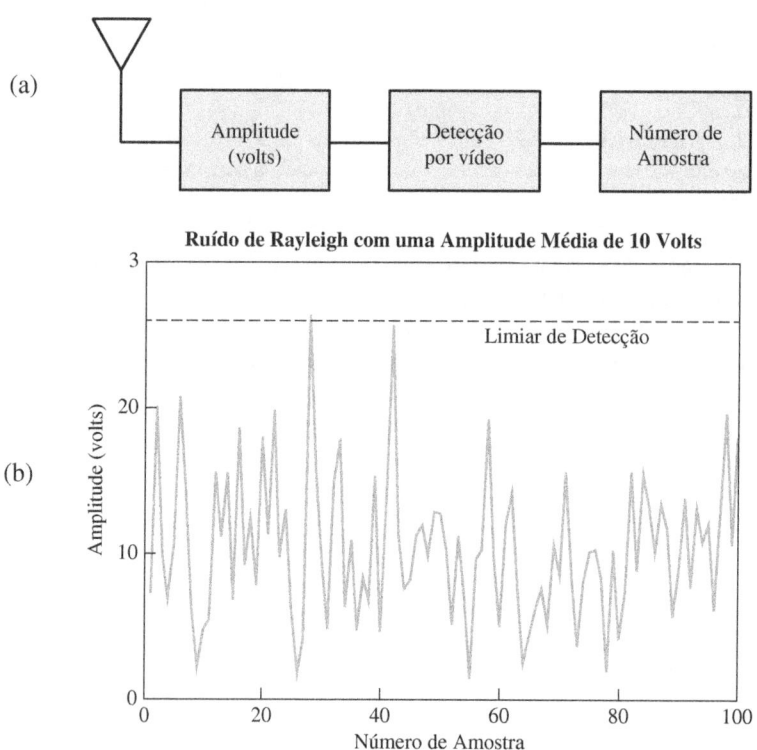

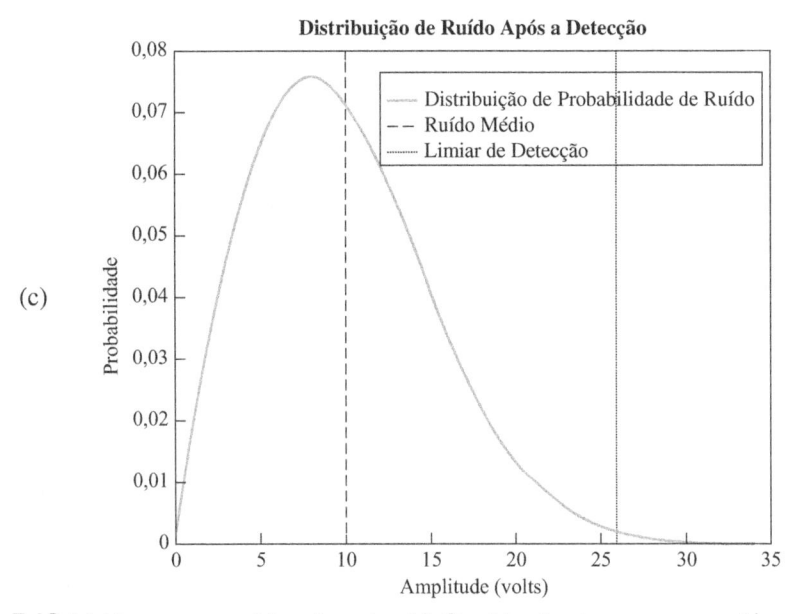

**Figura 7.13** (a) Um receptor típico de radar. (b) O ruído térmico com uma saída média de 10 volts do detector. Às vezes, o ruído cruza o limiar de detecção. (c) Distribuição de probabilidade do ruído do detector.

Os limiares de detecção geralmente são calculados como um múltiplo do nível médio de ruído de modo que se o nível de ruído mudar, o limiar de detecção mudará com ele para manter falsos alarmes sob controle. Isso é conhecido como detecção de *taxa de alarme falsa constante* (CFAR). Um limiar de detecção é tipicamente medido em decibéis. A relação entre o limite em dB e o limite em volts é

$$\text{Limite (volts)} = \text{Nível Médio de Ruído (volts)} \times 10^{\frac{dB}{20}} \quad (7.11)$$

ou

$$dB = 20 \log_{10} \left( \frac{\text{Limiar (volts)}}{\text{Nível Médio de Ruído (volts)}} \right) \quad (7.12)$$

A taxa de alarmes falsos para um dado limiar de detecção é calculada como:

$$P_{fa} = \frac{\text{Número de Falsos Alarmes}}{\text{Número Total de Amostras}} \quad (7.13)$$

Escreva um programa que gere 1.000.000 amostras de ruído aleatórias com uma amplitude média de 10 volts e uma distribuição de ruído de Rayleigh. Determine as taxas de alarme falso quando o limiar de detecção for configurado para 5, 6, 7, 8, 9, 10, 11, 12 e 13 dB acima do nível médio de ruído. Em qual nível o limiar deve ser ajustado para atingir uma taxa de alarme falso de $10^{-4}$?

**7.22 Geradores de Função** Escreva uma função aninhada que avalie um polinômio do formato $y = ax^2 + bx + c$. A função host `gen_func` deve ter três argumentos de chamada a, b e c para inicializar os coeficientes do polinômio. Ela também deve criar e retornar um identificador de função para a função aninhada `eval_func`. A função aninhada `eval_func(x)` deve calcular um valor de y para um determinado valor de x, utilizando os valores de a, b e c armazenados na função host. Esse é efetivamente um gerador de função, porque cada combinação de valores a, b e c produz um identificador de função que avalia um polinômio exclusivo. Em seguida, execute as seguintes etapas:

(a) Chame `gen_func(1,2,1)` e salve o identificador de função resultante na variável h1. Esse identificador agora avalia a função $y = x^2 + 2x + 1$.

(b) Chame gen_func(1,4,3) e salve o identificador de função resultante na variável h2. Esse identificador agora avalia a função $y = x^2 + 4x + 3$.
(c) Escreva uma função que aceite um identificador de função e desenhe em diagrama a função especificada entre dois limites especificados.
(d) Utilize esta função para desenhar em diagrama os dois polinômios gerados nas partes (a) e (b) acima.

**7.23 Circuitos RC** A Figura 7.14a mostra um circuito RC de série simples com voltagem de saída obtida através do capacitor. Assuma que não existe voltagem ou energia neste circuito antes do tempo $t = 0$ e que a voltagem $v_{in}(t)$ é aplicada no tempo $t \geq 0$. Calcule e desenhe em diagrama a voltagem de saída desse circuito para o tempo $0 \leq t \leq 10$ s. *(Dica:* A voltagem de saída desse circuito pode ser encontrada escrevendo uma equação da Lei das Correntes de Kirchoff (KCL) na saída e resolvendo para $v_{out}(t)$. A equação KCL é

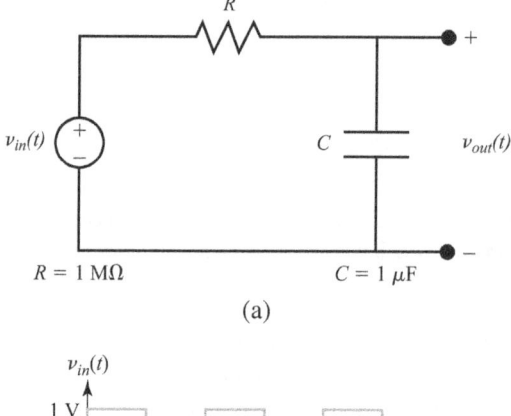

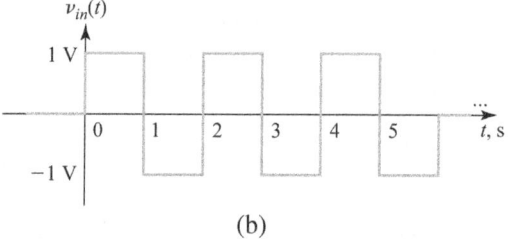

**Figura 7.14** (a) Um circuito RC de série simples. (b) A voltagem de entrada para esse circuito como uma função de tempo. Observe que a voltagem é 0 para todos os tempos antes de zero e todos os tempos após t = 6 s.

$$\frac{v_{out}(t) - v_{in}(t)}{R} + C\frac{dv_{out}(t)}{dt} = 0 \qquad (7.14)$$

Coletar os termos nessa equação produz o resultado

$$\frac{dv_{out}(t)}{dt} + \frac{1}{RC}v_{out}(t) = \frac{1}{RC}v_{in}(t) \qquad (7.15)$$

Resolva essa equação para $v_{out}(t)$.

**7.24** Calcule e desenhe em diagrama a saída $v$ da seguinte equação diferencial:

$$\frac{dv(t)}{dt} + v(t) = \begin{cases} t & 0 \leq t \leq 5 \\ 0 & \text{em outro lugar} \end{cases} \qquad (7.16)$$

# Capítulo 8

# Números Complexos e Diagramas 3D

Neste capítulo, aprenderemos a trabalhar com números complexos e sobre os tipos de diagramas tridimensionais disponíveis no MATLAB.

## 8.1 Dados Complexos

**Números complexos** são aqueles com um componente real e um imaginário. Ocorrem em muitos problemas em ciências e engenharia. Por exemplo, são usados em engenharia elétrica para representar voltagens de corrente alternada, correntes e impedâncias. As equações diferenciais que descrevem o comportamento da maioria dos sistemas elétricos e mecânicos também originam números complexos. Como eles são tão amplamente distribuídos, é impossível trabalhar como engenheiro sem um bom entendimento do uso e da manipulação de números complexos.

Um número complexo tem a forma geral

$$c = a + bi \tag{8.1}$$

em que $c$ é um número complexo, $a$ e $b$ são números reais e $i$ é $\sqrt{-1}$. O número $a$ é chamado de *parte real* e $b$ é chamado *parte imaginária* do número complexo $c$. Como um número complexo tem dois componentes, ele pode ser colocado em um diagrama como um ponto em um plano (veja a Figura 8.1). O eixo horizontal do plano é o eixo real, o vertical é o eixo imaginário, por isso qualquer número complexo $a + bi$ pode ser representado como um único ponto $a$ unidades ao longo do eixo real e $b$ unidades ao longo do eixo imaginário. Diz-se que um número complexo representado dessa maneira está em *coordenadas retangulares*, porque os eixos reais e imaginários definem os lados de um retângulo.

Um número complexo também pode ser representado como um vetor de comprimento $z$ e ângulo $\theta$, em que $\theta$ é o ângulo anti-horário entre o eixo real positivo ($x$) e a linha da origem até o ponto $c$ no plano complexo (veja a Figura 8.2). Diz-se que um número complexo representado desta maneira está em *coordenadas polares*.

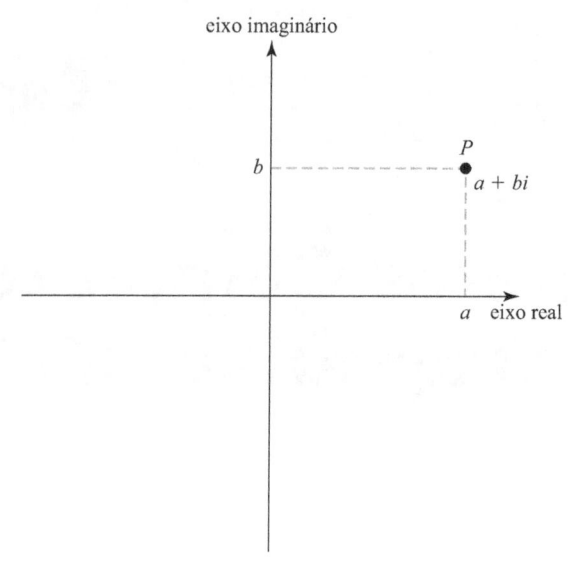

**Figura 8.1** Representando um número complexo em coordenadas retangulares.

$$c = a + bi = z\angle\theta \quad (8.2)$$

As relações entre os termos de coordenada retangulares e polares $a$, $b$, $z$ e $\theta$ são:

$$a = z \cos \theta \quad (8.3)$$

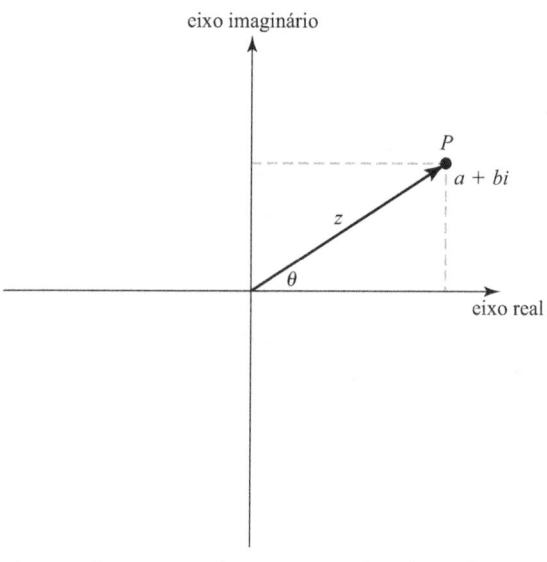

**Figura 8.2** Representando um número complexo em coordenadas polares.

$$b = z \operatorname{sen} \theta \quad (8.4)$$
$$z = \sqrt{a^2 + b^2} \quad (8.5)$$
$$\theta = \tan^{-1} \frac{b}{a} \quad (8.6)$$

em que $\tan^{-1}(\ )$ é a função de tangente inversa de dois argumentos `atan2(y, x)`, cuja saída é definida sobre o intervalo $-\pi \leq \theta \leq \pi$.

O MATLAB usa coordenadas retangulares para representar números complexos. Cada número complexo consiste em um par de números reais $(a, b)$. O primeiro número $(a)$ é a parte real do número complexo e o segundo $(b)$ é a parte imaginária do número complexo.

Se os números complexos $c_1$ e $c_2$ forem definidos como $c_1 = a_1 + b_1 i$ e $c_2 = a_2 + b_2 i$, então a soma, a subtração, a multiplicação e a divisão de $c_1$ e $c_2$ serão definidas como:

$$c_1 + c_2 = (a_1 + a_2) + (b_1 + b_2)i \tag{8.7}$$

$$c_1 - c_2 = (a_1 - a_2) + (b_1 - b_2)i \tag{8.8}$$

$$c_1 \times c_2 = (a_1 a_2 - b_1 b_2) + (a_1 b_2 - b_1 a_2)i \tag{8.9}$$

$$\frac{c_1}{c_2} = \frac{a_1 a_2 + b_1 b_2}{a_2^2 + b_2^2} + \frac{b_1 a_2 - a_1 b_2}{a_2^2 + b_2^2}i \tag{8.10}$$

Observe que as somas e subtrações são muito simples na forma retangular, mas as multiplicações e divisões são relativamente complexas. Se, em vez disso, os números complexos forem expressos na forma polar, a multiplicação e a divisão serão muito mais simples. Na forma polar, a multiplicação de dois números complexos é executada multiplicando as magnitudes dos dois números e adicionando os ângulos dos dois números:

$$c_1 \times c_2 = z_1 z_2 \angle \theta_1 + \theta_2 \tag{8.11}$$

De forma semelhante, a divisão é executada dividindo as magnitudes dos dois números e subtraindo os ângulos dos dois números:

$$\frac{c_1}{c_2} = \frac{z_1}{z_2} \angle \theta_1 - \theta_2 \tag{8.12}$$

Quando dois números complexos aparecem em uma operação binária, o MATLAB realiza as somas, as subtrações, as multiplicações ou as divisões necessárias entre os dois números complexos usando versões das fórmulas acima.

### 8.1.1 Variáveis Complexas

Uma variável complexa é criada automaticamente quando um valor complexo é designado para um nome de variável. O modo mais fácil de criar um valor complexo é usar os valores intrínsecos de i ou j, ambos predefinidos como $\sqrt{-1}$. Por exemplo, a expressão a seguir armazena o valor complexo $4 + i3$ na variável c1.

```
» c1 = 4 + i*3
c1 =
   4.0000 + 3.0000i
```

Como alternativa, a parte imaginária pode ser especificada simplesmente acrescentando-se i ou j ao final de um número:

```
» c1 = 4 + 3i
c1 =
   4.0000 + 3.0000i
```

A função isreal pode ser usada para determinar se uma matriz é real ou complexa. Se algum exemplo de uma matriz tiver um componente imaginário, a matriz será complexa e isreal(array) retornará 0.

## 8.1.2 Usando Números Complexos com Operadores Relacionais

É possível comparar dois números complexos com o operador relacional == para ver se são iguais entre si e compará-los com o operador ~= para ver se são diferentes entre si. Ambos os operadores produzem os resultados esperados. Por exemplo, se $c_1 = 4 + i3$ e $c_2 = 4 - i3$, então a operação relacional $c_1 == c_2$ produzirá um 0 e a operação relacional $c_1 \sim= c_2$ produzirá um 1.

No entanto, *comparações com os operadores* >, <, >=, *ou* <= *não produzem os resultados esperados*. Quando números complexos são comparados com esses operadores relacionais, apenas as *partes reais* dos números serão comparadas. Por exemplo, se $c_1 = 4 + i3$ e $c_2 = 3 + i8$, então a operação relacional $c_1 > c_2$ produzirá um valor verdadeiro (1) embora a magnitude de $c_1$ seja realmente menor que a magnitude de $c_2$.

Se for necessário comparar dois números complexos com esses operadores, você provavelmente estará mais interessado na magnitude total do número do que na magnitude de sua parte real apenas. A magnitude de um número complexo pode ser calculada com a função intrínseca abs (ver seção seguinte), ou diretamente da Equação 8.5.

$$|c| = \sqrt{a^2 + b^2} \qquad (8.5)$$

Se compararmos as *magnitudes* de $c_1$ e $c_2$ acima, os resultados serão mais razoáveis: abs($c_1$) > abs($c_2$) produz um 0, uma vez que a magnitude de $c_2$ é maior que a magnitude de $c_1$.

### Erros de Programação

Seja cuidadoso quando usar os operadores relacionais com números complexos. Os operadores relacionais >, >=, < e <= comparam somente as *partes reais* de números complexos, não suas magnitudes. Se você precisar desses operadores relacionais com um número complexo, provavelmente será mais sensato comparar as magnitudes totais ao invés de apenas os componentes reais.

## 8.1.3 Funções Complexas

O MATLAB inclui muitas funções que efetuam cálculos complexos. Essas funções se encaixam em três categorias gerais:

1. **Funções de conversão** Essas funções convertem dados do tipo complexo em dados reais (double). A função real retorna a *parte real* de um número complexo como um tipo de dados duplo e ignora a parte imaginária do número complexo. A função imag retorna a *parte imaginária* de um número complexo como um tipo de dados de precisão dupla.

2. **Valor absoluto e funções de ângulo** Essas funções convertem um número complexo para sua representação polar. A função abs(c) calcula o valor absoluto de um número complexo utilizando a equação

$$\text{abs}(c) = \sqrt{a^2 + b^2}$$

em que $c = a + bi$. A função angle(c) calcula o ângulo de um número complexo utilizando a equação

$$\text{angle}(c) = \text{atan2}(\text{imag}(c), \text{real}(c))$$

produzindo uma resposta no intervalo $-\pi \leq \theta \leq \pi$.

3. **Funções matemáticas** A maioria das funções elementares de matemática é definida a partir de valores complexos. Essas funções incluem funções exponenciais, logaritmos, funções trigonométricas e raízes quadradas. As funções `sin`, `cos`, `log`, `sqrt` etc. funcionarão tão bem com dados complexos como com dados reais.

   Algumas das funções intrínsecas que suportam números complexos estão listadas na Tabela 8.1.

**Tabela 8.1: Algumas Funções que Suportam Números Complexos**

| Função | Descrição |
|---|---|
| `conj(c)` | Calcula o conjugado complexo de um número `c`. Se $c = a + bi$, então `conj(c)` $= a - bi$. |
| `real(c)` | Retorna a parte real de um número complexo `c`. |
| `imag(c)` | Retorna a parte imaginária de um número complexo `c`. |
| `isreal(c)` | Retorna verdadeiro (1) se nenhum elemento da matriz `c` tiver um componente imaginário. Portanto, `~isreal(c)` retorna verdadeiro (1) se algum elemento da matriz `c` tiver um componente imaginário. |
| `abs(c)` | Retorna a magnitude do número complexo `c`. |
| `angle(c)` | Retorna o ângulo do número complexo `c` em radianos, calculado a partir da expressão `atan2(imag(c),real(c))`. |

### ▶ Exemplo 8.1 – A Equação Quadrática (Revista)

A disponibilidade de números complexos frequentemente simplifica os cálculos necessários à solução de problemas. Por exemplo, quando resolvemos a equação quadrática no Exemplo 4.2, foi necessário tomar três ramificações separadas no programa, dependendo do sinal do discriminante. Com números complexos disponíveis, a raiz quadrada de um número negativo não apresenta nenhuma dificuldade, e, por esta razão, podemos simplificar muito esses cálculos.

Escreva um programa geral para resolver as raízes de uma equação quadrática, independente do tipo. Use variáveis complexas de maneira que nenhuma ramificação seja necessária com base no valor do discriminante.

**Solução**

1. **Estabeleça o problema.**

   Escreva um programa que resolva as raízes de uma equação quadrática, sejam elas raízes reais distintas, raízes reais repetidas ou raízes complexas, sem precisar de testes sobre o valor do discriminante.

2. **Defina as entradas e saídas.**

   As entradas requeridas para este programa são os coeficientes $a$, $b$, e $c$ da equação quadrática

$$ax^2 + bx + c = 0 \tag{8.13}$$

   A saída do programa serão as raízes da equação quadrática, sejam elas reais, repetidas ou complexas.

3. **Descreva o algoritmo.**

   Esta tarefa pode ser quebrada em três seções, cujas funções são entrada, processamento e saída:

   ```
   Read the input data
   Calculate the roots
   Write out the roots
   ```

Vamos agora segmentar as principais seções acima em partes menores e mais detalhadas. Nesse algoritmo, o valor do discriminante não é importante na determinação de como prosseguir. O pseudocódigo resultante é:

```
Prompt the user for the coefficients a, b, and c.
Read a, b, and c
discriminant ← b^2 - 4 * a * c
    x1 ← ( -b + sqrt(discriminant) ) / ( 2 * a )
    x2 ← ( -b - sqrt(discriminant) ) / ( 2 * a )
    Print 'The roots of this equation are: '
    Print 'x1 = ', real(x1), ' +i ', imag(x1)
    Print 'x2 = ', real(x2), ' +i ', imag(x2)
```

4. **Transforme o algoritmo em expressões MATLAB.**
   O código MATLAB final é mostrado abaixo.

```
%   Script file: calc_roots2.m
%
%   Purpose:
%     This program solves for the roots of a quadratic equation
%     of the form a*x^2 + b*x + c = 0. It calculates the answers
%     regardless of the type of roots that the equation possesses.
%
%   Record of revisions:
%       Date              Engineer            Description of change
%       ====              ==========          =====================
%     02/24/14           S. J. Chapman        Original code
%
% Define variables:
%     a              -- Coefficient of x^2 term of equation
%     b              -- Coefficient of x term of equation
%     c              -- Constant term of equation
%     discriminant   -- Discriminant of the equation
%     x1             -- First solution of equation
%     x2             -- Second solution of equation

% Prompt the user for the coefficients of the equation
disp ('This program solves for the roots of a quadratic');
disp ('equation of the form A*X^2 + B*X + C = 0.');
a = input ('Enter the coefficient A:');
b = input ('Enter the coefficient B:');
c = input ('Enter the coefficient C:');

% Calculate discriminant
discriminant = b^2 - 4 * a * c;

% Solve for the roots
x1 = ( -b + sqrt(discriminant) ) / ( 2 * a );
x2 = ( -b - sqrt(discriminant) ) / ( 2 * a );

% Display results
disp ('The roots of this equation are:');
fprintf ('x1 = (%f) +i (%f)\n', real(x1), imag(x1));
fprintf ('x2 = (%f) +i (%f)\n', real(x2), imag(x2));
```

5. **Teste o programa.**
   Agora precisamos testar o programa usando dados reais de entrada. Vamos testar casos nos quais o discriminante é maior, menor ou igual a 0 para ter certeza de que o programa está funcionando corretamente em todas as circunstâncias. A partir da Equação (4.2), é possível verificar as soluções para as equações fornecidas abaixo:

   $$x^2 + 5x + 6 = 0 \quad x = -2, \text{ e } x = -3$$
   $$x^2 + 4x + 4 = 0 \quad x = -2$$
   $$x^2 + 2x + 5 = 0 \quad x = -1 \pm 2i$$

   Quando os coeficientes acima são alimentados no programa, os resultados são

   ```
   » calc_roots2
   This program solves for the roots of a quadratic
   equation of the form A*X^2 + B*X + C = 0.
   Enter the coefficient A: 1
   Enter the coefficient B: 5
   Enter the coefficient C: 6
   The roots of this equation are:
   x1 = (-2.000000) +i (0.000000)
   x2 = (-3.000000) +i (0.000000)
   » calc_roots2
   This program solves for the roots of a quadratic
   equation of the form A*X^2 + B*X + C = 0.
   Enter the coefficient A: 1
   Enter the coefficient B: 4
   Enter the coefficient C: 4
   The roots of this equation are:
   x1 = (-2.000000) +i (0.000000)
   x2 = (-2.000000) +i (0.000000)
   » calc_roots2
   This program solves for the roots of a quadratic
   equation of the form A*X^2 + B*X + C = 0.
   Enter the coefficient A: 1
   Enter the coefficient B: 2
   Enter the coefficient C: 5
   The roots of this equation are:
   x1 = (-1.000000) +i (2.000000)
   x2 = (-1.000000) +i (-2.000000)
   ```

   O programa dará as respostas corretas para nossos dados de testes em todos os três casos possíveis. Observe quão mais simples este programa é em comparação ao solucionador de raiz quadrática, encontrado no Exemplo 4.2. Os dados complexos simplificaram amplamente nosso programa.

## ▶ Exemplo 8.2 – Circuito da série RC

A Figura 8.3 mostra um resistor e um capacitor conectados em série e conduzidos pela fonte de alimentação AC de 100 volts. A voltagem de saída deste circuito pode ser localizada na *regra do divisor de tensão:*

$$\mathbf{V}_{out} = \frac{Z_2}{Z_1 + Z_2} \mathbf{V}_{in} \tag{8.14}$$

em que $\mathbf{V}_{in}$ é a voltagem de entrada, $Z_1 = Z_R$ é a impedância do resistor e $Z_2 = Z_C$ é a impedância do capacitor. Se a voltagem de entrada for $\mathbf{V}_{in} = 100\angle 0°$V, a impedância do resistor $Z_R = 100\ \Omega$ e a impedância do capacitor $Z_C = -j100\ \Omega$, qual é voltagem de saída deste circuito?

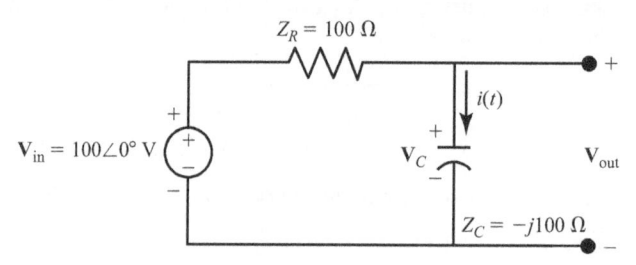

**Figura 8.3** Um circuito do divisor de tensão AC.

**Solução** Precisaremos calcular a voltagem de saída deste circuito nas coordenadas polares para obter a magnitude da voltagem de saída. A voltagem de saída em coordenadas retangulares pode ser calculada da Equação (8.14) e, em seguida, a magnitude da voltagem de saída pode ser encontrada na Equação (8.5). O código para executar esses cálculos é

```
%   Script file: voltage_divider.m
%
%   Purpose:
%     This program calculates the output voltage across an
%     AC voltage divider circuit.
%
%   Record of revisions:
%       Date        Programmer          Description of change
%       ====        ==========          =====================
%     02/28/14      S. J. Chapman       Original code
%
% Define variables:
%   vin             -- Input voltage
%   vout            -- Output voltage across z2
%   z1              -- Impedance of first element
%   z2              -- Impedance of second element

% Prompt the user for the coefficients of the equation
disp ('This program calculates the output voltage across a voltage divider.');
vin = input ('Enter input voltage:');
z1  = input ('Enter z1:');
z2  = input ('Enter z2:');

% Calculate the output voltage
vout = z2 / (z1 + z2) * vin;

% Display results
disp ('The output voltage is:');
fprintf ('vout = %f at an angle of %f degrees\n', abs(vout), angle(vout)*180/pi);
```

Quando este programa é executado, os resultados são

```
» This program calculates the output voltage across a voltage divider.
```

```
Enter input voltage: 100
Enter z1: 100
Enter z2: -100j
The output voltage is:
vout = 70.710678 at an angle of -45.000000 degrees
```

O programa usa números complexos para calcular a voltagem de saída deste circuito.

### 8.1.4 Traçando Dados Complexos

Dados complexos têm componentes reais e imaginários, e fazer diagramas de dados complexos com MATLAB é um pouco diferente de fazê-los com dados reais. Por exemplo, considere a função

$$y(t) = e^{-0,2t}(\cos t + i \operatorname{sen} t) \tag{8.15}$$

Se essa função for desenhada em diagrama com a função plot convencional, só os dados reais serão desenhados – a parte imaginária será ignorada. As seguintes expressões produzem o diagrama apresentado na Figura 8.4, juntamente com uma mensagem de aviso de que a parte imaginária dos dados está sendo ignorada.

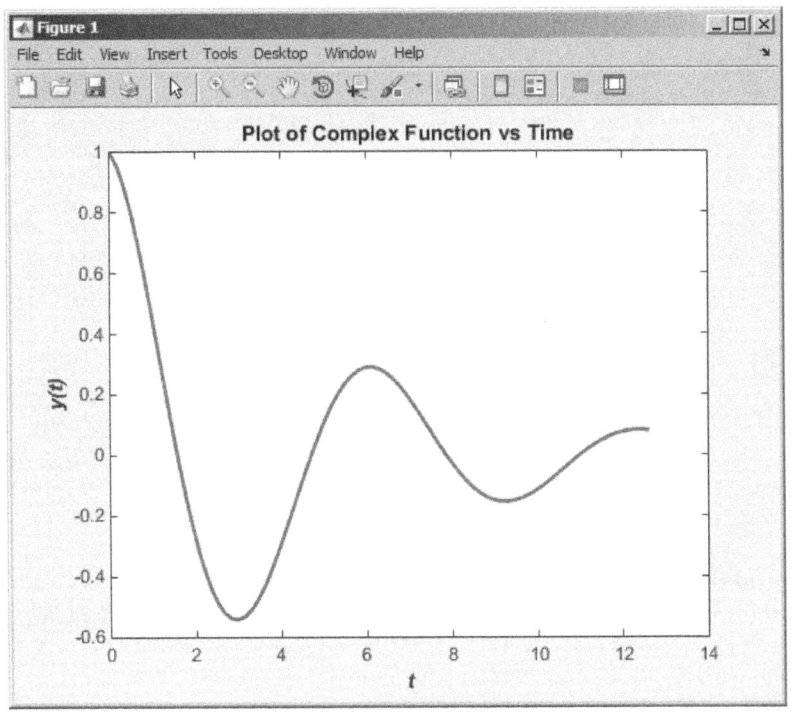

**Figura 8.4** Diagrama de $y(t) = e^{-0,2t}(\cos t + i \operatorname{sen} t)$ usando o comando plot(t, y).

```
t = 0:pi/20:4*pi;
y = exp(-0.2*t).*(cos(t)+i*sin(t));
plot(t,y,'LineWidth',2);
title('\bfPlot of Complex Function vs Time');
xlabel('\bf\itt');
ylabel('\bf\ity(t)');
```

Se tanto a parte real como a imaginária da função forem de interesse, o usuário tem várias opções. Ambas as partes podem ser desenhadas em diagrama como uma função de tempo nos mesmos eixos utilizando as expressões mostradas a seguir (veja a Figura 8.5).

```
t = 0:pi/20:4*pi;
y = exp(-0.2*t).*(cos(t)+i*sin(t));
plot(t,real(y),'b-','LineWidth',2);
hold on;
plot(t,imag(y),'r--','LineWidth',2);
title('\bfPlot of Complex Function vs Time');
xlabel('\bf\itt');
ylabel('\bf\ity(t)');
legend ('real','imaginary');
hold off;
```

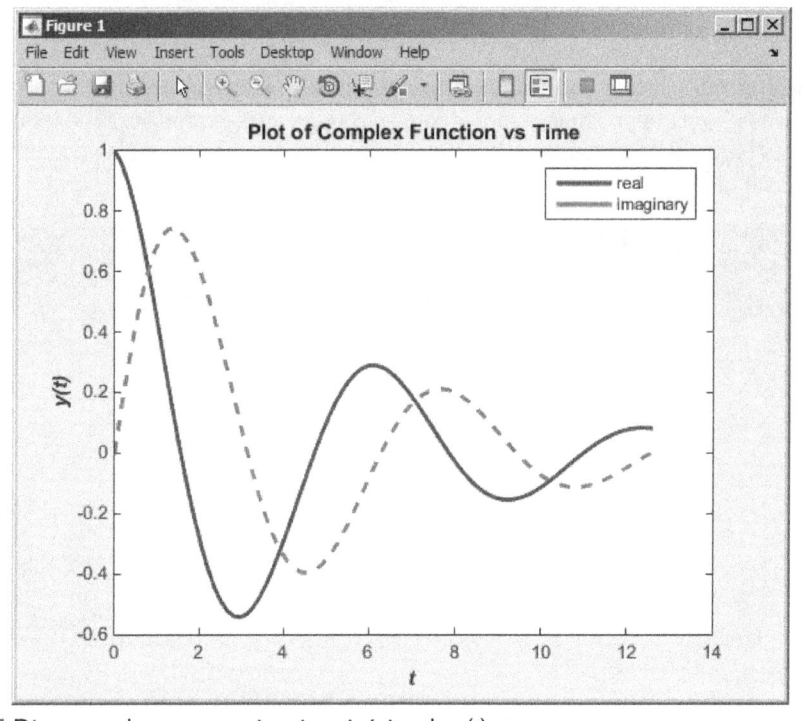

**Figura 8.5** Diagrama de partes reais e imaginárias de y(t) versus tempo.

Alternativamente, a parte real da função pode ser disposta no diagrama *versus* a parte imaginária. Se um argumento complexo *simples* for fornecido para a função plot, ela gera automaticamente um diagrama da parte real *versus* a parte imaginária. As expressões para gerar esse diagrama são mostradas abaixo e o resultado é mostrado na Figura 8.6.

```
t = 0:pi/20:4*pi;
y = exp(-0.2*t).*(cos(t)+i*sin(t));
plot(y,'b-','LineWidth',2);
title('\bfPlot of Complex Function');
xlabel('\bfReal Part');
ylabel('\bfImaginary Part');
```

Finalmente, a função pode ser desenhada como um diagrama polar mostrando magnitude *versus* ângulo. As expressões para gerar esse diagrama são mostradas a seguir e o resultado é mostrado na Figura 8.7.

```
t = 0:pi/20:4*pi;
y = exp(-0.2*t).*(cos(t)+i*sin(t));
```

```
polar(angle(y),abs(y));
title('\bfPlot of Complex Function');
```

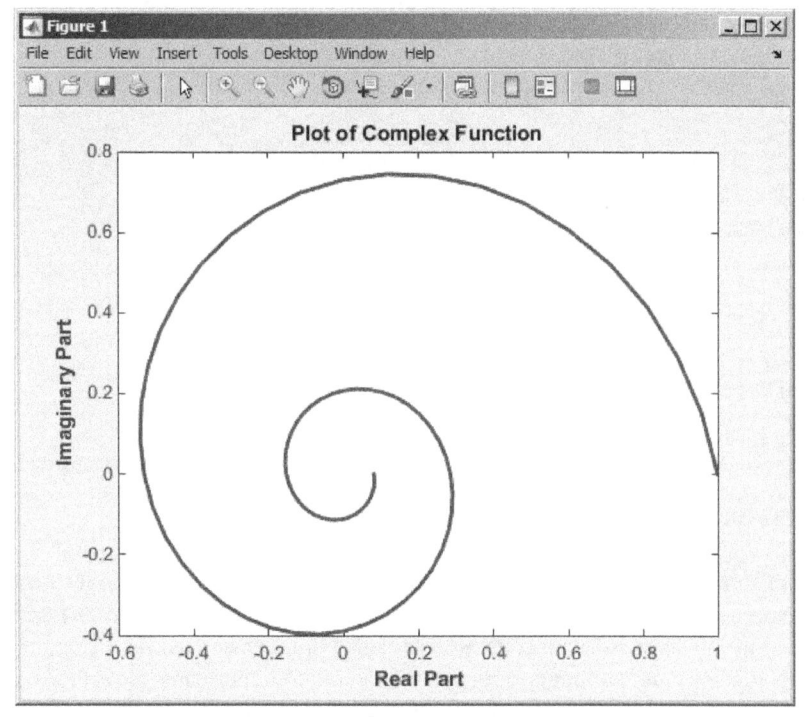

**Figura 8.6** Diagrama das partes reais *versus* imaginárias de y(t).

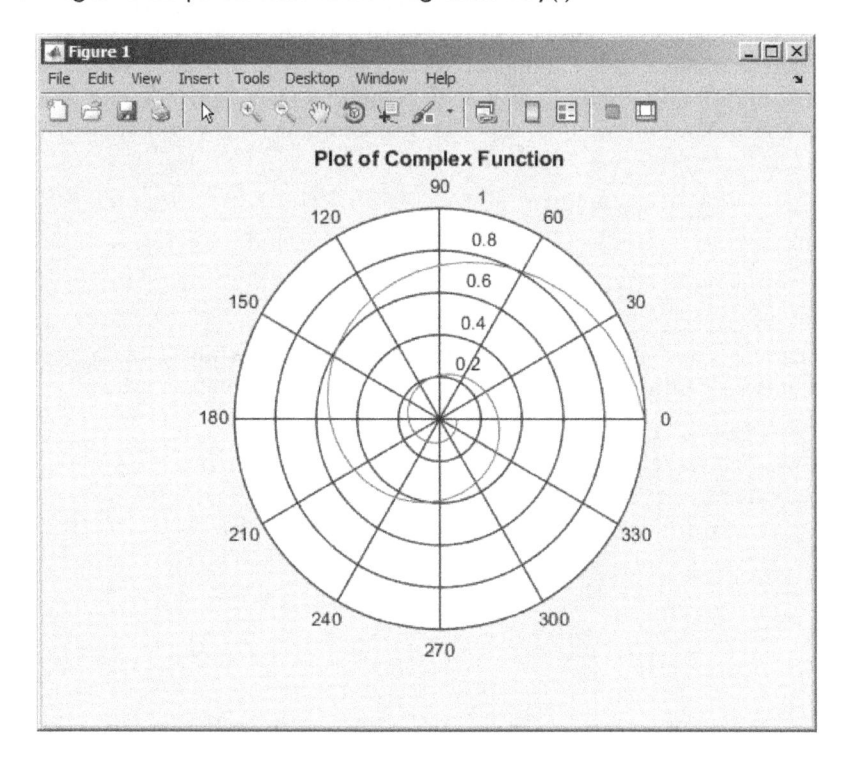

**Figura 8.7** Diagrama polar de magnitude de y(t) *versus* ângulo.

## Teste 8.1

Neste teste, faremos uma verificação rápida da sua compreensão sobre os conceitos apresentados na Seção 8.1. Se você tiver problemas com o teste, releia a seção, pergunte ao seu instrutor ou discuta o material com um colega. As respostas para esse teste estão no final do livro.

1. Qual é o valor de `result` nas seguintes expressões?

    (a) ```
    x = 12 + i*5;
    y = 5 - i*13;
    result = x > y;
    ```
    (b) ```
    x = 12 + i*5;
    y = 5 - i*13;
    result = abs(x) > abs(y);
    ```
    (c) ```
    x = 12 + i*5;
    y = 5 - i*13;
    result = real(x) - imag(y);
    ```

2. Se `array` for uma matriz complexa, o que a função `plot(array)` faz?

## 8.2 Matrizes Multidimensionais

MATLAB também admite matrizes com mais de duas dimensões. Essas **matrizes multidimensionais** são muito úteis para apresentar dados que intrinsecamente têm mais de duas dimensões, ou para apresentar múltiplas versões de conjuntos de dados bidimensionais. Por exemplo, medidas de pressão e velocidade em um volume tridimensional são muito importantes em estudos como aerodinâmica e dinâmica dos fluidos. Esses tipos de áreas usam naturalmente matrizes multidimensionais.

Matrizes multidimensionais são uma extensão natural das matrizes bidimensionais. Cada dimensão adicional é representada por um subscrito adicional usado para localizar os dados.

E muito fácil criar uma matriz multidimensional. Elas podem ser criadas atribuindo valores diretamente em expressões de atribuição ou usando as mesmas funções usadas para criar matrizes de uma ou duas dimensões. Por exemplo, suponha uma matriz bidimensional criada pela expressão de atribuição

```
» a = [ 1 2 3 4; 5 6 7 8]
a =
         1         2         3         4
         5         6         7         8
```

Essa é uma matriz 2 × 4, com cada elemento abordado por dois subscritos. A matriz pode ser estendido para ser uma matriz tridimensional 2 × 4 × 3 com a seguinte configuração.

```
» a(:,:,2) = [  9 10 11 12; 13 14 15 16];
» a(:,:,3) = [ 17 18 19 20; 21 22 23 24]
a(:,:,1) =
         1         2         3         4
         5         6         7         8
a(:,:,2) =
         9        10        11        12
        13        14        15        16
a(:,:,3) =
        17        18        19        20
        21        22        23        24
```
```

Elementos individuais desta matriz multidimensional podem ser localizados pelo nome da matriz seguidos por três subscritos e subgrupos dos dados que podem ser criados usando operadores de dois pontos. Por exemplo, o valor de a(2,2,2) é

```
» a(2,2,2)
ans =
         14
```

e o vetor a(1,1,:) é

```
» a(1,1,:)
ans(:,:,1) =
         1
ans(:,:,2) =
         9
ans(:,:,3) =
         17
```

As matrizes multidimensionais também podem ser criadas utilizando as mesmas funções de outras matrizes, por exemplo:

```
» b = ones(4,4,2)
b(:,:,1) =
         1    1    1    1
         1    1    1    1
         1    1    1    1
         1    1    1    1
b(:,:,2) =
         1    1    1    1
         1    1    1    1
         1    1    1    1
         1    1    1    1
» c = randn(2,2,3)
c(:,:,1) =
        -0.4326    0.1253
        -1.6656    0.2877
c(:,:,2) =
        -1.1465    1.1892
         1.1909   -0.0376
c(:,:,3) =
         0.3273   -0.1867
         0.1746    0.7258
```

O número de dimensões em uma matriz multidimensional pode ser localizado utilizando a função ndims e o tamanho da matriz pode ser localizado utilizando a função size.

```
» ndims(c)
ans =
         3
» size(c)
ans =
         2    2    3
```

Se você estiver escrevendo aplicações que precisam de matrizes multidimensionais, veja o Manual do Usuário do MATLAB para mais detalhes sobre o comportamento de várias funções do MATLAB com matrizes multidimensionais.

> ### Boa Prática de Programação
>
> Use matrizes multidimensionais para resolver problemas naturalmente multivariáveis na natureza, como aerodinâmica e fluxo de fluidos.

## 8.3 Diagramas Tridimensionais

O MATLAB também inclui uma rica variedade de diagramas tridimensionais que podem ser úteis para representar certos tipos de dados. Em geral, diagramas tridimensionais são úteis para representar dois tipos de dados:
1. Duas variáveis que são funções da mesma variável independente, quando você deseja enfatizar a importância dela.
2. Uma única variável, que é uma função de duas variáveis independentes.

### 8.3.1 Diagramas de Linha Tridimensionais

Um diagrama de linha tridimensional pode ser criado com a função `plot3`. Esta função é exatamente como a função `plot` bidimensional, exceto que cada ponto é representado por valores $x$, $y$ e $z$, em vez de apenas valores $x$ e $y$. A forma mais simples desta função é

```
plot(x,y,z);
```

em que x, y e z são matrizes de tamanhos iguais que contêm as localizações dos pontos dos dados para desenhar em diagrama. A função `plot3` suporta todas as mesmas opções de tamanho de linha, estilo de linha e cor como `plot` e é possível usá-la imediatamente com o conhecimento adquirido nos capítulos anteriores.

Como exemplo de um diagrama de linha tridimensional, considere as seguintes funções:

$$x(t) = e^{-0,2t} \cos 2t$$
$$y(t) = e^{-0,2t} \operatorname{sen} 2t \tag{8.16}$$

Essas funções podem representar as oscilações de declínio de um sistema mecânico em duas dimensões, de modo que $x$ e $y$ juntos representam o local do sistema em um dado momento. Observe que $x$ e $y$ são funções da *mesma* variável independente $t$.

Poderíamos criar uma série de pontos $(x,y)$ e desenhá-los em diagrama usando a função bidimensional `plot` (veja a Figura 8.10a), mas, se fizermos isso, a importância do tempo para o comportamento do sistema não ficará evidente no gráfico. As seguintes expressões criam o diagrama bidimensional do local do objeto mostrado na Figura 8.8a. Não é possível, a partir desse gráfico, dizer quão rapidamente as oscilações estão parando.

```
t = 0:0.1:10;
x = exp(-0.2*t) .* cos(2*t);
y = exp(-0.2*t) .* sin(2*t);
plot(x,y);
title('\bfTwo-Dimensional Line Plot');
xlabel('\bfx');
ylabel('\bfy');
grid on;
```

**Diagramas de Linhas Bidimensionais**

(a)

**Diagramas de Linhas Tridimensionais**

(b)

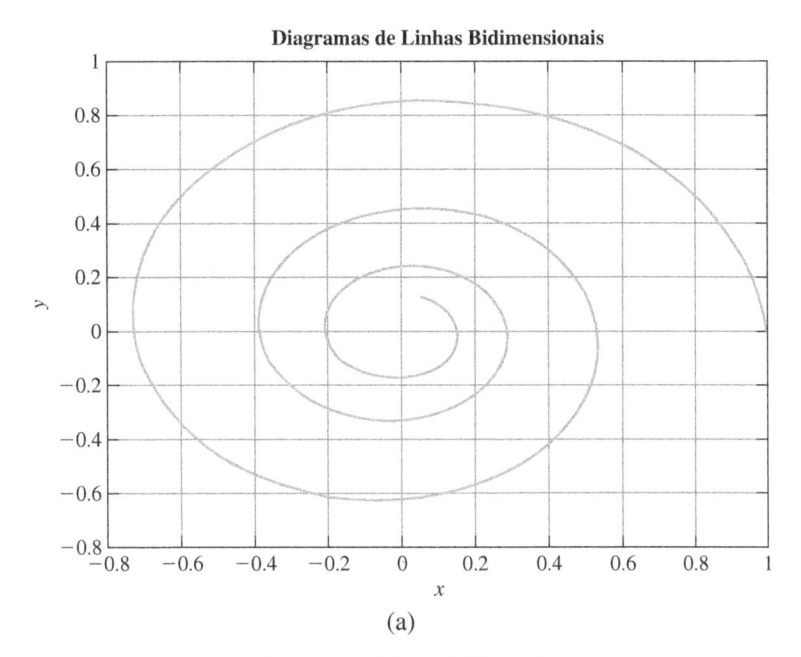

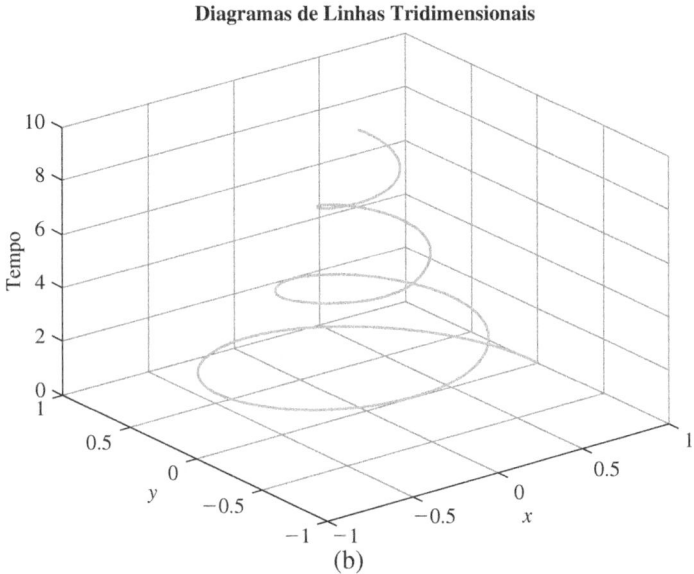

**Figura 8.8** (a) Um diagrama de linha bidimensional que mostra o movimento no espaço (x,y) de um sistema mecânico. Esse diagrama não mostra nada sobre o comportamento de tempo do sistema.
(b) Um diagrama de linha tridimensional que mostra o movimento no espaço (x,y) *versus* o tempo para o sistema mecânico. Este diagrama mostra claramente o comportamento do tempo do sistema.

Em vez disso, poderíamos representar as variáveis com `plot3` para preservar a informação do tempo, bem como a posição bidimensional do objeto. As seguintes expressões criarão um diagrama tridimensional da Equação (8.16).

```
t = 0:0.1:10;
x = exp(-0.2*t) .* cos(2*t);
y = exp(-0.2*t) .* sin(2*t);
plot3(x,y,t);
title('\bfThree-Dimensional Line Plot');
```

```
xlabel('\bfx');
ylabel('\bfy');
zlabel('\bftime');
grid on;
```

O diagrama resultante é mostrado na Figura 8.8b. Observe como esse diagrama enfatiza a dependência do tempo das duas variáveis $x$ e $y$.

### 8.3.2 Diagramas Tridimensionais de Superfície, Malha e Nível

Diagramas de superfície, malha e nível são maneiras convenientes de representar dados que são função de *duas* variáveis independentes. Por exemplo, a temperatura em um ponto é uma função tanto da localização leste-oeste ($x$) como da norte-sul ($y$) do ponto. Qualquer valor que seja uma função de duas variáveis independentes pode ser representado em um diagrama de superfície tridimensional, malha ou nível. Os tipos mais comuns de diagramas estão resumidos na Tabela 8.2 e os exemplos de cada um são mostrados na Figura 8.9.[1]

Para construir diagramas utilizando uma dessas funções, o usuário deve criar primeiro três matrizes de igual tamanho. As três matrizes devem conter os valores de $x$, $y$ e $z$ de todos os pontos a serem representados no diagrama. O número de colunas em cada matriz será igual ao número dos valores $x$ a ser traçado, e o número de linhas em cada matriz será igual o número de valores $y$ a ser representado. A primeira matriz conterá os valores $x$ de cada ponto ($x,y,z$) a serem traçados, a segunda conterá os valores $y$ de cada ponto ($x,y,z$) a serem representados e a terceira matriz conterá os valores $z$ de cada ponto ($x,y,z$) a serem representados.[2]

### Tabela 8.2: Funções Selecionadas de Diagramas de Malha, Superfície e Nível

| Função | Descrição |
|---|---|
| `mesh(x,y,z)` | Esta função cria um diagrama de malha ou tela de arame, em que x é uma matriz bidimensional que contém os valores de $x$ de cada ponto a serem representados, y é uma matriz bidimensional que contém os valores $y$ de cada ponto a serem exibidos e z é uma matriz bidimensional que contém os valores $z$ de cada ponto a serem exibidos. |
| `surf(x,y,z)` | Esta função cria um diagrama de superfície. As matrizes x, y e z têm o mesmo significado do diagrama de malha. |
| `contour(x,y,z)` | Esta função cria um diagrama de nível. As matrizes x, y e z têm o mesmo significado do diagrama de malha. |

---

[1] Existem muitas variações sobre esses tipos básicos de diagrama. Consulte a documentação do Navegador de Ajuda do MATLAB para obter uma descrição completa dessas variações.
[2] Esse é um aspecto muito confuso do MATLAB que geralmente causa problemas para novos engenheiros. Quando acessamos as matrizes, esperamos que o primeiro argumento especifique o número de linhas e o segundo o número de colunas. Por algum motivo o MATLAB reverteu isso — a matriz de argumentos $x$ especifica o número de colunas e a matriz de argumentos $y$ especifica o número de linhas. Essa reversão provocou incontáveis horas de frustração para usuários novatos do MATLAB por anos.

**Diagrama de Malha**

(a)

**Diagrama de Superfície**

(b)

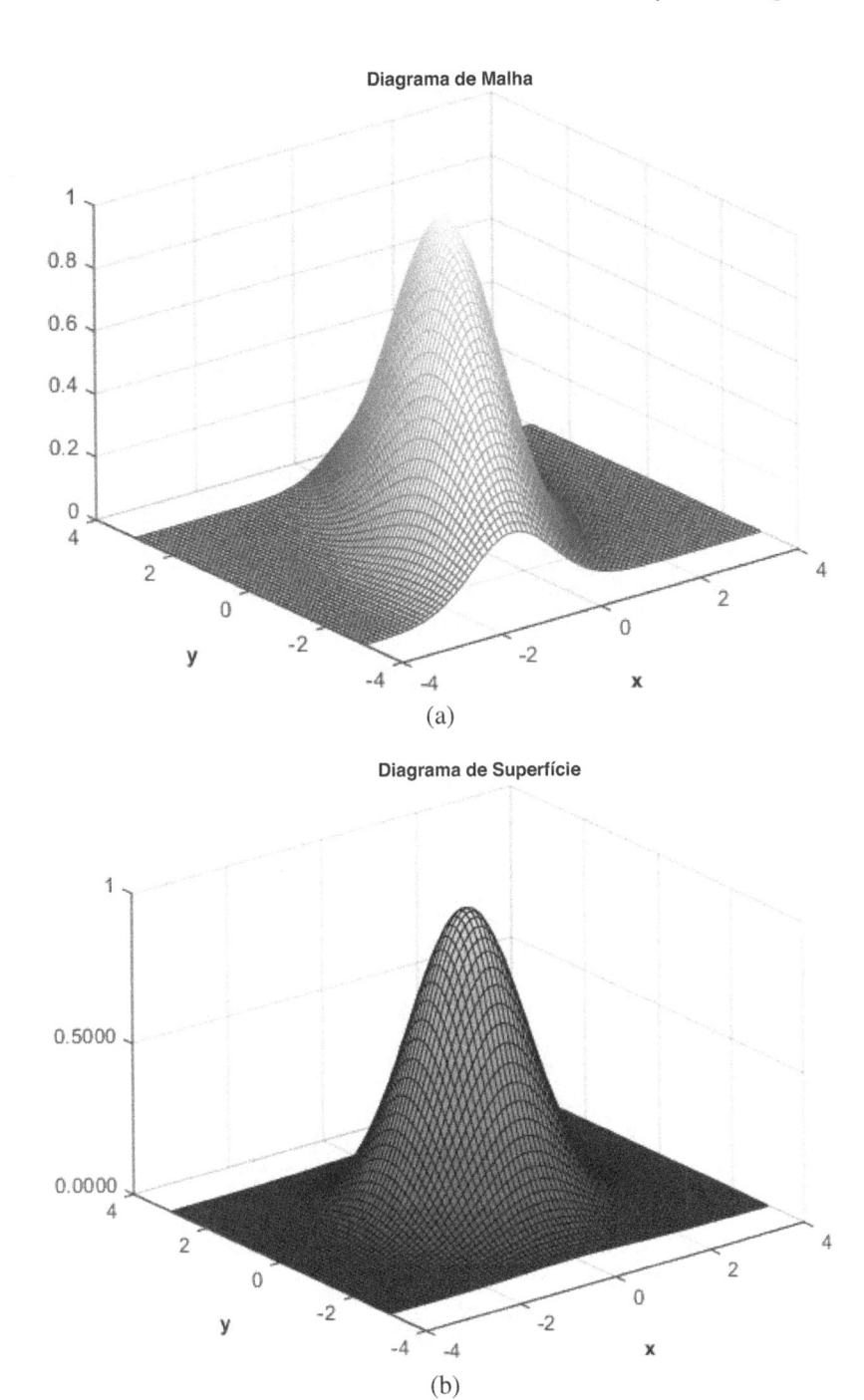

**Figura 8.9** (a) Um diagrama de malha da função $z(x, y) = e^{-0,5[x^2 + 0,5(x-y)^2]}$. (b) Um diagrama de superfície da mesma função. [Veja o encarte colorido.]

**Diagrama de Nível**

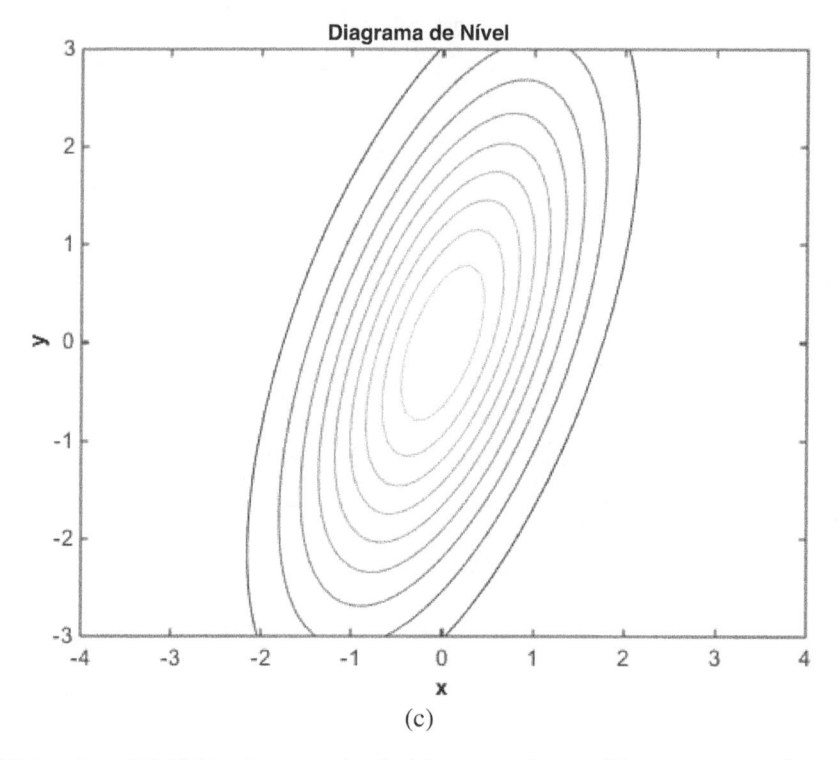

**Figura 8.9** *(continuação)* (c) Um diagrama de nível da mesma função. [Veja o encarte colorido.]

Para entender isso melhor, imagine que desejamos representar a função no diagrama

$$z(x, y) = \sqrt{x^2 + y^2} \qquad (8.17)$$

para $x = 0$, 1 e 2, e para $y = 0$, 1, 2 e 3. Observe que existem três valores para $x$ e quatro valores para $y$, de modo que precisaremos calcular e representar em diagrama um total de $3 \times 4 = 12$ valores de $z$. Esses pontos de dados precisam ser organizados como *três colunas* (o número de valores $x$) e *quatro linhas* (o número de valores $y$). A matriz 1 conterá os valores $x$ de cada ponto a ser calculado, com o mesmo valor para todos os pontos em uma determinada coluna, de modo que a matriz 1 será:

$$\text{Matriz1} = \begin{bmatrix} 1 & 2 & 3 \\ 1 & 2 & 3 \\ 1 & 2 & 3 \\ 1 & 2 & 3 \end{bmatrix}$$

A matriz 2 conterá os valores $y$ de cada ponto a ser calculado, com o mesmo valor para todos os pontos em uma determinada linha, de modo que a matriz 2 será:

$$\text{Matriz2} = \begin{bmatrix} 1 & 1 & 1 \\ 2 & 2 & 2 \\ 3 & 3 & 3 \\ 4 & 4 & 4 \end{bmatrix}$$

A matriz 3 conterá os valores $z$ de cada ponto baseado nos valores fornecidos de $x$ e $y$. Isso pode ser calculado usando a Equação (8.17) para os valores fornecidos.

$$\text{Matriz3} = \begin{bmatrix} 1.4142 & 2.2361 & 3.1623 \\ 2.2361 & 2.8284 & 3.6056 \\ 3.1624 & 3.6056 & 4.2426 \\ 4.1231 & 4.4721 & 5.0000 \end{bmatrix}$$

A função resultante então poderia ser representada em diagrama com a função `surf` como

```
surf(array1,array2,array3);
```

e o resultado será conforme mostrado na Figura 8.10.

As matrizes necessárias para diagramas 3D podem ser criadas manualmente usando laços aninhados ou podem ser criadas mais facilmente usando as funções do assistente MATLAB integrado. Para ilustrar isso, desenharemos em diagrama a mesma função duas vezes, uma vez usando os laços para criar as matrizes e uma vez usando as funções do assistente MATLAB integrado.

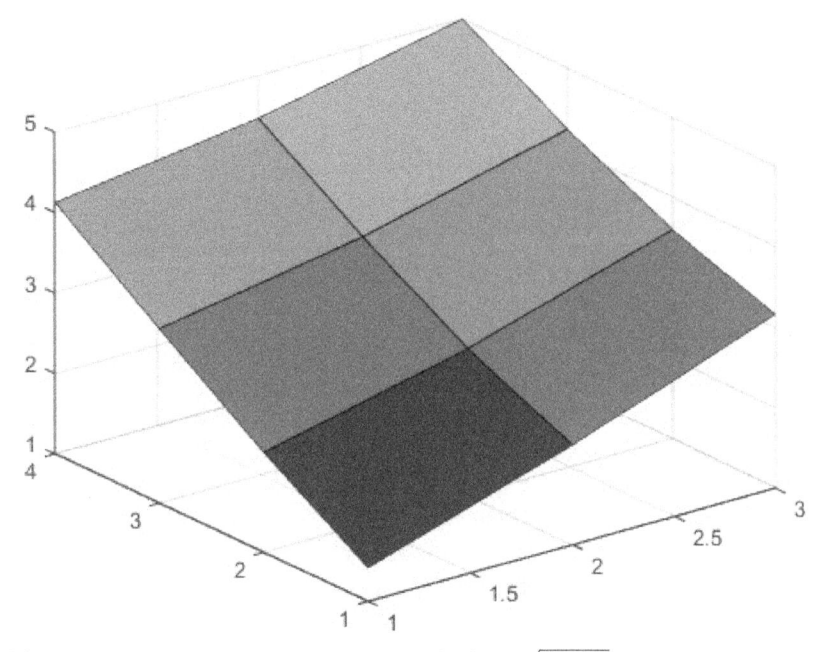

**Figura 8.10** Um diagrama de superfície da função $z(x,y) = \sqrt{x^2 + y^2}$ para $x = 0, 1$ e $2$, e para $y = 0$, $1, 2$ e $3$. [Veja o encarte colorido.]

Suponha que queiramos criar um diagrama de malha da função

$$z(x, y) = e^{-0.5[x^2 + 0.5(x-y)^2]} \tag{8.18}$$

sobre o intervalo $-4 \leq x \leq 4$ e $-3 \leq y \leq 3$ em etapas de 0,1. Para isso, precisaremos calcular o valor de $z$ para todas as combinações de 61 valores diferentes de $x$ e 81 valores diferentes de $y$. Em diagramas 3D do MATLAB, o número de valores $x$ corresponde ao número de colunas na matriz $z$ de dados calculados, e o número de valores $y$ corresponde ao número de *linhas* na matriz $z$, de modo que a matriz $z$ deve conter 61 colunas × 81 linhas para um total de 4.941 valores. O código para criar as três matrizes necessárias para um diagrama de malha com laços aninhados é o seguinte:

```
% Get x and y values to calculate
x = -4:0.1:4;
y = -3:0.1:3;

% Preallocate the arrays for speed
```

```
array1 = zeros(length(y),length(x));
array2 = zeros(length(y),length(x));
array3 = zeros(length(y),length(x));
% Populate the arrays
for jj = 1:length(x)
   for ii = 1:length(y)
      array1(ii,jj) = x(jj);   % x value in columns
      array2(ii,jj) = y(ii);   % y value in rows
      array3(ii,jj) = ...
         exp(-0.5*(array1(ii,jj)^2+0.5*(array1(ii,jj)-array2(ii,jj))^2));
   end
end
% Plot the data
mesh(array1, array2, array3);
title('\bfMesh Plot');
xlabel('\bfx');
ylabel('\bfy');
zlabel('\bfz');
```

O diagrama resultante é mostrado na Figura 8.9a.

A função `meshgrid` do MATLAB torna mais fácil a criação das matrizes de valores *x* e *y* necessárias para esses diagramas. A forma dessa função é

```
[arr1,arr2] = meshgrid(xstart:xinc:xend, ...
                       ystart:yinc:yend);
```

em que `xstart:xinc:xend` especifica os valores de *x* a serem incluídos na grade, e `ystart:yinc:yend` especifica os valores de *y* a serem incluídos na grade.

Para criar um diagrama, podemos usar `meshgrid` para criar as matrizes de valores *x* e *y* e depois avaliar a função para desenhar em diagrama em cada um desses locais (*x*, *y*). Finalmente, podemos chamar a função `mesh`, `surf` ou `contour` para criar um diagrama.

Se usarmos `meshgrid`, será muito mais fácil criar o diagrama de malha 3D mostrado na Figura 8.9a.

```
[array1,array2] = meshgrid(-4:0.1:4,-3:0.1:3);
array3 = exp(-0.5*(array1.^2+0.5*(array1-array2).^2));
mesh(array1, array2, array3);
title('\bfMesh Plot');
xlabel('\bfx');
ylabel('\bfy');
zlabel('\bfz');
```

Diagramas de superfície e de contorno podem ser criados substituindo a função apropriada para a função `mesh`.

### Boa Prática de Programação

Use a função `meshgrid` para simplificar a criação de diagramas 3D `mesh`, `surf` e `contour`.

Os diagramas `mesh`, `surf` e `contour` também possuem uma sintaxe de entrada alternativa em que o primeiro argumento é um vetor de valores *x*, o segundo é um vetor de valores *y* e o terceiro é uma matriz 2D de dados cujo número de colunas é igual ao número de elementos no vetor *x* e cujo número de linhas é igual ao número de elementos no vetor *y*. Nesse caso, a função do diagrama chama `meshgrid` internamente para criar três matrizes 2D em vez de precisar que o engenheiro faça isso.

É dessa forma que o diagrama de espaço de intervalo-velocidade na Figura 7.10 foi criado. Os dados de intervalo e velocidade eram vetores; portanto, o diagrama foi criado com os seguintes comandos:

```
load rd_space;
surf(range,velocity,amp);
xlabel('\bfRange (m)');
ylabel('\bfVelocity (m/s)');
zlabel('\bfAmplitude (dBm)');
title('\bfProcessed radar data containing targets and noise');
```

### 8.3.3 Criando Objetos Tridimensionais Utilizando Diagramas de Superfície e de Malha

Os diagramas de superfície e de malha podem ser utilizados para criar diagramas de objetos fechados, tais como uma esfera. Para fazer isso, precisamos definir um conjunto de pontos que representa a superfície inteira do objeto e depois desenhar esses pontos no diagrama utilizando a função `surf` ou `mesh`. Por exemplo, considere um objeto simples como uma esfera. Uma esfera pode ser definida como o lugar de todos os pontos que estão a uma determina distância *r* do centro, independentemente do ângulo de azimute $\theta$ e do ângulo de elevação $\phi$. A equação é:

$$r = a \quad (8.19)$$

em que *a* é qualquer número positivo. No espaço cartesiano, os pontos na superfície da esfera são definidos pelas seguintes equações[3]

$$\begin{aligned} x &= r \cos \phi \cos \theta \\ y &= r \cos \phi \operatorname{sen} \theta \\ z &= r \operatorname{sen} \phi \end{aligned} \quad (8.20)$$

em que o raio *r* é uma constante, o ângulo de elevação $\phi$ varia de $-\pi/2$ até $\pi/2$, e o ângulo de azimute $\theta$ varia de $-\pi$ até $\pi$. Um programa para desenhar a esfera em diagrama é mostrado abaixo:

```
%   Script file: sphere.m
%
%   Purpose:
%      This program plots the sphere using the surf function.
%
%   Record of revisions:
%       Date          Engineer           Description of change
%       ====          ========           =====================
%     06/02/14       S. J. Chapman       Original code
%
%   Define variables:
%      n           -- Number of points in az and el to plot
%      r           -- Radius of sphere
```

---
[3] Estas são as equações que convertem coordenadas esféricas para retangulares, conforme visto no Exercício 2.17.

```
%   phi       -- meshgrid list of elevation values
%   Phi       -- Array of elevation values to plot
%   theta     -- meshgrid list of azimuth values
%   Theta     -- Array of azimuth values to plot
%   x         -- Array of x point to plot
%   y         -- Array of y point to plot
%   z         -- Array of z point to plot

% Define the number of angles on the sphere to plot
% points at
n = 20;

% Calculate the points on the surface of the sphere
r = 1;
theta = linspace(-pi,pi,n);
phi = linspace(-pi/2,pi/2,n);
[theta,phi] = meshgrid(theta,phi);

% Convert to (x,y,z) values
x = r * cos(phi) .* cos(theta);
y = r * cos(phi) .* sin(theta);
z = r * sin(phi);

% Plot the sphere
figure(1)
surf (x,y,z);
title ('\bfSphere');
```

O diagrama resultante é mostrado na Figura 8.11.

A transparência da superfície e os objetos de correção nos eixos correntes podem ser controlados com a função alpha. A função alpha toma a forma

```
alpha(value);
```

em que value é um número entre 0 e 1. Se o valor for 0, todas as superfícies são transparentes. Se o valor for 1, todas as superfícies são opacas. Para qualquer outro valor, as superfícies são parcialmente transparentes. Por exemplo, a Figura 8.12 mostra o objeto esférico depois que um alfa de 0,5 é selecionado. Observe que agora podemos ver através da superfície externa da esfera o lado de trás.

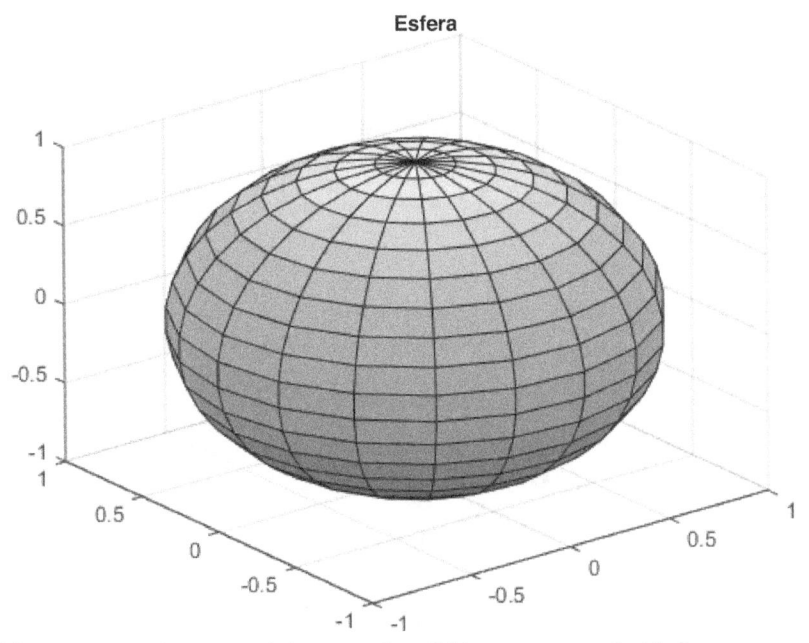

**Figura 8.11** Diagrama tridimensional de uma esfera. [Veja o encarte colorido.]

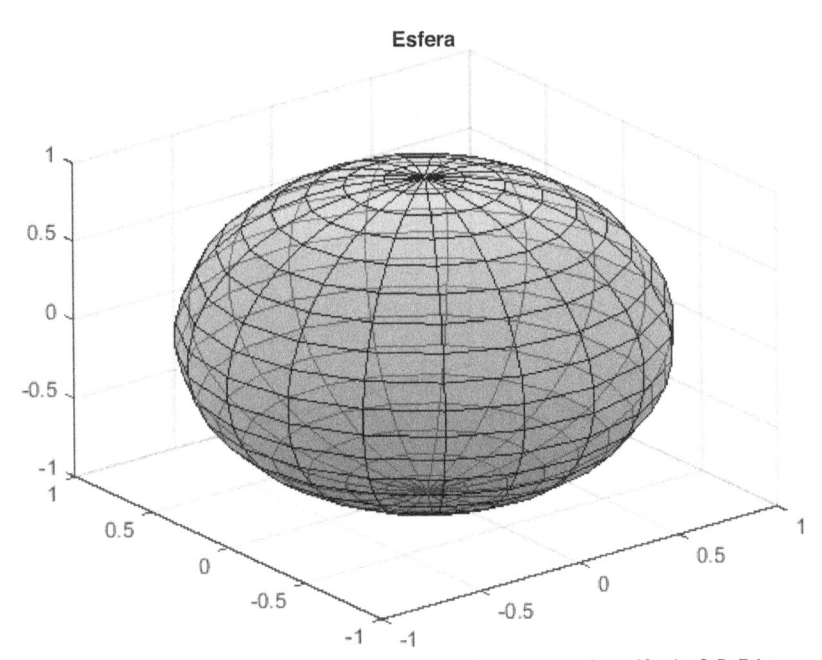

**Figura 8.12** Uma esfera parcialmente transparente, criada com o valor alfa de 0,5. [Veja o encarte colorido.]

## 8.4 Resumo

O MATLAB admite números complexos como uma extensão de dados tipo `double`. Eles podem ser definidos utilizando `i` ou `j`, ambos predefinidos para ser $\sqrt{-1}$. O uso de números complexos é direto, exceto que os operadores relacionais `>`, `>=`, `<` e `<=` comparam somente as *partes reais* de números complexos, não suas magnitudes. Eles devem ser usados com cuidado quando se trabalha com valores complexos.

Matrizes multidimensionais são matrizes com mais de duas dimensões. Podem ser criadas e usadas de maneira semelhante às matrizes de uma e duas dimensões. Matrizes multidimensionais aparecem naturalmente em certas classes de problemas físicos.

O MATLAB inclui uma grande variedade de diagramas bi e tridimensionais. Neste capítulo, apresentamos diagramas tridimensionais, incluindo diagramas de malha, superfície e nível.

### 8.4.1 Resumo das Boas Práticas de Programação

As diretrizes abaixo devem ser seguidas:

1. Use matrizes multidimensionais para resolver problemas que são, naturalmente, multivariáveis em sua natureza, tais como aerodinâmica e fluxos de fluidos.
2. Use a função `meshgrid` para simplificar a criação de diagramas 3D `mesh`, `surf` e `contour`.

### 8.4.2. Resumo do MATLAB

O resumo a seguir lista todos os comandos e funções do MATLAB apresentados neste capítulo, junto com uma breve descrição de cada item.

| | |
|---|---|
| `abs` | Retorna o valor absoluto (magnitude) de um número |
| `alpha` | Ajusta o nível de transparência dos diagramas de superfície e correções. |
| `angle` | Retorna o ângulo de um número complexo em radianos. |
| `conj` | Computa o conjugado complexo de um número. |
| `contour` | Cria um diagrama de curvas de nível. |
| `find` | Localiza índices e valores de elementos diferentes de zero em uma matriz. |
| `imag` | Retorna a parte imaginária de um número complexo. |
| `mesh` | Cria um diagrama de malha. |
| `meshgrid` | Cria uma grade ($x$, $y$) necessária aos diagramas de malha, superfície e nível. |
| `nonzeros` | Retorna um vetor de coluna que contém os elementos diferentes de zero de uma matriz. |
| `plot(c)` | Representa em um diagrama a parte real *versus* a imaginária de uma matriz complexa. |
| `real` | Retorna a parte real de um número complexo. |
| `surf` | Cria um diagrama de superfície. |

## 8.5 Exercícios

**8.1** Escreva uma função `to_polar` que aceite um número complexo c e retorne dois argumentos de saída que contenham a magnitude `mag` e o ângulo `theta` do número complexo. O ângulo de saída deve estar em graus.

**8.2** Escreva uma função `to_complex` que aceite dois argumentos de entrada que contenham a magnitude `mag` e o ângulo `theta` de um número complexo c em graus e retorne o número complexo c no formato retangular.

**8.3** Em um circuito AC em estado de equilíbrio senoidal, a voltagem em um elemento passivo (veja a Figura 8.13) é fornecida pela lei de Ohm:

$$\mathbf{V} = \mathbf{IZ} \qquad (8.21)$$

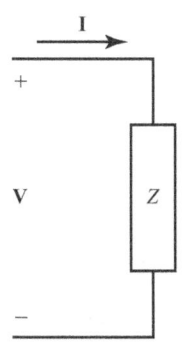

**Figura 8.13** A relação de voltagem e corrente em um elemento de circuito AC passivo.

em que **V** é a voltagem no elemento, **I** é a corrente através do elemento e $Z$ é a impedância do elemento. Observe que todos esses três valores são complexos e que esses números complexos geralmente são especificados na forma de uma magnitude em um ângulo de fase específica expresso em graus. Por exemplo, a voltagem pode ser **V** = 120∠30° V.

Escreva um programa que leia a voltagem em um elemento e sua impedância e calcule o fluxo de corrente resultante. Os valores de entrada devem ser fornecidos como magnitudes e ângulos expressos em graus, e a resposta deve estar no mesmo formato. Use a função to_complex do Exercício 8.2 para converter os números para o formato retangular para o cálculo real da corrente, e a função to_polar do Exercício 8.1 para converter a resposta no formato polar para exibição.

**8.4** Dois números complexos no formato polar podem ser multiplicados, calculando o produto de suas amplitudes e a soma de suas fases. Portanto, se $\mathbf{A}_1 = A_1 \angle \theta_1$ e $\mathbf{A}_2 = A_2 \angle \theta_2$, então $\mathbf{A}_1\mathbf{A}_2 = A_1 A_2 \angle \theta_1 + \theta_2$. Escreva um programa que aceite dois números complexos em um formato retangular e que os multiplique utilizando a fórmula acima. Use a função to_polar do Exercício 8.1 para converter os números para o formato polar para a multiplicação, e a função to_complex do Exercício 8.2 para converter a resposta no formato retangular para exibição. Compare o resultado com a resposta calculada utilizando a matemática complexa integrada do MATLAB.

**8.5 Circuito da Série RLC** A Figura 8.14 mostra um circuito da série *RLC* por uma fonte de tensão AC sinusoidal cujo valor é 120∠0° volts. A impedância do indutor neste circuito é $Z_L = j2\pi fL$, em que $j$ é $\sqrt{-1}$, $f$ é a frequência da fonte de tensão em hertz e $L$ é a indutância em henrys. A impedância do capacitor neste circuito é $Z_C = -j\dfrac{1}{2\pi fC}$, em que $C$ é a capacitância em farads.

Assuma que $R = 100\ \Omega$, $L = 0{,}1$ mH, e $C = 0{,}25$ nF.

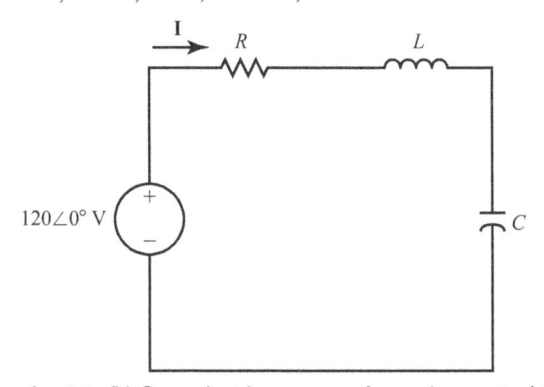

**Figura 8.14** Um circuito da série RLC conduzido por uma fonte de tensão AC sinusoidal.

A corrente **I** fluindo nesse circuito é fornecida pela lei de voltagem de Kirchhoff, que é

$$I = \frac{120\angle 0° \text{ V}}{R + j2\pi fL - j\dfrac{1}{2\pi fC}} \tag{8.22}$$

(a) Calcule e faça um diagrama da magnitude dessa corrente em função da frequência, com a frequência variando de 100 kHz a 10 MHz. Represente essa informação em escalas linear e log-linear. Não se esqueça de incluir um título e rótulos para os eixos.

(b) Calcule e faça um diagrama do ângulo de fase, em graus, dessa corrente em função da frequência, com esta variando de 100 kHz a 10 MHz. Represente essa informação em escalas linear e log-linear. Não se esqueça de incluir um título e rótulos para os eixos.

(c) Faça um diagrama da magnitude e do ângulo de fase da corrente, em função da frequência, em dois subdiagramas de uma única figura. Use escalas log-lineares.

**8.6** Escreva uma função que aceite um número complexo c e desenhe esse ponto no gráfico em um sistema de coordenada cartesiano com um marcador circular. O diagrama deve incluir os eixos $x$ e $y$, mais um vetor desenhado a partir da origem até o local de c.

**8.7** Desenhe a função $v(t) = 10e^{(-0{,}2 + j\pi)t}$ para $0 \leq t \leq 10$ utilizando a função `plot(t,v)`. O que é exibido no diagrama?

**8.8** Desenhe a função $v(t) = 10e^{(-0{,}2 + j\pi)t}$ para $0 \leq t \leq 10$ utilizando a função `plot(v)`. O que é apresentado no diagrama desta vez?

**8.9** Crie um diagrama polar da função $v(t) = 10e^{(-0{,}2 + j\pi)t}$ para $0 \leq t \leq 10$.

**8.10** Desenhe a função $v(t) = 10e^{(-0{,}2 + j\pi)t}$ para $0 \leq t \leq 10$ utilizando a função `plot3`, em que três dimensões desenhadas são a parte real, a parte imaginária da função e o tempo.

**8.11 Equação de Euler** A equação de Euler define $e$ elevado a uma potência imaginária em termos de função senoidal da seguinte maneira:

$$e^{j\theta} = \cos\theta + j\,\text{sen}\,\theta \tag{8.23}$$

Crie um diagrama bidimensional desta função uma vez que $\theta$ varia de 0 a $2\pi$. Crie um diagrama de linha tridimensional utilizando a função `plot3` uma vez que $\theta$ varia de 0 a $2\pi$ (as três dimensões são a parte real, a parte imaginária da expressão e $\theta$).

**8.12** Crie um diagrama de malha, de superfície e de nível da função $z = e^{x+iy}$ para o intervalo $-1 \leq x \leq 1$ e $-2\pi \leq y \leq 2\pi$. Em cada caso, desenhe no diagrama a parte real de $z$ versus $x$ e $y$.

**8.13 Potencial Eletrostático** O potencial eletrostático ("voltagem") em um ponto a uma distância $r$ de um ponto carga de valor $q$ é fornecido pela equação

$$V = \frac{1}{4\pi\varepsilon_0}\frac{q}{r} \tag{8.24}$$

em que $V$ está em volts, $\varepsilon_0$ é a permeabilidade do espaço livre ($8{,}85 \times 10^{-12}$ farads/m), $q$ é a carga em coulombs e $r$ é a distância do ponto de carga em metros. Se $q$ for positivo, o potencial resultante será positivo; se $q$ for negativo, o potencial resultante será negativo. Se mais de uma carga estiver presente no ambiente, o potencial total em um ponto será a soma dos potenciais de cada carga individual.

Suponha que quatro cargas estejam localizadas em um espaço tridimensional da seguinte maneira:

$q_1 = 10^{-13}$ C no ponto $(1,1,0)$
$q_2 = 10^{-13}$ C no ponto $(1,-1,0)$
$q_3 = -10^{-13}$ C no ponto $(-1,-1,0)$
$q_4 = 10^{-13}$ C no ponto $(-1,1,0)$

Calcule o potencial total devido a essas cargas em pontos regulares no plano $z = 1$ com os limites $(10,10,1)$, $(10,-10,1)$, $(-10,-10,1)$ e $(-10,10,1)$. Desenhe três vezes em diagrama o potencial resultante utilizando as funções `surf`, `mesh` e `contour`.

**8.14** Um elipsoide de revolução é o sólido analógico de um elipse bidimensional. As equações para um elipsoide de revolução rotacionado em torno do eixo $x$ são

$$x = a \cos \phi \cos \theta$$
$$y = b \cos \phi \operatorname{sen} \theta \qquad (8.25)$$
$$z = b \operatorname{sen} \phi$$

em que $a$ é o raio ao longo do eixo $x$, e $b$ é o raio ao longo dos eixos $y$ e $z$. Desenhe um elipsoide de revolução para $a = 2$ e $b = 1$.

**8.15** Trace uma esfera de raio 2 e um elipsoide de revolução para $a = 1$ e $b = 0,5$ nos mesmos eixos. Torne a esfera parcialmente transparente para que o elipsoide possa ser visto dentro dela.

# Capítulo 9

# Tipos de Dados Adicionais

Nos capítulos anteriores, apresentamos quatro tipos de dados fundamentais do MATLAB: `double`, `logical`, `char` e identificadores de função. Neste capítulo, aprenderemos os detalhes adicionais sobre alguns desses tipos de dados e depois estudaremos alguns tipos de dados adicionais do MATLAB.

Primeiro, aprenderemos mais sobre o uso do tipo de dados `char` e sobre como utilizar cadeias nos programas do MATLAB.

Em seguida, aprenderemos sobre alguns dos tipos adicionais de dados. Os tipos de dados mais comuns do MATLAB são mostrados na Figura 9.1. Aprenderemos sobre os tipos de números inteiros e `single` neste capítulo e discutiremos os demais na figura mais à frente deste livro.

**Tipos de Dados do MATLAB**

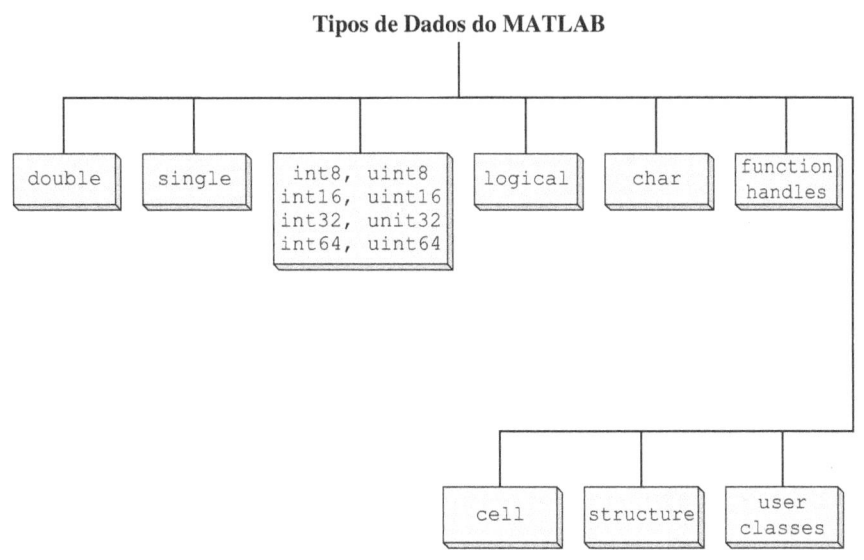

```
                    Tipos de Dados do MATLAB
    ┌──────────┬──────────┬──────────────┬──────────┬──────────┬──────────┐
  double     single   int8, uint8    logical     char    function
                      int16, uint16                             handles
                      int32, unit32
                      int64, uint64
                                    ┌──────────┬──────────┬──────────┐
                                      cell     structure    user
                                                          classes
```

**Figura 9.1** Tipos de dados comuns do MATLAB.

## 9.1 Cadeias e Funções de Cadeia

Uma cadeia do MATLAB é uma matriz do tipo char. Cada caractere é armazenado em dois bytes de memória. Por padrão, o MATLAB utiliza o conjunto de cadeias UTF-8. Os primeiros 128 caracteres desse conjunto são os mesmos que o conjunto de caracteres familiares do ASCII e os caracteres da Figura 9.1 que representam os caracteres encontrados nas linguagens adicionais. Como o MATLAB armazena os caracteres em dois bytes de memória, ele pode representar os primeiros 65.536 (= $2^{16}$) caracteres do conjunto de caracteres UTF-8, que cobrem a maioria das linguagens do mundo.

Uma variável de caracteres é automaticamente criada quando uma cadeia de caracteres é designada para ela. Por exemplo, a expressão

```
str = 'This is a test';
```

cria uma matriz de caracteres de 14 elementos. A saída de **whos** para essa matriz é

```
» whos str
  Name      Size      Bytes      Class      Attributes
  str       1x14      28         char
```

Uma função especial ischar pode ser utilizada para verificar as matrizes de caracteres. Se uma determinada variável for do tipo caractere, então ischar retornará um valor true (1). Se não for, ischar retornará um valor false (0).

As subseções seguintes descrevem as funções úteis do MATLAB para manipular cadeias de caracteres.

### 9.1.1 Funções de Conversão de Caracteres

As variáveis podem ser convertidas do tipo de dados char para o tipo de dados double utilizando a função double. A saída da função é uma matriz de valores double, com cada um contendo o valor numérico n. Portanto, se str for definido como

```
str = 'This is a test';
```

a expressão double(str) produzirá o resultado:

```
» x = double(str)
x =
 Columns 1 through 12
   84  104  105  115   32  105  115   32   97   32  116  101
 Columns 13 through 14
  115  116
```

As variáveis também podem ser convertidas do tipo de dados double para o tipo de dados char utilizando a função char. Se x for a matriz de 14 elementos criada acima, a expressão char(x) produzirá o resultado:

```
» z = char(x)
z =
This is a test
```

Isso também funciona para caracteres que não estejam em inglês. Por exemplo, se x for definido como:

```
x = [945 946 947 1488];
```

a expressão char(x) produzirá os caracteres gregos α, β e γ, seguidos pela letra em hebraico א (aleph):

```
» z = char(x)
z =
αβγא
```

## 9.1.2 Criando Matrizes Bidimensionais de Caracteres

É possível criar matrizes bidimensionais de caracteres, mas *todas as linhas de tal matriz devem ter exatamente o mesmo comprimento*. Se uma das linhas for mais curta que a outra, a matriz de caracteres será inválida e produzirá um erro. Por exemplo, as seguintes expressões são ilegais porque as duas linhas têm comprimentos diferentes.

```
name = ['Stephen J. Chapman';'Senior Engineer'];
```

O modo mais fácil de produzir matrizes bidimensionais de caracteres é com a função char. Esta função automaticamente acerta todas as cadeias de caracteres para o comprimento da maior cadeia de caracteres de entrada.

```
» name = char('Stephen J. Chapman','Senior Engineer')
name =
Stephen J. Chapman
Senior Engineer
```

As matrizes de caracteres bidimensionais também podem ser criadas com a função strvcat, que é descrita abaixo.

> **Boa Prática de Programação**
>
> Use a função char para criar matrizes bidimensionais de caracteres, sem se preocupar em acertar todas as linhas para o mesmo comprimento.

## 9.1.3 Concatenação de Cadeias

A função strcat concatena duas ou mais cadeias horizontalmente, ignorando quaisquer espaços em branco finais, mas preservando os espaços em branco nas cadeias. Esta função produz o resultado mostrado abaixo

```
» result = strcat('String 1','String 2')
result =
String 1String 2
```

O resultado é 'String lString 2'. Observe que os espaços finais na primeira cadeia foram ignorados.

A função strvcat concatena duas ou mais cadeias de caracteres verticalmente, completando automaticamente a cadeia de caracteres para gerar uma matriz bidimensional válida. Esta função produz o resultado mostrado abaixo

```
» result = strvcat('Long String 1 ','String 2')
result =
Long String 1
String 2
```

## 9.1.4 Comparação de Cadeias de Caracteres

Cadeias e subcadeias de caracteres podem ser comparadas de várias maneiras:

- Duas cadeias de caracteres ou partes de duas cadeias podem ser comparadas quanto à igualdade.
- Dois caracteres individuais podem ser comparados quanto à igualdade.
- Cadeias de caracteres podem ser examinadas para determinar se cada caractere é uma letra ou um espaço em branco.

### Comparando Cadeias de Caracteres quanto à Igualdade

Você pode usar quatro funções do MATLAB para comparar duas cadeias de caracteres como um todo quanto à igualdade. São eles:

- `strcmp` – determina se duas cadeias são idênticas.
- `strcmpi` – determina se duas cadeias são idênticas ignorando se são maiúsculas e minúsculas.
- `strncmp` – determina se os primeiros n caracteres de duas cadeias são idênticos
- `strncmpi` – determina se os primeiros n caracteres de duas cadeias são idênticos ignorando se são maiúsculas e minúsculas.

A função `strcmp` compara duas cadeias, incluindo quaisquer espaços iniciais e finais, e retorna true (1) se as cadeias forem idênticas.[1] Caso contrário, retorna false (0). A função `strcmpi` é a mesma que `strcmp`, exceto pelo fato de que não faz distinção entre maiúsculas e minúsculas (ou seja, trata 'a' como igual a 'A').

A função `strncmp` compara os primeiros n caracteres de duas cadeias, incluindo quaisquer espaços iniciais e retorna true (1) se os caracteres forem idênticos. Caso contrário, retorna false (0). A função `strncmpi` é igual a `strncmp`, exceto pelo fato que não faz distinção entre maiúsculas e minúsculas.

Para entender essas funções, considere estas duas cadeias de caracteres:

```
str1 = 'hello';
str2 = 'Hello';
str3 = 'help';
```

As cadeias `str1` e `str2` não são idênticas, mas diferem apenas na caixa (maiúscula e minúscula) de uma letra. Portanto, `strcmp` retorna false (0), enquanto `strcmpi` retorna true (1).

```
» c = strcmp(str1,str2)
c =
     0
» c = strcmpi(str1,str2)
c =
     1
```

As cadeias `str1` e `str3` também não são idênticas e ambas `strcmp` e `strcmpi` retornarão um false (0). No entanto, os três primeiros caracteres de `str1` e `str3` *são* idênticos, de modo que chamar `strncmp` com qualquer valor até 3 retorna um true (1):

```
» c = strncmp(str1,str3,2)
c =
     1
```

---

[1] **Cuidado**: O comportamento desta função é diferente do comportamento da função `strcmp` em C. Programadores em C podem ser enganados por esta diferença.

## Comparando Caracteres Individuais quanto à Igualdade e Desigualdade

Você pode usar operadores relacionais do MATLAB em matrizes de caracteres para testar, quanto à igualdade, *um caractere de cada vez,* contanto que as matrizes que esteja comparando tenham iguais dimensões, ou que uma seja escalar. Por exemplo, é possível utilizar o operador de igualdade (==) para determinar quais caracteres corresponder em duas cadeias:

```
» a = 'fate';
» b = 'cake';
» result = a == b
result =
 0  1  0  1
```

Todos os operadores relacionais (>, >=, <, <=, ==, ~=) comparam a posição numérica dos caracteres correspondentes no conjunto de caracteres atuais.

Ao contrário de C, o MATLAB não tem uma função intrínseca para definir uma relação "maior do que" ou "menor do que" entre duas cadeias de caracteres tomadas como um todo. Vamos criar tal função em um exemplo no final desta seção.

## Categorizando Caracteres em uma Cadeia de Caracteres

Há três funções para categorizar caracteres em uma base caractere-por-caractere em uma cadeia de caracteres:

- `isletter` determina se um caractere é uma letra.
- `isspace` determina se um caractere é um espaço em branco (espaço, tabulação ou nova linha).
- `isstrprop('str', 'category')` é uma função mais geral. Determina se um caractere pertence a uma categoria especificada pelo usuário como alfabético, alfanumérico, maiúscula, minúscula, numérica, controle e assim por diante.

Para entender essas funções, vamos criar uma cadeia nomeada `mystring`:

```
mystring = 'Room 23a';
```

Utilizaremos essa cadeia para testar as funções de categorização.

A função `isletter` examina cada caractere na cadeia, produzindo um vetor de saída `logical` de mesmo comprimento que `mystring` que contém um true (1) em cada local que corresponde a uma letra do alfabeto e false (0) nos outros locais. Por exemplo,

```
» a = isletter(mystring)
a =
 1  1  1  1  0  0  0  1
```

Os quatro primeiros elementos e o último em a são true (1) porque os caracteres correspondentes de `mystring` são letras do alfabeto.

A função `isspace` também examina cada caractere na cadeia, produzindo um vetor de saída `logical` do mesmo comprimento que `mystring` que contém um true (1) em cada local que corresponde ao espaço em branco e um false (0) nos outros locais. O "espaço em branco" é qualquer caractere que separa os tokens no MATLAB: tabulação, alimentação de linha, alimentação vertical, alimentação de formulário, fim de linha e espaço, além de um número de outros caracteres Unicode. Por exemplo,

```
» a = isspace(mystring)
a =
 0  0  0  0  1  0  0  0
```

O quinto elemento em a é true (1) porque o caractere correspondente de mystring é um espaço.

A função isstrprop é uma substituição mais flexível para isletter, isspace e várias outras funções. Essa função possui dois argumentos, 'str' e 'category'. O primeiro argumento é uma cadeia de caracteres a ser caracterizada, e o segundo argumento é o tipo de categoria a ser verificada. Algumas categorias possíveis estão apresentadas na Tabela 9.1.

Esta função examina cada caractere na cadeia, produzindo um vetor de saída logical do mesmo comprimento que a cadeia de entrada que contém um true (1) em cada local que corresponde à categoria e um false (0) nos outros locais. Por exemplo, a seguinte função verifica quais caracteres em mystring são números:

```
» a = isstrprop(mystring,'digit')
a =
 0 0 0 0 0 1 1 0
```

Além disso, a seguinte função verifica quais caracteres em mystring são letras minúsculas:

```
» a = isstrprop(mystring,'lower')
a =
 0 1 1 1 0 0 0 1
```

### Tabela 9.1: Categorias Selecionadas para a Função isstrprop

| Descrição | Categoria |
| --- | --- |
| 'alpha' | Retorna true (1) para cada caractere alfabético, e false (0) para os demais. |
| 'alphanum' | Retorna true (1) para cada caractere alfanumérico, e false (0) para os demais. [*Observação*: Esta categoria é equivalente à função isletter.] |
| 'cntrl' | Retorna true (1) para cada caractere da cadeia que é um caractere de controle e false (0) para os demais. |
| 'digit' | Retorna true (1) para cada caractere da cadeia que é um número e false (0) para os demais. |
| 'graphic' | Retorna true (1) para cada caractere da cadeia que é um caractere de gráfico e false (0) para os demais. Os exemplos de caracteres não gráficos incluem espaço, separador de linhas, separador de parágrafos, caracteres de controle e alguns outros caracteres Unicode. Todos os outros caracteres retornam true para esta categoria. |
| 'lower' | Retorna true (1) para cada caractere da cadeia que for letra minúscula e false (0) para os demais. |
| 'print' | Retorna true (1) para cada caractere da cadeia que for um caractere gráfico ou um espaço e false (0) para os demais. |
| 'punct' | Retorna true (1) para cada caractere da cadeia que é um caractere de pontuação e false (0) para os demais. |
| 'wspace' | Retorna true (1) para cada caractere que seja um espaço em branco, e false (0) para os demais. [*Observação*: Esta categoria substitui a função isspace.] |
| 'upper' | Retorna true (1) para cada caractere da cadeia que estiver em letra maiúscula e false (0) para os demais. |
| 'xdigit' | Retorna true (1) para cada caractere da cadeia que seja um dígito hexadecimal e false (0) para os demais. |

## 9.1.5 Buscando ou Substituindo Caracteres Dentro de uma Cadeia

O MATLAB fornece várias funções para localizar e substituir caracteres em uma cadeia de caracteres. Considere uma cadeia denominada `test`:

```
test = 'This is a test!';
```

A função `strfind(text,pattern)` retorna a posição inicial de todas as ocorrências em `pattern` na cadeia do `text`. Por exemplo, para encontrar todas as ocorrências da cadeia `'is'` dentro de `test`,

```
» position = strfind(test,'is')
position =
     3    6
```

A cadeia `'is'` ocorre duas vezes em `test`, iniciando nas posições 3 e 6.

A função `strmatch` é outra função correspondente. Ela examina os caracteres iniciais das *linhas* de uma matriz de caracteres bidimensionais e retorna uma lista dessas linhas que iniciam com a sequência de caracteres especificada. A forma dessa função é

```
result = strmatch(str,array);
```

Por exemplo, suponha que criamos uma matriz de caracteres bidimensionais com a função `strvcat`:

```
array = strvcat('maxarray','min value','max value');
```

Então, a seguinte expressão retornará os números de linhas e todas as linhas que iniciam com as letras `'max'`:

```
» result = strmatch('max',array)
result =
     1
     3
```

A função `strrep` executa a operação padrão de busca e substituição. Encontra todas as ocorrências de uma cadeia de caracteres dentro de outra e as substitui por uma terceira cadeia de caracteres. A forma dessa função é

```
result = strrep(str,srch,repl)
```

em que `str` é a cadeia sendo verificada, `srch` é a cadeia de caracteres pela qual buscar e `repl` é a cadeia de caracteres de substituição. Por exemplo,

```
» test = 'This is a test!'
» result = strrep(test,'test','pest')
result =
This is a pest!
```

A função `strtok` retorna os caracteres antes da primeira ocorrência de um caractere delimitante em uma cadeia de entrada. Os caracteres delimitantes padrão são o conjunto de caracteres de espaços em branco. A forma de `strtok` é

```
[token,remainder] = strtok(string,delim)
```

em que `string` é a cadeia de caracteres de entrada, `delim` é o conjunto (opcional) de caracteres delimitantes, `token` é o primeiro conjunto de caracteres delimitado por um caractere em `delim` e `remainder` é o restante da linha. Por exemplo,

```
» [token,remainder] = strtok('This is a test!')
token =
This
remainder =
 is a test!
```

É possível utilizar a função `strtok` para analisar uma sentença em palavras; por exemplo:

```
function all_words = words(input_string)
remainder = input_string;
all_words = ' ';
while (any(remainder))
   [chopped,remainder] = strtok(remainder);
   all_words = strvcat(all_words,chopped);
end
```

### 9.1.6 Conversão de Maiúsculas e Minúsculas

As funções `upper` e `lower` convertem todos os caracteres alfabéticos em uma cadeia em maiúsculas e minúsculas respectivamente. Por exemplo,

```
» result = upper('This is test 1!')
result =
THIS IS TEST 1!
» result = lower('This is test 2!')
result =
this is test 2!
```

Observe que os caracteres alfabéticos foram convertidos para a caixa correta (maiúscula ou minúscula), enquanto os números e a pontuação não foram afetados.

### 9.1.7 Eliminação de Espaços em Branco das Cadeias de Caracteres

Há duas funções para eliminar os espaços em branco do início ou do final de uma cadeia de caracteres. Espaços em branco podem ser caracteres de espaço, linhas novas, código de fim de linha, tabulação, tabulação vertical e mudança de página.

A função `deblank` remove qualquer espaço em branco extra *final* de uma cadeia e a função `strtrim` remove qualquer espaço em branco extra *inicial e final* de uma cadeia.

Por exemplo, as seguintes expressões criam uma cadeia de 21 caracteres com o espaço em branco inicial e final. A função `deblank` apaga apenas os caracteres de espaço em branco finais na cadeia, enquanto a função `strtrim` apaga os caracteres de espaço em branco iniciais e finais.

```
» test_string = '   This is a test.   '
test_string =
   This is a test.
» length(test_string)
ans =
    21
» test_string_trim1= deblank(test_string)
test_string_trim1 =
   This is a test.
» length(test_string_trim1)
ans =
    18
» test_string_trim2 = strtrim(test_string)
test_string_trim2 =
This is a test.
» length(test_string_trim2)
ans =
    15
```

## 9.1.8 Conversões de Numéricas para Cadeia

O MATLAB contém diversas funções de conversão de cadeia de caracteres que transformam valores numéricos em cadeias de caracteres. Nós já vimos duas dessas funções, `num2str` e `int2str`. Considere um escalar x:

```
x = 5317;
```

Por padrão, o MATLAB armazena o número x como uma matriz 1 × 1 double que contém o valor 5317. A função `int2str` (inteiro para cadeia) converte esse escalar em uma matriz 1 × 4 char que contém a cadeia '5317':

```
» x = 5317;
» y = int2str(x);
» whos
   Name       Size      Bytes      Class        Attributes

   x          1x1       8          double
   y          1x4       8          char
```

A função `num2str` converte um valor `double` em uma cadeia, mesmo se não contiver um número inteiro. Ela fornece mais controle do formato de cadeia de saída do que `int2str`. Um segundo argumento opcional ajusta o número de dígitos da cadeia de caracteres de saída ou especifica um formato para ser utilizado. As especificações de formato no segundo argumento são semelhantes às utilizadas por `fprintf`. Por exemplo,

```
» p = num2str(pi)
p =
3.1416
» p = num2str(pi,7)
p =
3.141593
» p = num2str(pi,'%10.5e')
p =
3.14159e+000
```

Tanto `int2str` quanto `num2str` são úteis para identificar os diagramas. Por exemplo, as seguintes linhas utilizam `num2str` para preparar legendas automatizadas para o eixo *x* de um diagrama:

```
function plotlabel(x,y)
plot(x,y)
str1 = num2str(min(x));
str2 = num2str(max(x));
out = ['Value of f from' str1 'to' str2];
xlabel(out);
```

Também existem funções de conversão projetadas para alterar os valores numéricos em cadeias que representam um valor decimal em outra base, como representação binária ou hexadecimal. Por exemplo, a função `dec2hex` converte um valor decimal na cadeia hexadecimal correspondente:

```
dec_num = 4035;
hex_num = dec2hex(dec_num)
hex_num =
FC3
```

Outras funções desse tipo incluem hex2num, hex2dec, bin2dec, dec2bin, base2dec e dec2base. O MATLAB inclui ajuda on-line para todas essas funções.

A função MATLAB mat2str converte uma matriz em uma cadeia que o MATLAB pode avaliar. Essa cadeia é uma entrada útil para uma função como eval, que avalia as cadeias de entrada como se fossem digitadas na linha de comandos do MATLAB. Por exemplo, se definirmos a matriz a como

```
» a = [1 2 3; 4 5 6]
a =
     1     2     3
     4     5     6
```

a função mat2str retornará uma cadeia que contém o resultado

```
» b = mat2str(a)
b =
[1 2 3; 4 5 6]
```

Por fim, o MATLAB inclui uma função especial sprintf que é idêntica à função fprintf, exceto pelo fato de que a saída vai para a cadeia de caracteres, e não para a Janela de Comandos. Essa função oferece controle completo sobre a formatação da cadeia de caracteres. Por exemplo,

```
» str = sprintf('The value of pi = %8.6f.',pi)
str =
The value of pi = 3.141593.
```

Essa função é extremamente útil para criar títulos e legendas complexos para diagramas.

### 9.1.9 Conversões de Cadeia de Caracteres para Numérica

O MATLAB também contém várias funções para transformar cadeias de caracteres em valores numéricos. As mais importantes dessas funções são eval, str2double e sscanf.

A função eval avalia uma cadeia que contém uma expressão MATLAB e retorna o resultado. A expressão pode conter qualquer combinação de funções, variáveis, constantes e operações do MATLAB. Por exemplo, a cadeia a que contém os caracteres '2 * 3.141592' pode ser convertida para o formato numérico pelas seguintes declarações:

```
» a = '2 * 3.141592';
» b = eval(a)
b =
    6.2832
» whos
  Name      Size         Bytes    Class        Attributes

  a         1x12         24       char
  b         1x1          8        double
```

A função str2double converte as cadeias de caracteres em um valor equivalente double.[2] Por exemplo, a cadeia a que contém os caracteres '3.141592' pode ser convertida no formato numérico pelas seguintes declarações:

---

[2] O MATLAB também contém uma função str2num que pode converter uma cadeia em um número. Por diversos motivos mencionados na documentação MATLAB, a função str2double é melhor do que a função str2num. Você deve reconhecer a função str2num quando vê-la, mas sempre utilize a função str2double em qualquer novo código que escrever.

```
» a = '3.141592';
» b = str2double(a)
b =
    3.1416
```

Cadeias de caracteres podem ser convertidas para a forma numérica por meio da função `sscanf`. Esta função converte uma cadeia de caracteres em um número de acordo com um caractere de conversão de formato. A forma mais simples desta função é

```
value = sscanf(string,format)
```

em que `string` é a cadeia a ser varrida e `format` especifica o tipo de conversão a ocorrer. Os dois especificadores de conversão mais comuns para `sscanf` são '`%d`' para decimais e '`%g`' para números de ponto flutuante. Essa função será abordada com mais detalhes no Capítulo 11.

Os seguintes exemplos ilustram o uso de `sscanf`.

```
» a = '3.141592';
» value1 = sscanf(a,'%g')
value1 =
    3.1416
» value2 = sscanf(a,'%d')
value2 =
    3
```

### 9.1.10 Resumo

As funções comuns do MATLAB para cadeias de caracteres estão resumidas na Tabela 9.2.

**Tabela 9.2: Funções Comuns do MATLAB para Cadeias de Caracteres**

| Categoria | Função | Descrição |
|---|---|---|
| Informações gerais | char | (1) Converte números nos valores de caracteres correspondentes. (2) Cria uma matriz de caracteres bidimensionais a partir de uma série de cadeias. |
| | double | Converte caracteres em códigos numéricos correspondentes. |
| | blanks | Cria uma cadeia de espaços em branco. |
| | deblank | Remove os espaços em branco de uma cadeia de caracteres. |
| | strtrim | Remove espaços em branco do início e do fim de uma cadeia. |
| Testes de cadeias | ischar | Retorna true (1) para uma matriz de caracteres. |
| | isletter | Retorna true (1) para letras do alfabeto. |
| | isspace | Retorna true (1) para espaço em branco. |
| | isstrprop | Retorna true (1) para caracteres que correspondem à propriedade especificada. |
| Operações com cadeias | strcat | Concatena cadeias de caracteres. |
| | strvcat | Concatena verticalmente cadeias de caracteres. |
| | strcmp | Retorna true (1) se duas cadeias de caracteres forem idênticas. |

## Tabela 9.2: Funções Comuns do MATLAB para Cadeias de Caracteres (continuação)

| Categoria | Função | Descrição |
|---|---|---|
| | strcmpi | Retorna true (1) se duas cadeias forem idênticas, ignorando maiúsculas e minúsculas. |
| | strncmp | Retorna true (1) se os primeiros n caracteres de duas cadeias forem idênticos. |
| | strncmpi | Retorna true (1) se os primeiros n caracteres de duas cadeias foram idênticos, ignorando maiúsculas e minúsculas. |
| | findstr | Localiza uma cadeia de caracteres dentro de outra. |
| | strjust | Justifica a cadeia de caracteres. |
| | strmatch | Localiza correspondências para a cadeia. |
| | strrep | Substitui uma cadeia de caracteres por outra. |
| | strtok | Localiza o token na cadeia. |
| | upper | Converte cadeia de caracteres em letras maiúsculas. |
| | lower | Converte cadeia de caracteres em letras minúsculas. |
| Conversão de número em cadeia de caracteres | int2str | Converte número inteiro em cadeia de caracteres. |
| | num2str | Converte número em cadeia de caracteres. |
| | mat2str | Converte matriz em cadeia de caracteres. |
| | sprintf | Escreve dados formatados para cadeia de caracteres. |
| Conversão de cadeia em número | eval | Avalia o resultado de uma expressão MATLAB. |
| | str2double | Converte cadeia de caracteres para um valor double. |
| | str2num | Converte cadeia em número. |
| | sscanf | Lê os dados formatados da cadeia. |
| Conversão de Número Base | hex2num | Converte a cadeia hexadecimal IEEE em double. |
| | hex2dec | Converte a cadeia hexadecimal em inteiro decimal. |
| | dec2hex | Converte cadeia de caracteres decimal em hexadecimal. |
| | bin2dec | Converte cadeia de caracteres binária em inteiro decimal. |
| | dec2bin | Converte inteiro decimal em cadeia de caracteres binários. |
| | base2dec | Converte a cadeia base-B em inteiro decimal. |
| | dec2base | Converte inteiro decimal em cadeia base-B. |

## ▶ Exemplo 9.1 – Função de Comparação de Cadeia

Em C, a função `strmcp` compara duas cadeias de acordo com a ordem de seus caracteres na tabela de caracteres UTF-8 (chamada de **ordem lexicográfica** dos caracteres) e retorna −1 se a primeira cadeia for lexicograficamente menor que a segunda cadeia, 0 se as cadeias forem iguais e +1 se a primeira cadeia for lexicograficamente maior que a segunda cadeia. Esta função é extremamente útil para propósitos como colocar cadeias de caracteres em ordem alfabética.

Crie uma nova função MATLAB `c_strcmp` que compare duas cadeias de uma maneira semelhante à função C e retorne resultados semelhantes. A função deve ignorar espaços em branco no final ao fazer suas comparações. Observe que a função deve ser capaz de lidar com a situação em que as duas cadeias de caracteres têm comprimentos diferentes.

**Solução**

1. **Estabeleça o problema.**
   Escreva uma função que compare duas cadeias `str1` e `str2` e retorne os seguintes resultados:
   - −1 se `str1` for lexicograficamente menor que `str2`.
     0 se `str1` for lexicograficamente igual a `str2`.
   - +1 se `str1` for lexicograficamente maior que `str2`.

   A função deve funcionar corretamente se `str1` e `str2` não tiverem o mesmo comprimento e a função deve ignorar os espaços em branco finais.

2. **Defina as entradas e saídas.**
   As entradas necessárias por esta função são duas cadeias, `str1` e `str2`. A saída da função será um −1, 0 ou 1, conforme apropriado.

3. **Descreva o algoritmo.**
   Esta tarefa pode ser quebrada em quatro seções principais:

   ```
   Verify input strings
   Pad strings to be equal length
   Compare characters from beginning to end, looking
      for the first difference
   Return a value based on the first difference
   ```

   Vamos agora segmentar as principais seções acima em partes menores e mais detalhadas. Primeiro, devemos verificar se os dados passados para a função estão corretos. A função deve ter exatamente dois argumentos, e os argumentos devem ser, ambos, cadeias. O pseudocódigo para este passo é:

   ```
   % Check for a legal number of input arguments.
   msg = nargchk(2,2,nargin)
   error(msg)
   % Check to see if the arguments are strings
   if either argument is not a string
      error('str1 and str2 must both be strings')
   else
      (add code here)
   end
   ```

   A seguir, devemos ajustar as cadeias de caracteres para comprimentos iguais. A maneira mais fácil de fazer isso é combinar ambas as cadeias de caracteres em uma matriz 2D utilizando `strvcat`. Observe que esta etapa efetivamente faz a função ignorar espaços em branco finais, porque ambas as cadeias de caracteres são ajustadas para o mesmo comprimento. O pseudocódigo para este passo é:

   ```
   % Pad strings
      strings = strvcat(str1,str2)
   ```

Agora, devemos comparar cada caractere, até encontrarmos uma diferença, e retornar o valor baseado nessa diferença. Uma maneira de fazer isso é usar operadores relacionais para comparar as duas cadeias, criando uma matriz de 0's e 1's. Podemos então procurar o primeiro 1 na matriz, que corresponderá à primeira diferença entre as duas cadeias. O pseudocódigo para este passo é:

```
% Compare strings
diff = strings(1,:) ~= strings(2,:)
if sum(diff) == 0
   % Strings match
   result = 0
else
   % Find first difference
   ival = find(diff)
   if strings(1,ival) > strings(2,ival)
      result = 1
   else
      result = -1
   end
            end
```

4. **Transforme o algoritmo em expressões MATLAB.**
   O código MATLAB final é mostrado abaixo.

```
function result = c_strcmp(str1,str2)
%C_STRCMP Compare strings like C function "strcmp"
% Function C_STRCMP compares two strings and returns
% a -1 if str1 < str2, a 0 if str1 == str2, and a
% +1 if str1 > str2.

% Define variables:
%    diff      -- Logical array of string differences
%    msg       -- Error message
%    result    -- Result of function
%    str1      -- First string to compare
%    str2      -- Second string to compare
%    strings   -- Padded array of strings

%   Record of revisions:
%       Date          Programmer         Description of change
%       ====          ==========         =====================
%     02/25/14      S. J. Chapman        Original code

% Check for a legal number of input arguments.
msg = nargchk(2,2,nargin);
error(msg);

% Check to see if the arguments are strings
if ~(isstr(str1) & isstr(str2))
   error('Both str1 and str2 must be strings!')
else

   % Pad strings
   strings = strvcat(str1,str2);

   % Compare strings
   diff = strings(1,:) ~= strings(2,:);
   if sum(diff) == 0
```

```
            % Strings match, so return a zero!
            result = 0;
        else
            % Find first difference between strings
            ival = find(diff);
            if strings(1,ival(1)) > strings(2,ival(1))
                result = 1;
            else
                result = -1;
            end
        end
    end
```

5. **Teste o programa.**
   Em seguida, devemos testar a função utilizando diversas cadeias.

   ```
   » result = c_strcmp('String 1','String 1')
   result =
            0
   » result = c_strcmp('String 1','String 1')
   result =
            0
   » result = c_strcmp('String 1','String 2')
   result =
            -1
   » result = c_strcmp('String 1','String 0')
   result =
            1
   » result = c_strcmp('String','str')
   result =
            -1
   ```

O primeiro teste retorna 0, porque as duas cadeias de caracteres são idênticas. O segundo teste também retorna zero, pois as duas cadeias são idênticas, *exceto quanto aos espaços em branco no fim*, e esses espaços são ignorados. O terceiro teste retorna −1, porque as duas cadeias diferem primeiro na posição 8, e '1' < '2' nessa posição. O quarto teste retorna 1, porque as duas cadeias diferem primeiro na posição 8, e '1' > '0' nessa posição. O quinto teste retorna −1, porque as duas cadeias diferem primeiro na posição 1, e 'S' < 's' na sequência de caracteres UTF-8. Esta função parece estar funcionando adequadamente.

## Teste 9.1

Neste teste, faremos uma verificação rápida da sua compreensão dos conceitos apresentados na Seção 9.1. Se você tiver problemas com o teste, releia a seção, pergunte ao seu instrutor ou discuta o material com um colega. As respostas para esse teste estão no final do livro.

Para as questões de 1 a 9, determine se essas expressões estão corretas. Se estiverem, o que é produzido pelo conjunto de expressões?

```
1. str1 = 'This is a test!   ';
   str2 = 'This line, too.';
   res = strcat(str1,str2);
```

```
2. str1 = 'Line 1';
   str2 = 'line 2';
   res = strcati(str1,str2);

3. str1 = 'This is another test!';
   str2 = 'This line, too.';
   res = [str1; str2];

4. str1 = 'This is another test!';
   str2 = 'This line, too.';
   res = strvcat(str1,str2);

5. str1 = 'This is a test!   ';
   str2 = 'This line, too.';
   res = strncmp(str1,str2,5);

6. str1 = 'This is a test!   ';
   res = findstr(str1,'s');

7. str1 = 'This is a test!   ';
   str1(isspace(str1)) = 'x';

8. str1 = 'aBcD 1234 !?';
   res = isstrprop(str1,'alphanum');

9. str1 = 'This is a test!   ';
   str1(4:7) = upper(str1(4:7));

10. str1 = '   456   ';   % Note: Three blanks before & after
    str2 = '   abc   ';   % Note: Three blanks before & after
    str3 = [str1 str2];
    str4 = [strtrim(str1) strtrim(str2)];
    str5 = [deblank(str1) deblank(str2)];
    l1 = length(str1);
    l2 = length(str2);
    l3 = length(str3);
    l4 = length(str4);
    l5 = length(str4);

11. str1 = 'This way to the egress.';
    str2 = 'This way to the egret.'
    res = strncmp(str1,str2);
```

## 9.2 O Tipo de Dados `single`

As variáveis de tipo single são escalares ou matrizes de números de ponto flutuante de *precisão única* de 32 bits. Elas podem representar valores reais, imaginários ou complexos. Variáveis de tipo single ocupam metade da memória de variáveis de tipo double, mas possuem menor precisão e um intervalo mais limitado. Os componentes reais e imaginários de cada variável single podem ser números positivos ou negativos no intervalo de $10^{-38}$ até $10^{38}$, com 6 a 7 dígitos decimais significativos de exatidão, mais o valor 0.

A função single cria uma variável de tipo single. Por exemplo, a seguinte expressão cria uma variável de tipo single que contém o valor 3.1:

```
» var = single(3.1)
var =
```

```
    3.1000
» whos
  Name        Size        Bytes        Class        Attributes

  var         1x1         4            single
```

Depois que uma variável `single` é criada, ela pode ser utilizada em operações MATLAB assim como uma variável `double`. No MATLAB, uma operação executada entre um valor `single` e um valor `double` possui um resultado[3] `single`, de modo que o resultado das seguintes expressões serão do tipo `single`:

```
» b = 7;
» c = var * b
c =
    21.7000
» whos
  Name        Size        Bytes        Class        Attributes

  b           1x1         8            double
  c           1x1         4            single
  var         1x1         4            single
```

Os valores do tipo `single` podem ser usados assim como valores do tipo `double` na maioria das operações do MATLAB. Todas as funções integradas como `sin`, `cos`, `exp` e assim por diante suportam o tipo de dados `single`, mas algumas funções do arquivo M podem não suportar valores `single` ainda. Em termos práticos, provavelmente você nunca usará esse tipo de dados. Seu intervalo e precisão mais limitados tornam os resultados mais sensíveis a erros de arredondamento cumulativos ou ao excesso no intervalo disponível. Você só deve considerar o uso desse tipo de dados se tiver enormes matrizes de dados que não poderiam caber na sua memória do computador se fossem salvas na precisão dupla.

Algumas funções do MATLAB não suportam o tipo de dados `single`. Se desejar, é possível implementar sua própria versão de uma função que suporta dados `single`. Se colocar essa função em um diretório denominado `@single` dentro de qualquer diretório no caminho do MATLAB, essa função será automaticamente usada quando os argumentos de entrada forem do tipo `single`.

## 9.3 Tipos de Dados Inteiros

O MATLAB também inclui números inteiros *com sinal* e *sem sinal* de 8, 16, 32 e 64 bits. Os tipos de dados são `int8`, `uint8`, `int16`, `uint16`, `int32`, `uint32`, `int64` e `uint64`. A diferença entre um número inteiro assinado e não assinado é o intervalo de números representados pelo tipo de dados. O número de valores que pode ser representado por um número inteiro depende do número de bits no número inteiro:

$$\text{número de valores} = 2^n \qquad (9.1)$$

em que $n$ é o número de bits. Um número inteiro de 8 bits pode representar 256 valores ($2^8$), um número inteiro de 16 bits pode representar 65.536 valores ($2^{16}$) e assim por diante. Os inteiros assinados utilizam metade dos valores disponíveis para representar os números positivos e metade para números negativos, enquanto os números inteiros não assinados utilizam todos os valores disponíveis para representar os números positivos. Portanto, o intervalo de valores que pode ser representado no

---

[3] CUIDADO: Isso é diferente do comportamento de qualquer outra linguagem de computador que o autor já tenha encontrado. Em cada outra linguagem (Fortran, C, C++, Java, Basic e assim por diante), o resultado de uma operação entre um `single` e um `double` seria do tipo `double`.

tipo de dados int8 é de −128 a 127 (um total de 256), enquanto o intervalo de valores que pode ser representado no tipo de dados uint8 é de 0 a 255 (um total de 256). De forma semelhante, o intervalo de valores que pode ser representado no tipo de dados int16 é de −32.768 a 32.767 (um total de 65.536), enquanto o intervalo de valores que pode ser representado no tipo de dados uint16 é de 0 a 65.535. A mesma ideia se aplica a tamanhos de inteiro maiores.

Os valores de número inteiro são criados pelas funções int8(), uint8(), int16(), uint16(), int32(), uint32(), int64() ou uint64(). Por exemplo, a expressão a seguir cria uma variável do tipo int8 que contém o valor 3:

```
» var = int8(3)
var =
    3
» whos
   Name       Size       Bytes       Class        Attributes
   var        1x1        1           int8
```

Os números inteiros também podem ser criados utilizando as funções de criação de matriz padrão, como zeros, ones e assim por diante, adicionando uma opção de tipo separado à função. Por exemplo, podemos criar uma matriz 1000 × 1000 de números inteiros de 8 bits assinados da seguinte maneira:

```
» array = zeros(1000,1000, 'int8');
» whos
   Name       Size         Bytes        Class        Attributes
   array      1000x1000    1000000      int8
```

Os números inteiros podem ser convertidos em outros tipos de dados utilizando as funções double, single e char.

Uma operação executada entre um valor de número inteiro e um valor double possui um resultado de número inteiro,[4] portanto o resultado das seguintes expressões será do tipo int8:

```
» b = 7;
» c = var * b
c =
   21
» whos
   Name       Size       Bytes       Class        Attributes
   b          1x1        8           double
   c          1x1        1           int8
   var        1x1        1           int8
```

O MATLAB na realidade calcula esta resposta convertendo o int8 em um double, realizando a matemática na precisão dupla e então arredondando a resposta para o mais próximo número inteiro e convertendo esse valor de volta para int8. A mesma ideia funciona para todos os tipos de números inteiros.

O MATLAB utiliza a *saturação da aritmética de número de inteiro*. Se o resultado de uma operação matemática de número inteiro for maior do que o maior valor possível que pode ser representado nesse tipo de dados, o resultado será o maior valor possível. De forma semelhante, se o resultado de uma operação matemática de número inteiro for menor do que o menor valor possível que pode

---

[4] CUIDADO: Isso é diferente do comportamento de qualquer outra linguagem de computador que o autor já tenha encontrado. Em cada outra linguagem (Fortran, C, C++, Java, Basic e assim por diante), o resultado de uma operação entre um integer e um double seria do tipo double.

ser representado nesse tipo de dados, o resultado será o menor valor possível. Por exemplo, o maior valor possível que pode ser representado no tipo de dados `int8` é 127. O resultado da operação `int8(100) + int8(50)` será 127, porque 150 é maior do que 127, o valor máximo que pode ser representado no tipo de dados.

Algumas funções do MATLAB não suportam diversos tipos de dados de número inteiro. Se desejar, é possível implementar sua própria versão de uma função que suporta um tipo de dados de número inteiro. Se colocar essa função em um diretório denominado `@int8`, `@uint16` e assim por diante dentro de qualquer diretório no caminho MATLAB, essa função será automaticamente utilizada quando os argumentos de entrada forem do tipo especificado.

É pouco provável que você precise utilizar o tipo de dados de número inteiro a menos que esteja trabalhando com dados de imagem. Se precisar de mais informações, consulte a documentação do MATLAB.

## 9.4 Limitações de Tipos de Dados de Números Inteiros e `single`

Os tipos de dados `single` e integer têm estado presentes no MATLAB já faz um bom tempo, mas eles foram utilizados principalmente para propósitos como armazenar dados de imagem. O MATLAB permite operações matemáticas entre valores do mesmo tipo ou entre valores escalares `double` e esses tipos, mas não entre diferentes tipos de números inteiros ou entre números inteiros e valores `single`. Por exemplo, é possível adicionar um `single` e um `double` ou um número inteiro e um `double`, mas não um `single` e um número inteiro.

```
» a = single(2.1)
a =
    2.1000
» b = int16(4)
b =
    4
» c = a + b
Error using +
Integers can only be combined with integers of the same class,
or scalar doubles.
```

A menos que tenha alguma necessidade especial para manipular as imagens, você provavelmente nunca precisará usar um desses tipos de dados.

### Boa Prática de Programação

Não utilize `single` ou tipos de dados de número inteiro, a menos que tenha uma necessidade especial como o processamento de imagem.

### Teste 9.2

Este teste apresenta uma verificação rápida do seu entendimento dos conceitos apresentados nas Seções de 9.2 a 9.4. Se você tiver problemas com o teste, releia a seção, pergunte ao seu instrutor ou discuta o material com um colega. As respostas para esse teste estão no final do livro.

Determine se as seguintes expressões estão corretas. Se estiverem, o que é produzido pelo conjunto de expressões?

```
1. a = uint8(12);
   b = int8(13);
   c = a + b;
2. a = single(1000);
   b = int8(10);
   c = a * b;
3. a = single([1 0;0 1]);
   b = [3 2; -2 3];
   c = a * b;
4. a = single([1 0;0 1]);
   b = [3 2; -2 3];
   c = a .* b;
```

## 9.5 Resumo

Funções de cadeias de caracteres são funções projetadas para trabalhar com cadeias de caracteres, que são matrizes do tipo char. Essas funções permitem a um usuário manipular cadeias de caracteres em uma variedade de maneiras úteis, incluindo concatenação, comparação, substituição, conversão de maiúsculas e minúsculas, e conversões de tipo número em cadeia e de cadeia em numérico.

O tipo de dados single consiste em números de ponto flutuante de precisão única. Eles são criados utilizando a função single. Uma operação matemática entre um single e um valor escalar double produz um resultado single.

O MATLAB inclui números inteiros com sinal e sem sinal de 8, 16, 32 e 64 bits. Os tipos de dados de número inteiro são int8, uint8, int16(), uint16, int32, uint32, int64 e uint64. Cada um desses tipos é criado utilizando a função correspondente: int8(), uint8(), int16(), uint16(), int32(), uint32(), int64() ou uint64(). As operações matemáticas (+, − e assim por diante) podem ser executadas nesses tipos de dados; o resultado de uma operação entre um inteiro e um double possui o mesmo tipo que o número inteiro. Se o resultado de uma operação matemática for muito grande ou muito pequeno para ser expresso por um tipo de dados de número inteiro, o resultado será o maior ou o menor número inteiro possível para esse tipo.

### 9.5.1 Resumo das Boas Práticas de Programação

As seguintes diretrizes devem ser seguidas:

1. Use a função char para criar matrizes de caracteres bidimensionais sem se preocupar com o preenchimento de cada linha para o mesmo comprimento.
2. Use a função isstrprop para determinar as características de cada caractere em uma matriz de cadeia.
3. Use matrizes multidimensionais para resolver problemas que são, naturalmente, multivariáveis em sua natureza, tais como aerodinâmica e fluxos de fluidos.
4. Não utilize single ou tipos de dados de número inteiro, a menos que tenha uma necessidade especial, como o processamento de imagem.

### 9.5.2 Resumo do MATLAB

O resumo a seguir lista todos os comandos e funções do MATLAB apresentados neste capítulo, junto a uma breve descrição de cada item.

| | |
|---|---|
| `base2dec` | Converte a cadeia base-B em inteiro decimal. |
| `bin2dec` | Converte cadeia de caracteres binária em inteiro decimal. |
| `blanks` | Cria uma cadeia de espaços em branco. |
| `char` | (1) Converte os números nos valores de caracteres correspondentes<br>(2) Cria uma matriz de caracteres bidimensionais a partir de uma série de cadeias. |
| `deblank` | Remove os espaços em branco de uma cadeia de caracteres. |
| `dec2base` | Converte inteiro decimal em cadeia base-B. |
| `dec2bin` | Converte inteiro decimal em cadeia de caracteres binários. |
| `double` | Converte caracteres em códigos numéricos correspondentes. |
| `findstr` | Localiza uma cadeia de caracteres dentro de outra. |
| `hex2num` | Converte a cadeia hexadecimal em `double`. |
| `hex2dec` | Converte a cadeia hexadecimal em inteiro decimal. |
| `int2str` | Converte número inteiro em cadeia de caracteres. |
| `ischar` | Retorna true (1) para uma matriz de caracteres. |
| `isletter` | Retorna true (1) para letras do alfabeto. |
| `isreal` | Retorna true (1) se nenhum elemento da matriz tiver um componente imaginário. |
| `isstrprop` | Retorna true (1) se um caractere tiver a propriedade especificada. |
| `isspace` | Retorna true (1) para espaço em branco. |
| `lower` | Converte cadeia de caracteres em letras minúsculas. |
| `mat2str` | Converte matriz em cadeia de caracteres. |
| `num2str` | Converte número em cadeia de caracteres. |
| `sscanf` | Lê os dados formatados da cadeia. |
| `str2double` | Converte a cadeia de caracteres em valor `double`. |
| `str2num` | Converte cadeia em número. |
| `strcat` | Concatena cadeias de caracteres. |
| `strcmp` | Retorna true (1) se duas cadeias de caracteres forem idênticas. |
| `strcmpi` | Retorna true (1) se duas cadeias forem idênticas, ignorando maiúsculas e minúsculas. |
| `strjust` | Justifica a cadeia de caracteres. |
| `strncmp` | Retorna true (1) se os primeiros n caracteres de duas cadeias forem idênticos. |
| `strncmpi` | Retorna true (1) se os primeiros n caracteres de duas cadeias forem idênticos, ignorando maiúsculas e minúsculas. |
| `strmatch` | Localiza correspondências para a cadeia. |
| `strtrim` | Remove espaços em branco do início e do fim de uma cadeia. |
| `strrep` | Substitui uma cadeia de caracteres por outra. |
| `strtok` | Localiza o token na cadeia. |
| `strvcat` | Concatena as cadeias de caracteres verticalmente. |
| `upper` | Converte a cadeia de caracteres em maiúsculas. |

## 9.6 Exercícios

**9.1** Escreva um programa que aceite uma cadeia de entrada pelo usuário e determine quantas vezes um caractere especificado pelo usuário aparece na cadeia. (*Dica*: Consulte a opção `'s'` da função `input` utilizando o Navegador de Ajuda do MATLAB.)

**9.2** Modifique o programa anterior para que determine quantas vezes um caractere especificado pelo usuário aparece na cadeia sem considerar maiúscula ou minúscula do caractere.

**9.3** Escreva um programa que aceite uma cadeia de um usuário com a função `input`, fragmente essa cadeia em uma série de tokens, classifique os tokens em ordem crescente e os imprima.

**9.4** Escreva um programa que aceite uma série de cadeias de um usuário com a função `input`, classifique as cadeias em ordem crescente e as imprima.

**9.5** Escreva um programa que aceite uma série de cadeias de um usuário com a função `input`, classifique as cadeias em ordem crescente ignorando se são maiúsculas e minúsculas, e as imprima.

**9.6** O MATLAB inclui funções `upper` e `lower`, que transformam uma cadeia em maiúscula e minúscula respectivamente. Crie uma nova função chamada `caps`, que coloca em maiúscula a primeira letra de cada palavra e força todas as outras letras a ficarem em minúsculas. (*Dica*: Tire proveito das funções `upper`, `lower` e `strtok`.)

**9.7** Escreva uma função que aceite uma cadeia de caracteres e retorne uma matriz `logical` com valores verdadeiros que correspondem a cada caractere de impressão que *não* seja alfanumérico ou espaço em branco (por exemplo, $, %, #) e valores falsos estejam em todos os outros lugares.

**9.8** Escreva uma função que aceite uma cadeia de caracteres e retorne uma matriz `logical` com valores verdadeiros que correspondem a cada vogal e valores falsos em todos os outros lugares. Garanta que a função funcione corretamente para os caracteres de minúscula e maiúscula.

**9.9** Por padrão, não é possível multiplicar um valor `single` por um valor `int16`. Escreva uma função que aceite um argumento `single` e um argumento `int16` e multiplique-os juntos, retornando o valor resultante como um `single`.

# Capítulo 10

# Matrizes Esparsas, Matrizes Celulares e Estruturas

Este capítulo trata de uma característica muito útil do MATLAB: as matrizes esparsas. As matrizes esparsas são um tipo especial de matriz no qual a memória é alocada somente para elementos diferentes de zero na matriz. Elas são uma maneira extremamente útil e compacta de representar grandes matrizes que contêm vários valores de zero sem gastar memória.

O capítulo também inclui uma introdução a dois tipos adicionais de dados: matrizes celulares e de estrutura. Uma matriz celular é um tipo flexível de matriz que pode conter quaisquer tipos de dados. Cada elemento de uma matriz celular pode conter quaisquer tipos de dados MATLAB e diferentes elementos com a mesma matriz podem conter diferentes tipos de dados. Eles são amplamente usados nas funções da interface gráfica com o usuário (GUI) do MATLAB.

Uma estrutura é um tipo especial de matriz com subcomponentes nomeados. Cada estrutura pode ter qualquer número de subcomponentes, cada um com seu próprio nome e tipo de dados. As estruturas são a base de objetos do MATLAB.

## 10.1 Matrizes Esparsas

Aprendemos sobre as matrizes comuns do MATLAB no Capítulo 2. Quando uma matriz comum é declarada, o MATLAB cria um local de memória para cada elemento na matriz. Por exemplo, a função a = eye(10) cria 100 elementos organizados como uma estrutura 10 × 10. Nessa matriz, 90 desses elementos são zero! Essa matriz requer 100 elementos, mas só 10 deles contêm dados diferentes de zero. Esse é um exemplo de uma **matriz esparsa**. Uma matriz esparsa é uma grande matriz na qual a grande maioria dos elementos são zero.

```
» a = 2 * eye(10);
a =
    2    0    0    0    0    0    0    0    0    0
    0    2    0    0    0    0    0    0    0    0
    0    0    2    0    0    0    0    0    0    0
    0    0    0    2    0    0    0    0    0    0
    0    0    0    0    2    0    0    0    0    0
    0    0    0    0    0    2    0    0    0    0
    0    0    0    0    0    0    2    0    0    0
    0    0    0    0    0    0    0    2    0    0
    0    0    0    0    0    0    0    0    2    0
    0    0    0    0    0    0    0    0    0    2
```

Agora suponha que criemos outra matriz b de 10 × 10 definida da seguinte maneira:

```
b =
    1  0  0  0  0  0  0  0  0  0
    0  2  0  0  0  0  0  0  0  0
    0  0  2  0  0  0  0  0  0  0
    0  0  0  1  0  0  0  0  0  0
    0  0  0  0  5  0  0  0  0  0
    0  0  0  0  0  1  0  0  0  0
    0  0  0  0  0  0  1  0  0  0
    0  0  0  0  0  0  0  1  0  0
    0  0  0  0  0  0  0  0  1  0
    0  0  0  0  0  0  0  0  0  1
```

Se essas duas matrizes forem multiplicadas juntas, o resultado será

```
» c = a * b
c =
    2  0  0  0   0  0  0  0  0  0
    0  4  0  0   0  0  0  0  0  0
    0  0  4  0   0  0  0  0  0  0
    0  0  0  2   0  0  0  0  0  0
    0  0  0  0  10  0  0  0  0  0
    0  0  0  0   0  2  0  0  0  0
    0  0  0  0   0  0  2  0  0  0
    0  0  0  0   0  0  0  2  0  0
    0  0  0  0   0  0  0  0  2  0
    0  0  0  0   0  0  0  0  0  2
```

O processo de multiplicar essas duas matrizes esparsas juntas requer 1.900 multiplicações e somas, mas a maioria dos termos sendo somados e multiplicados são zeros, portanto, grande parte do esforço é desperdiçado.

Esse problema fica rapidamente pior conforme o tamanho da matriz aumenta. Por exemplo, suponha que fossemos gerar duas matrizes esparsas a e b de 200 × 200 da seguinte maneira:

```
a = 5 * eye(200);
b = 3 * eye(200);
```

Cada matriz agora contém 40.000 elementos, dos quais 39.800 são zero! Além disso, multiplicar essas duas matrizes juntas requer **15.960.000** somas e multiplicações.

Deve ficar aparente que armazenar e trabalhar com grandes matrizes esparsas, a maioria delas cujos elementos são zero, é um sério desperdício de memória de computador e tempo de CPU. Infelizmente, muitos problemas do mundo real criam naturalmente matrizes esparsas, de modo que precisamos de uma maneira eficiente para resolvermos os problemas que os envolvem.

Um grande sistema de energia elétrica é um excelente exemplo de um problema do mundo real que envolve matrizes esparsas. Grandes sistemas de energia elétrica podem ter milhares de barramentos elétricos na geração de plantas e subestações de transmissão e de distribuição. Se desejamos conhecer as voltagens, correntes e fluxos de energia no sistema, primeiro devemos resolver a voltagem em cada barramento. Para um sistema de 1.000 barramentos, isso envolve a solução simultânea de 1.000 equações em 1.000 incógnitas, que é equivalente a inverter uma matriz com 1.000.000 elementos. Resolver essa matriz requer milhões de operações de ponto flutuante.

No entanto, cada barramento no sistema de energia provavelmente está conectado a uma média de somente dois ou três outros barramentos. Portanto, 996 dos 1.000 termos nos quais a linha da matriz será de zeros, e a maioria das operações envolvidas na inversão da matriz será de somas e multiplicações por zeros. O cálculo das voltagens e correntes neste sistema de energia seria muito mais simples e mais eficiente se os zeros puderem ser ignorados no processo de solução.

## 10.1.1 O Atributo `sparse`

O MATLAB possui uma versão especial do tipo de dados `double` que foi projetado para trabalhar com matrizes esparsas. Nesta versão especial do tipo de dados `double`, *somente elementos diferentes de zero são alocados em posições de memória* e a matriz é conhecida por ter o atributo "sparse" (esparso). Uma matriz com o atributo esparso realmente economiza três valores para cada elemento diferente de zero: o valor do elemento em si e os números de linha e de colunas nos quais o elemento está localizado. Embora três valores devam ser salvos para cada elemento diferente de zero, essa abordagem é *muito* mais eficiente em termos de memória do que alocar matrizes completas se uma matriz tiver somente alguns elementos diferentes de zero.

Para ilustrar o uso de matrizes esparsas, criaremos uma matriz de identidade de $10 \times 10$:

```
» a = eye(10)
a =
     1     0     0     0     0     0     0     0     0     0
     0     1     0     0     0     0     0     0     0     0
     0     0     1     0     0     0     0     0     0     0
     0     0     0     1     0     0     0     0     0     0
     0     0     0     0     1     0     0     0     0     0
     0     0     0     0     0     1     0     0     0     0
     0     0     0     0     0     0     1     0     0     0
     0     0     0     0     0     0     0     1     0     0
     0     0     0     0     0     0     0     0     1     0
     0     0     0     0     0     0     0     0     0     1
```

Se esta matriz for convertida para uma matriz esparsa usando a função `sparse`, os resultados serão:

```
» as = sparse(a)
as =
   (1,1)        1
   (2,2)        1
   (3,3)        1
   (4,4)        1
   (5,5)        1
   (6,6)        1
   (7,7)        1
   (8,8)        1
   (9,9)        1
   (10,10)      1
```

Observe que os dados na matriz esparsa são uma lista de endereços de linha e de coluna, seguidos pelo valor de dados diferente de zero nesse ponto. Essa é uma maneira muito eficiente de armazenar os dados contanto que a maioria da matriz seja zero. No entanto, se houver vários elementos diferentes de zero, isso pode consumir ainda mais espaço do que a matriz completa devido à necessidade de armazenar os endereços.

Se examinarmos as matrizes `a` e `as` com o comando `whos`, os resultados serão:

```
» whos
  Name      Size      Bytes     Class      Attributes
  a         10x10     800       double
  as        10x10     248       double     sparse
```

A matriz a ocupa 800 bytes porque existem 100 elementos com 8 bytes de armazenamento em cada. A matriz `as` ocupa 248 bytes porque existem 10 elementos diferentes de zero com 8 bytes de armazenamento em cada um, mais 20 índices de matriz ocupando 8 bytes em cada e 8 bytes de sobrecarga. Observe que a matriz esparsa ocupa muito menos memória do que a matriz completa.

A função `issparse` pode ser usada para determinar se uma determinada matriz é esparsa ou não. Se uma matriz for esparsa, então `issparse(array)` retornará true (1).

O poder do tipo de dados esparso pode ser visto considerando uma matriz z de 1.000 × 1.000 com uma média de 4 elementos diferentes de zero por linha. Se essa matriz for armazenada como uma matriz completa, ela vai precisar de 8.000.000 bytes de espaço. Por outro lado, se for convertida para uma matriz esparsa, o uso da memória cairá drasticamente.

```
» zs = sparse(z);
» whos
  Name      Size           Bytes       Class      Attributes
  z         1000x1000      8000000     double
  zs        1000x1000        72008     double     sparse
```

### Gerando Matrizes Esparsas

O MATLAB pode gerar matrizes esparsas convertendo uma matriz completa em uma matriz esparsa com a função `sparse` ou gerando diretamente as matrizes esparsas com as funções MATLAB `speye`, `sprand` e `sprandn`, que são equivalentes esparsos de `eye`, `rand` e `randn`. Por exemplo, a expressão `a = speye(4)` gera uma matriz esparsa de 4 × 4.

```
» a = speye(4)
a =
   (1,1)     1
   (2,2)     1
   (3,3)     1
   (4,4)     1
```

A expressão `b = full(a)` converte a matriz esparsa em uma matriz completa.

```
» b = full(a)
b =
     1     0     0     0
     0     1     0     0
     0     0     1     0
     0     0     0     1
```

### Trabalhando com Matrizes Esparsas

Como uma matriz é esparsa, os elementos individuais podem ser adicionados a ela ou excluída dela, usando expressões simples de atribuição. Por exemplo, a expressão a seguir gera uma matriz esparsa de 4 × 4 e então soma a ela outro elemento diferente de zero.

```
» a = speye(4)
a =
   (1,1)     1
   (2,2)     1
   (3,3)     1
   (4,4)     1
```

```
» a(2,1) = -2
a =
   (1,1)     1
   (2,1)    -2
   (2,2)     1
   (3,3)     1
   (4,4)     1
```

O MATLAB permite que matrizes completas e esparsas sejam livremente misturadas e usadas em qualquer combinação. O resultado de uma operação entre uma matriz completa e uma matriz esparsa pode ser uma matriz completa ou uma matriz esparsa, dependendo de qual resultado é mais eficiente. Essencialmente, qualquer técnica de matriz suportada para matrizes completas também fica disponível para matrizes esparsas.

Algumas das funções comuns da matriz esparsa estão listadas na Tabela 10.1.

### Tabela 10.1: Funções Comuns da Matriz Esparsa do MATLAB

| Função | Descrição |
|---|---|
| **Criar Matrizes Esparsas** | |
| speye | Cria uma matriz de identidade esparsa. |
| sprand | Cria uma matriz esparsa aleatória uniformemente distribuída. |
| sprandn | Cria uma matriz esparsa aleatória normalmente distribuída. |
| **Funções de Conversão Completa-para-Esparsa** | |
| sparse | Converte uma matriz completa em uma matriz esparsa. |
| full | Converte uma matriz esparsa em uma matriz completa. |
| find | Localiza índices e valores de elementos diferentes de zero em uma matriz. |
| **Trabalhando com Matrizes Esparsas** | |
| nnz | Número de elementos de matriz diferentes de zero. |
| nonzeros | Retorna um vetor de coluna que contém elementos diferentes de zero em uma matriz. |
| nzmax | Retorna o número de elementos de armazenamento diferentes de zero em uma matriz. |
| spones | Substitui elementos de matriz esparsa diferentes de zero por uns (ones). |
| spalloc | Aloca espaço para uma matriz esparsa. |
| issparse | Retorna 1 (true) para a matriz esparsa. |
| spfun | Aplica a função de elementos da matriz diferentes de zero. |
| spy | Visualiza o padrão de escassez como um diagrama. |

### ▶ Exemplo 10.1 – Resolvendo Equações Simultâneas com Matrizes Esparsas

Para ilustrar a facilidade com a qual as matrizes esparsas podem ser utilizadas no MATLAB, vamos resolver o seguinte sistema simultâneo de equações com matrizes completas e esparsas.

$1.0x_1 + 0.0x_2 + 1.0x_3 + 0.0x_4 + 0.0x_5 + 2.0x_6 + 0.0x_7 - 1.0x_8 = 3.0$

$0.5x_1 + 0.0x_2 + 2.0x_3 + 0.0x_4 + 0.0x_5 + 0.0x_6 - 1.0x_7 + 0.0x_8 = -1.5$

$0.0x_1 + 0.0x_2 + 0.0x_3 + 2.0x_4 + 0.0x_5 + 1.0x_6 + 0.0x_7 + 0.0x_8 = 1.0$

$0.0x_1 + 0.0x_2 + 1.0x_3 + 1.0x_4 + 1.0x_5 + 0.0x_6 + 0.0x_7 + 0.0x_8 = -2.0$

$0.0x_1 + 0.0x_2 + 0.0x_3 + 1.0x_4 + 0.0x + 1.0x_6 + 0.0x_7 + 0.0x_8 = 1.0$

$0.5x_1 + 0.0x_2 + 0.0x_3 + 0.0x_4 + 0.0x + 0.0x_6 + 1.0x_7 + 0.0x_8 = 1.0$

$0.0x_1 + 1.0x_2 + 0.0x_3 + 0.0x_4 + 0.0x + 0.0x_6 + 0.0x_7 + 1.0x_8 = 1.0$

**Solução** Para resolver este problema criaremos matrizes completas dos coeficientes de equação e então as converteremos para a forma esparsa utilizando a função sparse. Em seguida, resolveremos a equação de ambas as maneiras, comparando os resultados e a memória necessária.

O arquivo de script para realizar esses cálculos é mostrado abaixo.

```
%   Script file: simul.m
%
%   Purpose:
%     This program solves a system of 8 linear equations in 8
%     unknowns (a*x = b), using both full and sparse matrices.
%
%   Record of revisions:
%       Date           Programmer          Description of change
%       ====           ==========          =====================
%     03/03/14       S. J. Chapman         Original code
%
%   Define variables:
%     a              -- Coefficients of x (full matrix)
%     as             -- Coefficients of x (sparse matrix)
%     b              -- Constant coefficients (full matrix)
%     bs             -- Constant coefficients (sparse matrix)
%     x              -- Solution (full matrix)
%     xs             -- Solution (sparse matrix)

% Define coefficients of the equation a*x = b for
% the full matrix solution.
a =     [1.0   0.0   1.0   0.0   0.0   2.0   0.0  -1.0; ...
         0.0   1.0   0.0   0.4   0.0   0.0   0.0   0.0; ...
         0.5   0.0   2.0   0.0   0.0   0.0  -1.0   0.0; ...
         0.0   0.0   0.0   2.0   0.0   1.0   0.0   0.0; ...
         0.0   0.0   1.0   1.0   1.0   0.0   0.0   0.0; ...
         0.0   0.0   0.0   1.0   0.0   1.0   0.0   0.0; ...
         0.5   0.0   0.0   0.0   0.0   0.0   1.0   0.0; ...
         0.0   1.0   0.0   0.0   0.0   0.0   0.0   1.0];

b =     [3.0   2.0  -1.5   1.0  -2.0   1.0   1.0   1.0]';

% Define coefficients of the equation a*x = b for
% the sparse matrix solution.
as = sparse(a);
```

```
bs = sparse(b);

% Solve the system both ways
disp ('Full matrix solution:');
x = a\b

disp ('Sparse matrix solution:');
xs = as\bs

% Show workspace
disp('Workspace contents after the solutions:')
whos
```

Quando esse programa é executado, os resultados são:

```
» simul
Full matrix solution:
x =
    0.5000
    2.0000
   -0.5000
   -0.0000
   -1.5000
    1.0000
    0.7500
   -1.0000
Sparse matrix solution:
xs =
   (1,1)        0.5000
   (2,1)        2.0000
   (3,1)       -0.5000
   (5,1)       -1.5000
   (6,1)        1.0000
   (7,1)        0.7500
   (8,1)       -1.0000
Workspace contents after the solutions:

  Name      Size      Bytes     Class       Attributes

  a         8x8       512       double
  as        8x8       392       double      sparse
  b         8x1        64       double
  bs        8x1       144       double      sparse
  x         8x1        64       double
  xs        8x1       128       double      sparse
```

As respostas são as mesmas para ambas as soluções. Observe que a solução esparsa não contém uma solução para $x_4$ porque esse valor é zero, e zeros não são executados em uma matriz esparsa! Além disso, observe que o formulário esparso da matriz b realmente ocupa mais espaço do que o formulário completo. Isso acontece porque a representação esparsa deve armazenar índices bem como valores nas matrizes, de modo que é menos eficiente se a maioria dos elementos em uma matriz for diferente de zero.

## 10.2 Matrizes Celulares

Uma **matriz celular** é uma matriz MATLAB especial cujos elementos são *células*, contêineres que podem conter outras matrizes MATLAB. Por exemplo, uma célula de uma matriz celular pode conter uma matriz de números reais, outra, uma matriz de cadeia de caracteres e, ainda, um vetor de números complexos (veja a Figura 10.1).

Em termos de programação, cada elemento de uma matriz celular é um *apontador* para outra estrutura de dados, e essas estruturas de dados podem ser de tipos diferentes. A Figura 10.2 ilustra esse conceito. As matrizes celulares são ótimas maneiras de coletar informações sobre um problema, uma vez que todas as informações podem ser mantidas juntas e acessadas por um único nome.

As matrizes celulares usam chaves "{ }" em vez de parênteses "()" para selecionar e exibir o conteúdo das células. Essa diferença é devido ao fato de que as *matrizes celulares contêm estruturas de dados em vez dos dados*. Suponha que a matriz celular a esteja definida como mostrado na Figura 10.2. Então, o conteúdo do elemento a (1,1) é uma estrutura de dados que contém uma matriz 3 × 3 de dados numéricos, e uma referência para a (1,1) exibe o *conteúdo* da célula, que é a estrutura de dados.

```
» a(1,1)
ans =
    [3x3 double]
```

Em contrapartida, uma referência para a {1,1} exibe *o conteúdo do item de dados contido na célula*.

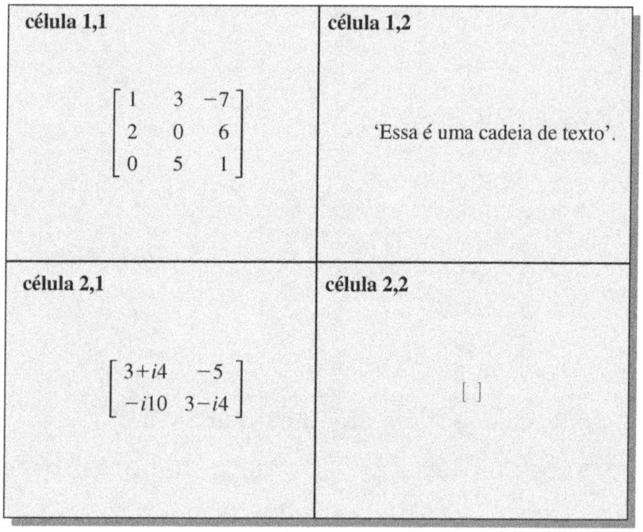

| célula 1,1 | célula 1,2 |
|---|---|
| $\begin{bmatrix} 1 & 3 & -7 \\ 2 & 0 & 6 \\ 0 & 5 & 1 \end{bmatrix}$ | 'Essa é uma cadeia de texto'. |
| célula 2,1 | célula 2,2 |
| $\begin{bmatrix} 3+i4 & -5 \\ -i10 & 3-i4 \end{bmatrix}$ | [ ] |

**Figura 10.1** Os elementos individuais de uma matriz celular podem apontar para matrizes reais, matrizes complexas, cadeias de caracteres, outras matrizes celulares ou até matrizes vazias.

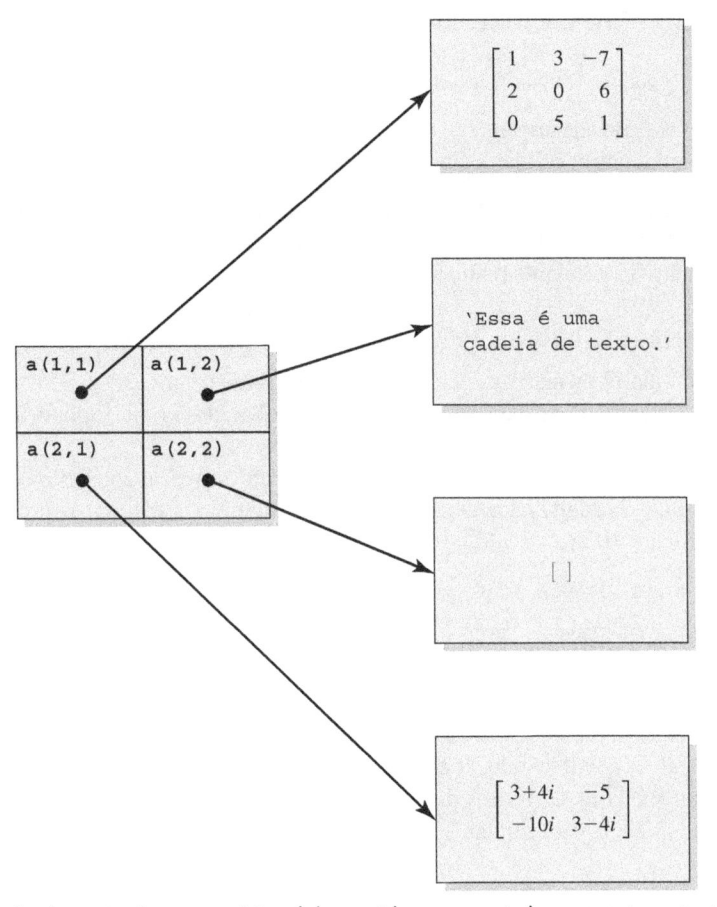

**Figura 10.2** Cada elemento de uma matriz celular contém um *apontador* para outra estrutura de dados, e diferentes células na mesma matriz celular podem apontar para diferentes tipos de estruturas de dados.

```
» a{1,1}
ans =
     1    3   -7
     2    0    6
     0    5    1
```

Em resumo, a notação a(1,1) refere-se ao conteúdo da célula a(1,1) (que é uma estrutura de dados), enquanto a notação a{1,1} refere-se ao conteúdo da estrutura de dados na célula.

### Erros de Programação

Tenha cuidado para não confundir "()" com "{}" ao endereçar as matrizes celulares. São operações muito diferentes!

## 10.2.1 Criando Matrizes Celulares

Matrizes celulares podem ser criadas de duas formas:

- Usando expressões de atribuição.
- Pré-alocando uma matriz celular usando a função `cell`.

O jeito mais fácil de criar uma matriz celular é atribuir diretamente os dados a células individuais, uma célula de cada vez. Entretanto, pré-alocar matrizes celulares é mais eficiente, pois você pode pré-alocar matrizes celulares realmente grandes.

### Alocando Matrizes Celulares com o Uso de Expressões de Atribuição

Você pode atribuir valores as matrizes celulares, uma célula de cada vez, usando expressões de atribuição. Há duas maneiras de atribuir dados a células, conhecidas como **indexação de conteúdo** e **indexação de célula**.

*Indexação de conteúdo* envolve colocar chaves "{ }" em torno de subscritos de células, juntamente com o conteúdo da célula na notação comum. Por exemplo, a seguinte expressão cria a matriz celular 2 × 2 da Figura 10.2:

```
a{1,1} = [1 3 -7; 2 0 6; 0 5 1];
a{1,2} = 'This is a text string.';
a{2,1} = [3+4*i -5; -10*i 3 - 4*i];
a{2,2} = [];
```

Esse tipo de indexação define o *conteúdo da estrutura de dados contida em uma célula*.

*Indexação de célula* envolve colocar chaves "{ }" em torno dos dados a serem armazenados em uma célula, juntamente com subscritos de célula na notação comum de subscritos. Por exemplo, a seguinte expressão cria a matriz celular 2 × 2 da Figura 10.2:

```
a(1,1) = {[1 3 -7; 2 0 6; 0 5 1]};
a(1,2) = {'This is a text string.'};
a(2,1) = {[3+4*i -5; -10*i 3 - 4*i]};
a(2,2) = {[]};
```

Este tipo de indexação *cria uma estrutura de dados que contém os dados especificados e então designa essa estrutura a uma célula*.

Essas duas formas de indexação são completamente equivalentes e podem ser livremente misturadas em qualquer programa.

### Erros de Programação

Não tente criar uma matriz celular com o mesmo nome de uma matriz numérica existente. Se fizer isto, o MATLAB assumirá que você está tentando atribuir o conteúdo celular a uma matriz comum e gerará uma mensagem de erro. Assegure-se de limpar a matriz numérica antes de tentar criar uma matriz celular com o mesmo nome.

### Pré-alocando Matrizes Celulares com a Função `cell`

A função `cell` permite pré-alocar matrizes celulares vazias do tamanho especificado. Por exemplo, a expressão a seguir cria uma matriz celular vazia de 2 × 2.

```
a = cell(2,2);
```

Uma vez criada a matriz celular, você pode usar expressões de atribuição para preencher as células com valores.

## 10.2.2 Usando Chaves { } como Construtores de Células

É possível definir muitas células rapidamente colocando todo o conteúdo celular entre um único par de chaves. Células individuais de uma linha são separadas por vírgulas, e linhas são separadas por ponto e vírgulas. Por exemplo, a seguinte expressão cria uma matriz celular 2 × 3:

```
b = {[1 2], 17, [2;4]; 3-4*i, 'Hello', eye(3)}
```

## 10.2.3 Visualizando o Conteúdo de Matrizes Celulares

O MATLAB mostra as estruturas de dados em cada elemento de uma matriz celular de uma forma condensada que limita cada estrutura a uma única linha. Se a estrutura de dados inteira puder ser apresentada em uma única linha, ela será. Caso contrário, um resumo será apresentado. Por exemplo, as matrizes celulares a e b poderão ser apresentadas como

```
» a
a =
    [3x3 double]      [1x22 char]
    [2x2 double]              []
» b
b =
          [1x2 double]    [    17]    [2x1 double]
    [3.0000- 4.0000i]    'Hello'    [3x3 double]
```

Observe que o MATLAB *está exibindo as estruturas de dados,* completas com chaves ou apóstrofos, não o conteúdo inteiro das estruturas de dados.

Se você gostaria de ver o conteúdo completo de uma matriz celular, use a função celldisp. Esta função exibe *o conteúdo das estruturas de dados em cada célula.*

```
» celldisp(a)
a{1,1} =
    1    3    -7
    2    0     6
    0    5     1
a{2,1} =
    3.0000 + 4.0000i   -5.0000
         0 -10.0000i    3.0000 - 4.0000i
a{1,2} =
This is a text string.
a{2,2} =
    []
```

Para uma apresentação gráfica de alto nível da estrutura de uma matriz celular, use a função cellplot. Por exemplo, a função cellplot(b) produz o diagrama mostrado na Figura 10.3.

## 10.2.4 Estendendo Matrizes Celulares

Se um valor for designado a um elemento de uma matriz celular que não existe no momento, o elemento será automaticamente criado, e quaisquer células adicionais necessárias para preservar a forma da matriz também serão criadas automaticamente. Por exemplo, suponha que a matriz a seja definida como uma matriz celular 2 × 2 conforme mostrado na Figura 10.1. Se a seguinte expressão for executada,

```
a{3,3} = 5
```

a matriz celular será automaticamente estendida para 3 × 3, conforme mostrado na Figura 10.4.

Pré-alocar as matrizes celulares com a função `cell` é muito mais eficiente do que estender os elementos das matrizes um elemento por vez usando as expressões de atribuição. Quando um novo elemento é adicionado a uma matriz existente conforme fizemos acima, o MATLAB deve criar uma nova matriz grande o suficiente para incluir esse novo elemento, copiar os antigos dados para a nova matriz, adicionar o novo valor a ela e então excluir a antiga. Isso pode exigir um tempo extra. Em vez disso, você deve sempre alocar a matriz celular de maior tamanho que precisará e então adicionar os valores a ela, um elemento por vez. Se fizer isso, somente o novo elemento precisará ser adicionado — o restante da matriz pode permanecer intocado.

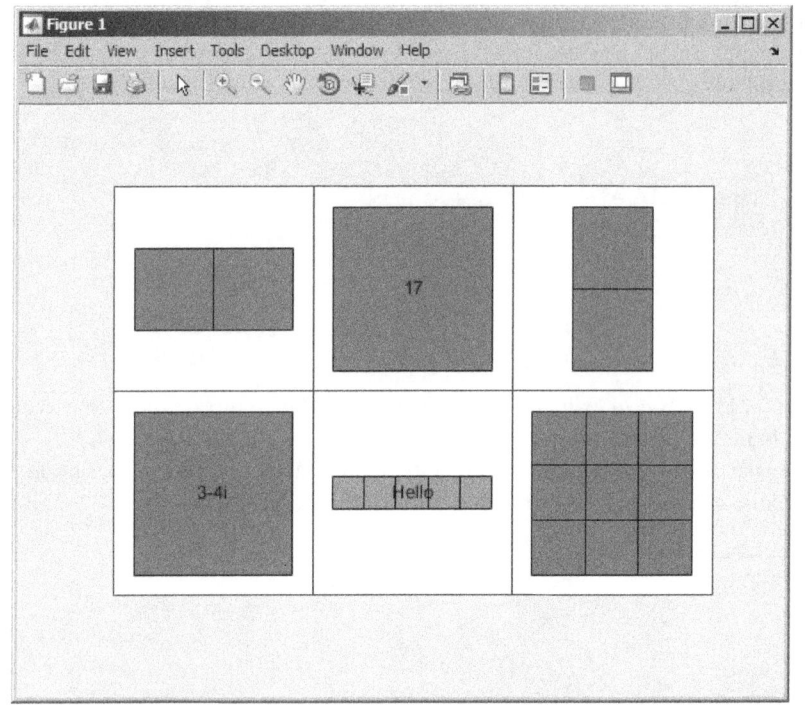

**Figura 10.3** A estrutura da matriz celular b é exibida como uma série aninhada de caixas pela função `cellplot`.

| célula 1,1 | célula 1,2 | célula 1,3 |
|---|---|---|
| $\begin{bmatrix} 1 & 3 & -7 \\ 2 & 0 & 6 \\ 0 & 5 & 1 \end{bmatrix}$ | 'Essa é uma cadeia de texto'. | [ ] |
| célula 2,1 | célula 2,2 | célula 2,3 |
| $\begin{bmatrix} 3+i4 & -5 \\ -i10 & 3-i4 \end{bmatrix}$ | [ ] | [ ] |
| célula 3,1 | célula 3,2 | célula 3,3 |
| [ ] | [ ] | [5] |

**Figura 10.4** O resultado de atribuir um valor a {3,3}. Observe que quatro outras células vazias foram criadas para preservar a forma da matriz celular.

O programa mostrado abaixo ilustra as vantagens da pré-alocação. Ele cria uma matriz celular que contém 200.000 cadeias de caracteres adicionadas uma por vez, com e sem pré-alocação.

```
%   Script file: test_preallocate.m
%
%   Purpose:
%     This program tests the creation of cell arrays with and
%     without preallocation.
%
%   Record of revisions:
%       Date          Engineer        Description of change
%       ====          ========        =====================
%     03/04/14       S. J. Chapman    Original code
%
% Define variables:
%   a              -- Cell array
%   maxvals        -- Maximum values in cell array

% Create array without preallocation
clear all
maxvals = 200000;
tic
for ii = 1:maxvals
   a{ii} = ['Element' int2str(ii)];
end
```

```
disp(['Elapsed time without preallocation = ' num2str(toc)]);

% Create array with preallocation
clear all
maxvals = 200000;
tic
a = cell(1,maxvals);
for ii = 1:maxvals
   a{ii} = ['Element ' int2str(ii)];
end
disp(['Elapsed time with preallocation    = ' num2str(toc)]);
```

Quando este programa é executado em meu computador, os resultados são conforme mostrado abaixo. As vantagens da pré-alocação são visíveis.[1]

```
» test_preallocate
Elapsed time without preallocation = 8.0332
Elapsed time with preallocation    = 7.6763
```

### Boa Prática de Programação

Sempre pré-aloque todas as matrizes celulares antes de designar os valores aos elementos dela. Essa prática aumenta muito a velocidade de execução de um programa.

### 10.2.5 Apagando as Células nas Matrizes

Para excluir uma matriz celular inteira, use o comando `clear`. Os subconjuntos de células podem ser apagados atribuindo uma matriz vazia a eles. Por exemplo, assuma que a seja a matriz celular 3 × 3 definida acima.

```
» a
a =
    [3x3 double]    [1x22 char]       []
    [2x2 double]                []    []
                []                []  [5]
```

Pode-se apagar toda a terceira linha utilizando a declaração

```
» a(3,:) = []
a =
    [3x3 double]    [1x22 char]       []
    [2x2 double]                []    []
```

### 10.2.6 Utilizando Dados em Matrizes Celulares

Os dados armazenados dentro das estruturas de dados de uma matriz celular podem ser usados a qualquer momento por meio da indexação de conteúdo ou de célula. Por exemplo, suponha que uma matriz celular c seja definida como

---

[1] Nas versões anteriores do MATLAB, a diferença no desempenho era muito mais drástica. Essa operação foi melhorada nas versões recentes, alocando variáveis extras em blocos e não uma por vez.

```
c = {[1 2;3 4], 'dogs'; 'cats', i}
```

O conteúdo da matriz armazenada na célula c(1,1) pode ser acessado da seguinte maneira

```
» c{1,1}
ans =
     1     2
     3     4
```

e o conteúdo da matriz na célula c(2,1) pode ser acessado da seguinte maneira

```
» c{2,1}
ans =
cats
```

Subconjuntos do conteúdo de uma célula podem ser obtidos concatenando os dois conjuntos de subscritos. Por exemplo, suponha que gostaríamos de obter o elemento (1, 2) da matriz armazenada na célula c(1,1) da matriz celular c. Para isso, usaríamos a expressão c{1,1}(1,2), que diz: selecione o elemento (1, 2) do conteúdo da estrutura de dados contida na célula c(1,1).

```
» c{1,1}(1,2)
ans =
     2
```

### 10.2.7 Matrizes Celulares de Cadeias de Caracteres

Geralmente é conveniente armazenar grupos de cadeias de caracteres em uma matriz celular, em vez de armazená-los em linhas de uma matriz de caracteres-padrão, porque cada cadeia de caracteres em uma matriz celular pode ter um comprimento diferente, enquanto todas as linhas de uma matriz de caracteres padrão precisam ter comprimentos idênticos. Esse fato significa que as *cadeias de caracteres nas matrizes celulares não precisam ser preenchidas com espaços em branco.*

Matrizes celulares de cadeias de caracteres podem ser criadas de duas formas. As cadeias de caracteres individuais podem ser inseridas na matriz com chaves, ou então a função cellstr pode ser usada para converter uma matriz de cadeia de caracteres 2-D em uma matriz celular de cadeias de caracteres.

O exemplo a seguir cria uma matriz celular de cadeias de caracteres, inserindo as cadeias de caracteres na matriz celular uma de cada vez, e mostra a matriz celular resultante. Observe que as cadeias de caracteres individuais podem ter diferentes comprimentos.

```
» cellstring{1} = 'Stephen J. Chapman';
» cellstring{2} = 'Male';
» cellstring{3} = 'SSN 999-99-9999';
» cellstring
   'Stephen J. Chapman'    'Male'    'SSN 999-99-9999'
```

A função cellstr cria uma matriz celular de cadeias de caracteres de uma matriz de cadeia 2-D. Considere a matriz de caracteres

```
» data = ['Line 1          ';'Additional Line']
data =
Line 1
Additional Line
```

Essa matriz de caracteres 2 × 15 pode ser convertida em uma matriz celular de cadeias de caracteres com a função cellstr da seguinte maneira:

```
» c = cellstr(data)
c =
    'Line 1'
    'Additional Line'
```

e pode ser convertida de volta para uma matriz de caracteres padrão utilizando a função char

```
» newdata = char(c)
newdata =
Line 1
Additional Line
```

A função iscellstr testa se uma matriz celular é uma matriz celular de cadeias de caracteres. Esta função retorna true (1) se cada elemento de uma matriz celular estiver vazia ou contiver uma cadeia e, do contrário, retorna false (0).

### 10.2.8 A Importância das Matrizes Celulares

Matrizes celulares são extremamente flexíveis, uma vez que qualquer quantidade de qualquer tipo de dados pode ser armazenada em cada célula. Como resultado, matrizes celulares são usadas em muitas estruturas de dados internas do MATLAB. Devemos entendê-las para usar muitas características dos Gráficos do Identificador e Interfaces Gráficas com o Usuário.

Além disso, a flexibilidade das matrizes celulares as tornam características regulares das funções com números variáveis de argumentos de entrada e de saída. Um argumento de entrada especial, varargin, está disponível nas funções MATLAB definidas pelo usuário para suportar números variáveis de argumentos de entrada. Esse argumento aparece como o último item em uma lista de argumentos de entrada e retorna uma matriz celular, de modo que *um único argumento de entrada modelo pode suportar qualquer número de argumentos reais*. Cada argumento real se torna um elemento da matriz celular retornado por varargin. Se for usado, varargin deve ser o *último* argumento de entrada em uma função – depois de todos os argumentos de entrada necessários.

Por exemplo, suponha que estejamos escrevendo uma função que pode ter qualquer número de argumentos de entrada. Essa função poderia ser implementada conforme mostrado:

```
function test1(varargin)
disp(['There are' int2str(nargin) 'arguments.']);
disp('The input arguments are:');
disp(varargin);

end % function test1
```

Quando essa função for executada com números variáveis de argumentos, os resultados serão:

```
» test1
There are 0 arguments.
The input arguments are:
» test1(6)
There are 1 arguments.
The input arguments are:
    [6]
» test1(1,'test 1',[1 2;3 4])
There are 3 arguments.
The input arguments are:
    [1]    'test 1'    [2x2 double]
```

Como você pode ver, os argumentos se tornam uma matriz celular na função.

Uma função de amostra que faz uso de números variáveis de argumentos é mostrada abaixo. A função plotline aceita um número arbitrário de 1 × 2 vetores de linha, com cada vetor contendo a posição *(x, y)* de um ponto para colocar no diagrama. A função gera o diagrama de uma linha conectando todos os valores *(x, y)*. Observe que essa função também aceita uma cadeia de caracteres de especificação de linha opcional e passa essa especificação para a função plot.

```
function plotline(varargin)
%PLOTLINE Plot points specified by [x,y] pairs.
% Function PLOTLINE accepts an arbitrary number of
% [x,y] points and plots a line connecting them.
% In addition, it can accept a line specification
% string and pass that string on to function plot.

% Define variables:
%    ii          -- Index variable
%    jj          -- Index variable
%    linespec    -- String defining plot characteristics
%    msg         -- Error message
%    varargin    -- Cell array containing input arguments
%    x           -- x values to plot
%    y           -- y values to plot

%   Record of revisions:
%       Date            Engineer            Description of change
%       ====            ========            =====================
%       03/18/14        S. J. Chapman       Original code

% Check for a legal number of input arguments.
% We need at least 2 points to plot a line...
msg = nargchk(2,Inf,nargin);
error(msg);

% Initialize values
jj = 0;
linespec = '';

% Get the x and y values, making sure to save the line
% specification string, if one exists.
for ii = 1:nargin

    % Is this argument an [x,y] pair or the line
    % specification?
    if ischar(varargin{ii})

        % Save line specification
        linespec = varargin{ii};

    else

        % This is an [x,y] pair.  Recover the values.
        jj = jj + 1;
        x(jj) = varargin{ii}(1);
```

```
            y(jj) = varargin{ii}(2);

      end
end

% Plot function.
if isempty(linespec)
   plot(x,y);
else
   plot(x,y,linespec);
end
```

Quando essa função é chamada com os argumentos mostrados abaixo, o diagrama resultante é mostrado na Figura 10.5. Teste a função com números diferentes de argumentos e veja por si como ela se comporta.

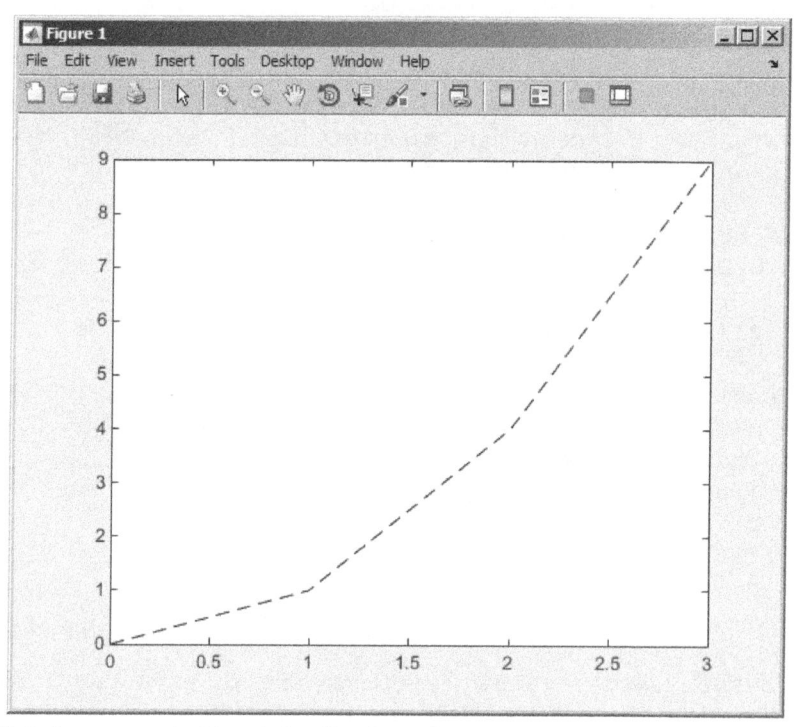

**Figura 10.5** O diagrama produzido pela função `plotline`.

```
plotline([0 0],[1 1],[2 4],[3 9],'k--');
```

Também existe um argumento de saída especial, `varargout`, para suportar números variáveis de argumentos de saída. Esse argumento aparece como o último item em uma lista de argumentos de saída e retorna uma matriz celular. Portanto, *um único argumento de saída modelo pode suportar qualquer número de argumentos reais*. Cada argumento real se torna um elemento da matriz celular armazenada em `varargout`.

Se for usado, `varargout` deve ser o *último* argumento de saída em uma função, depois de todos os argumentos de entrada necessários. O número de valores a ser armazenado em `varargout` pode ser determinado na função `nargout`, que especifica o número de argumentos de saída real para qualquer chamada da função fornecida.

Uma função de amostra, `test2`, é mostrada a seguir. Essa função detecta o número de argumentos de saída esperado pelo programa de chamada usando a função `nargout`. Ela retorna o número de valores aleatórios no primeiro argumento de saída e então preenche os demais argumentos de saída com números aleatórios retirados de uma distribuição gaussiana. Observe que a função usa `varargout` para conter os números aleatórios, de modo que pode haver um número arbitrário de valores de saída.

```
function [nvals,varargout] = test2(mult)
% nvals is the number of random values returned
% varargout contains the random values returned
nvals = nargout - 1;
for ii = 1:nargout-1
   varargout{ii} = randn * mult;
end
```

Quando essa função é executada, os resultados são mostrados abaixo.

```
» test2(4)
ans =
    -1
» [a b c d] = test2(4)
a =
    3
b =
    -1.7303
c =
    -6.6623
d =
    0.5013
```

> **Boa Prática de Programação**
>
> Use os argumentos de matriz celular `varargin` e `varargout` para criar funções que suportam números variáveis de argumentos de entrada e de saída.

### 10.2.9 Resumo das Funções `cell`

As funções celulares comuns do MATLAB estão resumidas na Tabela 10.2.

**Tabela 10.2: Funções Celulares Comuns do MATLAB**

| Função | Descrição |
|---|---|
| cell | Predefine uma estrutura da matriz celular. |
| celldisp | Exibe o conteúdo de uma matriz celular. |
| cellplot | Desenha o diagrama da estrutura de uma matriz celular. |
| cellstr | Converte uma matriz de caracteres bidimensional em uma matriz celular de cadeias. |
| char | Converte uma matriz celular de cadeias de caracteres em uma matriz de caracteres bidimensional. |
| iscellstr | A função que retorna true de uma matriz celular é uma matriz de cadeias de caracteres. |
| strjoin | Combina os elementos de uma matriz celular de cadeias de caracteres em uma única cadeia, com um único espaço entre cada cadeia de entrada. |

## 10.3 Matrizes de Estrutura

Uma *matriz* é um tipo de dados no qual existe um número para a estrutura de dados inteira, mas os elementos individuais na matriz são conhecidos somente pelo número. Portanto, o quinto elemento na matriz chamada `arr` seria acessado como `arr(5)`. Todos os elementos individuais em uma matriz devem ser do *mesmo* tipo.

Uma *matriz celular* é um tipo de dados no qual existe um nome para a estrutura de dados inteira, mas os elementos individuais na matriz são conhecidos somente pelo número. No entanto, os elementos individuais na matriz celular podem ser de *diferentes* tipos.

Em contrapartida, uma **estrutura** é um tipo de dados no qual cada elemento individual possui um nome. Os elementos individuais de uma estrutura são conhecidos como **campos** e cada campo em uma estrutura pode ter um tipo diferente. Os campos individuais são endereçados combinando o nome da estrutura com o nome do campo, separado por um ponto.

A Figura 10.6 mostra uma estrutura de amostra denominada `student`. Essa estrutura possui cinco campos, denominados `name`, `addr1`, `city`, `state` e `zip`. O campo denominado "`name`" seria endereçado como `student.name`.

Uma **matriz estrutural** é uma matriz de estruturas. Cada estrutura da matriz tem identicamente os mesmos campos, mas os dados armazenados em cada campo podem ser diferentes. Por exemplo, uma classe poderia ser descrita por uma matriz da estrutura `student`. O nome do primeiro aluno seria endereçado como `student(1).name`, a cidade do segundo aluno seria endereçada como `student(2).city`, e assim por diante.

### 10.3.1 Criando Matrizes de Estrutura

As matrizes de estrutura podem ser criadas de duas maneiras.

- Um campo por vez utilizando as expressões de atribuição
- Todas de uma vez usando a função `struct`

#### Construindo uma Estrutura com Expressões de Atribuição

É possível construir uma estrutura, um campo por vez, usando as expressões de designação. Toda vez que os dados são designados a um campo, ele é automaticamente criado. Por exemplo, a estrutura apresentada na Figura 10.6 pode ser criada com as seguintes expressões:

```
» student.name = 'John Doe';
» student.addr1 = '123 Main Street';
» student.city = 'Anytown';
» student.state = 'LA';
» student.zip = '71211'
student =
     name: 'John Doe'
    addr1: '123 Main Street'
     city: 'Anytown'
    state: 'LA'
      zip: '71211'
```

```
                    ┌─────────┐
                    │ student │
                    └────┬────┘
                         │
         ┌───────────────┼───────────────┐
         │                               │
    name │                          ┌──────────┐
         ├──────────────────────────│ John Doe │
         │                          └──────────┘
         │
   addr1 │                          ┌──────────┐
         ├──────────────────────────│ 123 Main │
         │                          │  Street  │
         │                          └──────────┘
    city │                          ┌──────────┐
         ├──────────────────────────│ Anytown  │
         │                          └──────────┘
   state │                          ┌──────────┐
         ├──────────────────────────│    LA    │
         │                          └──────────┘
     zip │                          ┌──────────┐
         └──────────────────────────│  71211   │
                                    └──────────┘
```

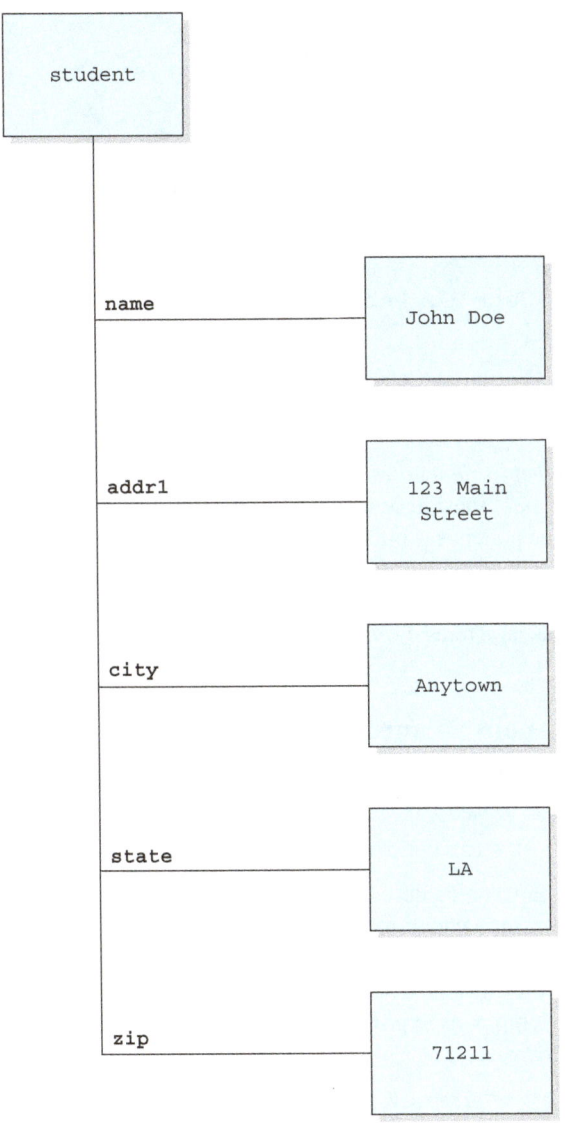

**Figura 10.6** Uma estrutura de amostra. Cada elemento da estrutura é chamado campo, e cada campo é endereçado por um nome.

Um segundo aluno pode ser adicionado à estrutura adicionando o subscrito ao nome da estrutura (*antes* do ponto).

```
» student(2).name = 'Jane Q. Public'
student =
1x2 struct array with fields:
    name
    addr1
    city
    state
    zip
```

student agora é uma matriz $1 \times 2$. Observe que, quando uma matriz de estrutura tem mais de um elemento, só os nomes dos campos são apresentados, não seu conteúdo. O conteúdo de cada elemento pode ser apresentado digitando o elemento separadamente na Janela de Comandos:

```
» student(1)
ans =
    name:  'John Doe'
    addr1: '123 Main Street'
    city:  'Anytown'
    state: 'LA'
    zip:   '71211'
» student(2)
ans =
    name:  'Jane Q. Public'
    addr1: []
    city:  []
    state: []
    zip:   []
```

Observe que *todos os campos de uma estrutura são criados para cada elemento da matriz sempre que esse elemento é definido*, mesmo se não forem inicializados. Os campos não inicializados conterão matrizes vazias, que podem ser inicializadas com expressões de atribuição posteriormente.

Os nomes dos campos usados em uma estrutura podem ser recuperados a qualquer momento, usando a função fieldnames. Esta função retorna uma lista dos nomes dos campos em uma matriz celular de cadeias de caracteres e é muito útil para trabalhar com matrizes de estrutura em um programa.

### Criando Estruturas com a Função struct

A função struct permite pré-alocar uma estrutura ou uma matriz de estruturas. A forma básica desta função é

```
str_array = struct('field1',val1,'field2',val2, ...)
```

em que os argumentos são nomes de campo e seus valores iniciais. Com essa sintaxe, a função struct inicializa cada campo para o valor especificado.

Para pré-alocar uma matriz inteira com a função struct, simplesmente atribua a saída da função struct ao *último valor* na matriz. Todos os valores antes disso serão criados automaticamente ao mesmo tempo. Por exemplo, as expressões mostradas abaixo criam uma matriz contendo 1.000 estruturas do tipo student.

```
student(1000) = struct('name',[],'addr1',[], ...
                       'city',[],'state',[],'zip',[])
student =
1x1000 struct array with fields:
    name
    addr1
    city
    state
    zip
```

Todos os elementos da estrutura são pré-alocados, o que acelerará qualquer programa utilizando a estrutura.

Existe outra versão da função struct que pré-alocará uma matriz e ao mesmo tempo atribuirá valores iniciais a todos os seus campos. Será solicitado que você faça isso em um exercício do fim de capítulo.

## 10.3.2 Adicionando Campos a Estruturas

Se um novo nome de campo for definido para qualquer elemento em uma matriz de estrutura, o campo será automaticamente adicionado a todos os elementos dela. Por exemplo, suponha que adicionamos pontuações de exame no registro do Jane Public:

```
» student(2).exams = [90 82 88]
student =
1x2 struct array with fields:
    name
    addr1
    city
    state
    zip
    exams
```

Agora existe um campo chamado exams em cada registro da matriz, conforme mostrado abaixo. Esse campo será inicializado para student(2) e será uma matriz vazia para todos os outros alunos até que as expressões de atribuição apropriadas sejam emitidas.

```
» student(1)
ans =
      name: 'John Doe'
     addr1: '123 Main Street'
      city: 'Anytown'
     state: 'LA'
       zip: '71211'
     exams: []
» student(2)
ans =
      name: 'Jane Q. Public'
     addr1: []
      city: []
     state: []
       zip: []
     exams: [90 82 88]
```

## 10.3.3 Removendo Campos de Estruturas

Um campo pode ser removido de uma matriz de estrutura usando a função rmfield. O formato dessa função é:

```
struct2 = rmfield(str_array,'field')
```

em que str_array é uma matriz de estrutura, 'field' é o campo a ser removido e struct2 é o nome da nova estrutura com esse campo removido. Por exemplo, podemos remover o campo 'zip' da structure matriz student com a seguinte expressão:

```
» stu2 = rmfield(student,'zip')
stu2 =
1x2 struct array with fields:
    name
    addr1
```

```
        city
        state
        exams
```

## 10.3.4 Usando Dados em Matrizes de Estrutura

Agora vamos assumir que a matriz de estrutura student foi estendida para incluir três alunos e todos os dados foram preenchidos conforme mostrado na Figura 10.7. Como devemos usar os dados nessa matriz de estrutura?

Para acessar as informações em qualquer campo de qualquer elemento da matriz, basta nomear o elemento dela seguido por um ponto e pelo nome do campo:

```
» student(2).addr1
ans =
P. O. Box 17
» student(3).exams
ans =
     65    84    81
```

Para acessar um item individual em um campo, adicione um subscrito após seu nome. Por exemplo, o segundo exame do terceiro aluno é

```
» student(3).exams(2)
ans =
     84
```

Os campos em uma matriz estrutura podem ser usados como argumentos em qualquer função que suporte este tipo de dados. Por exemplo, para calcular a média do exame de student(2), poderíamos usar a função

```
» mean(student(2).exams)
ans =
   86.6667
```

Para extrair os valores de um determinado campo em múltiplos elementos da matriz, basta posicionar a estrutura e o nome do campo dentro de um par de chaves. Por exemplo, podemos obter acesso a uma matriz de CEPs com a expressão [student.zip]:

```
» [student.zip]
ans =
       71211       68888       10018
```

De forma semelhante, podemos obter a média de *todos* os exames de *todos* os estudantes com a função mean([student.exams]).

```
» mean([student.exams])
ans =
    83.2222
```

```
                                    student
         ┌─────────────────────────────┼─────────────────────────────┐
    student(1)                    student(2)                    student(3)

    .name                         .name                         .name
         'John Doe'                    'Jane Q. Public'              'Big Bird'

    .addr1                        .addr1                        .addr1
         '123 Main Street'             'P. O. Box 17'                '123 Sesame Street'

    .city                         .city                         .city
         'Anytown'                     'Nowhere'                     'New York'

    .state                        .state                        .state
         'LA'                          'MS'                          'NY'

    .zip                          .zip                          .zip
         '71211'                       '68888'                       '10018'

    .exams                        .exams                        .exams
         [80 95 84]                    [90 82 88]                    [65 84 81]
```

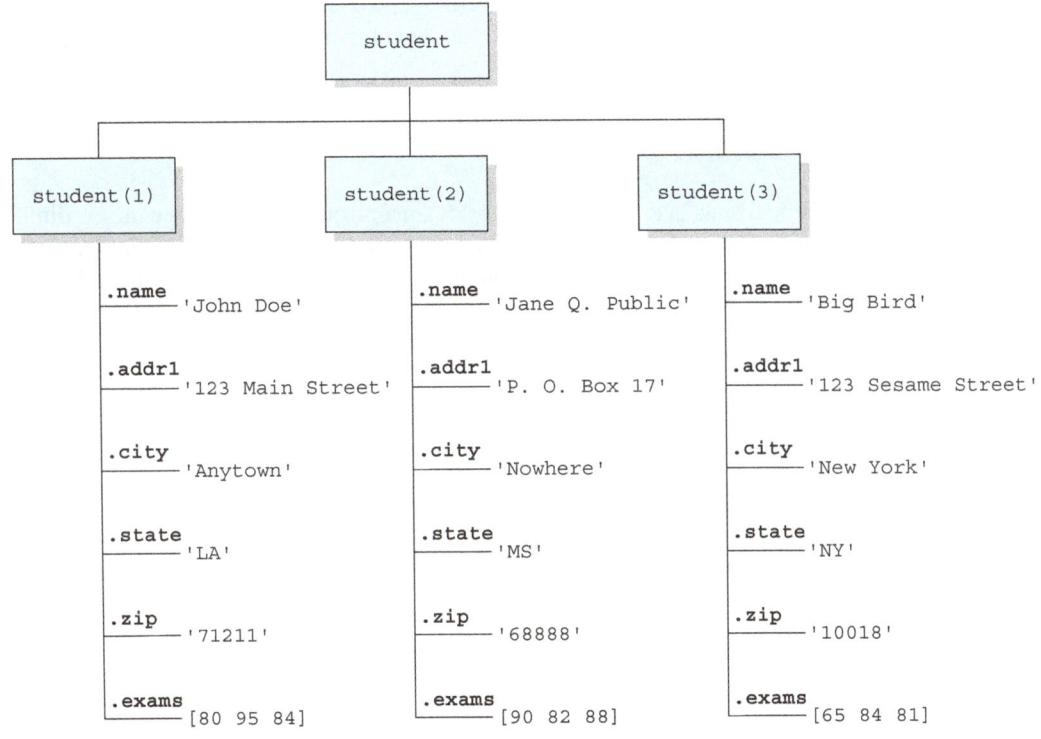

**Figura 10.7** A matriz do estudante com três elementos e todos os campos preenchidos.

## 10.3.5 As Funções `getfield` e `setfield`

Duas funções do MATLAB estão disponíveis para tornar as matrizes de estrutura mais fáceis de serem usadas nos programas. A função `getfield` recebe o valor atual armazenado em um campo e a função `setfield` insere um novo valor em um campo. A estrutura da função `getfield` é

   f = getfield(array,{array_index},'field',{field_index})

em que `field_index` é opcional e `array_index` é opcional para uma matriz de estrutura 1 × 1. Uma chamada de função corresponde à expressão

   f = array(array_index).field(field_index);

mas pode ser usada, mesmo se o engenheiro não souber os nomes dos campos na matriz da estrutura no momento em que o programa for escrito.

Por exemplo, suponha que precisemos escrever uma função para ler e manipular dados em uma matriz de estrutura desconhecida. Essa função poderia determinar os nomes de campo na estrutura, usando uma chamada para `fieldnames` e então poderia ler os dados usando a função `getfield`. Para ler o CEP do segundo estudante, a função seria

   » zip = getfield(student,{2},'zip')
   zip =
         68888

De forma semelhante, um programa poderia modificar os valores na estrutura usando a função `setfield`. A estrutura da função `setfield` é

   f = setfield(array,{array_index},'field',{field_index},value) em que `f` é a matriz da estrutura de saída, `field_index` é opcional e `array_index` é opcional para uma matriz de estrutura 1 × 1. Uma chamada de função corresponde à expressão

```
array(array_index).field(field_index) = value;
```

### 10.3.6 Nomes de Campos Dinâmicos

Existe uma maneira alternativa de acessar os elementos de uma estrutura: **nomes de campos dinâmicos**. Um nome de campo dinâmico é uma cadeia de caracteres entre parênteses em um local em que é esperado um nome de campo. Por exemplo, o nome do estudante 1 pode ser recuperado com nomes de campo estáticos ou dinâmicos conforme mostrado abaixo:

```
» student(1).name          % Static field name
ans =
John Doe
» student(1).('name')      % Dynamic field name
ans =
John Doe
```

Os nomes de campos dinâmicos executam a mesma função que os nomes de campo estático, mas *os nomes de campos dinâmicos podem ser alterados durante a execução do programa.* Isso permite que um usuário acesse diferentes informações na mesma função em um programa.

Por exemplo, a seguinte função aceita uma matriz de estrutura e um nome de campo, calculando a média dos valores no campo especificado para todos os elementos na matriz de estrutura. Ela retorna a média (e opcionalmente o número de valores ponderados) para o programa de chamada.

```
function [ave, nvals] = calc_average(structure,field)
%CALC_AVERAGE Calculate the average of values in a field.
% Function CALC_AVERAGE calculates the average value
% of the elements in a particular field of a structure
% array. It returns the average value and (optionally)
% the number of items averaged.

% Define variables:
%    arr         -- Array of values to average
%    ave         -- Average of arr
%    ii          -- Index variable
%
%   Record of revisions:
%       Date            Engineer            Description of change
%       ====            ========            =====================
%       03/04/14        S. J. Chapman       Original code
%
% Check for a legal number of input arguments.
msg = nargchk(2,2,nargin);
error(msg);

% Create an array of values from the field
arr = [];
for ii = 1:length(structure)
   arr = [arr structure(ii).(field)];
end

% Calculate average
```

```
    ave = mean(arr);

    % Return number of values averaged
    if nargout == 2
        nvals = length(arr);
    end
```
Um programa pode ponderar os valores em diferentes campos simplesmente chamando essa função múltiplas vezes com diferentes nomes de estrutura e diferentes nomes de campo. Por exemplo, podemos calcular os valores médios nos campos exams e zip da seguinte maneira:

```
» [ave,nvals] = calc_average(student,'exams')
ave =
    83.2222
nvals =
     9
» ave = calc_average(student,'zip')
ave =
       50039
```

### 10.3.7 Usando a Função size com Matrizes de Estrutura

Quando a função size é usada com uma matriz de estrutura, ela retorna o tamanho da matriz de estrutura em si. Quando a função size é usada com um *campo* de um determinado elemento em uma matriz de estrutura, ela retorna o tamanho desse campo em vez do tamanho da matriz inteira. Por exemplo,

```
» size(student)
ans =
     1     3
» size(student(1).name)
ans =
     1     8
```

### 10.3.8 Aninhando Matrizes de Estrutura

Cada campo de uma matriz de estrutura pode ser de qualquer tipo de dado, incluindo uma matriz celular ou uma matriz de estrutura. Por exemplo, as seguintes expressões definem uma nova matriz de estrutura como um campo na matriz student para executar informações sobre cada classe na qual o estudante está inscrito.

```
student(1).class(1).name = 'COSC 2021'
student(1).class(2).name = 'PHYS 1001'
student(1).class(1).instructor = 'Mr. Jones'
student(1).class(2).instructor = 'Mrs. Smith'
```

Depois que essas expressões forem emitidas, student(1) contém os seguintes dados. Observe a técnica usada para acessar os dados nas estruturas aninhadas.

```
» student(1)
ans =
     name: 'John Doe'
    addr1: '123 Main Street'
     city: 'Anytown'
    state: 'LA'
```

```
         zip: '71211'
       exams: [80 95 84]
       class: [1x2 struct]
» student(1).class
ans =
1x2 struct array with fields:
    name
    instructor
» student(1).class(1)
ans =
          name: 'COSC 2021'
    instructor: 'Mr. Jones'
» student(1).class(2)
ans =
          name: 'PHYS 1001'
    instructor: 'Mrs. Smith'
» student(1).class(2).name
ans =
PHYS 1001
```

### 10.3.9 Resumo das Funções `structure`

As funções comuns da estrutura MATLAB são resumidas na Tabela 10.3.

**Tabela 10.3: Funções Comuns da Estrutura do MATLAB**

| | |
|---|---|
| `fieldnames` | Retorna uma lista de nomes de campos em uma matriz celular de cadeias de caracteres. |
| `getfield` | Obtém o valor atual de um campo. |
| `rmfield` | Remove um campo de uma matriz de estrutura. |
| `setfield` | Coloca um novo valor em um campo. |
| `struct` | Predefine uma matriz de estrutura. |

### Teste 10.1

Este teste fornece uma rápida verificação sobre seu entendimento dos conceitos apresentados nas Seções de 10.1 a 10.3. Se você tiver problemas com o teste, releia as seções, pergunte ao seu instrutor ou discuta o material com um colega. As respostas para este teste se encontram na parte final do livro.

1. O que é uma matriz esparsa? Como ela difere de uma matriz completa? Como você pode converter uma matriz esparsa para uma matriz completa e vice-versa?
2. O que é uma matriz celular? Em que ela difere de uma matriz comum?
3. Qual a diferença entre indexação de conteúdo e indexação celular?
4. O que é uma estrutura? Em que ela difere de matrizes comuns e matrizes celulares?
5. Qual é o propósito de `varargin`? Como ela funciona?
6. Considerando a definição da matriz a mostrada abaixo, o que será produzido por cada um dos seguintes conjuntos de expressões? (*Nota:* algumas dessas expressões podem ser ilegais. Se uma expressão for ilegal, explique o motivo.)

```
        a{1,1} = [1 2 3; 4 5 6; 7 8 9];
        a(1,2) = {'Comment line'};
```

```
        a{2,1} = j;
        a{2,2} = a{1,1} - a{1,1}(2,2);
```
(a) `a(1,1)`
(b) `a{1,1}`
(c) `2*a(1,1)`
(d) `2*a{1,1}`
(e) `a{2,2}`
(f) `a(2,3) = {[-17; 17]}`
(g) `a{2,2}(2,2)`

7. Considerando a definição da matriz de estrutura b mostrada abaixo, o que será produzido por cada um dos seguintes conjuntos de expressão? (*Nota:* algumas dessas expressões podem ser ilegais. Se uma expressão for ilegal, explique o motivo.)

```
        b(1).a = -2*eye(3);
        b(1).b = 'Element 1';
        b(1).c = [1 2 3];
        b(2).a = [b(1).c' [-1; -2; -3] b(1).c'];
        b(2).b = 'Element 2';
        b(2).c = [1 0 -1];
```
(a) `b(1).a - b(2).a`
(b) `strncmp(b(1).b,b(2).b,6)`
(c) `mean(b(1).c)`
(d) `mean(b.c)`
(e) `b`
(f) `b(1).('b')`
(g) `b(1)`

## ▶ Exemplo 10.2 – Vetores Polares

Um vetor é uma quantidade matemática que possui uma magnitude e uma direção. Ele pode ser representado como um deslocamento juntamente com os eixos $x$ e $y$ nas coordenadas retangulares ou por uma distância $r$ em um ângulo $\theta$ nas coordenadas polares (veja a Figura 10.8). Os relacionamentos entre $x$, $y$, $r$, e $\theta$ são fornecidos pelas seguintes equações:

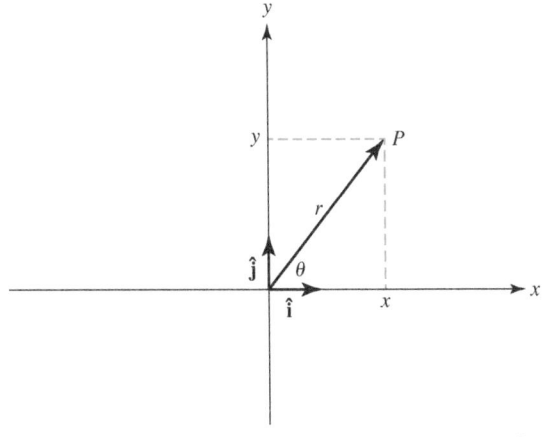

$$x = r \cos \theta \qquad (10.1)$$
$$y = r \operatorname{sen} \theta \qquad (10.2)$$
$$r = \sqrt{x^2 + y^2} \qquad (10.3)$$

**Figura 10.8** Relação entre a descrição retangular ($x$, $y$) e a descrição polar ($r$, $\theta$) de um vetor.

$$\theta = \tan^{-1}\frac{y}{x} \tag{10.4}$$

em que $\tan^{-1}()$ é a função da tangente inversa de dois argumentos `atan2(y, x)`, cuja saída esteja definida sobre o intervalo $-\pi \leq \theta \leq \pi$.

Um vetor no formato retangular pode ser representado como uma estrutura que possui os campos x e y, por exemplo

```
rect.x = 3;
rect.y = 4;
```

e um vetor no formato polar pode ser representado como uma estrutura que possui os campos r e theta (em que theta está em graus), por exemplo

```
polar.r = 5;
polar.theta = 36.8699;
```

Escreva um par de funções que convertam um vetor no formato retangular para um vetor no formato polar e vice-versa.

**Solução** Criaremos duas funções, `to_rect` e `to_polar`.

A função `to_rect` deve aceitar um vetor no formato polar e convertê-lo em um formato retangular, usando as Equações (10.1) e (10.2). Essa função identificará um vetor no formato polar porque ela será armazenada em uma estrutura que possui os campos r e theta. Se o parâmetro de entrada não for uma estrutura que possui os campos r e theta, a função deve gerar um erro e sair. A saída da função será uma estrutura que possui os campos x e y.

A função `to_polar` deve aceitar um vetor no formato retangular e convertê-lo nesse formato, usando as Equações (10.3) e (10.4). Essa função identificará um vetor no formato retangular porque ela será armazenada em uma estrutura que possui os campos r e y. Se o parâmetro de entrada não for uma estrutura que possui os campos x e y, a função deve gerar um erro e sair. A saída da função será uma estrutura que possui os campos r e theta.

O cálculo para r pode usar a Equação (10.3) diretamente, mas o cálculo para theta precisa usar a função MATLAB `atan2(y,x)`, porque a Equação (10.4) produz somente a saída sobre o intervalo $-\frac{\pi}{2} < \theta < \frac{\pi}{2}$, enquanto a função `atan2` é válida em todos os quatro quadrantes do círculo. Consulte o Sistema de Ajuda MATLAB para obter detalhes da operação da função `atan2`.

1. **Estabeleça o problema.**
   Assuma que um vetor polar esteja armazenado em uma estrutura que possua os campos r e theta (em que theta esteja em graus) e um vetor retangular esteja armazenado em uma estrutura que possua os campos x e y. Escreva uma função `to_rect` para converter um vetor polar para o formato retangular e uma função `to_polar` para converter um vetor retangular para o formato polar.

2. **Defina as entradas e saídas.**
   A entrada para a função `to_rect` é um vetor no formato polar armazenado em uma estrutura com elementos r e theta, e a saída é um vetor no formato retangular armazenado em uma estrutura com elementos x e y.
   A entrada para a função `to_polar` é um vetor no formato retangular armazenado em uma estrutura com elementos x e y, e a saída é um vetor no formato retangular armazenada em uma estrutura com os elementos r e theta.

3. **Projete o algoritmo.**
   O pseudocódigo para a função `to_rect` é

   ```
   Check to see that elements r and theta exist
   out.x ← in.r * cos(in.theta * pi/180)
   out.y ← in.r * sin(in.theta * pi/180)
   ```

Observe que temos que converter o ângulo em graus para um ângulo em radianos antes de aplicar as funções de seno e cosseno.

O pseudocódigo para a função to_polar é

```
Check to see that elements r and theta exist
out.r ← sqrt(in.x.^2 + in.y.^2)
out.theta ← atan2(in.y,in.x) * 180/pi
```

Observe que temos que converter o ângulo em radianos para um ângulo em graus antes de salvá-lo em theta.

4. **Transforme o algoritmo em expressões MATLAB.**
   As funções finais do MATLAB são mostradas abaixo.

```
function out = to_rect(in)
%TO_RECT Convert a vector from polar to rect
% Function TO_RECT converts a vector from polar
% coordinates to rectangular coordinates.
%
% Calling sequence:
%    out = to_rect(in)

% Define variables:
%    in       -- Structure containing fields r and theta (in degrees)
%    out      -- Structure containing fields x and y

%  Record of revisions:
%      Date          Programmer        Description of change
%      ====          ==========        =====================
%    09/01/14      S. J. Chapman       Original code

% Check for valid input
if ~isfield(in,'r') || ~isfield(in,'theta')
   error('Input argument does not contain fields ''r'' and ''theta''')
else

   % Calculate output.
   out.x = in.r * cos(in.theta * pi/180);
   out.y = in.r * sin(in.theta * pi/180);
end

function out = to_polar(in)
%TO_POLAR Convert a vector from rect to polar
% Function TO_POLAR converts a vector from rect
% coordinates to polar coordinates.
%
% Calling sequence:
%    out = to_rect(in)

% Define variables:
%    in     -- Structure containing fields x and y
%    out    -- Structure containing fields r and theta (in degrees)
```

```
%   Record of revisions:
%      Date          Programmer         Description of change
%      ====          ==========         =====================
%   09/10/14        S. J. Chapman       Original code

% Check for valid input
if ~isfield(in,'x') || ~isfield(in,'y')
   error('Input argument does not contain fields ''x'' and ''y''')
else

   % Calculate output.
   out.r     = sqrt(in.x .^2 + in.y .^2);
   out.theta = atan2(in.y,in.x) * 180/pi;
end
```

5. **Teste o programa.**
Para testar este programa, usaremos o exemplo de um triângulo retângulo 3-4-5. Se as coordenadas retangulares do vetor forem *(x, y)* = (3,4), o formato polar do vetor será

$$r = \sqrt{3^2 + 4^2} = 5$$

$$\theta = \tan^{-1}\frac{4}{3} = 53.13°$$

Quando esse programa é executado, os resultados são:

```
» v.x = 3;
» v.y = 4;
» out1 = to_polar(v)
out1 =
       r: 5
   theta: 53.1301
» out2 = to_rect(out1)
out2 =
   x: 3
   y: 4
```

Ir para as coordenadas polares e depois de volta para as coordenadas retangulares produziu os mesmos resultados com os quais iniciamos.

## 10.4 Resumo

As matrizes esparsas são matrizes especiais nas quais a memória é alocada somente para elementos diferentes de zero. Três valores são salvos para cada elemento diferente de zero – um número de linha, um número de coluna e o valor em si. Esse formato de armazenamento é muito mais eficiente do que as matrizes para a situação na qual somente uma pequena fração dos elementos são diferentes de zero. O MATLAB inclui funções e cálculos intrínsecos para matrizes esparsas, de modo que podem ser misturados livremente e transparentemente com matrizes cheias.

As matrizes celulares são matrizes cujos elementos são *células*, contêineres que podem conter outras matrizes do MATLAB. Quaisquer tipos de dados podem ser armazenados em uma célula, incluindo as matrizes de estrutura e outras matrizes celulares. Elas são uma maneira muito flexível de armazenar os dados e são usadas em muitas funções internas da Interface Gráfica do Usuário do MATLAB.

Matrizes de estrutura são um tipo de dados no qual cada elemento individual recebe um nome. Os elementos individuais de uma estrutura são conhecidos como campos e cada campo em uma estrutura pode ter um tipo diferente. Os campos individuais são endereçados combinando o nome da estrutura com o nome do campo, separado por um ponto. Matrizes de estrutura são úteis para agrupar todos os dados relativos a uma pessoa em particular ou coisas em uma única localização.

### 10.4.1 Resumo das Boas Práticas de Programação

As diretrizes abaixo devem ser seguidas:

1. Sempre pré-aloque todas as matrizes celulares antes de designar os valores aos elementos da matriz. Essa prática aumenta muito a velocidade de execução de um programa.
2. Use os argumentos de matriz celular `varargin` e `varargout` para criar funções que suportam números variáveis de argumentos de entrada e de saída.

### 10.4.2 Resumo do MATLAB

O resumo a seguir lista todos os comandos e funções do MATLAB apresentados neste capítulo, junto a uma breve descrição de cada item.

| | |
|---|---|
| `cell` | Predefine uma estrutura da matriz celular. |
| `celldisp` | Exibe o conteúdo de uma matriz celular. |
| `cellplot` | Constrói um diagrama de uma matriz celular. |
| `cellstr` | Converte uma matriz de caracteres bidimensional em uma matriz celular de cadeias de caracteres. |
| `char` | Converte uma matriz celular de cadeias de caracteres em uma matriz de caracteres bidimensional. |
| `fieldnames` | Retorna uma lista de nomes de campos em uma matriz celular de cadeias de caracteres. |
| `figure` | Cria uma nova figura/torna a figura atual. |
| `iscellstr` | A função que retorna verdadeiro de uma matriz celular é uma matriz de cadeias de caracteres. |
| `getfield` | Obtém o valor atual de um campo. |
| `rmfield` | Remove um campo de uma matriz de estrutura. |
| `setfield` | Coloca novo valor em um campo. |
| `strjoin` | Combina os elementos de uma matriz celular de cadeias de caracteres em uma única cadeia, com um único espaço entre cada cadeia de entrada. |
| `uiimport` | Importa os dados para o MATLAB a partir de um arquivo criado por um programa externo. |

## 10.5 Exercícios

**10.1** Escreva uma função MATLAB que aceitará uma matriz celular de cadeias de caractere e classifique em ordem crescente, de acordo com a ordem lexicográfica do conjunto de caracteres UTF-8 . *(Dica:* Consulte a função `strcmp` no Sistema de Ajuda MATLAB.)

**10.2** Escreva uma função MATLAB que aceite uma matriz celular de cadeias de caracteres e classifique em ordem crescente de acordo com a *ordem alfabética*. (Isso implica que você deve tratar A e a como a mesma letra.) *(Dica:* Consulte a função `strcmpi` no Sistema de Ajuda MATLAB.)

**10.3** Crie uma função que aceite qualquer número de argumentos de entrada numérica e some todos os elementos individuais nos argumentos. Teste a sua função passando os quatro argumentos a = 10, $b = \begin{bmatrix} 4 \\ -2 \\ 2 \end{bmatrix}$, $c = \begin{bmatrix} 1 & 0 & 3 \\ -5 & 1 & 2 \\ 1 & 2 & 0 \end{bmatrix}$ e d = [1 5 −2].

**10.4** Modifique a função do exercício anterior para que ela aceite tanto matrizes numéricas comuns como matrizes celulares contendo valores numéricos. Teste sua função passando-a por dois argumentos a e b, em que $a = \begin{bmatrix} 1 & 4 \\ -2 & 3 \end{bmatrix}$, b{1} = [1 5 2], e $b\{2\} = \begin{bmatrix} 1 & -2 \\ 2 & 1 \end{bmatrix}$.

**10.5** Crie uma matriz de estrutura que contenha todas as informações necessárias para construir um diagrama de um conjunto de dados. No mínimo, a matriz de estrutura deve conter os seguintes campos:

- `x_data`        dados *x* (um ou mais conjuntos de dados em células separadas)
- `y_data`        dados *y* (um ou mais conjuntos de dados em células separadas)
- `type`          linear, semilogx e assim por diante
- `plot_title`    título da diagramação
- `x_label`       rótulo do eixo *x*
- `y_label`       rótulo do eixo *y*
- `x_range`       rótulo do eixo *x* para o diagrama
- `y_range`       rótulo do eixo *y* para diagrama

Você pode adicionar campos extras que aprimorariam seu controle do diagrama final.

Depois que essa matriz de estrutura for criada, crie uma função MATLAB que aceite uma matriz dessa estrutura e produza um diagrama para cada estrutura na matriz. A função deve aplicar padrões inteligentes se alguns campos de dados estiverem ausentes. Por exemplo, se o campo `plot_title` for uma matriz vazia, a função não deve colocar um título no gráfico. Pense cuidadosamente sobre as características iniciais adequadas antes de começar a escrever a sua função!

Para testá-la, crie uma matriz de estrutura que contenha os dados para três diagramas de três tipos diferentes e passe essa matriz de estrutura para a sua função. A função deve desenhar corretamente em diagrama todos os três conjuntos de dados em três janelas de figuras diferentes.

**10.6** Defina uma estrutura `point` que contenha dois campos x e y. O campo x conterá a posição *x* do ponto e o campo y conterá a posição *y* do ponto. Em seguida, escreva uma função `dist3` que aceite dois pontos e retorne a distância entre eles no plano cartesiano. Certifique-se de verificar o número de argumentos de entrada em sua função.

**10.7** Escreva uma função que aceite uma estrutura como um argumento e retorne duas matrizes celulares que contenham os nomes dos campos dessa estrutura e os tipos de dados de cada campo. Certifique-se de verificar se o argumento de entrada é uma estrutura, e gere um erro se não for.

**10.8** Escreva uma função que aceite uma matriz de estrutura de `student` conforme definido neste capítulo e calcule a média final de cada um assumindo que todos os exames possuem peso igual. Adicione um novo campo a cada matriz para conter a média final para esse aluno e retorne a estrutura atualizada para o programa de chamada. Além disso, calcule e retorne a média final da classe.

**10.9** Escreva uma função que aceite dois argumentos, o primeiro uma matriz de estrutura e o segundo um nome de campo armazenado em uma cadeia de caracteres. Verifique se esses argumentos de entrada são válidos. Se não forem válidos, imprima uma mensagem de erro. Se forem válidos e o campo designado for uma cadeia de caracteres, concatene todas as cadeias no campo especificado de cada elemento na matriz e retorne a cadeia resultante para o programa de chamada.

**10.10 Calculando Tamanhos de Diretório** A função `dir` retorna o conteúdo de um diretório especificado. O comando `dir` retorna uma matriz de estrutura com quatro campos, como mostrado abaixo:

```
» d = dir('chap10')
d =
36x1 struct array with fields:
   name
   date
   bytes
   isdir
```

O campo `name` contém os nomes de cada arquivo, `date` contém a data da última modificação para o arquivo, `bytes` contém o tamanho do arquivo em bytes e `isdir` é 0 para os arquivos convencionais e 1 para diretórios. Escreva uma função que aceite um nome de diretório e caminho e retorne o tamanho total de todos os arquivos no diretório, em bytes.

**10.11 Recursividade** Uma função é considerada *recursiva* se for chamada para si própria. Modifique a função criada no Problema 10.10 de modo que seja chamada para si mesma quando encontrar um subdiretório e some o tamanho de todos os arquivos no diretório atual mais todos os subdiretórios.

**10.12** Consulte a função `struct` no Navegador de Ajuda do MATLAB e aprenda a pré-alocar uma estrutura e inicializar simultaneamente todos os elementos na matriz da estrutura para o mesmo valor. Em seguida, crie uma matriz de 2.000 elementos do tipo `student`, com os valores em cada elemento da matriz inicializados com os campos mostrados abaixo:

```
 name: 'John Doe'
addr1: '123 Main Street'
 city: 'Anytown'
state: 'LA'
  zip: '71211'
```

**10.13 Soma de Vetores** Escreva uma função que aceite dois vetores definidos nas coordenadas retangulares ou polares (conforme definido no Exemplo 10.2), adicione-as e salve o resultado em coordenadas retangulares.

**10.14 Subtração de Vetores** Escreva uma função que aceite dois vetores definidos nas coordenadas retangulares ou polares (conforme definido no Exemplo 10.2), subtraia-as e salve o resultado em coordenadas retangulares.

**10.15 Multiplicação de Vetores** Se dois vetores forem definidos em coordenadas polares de modo que $\mathbf{v}_1 = r_1 \angle \theta_1$ e $\mathbf{v}_2 = r_2 \angle \theta_2$, então o produto dos dois vetores $\mathbf{v}_1 \mathbf{v}_2 = r_1 r_2 \angle \theta_1 + \theta_2$. Escreva uma função que aceite dois vetores definidos nas coordenadas retangulares ou polares (conforme definido no Exemplo 10.2), execute a multiplicação e salve o resultado em coordenadas polares.

**10.16 Divisão de Vetores** Se dois vetores estiverem definidos em coordenadas polares de modo que $\mathbf{v}_1 = r_1 \angle \theta_1$ e $\mathbf{v}_2 = r_2 \angle \theta_2$, então $\dfrac{\mathbf{v}_1}{\mathbf{v}_2} = \dfrac{r_1}{r_2} \angle \theta_1 - \theta_2$. Escreva uma função que aceite dois vetores definidos nas coordenadas retangulares ou polares (conforme definido no Exemplo 10.2), execute a divisão e salve o resultado em coordenadas polares.

**10.17 Distância Entre Dois Pontos** Se $\mathbf{v}_1$ for a distância da origem ao ponto $P_1$ e $\mathbf{v}_2$ for a distância da origem ao ponto $P_2$, então a distância entre os dois pontos será $|\mathbf{v}_1 - \mathbf{v}_2|$. Escreva uma função que aceite dois vetores definidos em coordenadas retangulares ou polares (conforme definido no Exemplo 10.2) e que retorne a distância entre os dois.

**10.18 Geradores de Função** Generalize o gerador de função do Exercício 7.22 para polinômios de dimensão arbitrária. Teste-o criando identificadores de função e desenhe o diagrama da mesma maneira que você fez no Exercício 7.22. (*Dica:* Use `varagrin`.)

# Capítulo 11

# Funções de Entrada/Saída

No Capítulo 2, aprendemos a carregar e salvar os dados do MATLAB usando os comandos `load` e `save` e a gravar os dados formatados usando a função `fprintf`. Neste capítulo aprenderemos mais sobre as capacidades de entrada/saída do MATLAB. Primeiramente, aprenderemos sobre `textread` e `textscan`, duas funções muito úteis para ler os dados de texto a partir de um arquivo. Em seguida, gastaremos um pouco mais de tempo examinando os comandos `load` e `save`. Por fim, examinaremos outras opções de E/S do arquivo disponíveis no MATLAB.

Leitores familiarizados com C acharão familiar grande parte deste material. No entanto, tenha cuidado – existem diferenças sutis entre as funções MATLAB e C que podem confundi-lo.

## 11.1 A Função `textread`

A função `textread` lê os arquivos de texto que são formatados nas colunas de dados, em que cada coluna pode ser de um tipo diferente e armazena o conteúdo de cada uma delas em uma matriz de saída separada. Essa função é *muito* útil para importar as tabelas de dados impressas por outros aplicativos.

A forma da função `textread` é

```
[a,b,c,...] = textread(filename,format,n)
```

em que `filename` é o nome do arquivo a ser aberto, `format` é a cadeia que contém uma descrição do tipo de dados em cada coluna e n é o número de linhas a ser lido. (Se n estiver ausente, a função lerá o fim do arquivo.) A cadeia de formato contém os mesmos tipos de descritores que a função `fprintf`. Observe que o número de argumentos de saída deve corresponder ao número de colunas que você está lendo.

Por exemplo, suponha que o arquivo `test_input.dat` contenha os seguintes dados:

```
James    Jones    O+    3.51    22    Yes
Sally    Smith    A+    3.28    23    No
```

Esses dados poderiam ser lidos em uma série de matrizes com a seguinte função:

```
[first,last,blood,gpa,age,answer] = ...
            textread('test_input.dat','%s %s %s %f %d %s')
```

Quando esse comando é executado, os resultados são:

```
» [first,last,blood,gpa,age,answer] = ...
            textread('test_input.dat','%s %s %s %f %d %s')
```

```
    first =
        'James'
        'Sally'
    last =
        'Jones'
        'Smith'
    blood =
        'O+'
        'A+'
    gpa =
        3.5100
        3.2800
    age =
        42
        28
    answer =
        'Yes'
        'No'
```

Essa função também pode ignorar as colunas selecionadas adicionando um asterisco ao descritor de formato correspondente (por exemplo, %*s). A seguinte expressão lê somente first, last, e gpa a partir do arquivo:

```
» [first,last,gpa] = ...
            textread('test_input.dat','%s %s %*s %f %*d %*s')
    first =
        'James'
        'Sally'
    last =
        'Jones'
        'Smith'
    gpa =
        3.5100
        3.2800
```

A função é muito mais útil do que o comando load. O comando load assume que todos os dados no arquivo de entrada sejam de um tipo único – ele não admite diferentes tipos de dados em diferentes colunas. Além disso, armazena todos os dados em uma única matriz. Em contrapartida, a função textread permite que cada coluna vá para uma variável separada, que é *muito* mais conveniente ao trabalhar com colunas de dados mistos.

A função textread possui um número de opções adicionais que aumenta sua flexibilidade. Consulte a documentação on-line do MATLAB para obter detalhes dessas opções.

## 11.2 Mais Informações sobre os Comandos load e save

O comando save salva os dados do espaço de trabalho MATLAB para o disco e o comando load carrega os dados do disco para o espaço de trabalho. O comando save pode salvar os dados em um formato binário especial chamado de arquivo MAT ou em um arquivo de texto comum. A forma do comando save é

```
save filename [content] [options]
```

em que *content* especifica os dados a serem salvos e *options* especifica como salvá-los.

O comando save isolado salva todos os dados no espaço de trabalho atual para um arquivo denominado matlab.mat no diretório atual. Se um nome de arquivo for incluído, os dados serão salvos no arquivo "filename.mat". Se uma lista de variáveis for incluída na posição *content*, somente essas variáveis específicas serão salvas.

Por exemplo, suponha que um espaço de trabalho contenha uma matriz x de 1.000 elementos do tipo double e uma cadeia de caracteres str. Podemos salvar duas variáveis para um arquivo MAT com os seguintes comandos:

```
save test_matfile x str
```

Este comando cria um arquivo MAT com o nome test_matfile.mat. O conteúdo desse arquivo pode ser examinado com a opção -file do comando whos:

```
» whos -file test_matfile.mat
  Name      Size      Bytes    Class      Attributes

  str       1x11         22    char
  x         1x1000     8000    double
```

O conteúdo a ser salvo pode ser especificado de diversas maneiras, conforme descrito na Tabela 11.1.

As opções mais importantes admitidas pelo comando save são mostradas na Tabela 11.2; uma lista completa pode ser encontrada na documentação on-line do MATLAB.

O comando load pode carregar os dados dos arquivos MAT ou dos arquivos de texto comuns. O formulário do comando load é

```
load filename [options] [content]
```

O comando load em si carrega todos os dados no arquivo matlab.mat para o espaço de trabalho atual. Se um nome de arquivo for incluído, os dados serão carregados a partir desse nome de arquivo. Se as variáveis específicas forem incluídas na lista de conteúdo, somente as variáveis serão carregadas do arquivo. Por exemplo,

```
load                    % Loads entire content of matlab.mat
load mydat.mat          % Loads entire content of mydat.mat
load mydat.mat a b c    % Loads only a, b, and c from mydat.mat
```

**Tabela 11.1: Maneiras de Especificar o Conteúdo do Comando save**

| Valores para o content | Descrição |
|---|---|
| <nothing> | Salva todos os dados no espaço de trabalho atual. |
| varlist | Salva somente os valores na lista de variáveis. |
| -regexp exprlist | Salva todas as variáveis que correspondem a alguma das expressões regulares na lista de expressão. |
| -struct s | Salva como variáveis individuais todos os campos na estrutura escalar s. |
| -struct s fieldlist | Salva como variáveis individuais somente os campos especificados da estrutura s. |

### Tabela 11.2: Opções do Comando save Selecionadas

| Opção | Descrição |
|---|---|
| `'-mat'` | Salva os dados no formato de arquivo MAT (padrão). |
| `'-ascii'` | Salva os dados no formato de texto separado por espaço com 8 dígitos de precisão. |
| `'-ascii','-tabs'` | Salva os dados no formato de texto separado por tabulação com 8 dígitos de precisão. |
| `'-ascii','-double'` | Salva os dados no formato de texto separado por tabulação com 16 dígitos de precisão. |
| `-append` | Adiciona as variáveis específicas a um campo MAT existente. |
| `-v4` | Salva o arquivo MAT em um formato legível pelo MATLAB versão 4 ou posterior. |
| `-v6` | Salva o arquivo MAT em um formato legível pelo MATLAB versões 5 e 6 ou posterior. |
| `-v7` | Salva o arquivo MAT em um formato legível pelo MATLAB versões 7 a 7.2 ou posterior. |
| `-v7.3` | Salva o arquivo MAT em um formato legível pelo MATLAB versões 7.3 ou posterior. |

As opções admitidas pelo comando load são mostradas na Tabela 11.3. Embora não seja imediatamente óbvio, os comandos save e load são comandos de E/S mais poderosos e úteis no MATLAB. Dentre suas vantagens estão:

1. Esses comandos são muito fáceis de serem usados.
2. Os arquivos MAT são *independentes de plataforma*. Um arquivo MAT escrito em qualquer tipo de computador que suporte o MATLAB pode ser lido em qualquer computador que suporte MATLAB. Esse formato é livremente transferido entre os PCs, Macs e Linux. Além disso, a codificação de caractere Unicode assegura que as cadeias de caracteres serão preservadas corretamente nas plataformas.

### Tabela 11.3: Opções do Comando load

| Opção | Descrição |
|---|---|
| `-mat` | Trata o arquivo como um arquivo MAT (padrão se a extensão do arquivo for mat). |
| `-ascii` | Trata o arquivo como um arquivo de texto separado por espaço (padrão, se a extensão do arquivo *não* for mat). |

3. Os arquivos MAT são usuários eficientes de espaço em disco, que usam somente a quantidade de memória necessária para cada tipo de dados. Eles armazenam a precisão total de cada variável – nenhuma precisão é perdida devido à conversão de e para o formato de texto. Os arquivos MAT também podem ser compactados para economizar ainda mais espaço em disco.
4. Os arquivos MAT preservam todas as informações sobre cada variável no espaço de trabalho, incluindo sua classe, nome e se é global ou não. Todas essas informações são perdidas em outros tipos de E/S. Por exemplo, suponha que o espaço de trabalho contenha as seguintes informações:

```
» whos
  Name       Size       Bytes      Class       Attributes
  a          10x10      800        double
  b          10x10      800        double
  c          2x2        32         double
  string     1x14       28         char
  student    1x3        888        struct
```

Se o espaço de trabalho for salvo com o comando `save workspace.mat`, um arquivo denominado `workspace.mat` será criado. Quando esse arquivo for carregado, todas as informações serão restauradas, incluindo o tipo de cada item e se ele é global ou não.

Uma desvantagem desses comandos é que o formato de arquivo MAT é exclusivo para o MATLAB e não pode ser usado para compartilhar os dados com outros programas. A opção `-ascii` pode ser usada se você deseja compartilhar os dados com outros programas, mas tem sérias limitações.[1]

### Boa Prática de Programação

A menos que deva trocar os dados com programas não MATLAB, sempre use comandos `load` e `save` para salvar os conjuntos de dados no formato de arquivo MAT. Esse formato é eficiente e transportável nas implementações MATLAB e preserva todos os detalhes de todos os tipos de dados MATLAB.

O comando `save -ascii` não salvará os dados de matriz da célula ou da estrutura e converterá os dados de cadeia em números antes de salvá-los. O comando `load -ascii` só carregará os dados separados por espaço ou tab com um número igual de elementos em cada linha e colocará todos os dados em uma única variável com o mesmo nome que o arquivo de entrada. Se você precisar de algo mais elaborado (salvar e carregar cadeias de caracteres, células, matrizes de estrutura e etc., em formatos adequados para trocar com outros programas), será necessário usar os comandos de E/S do arquivo descritos neste capítulo.

Se o nome do arquivo e os nomes das variáveis a serem carregados ou salvos forem cadeias de caracteres, você deve usar os formulários de função dos comandos `load` e `save`. Por exemplo, o seguinte fragmento de código pede ao usuário um nome de arquivo e salva o espaço de trabalho nele.

```
filename = input('Enter save file name:','s');
save (filename,'-mat');
```

## 11.3 Uma Introdução ao Processamento de Arquivos MATLAB

Para usar os arquivos em um programa MATLAB, precisamos de alguma maneira selecionar o arquivo desejado e ler dele ou gravar nele. O MATLAB possui um método muito flexível de ler e gravar os arquivos, independentemente de estarem no disco, cartão de memória ou algum outro dispositivo conectado ao computador. Esse mecanismo é conhecido como o **ID do arquivo** (às vezes chamado de **fid**). O ID do arquivo é um número atribuído a um arquivo quando ele é aberto e é usado para todas as operações de leitura, gravação e controle nesse arquivo. O ID do arquivo é um inteiro positivo. Os dois IDs de arquivo ficam sempre abertos – o ID de arquivo 1 é o dispositivo de saída padrão (`stdout`) e o ID de arquivo 2 é o dispositivo de erro padrão (`stderr`) para o computador

---

[1] Esta expressão é apenas parcialmente verdadeira. Os arquivos MAT modernos estão em formato HDF5, que é um padrão de mercado. Existem ferramentas gratuitas e pacotes em C++, Java etc., que podem ler dados nesse formato.

no qual o MATLAB está sendo executado. Os IDs de arquivo adicionais são atribuídos conforme os arquivos são abertos e liberados conforme eles são fechados.

Diversas funções do MATLAB podem ser usadas para controlar a entrada e a saída do arquivo de disco. As funções de E/S do arquivo estão resumidas na Tabela 11.4.

Os IDs do arquivo são atribuídos aos arquivos de disco ou dispositivos usando a expressão fopen e são separados deles usando a expressão fclose. Uma vez que um arquivo é conectado a um ID do arquivo usando a expressão fopen, podemos ler e gravar nesse arquivo usando as expressões de entrada e saída do arquivo MATLAB. Quando estamos em um arquivo, a expressão fclose o fecha e torna o ID do arquivo inválido. As expressões frewind e fseek podem ser usadas para alterar a posição atual de leitura ou de gravação em um arquivo enquanto ele está aberto.

Os dados podem ser lidos de e gravados a partir de arquivos de duas maneiras possíveis: como dados binários ou como dados de caracteres formatados. Os dados binários consistem em padrões reais de bits que são usados para armazenar os dados na memória do computador. Ler e gravar os dados binários é muito eficiente, mas um usuário não pode ler os dados armazenados no arquivo. Os dados nos arquivos formados são traduzidos em caracteres que podem ser lidos diretamente por um usuário. No entanto, as opções de E/S formatadas são mais lentas e menos eficientes do que as operações de E/S binária. Discutiremos ambos os tipos de operações de E/S mais tarde neste capítulo.

### Tabela 11.4 Funções de Entrada/Saída do MATLAB

| Categoria | Função | Descrição |
|---|---|---|
| Carregar/Salvar no espaço de trabalho | load | Carrega o espaço de trabalho |
| | save | Salva o espaço de trabalho |
| Abertura e fechamento de arquivo | fopen | Abre o arquivo |
| | fclose | Fecha o arquivo |
| E/S binária | fread | Lê os dados binários do arquivo |
| | fwrite | Grava os dados binários para o arquivo |
| E/S formatada | fscanf | Lê os dados formatados do arquivo |
| | fprintf | Grava os dados formatados para o arquivo |
| | fgetl | Lê a linha do arquivo, descarta o caractere da nova linha |
| | fgets | Lê a linha do arquivo, mantém o caractere da nova linha |
| Posicionamento do arquivo, status e diversos | delete | Exclui o arquivo |
| | exist | Verifica a existência de um arquivo |
| | ferror | Pesquisa o status de erro de E/S |
| | feof | Testa o fim do arquivo |
| | fseek | Define a posição do arquivo |
| | ftell | Verifica a posição do arquivo |
| | frewind | Rebobina o arquivo |
| Arquivos temporários | tempdir | Obtém o nome do diretório temporário |
| | tempname | Obtém o nome do arquivo temporário |

## 11.4 Abertura e Fechamento de Arquivo

As funções de abertura e fechamento do arquivo, fopen e fclose, estão descritas abaixo.

### 11.4.1 A Função fopen

A função fopen abre um arquivo e retorna um número de ID de arquivo para uso com o nome. As formas básicas dessa expressão são

```
fid = fopen(filename,permission)
[fid, message] = fopen(filename,permission)
[fid, message] = fopen(filename,permission,format)
[fid, message] = fopen(filename,permission,format,encoding)
```

em que *filename* é uma cadeia de caracteres que especifica o nome do arquivo a ser aberto, *permission* é uma cadeia de caracteres que especifica o modo no qual o arquivo é aberto, *format* é uma cadeia opcional que especifica o formato numérico dos dados no arquivo e *encoding* é a codificação de caracteres a ser usada para as operações subsequentes de leitura e gravação. Se a abertura for bem-sucedida, fid conterá um inteiro positivo depois que esta expressão for executada e message será uma cadeia vazia. Se a abertura falhar, fid conterá −1 depois que esta expressão for executada e message será uma cadeia que explica o erro. Se um arquivo for aberto para leitura e não estiver no diretório atual, o MATLAB pesquisará por ele juntamente com o caminho de pesquisa do MATLAB.

As cadeias de caracteres de permissão possíveis são mostradas na Tabela 11.5.

### Tabela 11.5: Permissões do Arquivo fopen

| Permissão do Arquivo | Significado |
|---|---|
| 'r' | Abre um arquivo existente somente para leitura (padrão) |
| 'r+' | Abre um arquivo existente para leitura e gravação |
| 'w' | Apaga o conteúdo de um arquivo existente (ou cria um novo arquivo) e então o abre somente para gravação |
| 'w+' | Apaga o conteúdo de um arquivo existente (ou cria um novo) e então o abre para leitura e gravação |
| 'a' | Abre um arquivo existente (ou cria um novo) e o abre somente para gravação, anexando-o ao fim do arquivo. |
| 'a+' | Abre um arquivo existente (ou cria um novo arquivo) e então o abre para leitura e gravação, anexando-o ao fim do arquivo. |
| 'W' | Grava sem nivelamento automático (comando especial para unidades de fita) |
| 'A' | Anexa sem nivelamento automático (comando especial para unidades de fita) |

Em algumas plataformas, como PCs, é importante distinguir entre arquivos de texto e arquivos binários. Se um arquivo tiver que ser aberto no modo de texto, então t deve ser adicionado à cadeia de caracteres de permissão (por exemplo, 'rt' ou 'rt+'). Se um arquivo tiver que ser aberto no modo binário, um b pode ser adicionado à cadeia de caracteres de permissão (por exemplo, 'rb'), mas isso não é realmente necessário porque, como padrão, os arquivos são abertos no modo binário. Essa distinção entre arquivos de texto e binários não existe em computadores UNIX ou Linux, de modo que t ou b nunca são necessários nesses sistemas.

A cadeia `format` na função `fopen` especifica o formato numérico dos dados armazenados no arquivo. Essa cadeia é necessária somente ao transferir os arquivos entre os computadores com formatos de dados numéricos incompatíveis, portanto, isso raramente é usado. Alguns formatos numéricos possíveis são mostrados na Tabela 11.6; consulte o Manual de Referência de Linguagem do MATLAB para obter uma lista completa de formatos numéricos possíveis.

A cadeia de caracteres `encoding` na função `fopen` especifica o tipo de codificação de caractere a ser usado no arquivo. Essa cadeia de caracteres é necessária somente quando não estiver usando a codificação de caractere padrão, que é UTF-8. Os exemplos de codificações de caracteres legais incluem 'UTF-8', 'ISO-8859-1' e 'windows-1252'. Consulte o Manual de Referência de Linguagem MATLAB para obter uma lista completa de possíveis codificações.

Também existem duas formas dessa função que fornecem informações em vez de arquivos abertos. A função

```
fids = fopen('all')
```

retorna um vetor de linha que contém uma lista de todos os IDs do arquivo para os arquivos atualmente abertos (exceto para `stdout` e `stderr`). O número de elementos nesse vetor é igual ao número de arquivos abertos. A função

```
[filename, permission, format] = fopen(fid)
```

### Tabela 11.6: Cadeias de Formato Numérico `fopen`

| Permissão do Arquivo | Significado |
|---|---|
| 'native' ou 'n' | Formato numérico para a máquina na qual o MATLAB está sendo executado (padrão) |
| 'ieee-le' ou 'l' | Ponto flutuante IEEE com classificação de byte little-endian |
| 'ieee-be' ou 'b' | Ponto flutuante IEEE com classificação de byte big-endian |
| 'ieee-le.l64' ou 'a' | Ponto flutuante IEEE com classificação de byte little-endian e tipo de dados com 64 bits de comprimento |
| 'ieee-le.b64' ou 's' | Ponto flutuante IEEE com classificação de byte big-endian e tipo de dados de 64 bits de comprimento |

retorna o nome do arquivo, cadeia de permissão e formato numérico para um arquivo aberto especificado pelo ID do arquivo.

Alguns exemplos de funções `fopen` corretas são mostrados abaixo.

#### Caso 1: Abrindo um Arquivo Binário para Entrada

A função abaixo abre um arquivo denominado `example.dat` para a saída binária somente.

```
fid = fopen('example.dat','r')
```

A cadeia de caracteres de permissão é 'r', indicando que o arquivo deve ser aberto para leitura somente. A cadeia pode ter sido 'rb', mas isso não é necessário porque o acesso binário é o caso padrão.

#### Caso 2: Abrindo um Arquivo para Saída de Texto

As funções abaixo abrem um arquivo denominado `outdat` para a saída de texto somente.

```
fid = fopen('outdat','wt')
```

ou

```
fid = fopen('outdat','at')
```

A cadeia de permissões `'wt'` especifica que o arquivo é um novo arquivo de texto; se já existir, então o antigo arquivo será excluído e um novo arquivo vazio será aberto para gravação. Essa é a forma adequada da função fopen para um *arquivo de saída* se desejamos substituir os dados pre-existentes.

A cadeia de caracteres de permissões `'at'` especifica que desejamos anexar a um arquivo de texto existente. Se já existir, ele será aberto e novos dados serão anexados às informações atualmente existentes. Essa é a forma adequada da função fopen para um *arquivo de saída* se não desejamos substituir os dados preexistentes.

### Caso 3: Abrindo um Arquivo Binário para Acesso de Leitura/Gravação

A função abaixo abre um arquivo nomeado junk para entrada e saída binária.

```
fid = fopen('junk','r+')
```

A função abaixo também abre o arquivo para entrada e saída binária.

```
fid = fopen('junk','w+')
```

A diferença entre a primeira e a segunda expressão é que a primeira requer que o arquivo exista antes de ser aberto, enquanto a segunda excluirá qualquer arquivo pré-existente.

### Boa Prática de Programação

Sempre tenha cuidado para especificar as permissões adequadas nas expressões fopen, dependendo se você estiver lendo de ou gravando para um arquivo. Essa prática ajudará a evitar erros, como substituir acidentalmente os dados do arquivo que deseja manter.

É importante verificar os erros depois de tentar abrir um arquivo. Se fid for −1, então o arquivo falhou na abertura. Você deve relatar esse problema ao usuário e permitir que ele selecione outro arquivo ou que saia do programa.

### Boa Prática de Programação

Sempre verifique o status após a operação de abertura de um arquivo para verificar se ela foi bem-sucedida. Se a abertura do arquivo falhar, informe ao usuário e forneça uma maneira de recuperar-se do problema.

### 11.4.2 A Função fclose

A função fclose fecha um arquivo. Sua forma é

```
status = fclose(fid)
status = fclose('all')
```

em que fid é um ID de arquivo e status é o resultado da operação. Se a operação for bem-sucedida, status será 0 e se for mal-sucedida, status será −1.

A forma status = fclose('all') fecha todos os arquivos abertos, exceto para stdout (fid = 1) e stderr (fid = 2). Ela retorna um status 0 se todos os arquivos forem fechados com êxito e −1 caso contrário.

## 11.5 Funções Binárias de E/S

As funções binárias de E/S, fwrite e fread, estão descritas abaixo.

### 11.5.1 A Função fwrite

A função fwrite grava dados binários em um formato especificado por usuário para um arquivo. Sua forma é

```
count = fwrite(fid,array,precision)
count = fwrite(fid,array,precision,skip)
count = fwrite(fid,array,precision,skip,format)
```

em que fid é o ID de um arquivo aberto com a função fopen, array é a matriz de valores a ser gravados e count é o número de valores gravado para o arquivo.

O MATLAB grava dados na *ordem da coluna*, o que significa que a primeira coluna é gravada, seguida pela segunda coluna inteira e assim por diante. Por exemplo, $\text{array} = \begin{bmatrix} 1 & 2 \\ 3 & 4 \\ 5 & 6 \end{bmatrix}$, então os dados serão gravados na ordem 1, 3, 5, 2, 4, 6.

A cadeia opcional *precision* especifica o formato no qual os dados serão a saída. O MATLAB suporta as cadeias de precisão independentes da plataforma, que são as mesmas para todos os computadores em que o MATLAB é executado e as cadeias de permissão dependentes da plataforma que variam entre os diferentes tipos de computadores. *Você só deve usar as cadeias independentes da plataforma* e elas são as únicas formas apresentadas nesse livro.

Por conveniência, o MATLAB aceita alguns tipos de dados C e Fortran equivalentes para cadeias de caracteres de precisão do MATLAB. Se você for um programador C ou Fortran, talvez ache mais conveniente usar os nomes dos tipos de dados na linguagem com a qual está mais familiarizado.

As precisões independentes de plataforma possíveis estão presentes na Tabela 11.7. Todas essas precisões trabalham em unidades de bytes, exceto para 'bitN' ou 'ubitN', que funcionam em unidades de bits.

### Tabela 11.7: Cadeias de Permissão MATLAB Selecionadas

| MATLAB Cadeia de precisão | Equivalente C/Fortran | Significado |
|---|---|---|
| 'char' | 'char*1' | Caracteres de 8 bits |
| 'schar' | 'signed char' | Caractere com sinal de 8 bits |
| 'uchar' | 'unsigned char' | Caractere sem sinal de 8 bits |
| 'int8' | 'integer*1' | Inteiro de 8 bits |
| 'int16' | 'integer*2' | Inteiro de 16 bits |
| 'int32' | 'integer*4' | Inteiro de 32 bits |
| 'int64' | 'integer*8' | Inteiro de 64 bits |
| 'uint8' | 'integer*1' | Inteiro sem sinal de 8 bits |
| 'uint16' | 'integer*2' | Inteiro sem sinal de 16 bits |
| 'uint32' | 'integer*4' | Inteiro sem sinal de 32 bits |
| 'uint64' | 'integer*8' | Inteiro sem sinal de 64 bits |
| 'float32' | 'real*4' | Ponto flutuante de 32 bits |
| 'float64' | 'real*8' | Ponto flutuante de 64 bits |

## Tabela 11.7: Cadeias de Permissão MATLAB Selecionadas (continuação)

| MATLAB Cadeia de precisão | Equivalente C/Fortran | Significado |
|---|---|---|
| `bitN` | | Inteiro com sinal de N bits, $1 \leq N \leq 64$ |
| `ubitN` | | Inteiro sem sinal de N bits, $1 \leq N \leq 64$ |

O argumento opcional *skip* especifica o número de bytes a ignorar no arquivo de saída antes de cada gravação. Essa opção é útil para substituir os valores em certos pontos em registros de comprimento fixo. Observe que se *precision* for um formato de bit como `bitN` ou `ubitN`, skip será especificado em bits e não em bytes.

O argumento opcional *format* é uma cadeia de caracteres opcional que especifica o formato numérico dos dados no arquivo, conforme mostrado na Tabela 11.6.

### 11.5.2 A Função fread

A função fread lê os arquivos binários em um formato especificado pelo usuário a partir de um arquivo e retorna os dados em um formato especificado pelo usuário (possivelmente diferente). Sua forma é

```
[array,count] = fread(fid,size,precision)
[array,count] = fread(fid,size,precision,skip)
[array,count] = fread(fid,size,precision,skip,format)
```

em que fid é o ID de um arquivo aberto com a função fopen, size é o número de valores a ser lido, array é a matriz para conter os dados e count é o número de valores lidos do arquivo.

O argumento opcional size especifica a quantidade de dados a ser lida do arquivo. Existem três versões desse argumento:

- n – Lê exatamente valores n. Após essa expressão, array será um vetor da coluna que contém valores n lidos do arquivo.
- Inf – Lê até o fim do arquivo. Após essa expressão, array será um vetor de coluna que contém todos os dados até o fim do arquivo.
- [n m] – Lê exatamente valores n × m e formata os dados como uma matriz n × m.

Se fread atingir o fim do arquivo e o fluxo de entrada não contiver bits suficientes para gravar um elemento de matriz completo da precisão especificada, fread preencherá o último byte ou elemento com bits zero até que o valor completo seja obtido. Se ocorrer um erro, a leitura será feita até o último valor completo.

O argumento *precision* especifica tanto o formato dos dados no disco quanto o formato da matriz de dados a ser retornada para o programa de chamada. A forma geral da cadeia de caracteres de precisão é

`'disk_precision => array_precision'`

em que disk_precision e array_precision são uma das cadeias de precisão encontradas na Tabela 11.7. O valor array_precision pode ser padronizado. Se estiver ausente, então os dados serão retornados em uma matriz double. Também existe um atalho dessa expressão, se a precisão do disco e a precisão da matriz forem as mesmas: `'*disk_precision'`.

Alguns exemplos de cadeias `precision` são mostradas abaixo:

| | |
|---|---|
| `'single'` | Lê os dados do formato em um formato de precisão única a partir do disco e os retorna em uma matriz `double`. |
| `'single=>single'` | Lê os dados em um formato de precisão única a partir do disco e os retorna em uma matriz `single`. |
| `'*single'` | Lê os dados em um formato de precisão única a partir do disco e os retorna em uma matriz `single` (uma versão resumida da cadeia de caracteres anterior). |
| `'double=>real*4'` | Lês os dados em um formato de precisão dupla e os retorna em uma matriz `single`. |

O argumento opcional *skip* especifica o número de bytes a ignorar no arquivo de saída antes de cada gravação. Essa opção é útil para substituir os valores em certos pontos em registros de comprimento fixo. Observe que se *precision* for um formato de bit como `'bitN'` ou `'ubitN'`, skip será especificado em bits e não em bytes.

O argumento opcional *format* é uma cadeia de caracteres opcional que especifica o formato numérico dos dados no arquivo, conforme mostrado na Tabela 11.6.

## ▶ Exemplo 11.1 — Gravando e Lendo Dados Binários

O exemplo de arquivo de script mostrado abaixo cria uma matriz contendo 10.000 valores aleatórios, abre um arquivo especificado pelo usuário somente para gravação, grava a matriz para o disco no formato de ponto flutuante de 64 bits e fecha o arquivo. Em seguida, abre o arquivo para leitura e lê os dados de volta para uma matriz 100 × 100. Isto ilustra o uso de operações de E/S binária.

```
% Script file: binary_io.m
%
% Purpose:
%   To illustrate the use of binary i/o functions.
%
% Record of revisions:
%    Date          Programmer         Description of change
%    ====          ==========         =====================
%   03/21/14      S. J. Chapman       Original code
%
% Define variables:
%   count      -- Number of values read / written
%   fid        -- File id
%   filename   -- File name
%   in_array   -- Input array
%   msg        -- Open error message
%   out_array  -- Output array
%   status     -- Operation status

% Prompt for file name
filename = input('Enter file name:','s');

% Generate the data array
out_array = randn(1,10000);
```

```
% Open the output file for writing.
[fid,msg] = fopen(filename,'w');

% Was the open successful?
if fid > 0

   % Write the output data.
   count = fwrite(fid,out_array,'float64');

   % Tell user
   disp([int2str(count)'values written...']);

   % Close the file
   status = fclose(fid);

else

   % Output file open failed.  Display message.
   disp(msg);

end

% Now try to recover the data.  Open the
% file for reading.
[fid,msg] = fopen(filename,'r');

% Was the open successful?
if fid > 0

   % Write the output data.
   [in_array, count] = fread(fid,[100 100],'float64');

   % Tell user
   disp([int2str(count) 'values read...']);

   % Close the file
   status = fclose(fid);

else

   % Input file open failed.  Display message.
   disp(msg);

end
```

Quando esse programa é executado, os resultados são:

```
» binary_io
Enter file name: testfile
10000 values written...
10000 values read...
```

Um arquivo de 80.000 bytes denominado testfile foi criado no diretório atual. Esse arquivo tem 80.000 bytes de comprimento porque contém 10.000 valores de 64 bits e cada valor ocupa 8 bytes.

## Teste 11.1

Este teste fornece uma rápida verificação sobre seu entendimento dos conceitos apresentados nas Seções de 10.1 a 11.5. Se você tiver problemas com o teste, releia a seção, pergunte ao seu instrutor ou discuta o material com um colega. As respostas para este teste se encontram na parte final do livro.

1. Por que a função textread é especialmente útil para ler os dados criados pelos programas escritos em outras linguagens de programação?
2. Quais são as vantagens e desvantagens de salvar os dados em um arquivo MAT?
3. Quais funções MATLAB são usadas para abrir e fechar os arquivos? Qual é a diferença entre abrir um arquivo binário e abrir um arquivo de texto?
4. Escreva a expressão MATLAB para abrir um arquivo preexistente denominado myinput.dat para anexar novos dados de texto.
5. Escreva as expressões MATLAB necessárias para abrir um arquivo de entrada não formatado apenas para leitura. Verifique se o arquivo existe e gere uma mensagem de erro apropriada, se ele não existir.

Para as questões 6 e 7, determine se as expressões MATLAB estão corretas ou não. Se elas contiverem erro, especifique o que há de errado com elas.

6. ```
fid = fopen('file1','rt');
array = fread(fid,Inf)
fclose(fid);
```

7. ```
fid = fopen('file1','w');
x = 1:10;
count = fwrite(fid,x);
fclose(fid);
fid = fopen('file1','r');
array = fread(fid,[2 Inf])
fclose(fid);
```

## 11.6 Funções Formatadas de E/S

As funções formatadas de E/S estão descritas abaixo.

### 11.6.1 A Função fprintf

A função fprintf escreve os dados formatados em um formato especificado pelo usuário para um arquivo. Sua forma é

```
count = fprintf(fid,format,val1,val2,...)
fprint(format,val1,val2,...)
```

em que fid é o ID de um arquivo no qual os dados serão gravados e format é a cadeia de formato que controla a aparência dos dados. Se fid estiver ausente, os dados são gravados para o dispositivo de saída padrão (a Janela de Comandos). Essa é a forma de fprintf que temos usado desde o Capítulo 2.

Os Componentes de um Especificador de Formato

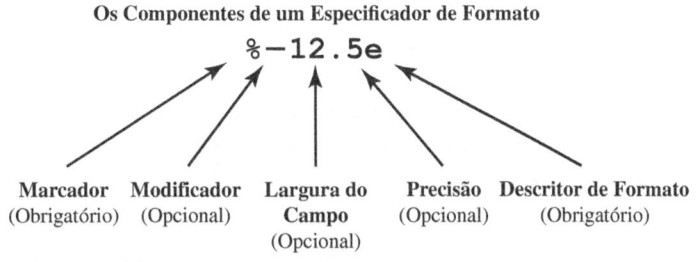

%-12.5e

| Marcador | Modificador | Largura do | Precisão | Descritor de Formato |
|---|---|---|---|---|
| (Obrigatório) | (Opcional) | Campo (Opcional) | (Opcional) | (Obrigatório) |

**Figura 11.1** A estrutura de um especificador de formato típico.

A cadeia de formato especifica o alinhamento, dígitos significativos, larguras de campo e outros aspectos do formato de saída. Ela pode conter caracteres alfanuméricos comuns juntamente com sequências especiais de caracteres que especificam o formato exato no qual os dados de saída serão exibidos. A estrutura de uma cadeia de caracteres de formato típico é mostrada na Figura 11.1. Um único caractere % sempre marca o início de um formato – se um sinal % comum for impresso, então ele deve aparecer na cadeia de caractere de formato como %%. Após o caractere %, o formato pode ter um sinalizador, uma largura de campo e especificador de precisão e um especificador de conversão. O caractere % e o especificador de conversão são sempre necessários em qualquer formato, enquanto o campo, a largura do campo e o especificador de precisão são opcionais.

Os possíveis especificadores de conversão estão listados na Tabela 11.8 e os possíveis sinalizadores estão listados na Tabela 11.9. Se uma largura de campo e precisão forem especificados em um formato, então o número antes do ponto decimal será a largura do campo, que é o número de caracteres usado para exibir o número. O número após o ponto decimal é a precisão, que é o número mínimo de dígitos significativos a ser exibido após o ponto decimal.

**Tabela 11.8: Especificadores de Conversão de Formato para `fprintf`**

| Especificador | Descrição |
|---|---|
| %c | Caractere único |
| %d | Notação decimal (assinada) |
| %e | Notação exponencial (usando um e minúsculo como um em 3.1416e+00) |
| %E | Notação exponencial (usando um E maiúsculo como em 3.1416E+00) |
| %f | Notação de ponto fixo |
| %g | O mais compacto de %e ou %f. Zeros insignificantes não são impressos. |
| %G | Igual a %g, mas usando um E maiúsculo |
| %o | Notação octal (sem sinal) |
| %s | Cadeia de caracteres |
| %u | Notação decimal (sem sinal) |
| %x | Notação hexadecimal (usando letras minúsculas a-f) |
| %X | Notação hexadecimal (usando letras maiúsculas A-F) |

### Tabela 11.9: Formato Flags

| Sinalizador | Descrição |
|---|---|
| Sinal de menos (-) | Justifica à esquerda o argumento convertido em seu campo (Exemplo: %-5.2d). Se esse sinalizador não estiver presente, o argumento é justificado à direita. |
| + | Sempre imprime um sinal + ou - (Exemplo: % + 5.2d). |
| 0 | Preenche o argumento com zeros iniciais em vez de espaços (Exemplo: %05.2d). |

### Tabela 11.10: Caracteres de Escape em Cadeias de Formato

| Sequências de Escape | Descrição |
|---|---|
| \n | Nova linha |
| \t | Guia horizontal |
| \b | Backspace |
| \r | Mudança de linha |
| \f | Alimentação de formulário |
| \\ | Imprime um símbolo comum de barra invertida (\) |
| \'' ou '' | Imprime um apóstrofo ou aspas simples |
| %% | Imprime um símbolo comum de porcentagem (%) |

Além de caracteres e formatos comuns, certos caracteres de escape especiais podem ser usados em uma cadeia de formato. Esses caracteres especiais estão listados na Tabela 11.10.

### 11.6.2 Entendendo Especificações de Conversão de Formato

A melhor maneira de entender a ampla variedade de especificadores de conversão de formato é pelo exemplo, de modo que agora apresentaremos diversos exemplos juntamente com seus resultados.

#### Caso 1: Exibindo Dados Decimais

Os dados decimais (inteiros) são exibidos com o especificador de conversão de formato %d. O d pode ser precedido por um sinalizador e uma largura de campo e especificador de precisão, se desejado. Se usado, o especificador de precisão define um número mínimo de dígitos a ser exibido. Se houver dígitos suficientes, os zeros iniciais serão incluídos no número.

Se um número não decimal for exibido com o especificador de conversão %d, o especificador será ignorado e o número será exibido no formato exponencial. Por exemplo,

```
fprintf('%6d\n',123.4)
```

produz o resultado 1.234000e+002.

| Função | Resultado | Comentário |
|---|---|---|
| `fprintf('%d\n',123)` | `----\|----\|`<br>`   123` | Exibe o número usando a quantidade de caracteres necessária. Para o número 123, três caracteres são necessários. |
| `fprintf('%6d\n',123)` | `----\|----\|`<br>`   123` | Exibe o número em um campo de 6 caracteres de largura. Como padrão o número é *justificado à direita* no campo. |
| `fprintf('%6.4d\n',123)` | `----\|----\|`<br>`  0123` | Exibe o número em um campo de 6 caracteres de largura usando um mínimo de 4 caracteres. Como padrão o número é *justificado à direita* no campo. |
| `fprintf('%-6.4d\n',123)` | `----\|----\|`<br>`0123` | Exibe o número em um campo de 6 caracteres de largura usando um mínimo de 4 caracteres. O número é *justificado à esquerda* no campo. |
| `fprintf('%+6.4d\n',123)` | `----\|----\|`<br>` +0123` | Exibe o número em um campo de 6 caracteres de largura usando um mínimo de 4 caracteres mais um caractere de sinal. Como padrão o número é *justificado à direita* no campo. |

### Caso 2: Exibindo Dados de Ponto Flutuante

Os dados de ponto flutuante podem ser exibidos com especificadores de conversão de formato `%e`, `%f` ou `%g`. Eles podem ser precedidos por um sinalizador e uma largura de campo e especificador de precisão, se desejado. Se a largura de campo especificada for muito pequena para exibir o número, ela será ignorada. Caso contrário, a largura do campo especificada será usada.

| Função | Resultado | Comentário |
|---|---|---|
| `fprintf('%f\n',123.4)` | `----\|----\|`<br>`123.400000` | Exibe o número usando a quantidade de caracteres necessária. O caso padrão para `%f` é exibir 6 dígitos após a casa decimal. |
| `fprintf('%8.2f\n',123.4)` | `----\|----\|`<br>`  123.40` | Exibe o número em um campo de 8 caracteres de largura, com duas casas após o ponto decimal. O número é *justificado à direita* no campo. |
| `fprintf('%4.2f\n',123.4)` | `----\|----\|`<br>`123.40` | Exibe o número em um campo de 6 caracteres de largura. A especificação de largura foi ignorada porque era muito pequena para exibir o número. |
| `fprintf('%10.2e\n',123.4)` | `----\|----\|`<br>` 1.23e+002` | Exibe o número em formato exponencial em um campo de 10 caracteres de largura usando 2 casas decimais. Como padrão o número é *justificado à direita* no campo. |
| `fprintf('%10.2E\n',123.4)` | `----\|----\|`<br>` 1.23E+002` | Igual, mas com E maiúsculo para o expoente. |

### Caso 3: Exibindo Dados de Caracteres

Os dados de caracteres podem ser exibidos com especificadores de conversão de formato %c ou %s. Eles podem ser precedidos pelo especificador de largura do campo, se desejado. Se a largura do campo especificada for muito pequena para exibir o número, ela será ignorada. Caso contrário, a largura do campo especificada será usada.

| Função | Resultado | Comentário |
|---|---|---|
| fprintf('%c\n','s') | ----\|----\|<br>s | Exibe um único caractere. |
| fprintf('%s\n','string') | ----\|----\|<br>string | Exibe a cadeia de caracteres. |
| fprintf('%8s\n','string') | ----\|----\|<br>  string | Exibe a cadeia de caracteres em um campo de 8 caracteres de largura. Como padrão a cadeia é *justificada à direita* no campo. |
| fprintf('%-8s\n','string') | ----\|----\|<br>string | Exibe a cadeia de caracteres em um campo de 8 caracteres de largura. A cadeia é *justificada à esquerda* no campo. |

### 11.6.3 Como as Cadeias de Formato São Usadas

A função fprintf contém uma cadeia de formato seguida por zero ou mais valores a serem impressos. Quando a função fprintf é executada, a lista de valores de saída associada à função fprintf é processada junto com a cadeia de formato. A função inicia na extremidade esquerda da lista de variáveis e a extremidade esquerda da cadeia de formatos e varre da esquerda para a direita, associando o primeiro valor na lista de saída com o primeiro descritor de formato na cadeia de formatos e assim por diante. As variáveis na lista de saída devem ser do mesmo tipo e estarem na mesma ordem que os descritores de formato no formato, ou resultados inesperados podem ser produzidos. Por exemplo, se tentarmos exibir um número de ponto flutuante como 123.4 com um descritor %c ou %d, esse será ignorado totalmente e o número será impresso na notação exponencial.

> **Erros de Programação**
>
> Certifique-se de que existe uma correspondência um a um entre os tipos de dados em uma função fprintf e os tipos de especificadores de conversão de formato na cadeia de formato associada, ou seu programa produzirá resultados inesperados.

Conforme o programa move da esquerda para a direita através da lista de variável de uma função fprintf, ele também varre da esquerda para a direita através da cadeia de formato associada. As cadeias de formato são varridas de acordo com as seguintes regras:

1. *As cadeias de formato são varridas em ordem da esquerda para a direita.* O primeiro especificador de conversão de formato na cadeia de formatos está associado ao primeiro valor na lista de saída da função fprintf e assim por diante. O tipo de cada especificador de conversão de formato deve corresponder ao tipo de dados sendo emitido. No exemplo mostrado a seguir, o

especificador %d está associado à variável a, %f à variável b e %s à variável c. Observe que os tipos de especificadores correspondem aos tipos de dados.

```
a = 10; b = pi; c = 'Hello';
fprintf('Output: %d %f %s\n',a,b,c);
```

2. Se a varredura atingir o fim da cadeia de formato antes que a função fprintf esgote os valores, o programa será iniciado novamente *no início da cadeia de formatos*. Por exemplo, as expressões

```
a = [10 20 30 40];
fprintf('Output = %4d %4d\n',a);
```

produzirão a saída

```
----|----|----|----|
Output =   10   20
Output =   30   40
```

Quando a função atingir o fim da cadeia de formato após imprimir a (2), ela será iniciada novamente no início da cadeia para imprimir a(3) e a(4).

3. Se a função fprintf esgotar as variáveis antes do fim da cadeia de formato, *seu uso será parado no primeiro especificador de conversão de formato sem uma variável correspondente ou no fim da cadeia de formato, o que vier primeiro*. Por exemplo, as expressões

```
a = 10; b = 15; c = 20;
fprintf('Output = %4d\nOutput = %4.1f\n',a,b,c);
```

produzirão a saída

```
Output =   10
Output = 15.0
Output =   20
Output = »
```

O uso da cadeia de formatos para em %4.1f, que é o primeiro especificador de conversão de formato não correspondido. Por outro lado, as expressões

```
voltage = 20;
fprintf('Voltage = %6.2f kV.\n',voltage);
```

produzirão a saída

```
Voltage =  20.00 kV,
```

como não existem especificadores de conversão de formato não correspondidos e o uso do formato para no fim da cadeia de formato.

### 11.6.4 A Função sprintf

A função sprintf é exatamente como fprintf, exceto que ela grava os dados formatados para uma cadeia de caracteres em vez de um arquivo. Sua forma é

```
string = sprint(format,val1,val2,...)
```

em que fid é o ID de um arquivo para o qual os dados serão gravados e format é a cadeia de formatos que controla a aparência dos dados. Essa função é muito útil para criar dados formatados que podem ser exibidos em um programa.

## ▶ Exemplo 11.2 – Gerando uma Tabela de Informações

Uma boa maneira de ilustrar o uso de funções fprintf é gerar e imprimir uma tabela de dados. O exemplo de arquivo de script mostrado abaixo gera raízes quadradas, quadrados e cubos de todos os números inteiros entre 1 e 10 e apresenta os dados em uma tabela com os cabeçalhos apropriados.

```
% Script file: create_table.m
%
% Purpose:
%   To create a table of square roots, squares, and
%   cubes.
%
% Record of revisions:
%       Date            Programmer          Description of change
%       ====            ==========          =====================
%     03/22/14        S. J. Chapman         Original code
%
% Define variables:
%   cube            -- Cubes
%   ii              -- Index variable
%   square          -- Squares
%   square_roots    -- Square roots
%   out             -- Output array

% Print the title of the table.
fprintf('Table of Square Roots, Squares, and Cubes\n\n');

% Print column headings
fprintf('Number      Square Root     Square      Cube\n');
fprintf('======      ===========     ======      ====\n');

% Generate the required data
ii = 1:10;
square_root = sqrt(ii);
square = ii.^2;
cube = ii.^3;
% Create the output array
out = [ii' square_root' square' cube'];

% Print the data
for ii = 1:10
   fprintf ('%2d    %11.4f    %6d    %8d\n',out(ii,:));
end
```

Quando esse programa é executado, o resultado é

```
» table
Table of Square Roots, Squares, and Cubes

Number      Square Root     Square      Cube
======      ===========     ======      ====
     1         1.0000            1         1
     2         1.4142            4         8
     3         1.7321            9        27
```

|  |  |  |  |
|---|---|---|---|
| 4 | 2.0000 | 16 | 64 |
| 5 | 2.2361 | 25 | 125 |
| 6 | 2.4495 | 36 | 216 |
| 7 | 2.6458 | 49 | 343 |
| 8 | 2.8284 | 64 | 512 |
| 9 | 3.0000 | 81 | 729 |
| 10 | 3.1623 | 100 | 1000 |

## 11.6.5 A Função `fscanf`

A função `fscanf` lê os dados formatados em um formato especificado pelo usuário a partir de um arquivo. Sua forma é

```
array = fscanf(fid,format)
[array, count] = fscanf(fid,format,size)
```

em que `fid` é o ID de um arquivo do qual os dados serão lidos, `format` é a cadeia de formatos que controla como os dados são lidos e `array` é a matriz que recebe os dados. O argumento de saída `count` retorna o número de valores lidos do arquivo.

O argumento opcional `size` especifica a quantidade de dados a ser lida do arquivo. Existem três versões desse argumento:

- n – Lê exatamente valores n. Após essa expressão, `array` será um vetor de coluna que contém n valores lidos do arquivo.
- Inf – Lê até o fim do arquivo. Após essa expressão, `array` será um vetor de coluna que contém todos os dados até o fim do arquivo.
- [n m] – Lê exatamente valores n × m e formata os dados como uma matriz n × m.

### Tabela 11.11: Especificadores de Conversão de Formato para `fscanf`

| Especificador | Descrição |
|---|---|
| %c | Lê um único caractere. Esse especificador lê qualquer caractere incluindo espaços em branco, novas linhas e assim por diante. |
| %Nc | Lê caracteres *N*. |
| %d | Lê um número decimal (ignora os espaços em branco). |
| %e %f %g | Lê um número de ponto flutuante (ignora espaços em branco). |
| %i | Lê um número inteiro assinado (ignora espaços em branco). |
| %s | Lê uma cadeia de caracteres. A cadeia é terminada em espaços em branco ou outros caracteres especiais como novas linhas. |

A cadeia de formato especifica o formato dos dados a serem lidos. Ela pode conter caracteres comuns juntamente com especificadores de conversão de formato. A função `fscanf` compara os dados no arquivo com os especificadores de conversão de formato na cadeia de formato. Assim que os dois corresponderem, `fscanf` converte o valor e o armazena na matriz de saída. Esse processo continua até o fim do arquivo ou até que a quantidade de dados em `size` tenha sido lida, o que vier primeiro.

Se os dados no arquivo não corresponderem aos especificadores de conversão de formato, a operação de `fscanf` para imediatamente.

Os especificadores de conversão de formato para `fscanf` são basicamente os mesmos que os para `fprintf`. A maioria dos especificadores comuns são mostrados na Tabela 11.11.

Para ilustrar o uso de `fscanf`, tentaremos ler um arquivo chamado `x.dat` que contém os seguintes valores em duas linhas:

```
         10.00    20.00
         30.00    40.00
```

1. Se o arquivo for lido com a expressão

    ```
    [z, count] = fscanf(fid,'%f');
    ```

    a variável z será o vetor de coluna $\begin{bmatrix} 10 \\ 20 \\ 30 \\ 40 \end{bmatrix}$ e count será 4.

2. Se o arquivo for lido com a expressão

    ```
    [z, count] = fscanf(fid,'%f',[2 2]);
    ```

    a variável z será a matriz $\begin{bmatrix} 10 & 30 \\ 20 & 40 \end{bmatrix}$ e count será 4.

3. Em seguida, vamos tentar ler esse arquivo como valores decimais. Se o arquivo for lido com a expressão

    ```
    [z, count] = fscanf(fid,'%d',Inf);
    ```

    a variável z será o valor simples 10 e count será 1. Isso acontece porque o ponto decimal em 10.00 não corresponde ao especificador de conversão de formato e fscanf para na primeira correspondência.

4. Se o arquivo for lido com a expressão

    ```
    [z, count] = fscanf(fid,'%d.%d',[1 Inf]);
    ```

    a variável z será o vetor de linha [10 0 20 0 30 0 40 0] e count será 8. Isso acontece porque o ponto decimal agora é correspondido no especificador de conversão de formato e os números em qualquer lateral do ponto decimal são interpretados como inteiros separados.

5. Agora vamos tentar ler o arquivo como caracteres individuais. Se o arquivo for lido com a expressão

    ```
    [z, count] = fscanf(fid,'%c');
    ```

    a variável z será um vetor de linha que contém cada caractere no arquivo, incluindo todos os espaços e os caracteres da nova linha! A variável count será igual ao número de caracteres no arquivo.

6. Finalmente, agora vamos tentar ler o arquivo como uma cadeia de caracteres. Se o arquivo for lido com a expressão

    ```
    [z, count] = fscanf(fid,'%s');
    ```

    a variável z será um vetor de linha que contém os 20 caracteres 10.0020.0030.0040.00, e count será 4. Isso acontece porque o especificador de cadeia ignora o espaço em branco e a função localizou quatro cadeias separadas no arquivo.

## 11.6.6 A Função fgetl

A função fgetl lê a próxima linha *excluindo os caracteres de fim de linha* de um arquivo como uma cadeia de caracteres. Sua forma é

```
line = fgetl(fid)
```

em que fid é o ID de um arquivo do qual os dados serão lidos e line é a matriz de caracteres que recebe os dados. Se fgetl encontrar o fim de um arquivo, o valor de line será definido como $-1$.

### 11.6.7 A Função `fgets`

A função `fgetl` lê a próxima linha *incluindo os caracteres de fim de linha* de um arquivo como uma cadeia de caracteres. Sua forma é

    line = fgets(fid)

em que `fid` é o ID de um arquivo do qual os dados serão lidos e `line` é a matriz de caracteres que recebe os dados. Se `fgets` encontrar um fim de arquivo, o valor de `line` será definido como $-1$.

## 11.7 Comparando Funções Formatadas e Binárias de E/S

Operações de E/S formatadas produzem arquivos formatados. Um **arquivo formatado** contém caracteres reconhecíveis, números etc., que são armazenados como texto comum. Esses arquivos são fáceis de distinguir, porque podemos ver os caracteres e os números no arquivo quando os exibimos na tela ou os imprimimos em uma impressora. No entanto, para usar em um arquivo formatado, um programa MATLAB deve converter os caracteres no arquivo para o formato de dados interno usado pelo computador. Os especificadores de conversão de formato fornecem instruções para essa conversão.

Os arquivos formatados possuem as vantagens de que podemos ver prontamente qual tipo de dados eles contêm e é fácil trocá-los entre os diferentes tipos de programa que os usam. No entanto, eles também possuem desvantagens. Um programa deve realizar grande parte do trabalho para converter um número entre a representação interna do computador e os caracteres contidos no arquivo. Todo esse trabalho será um esforço pedido se lermos os dados de volta em outro programa MATLAB. Além disso, a representação interna de um número geralmente requer muito menos espaço do que a representação correspondente do número encontrado em um arquivo formatado. Por exemplo, a representação interna de um valor de ponto flutuante de 64 bits requer 8 bytes de espaço. A representação de caracteres do mesmo valor seria $\pm d.ddddddddddddddE\pm ee$, que requer 21 bytes de espaço (um byte por caractere). Portanto, armazenar os dados no formato de caracteres é ineficiente e desperdício de espaço em disco.

Os **arquivos não formatados** (ou **arquivos binários**) superam essas desvantagens, copiando as informações da memória do computador diretamente para o arquivo de disco sem nenhuma conversão. Como não ocorrem conversões, nenhum tempo do computador será gasto formatando os dados. No MATLAB, as operações de E/S binárias são *muito* mais rápidas do que as operações de E/S formatadas porque não há conversão. Além disso, os dados ocupam uma quantidade muito menor de espaço em disco. Por outro lado, os dados não formatados não podem ser examinados e interpretados diretamente por humanos. Além disso, eles geralmente não podem ser movidos entre os diferentes tipos de computadores, porque esses tipos de computadores possuem diferentes maneiras internas de representar os números inteiros e os valores de ponto flutuante.

Os arquivos formatados e não formatados são comparados na Tabela 11.12. Em geral, os arquivos formatados são melhores para os dados que as pessoas devem examinar, ou os dados que podem ter sido movidos entre diferentes programas em diferentes computadores. Os arquivos não formatados são melhores para armazenar as informações que não precisarão ser examinadas por humanos e que serão criadas e usadas no mesmo tipo de computador. Sob essas circunstâncias, os arquivos não formatados são mais rápidos e ocupam menos espaços em disco.

## Tabela 11.12: Comparação de Arquivos Formatados e Não Formatados

| Arquivos Formatados | Arquivos Não Formatados |
|---|---|
| Podem exibir os dados nos dispositivos de saída. | Não podem exibir os dados nos dispositivos de saída. |
| Podem transportar facilmente os dados entre diferentes computadores. | Não podem transportar os dados facilmente entre os computadores com diferentes representações de dados internos. |
| Requerem uma quantidade relativamente grande de espaço em disco. | Requerem espaço em disco relativamente pequeno. |
| Lentos: requerem muito tempo do computador. | Rápidos: requerem pouco tempo do computador. |
| Erros de truncamento ou arredondamento possíveis na formatação. | Nenhum erro de truncamento ou arredondamento. |

### Boa Prática de Programação

Use os arquivos formatados para criar dados que devem ser legíveis por humanos ou que devem ser transferidos entre os programas nos computadores de diferentes tipos. Use os arquivos não formatados para armazenar de forma eficiente grandes quantidades de dados que não precisam ser diretamente examinados e que permanecerão somente em um tipo de computador. Além disso, use arquivos não formatados quando a velocidade de E/S for crítica.

### ▶ Exemplo 11.3 – Comparando E/S Binárias e Formatadas

O programa mostrado abaixo compara o tempo necessário para ler e gravar uma matriz de 10.000 elementos usando operações de E/S binárias e formatadas. Observe que cada operação é repetida 10 vezes e o tempo médio é relatado.

```
% Script file: compare.m
%
% Purpose:
%    To compare binary and formatted I/O operations.
%    This program generates an array of 10,000 random
%    values and writes it to disk both as a binary and
%    as a formatted file.
%
% Record of revisions:
%      Date          Programmer         Description of change
%      ====          ==========         =====================
%    03/22/14      S. J. Chapman        Original code
%
% Define variables:
%    count     -- Number of values read / written
%    fid       -- File id
%    in_array  -- Input array
%    msg       -- Open error message
%    out_array -- Output array
%    status    -- Operation status
```

```matlab
%   time        -- Elapsed time in seconds
%%%%%%%%%%%%%%%%%%%%%%%%%%%%%%%%%%%%%%%%%%%
% Generate the data array.
%%%%%%%%%%%%%%%%%%%%%%%%%%%%%%%%%%%%%%%%%%%
out_array = randn(1,100000);

%%%%%%%%%%%%%%%%%%%%%%%%%%%%%%%%%%%%%%%%%%%
% First, time the binary output operation.
%%%%%%%%%%%%%%%%%%%%%%%%%%%%%%%%%%%%%%%%%%%
% Reset timer
tic;

% Loop for 10 times
for ii = 1:10

   % Open the binary output file for writing.
   [fid,msg] = fopen('unformatted.dat','w');

   % Write the data
   count = fwrite(fid,out_array,'float64');

   % Close the file
   status = fclose(fid);

end

% Get the average time
time = toc / 10;
fprintf ('Write time for unformatted file = %6.3f\n',time);

%%%%%%%%%%%%%%%%%%%%%%%%%%%%%%%%%%%%%%%%%%%
% Next, time the formatted output operation.
%%%%%%%%%%%%%%%%%%%%%%%%%%%%%%%%%%%%%%%%%%%
% Reset timer
tic;

% Loop for 10 times
for ii = 1:10

   % Open the formatted output file for writing.
   [fid,msg] = fopen('formatted.dat','wt');

   % Write the data
   count = fprintf(fid,'%23.15e\n',out_array);

   % Close the file
   status = fclose(fid);
end

% Get the average time
time = toc / 10;
fprintf ('Write time for formatted file = %6.3f\n',time);

%%%%%%%%%%%%%%%%%%%%%%%%%%%%%%%%%%%%%%%%%%%
% Time the binary input operation.
```

```matlab
%%%%%%%%%%%%%%%%%%%%%%%%%%%%%%%%%%%%%%%%%%%%%%
% Reset timer
tic;

% Loop for 10 times
for ii = 1:10

   % Open the binary file for reading.
   [fid,msg] = fopen('unformatted.dat','r');

   % Read the data
   [in_array, count] = fread(fid,Inf,'float64');

   % Close the file
   status = fclose(fid);

end

% Get the average time
time = toc / 10;
fprintf ('Read time for unformatted file =  %6.3f\n',time);

%%%%%%%%%%%%%%%%%%%%%%%%%%%%%%%%%%%%%%%%%%%%%%
% Time the formatted input operation.
%%%%%%%%%%%%%%%%%%%%%%%%%%%%%%%%%%%%%%%%%%%%%%

% Reset timer
tic;

% Loop for 10 times
for ii = 1:10

   % Open the formatted file for reading.
   [fid,msg] = fopen('formatted.dat','rt');

   % Read the data
   [in_array, count] = fscanf(fid,'%f',Inf);

   % Close the file
   status = fclose(fid);
end
   % Get the average time
   time = toc / 10;
   fprintf ('Read time for formatted file =   %6.3f\n',time);
```

Quando este programa é executado no MATLAB R2014b, os resultados são:

```
» compare
Write time for unformatted file =  0.001
Write time for formatted file =    0.095
Read time for unformatted file =   0.002
Read time for formatted file =     0.139
```

Os arquivos gravados no disco são mostrados a seguir.

```
D:\book\matlab\chap8>dir *.dat
Volume in drive C is SYSTEM
Volume Serial Number is 0866-1AC5

Directory of c:\book\matlab\5e\rev1\chap11
09/09/2014  07:01 PM    <DIR>          .
09/09/2014  07:01 PM    <DIR>          ..
09/09/2014  07:01 PM           250,000 formatted.dat
09/09/2014  07:01 PM            80,000 unformatted.dat
              4 File(s)        330,000 bytes
              2 Dir(s) 181,243,170,816 bytes free
```

Observe que o tempo de gravação para o arquivo formatado era quase 100 vezes menor do que o tempo de gravação para o arquivo não formatado e o tempo de leitura para o arquivo formatado era aproximadamente 70 vezes menor do que o tempo de leitura para o arquivo não formatado. Além disso, o arquivo formatado era 3 vezes maior do que o não formatado.

Fica claro através desses resultados que a menos que você *realmente* precise dos dados formatados, as operações de E/S binárias são a maneira preferida de salvar os dados no MATLAB. ◀

### Teste 11.2

Este teste apresenta uma verificação rápida sobre entendimento dos conceitos apresentados nas Seções 11.6 e 11.7. Se você tiver problemas com o teste, releia a seção, pergunte ao seu instrutor ou discuta o material com um colega. As respostas para este teste encontram-se na parte final do livro.

1. Qual é a diferença entre as operações de E/S formatadas e não formatadas (binárias)?
2. Quando a E/S formatada deve ser usada? Quando a E/S não formatada deve ser usada?
3. Escreva as expressões MATLAB necessárias para criar uma tabela que contenha o seno e o cosseno de $x$ para $x = 0, 0.1\,\pi, ..., \pi$. Certifique-se de incluir um título e uma legenda na tabela.

Para as questões 4 e 5, determine se as expressões MATLAB estão corretas ou não. Se elas contiverem erro, especifique o que há de errado com elas.

4.
```
a = 2*pi;
b = 6;
c = 'hello';
fprintf(fid,'%s %d %g\n',a,b,c);
```

5.
```
data1 = 1:20;
data2 = 1:20;
fid = fopen('xxx','w+');
fwrite(fid,data1);
fprintf(fid,'%g\n',data2);
```

## 11.8 Posicionamento de Arquivo e Funções de Status

Conforme informamos anteriormente, os arquivos MATLAB são sequenciais – eles são lidos em ordem do primeiro registro no arquivo até o último. No entanto, às vezes, precisamos ler uma parte dos dados ou processar um arquivo inteiro mais de uma vez durante um programa. Como podemos navegar em um arquivo sequencial?

A função MATLAB `exist` pode determinar se um arquivo existe, ou não, antes que seja aberto. Existem duas funções para nos informar onde estamos dentro de um arquivo depois que ele for aberto: feof e ftell. Além disso, existem duas funções que nos ajudam no deslocamento dentro do arquivo: frewind e fseek.

Por fim, o MATLAB inclui uma função, ferror, que fornece uma descrição detalhada da causa dos erros de E/S quando eles ocorrem. Agora exploraremos essas cinco funções, examinando ferror primeiro porque ela pode ser usada com todas as outras funções.

### 11.8.1 A Função exist

A função MATLAB exist verifica a existência de uma variável em um espaço de trabalho, uma função integrada ou um arquivo no caminho de pesquisa MATLAB. As formas da função ferror são:

```
ident = exist('item');
ident = exist('item','kind');
```

Se 'item' existir, essa função retornará um valor baseado em seu tipo. Os resultados possíveis são mostrados na Tabela 11.13.

A segunda forma da função exist restringe a pesquisa por um item para um tipo especificado. Os tipos legais são 'var', 'file', 'builtin' e 'dir'.

A função exist é muito importante porque podemos usá-la para verificar a existência de um arquivo antes que ele seja substituído por fopen. As permissões 'w' e 'w+' excluem o conteúdo em um arquivo existente quando nós o abrimos. Antes que um programador permita que fopen exclua um arquivo existente, ele deve confirmar com o usuário se o arquivo realmente deve ser excluído.

**Tabela 11.13: Valores Retornados pela Função exist**

| Valor | Significado |
|---|---|
| 0 | Item não localizado |
| 1 | O item é uma variável no espaço de trabalho atual |
| 2 | O item é um arquivo M ou um arquivo de tipo desconhecido |
| 3 | O item é um arquivo MEX |
| 4 | O item é um arquivo MDL |
| 5 | O item é uma função integrada |
| 6 | O item é um arquivo P |
| 7 | O item é um diretório |
| 8 | O item é uma classe Java |

▶ **Exemplo 11.4 – Abrindo um Arquivo de Saída**

O programa mostrado recebe do usuário um nome de arquivo de saída e verifica se ele existe. Se existir, o programa verifica se o usuário deseja excluir o arquivo existente ou anexar os novos dados a ele. Se o arquivo não existir, o programa simplesmente abre o arquivo de saída.

```
% Script file: output.m
%
% Purpose:
%    To demonstrate opening an output file properly.
%    This program checks for the existence of an output
%    file. If it exists,the program checks to see if
%    the old file should be deleted, or if the new data
```

```
%       should be appended to the old file.
%
% Record of revisions:
%       Date            Programmer          Description of change
%       ====            ==========          =====================
%     03/24/14        S. J. Chapman         Original code
%
% Define variables:
%    fid            -- File id
%    out_filename   -- Output file name
%    yn             -- Yes/No response

% Get the output file name.
out_filename = input('Enter output filename: ','s');

% Check to see if the file exists.
if exist(out_filename,'file')

   % The file exists
   disp('Output file already exists.');
   yn = input('Keep existing file? (y/n) ','s');

   if yn == 'n'
      fid = fopen(out_filename,'wt');
   else
      fid = fopen(out_filename,'at');
   end

else

   % File doesn't exist
   fid = fopen(out_filename,'wt');

end

% Output data
fprintf(fid,'%s\n',date);

% Close file
fclose(fid);
```

Quando esse programa é executado, os resultados são:

```
» output
Enter output filename: xxx            (Arquivo inexistente)
» type xxx

23-Mar-2014

» output
Enter output filename: xxx
Output file already exists.
Keep existing file? (y/n) y           (Preserva arquivo atual)
» type xxx

23-Mar-2014
23-Mar-2014                           (Novos dados adicionados)
```

```
» output
Enter output filename: xxx
Output file already exists.
Keep existing file? (y/n) n        (Arquivo atual substituído)
» type xxx
```

23-Mar-2014

O programa parece estar funcionando corretamente em todos os três casos.

### Boa Prática de Programação

Não substitua um arquivo de saída sem confirmar se o usuário gostaria de excluir as informações preexistentes.

## 11.8.2 A Função `ferror`

O sistema de E/S do MATLAB possui diversas variáveis internas, incluindo um indicador de erro especial que está associado a cada arquivo aberto. Esse indicador de erro é atualizado por cada operação de E/S. A função `ferror` recebe o indicador de erro e o converte em uma mensagem de caracteres de fácil entendimento. As formas da função `ferror` são:

```
message = ferror(fid)
message = ferror(fid,'clear')
[message,errnum] = ferror(fid)
```

Esta função retorna a mensagem de erro mais recente (e opcionalmente o número de erro) associada ao arquivo anexado a `fid`. Ela pode ser chamada a qualquer momento após qualquer operação de E/S para obter uma descrição mais detalhada do que houve de errado. Se essa função for chamada após uma operação bem-sucedida, a mensagem será '. . ' e o número de erro será 0.

O argumento `'clear'` limpa o indicador de erro para um determinado ID de arquivo.

## 11.8.3 A Função `feof`

A função `feof` testa se a posição do arquivo atual está no fim do arquivo. A forma da função `feof` é:

```
eofstat = feof(fid)
```

Essa função retorna uma verdade lógica (1) se a posição do arquivo atual estiver no fim do arquivo e, do contrário, (0) falso lógico.

## 11.8.4 A Função `ftell`

A função `ftell` retorna o local atual do indicador de posição de arquivo para o arquivo especificado por `fid`. A posição é um inteiro não negativo especificado em bytes do início do arquivo. Um valor retornado de $-1$ para a posição indica que a consulta foi malsucedida. Se isso acontecer, use `ferror` para determinar por que a solicitação falhou. A forma da função `ftell` é:

```
position = ftell(fid)
```

## 11.8.5 A Função `frewind`

A função `frewind` permite que um programador redefinida um indicador de posição de arquivo para o início do arquivo. A forma da função `frewind` é:

    frewind(fid)

Essa função não retorna as informações de status.

## 11.8.6 A Função `fseek`

A função `fseek` permite que um programador defina o indicador de posição de um arquivo para um local arbitrário em um arquivo. A forma da função `fseek` é:

    status = fseek(fid,offset,origin)

Essa função reposiciona o indicador de posição do arquivo no arquivo com o `fid` fornecido para o byte com o `offset` especificado relativo a `origin`. O `offset` é medido em bytes, com um número positivo indicando a movimentação em direção ao fim do arquivo e um número negativo indicando a movimentação em direção à cabeça do arquivo. A `origin` é uma cadeia que pode ter um dos três valores possíveis.

- `'bof'` – Esse é o início do arquivo.
- `'cof'` – Essa é a posição atual no arquivo.
- `'eof'` – Esse é o fim do arquivo.

O `status` retornado será zero se a operação for bem-sucedida e $-1$ se a operação falhar. Se o status retornado for $-1$, use `ferror` para determinar o motivo pelo qual a solicitação falhou.

Como um exemplo de usar `fseek` e `ferror` junto, considere as seguintes expressões.

    [fid,msg] = fopen('x','r');
    status = fseek(fid,-10,'bof');
    if status ~= 0
       msg = ferror(fid);
       disp(msg);
    end

Esses comandos abrem um arquivo e tentam definir o ponteiro do arquivo 10 bytes antes do seu início. Como isso é impossível, `fseek` retorna um status de $-1$ e `ferror` recebe uma mensagem de erro apropriada. Quando essas expressões são executadas, o resultado é uma mensagem de erro informativa:

    Offset is bad - before beginning-of-file.

### ▶ Exemplo 11.5 – Ajustando uma Linha a um Conjunto de Medidas com Ruído

No Exemplo 5.6, aprendemos a executar um ajuste de um conjunto de medidas com ruído $(x,y)$ para uma linha do formulário

$$y = mx + b \qquad (11.1)$$

O método padrão para encontrar os coeficientes de regressão $m$ e $b$ é o método de quadrados mínimos. Esse método é denominado "quadrados mínimos" porque produz a linha $y = mx + b$ para a qual a soma dos quadrados das diferenças entre os valores y observados e os valores y previstos são os menores possíveis. A inclinação da reta dos mínimos quadrados é dada por

$$m = \frac{\left(\sum xy\right) - \left(\sum x\right)\bar{y}}{\left(\sum x^2\right) - \left(\sum x\right)\bar{x}} \qquad (11.2)$$

e o ponto de interseção da linha de mínimos quadrados é de

$$b = \bar{y} - m\bar{x} \qquad (11.3)$$

em que

$\sum x$ é a soma dos valores de $x$
$\sum x^2$ é a soma dos quadrados dos valores de $x$
$\sum xy$ é a soma dos produtos dos valores de $x$ e $y$ correspondentes
$\bar{x}$ é a média dos valores de $x$
$\bar{y}$ é a média dos valores de $y$

Escreva um programa que calcule a inclinação dos mínimos quadrados $m$ e ponto $b$ de interseção com o eixo $y$ para um determinado conjunto de pontos de dados medidos com ruído $(x,y)$ que devem ser encontrados em um arquivo de dados de entrada.

**Solução**

1. **Estabeleça o problema**
   Calcule a inclinação $m$ e o ponto de interseção $b$ de uma linha de mínimos quadrados que se ajusta melhor a um conjunto de dados de entrada que consiste em um número de pares $(x,y)$. Os dados de saída $(x,y)$ residem em um arquivo de entrada especificado pelo usuário.

2. **Defina as entradas e saídas**
   As entradas necessárias para esse programa são pares de pontos $(x,y)$, em que $x$ e $y$ são quantidades reais. Cada par de pontos estará localizado em uma linha separada no arquivo de disco de entrada. O número de pontos no arquivo de disco não é conhecido antecipadamente.
   As saídas desse programa são a inclinação e o ponto de interseção da linha ajustada de mínimos quadrados, mais o número de pontos para o ajuste.

3. **Descreva o algoritmo**
   Esse programa pode ser interrompido em quatro etapas principais:

   ```
   Get the name of the input file and open it
   Accumulate the input statistics
   Calculate the slope and intercept
   Write out the slope and intercept
   ```

   A primeira etapa principal do programa é obter o nome do arquivo de entrada e abri-lo. Para isso, temos que solicitar ao usuário que insira o nome do arquivo de entrada. Depois que o arquivo for aberto, devemos verificar se a abertura foi bem-sucedida. Em seguida, devemos ler o arquivo e acompanhar o número de valores, mais as somas $\sum x$, $\sum y$, $\sum x^2$ e $\sum xy$. O pseudocódigo para esses passos é:

   ```
   Initialize n, sum_x, sum_x2, sum_y, and sum_xy to 0
   Prompt user for input file name
   Open file 'filename'
   Check for error on open
   if no error
      Read x, y from file 'filename'
      while not at end-of-file
         n ← n + 1
         sum_x ← sum_x + x
   ```

```
            sum_y ← sum_y + y
            sum_x2 ← sum_x2 + x^2
            sum_xy ← sum_xy + x*y
            Read x, y from file 'filename'
        end
      (further processing)
    end
```

Depois, precisamos calcular a inclinação e a interseção da linha de mínimos quadrados. O pseudocódigo para este passo é simplesmente a versão em MATLAB das Equações (11.2) e (11.3).

```
    x_bar ← sum_x / n
    y_bar ← sum_y / n
    slope ← (sum_xy - sum_x*y_bar) / (sum_x2 - sum_x*x_bar)
    y_int ← y_bar - slope * x_bar
```

Por fim, precisamos escrever os resultados.

```
    Write out slope 'slope' and intercept 'y_int'.
```

4. **Transforme o algoritmo em expressões MATLAB.**
   O programa MATLAB final é mostrado abaixo.

```
    % Script file: lsqfit.m
    %
    % Purpose:
    %   To perform a least-squares fit of an input data set
    %   to a straight line, and print out the resulting slope
    %   and intercept values.  The input data for this fit
    %   comes from a user-specified input data file.
    %
    % Record of revisions:
    %      Date            Programmer         Description of change
    %      ====            ==========         =====================
    %    03/24/14         S. J. Chapman       Original code
    %
    % Define variables:
    %   count       -- number of values read
    %   filename    -- Input file name
    %   fid         -- File id
    %   msg         -- Open error message
    %   n           -- Number of input data pairs (x,y)
    %   slope       -- Slope of the line
    %   sum_x       -- Sum of all input X values
    %   sum_x2      -- Sum of all input X values squared
    %   sum_xy      -- Sum of all input X*Y values
    %   sum_y       -- Sum of all input Y values
    %   x           -- An input X value
    %   x_bar       -- Average X value
    %   y           -- An input Y value
    %   y_bar       -- Average Y value
    %   y_int       -- Y-axis intercept of the line

    % Initialize sums
    n = 0; sum_x = 0; sum_y = 0; sum_x2 = 0; sum_xy = 0;
```

```matlab
% Prompt user and get the name of the input file.
disp('This program performs a least-squares fit of an');
disp('input data set to a straight line. Enter the name');
disp('of the file containing the input (x,y) pairs: ');
filename = input(' ','s');

% Open the input file
[fid,msg] = fopen(filename,'rt');

% Check to see if the open failed.
if fid < 0

   % There was an error--tell user.
   disp(msg);

else

   % File opened successfully. Read the (x,y) pairs from
   % the input file. Get first (x,y) pair before the
   % loop starts.
   [in,count] = fscanf(fid,'%g %g',2);

   while ~feof(fid)
      x = in(1);
      y = in(2);
      n       = n + 1;                   %
      sum_x   = sum_x + x;               % Calculate
      sum_y   = sum_y + y;               % statistics
      sum_x2  = sum_x2 + x.^2;           %
      sum_xy  = sum_xy + x * y;          %
      % Get next (x,y) pair
      [in,count] = fscanf(fid,'%f',[1 2]);

   end

   % Close the file
   fclose(fid);

   % Now calculate the slope and intercept.
   x_bar = sum_x / n;
   y_bar = sum_y / n;
   slope = (sum_xy - sum_x*y_bar) / (sum_x2 - sum_x*x_bar);
   y_int = y_bar - slope * x_bar;

   % Tell user.
   fprintf('Regression coefficients for the least-squares line:\n');
   fprintf('   Slope (m)       = %12.3f\n',slope);
   fprintf('   Intercept (b)   = %12.3f\n',y_int);
   fprintf('   No of points    = %12d\n',n);

end
```

5. **Teste o programa.**
   Para testar esse programa, tentaremos um conjunto de dados simples. Por exemplo, se todos os pontos no conjunto de dados efetivamente seguirem uma linha reta, a inclinação e a interseção resultantes deverão ser precisamente a inclinação e a interseção dessa linha reta. Assim, o conjunto de dados

   ```
   1.1   1.1
   2.2   2.2
   3.3   3.3
   4.4   4.4
   5.5   5.5
   6.6   6.6
   7.7   7.7
   ```

   deverá produzir uma inclinação 1.0 e uma interseção de 0.0. Se colocarmos esses valores em um arquivo chamado `input1` e executarmos o programa, os resultados serão:

   ```
   » lsqfit
   This program performs a least-squares fit of an
   input data set to a straight line. Enter the name
   of the file containing the input (x,y) pairs:
   input1
   Regression coefficients for the least-squares line:
      Slope (m)      = 1.000
      Intercept (b)  = 0.000
      No of points   =     7
   ```

   Vamos agora acrescentar algum ruído a essas medidas. O conjunto de dados passará a ser

   ```
   1.1   1.01
   2.2   2.30
   3.3   3.05
   4.4   4.28
   5.5   5.75
   6.6   6.48
   7.7   7.84
   ```

   Se esses valores forem colocados em um arquivo chamado `input2` e o programa for executado nesse arquivo, os resultados serão:

   ```
   » lsqfit
   This program performs a least-squares fit of an
   input data set to a straight line. Enter the name
   of the file containing the input (x,y) pairs:
   input2
   Regression coefficients for the least-squares line:
      Slope (m)      = 1.024
      Intercept (b)  = -0.120
      No of points   =     7
   ```

   Se calcularmos à mão a resposta, fica fácil mostrar que o programa dá as respostas corretas para nossos dois conjuntos de dados de teste. Os dados de entrada com ruído e a reta ajustada dos mínimos quadrados resultante são apresentados na Figura 11.2.

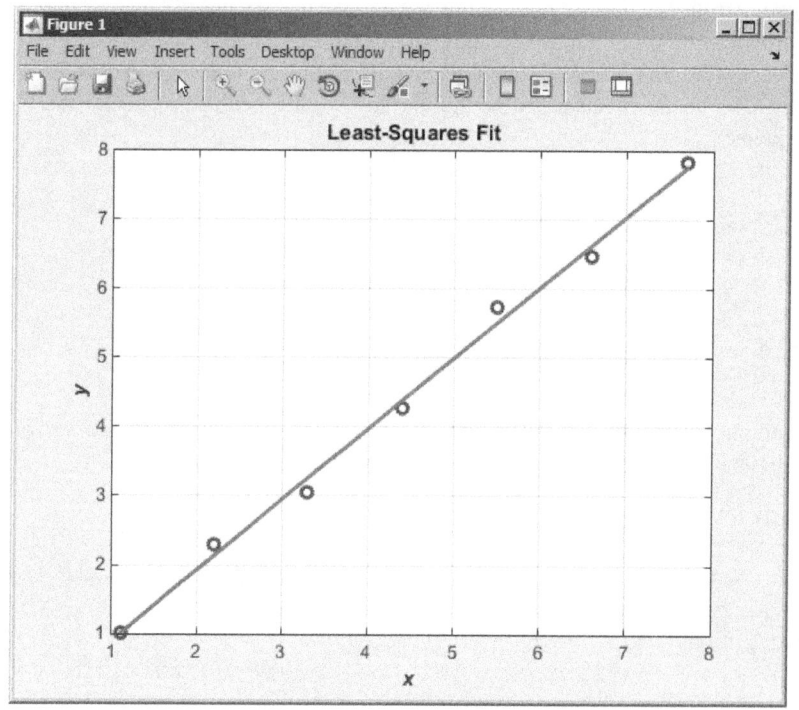

**Figura 11.2** Um conjunto de dados de entrada com ruído e a linha ajustada de mínimos quadrados resultante.

## 11.9 A Função `textscan`

A função `textscan` lê os arquivos de texto que são formatados nas colunas de dados, em que cada coluna pode ser de um tipo diferente, e armazena o conteúdo nas colunas de uma matriz celular. Essa função é *muito* útil para importar as tabelas de dados impressas por outros aplicativos. Isso é basicamente semelhante a `textread`, exceto pelo fato de que é mais rápido e mais flexível.

A forma da função `textscan` é

```
a = textscan(fid, 'format')
a = textscan(fid, 'format', N)
a = textscan(fid, 'format', param, value, ...)
a = textscan(fid, 'format', N, param, value, ...)
```

em que `fid` é o ID do arquivo que já foi aberto com `fopen`, `format` é uma cadeia que contém uma descrição do tipo de dados em cada coluna e n é o número de vezes para usar o especificador de formato. (Se n for −1 ou estiver ausente, a função será lida até o fim do arquivo.) A cadeia de formato contém os mesmos tipos de descritores de formato que a função `fprintf`. Observe que existe somente um argumento de saída, com todos os valores retornados em uma matriz celular. A matriz celular conterá inúmeros elementos iguais ao número de descritores de formatos a serem lidos.

Por exemplo, suponha que o arquivo `test_input1.dat` contenha os seguintes dados:

```
James    Jones    O+    3.51    22    Yes
Sally    Smith    A+    3.28    23    No
Hans     Carter   B-    2.84    19    Yes
Sam      Spade    A+    3.12    21    Yes
```

Esses dados podem ser lidos em uma matriz celular com a seguinte função:

```
fid = fopen('test_input1.dat','rt');
a = textscan(fid,'%s %s %s %f %d %s',-1);
fclose(fid);
```

Quando esse comando é executado, os resultados são:

```
» fid = fopen('test_input1.dat','rt');
» a = textscan(fid,'%s %s %s %f %d %s',-1)
a =
   {4x1 cell}    {4x1 cell}    {4x1 cell}    [4x1 double]
   [4x1 int32]   {4x1 cell}
» a{1}
ans =
   'James'
   'Sally'
   'Hans'
   'Sam'
» a{2}
ans =
   'Jones'
   'Smith'
   'Carter'
   'Spade'
» a{3}
ans =
   'O+'
   'A+'
   'B-'
   'A+'
>> a{4}
ans =
   3.5100
   3.2800
   2.8400
   3.1200
» fclose(fid);
```

Essa função também pode ignorar as colunas selecionadas adicionando um asterisco ao descritor do formato correspondente (por exemplo, %*s). Por exemplo, as seguintes expressões leem somente o primeiro nome, o sobrenome e o gpa do arquivo:

```
fid = fopen('test_input1.dat','rt');
a = textscan(fid,'%s %s %*s %f %*d %*s',-1);
fclose(fid);
```

A função textscan é semelhante à função textread, mas é mais flexível e mais rápida. As vantagens de textscan incluem:

1. A função textscan oferece melhor desempenho do que textread, tornando-a uma melhor escolha ao ler grandes arquivos.
2. Com textscan, é possível iniciar a leitura em qualquer ponto no arquivo. Quando o arquivo for aberto com fopen, é possível mover para qualquer posição no arquivo com fseek e iniciar o textscan nesse ponto. A função textread requer que você comece a ler a partir do início do arquivo.

3. As operações `textscan` subsequentes começam a ler o arquivo do ponto no qual estava o último `textscan`. A função `textread` sempre começa no início do arquivo, independentemente de qualquer operação `textread` anterior.
4. A função `textscan` retorna uma única matriz celular, independentemente da quantidade de campos que você lê. Com a `textscan`, não é necessário corresponder o número de argumentos de saída com o número de campos sendo lido, como faria com `textread`.
5. A função `textscan` oferece mais opções sobre como os dados sendo criados são convertidos.

A função `textscan` possui um número de opções adicionais que aumenta sua flexibilidade. Consulte a documentação on-line do MATLAB para obter detalhes dessas opções.

### Boa Prática de Programação

Use a função `textscan` em preferência à `textread` para importar os dados do texto no formato da coluna dos programas escritos em outros idiomas ou exportados dos aplicativos, como planilhas.

## 11.10 A Função `uiimport`

A função `uiimport` é uma maneira baseada em GUI de importar os dados de um arquivo ou da área de transferência. Esse comando assume as formas

```
uiimport
structure = uiimport;
```

No primeiro caso, os dados importados são inseridos diretamente no espaço de trabalho atual do MATLAB. No segundo caso, os dados são convertidos em uma estrutura e salvos na variável `structure`.

Quando o comando `uiimport` é digitado, o Assistente de Importação é exibido em uma janela (consulte a Figura 11.3). O usuário então pode selecionar o arquivo do qual ele gostaria de importar e os dados específicos nesse arquivo. Muitos formatos diferentes são suportados – uma lista parcial é fornecida na Tabela 11.14. Além disso, os dados podem ser importados de quase *qualquer* aplicativo, salvando os dados na área de transferência. Essa flexibilidade pode ser muito útil quando você estiver tentando receber os dados no MATLAB para análise.

(a)

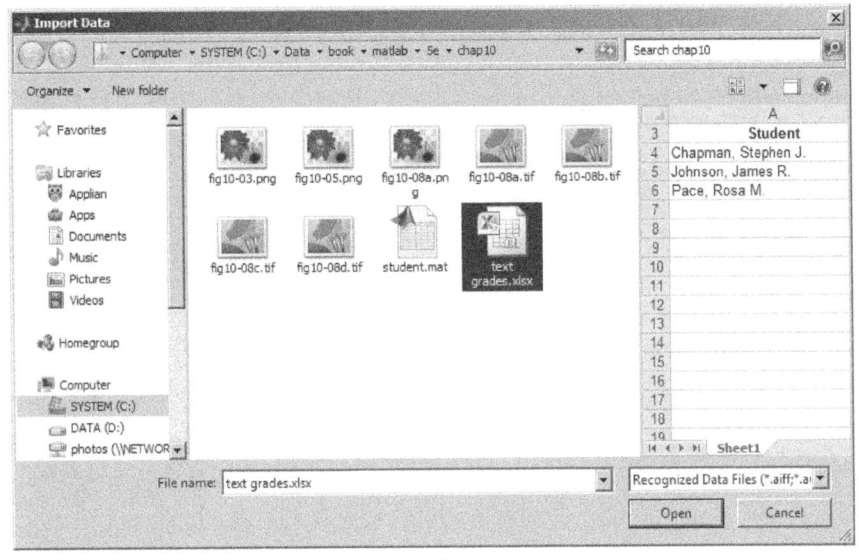

(b)

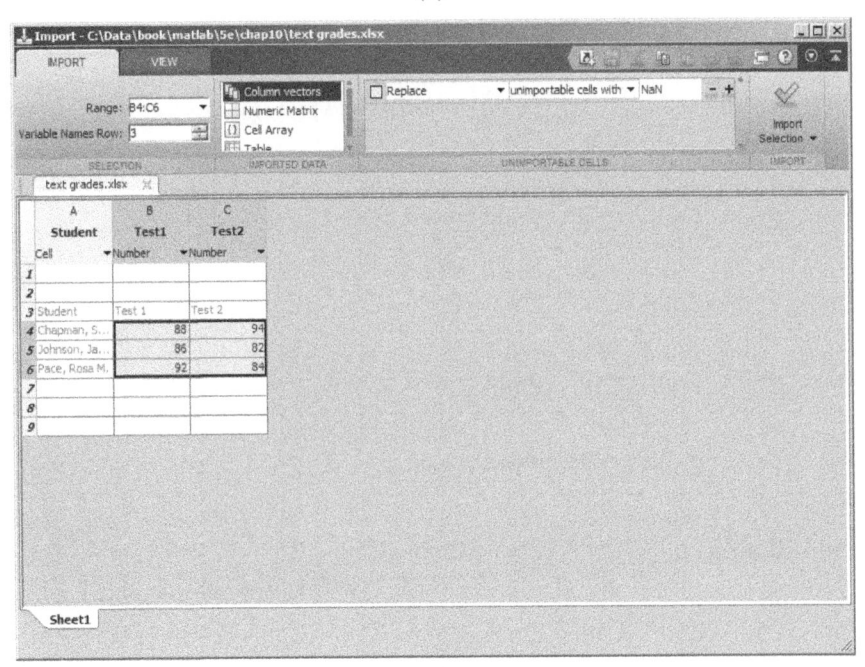

(c)

**Figura 11.3** Usando uiimport: (a) O Assistente de Importação primeiro pede ao usuário para selecionar uma origem de dados. (b) O Assistente de Importação após um arquivo ser selecionado, mas ainda não carregado. (c) Depois que um arquivo de dados tiver sido selecionado, uma ou mais matrizes de dados serão criadas e seu conteúdo poderá ser examinado. O usuário seleciona aqueles que devem ser importados e clica em Importar Seleção.

## Tabela 11.14: Formatos de Arquivo Selecionado Suportados por uiimport

| Extensão de Arquivo | Significado |
| --- | --- |
| *.gif | Arquivos de imagem |
| *.jpg | |
| *.jpeg | |
| *.jp2 | |
| *.jpf | |
| *.jpx | |
| *.j2c | |
| *.j2k | |
| *.ico | |
| *.png | |
| *.pcx | |
| *.tif | |
| *.tiff | |
| *.bmp | |
| *.mat | Arquivos de dados do MATLAB |
| *.cur | Formato do cursor |
| *.hdf | Arquivo do formato de dados hierárquico |
| *.h5 | |
| *.au | Arquivos de som |
| *.flac | |
| *.ogg | |
| *.snd | |
| *.wav | |
| *.avi | Arquivos de vídeo |
| *.mov | |
| *.mpg | |
| *.mp4 | |
| *.wmv | |
| *.xml | Arquivos XML |
| *.csv | Arquivos da planilha |
| *.xls | |
| *.xlsx | |
| *.xlsm | |
| *.wk1 | |
| *.txt | Arquivos de texto |
| *.dat | |
| *.dlm | |
| *.tab | |

## 11.11 Resumo

No Capítulo 11, apresentamos uma introdução das operações de E/S do arquivo. Várias funções de E/S do MATLAB são semelhantes às funções C, mas existem diferenças em alguns detalhes.

As funções `textread` e `textscan` podem ser usadas para importar os dados de texto no formato da coluna dos programas escritos em outras linguagens ou exportadas de aplicativos como planilhas. Dessas duas funções, `textscan` é a preferida, porque é mais flexível e mais rápida do que `textread`.

Os comandos `load` e `save` que usam os arquivos MAT são muito eficientes, são transportáveis através das implementações MATLAB e preservam a precisão completa, os tipos de dados e o status global para todas as variáveis. Os arquivos MAT devem ser usados como método de primeira opção de E/S, a menos que os dados devam ser compartilhados com outros aplicativos e sejam legíveis por humanos.

Existem dois tipos de expressões de E/S no MATLAB: binário e formatado. As expressões de E/S binárias armazenam ou leem dados em arquivos não formatados e as expressões de E/S formatadas armazenam ou leem dados em arquivos formatados.

Os arquivos MATLAB são abertos com a função `fopen` e fechados com a função `fclose`. As leituras e gravações binárias são executadas com as funções `fread` e `fwrite`, enquanto as leituras e gravações formatadas são executadas com as funções `fscanf` e `fprintf`. As funções `fgets` e `fgetl` simplesmente transferem uma linha de texto de um arquivo formatado em uma cadeia de caracteres.

A função `exist` pode ser usada para determinar se um arquivo existe antes que seja aberto. Isso é útil para assegurar que os dados existentes não sejam acidentalmente substituídos.

É possível percorrer um arquivo de disco usando as funções `frewind` e `fseek`. A função `frewind` move a posição do arquivo atual para o início do arquivo, enquanto a função `fseek` move a posição do arquivo atual para um ponto de um número especificado de bytes adiante ou atrás de um ponto de referência. O ponto de referência pode ser a posição do arquivo atual, o início ou o fim dele.

O MATLAB inclui uma ferramenta baseada em GUI chamada `uiimport`, que permite que os usuários importem os dados no MATLAB a partir dos arquivos criados por muitos outros programas em uma variedade de formatos.

### 11.11.1 Resumo das Boas Práticas de Programação

As diretrizes a seguir devem ser adotadas ao trabalhar com as funções de E/S do MATLAB.

1. A menos que você troque os dados com programas não MATLAB, sempre use os comandos `load` e `save` para salvar os conjuntos de dados no formato de arquivo MAT. Esse formato é eficiente e transportável nas implementações MATLAB e preserva todos os detalhes de todos os tipos de dados MATLAB.
2. Sempre tenha cuidado para especificar as permissões adequadas nas expressões `fopen`, dependendo de você estar lendo de ou gravando para um arquivo. Essa prática ajudará a evitar erros, como substituir acidentalmente os dados do arquivo que deseja manter.
3. Sempre verifique o status após uma operação de abertura de arquivo para verificar se foi bem-sucedida. Se a abertura do arquivo falhar, informe ao usuário e forneça uma maneira de recuperar-se do problema.
4. Use os arquivos formatados para criar dados que devam ser legíveis por humanos ou que devam ser transferidos entre os programas nos computadores de diferentes tipos. Use os arquivos não formatados para armazenar eficientemente grandes quantidades de dados que não precisam ser diretamente examinados e que permanecerão somente em um tipo de computador. Além disso, use arquivos não formatados quando a velocidade de E/S for crítica.

5. Não substitua um arquivo de saída sem confirmar se o usuário gostaria de excluir as informações preexistentes.
6. Use a função `textscan` como preferência a `textread` para importar os dados do texto no formato de coluna dos programas escritos em outros idiomas ou exportados dos aplicativos, como planilhas.

### 11.11.2 Resumo do MATLAB

O resumo a seguir lista todos os comandos e funções do MATLAB apresentados neste capítulo, junto a uma breve descrição de cada item.

| | |
|---|---|
| `exist` | Verifica a existência de um arquivo |
| `fclose` | Fecha o arquivo |
| `feof` | Testa o fim de arquivo |
| `ferror` | Pesquisa o status de erro de E/S |
| `fgetl` | Lê uma linha de um arquivo e descarta o caractere de nova linha |
| `fgets` | Lê uma linha do arquivo e mantém o caractere de nova linha |
| `fopen` | Abre o arquivo |
| `fprintf` | Grava os dados formatados para o arquivo |
| `fread` | Lê os dados binários do arquivo |
| `frewind` | Rebobina o arquivo |
| `fscanf` | Lê os dados formatados do arquivo |
| `fseek` | Define a posição do arquivo |
| `ftell` | Verifica a posição do arquivo |
| `fwrite` | Grava os dados binários para um arquivo |
| `sprintf` | Escreve os dados formatados para uma cadeia de caracteres |
| `textread` | Lê os dados de diversos tipos organizados no formato da coluna a partir de um arquivo de texto e armazena os dados em cada coluna em variáveis separadas |
| `textscan` | Lê os dados de diversos tipos organizados no formato da coluna a partir de um arquivo de texto e armazena os dados em uma matriz celular |
| `uiimport` | Inicia uma ferramenta de GUI para importar os dados |

## 11.12 Exercícios

**11.1** Qual a diferença entre a E/S formatada e a binária? Quais funções do MATLAB executam cada tipo de E/S?

**11.2** **Tabela de Logaritmos** Escreva um programa MATLAB para gerar uma tabela de logaritmos de base 10 entre 1 e 10 em etapas de 0.1.

```
              Tabela de Logaritmos
        X.0    X.1    X.2    X.3    X.4  X.5  X.6  X.7  X.8  X.9
 1.0   0.000  0.041  0.079  0.114   ...
 2.0   0.301  0.322  0.342  0.362   ...
 3.0    ...
 4.0    ...
 5.0    ...
 6.0    ...
 7.0    ...
 8.0    ...
 9.0    ...
10.0    ...
```

**11.3** Escreva um programa MATLAB que leia o tempo em segundos desde o início do dia (esse valor será algo entre 0 e 86400) e imprima uma cadeia de caracteres que contenha o tempo na forma HH:MM:SS usando a convenção de relógio de 24 horas. Use o conversor de formato adequado para assegurar que os zeros iniciais estejam preservados nos campos MM e SS. Além disso, certifique-se de verificar o número de entrada de segundos para validade e gravar uma mensagem de erro apropriada se um número inválido for inserido.

**11.4 Aceleração Gravitacional** A aceleração devido à gravidade da Terra em qualquer altura $h$ acima da sua superfície é dada pela equação

$$g = -G \frac{M}{(R+h)^2} \qquad (11.4)$$

em que $G$ é a constante gravitacional ($6{,}672 \times 10^{-11}$ N m$^2$ / kg$^2$), $M$ é a massa da Terra ($5{,}98 \times 10^{24}$ kg), $R$ é o raio médio da Terra (6371 km) e $h$ é a altura acima da superfície da Terra. Se $M$ for medido em kg e $R$ e $h$ em metros, então a aceleração resultante será em unidades de metros por segundo quadrado. Escreva um programa para calcular a aceleração devido à gravidade da Terra em incrementos de 500 km em alturas de 0 km a 40.000 km acima da superfície da Terra. Imprima os resultados em uma tabela de altura *versus* aceleração com legendas apropriadas, incluindo as unidades dos valores de saída. Desenhe o diagrama dos dados também.

**11.5** O programa no Exemplo 11.5 ilustrou o uso de comandos de E/S formatados para ler pares $(x,y)$ de dados a partir do disco. No entanto, isso poderia ser feito com a função `load -ascii`. Escreva novamente esse programa para usar `load` em vez das funções de E/S formatadas. Teste seu programa reescrito para confirmar se fornece as mesmas respostas que o Exemplo 11.5.

**11.6** Reescreva o programa do Exemplo 11.5 para usar a função `textread` em vez das funções de E/S formatadas.

**11.7** Reescreva o programa do Exemplo 11.5 para usar a função `textscan` em vez das funções de E/S formatadas. Qual a dificuldade de usar `textscan`, em comparação com `textread`, `load -ascii`, ou as funções de E/S formatadas?

**11.8** Escreva um programa que leia um número arbitrário de valores reais de um arquivo de dados de entrada especificado pelo usuário, arredonde os valores para o número inteiro mais próximo e grave os inteiros para um arquivo de saída especificado pelo usuário. Certifique-se de que o arquivo de entrada existe e se não existir, informe o usuário e peça outro arquivo de entrada. Se o arquivo de saída existir, pergunte ao usuário se deseja excluí-lo. Se não, peça por um nome de arquivo de saída diferente.

**11.9 Tabelas de Senos e Cossenos** Escreva um programa para gerar uma tabela que contenha o seno e o cosseno de $\theta$ para $\theta$ entre 0° e 90°, em incrementos de 1°. O programa deve identificar corretamente cada uma das colunas na tabela.

**11.10** O arquivo int.dat (disponível no site do livro) contém 25 valores de número inteiro no formato 'int8'. Escreva um programa que leia esses valores em uma matriz single usando a função fread.

**11.11 Cálculos de Juros** Suponha que você tenha uma soma em dinheiro *P* em uma conta com rendimentos em juros em um banco local (*P* significa o *valor presente*). Se o banco pagar juros em dinheiro na taxa de *i* por cento ao ano e compuser os juros mensalmente, a quantia em dinheiro que você terá no banco após *n* meses é dada pela equação

$$F = P\left(1 + \frac{i}{1200}\right)^n \tag{11.5}$$

em que *F* é o valor futuro da conta e $\frac{i}{12}$ é a taxa de juros em porcentagem mensal (o fator extra de 100 no denominador converte a taxa de juros de porcentagem em quantias fracionárias). Escreva um programa MATLAB que reconheça o montante inicial em dinheiro *P* e uma taxa de juros anual *i* e que calcule e monte uma tabela mostrando o valor futuro da conta todo mês para os próximos 5 anos. A tabela deve ser montada em um arquivo de saída denominado 'interest'. Certifique-se de identificar corretamente as colunas da sua tabela.

**11.12** Escreva um programa que leia um conjunto de números inteiros de um arquivo de dados de entrada e localize os maiores e menores valores no arquivo de dados. Imprima os maiores e menores valores, juntamente com as linhas nas quais foram encontrados. Assuma que você não saiba o número de valores no arquivo antes que ele seja lido.

**11.13** Crie uma matriz x de 400 × 400 elementos double e preencha-a com dados aleatórios usando a função rand. Salve essa matriz para um arquivo MAT x1.dat, e então salve-a novamente para um segundo arquivo MAT x2.dat usando a opção -compress. Como se comparam os tamanhos dos dois arquivos?

**11.14 Médias** No Exercício 5.30, escrevemos um programa MATLAB que calculou a média aritmética, média rms, média geométrica e média harmônica para um conjunto de números. Modifique esse programa para ler um número arbitrário de valores de um arquivo de dados de entrada e calcule as médias desses números. Para testar o programa, coloque os seguintes valores em um arquivo de dados de entrada e execute o programa nesse arquivo: 1.0, 2.0, 5.0, 4.0, 3.0, 2.1, 4.7, 3.0.

**11.15 Converter Ângulos Radianos em Graus/Minutos/Segundos** Ângulos geralmente são medidos em graus (°), minutos (') e segundos ("), com 360 graus em um círculo, 60 minutos em um grau e 60 segundos em um minuto. Escreva um programa que leia os ângulos em radianos a partir de um arquivo de disco de entrada e os converta em graus, minutos e segundos. Teste o seu programa colocando os quatro ângulos a seguir expressos em radianos em um arquivo de entrada e lendo esse arquivo no programa: 0.0, 1.0, 3.141593, 6.0.

**11.16** Crie um conjunto de dados em algum outro programa em seu computador, como Microsoft Word, Microsoft Excel, um editor de texto e assim por diante. Copie o conjunto de dados para a área de trabalho usando a função de cópia do Windows ou UNIX e então use a função uiimport para carregar o conjunto de dados no MATLAB.

# Capítulo 12
# Classes Definidas pelo Usuário e Programação Orientada a Objetos

Desde o início deste livro, utilizamos o MATLAB para escrever **programas procedimentais**. Nos programas procedimentais, o programador fragmenta um problema em um conjunto de funções (ou procedimentos), em que cada função é uma receita (um algoritmo) que executa alguma parte do problema total. Essas funções trabalham juntas para resolver o problema total. A ideia chave na programação procedimental é o procedimento, a descrição de como uma tarefa é realizada. Os dados são passados para o procedimento como argumentos de entrada e os resultados do cálculo são retornados como argumentos de saída. Por exemplo, podemos escrever um procedimento para resolver um conjunto de equações lineares simultâneas e então utilizar esse procedimento várias vezes com diferentes conjuntos de dados de entrada.

O outro principal paradigma de programação é chamado **programação orientada a objetos**. Na programação orientada a objetos, o problema é fragmentado em uma série de objetos que interagem com outros objetos para resolver o problema total. Cada objeto contém uma série de **propriedades**, que são as características do objeto e um conjunto de métodos, que definem os comportamentos do objeto.

Este capítulo apresenta a programação orientada a objetos e as classes definidas pelo usuário do MATLAB. Ele ensina os conceitos básicos por trás da programação orientada a objetos e então mostra como o MATLAB implementa esses recursos.[1]

Este capítulo é uma introdução apropriada para os capítulos seguintes sobre os gráficos de identificação e as interfaces gráficas do usuário, uma vez que todos os gráficos no MATLAB são implementados como objetos.

## 12.1 Uma Introdução à Programação Orientada a Objetos

A programação orientada a objetos (OOP) é o processo de programação modelando os objetos no software. Os recursos principais de OOP são descritos nas subseções da Seção 12.1 e a implementação MATLAB desses recursos está descrita nas seções subsequentes do capítulo.

---

[1] O MATLAB não fornece uma implementação total de programação orientada a objetos no sentido tradicional da ciência da computação. Alguns dos principais conceitos orientados a objetos como polimorfismo não são implementados no MATLAB, de modo que as pessoas com experiência prévia em programação orientada a objetos descobrirão que algumas características familiares estão ausentes.

## 12.1.1 Objetos

O mundo físico é cheio de objetos: carros, lápis, árvores e assim por diante. Qualquer objeto real pode ser caracterizado por dois aspectos diferentes: suas *propriedades* e seu *comportamento*. Por exemplo, um carro pode ser modelado como um objeto. Um carro possui certas propriedades (cor, velocidade, direção do movimento, combustível disponível e assim por diante) e certos comportamentos (partida, parada, giro e assim por diante).

No mundo do software, um **objeto** é um componente de software cuja estrutura é como a de objetos no mundo real. Cada objeto consiste em uma combinação de dados (chamada de **propriedades** ou **variáveis de instância**) e comportamentos (chamados de **métodos**). As propriedades são variáveis que descrevem as características essenciais do objeto, enquanto os métodos descrevem como o objeto se comporta e como as propriedades do objeto podem ser modificadas. Portanto, um objeto de software é um pacote de variáveis e métodos relacionados.

Um objeto de software geralmente é representado conforme mostrado na Figura 12.1. O objeto pode ser pensado como uma célula, com um núcleo central de variáveis (propriedades) e uma camada externa de métodos que formam uma instância entre as variáveis do objeto e o mundo externo. O núcleo de dados fica oculto do mundo externo pela camada externa de métodos. As variáveis do objeto são consideradas *encapsuladas* no objeto, significando que nenhum código externo a ele pode ver ou manipulá-las diretamente. Qualquer acesso aos dados do objeto deve ser por meio de chamadas para os métodos dele.

Os métodos ordinários em um objeto MATLAB são conhecidos formalmente como **métodos de instância** para distingui-los dos métodos estáticos (descritos posteriormente na Seção 12.1.4).

Geralmente, o encapsulamento é utilizado para ocultar os detalhes da implementação de um objeto dos outros objetos no programa. Se os outros objetos no programa não puderem ver ou alterar o estado interno de um objeto, eles não poderão introduzir *bugs* modificando acidentalmente o estado do objeto. Se outros objetos quiserem alterar o valor de uma propriedade, eles terão que chamar um dos métodos do objeto para fazer essa alteração. O método pode verificar se os novos dados são válidos antes de serem utilizados para atualizar a propriedade.

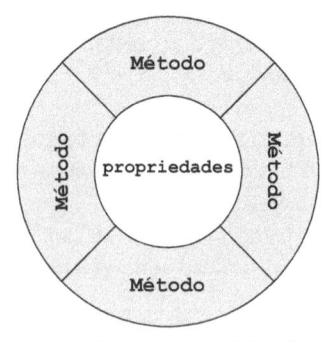

**Figura 12.1** Um objeto pode ser representado como um núcleo de dados (propriedades) cercado e projetado por métodos, que implementam o comportamento do objeto e formam uma interface entre as propriedades e o mundo externo.

Além disso, as mudanças na operação interna do objeto não afetarão a operação dos outros em um programa. Contanto que a interface para o mundo externo permaneça inalterada, os detalhes da implementação de um objeto podem mudar a qualquer momento sem afetar outras partes do programa.

O encapsulamento fornece dois benefícios principais aos desenvolvedores de software:

**Modularidade** – Um objeto pode ser escrito e mantido independentemente do código-fonte para outros objetos. Portanto, o objeto pode ser facilmente reutilizado e passado no sistema.

**Ocultação de Informações** – Um objeto possui uma interface pública (sequência de chamada de seus métodos) que outros objetos podem utilizar para se comunicarem com ele. No entanto, as variáveis da instância do objeto não ficam diretamente acessíveis a outros. Portanto, se a interface pública não for alterada, as variáveis de um objeto e os métodos poderão ser alterados a qualquer momento sem inserir efeitos colaterais nos outros objetos que dependem dele.

## 12.1.2 Mensagens

Os objetos se comunicam trocando mensagens. Essas mensagens são chamadas de métodos. Por exemplo, se um objeto A deseja que o objeto B execute alguma ação, ele chama um dos métodos do objeto B. Esse método pode então executar algum ato para modificar ou usar as propriedades armazenadas no objeto B (veja a Figura 12.2).

Cada mensagem possui três componentes, que fornecem todas as informações necessárias para o objeto de recebimento executar a ação desejada:

1. Uma referência que aponta para o objeto ao qual a mensagem é endereçada. No MATLAB, essa referência é conhecida como **identificador (handle)**.
2. O nome do método a ser executado nesse objeto.
3. Quaisquer parâmetros necessários para o método.

O comportamento de um objeto é expresso por meio de seus métodos, de modo que a passagem da mensagem suporta todas as interações possíveis entre os objetos.

## 12.1.3 Classes

**Classes** são os projetos básicos de software a partir das quais os objetos são criados. Uma classe é uma construção de software que especifica o número e o tipo de propriedades a serem incluídos em um objeto e os métodos que serão definidos para o objeto. Cada componente de uma classe é conhecido como **membro**. Os dois tipos de membros são **propriedades**, que especificam os valores de dados definidos pela classe, e **métodos**, que especificam as operações nessas propriedades. Por exemplo, suponha que desejamos criar uma classe para representar os alunos em uma universidade. Essa classe poderia ter três propriedades descrevendo um aluno, uma para o nome do aluno, uma para o número do seguro social do aluno e uma para o endereço do aluno. Além disso, ela poderia ter métodos permitindo que um programa utilize ou modifique as informações do aluno ou que utilize suas informações de outras maneiras. Se houver 1.000 alunos na universidade, poderíamos criar 1.000 objetos a partir da classe Aluno (`Student`), com cada objeto tendo sua própria cópia exclusiva das propriedades (nome, ssn, endereço) mas com todos os objetos compartilhando um conjunto comum de métodos que descrevem como utilizar as propriedades.

Observe que uma classe é um *projeto básico* para um objeto, não um objeto em si. A classe descreve como será a aparência e o comportamento de um objeto depois que ele for criado. Cada objeto é criado ou *instanciado* na memória a partir do projeto básico fornecido por uma classe e muitos objetos diferentes podem ser instanciados a partir da mesma classe. Por exemplo, a Figura 12.3 mostra uma classe `Student`, juntamente com três objetos a, b e c criados a partir dessa classe. Cada um dos três objetos possui suas próprias cópias das propriedades (`nome`, `ssn` e `endereço`), enquanto compartilha um único conjunto de métodos para modificá-los.

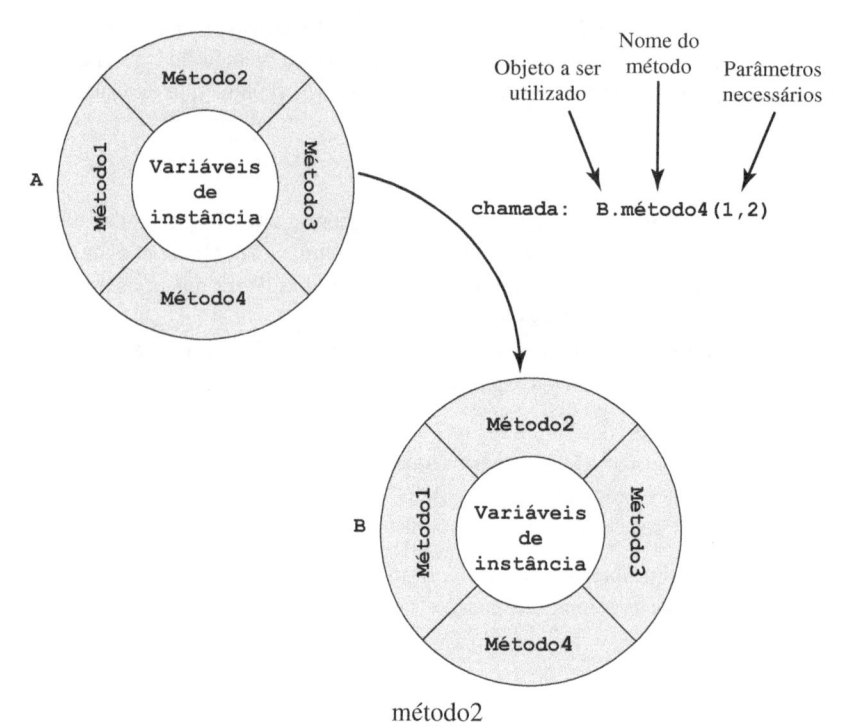

**Figura 12.2** Se o objeto A quiser que o objeto B execute alguma ação, ele chamará um dos métodos do objeto B. A chamada contém três partes: uma referência ao objeto a ser utilizado, o nome do método no objeto que fará o trabalho e quaisquer parâmetros necessários. Observe que os nomes do objeto e o método são separados por um ponto.

## 12.1.4 Métodos Estáticos

Conforme descrevemos antes, cada objeto criado a partir de uma classe recebe suas próprias cópias de todas as variáveis de instância definidas na classe, mas todas compartilham os mesmos métodos.

Quando um método é utilizado com o objeto a, ele modifica os dados nesse objeto. Quando o mesmo método é utilizado com o objeto b, ele modifica os dados nesse objeto e assim por diante.

Também é possível definir os **métodos estáticos**. Eles são métodos que existem independentemente de quaisquer objetos definidos na classe. Esses métodos não acessam variáveis de instância ou chamam os métodos de instância.

Os métodos estáticos são declarados utilizando o atributo Static na definição do método. Eles podem ser utilizados sem mesmo instanciar (criar) um objeto a partir da classe na qual estão definidos. Eles são utilizados digitando o nome da classe seguido por um ponto e pelo nome do método. Os métodos estáticos geralmente são utilizados para cálculos de utilidade que são independentes dos dados em qualquer objeto específico.

## 12.1.5 Hierarquia de Classe e Herança

Todas as classes em uma linguagem orientada a objetos são organizadas em uma **hierarquia de classe**, com as classes de nível mais alto sendo muito gerais no comportamento e as do nível mais baixo se tornando mais específicas. Cada classe de nível inferior é baseada e derivada de uma classe de nível superior e as classes de nível inferior *herdam as propriedades e os métodos* da classe a partir da qual é derivada. Uma nova classe inicia com todas as propriedades não privadas e métodos da classe na qual é baseada e o programador então adiciona as variáveis adicionais e os métodos necessários para a nova classe executar sua função.

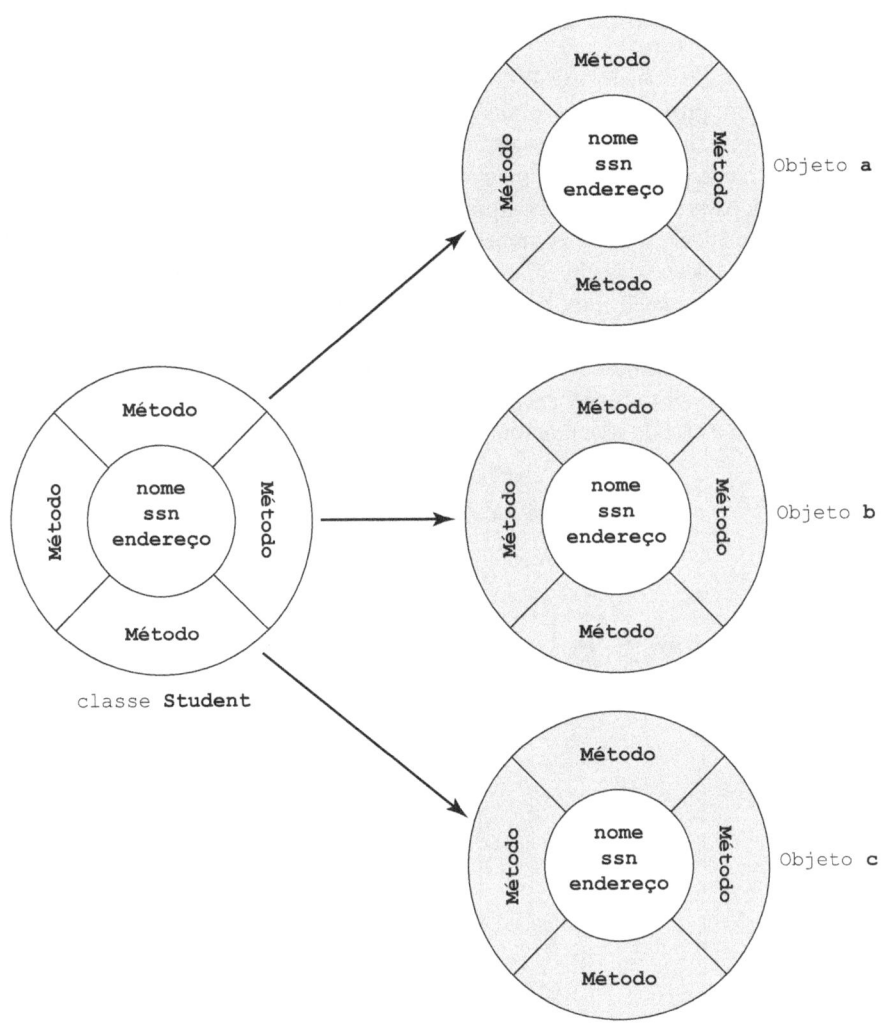

**Figura 12.3** Vários objetos podem ser instanciados a partir de uma única classe. Neste exemplo, três objetos a, b e c foram instanciados a partir da classe Student.

A classe na qual uma nova classe é baseada é referida como uma **superclasse** e a nova como uma **subclasse**. A nova subclasse pode tornar-se a superclasse para outra nova subclasse. Uma subclasse normalmente adiciona variáveis de instância e métodos de instância de sua propriedade; portanto, uma subclasse geralmente é maior que sua superclasse. Além disso, ela pode **substituir** alguns métodos de sua superclasse, substituindo o método na superclasse por um diferente com o mesmo nome. Isso altera o comportamento da subclasse do comportamento de sua superclasse. Como uma subclasse é mais específica do que sua superclasse, ela representa um grupo menor de objetos.

Por exemplo, suponha que definimos uma classe chamada Vector2D para conter vetores bidimensionais. Essa classe teria duas variáveis de instância x e y para conter os componentes *x* e *y* dos vetores 2D e precisaria de métodos para manipular vetores como somar dois, subtrair dois, calcular o comprimento de um vetor e assim por diante. Agora imagine que precisamos criar uma classe chamada Vector3D para conter vetores tridimensionais. Se essa classe for baseada no Vector2D, ela herdará automaticamente as variáveis de instância x e y de sua superclasse; portanto, a nova classe precisará somente definir uma variável z (veja a Figura 12.4). A nova classe também substituirá os métodos utilizados para manipular vetores 2D para permitir que trabalhe corretamente com vetores 3D.

### 12.1.6 Programação Orientada a Objeto

A programação orientada a objetos (OOP) é o processo de programação modelando os objetos no software. Na OOP, um programador examina o problema a ser resolvido e tenta fragmentá-lo em objetos identificáveis, cada um contendo certos dados e apresentando certos comportamentos. Às vezes esses objetos corresponderão aos objetos físicos na natureza e às vezes isso extrairá puramente as construções de software. Os dados identificados pelo programador se tornarão as propriedades das classes correspondentes e os comportamentos dos objetos se tornarão os métodos das classes.

Depois que os objetos que constituem o problema forem identificados, o programador identifica o tipo de dados a ser armazenado como propriedades em cada objeto e a sequência de chamada exata de cada método necessário para manipular os dados.

O programador então pode desenvolver e testar as classes no modelo, uma por vez. Contanto que as *interfaces* entre as classes (a sequência de chamada dos métodos) fiquem inalteradas, cada classe pode ser desenvolvida e testada sem precisar alterar outra parte do programa.

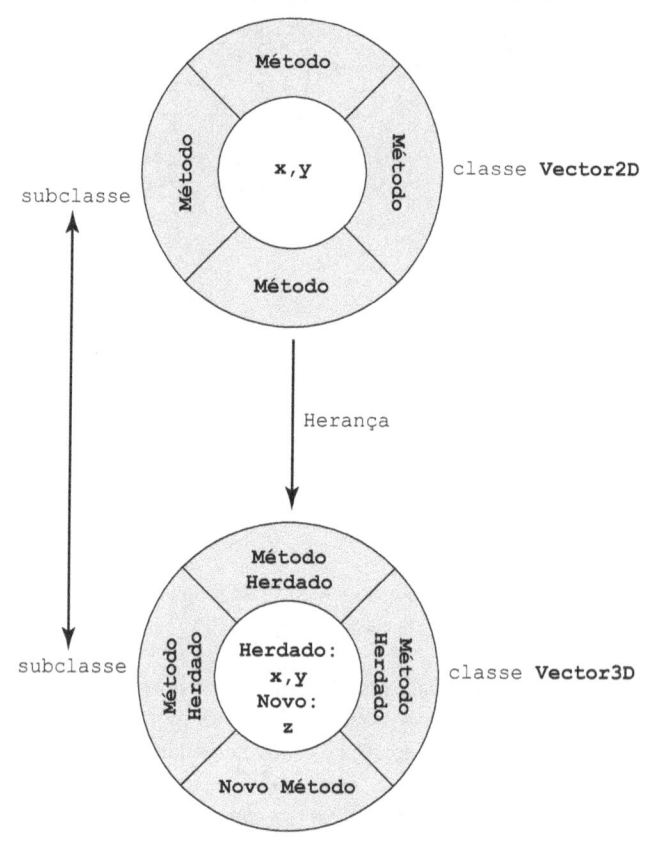

**Figura 12.4** Um exemplo de herança. A classe `Vector2D` foi definida para identificar vetores bidimensionais. Quando a classe `Vector3D` é definida como uma subclasse de `Vector2D`, ela herda as variáveis de instância x e y, bem como vários métodos. O programador então adiciona uma nova variável da instância z e novos métodos aos herdados da superclasse.

## 12.2 A Estrutura de uma Classe MATLAB

Os principais componentes (membros da classe) de uma classe MATLAB são (veja a Figura 12.5):

1. **Propriedades**. As propriedades definem as variáveis de instância que serão criadas quando um objeto for instanciado de uma classe. As variáveis de instância são dados encapsulados dentro

de um objeto. Um novo conjunto de variáveis de instância é criado sempre que um objeto é instanciado a partir da classe.
2. **Métodos**. Os métodos implementam os comportamentos de uma classe. Alguns métodos podem ser explicitamente definidos em uma classe, enquanto outros podem ser herdados das superclasses da classe.
3. **Construtor**. Construtores são métodos especiais que especificam como inicializar um objeto quando ele foi instanciado. Os argumentos do construtor incluem valores a serem utilizados na inicialização das propriedades. Os construtores são fáceis de serem identificados porque possuem o mesmo nome que a classe que estão inicializando e o único argumento de saída é o objeto construído.

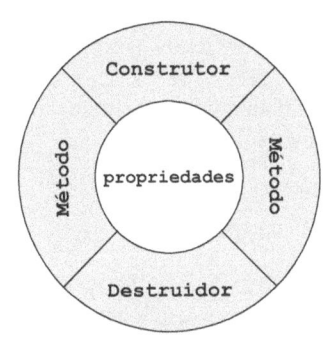

**Figura 12.5** Uma classe MATLAB contém propriedades para armazenar as informações, métodos para modificar e executar cálculos com as propriedades, um construtor para inicializar o objeto quando for criado e (opcionalmente) um destruidor para liberar recursos quando for excluído.

4. **Destruidor**. Destruidores são métodos especiais que limpam os recursos (arquivos abertos etc.) utilizados por um objeto pouco antes de ser destruído. Pouco antes de um objeto ser destruído, ele faz uma chamada para um método especial denominado **delete**, se ele existir. O único argumento de entrada é o objeto a ser destruído e não deve haver argumento de saída. Várias classes não precisam de método delete algum.

Os membros de uma classe, sejam variáveis ou métodos, são acessados mencionando um objeto criado da classe com o **operador de acesso**, também conhecido como o **operador de ponto**. Por exemplo, suponha que uma classe MyClass contenha uma variável de instância a e um método processA. Se uma referência ao objeto dessa classe for nomeada obj, então a variável de instância em obj seria acessada como obj.a, e o método seria acessado como obj.processA().

## 12.2.1 Criando uma Classe

No MATLAB, uma classe é declarada utilizando uma palavra-chave classdef. A definição de classe começa com uma palavra-chave classdef e termina com uma expressão end. Dentro da definição de classe estão um ou mais blocos que definem as propriedades e os métodos associados à classe. As propriedades são definidas em um ou mais blocos que começam com uma palavra-chave properties e terminam com uma expressão end. Os métodos são definidos em um ou mais blocos que começam com uma palavra-chave methods e terminam com a expressão end.

A forma mais simples de uma definição de classe é

```
classdef (Attributes) ClassName < SuperClass

    properties (Attributes)
       PropertyName1
       PropertyName2
       ...
    end
```

```
    methods (Attributes)
        function [obj = ] methodName(obj,arg1,arg2, ...)
            ...
        end

end
```

Aqui, ClassName é o nome da nova classe e o valor opcional SuperClass é o nome da superclasse da qual derivou (se a classe tiver uma superclasse). Os blocos properties declaram propriedades, que serão variáveis da instância quando um objeto for criado a partir da classe. Os blocos methods declaram os nomes e os argumentos de chamada para os métodos associados à classe. (Observe que para alguns tipos de métodos, o corpo deles pode ser mais abaixo do arquivo ou mesmo em outro arquivo.)

Por exemplo, o seguinte código declara uma classe muito simples chamada vector que contém duas propriedades x e y, e nenhum método:

```
classdef vector

    properties
        x;          % X value of vector
        y;          % Y value of vector
    end

end
```

Essa classe é salva em um arquivo denominado vector.m.

Um objeto da classe vector é instanciado pela seguinte expressão de atribuição:

```
» a = vector
a =
  vector with properties:

    x: []
    y: []
```

Essa atribuição criou um objeto de classe vector, que contém duas variáveis de instância que correspondem às propriedades x e y, que estão inicialmente vazias. Os valores podem ser atribuídos às propriedades utilizando o operador de ponto:

```
» a.x = 2;
» a.y = 3;
» a
a =
  vector with properties:

    x: 2
    y: 3
```

Os valores também podem ser acessados através do operador de ponto:

```
» a.x
ans =
     2
```

Se outro objeto de classe vector for instanciado, as variáveis de instância x e y no novo objeto serão completamente diferentes daquelas no primeiro objeto e poderão conter valores diferentes.

```
» b = point;
» b.x = -2;
» b.y = 9;
» a
a =
  point with properties:

    x: 2
    y: 3
» b
b =
  point with properties:

    x: -2
    y: 9
```

## 12.2.2 Adicionando Métodos a uma Classe

Os métodos podem ser adicionados a uma classe definindo-os em um bloco methods na definição de classe. Agora adicionaremos três métodos à classe vector: um construtor e dois métodos de instância ordinários.

Um construtor é um método que inicializa os objetos da classe quando forem instanciados. Observe que quando os objetos da classe vector foram criados anteriormente, suas variáveis de instância (propriedades) estavam vazias. Um construtor permite que os objetos sejam criados com dados iniciais armazenados nas variáveis de instância.

Um construtor é um método que possui o *mesmo nome que a classe*. Pode haver qualquer número de argumentos de entrada para um construtor, mas a saída única dele é um objeto do tipo sendo criado. Um construtor de exemplo para a classe vector é:

```
% Declare the constructor
function v = vector(a,b)
   v.x = a;
   v.y = b;
end
```

Este construtor aceita dois valores de entrada a e b, e os utiliza para inicializar as variáveis de instância x e y quando o objeto for instanciado.

É importante projetar o construtor para uma classe de modo que possa trabalhar como um **construtor padrão** bem como um construtor com argumentos de entrada. Algumas funções do MATLAB podem chamar construtores de classe sem argumentos sob certas circunstâncias e isso causará um conflito, a menos que o construtor seja projetado para trabalhar com esse caso. Normalmente faremos isso utilizando a função nargin para verificar a presença de argumentos de entrada e utilizando valores padrões se os argumentos de entrada estiverem ausentes. Uma versão do construtor da classe de vetor que também suporta o caso padrão é mostrado abaixo:

```
% Declare the constructor
function v = vector(a,b)
   if nargin < 2
      v.x = 0;
      v.y = 0;
   else
      v.x = a;
      v.y = b;
   end
end
```

> ### Boa Prática de Programação
>
> Defina um construtor para uma classe inicializar os dados nos objetos dela quando forem instanciados. Certifique-se de dar suporte a um caso padrão (um sem argumentos) no design do construtor.

Os métodos de instância são aqueles que utilizam ou modificam as variáveis de instância armazenadas nos objetos criados a partir da classe. Eles são funções com uma sintaxe especial. O primeiro argumento de cada função deve ser o objeto no qual os métodos de instância estão definidos. Na programação orientada a objetos, o objeto atual passado como o primeiro argumento geralmente é chamado `this`, significando "este objeto". Se os métodos modificarem os dados no objeto, eles também devem retornar o objeto modificado como uma saída.[2]

Agora adicionaremos dois métodos de instância de amostra a essa classe. O método `length` retorna o comprimento do vetor, calculado a partir da equação

$$length = \sqrt{x^2 + y^2} \qquad (12.1)$$

em que $x$ e $y$ são as variáveis de instância na classe. Esse é o exemplo de um método que trabalha com as variáveis de instância, mas não as modifica. Uma vez que as variáveis de instância não foram modificadas, o objeto não será retornado como uma saída da função.

```
% Declare a method to calculate the length
% of the vector.
function result = length(this)
   result = sqrt(this.x.^2 + this.y.^2);
end
```

O método `add` soma o conteúdo do objeto `vector` atual `this` e outro objeto `vector` `obj2`, com o resultado armazenado no objeto de saída `obj`. Esse é um exemplo de um método que cria um novo objeto `vector`, que é retornado como uma saída da função. Observe que esse método utiliza o construtor padrão para criar o objeto do vetor de saída antes de executar a adição.

```
% Declare a method to add two vectors together
function this = add(this,obj2)
   obj = vector();
   obj.x = this.x + obj2.x;
   obj.y = this.y + obj2.y;
end
```

A classe `vector` com esses métodos adicionados é:

```
classdef vector

   properties
      x;          % X value of vector
      y;          % Y value of vector
   end

   methods
```

---

[2] O requisito para retornar os objetos modificados é verdadeiro caso os objetos sejam criados das classes de valores, e não verdadeiro, caso eles sejam criados a partir das classes do identificador. Esses dois tipos de classe serão definidos posteriormente no capítulo e então essa distinção ficará mais clara.

```
        % Declare the constructor
        function v = vector(a,b)
            if nargin < 2
                v.x = 0;
                v.y = 0;
            else
                v.x = a;
                v.y = b;
            end
        end

        % Declare a method to calculate the length
        % of the vector.
        function result = length(this)
            result = sqrt(this.x.^2 + this.y.^2);
        end

        % Declare a method to add two vectors together
        function obj = add(this,obj2)
            obj = vector();
            obj.x = this.x + obj2.x;
            obj.y = this.y + obj2.y;
        end

    end

end
```

Quando um método de instância em um objeto MATLAB é chamado, *o objeto oculto* `this` *não é incluído na expressão de chamada.* Entende-se que o objeto nomeado antes do ponto é aquele a ser passado para o método. Por exemplo, o método `length` acima é definido para tirar um objeto da classe `vector` como um argumento de entrada. No entanto, esse objeto não é incluído explicitamente quando o método é chamado. Se `ob` for um objeto do tipo `vector`, então o comprimento seria calculado como `ob.length` ou `ob.length()`. O objeto em si não é incluído como um argumento de entrada explícito na chamada do método.

## Boa Prática de Programação

Quando um método de instância é chamado, não inclua o objeto na lista de método de argumentos de chamada.

Os seguintes exemplos mostram como criar três objetos do tipo `vector` utilizando o novo construtor. Observe que os objetos agora são instanciados com os dados iniciais nas variáveis de instância em vez de ficarem vazios.

```
» a = vector(3,4)
a =
   vector with properties:
```

```
        x: 3
        y: 4
» b = vector(-12,5)
b =
    vector with properties:

        x: -12
        y: 5
» c = vector
c =
    vector with properties:

        x: 0
        y: 0
```

O método `length` calcula o comprimento de cada vetor a partir dos dados nas variáveis de instância:

```
» a.length
ans =
     5
» b.length()
ans =
    13
» c.length()
ans =
     0
```

Observe que o método pode ser chamado com ou sem os parênteses vazios.

Finalmente, o método `add` adiciona dois objetos do tipo de vetor de acordo com a definição especificada no método:

```
» c = a.add(b)
c =
    vector with properties:

        x: -9
        y: 9
```

## 12.2.3 Listando Tipos de Classe, Propriedades e Métodos

As funções `class`, `properties` e `methods` podem ser utilizadas para obter o tipo de uma classe e uma lista de todas as propriedades públicas e métodos declarados na classe. Por exemplo, se a for o objeto do vetor declarado na seção anterior, a função `class` retornará a classe do objeto, a função `properties` retornará a lista de propriedades públicas na classe e a função `methods` retornará a lista de métodos públicos na classe. Observe que o construtor também aparece na lista de métodos.

```
» class(a)
ans =
vector
» properties(a)
Properties for class vector:
```

```
    x
    y
» methods(a)

Methods for class vector:

add     length    vector
```

## 12.2.4 Atributos

**Atributos** são modificadores que alteram o comportamento das classes, propriedades ou métodos. Eles são definidos entre parênteses após as expressões `classdef`, `properties` e `methods` na definição de classe. Discutiremos os atributos de propriedade e de método nesta seção; os atributos de classe são discutidos nas seções posteriores.

Os atributos de propriedade modificam o comportamento das propriedades definidas em uma classe. A forma geral de uma declaração de propriedades com atributos é

```
properties (Attribute1 = value1, Attribute2 = value2, ...)
    ...
end
```

Os atributos afetarão o comportamento de todas as propriedades definidas no bloco de código. Observe que, às vezes, algumas propriedades precisam de atributos diferentes daqueles na mesma classe. Nesse caso, basta definir dois ou mais blocos `properties` com diferentes atributos e declarar cada propriedade no bloco que contém seus atributos necessários.

```
properties (Attribute1 = value1)
    ...
end

properties (Attribute2 = value2)
    ...
end
```

É fornecida uma lista de alguns atributos de propriedade selecionados na Tabela 12.1. Esses atributos todos serão discutidos posteriormente no capítulo.

A classe de exemplo a seguir contém três propriedades: a, b e c. As propriedades a e b são declaradas por terem acesso público e a propriedade c é declarada por ter acesso público de leitura e acesso privado de gravação. Isso significa que quando um objeto é instanciado a partir dessa classe, será possível examinar e modificar as variáveis de instância a e b de fora do objeto. No entanto, a variável de instância c pode ser examinada, mas *não* modificada de fora do objeto.

```
classdef test1

    % Sample class illustrating access control using attributes

    properties (Access=public)
        a;        % Public access
        b;        % Public access
    end

    properties (GetAccess=public, SetAccess=private)
        c;        % Read only
    end
```

```
        methods

            % Declare the constructor
            function obj = test1(a,b,c)
                obj.a = a;
                obj.b = b;
                obj.c = c;
            end
        end

    end
```

Tabela 12.1: **Atributos** `property` **selecionados**

| Propriedade | Tipo | Descrição |
|---|---|---|
| Access | Enumeração: Os valores possíveis são public, protected ou private | Esta propriedade controla o acesso a essa propriedade, da seguinte maneira:<br>■ public – Esta propriedade pode ser lida e escrita de qualquer parte do programa.<br>■ private – Essa propriedade pode ser lida e escrita somente por métodos na classe atual.<br>■ protected – Essa propriedade pode ser lida e escrita somente por métodos na classe atual ou em uma de suas subclasses.<br>Configurar esse atributo é equivalente a configurar GetAccess e SetAccess para uma propriedade. |
| Constant | Lógica: padrão = falso | Se verdadeiro, as propriedades correspondentes são constantes, definidas uma vez. Cada objeto instanciado a partir dessa classe herda as mesmas constantes. |
| GetAccess | Enumeração: Os valores possíveis são public, protected ou private | Essa propriedade controla o acesso de leitura a essa propriedade, da seguinte maneira:<br>■ public – Esta propriedade pode ser lida e escrita de qualquer parte do programa.<br>■ private – Essa propriedade pode ser lida e escrita somente por métodos na classe atual.<br>■ protected – Essa propriedade pode ser lida e escrita somente por métodos na classe atual ou em uma de suas subclasses. |
| Hidden | Lógica: padrão = falso | Se verdadeiro, essa propriedade não será exibida em uma lista de propriedades. |
| SetAccess | Enumeração: Os valores possíveis são public, protected ou private | Essa propriedade controla o acesso de gravação para essa propriedade, da seguinte maneira:<br>■ public – Esta propriedade pode ser lida e escrita de qualquer parte do programa.<br>■ private – Essa propriedade pode ser lida e escrita somente por métodos na classe atual.<br>■ protected – Essa propriedade pode ser lida e escrita somente por métodos na classe atual ou em uma de suas subclasses. |

Quando criamos um objeto dessa classe, o construtor inicializa todas as suas variáveis de instância.

```
» obj1 = test1(1,2,3)
obj1 =
  test1 with properties:

    a: 1
    b: 2
    c: 3
```

É possível examinar e modificar o valor de a de fora do objeto.

```
» obj1.a
ans =
    1
» obj1.a = 10
obj1 =
  test1 with properties:

    a: 10
    b: 2
    c: 3
```

É possível examinar, mas *não* modificar o valor de c de fora do objeto.

```
» obj1.c
ans =
    3
» obj1.c = -2
You cannot set the read-only property 'c' of test1.
```

Esse é um recurso muito importante dos objetos. Se as propriedades de uma classe forem configuradas para terem acesso `private`, essas propriedades podem ser modificadas somente pelos métodos de instância dentro da classe. Esses métodos podem ser utilizados para verificar os valores de entrada para validade antes de permitir que sejam utilizados, certificando-se que nenhum valor ilegal seja designado às propriedades.

### Boa Prática de Programação

Use os atributos de controle de acesso para proteger as propriedades de serem configuradas para valores inválidos.

Os atributos de método modificam o comportamento dos métodos definidos em uma classe. A forma geral de uma declaração de métodos com atributos é

```
methods (Attribute1 = value1, Attribute2 = value2, ...)
   ...
end
```

Os atributos afetarão o comportamento de todos os métodos definidos no bloco de código. Observe que, às vezes, alguns métodos precisam de atributos diferentes de outros na mesma classe. Nesse caso, basta definir dois ou mais blocos `methods` com diferentes atributos e declarar cada propriedade no bloco que contém seus atributos necessários.

```
methods (Attribute1 = value1)
```

```
    ...
end

methods (Attribute2 = value2)
    ...
end
```

É fornecida uma lista de alguns atributos de propriedade selecionados na Tabela 12.2. Esses atributos todos serão discutidos posteriormente no capítulo.

**Tabela 12.2: Atributos method selecionados**

| Propriedade | Tipo | Descrição |
|---|---|---|
| Access | Enumeração: Os valores possíveis são public, protected ou private | Esta propriedade controla o acesso a essa propriedade, da seguinte maneira:<br>• public – Esta propriedade pode ser lida e escrita de qualquer parte do programa.<br>• private – Essa propriedade pode ser lida e escrita somente por métodos na classe atual.<br>• protected – Essa propriedade pode ser lida e escrita somente por métodos na classe atual ou em uma de suas subclasses. |
| Hidden | Lógica: padrão = falso | Se verdadeiro, essa propriedade não será exibida em uma lista de propriedades. |
| Sealed | Lógica: padrão = falso | Se verdadeiro, esse método não pode ser redefinido em uma subclasse. |
| Static | Lógica: padrão = falso | Se verdadeiro, esses métodos não dependem dos objetos dessa classe e não requerem o objeto como um argumento de entrada. |

## 12.3 Classes de Valor *versus* Classes de Identificador

O MATLAB suporta dois tipos de classes: **classes de valor** e **classes de identificador**. Se um objeto de um tipo de classe de valor for atribuído a outra variável, o MATLAB *copiará* o objeto original e agora haverá dois objetos na memória. Cada um dos dois objetos pode ser alterado separadamente sem afetar um o outro (veja a Figura 12.6a). Em contrapartida, se um objeto de uma classe de identificador for atribuído a outra variável, o MATLAB *copiará uma referência* (um **identificador**) para a classe e as duas variáveis conterão os identificadores que apontam para o *mesmo* objeto na memória (veja a Figura 12.6b). Com a classe do identificador, uma mudança feita utilizando um identificador também será vista utilizando a outra, porque ambas apontam para o mesmo objeto na memória.

```
>> b = a
```

a ──────────────▶ ( 3, 4 )


b ──────────────▶ ( 3, 4 )

(a)

```
>> b = a
```

a ──────────────▶ ( 3, 4 )

b ╱

(b)

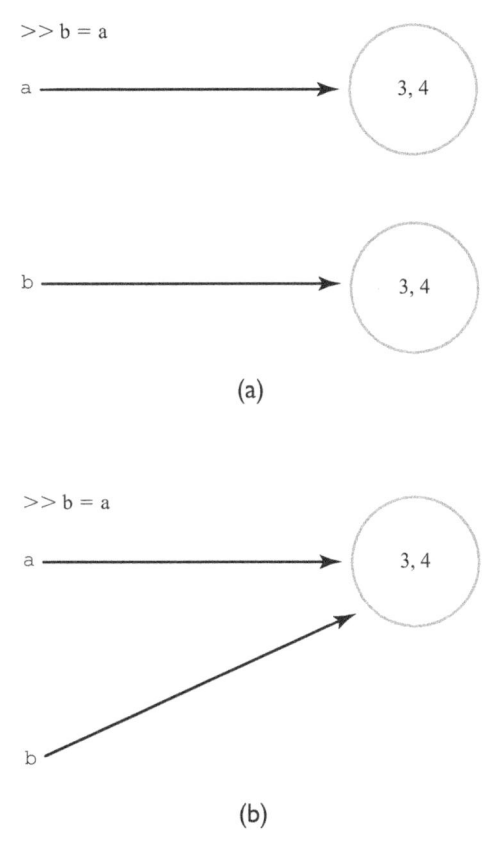

**Figura 12.6** (a) Quando um objeto de uma classe de valor é atribuído a uma nova variável, o MATLAB cria uma cópia independente do objeto e a atribui à nova variável. As variáveis a e b apontam para objetos independentes. (b) Quando um objeto de uma classe de identificador é atribuído a uma nova variável, o MATLAB copia a referência (ou identificador) do objeto, e a atribui para a nova variável. Ambas as variáveis a e b apontam para o *mesmo* objeto.

### 12.3.1 Classes de Valor

A classe vector que desenvolvemos na Seção 12.2.2 é um exemplo de uma classe de valor. Se criamos um vetor e depois o atribuímos a uma nova variável, o MATLAB cria uma cópia do objeto e o atribui à nova variável.

```
» a = vector(3,4)
a =
  vector with properties:

    x: 3
    y: 4
» b = a
b =
  vector with properties:

    x: 3
    y: 4
```

Podemos mostrar que essas duas variáveis são diferentes atribuindo valores diferentes a uma delas.

```
» b.x = -1;
» b.y = 0;
» a
a =
  vector with properties:

    x: 3
    y: 4
» b
b =
  vector with properties:

    x: -1
    y: 0
```

Observe que alterar as variáveis em um dos objetos não afetou o outro.

Se um objeto de um tipo de classe de valor for designado a outra variável, o MATLAB *copiará* o objeto original e agora existem dois objetos na memória. Cada um dos dois objetos pode ser alterado separadamente sem afetar um o outro (veja a Figura 12.6a). Além disso, se um dos objetos for excluído, o outro não será afetado porque é um objeto independente.

No MATLAB, criamos classes de valores definindo uma classe que *não é* uma subclasse do objeto handle. A classe vector é uma classe de valor porque a definição de classe não é herdada de handle.

As classes de valor geralmente são utilizadas para armazenar os valores de dados para uso nos cálculos. Por exemplo, double, single, int32 e outros tipos de dados MATLAB padrão são todos realmente classes de valor.

Os objetos criados das classes de valor podem ser excluídos quando não forem mais necessários utilizando o comando clear. Por exemplo, quando as expressões descritas anteriormente nesta seção tiverem sido executadas, os objetos a e b ficarão na memória:

```
» whos
  Name        Size           Bytes    Class       Attributes

  a           1x1            120      vector
  b           1x1            120      vector
```

Se agora nós emitirmos o comando clear a, o objeto a será removido da memória:

```
» clear a
» whos
  Name        Size           Bytes    Class       Attributes

  b           1x1            120      vector
```

O comando clear all teria removido todos os objetos da memória.

### 12.3.2 Classes de Identificador

Uma **classe de identificador** é uma classe que herda diretamente ou indiretamente da superclasse handle. Essas classes utilizam uma referência (um identificador) para apontar para o objeto na memória. Quando uma variável de uma classe de identificador é atribuída a outra variável, o identificador é copiado, *não o objeto em si*. Portanto, após a cópia temos dois identificadores, ambos apontando para o mesmo objeto na memória (veja a Figura 12.6b).

Um identificador para um objeto de classe do identificador pode ser utilizado para acessar ou modificar esse objeto. Como o identificador pode ser copiado e passado para várias funções, múltiplas partes de um programa podem ter acesso ao objeto ao mesmo tempo.

Uma versão de classe do identificador da classe do vetor é mostrada abaixo. Essa classe é uma classe de identificador porque a nova é uma subclasse da superclasse handle. Observe que a superclasse na qual uma classe é baseada é especificada na expressão classdef por um símbolo < seguido pelo nome da superclasse. Essa sintaxe significa que a nova classe sendo definida é uma subclasse da superclasse especificada e herda as propriedades e os métodos da superclasse. Aqui, vector_handle é uma subclasse da classe handle.

```
% The vector as a handle class
classdef vector_handle < handle

    properties
        x;              % X value of vector
        y;              % Y value of vector
    end

    methods

        % Declare the constructor
        function this = handle_vector(a,b)
            this.x = a;
            this.y = b;
        end

        % Declare a method to calculate the length
        % of the vector.
        function result = length(this)
            result = sqrt(this.x.^2 + this.y.^2);
        end

        % Declare a method to add two vectors together
        function add(this,obj2)
            this.x = this.x + obj2.x;
            this.y = this.y + obj2.y;
        end

    end

end
```

Existem duas diferenças principais na versão do identificador dessa classe. Primeiro, a classe é declarada sendo uma subclasse de handle na definição de classe. Em segundo lugar, os métodos que modificam um objeto dessa classe não retornam o objeto modificado como um argumento de chamada.

A versão da *classe de valor* do método add era:

```
% Declare a method to add two vectors together
function obj = add(this,obj2)
    obj = vector();
    obj.x = this.x + obj2.x;
    obj.y = this.y + obj2.y;
end
```

Esse método recebe *cópias de dois objetos* como argumentos de entrada, o objeto atual e outro objeto da mesma classe. O método cria um novo objeto de saída e utiliza os dois objetos de entrada para calcular os valores de saída. Quando o método termina, somente o novo argumento de saída obj é retornado da função. Observe que os valores dos vetores de entrada this e obj2 não são modificados por esta operação.

Por outro lado, a versão da *classe do identificador* do método add é:

```
% Declare a method to add two vectors together
function add(this,obj2)
   this.x = this.x + obj2.x;
   this.y = this.y + obj2.y;
end
```

Esse método recebe *identificadores para dois objetos* como argumentos de entrada, o objeto atual e outro objeto da mesma classe. O método executa cálculos utilizando os identificadores, que apontam para os *objetos originais*, não as cópias dos objetos. Os dois vetores são incluídos juntos, com o resultado armazenado no objeto do vetor original (this). Os resultados desses cálculos são automaticamente salvos no objeto original, de modo que nenhum argumento de saída precise ser retornado da função. Diferente do caso de classe de valor, o valor do vetor original é modificado aqui.

Se criarmos um vetor utilizando a classe vector_handle e então atribuirmos a ele uma nova variável, o MATLAB fará uma cópia do *identificador de objeto* e a atribuirá à nova variável.

```
» a = vector_handle(3,4)
a =
  vector_handle with properties:

    x: 3
    y: 4
» b = a
b =
  vector with properties:

    x: 3
    y: 4
```

Podemos mostrar que essas duas variáveis são as mesmas atribuindo valores diferentes a uma delas e vendo se os novos valores também aparecem na outra.

```
» b.x = -1;
» b.y = 0;
» a
a =
  vector_handle with properties:

    x: -1
    y: 0
» b
b =
  vector_handle with properties:

    x: -1
    y: 0
```

Alterar as variáveis de instância utilizando um dos identificadores afetou os resultados vistos utilizando todos os identificadores porque todos apontam para o mesmo objeto físico na memória.

Os objetos criados das classes do identificador são automaticamente excluídos pelo MATLAB quando não houver identificadores restantes para apontar para eles. Por exemplo, seguir duas expressões cria dois objetos `vector_handle`:

```
» a = vector_handle(3,4);
» b = vector_handle(-4,3);
» whos
   Name      Size      Bytes      Class              Attributes

   a         1x1       112        vector_handle
   b         1x1       112        vector_handle
```

Agora, se executamos a expressão

```
» a = b;
```

ambos os identificadores a e b agora apontam para o objeto original alocado utilizando o identificador b. O objeto que foi originalmente alocado utilizando o identificador a não está mais acessível, porque não existe mais nenhum identificador para ele e o MATLAB excluirá automaticamente esse objeto.

Um usuário pode excluir um objeto identificador a qualquer momento utilizando a função **delete** com *qualquer* identificador apontando para esse objeto. Depois que a função delete é chamada, todos os identificadores que apontaram para esse objeto ainda ficam na memória, mas não apontam mais para nenhum objeto. O objeto para o qual eles apontaram foi removido.

```
» delete(a)
» whos
   Name      Size      Bytes      Class              Attributes

   a         1x1       104        vector_handle
   b         1x1       104        vector_handle
» a
a =
   handle to deleted vector_handle
» b
b =
   handle to deleted vector_handle
```

Os identificadores em si podem ser removidos utilizando o comando `clear`.

As classes do identificador são utilizadas tradicionalmente para objetos que executam alguma função em um programa, como a gravação para um arquivo. Pode haver somente um objeto que abre e grava no arquivo, porque o arquivo pode ser aberto somente uma vez. No entanto, *várias* partes do programa podem ter identificadores para esse objeto e assim podem passar os dados para o objeto gravar no arquivo.

As classes do identificador são o tipo de classe tradicionalmente conhecidas pelo termo "programação orientada a objetos" e as características especiais da programação orientada a objetos, como exceções, listeners etc. são aplicáveis somente a classes do identificador. A maioria das discussões no restante deste capítulo referem-se somente a classes do identificador.

## 12.4 Destruidores: O Método `delete`

Se uma classe incluir um método chamado `delete` com um único argumento de entrada do tipo de objeto, o MATLAB chamará esse método para limpar os recursos utilizados pelo objeto pouco antes de ele ser excluído. Por exemplo, se o objeto tiver um arquivo aberto, o método `delete` seria projetado para fechar o arquivo antes que o objeto fosse excluído.

Podemos usar esse fato para observar quando os objetos são excluídos da memória. Se criarmos uma classe com um método `delete` e escrevermos uma mensagem na janela de comandos a partir desse método, podemos informar exatamente quando um objeto é destruído. Por exemplo, imagine que adicionamos um método delete na classe `vector_handle`.

```
% Modified vector_handle class
classdef vector_handle < handle

    properties
        x;          % X value of vector
        y;          % Y value of vector
    end

    methods

        ...

        % Declare a destructor
        function delete(this)
            disp('Object destroyed.');
        end

    end

end
```

Observe que o método `delete` é opcional e não está presente na maioria das classes. Ele normalmente é incluído se uma classe tiver alguns recursos (como arquivos) abertos que precisam ser liberados antes que o objeto seja destruído.

O comando `clear` exclui o *identificador* para um objeto, não o objeto em si. No entanto, às vezes, o objeto é destruído automaticamente nesse caso. Se criarmos um objeto da classe `vector_handle` e então limparmos (`clear`) o identificador para ele, o objeto será automaticamente destruído porque não é mais uma referência para ele.

```
» a = vector_handle(1,2);
» clear a
Object destroyed.
```

Por outro lado, se criarmos um objeto dessa classe e atribuirmos seu identificador para outra variável, haverá *dois* identificadores para o objeto. Nesse caso, limpar um *não* fará com que o objeto seja destruído porque ainda é um identificador válido para ele.

```
» a = vector_handle(1,2);
» b = a;
» clear a
```

Agora podemos ver a diferença entre `clear` e `delete`. O comando `clear` exclui um identificador, enquanto o comando `delete` exclui um objeto. O comando `clear` *pode* fazer com que o objeto seja excluído também, mas somente se não houver outro identificador para o objeto.

### Boa Prática de Programação

Defina um método `delete` para fechar os arquivos ou excluir outros recursos antes que um objeto seja destruído.

## 12.5 Métodos de Acesso e Controles de Acesso

Na programação orientada a objetos, normalmente é uma boa ideia evitar que as partes de um programa fora de um objeto vejam ou modifiquem as variáveis da instância do objeto. Se as partes externas do programa puderem modificar diretamente uma variável da instância, elas podem atribuir valores impróprios ou ilegais à variável e poderiam quebrar o programa. Por exemplo, poderíamos definir um vetor da seguinte maneira:

```
» a = vector_handle(3,4)
a =
   vector_handle with properties:

      x: 3
      y: 4
```

Seria perfeitamente possível para alguma parte do programa atribuir uma cadeia à variável de instância numérica x:

```
» a.x = 'junk'
a =
   vector_handle with properties:

      x: 'junk'
      y: 4
```

A classe vector depende das propriedades x e y que contêm os valores double. Se uma cadeia for atribuída em seu lugar, os métodos associados à classe falharão. Portanto, algo feito em outra parte do programa poderia quebrar esse objeto de vetor!

Para evitar que isso aconteça, desejamos assegurar que outras partes do programa não possam modificar as variáveis de instância em um método. O MATLAB suporta duas maneiras de fazer isso:

1. Métodos de Acesso
2. Controles de Acesso

Ambas as técnicas estão descritas nas seguintes seções.

### 12.5.1 Métodos de Acesso

É possível proteger as propriedades de serem modificadas incorretamente utilizando os **métodos de acesso** especiais para salvar e recuperar os dados das propriedades. Se estiverem definidos, o MATLAB sempre chamará os métodos de acesso quando forem feitas tentativas de utilizar ou alterar as propriedades em um objeto[3] e os métodos de acesso podem verificar os dados antes de permitir que sejam utilizados. Para o usuário parece como se as propriedades pudessem ser livremente lidas e gravadas, mas na realidade um método "oculto" é executado em cada caso para que possa verificar se os dados são válidos.

Os métodos de acesso podem ser gravados para assegurar que somente os dados válidos sejam definidos ou recuperados, evitando assim que outras partes do programa quebrem o objeto. Por exemplo, eles podem assegurar que os dados sejam do tipo correto, que estejam no intervalo correto e que quaisquer subscritos especificados estejam no intervalo válido dos dados.

---

[3] Existem algumas exceções. Os métodos de acesso não são chamados para alterações nos métodos de acesso (para evitar a recorrência), nem para atribuições no construtor e nem ao definir uma propriedade para seu valor padrão.

Os métodos de acesso possuem nomes especiais que permitem ao MATLAB identificá-los. O nome é sempre get ou set seguido por um ponto e o nome da propriedade a ser acessado. Para salvar um valor na propriedade PropertyName, criaríamos um método especial chamado set.PropertyName. Para obter um valor da propriedade PropertyName, criaríamos um método especial chamado get.PropertyName. Se os métodos com esses nomes forem definidos em um bloco methods sem atributos, o método correspondente será chamado automaticamente sempre que uma propriedade for acessada. O método de acesso executará verificações nos dados antes de serem utilizados.

Por exemplo, vamos criar um método de definição para a propriedade x da classe vector_handle. Esse método de definição verificará se o valor de entrada é do tipo double utilizando a função isa. (A função isa verifica se o primeiro argumento é do tipo especificado no segundo argumento e retorna verdadeiro caso seja.) Nesse caso, se o valor de entrada for do tipo double, a função retornará verdadeiro, e o valor será atribuído a x. Caso contrário, um aviso será impresso e x ficará inalterado. O método é:

```
methods % no attributes

    function set.x(this,value)
       if isa(value,'double')
          this.x = value;
       else
          disp('Invalid value assigned to x ignored');
       end
    end

end
```

Se esse método de definição for incluído na classe vector_handle, a tentativa de atribuir uma cadeia à variável x causará um erro e a atribuição não ocorrerá:

```
» a = vector_handle(3,4)
a =
  vector_handle with properties:

    x: 3
    y: 4

» a.x = 'junk'
Invalid value assigned to x ignored
a =
  vector_handle with properties:

    x: 3
    y: 4
```

### Boa Prática de Programação

Use os métodos de acesso para proteger as propriedades da classe de serem modificadas de maneiras inadequadas. Os métodos de acesso devem verificar os tipos de dados válidos, intervalos de subscrito etc., antes de permitir que uma propriedade seja modificada.

## 12.5.2 Controles de Acesso

Na programação orientada a objetos, geralmente é costumeiro declarar algumas importantes propriedades de classe para ter acesso `private` ou `protected`, de modo que elas possam não ser modificadas diretamente por quaisquer partes do programa fora da classe. Isso forçará outras partes do programa a utilizarem os métodos da classe a interagirem com ele, em vez de tentar modificar diretamente as propriedades da classe. Portanto, os métodos servem como uma interface entre o objeto e o restante do programa, ocultando o interior da classe.

Essa ideia de ocultação de informações é uma chave para a programação orientada a objetos. Se o interior de uma classe ficar oculto do restante do programa e estiver acessível somente através dos métodos da interface, o interior da classe poderá ser modificado sem quebrar o restante do programa, contanto que as sequências de chamada dos métodos da interface permaneçam inalteradas.

Um bom exemplo de uma propriedade `private` seria a id do arquivo em uma classe do gravador de arquivo. Se um objeto gravador de arquivo tiver aberto um arquivo, a id utilizada para gravar nesse arquivo deve ser oculta para que nenhuma outra parte do programa possa vê-la e usá-la para gravar no arquivo independentemente.

### Boa Prática de Programação

Defina os controles de acesso para restringir o acesso às propriedades que devem ser `private` em uma classe.

Observe que definir um método de acesso é quase equivalente a definir um acesso de propriedade de classe para `private` ou `protected` e pode servir ao mesmo propósito. Se um método de acesso for definido para uma propriedade, então o método filtrará o acesso à ele, que é o principal objetivo de declarar o acesso `private` ou `protected`.

## 12.5.3 Exemplo: Criando Classe Timer

Para consolidar as lições que foram aprendidas até aqui, agora criaremos uma classe que serve como cronômetro ou marcador de tempo decorrido.

### ▶Exemplo 12.1 – Classe Timer

Ao desenvolver o software, geralmente é útil conseguir determinar quanto tempo uma determinada parte de um programa demora para ser executada. Essa medição pode nos ajudar a localizar os "pontos quentes" no código, os locais em que o programa está gastando a maior parte do tempo, de modo que possamos tentar otimizá-los. Geralmente isso é feito com uma *calculadora de tempo decorrido*.[4] Esse objeto mede a diferença de tempo entre agora e quando o objeto foi criado ou redefinido pela última vez. Crie uma classe de amostra chamada `MyTimer` para implementar uma calculadora de tempo decorrido.

**Solução** Uma calculadora de tempo decorrido cria uma ótima classe de amostra, porque é muito simples. Ela é análoga a um cronômetro físico. Um cronômetro é um objeto que mede o tempo decorrido entre o pressionamento de um botão iniciar e o de um botão parar (geralmente eles são o mesmo botão físico). As ações básicas (métodos) executadas em um cronômetro físico são:

---

[4] O MATLAB inclui funções integradas `tic` e `toc` para esse propósito.

1. Um pressionamento no botão para zerar e iniciar o timer.
2. Um pressionamento no botão para parar o timer e exibir o tempo decorrido.

Internamente, o cronômetro deve lembrar o tempo do primeiro pressionamento no botão para calcular o tempo decorrido.

De forma semelhante, a classe de tempo decorrido precisa conter os seguintes componentes:

1. Um método para armazenar a hora de início do timer (`startTime`). Esse método não precisará de quaisquer parâmetros de entrada do programa de chamada e não retornará quaisquer resultados para o programa de chamada.
2. Um método para retornar o tempo decorrido desde o último início (`elapsedTime`). Esse método não precisará de quaisquer parâmetros de entrada do programa de chamada, mas retornará o tempo decorrido em segundos para o programa de chamada.
3. Uma propriedade para armazenar o tempo em que o timer iniciou a execução, para uso pelo método de tempo decorrido.

Além disso, a classe deve ter um construtor para inicializar a variável de instância quando um objeto é instanciado. O construtor inicializará o `startTime` para que fique no horário em que o objeto foi criado.

A classe timer deve conseguir determinar o tempo atual sempre que um de seus métodos for chamado. No MATLAB, a função `clock` retorna a data e a hora como uma matriz de 6 números inteiros, correspondendo ao ano, mês, dia, hora, minuto e segundo atuais, respectivamente. Converteremos os últimos três desses valores no número de segundos desde o início do dia e usaremos esse valor nos cálculos do timer. A equação básica é

$$\text{second\_in\_day} = 3600h + 60m + s \qquad (12.2)$$

em que $h$ é o número de horas, $m$ é o número de minutos e $s$ é o número de segundos no horário atual.

Implementaremos a classe timer em uma série de etapas, definindo as propriedades, o construtor e os métodos em sucessão.

1. **Defina as propriedades**

    A classe timer deve conter uma única propriedade chamada `savedTime`, que contém o horário em que o objeto foi criado ou o último horário no qual o método `startTimer` foi chamado. Essa propriedade terá acesso `private`, de modo que nenhum código fora da classe possa modificá-lo.

    A propriedade é declarada em um bloco `property` com acesso privado, da seguinte maneira:

    ```
    classdef MyTimer < handle

        properties (Access = private)
            savedTime;      % Time of creation or last reset
        end

        (methods)

    end
    ```

2. **Crie o construtor**

    O construtor de uma classe é automaticamente chamado pelo MATLAB quando um objeto é instanciado a partir da classe. O construtor deve inicializar as variáveis de instância da classe e pode executar outras funções também (como abertura de arquivos etc.). Nessa classe, o construtor inicializará o valor `savedTime` para o horário em que o objeto `MyTimer` é criado.

    Um construtor é criado em um bloco `methods`. O construtor simplesmente se parece com qualquer outro método, exceto pelo fato de que possui *exatamente* o mesmo nome (incluindo primeiras maiúsculas) que a classe na qual está definida e possui somente um argumento de saída – o objeto criado. O construtor para a classe `Timer` é mostrado abaixo:

```
% Constructor
function this = MyTimer()
   % Initialize object to current time
   timvec = clock;
   this.savedTime = 3600*timvec(4) + 60*timvec(5) + timvec(6);
end
```

3. **Crie os métodos**
   A classe também deve incluir dois métodos para redefinir o timer e para ler o tempo decorrido. O método `resetTimer()` simplesmente redefine o tempo de início na variável de instância `savedTime`.

```
% Reset timer
function resetTimer(this)
   % Reset object to current time
   timvec = clock;
   this.savedTime = 3600*timvec(4) + 60*timvec(5) + timvec(6);
end
```

O método `elapsedTime()` retorna o tempo decorrido desde o início do timer em segundos.

```
% Calculate elapsed time
function dt = elapsedTime (this)
   % Get the current time
   timvec = clock;
   timeNow = 3600*timvec(4) + 60*timvec(5) + timvec(6);

   % Now calculate elapsed time
   dt = timeNow - this.savedTime;
end
```

A classe `MyTimer` resultante é mostrada na Figura 12.7 e o código final para essa classe é mostrado abaixo:

```
classdef MyTimer < handle
   % Timer to measure elapsed time since object creation or last reset
   properties (Access = private)
      savedTime;      % Time of creation or last reset
   end
   methods (Access = public)
      % Constructor
      function this = MyTimer()
         % Initialize object to current time
         timvec = clock;
         this.savedTime = 3600*timvec(4) + 60*timvec(5) + timvec(6);
      end
```

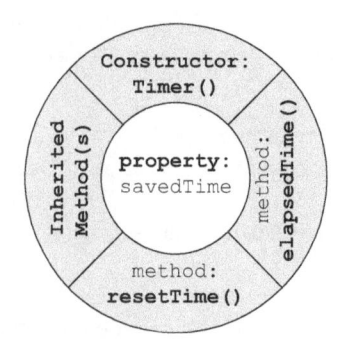

**Figura 12.7** A classe `Timer`.

```
    % Reset timer
    function resetTimer(this)
       % Reset object to current time
       timvec = clock;
       this.savedTime = 3600*timvec(4) + 60*timvec(5) + timvec(6);
    end

    % Calculate elapsed time
    function dt = elapsedTime(this)
       % Get the current time
       timvec = clock;
       timeNow = 3600*timvec(4) + 60*timvec(5) + timvec(6);

       % Now calculate elapsed time
       dt = timeNow - this.savedTime;
    end
  end
end
```

4. **Teste a classe**
   Para testar essa classe, escreveremos um arquivo de script que cria um objeto `MyTimer`, executa alguns cálculos e mede o tempo decorrido resultante. Nesse caso, criaremos e resolveremos um sistema 1.000 × 1.000 de equações simultâneas e um sistema 10.000 × 10.000 de equações simultâneas, sincronizando cada solução com um objeto `MyTimer`. O objeto `MyTimer` será criado pouco antes do primeiro conjunto de equações ser resolvido. Após a primeira solução, o script chamará o método `elapsedTime()` para determinar o tempo gasto para resolver o sistema de equações.
   
   Em seguida, o timer será redefinido utilizando o método `resetTimer()`, o segundo conjunto de equações será resolvido e o script novamente usará `elapsedTime()` para determinar o tempo consumido.

```
% Program to test the MyTimer class

% Create the timer object
t = MyTimer();

% Solve a 1000 x 1000 set of simultaneous equations
A = rand(1000,1000);
b = rand(1000,1);
x = A\b;
```

```
% Get the elapsed time
disp(['The time to solve a 1000 x 1000 set of equations is ' ...
    num2str(t.elapsedTime())]);

% Reset the timer
t.resetTimer();
% Solve a 10000 x 10000 set of simultaneous equations
A = rand(10000,10000);
b = rand(10000,1);
x = A\b;

% Get the elapsed time
disp(['The time to solve a 10000 x 10000 set of equations is ' ...
    num2str(t.elapsedTime())]);
```

Quando esse script é executado, os resultados são

```
» test_timer
The time to solve a 1000 x 1000 set of equations is 0.063
The time to solve a 10000 x 10000 set of equations is 13.026
```

A classe timer parece estar funcionando conforme desejado.

### 12.5.4 Notas sobre a Classe `MyTimer`

Esta seção contém algumas notas sobre a operação da classe `MyTimer` e de classes em geral.

Primeiramente, observe que a classe `MyTimer` poupa seu tempo inicial na propriedade `savedTime`. Sempre que um objeto é instanciado de uma classe, ele recebe sua *própria cópia* de todas as variáveis de instância definidas na classe. Portanto, vários objetos `MyTimer` poderiam ser instanciados e usados simultaneamente em um programa e *eles não vão interferir uns nos outros* porque cada timer possui sua própria cópia privada da variável de instância `savedTime`.

Além disso, observe que os blocos que definem as propriedades e os métodos na classe são todos declarados com um atributo `public` ou `private`. Qualquer propriedade ou método declarado com o atributo `public` pode ser acessado a partir de outras classes no programa. Qualquer propriedade ou método declarado com o atributo `private` fica acessível somente para os métodos do objeto no qual está definido.

Nesse caso, a propriedade `savedTime` é declarada `private`, de modo que não pode ser vista ou modificada por qualquer método fora do objeto no qual está definida. Como nenhum método fora de `MyTimer` pode ver `savedTime`, não é possível para nenhuma outra parte do programa modificar acidentalmente o valor armazenado nesse local e assim confundir a medição de tempo decorrido. A única maneira pela qual um programa pode utilizar a medição de tempo decorrido é por meio de métodos `public resetTimer()` e `elapsedTime()`. Normalmente você deve declarar todas as propriedades em suas classes para que sejam `private` (ou, do contrário, protegê-las com métodos de acesso).

Além disso, observe que a fórmula que calcula o tempo decorrido em segundos nessa classe [Equação (12.2)] é redefinida à meia-noite de cada dia, de modo que esse timer falharia se fosse executado após a meia-noite. Será solicitado em um problema de fim de capítulo que modifique essa equação para que o timer funcione corretamente em períodos de tempo maiores.

## 12.6 Métodos Estáticos

**Métodos estáticos** são métodos em uma classe que não executam cálculos em objetos individuais instanciados na classe. Geralmente eles executam cálculos de "utilidade" que podem ser necessários para métodos de instância na classe ou que podem ser necessários em outras partes do programa. Como esses métodos não modificam as propriedades da classe, eles *não* incluem um objeto dela como o primeiro argumento de entrada da maneira como os métodos da instância fazem.

Os métodos estáticos definidos em uma classe podem ser utilizados sem instanciar um objeto da classe primeiro, de modo que podem ser chamados a partir do construtor de classe enquanto um objeto estiver sendo criado. Se os métodos estáticos tiverem acesso `public`, eles também podem ser chamados de outras partes do programa sem criar um objeto primeiro.

Os métodos estáticos são declarados incluindo um atributo `Static` no bloco `methods` em que estão declarados. Eles podem ser acessados sem criar primeiro uma instância para a classe, nomeando o nome dela seguido por um ponto e pelo nome do método. Como alternativa, se existir um objeto criado da classe, os métodos estáticos poderão ser acessados pela referência do objeto seguida por um ponto e pelo nome do método.

Como um exemplo, imagine que estamos criando uma classe que trabalha com ângulos e, como parte dessa classe, gostaríamos de ter métodos que convertem de graus em radianos e de radianos em graus. Esses métodos não envolvem as propriedades definidas na classe e eles poderiam ser declarados como métodos estáticos da seguinte maneira:

```
classdef Angle
    ...
    methods(Static, Access = public)
        function out = deg2Rad(in)
            out = in * pi / 180;
        end

        function out = rad2Deg(in)
            out = in * 180 / pi;
        end
    end
    ...
end
```

Esses métodos estáticos poderiam ser acessados de dentro e de fora da classe porque seus acessos são `public`. Eles seriam chamados utilizando o nome de classe seguido por um ponto e pelo nome do método: `Angle.deg2Rad()` e `Angle.rad2Deg()`.

Se um objeto da classe `Angle` for criado da seguinte maneira:

```
a = Angle();
```

então os métodos estáticos também poderiam ser chamados utilizando o nome do objeto da instância: `a.deg2Rad()` e `a.rad2Deg()`.

### Boa Prática de Programação

Utilize os métodos estáticos para implementar cálculos de utilidade em uma classe.

## 12.7 Definindo Métodos de Classe em Arquivos Separados

Até aqui, definimos todos os métodos em uma classe em um bloco de métodos na definição de classe. Isso certamente funciona, mas se os métodos forem muito grandes e houver muitos deles, a definição de classe poderia ter milhares de linha de comprimento! O MATLAB suporta uma maneira alternativa de declarar os métodos em uma classe sem ter que forçar todos os métodos para que estejam em um único arquivo.

Imagine que desejamos criar uma classe denominada MyClass. Se criarmos um diretório denominado @MyClass e o colocarmos em um diretório no caminho MATLAB, o MATLAB assumirá que todo o conteúdo desse diretório será componente da classe MyClass.

O diretório *deve* conter um arquivo chamado MyClass.m que contém a definição de classe. A definição de classe deve conter a definição das propriedades e dos métodos nela, mas não precisa conter todas as implementações do método. A assinatura de cada método (a sequência de chamada e os valores de retorno) deve ser declarada em um bloco de métodos, mas as funções reais podem ser declaradas em arquivos separados.

O seguinte exemplo define uma classe MyClass com três propriedades a, b e c, e dois métodos de instância calc1 e calc2. O bloco methods contém a *assinatura* dos dois métodos (o número de argumentos de entrada e argumentos de saída), mas não os métodos em si.

```
classdef MyClass
    ...
    Properties (Access = private)
       a;
       b;
       c;
    End

    methods(Access = public)
       function output = calc1(this);
       function output = calc2(this, arg1, arg2);
    end
end
```

Então deve haver dois arquivos separados calc1.m e calc2.m no mesmo diretório que conteriam as definições de função para implementar os métodos. O arquivo calc1.m poderia conter a definição da função calc1:

```
function output = calc1(this);
    ...
    ...
end
```

e o arquivo calc2.m poderia conter a definição da função calc2:

```
function output = calc2(this, arg1, arg2);
    ...
    ...
end
```

O diretório @MyClass poderia conter os seguintes arquivos:

```
@MyClass\MyClass.m
@MyClass\calc1.m
@MyClass\calc2.m
```

Observe que certos métodos *devem* estar no arquivo com a definição de classe. Esses métodos incluem

1. O método do construtor.
2. O método do destruidor (`delete`).
3. Qualquer método que tenha um ponto no nome do método, como os métodos de acesso `get` e `set`.

Todos os outros métodos podem ser declarados em um bloco `methods` de definição de classe, mas realmente definidos em arquivos separados no mesmo subdiretório.

## 12.8 Sobrescrevendo Operadores

O MATLAB implementa operadores matemáticos padrões como soma, substração, multiplicação e divisão como métodos com nomes especiais definidos na classe que define um tipo de dados. Por exemplo, `double` é uma classe MATLAB integrada que contém uma propriedade de ponto flutuante de dupla precisão única. Essa classe inclui um conjunto de métodos para implementar a soma, a subtração e assim por diante para dois objetos dessa classe. Quando um usuário define duas variáveis duplas a e b e então as adiciona juntas, o MATLAB realmente chama o método `plus(a,b)` definido na classe `double`.

O MATLAB permite que os programadores definam operadores para suas próprias classes definidas pelo usuário também. Contanto que um método com o nome e o número corretos de argumento de chamada seja definido na classe, o MATLAB chamará esse método quando encontrar a operação apropriada entre dois objetos da classe. Se a classe inclui um método `plus(a,b)`, ele será automaticamente chamado quando a expressão a + b for avaliada com a e b sendo objetos dessa classe. Às vezes, isso é chamado de **sobrecarga de operador**, porque estamos dando aos operadores padrões uma nova definição.

As classes definidas pelo usuário possuem uma maior precedência do que as classes MATLAB integradas, de modo que os operadores mistos entre as classes definidas pelo usuário e as classes integradas são avaliadas pelo método definido na classe definida pelo usuário. Por exemplo, se a for uma variável `double` e b for um objeto de uma classe definida pelo usuário, a expressão a + b será avaliada pelo método `plus(a,b)` na classe definida pelo usuário. Fique ciente do seguinte – você deve assegurar que seus métodos possam identificar ambos os objetos da classe definida e classes integradas como `double`.

A Tabela 12.3 lista os nomes e as assinaturas de cada método associado a um operador MATLAB. Cada método definido na tabela aceita os objetos da classe na qual está definida (mais também possivelmente os objetos duplos) e retorna um objeto da mesma classe. Observe que uma classe definida pelo usuário *não* precisa implementar todos esses operadores. Ela pode implementar nenhum, todos ou qualquer subconjunto que faça sentido para o problema sendo resolvido.

**Tabela 12.3: Operadores MATLAB Selecionados e Funções Associadas**

| Operação | Método a ser Definido | Descrição |
|---|---|---|
| a + b | plus(a,b) | Soma binária |
| a - b | minus(a,b) | Subtração binária |
| -a | uminus(a) | Menos unário |
| + 1 | uplus(a) | Mais unário |
| a .* b | times(a,b) | Multiplicação com conhecimento de elemento |
| a * b | mtimes(a,b) | Multiplicação com matriz |
| a ./ b | rdivide(a,b) | Divisão com conhecimento do elemento direito |

## Tabela 12.3: Operadores MATLAB Selecionados e Funções Associadas (continuação)

| Operação | Método a ser Definido | Descrição |
|---|---|---|
| a .\ b | ldivide(a,b) | Divisão com conhecimento do elemento esquerdo |
| a / b | mrdivide(a,b) | Divisão à direita com matriz |
| a \ b | mldivide(a,b) | Divisão à esquerda com matriz |
| a .^ b | power(a,b) | Potência com conhecimento de elemento |
| a ^ b | mpower(a,b) | Potência com matriz |
| a < b | lt(a,b) | Menor que |
| a > b | gt(a,b) | Maior que |
| a <= b | le(a,b) | Menor que ou igual a |
| a >= b | ge(a,b) | Maior que ou igual a |
| a ~= b | ne(a,b) | Diferente de |
| a == b | eq(a,b) | Igual a |
| a & b | and(a,b) | E lógico |
| a \| b | or(a,b) | OU lógico |
| ~a | not(a) | NÃO lógico |
| a:d:b | colon(a,d,b) | Operador de dois pontos |
| a:b | colon(a,b) | |
| a' | ctranspose(a) | Transposição conjugada complexa |
| a.' | transpose(a) | Transposição matricial |
| command window output | display(a) | Método de exibição |
| [a b] | horzcat(a,b,..) | Concatenação horizontal |
| [a; b] | vertcat(a,b,..) | Concatenação vertical |
| a(s1,s2,..,sn) | subsref(a,s) | Referência subscrita |
| a(a1,..sn) = b | subsasgn(a,s,b) | Atribuição subscrita |
| b(a) | subsindx(a) | Índice subscrito |

▶ **Exemplo 12.2 — Classe de Vetor**

Crie uma classe do identificador de chamada Vector3D que retém um vetor tridimensional. A classe definirá propriedades x, y e z, e deve implementar um construtor e os operadores de mais, menos, igual e diferente para os objetos dessa classe.

**Solução** Essa classe terá três propriedades x, y e z, com acesso public. (Observe que essa *não* é uma boa ideia para classes séries – devemos implementar os métodos de acesso para a classe. Manteremos isso o mais simples possível nesse exemplo e então tornaremos a classe melhor nos exercícios de fim de capítulo.) Implementaremos um construtor e os operadores de mais, menos, igual e diferente para os objetos dessa classe.

O construtor para essa classe implementará um construtor padrão e um que forneça os valores iniciais.

1. **Defina as propriedades**
   A classe Vector3D deve conter três propriedades chamadas x, y e z. As propriedades são declaradas em um bloco property com acesso public, da seguinte maneira:

   ```
   % Declare the Vector 3D class
   classdef Vector3D < handle

      properties (Access = public)
         x;           % X value of vector
         y;           % Y value of vector
         z;           % Z value of vector
      end

   end
   ```

2. **Crie o construtor**
   O construtor para essa classe deve inicializar um objeto Vector3D com os dados de entrada fornecidos e também deve conseguir funcionar como um construtor padrão se nenhum argumento for fornecido. Utilizaremos a função nargin para distinguir esses dois casos. O construtor para a classe Vector3D é mostrado abaixo:

   ```
   % Declare the constructor
   function this = Vector3D(a,b,c)
      if nargin < 3

         % Default constructor
         this.x = 0;
         this.y = 0;
         this.z = 0;
      else

         % Constructor with input variables
         this.x = a;
         this.y = b;
         this.z = c;
      end
   end
   ```

3. **Crie os métodos**
   A classe também deve incluir quatro métodos para implementar os operadores +, -, == e ~=. Os métodos de mais e menos retornarão um objeto do tipo Vector3D e os métodos igual e diferente retornarão um resultado lógico. Os métodos mais e menos são implementados definindo um vetor de saída e então somando ou subtraindo dois vetores termo a termo, gravando o resultado no vetor de saída. Os métodos igual e diferente consistem na comparação de dois vetores termo a termo. A classe Vector3D resultante é mostrada abaixo:

   ```
   % Declare the Vector 3D class
   classdef Vector3D < handle

      properties (Access = public)
         x;           % X value of vector
         y;           % Y value of vector
         z;           % Z value of vector
      end
   ```

```
    methods (Access = public)

        % Declare the constructor
        function this = Vector3D(a,b,c)
            if nargin < 3

                % Default constructor
                this.x = 0;
                this.y = 0;
                this.z = 0;

            else

                % Constructor with input variables
                this.x = a;
                this.y = b;
                this.z = c;
            end
        end

        % Declare a method to add two vectors
        function obj = plus(objA,objB)
            obj = Vector3D;
            obj.x = objA.x + objB.x;
            obj.y = objA.y + objB.y;
            obj.z = objA.z + objB.z;
        end

        % Declare a method to subtract two vectors
        function obj = minus(objA,objB)
            obj = Vector3D;
            obj.x = objA.x - objB.x;
            obj.y = objA.y - objB.y;
            obj.z = objA.z - objB.z;
        end

        % Declare a method to check for equivalence
        function result = eq(objA,objB)
            result = (objA.x == objB.x) && ...
                     (objA.y == objB.y) && ...
                     (objA.z == objB.z);
        end

        % Declare a method to check for non-equivalence
        function result = ne(objA,objB)
            result = (objA.x ~= objB.x) || ...
                     (objA.y ~= objB.y) || ...
                     (objA.z ~= objB.z);
        end
    end

end
```

4. **Teste a classe**

   Para testar essa classe, criaremos dois objetos Vector3D e então vamos somar, subtrair e compará-los quanto à igualdade e à diferença.

```
» a = Vector3D(1,2,3)
a =
  Vector3D with properties:

    x: 1
    y: 2
    z: 3
» b = Vector3D(-3,2,-1)
b =
  Vector3D with properties:

    x: -3
    y: 2
    z: -1
» c = a + b
c =
  Vector3D with properties:

    x: -2
    y: 4
    z: 2
» d = a - b
d =
  Vector3D with properties:

    x: 4
    y: 0
    z: 4
» eq = a == b
eq =
     0
» ne = a ~= b
ne =
     1
» whos
  Name      Size       Bytes      Class             Attributes

  a         1x1        112        Vector3D
  b         1x1        112        Vector3D
  c         1x1        112        Vector3D
  d         1x1        112        Vector3D
  eq        1x1          1        logical
  ne        1x1          1        logical
```

Observe na saída da expressão whos que a soma e a diferença dos vetores a e b também são vetores do mesmo tipo e os testes de igualdade/diferença produzem resultados lógicos.

## 12.9 Eventos e Listeners

**Eventos** são avisos que um objeto transmite quando acontece algo, como uma mudança no valor de propriedade ou um usuário que insere dados no teclado ou clicando em um botão com um mouse. **Listeners** são objetos que executam um método de retorno de chamada quando notificado que ocorreu um evento de interesse. Os programas utilizam os eventos para comunicar coisas que acontecem aos objetos e respondem a esses eventos, executando a função de retorno de chamada do listener. Eles são utilizados extensivamente para criar retornos de chamada nas Interfaces Gráficas com o Usuário (GUIs), como veremos no Capítulo 14.

Somente as classes de identificador podem definir os eventos e os listeners – elas não trabalham para as classes de valor.

Os eventos produzidos por uma classe são definidos em um bloco `events` como parte da definição da classe, semelhante aos blocos `properties` e `methods`. Os eventos são acionados chamando a função `notify` em um método. A sintaxe de chamada para essa função é

```
notify(obj,'EventName');
notify(obj,'EventName',data);
```

Essa função notifica os listeners que o evento `'EventName'` está ocorrendo no objeto especificado. O argumento opcional `'data'` é um objeto da classe `event.EventData` contém informações adicionais sobre o evento. Como padrão, ele contém a origem e o nome do evento, mas essas informações podem ser estendidas conforme descrito na documentação do MATLAB.

Os listeners são funções do MATLAB que atendem eventos específicos e então disparam uma função de retorno de chamada especificada quando ocorre o evento. Os listeners podem ser criados e associados a um evento utilizando o método `addlistener`.

```
lh = addlistener(obj,'EventName',@CallbackFunction)
```

em que `obj` é um identificador para o objeto que cria o evento, `'EventName'` é o nome do evento e `@CallbackFunction` é um identificador para a função chamar quando ocorre o evento. O argumento de retorno `lh` é um identificador para o objeto listener.

Um exemplo simples da declaração dos eventos em uma classe é mostrado abaixo. Essa é uma versão da classe `Vector3D` que define um `CreateEvent` e um `DestroyEvent`. O `CreateEvent` é publicado no construtor quando um objeto é criado e o `DestroyEvent` é publicado no método `delete` quando o objeto for destruído.

Observe que os objetos listener são criados para cada evento no construtor quando o objeto é criado.

```
% Declare the Vector 3D class that generates events
classdef Vector3D < handle

    properties (Access = public)
        x;          % X value of vector
        y;          % Y value of vector
        z;          % Z value of vector
    end

    events
        CreateEvent;    % Create object event
        DestroyEvent;   % Destroy object event
    end
```

```
        methods (Access = public)

            % Declare the constructor
            function this = Vector3D(a,b,c)

                % Add event listeners when the object is created
                addlistener(this,'CreateEvent',@createHandler);
                addlistener(this,'DestroyEvent',@destroyHandler);

                % Notify about the create event
                notify(this,'CreateEvent');

                if nargin < 3

                    % Default constructor
                    this.x = 0;
                    this.y = 0;
                    this.z = 0;

                else

                    % Constructor with input variables
                    this.x = a;
                    this.y = b;
                    this.z = c;
                end
            end

            ...
            ...
            ...

            % Declare the destructor
            function delete(this);
                notify(this,'DestroyEvent');
            end

        end

    end
```

As funções de retorno de chamada especificadas nos listeners são mostradas abaixo:

```
function createHandler(eventSrc,eventData)
   disp('In callback createHandler:');
   disp(['Object of type ' class(eventData.Source) ' created.']);
   disp(['eventData.EventName = ' eventData.EventName]);
   disp(' ');
end

function destroyHandler(eventSrc,eventData)
   disp('In callback destroyHandler:');
```

```
       disp(['Object of type ' class(eventData.Source) ' destroyed.']);
       disp(['eventData.EventName = ' eventData.EventName]);
       disp(' ');
end
```

Quando os objetos desse tipo são criados e destruídos, eles verão os retornos de chamada correspondentes ocorrendo:

```
» a = Vector3D(1,2,3);
In callback createHandler:
Object of type Vector3D created.
eventData.EventName = CreateEvent

» b = Vector3D(3,2,1);
In callback createHandler:
Object of type Vector3D created.
eventData.EventName = CreateEvent

» a = b;
In callback destroyHandler:
Object of type Vector3D destroyed.
eventData.EventName = DestroyEvent
```

Se for salvo, o identificador para o objeto listener pode ser usado para desativar temporariamente ou remover permanentemente a chamada de retorno. Se lh for o identificador para o objeto listener, a chamada de retorno pode ser temporariamente desativada definindo a propriedade enable para falso.

```
lh.enable = false;
```

A chamada de retorno pode ser removida permanentemente, excluindo o objeto listener por inteiro

```
delete(lh);
```

## 12.9.1 Eventos e Listeners de Propriedade

Todas as classes do identificador possuem quatro eventos associados a cada propriedade: PreSet, PostSet, PreGet e PostGet. A propriedade PreSet é definida pouco antes de uma propriedade ser atualizada e a propriedade PostSet é definida pouco depois de ela ser atualizada. A propriedade PreGet é definida pouco antes de uma propriedade ser lida e a propriedade PostGet é definida pouco depois.

Esses eventos são ativados se o atributo SetObservable for ativado e desativado caso não esteja presente. Por exemplo, se uma propriedade for declarada como

```
properties (SetObservable)
   myProp;              % My property
end
```

então os quatro eventos descritos acima serão declarados antes e depois que essa propriedade for lida ou escrita. Se os listeners forem anexados a essas propriedades, os retornos de chamada ocorrerão antes e depois que a propriedade for acessada.

## 12.10 Exceções

Exceptions são interrupções no fluxo normal da execução do programa devido a erros no código. Quando ocorre um erro do qual um método não pode se recuperar sozinho, ele coleta informações sobre o erro (qual foi o erro, em qual linha ocorreu e a pilha de chamada que descreve como a execução do programa chegou nesse ponto). Ele agrupa essas informações em um objeto MException e então **lança a exceção**.

Um objeto MException contém as seguintes propriedades:

- **identificador** – O identificador é uma cadeia que descreve o erro de uma maneira hierárquica, com o componente que causa o erro seguido por uma cadeia mnemônica que o descreve, separada por dois pontos. Combinar o nome do componente com o mnemônico garante que o identificador para cada erro seja exclusivo.
- **mensagem** – Essa é uma cadeia que contém uma descrição de texto do erro.
- **pilha** – Essa propriedade contém uma matriz de estruturas que especifica o caminho de chamada para o local do erro, o nome da função e o número de linha em que ocorreu o erro.
- **causa** – Se houver exceções secundárias relacionadas ao principal, as informações adicionais sobre outras exceções serão armazenadas na propriedade de causa.

Como um exemplo de uma exceção, vamos criar um conjunto de funções, com a primeira chamando a segunda, e a segunda chamando o comando de diagrama surf sem chamar os argumentos. Isso é ilegal, portanto surf lançará uma exceção.

```
function fun1()
   try
      fun2;
   catch ME

      id = ME.identifier
      msg = ME.message
      stack = ME.stack
      cause = ME.cause

      % Display the stack
      for ii = 1:length(stack)
         stack(ii)
      end
   end
end

function fun2;
   surf;
end
```

Quando essa função for executada, os resultados serão:

```
» fun1
id =
MATLAB:narginchk:notEnoughInputs
msg =
Not enough input arguments.
stack =
3x1 struct array with fields:
    file
```

```
            name
            line
    cause =
         {}
    ans =
        file: 'C:\Program Files\MATLAB\R2014b\toolbox\matlab\graph3...'
        name: 'surf'
        line: 49
    ans =
        file: 'C:\Data\book\matlab\5e\chap12\fun1.m'
        name: 'fun2'
        line: 22
    ans =
        file: 'C:\Data\book\matlab\5e\chap12\fun1.m'
        name: 'fun1'
        line: 3
```

Observe que a cadeia de id combina o componente e o mnemônico de erro específico. A mensagem contém uma descrição simples do erro em inglês e a pilha contém a matriz da estrutura dos arquivos, nome e números de linha que conduzem ao erro. A causa não é usada porque não havia outros erros.

Essa mensagem de erro pode ser exibida de uma forma conveniente utilizando o método `getReport()` da classe `MException`. Isso retornará um breve resumo de texto do erro.

```
» ME.getReport()

Error using surf (line 49)
Not enough input arguments.
Error in fun1>fun2 (line 22)
    surf;
Error in fun1 (line 3)
        fun2;
```

### 12.10.1 Criando Exceções nos Próprios Programas

Se você escrever uma função MATLAB que não possa funcionar corretamente (talvez ela não tenha todos os dados necessários) e você pode detectar o erro, deve criar um objeto `MException` que o descreva e lance uma exceção. O objeto `MException` seria criado utilizando o construtor

```
ME = MException(identifier,string);
```

em que o identificador é uma cadeia no formato `component:mnemonic` e a cadeia é uma cadeia de texto que descreve o erro. Quando os dados são armazenados em ME, a função deve lançar o erro utilizando o comando

```
throw(ME);
```

Esse comando terminará a função atualmente em execução e retornará o controle para a função de chamada. A função `throw` define o campo da pilha do objeto de exceção antes de retornar ao ativador, de modo que a exceção contém o rastreio de pilha completo para o local em que ocorreu o erro.

### 12.10.2 Capturando e Corrigindo Exceções

Se uma exceção for lançada em uma função, a execução parará e retornará ao ativador. Se o ativador não identificar a exceção, a execução parará e retornará ao ativador dessa função e assim por diante, totalmente para trás da janela de comandos. Se as exceções ainda não forem identificadas, o erro será impresso na janela de comandos utilizando o método MException.last e o programa parará a execução. A saída de MException.last se parece com a saída do método MException.getReport() que vimos anteriormente.

Uma exceção pode ser identificada em qualquer nível na pilha de chamada por uma estrutura try/catch. Se ocorrer o erro em uma cláusula try de uma função e ocorrer uma exceção, o controle será transferido para a cláusula catch com o argumento de exceção. Se a função puder corrigir o erro, ela deve fazer isso. Se não puder, deve passar a exceção para o próximo ativador mais alto na árvore de chamada utilizando a função rethrow(ME). Essa função é semelhante à função original throw, exceto pelo fato de que não modifica o rastreio da pilha. Isso deixa a pilha ainda apontando para o nível inferior em que o erro realmente ocorreu.

O seguinte exemplo mostra as mesmas duas funções que chamam surf, mas com estruturas try/catch em fun1 e fun2.

```
function fun1()
   try
      fun2;
   catch ME
      disp('Catch in fun1:');
      ME.getReport()
      rethrow(ME);
   end
end

function fun2
   try
      surf;
   catch ME
      disp('Catch in fun2:');
      ME.getReport()
      rethrow(ME);
   end
end
```

Quando fun1 é executado, podemos ver se fun2 captura e exibe o erro e depois o emite novamente. Em seguida, fun1 captura e exibe o erro e depois o emite novamente. Depois que o erro atinge a janela de comandos e o programa para.

```
» fun1
Catch in fun2:
ans =
Error using surf (line 49)
Not enough input arguments.
Error in fun1>fun2 (line 13)
      surf;
Error in fun1 (line 3)
      fun2;
Catch in fun1:
ans =
Error using surf (line 49)
Not enough input arguments.
Error in fun1>fun2 (line 13)
      surf;
```

```
Error in fun1 (line 3)
    fun2;
Error using surf (line 49)
Not enough input arguments.
Error in fun1>fun2 (line 13)
    surf;
Error in fun1 (line 3)
    fun2;
```

## 12.11  Superclasses e Subclasses

Todas as classes do identificador formam uma parte de uma hierarquia de classe. Cada classe do identificador, exceto `handle`, é uma subclasse de alguma outra classe e a classe herda tanto as propriedades quanto os métodos de sua classe pai. A classe pode adicionar propriedades e métodos adicionais e também substituir o comportamento de métodos herdados de sua classe pai.

Qualquer classe acima de uma específica na hierarquia é conhecida como uma **superclasse** dessa classe. A classe logo acima de uma específica na hierarquia é conhecida como a *superclasse imediata* da classe. Qualquer classe abaixo de uma específica na hierarquia é conhecida como uma **subclasse** dessa classe.

Qualquer subclasse herda as propriedades públicas e métodos da classe pai. Os métodos definidos em uma classe pai podem ser **substituídos** em uma subclasse e o comportamento do método modificado será usado para objetos dessas subclasses. Se um método for definido em uma superclasse e não for substituído na subclasse, o método definido na superclasse será utilizado pelos objetos da subclasse sempre que ele for chamado.

### 12.11.1  Definindo Superclasses e Subclasses

Por exemplo, suponha que tenhamos que criar uma classe `Shape` que descreva as características de um formato bidimensional. Essa classe incluiria propriedades que contêm a área e o perímetro do formato. No entanto, existem muitos tipos diferentes de formato, com maneiras diferentes para calcular a área e o perímetro para cada formato. Por exemplo, poderíamos criar duas subclasses de `Shape` chamadas `EquilateralTriangle` e `Square`, com diferentes métodos para calcular as propriedades do formato (veja a Figura 12.8). Essas duas subclasses herdariam todas as informações comuns e métodos de `Shape` (área, perímetro etc.), mas substituiria os métodos usados para calcular as propriedades.

*Os objetos das classes `EquilateralTriangle` ou `Square` podem ser tratados como objetos da classe `Shape`,* e assim por diante para qualquer classe adicional até a hierarquia hereditária. Um objeto da classe `EquilateralTriangle` também é um objeto da classe `Shape`.

O código MATLAB para a classe `Shape` é mostrado na Figura 12.9. Essa classe inclui duas variáveis de instância, `area` e `perimeter`. A classe também define um construtor, métodos para calcular a área e o perímetro do formato e um método `string` para fornecer uma descrição do texto do objeto.

Observe que essa classe e as subclasses seguintes também incluem a depuração das expressões `disp` em cada método, de modo que podemos ver exatamente qual código é executado quando um objeto de uma determinada classe é criado e utilizado. Essas expressões são identificadas "Somente para depuração" nas três figuras seguintes.

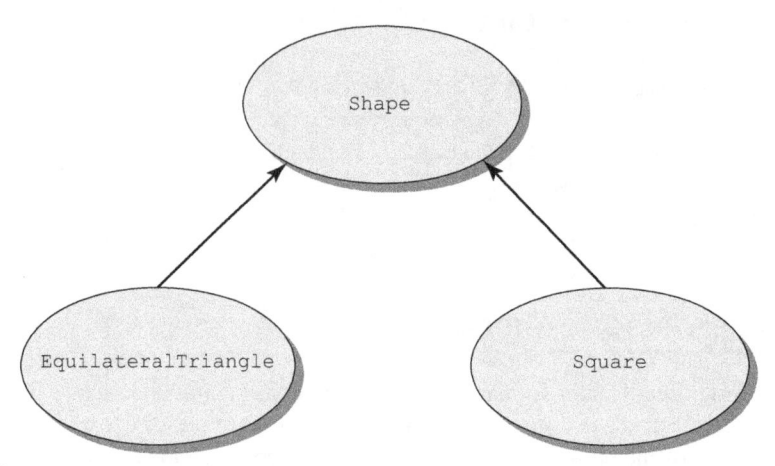

**Figura 12.8** Uma hierarquia hereditária simples. Tanto `EquilateralTriangle` quanto `Square` herdam de `Shape` e um objeto de suas classes que também é um objeto da classe `Shape`.

```matlab
classdef Shape < handle

    properties
        area;          % Area of shape
        perimeter;     % Perimeter of shape
    end

    methods

        % Declare the constructor
        function this = Shape()

            % For debugging only
            disp('In Shape constructor...');

            this.area = 0;
            this.perimeter = 0;

        end

        % Declare a method to calculate the area
        % of the shape.
        function calc_area(this)

            % For debugging only
            disp('In Shape method calc_area...');

            this.area = 0;
        end

        % Declare a method to calculate the perimeter
        % of the shape.
        function calc_perimeter(this)

            % For debugging only
            disp('In Shape method calc_perimeter...');

            this.perimeter = 0;
        end
```

```matlab
        % Declare a method that returns info about
        % the shape.
        function string(this)
        
            % For debugging only
            disp('In Shape method string...');
            
            str = ['Shape of class "' class(this) ...
                   '", area ' num2str(this.area) ...
                   ', and perimeter ' num2str(this.perimeter)];
            disp(str);
        end
        
    end
    
end
```
**Figura 12.9** A classe shape.

Observe que os métodos `calc_area` e `calc_perimeter` produzem valores zero em vez de resultados válidos porque o método de calcular os valores depende do tipo de formato e ainda não sabemos essas informações nessa classe.

O código MATLAB para a subclasse `EquilateralTriangle` é mostrado na Figura 12.10. Essa classe *herda* as duas variáveis de instância, `area` e `perimeter`, e adiciona uma variável de instância adicional `len`. Ela também substitui os métodos `calc_area` e `calc_perimeter` da superclasse de modo que eles executam cálculos adequados para um triângulo equilátero.

$$área = \frac{\sqrt{3}}{4} \times len^2 \tag{12.3}$$

$$perímetro = 3 \times len \tag{12.4}$$

```matlab
classdef EquilateralTriangle < Shape

    properties
        len;        % Length of side
    end
    
    methods
    
        % Declare the constructor
        function this = EquilateralTriangle(len)
        
            % For debugging only
            disp('In EquilateralTriangle constructor...');
            
            if nargin > 0
                this.len = len;
            end
            this.calc_area();
            this.calc_perimeter();
            
        end
```

**Figura 12.10** A classe `EquilateralTriangle`.

Uma classe é declarada como subclasse de outra incluindo um símbolo < seguido pelo nome da superclasse. Nesse caso, a classe `EquilateralTriangle` é uma subclasse da classe `Shape` devido à cláusula < `Shape` na linha `classdef`. Portanto, essa classe herda todas as variáveis de instância não privadas e métodos da classe `Shape`.

A classe `EquilateralTriangle` define um construtor para construir objetos dessa classe. Quando um objeto de uma subclasse é instanciado, *um construtor de sua superclasse é chamado implicitamente ou explicitamente antes que qualquer outra inicialização seja executada.* No construtor da classe `EquilateralTriangle`, o construtor de superclasse é chamado implicitamente na primeira linha para inicializar `area` e `perimeter` para seus valores padrão. (Qualquer chamada implícita para um construtor de superclasse é sempre executada sem parâmetros de entrada. Se você precisar passar os parâmetros para o construtor de superclasse, uma chamada explícita deve ser usada.) A superclasse *deve* ser inicializada implicitamente ou explicitamente antes que possa ocorrer qualquer inicialização de subclasse.

### Boa Prática de Programação

Ao escrever uma subclasse, chame o construtor de superclasse implicitamente ou explicitamente *como a primeira ação no construtor de subclasse.*

Observe que tanto o construtor em `Shape` quanto o construtor em `EquilateralTriangle` contêm as expressões `disp` que são impressas quando o código é executado, de modo que será possível ver que o construtor de superclasse é executado antes que o construtor de subclasse seja executado.

Essa classe também define novos métodos `calc_area` e `calc_perimeter` que substituem as definições fornecidas na superclasse. Como o método `string` não é redefinido, aquele na superclasse `Shape` também se aplicará a quaisquer objetos da subclasse `EquilateralTriangle`.

O código MATLAB para a subclasse `Square` é mostrado na Figura 12.11. Essa classe *herda* duas variáveis de instância, `area` e `perimeter`, e adiciona uma variável de instância extra `len`. Ela também substitui os métodos `calc_area` e `calc_perimeter` da superclasse para que executem os cálculos adequados para um quadrado.

$$área = len^2 \tag{12.5}$$

$$perímetro = 4 \times len \tag{12.6}$$

```
classdef Square < Shape

    properties
        len;        % Length of side
    end

    methods

        % Declare the constructor
        function this = Square(len)

            % For debugging only
            disp('In Square constructor...');

            this = this@Shape();
            if nargin > 0
                this.len = len;
            end
```

```
            this.calc_area();
            this.calc_perimeter();

        end

        % Declare a method to calculate the area
        % of the shape.
        function calc_area(this)

            % For debugging only
            disp('In Square method calc_area...');
            this.area = this.len.^2;
        end

        % Declare a method to calculate the perimeter
        % of the shape.
        function calc_perimeter(this)

            % For debugging only
            disp('In Square method calc_perimeter...');

            this.perimeter = 4 * this.len;
        end

    end

end
```
**Figura 12.11** A classe Square.

A classe Square define um construtor para construir os objetos dessa classe. No construtor da classe Square, o da superclasse é chamado explicitamente na primeira linha para inicializar area e perimeter para seus valores padrão. Se os argumentos adicionais forem necessários para inicializar a classe Shape, eles poderiam ser adicionados à chamada explícita: this = this@ Shape(arg1, arg2, ...).

## 12.11.2 Exemplo de Utilização de Superclasses e Subclasses

Para ilustrar o uso dessas classes, criaremos um objeto da classe EquilateralTriangle com os lados do comprimento 2:

```
» a = EquilateralTriangle(2)
In Shape constructor...
In EquilateralTriangle constructor...
In EquilateralTriangle method calc_area...
In EquilateralTriangle method calc_perimeter...
a =
   EquilateralTriangle with properties:

          len: 2
         area: 1.7321
    perimeter: 6
```

Observe que o construtor da superclasse Shape foi chamado primeiro para executar sua inicialização, seguido pelo construtor EquilateralTriangle. Esse construtor chamou os métodos calc_area e calc_perimeter da classe EquilateralTriangle para inicializar o objeto.

Os métodos definidos nessa classe podem ser localizados utilizando a função methods:

```
» methods(a)

Methods for class EquilateralTriangle:

EquilateralTriangle   calc_perimeter
calc_area             string
```

Observe que os métodos definidos nessa classe incluem o construtor exclusivo EquilateralTriangle, os métodos substituídos calc_area e calc_perimeter, e o método herdado string.

As propriedades definidas nessa classe podem ser encontradas utilizando a função properties:

```
» properties(a)
Properties for class EquilateralTriangle:
    len
    area
    perimeter
```

Observe que as propriedades definidas nessa classe incluem as propriedades herdadas area e perimeter, mais a propriedade exclusiva len.

A classe desse objeto é EquilateralTriangle:

```
» class(a)
ans =
EquilateralTriangle
```

No entanto, a também é um objeto de qualquer classe que seja uma superclasse do objeto, como podemos ver utilizando a função isa:

```
» isa(a,'EquilateralTriangle')
ans =
     1
» isa(a,'Shape')
ans =
     1
» isa(a,'handle')
ans =
     1
```

Se os, métodos calc_area ou calc_perimeter forem chamados no novo objeto, os métodos definidos na classe EquilateralTriangle serão utilizados em vez dos métodos definidos na classe Shape, porque aqueles definidos na classe EquilateralTriangle substituíram o método de superclasse.

```
» a.calc_area
In EquilateralTriangle method calc_area...
```

Por outro lado, se o método string for chamado no novo objeto, o método definido na classe Shape será utilizado porque é herdado pela subclasse:

» **a.string**
```
In Shape method string...
Shape of class "EquilateralTriangle", area 1.7321, and perimeter 6
```

De maneira semelhante, podemos criar um objeto da classe Square com lados de comprimento 2:

» **b = Square(2)**
```
In Square constructor...
In Shape constructor...
In Square method calc_area...
In Square method calc_perimeter...
b =
  Square with properties:

          len: 2
         area: 4
    perimeter: 8
```

Esse objeto é da classe Square, que é uma subclasse de Shape, de modo que o método string também funcionará com ele.

» **b.string**
```
In Shape method string...
Shape of class "Square", area 4, and perimeter 8
```

## ▶ Exemplo 12.3 – Classe File Writer

Crie uma classe FileWriter que abra um arquivo quando um objeto for criado, inclua um método para gravar dados de cadeia no arquivo e automaticamente feche e salve o arquivo quando o objeto for destruído. Inclua um recurso que conte o número de vezes que os dados foram gravados no arquivo e um método para relatar essa contagem. Utilize as boas práticas de programação em seu design, incluindo a ocultação das propriedades para torná-las inacessíveis de fora do objeto. A classe deve lançar exceções no caso de erros, de modo que um programa que use a classe possa capturar e responder aos erros.

**Solução** Essa classe precisará de duas propriedades, uma ID de arquivo para acessar o arquivo e uma conta para acompanhar o número de gravações no arquivo. A classe precisará de quatro métodos, da seguinte maneira:

1. Um construtor para criar o objeto e abrir o arquivo. O construtor deve aceitar dois argumentos: um nome de arquivo e um modo de acesso (gravar ou anexar).
2. Um método para gravar uma cadeia de entrada em uma linha no arquivo.
3. Um método para retornar o número de gravações até o momento.
4. Método delete (destruidor) para fechar e salvar o arquivo quando o objeto for destruído. Esse método deve ter um único argumento que seja o tipo do objeto a ser destruído.

A classe deve lançar exceções se encontrar erros durante a execução. Essas exceções devem cobrir os seguintes erros:

1. Deve haver uma exceção no construtor se nenhum nome de arquivo for fornecido quando o objeto for criado.
2. Deve haver uma exceção no construtor se os dados do nome do arquivo não forem uma cadeia de caracteres.
3. Deve haver uma exceção no método de gravação se os dados a serem gravados não forem uma cadeia de caracteres.

Observe que pode não haver exceções no método delete – não é permitido lançar nada.

1. **Defina as propriedades**

   A classe `FileWriter` deve conter duas propriedades chamadas `fid` e `numberOfWrites`, que contêm o ID do arquivo aberto e o número de gravações para esse arquivo até o momento. Essas propriedades terão acesso `private`, de modo que nenhum código fora da classe possa modificá-las.

   As propriedades são declaradas em um bloco `property` com acesso privado, da seguinte maneira:

   ```
   classdef FileWriter < handle

      % Property data is private to the class
      properties (Access = private)
         fid                  % File ID
         numberOfWrites       % Number of writes to file
      end % properties

      (methods)

   end
   ```

2. **Crie o construtor**

   O construtor para essa classe verificará se um nome de arquivo foi fornecido e se o valor do nome do arquivo é uma cadeia de caracteres. Ele também verificará se o tipo de acesso de arquivo (w para gravação e a para anexo) é fornecido e assumirá o modo de anexo se nenhum valor for fornecido. Se não for, deve lançar as exceções apropriadas. Em seguida, abrirá o arquivo, verificando se a abertura foi válida. Se não, deve lançar uma exceção.

   O construtor para a classe `FileWriter` é mostrado abaixo:

   ```
   % Constructor
   function this = FileWriter(filename,access)

      % Check arguments
      if nargin == 0

         % No file name
         ME = MException('FileWriter:noFileName', ...
                         'No file name supplied');
         throw(ME);

      elseif nargin < 2

         % Assume append access by default
         access = 'a';

      end

      % Validate that filename contains a string
      if ~isa(filename,'char')

         % The input data is of an invalid type
         ME = MException('FileWriter:invalidFileNameString', ...
                         'Input filename is not a valid string');
         throw(ME);
   ```

```
    else

        % Open file and save File ID
        this.fid = fopen(filename,access);

        % Did the file open successfully?
        if this.fid <= 0

            % The input data is of an invalid type
            ME = MException('FileWriter:openFailed', ...
                            'Input file cannot be opened');
            throw(ME);

        end

        % Zero the number of writes
        this.numberOfWrites = 0;

    end

end
```

3. **Crie os métodos**
    A classe também deve incluir dois métodos para gravar uma cadeia para o disco e para retornar o número de gravações até o momento. O método `writeToFile` testa se uma cadeia válida foi fornecida e a grava no arquivo. Caso contrário, lança uma exceção.

```
% Write string to file
function writeToFile(this,text_str)

    % Validate that the input parameter is a string
    if ~isa(text_str,'char')

        % The input data is of an invalid type
      ME = MException('FileWriter:writeToFile:invalidString', ...
                      'Input parameter is not a valid string');
        throw(ME);

    else

        % Open file and save File ID
        fprintf(this.fid,'%s\n',text_str);
        this.numberOfWrites = this.numberOfWrites + 1;

    end

end
```

O método `getNumberOfWrites` retorna o número de gravações para o arquivo até o momento.

```
% Get method for numberOfWrites
function count = getNumberOfWrites(this)
    count = this.numberOfWrites;
end
```

Finalmente, precisamos de um método destruidor delete para fechar o arquivo quando o objeto for destruído.

```
% Destructor method to close file when object is destroyed
function delete(this)
    fclose(this.fid);
end
```

A classe resultante é mostrada na Figura 12.12.

```
classdef FileWriter < handle

    % Property data is private to the class
    properties (Access = private)
        fid                    % File ID
        numberOfWrites         % Number of writes to file
    end % properties

    % Declare methods in class
    methods (Access = public)

        % Constructor
        function this = FileWriter(filename,access)

            % Check arguments
            if nargin == 0

                % No file name
                ME = MException('FileWriter:noFileName', ...
                                'No file name supplied');
                throw(ME);

            elseif nargin < 2

                % Assume append access by default
                access = 'a';

            end

            % Validate that filename contains a string
            if ~isa(filename,'char')

                % The input data is of an invalid type
                ME = MException('FileWriter:invalidFileNameString', ...
                                'Input filename is not a valid string');
                throw(ME);

            else

                % Open file and save File ID
                this.fid = fopen(filename,access);

                % Did the file open successfully?
                if this.fid <= 0
```

**Figura 12.12** A classe FileWriter (*continua*).

```
            % The input data is of an invalid type
            ME = MException('FileWriter:openFailed', ...
                            'Input file cannot be opened');
            throw(ME);

        end

        % Zero the number of writes
        this.numberOfWrites = 0;

      end

    end

    % Write string to file
    function writeToFile(this,text_str)

      % Validate that the input parameter is a string
      if ~isa(text_str,'char')
         % The input data is of an invalid type
         ME = MException('FileWriter:writeToFile:invalidString', ...
                    'Input parameter is not a valid string');
         throw(ME);

      else

         % Open file and save File ID
         fprintf(this.fid,'%s\n',text_str);
         this.numberOfWrites = this.numberOfWrites + 1;

      end

    end

    % Get method for numberOfWrites
    function count = getNumberOfWrites(this)
        count = this.numberOfWrites;
    end

    % Finalizer method to close file when object is destroyed
    function delete(this)
        fclose(this.fid);
    end

  end  % methods

end  % class
```

**Figura 12.12** *(continuação)*

4. **Teste a classe**
   Para testar essa classe, escreveremos uma série de scripts que utilizam a classe para gravar em um arquivo corretamente e isso ilustra diversos modos de falha. O primeiro teste é da classe que grava em um arquivo e exclui qualquer um preexistente.

```
% This script tests the FileWriter in 'w', which
% deletes any pre-existing file.

% Create object
a = FileWriter('newfile.txt','w');

% Write three lines of text
a.writeToFile('Line 1');
a.writeToFile('Line 2');
a.writeToFile('Line 3');

% How many lines have been written?
disp([int2str(a.getNumberOfWrites())   ' lines have been
written.']);

% Destroy the object
a.delete();

% Display data
type 'newfile.txt'
```

Quando esse script é executado, os resultados são

» **testFileWriter1**
3 lines have been written.

Line 1
Line 2
Line 3

Esses resultados estão corretos.

O segundo teste é da classe que grava em um arquivo anexado a quaisquer dados preexistentes.

```
% This script tests the FileWriter in 'a', which
% preserves any pre-existing file.

% Create object
a = FileWriter('newfile.txt','a');

% Write three lines of text
a.writeToFile('Line 1');
a.writeToFile('Line 2');
a.writeToFile('Line 3');

% How many lines have been written?
disp([int2str(a.getNumberOfWrites())   ' lines have been
written.']);

% Destroy the object
a.delete();

% Display data
type 'newfile.txt'
```

Quando esse script é executado, os resultados são

```
» testFileWriter2
3 lines have been written.

Line 1
Line 2
Line 3
Line 1
Line 2
Line 3
```

As três novas linhas foram anexadas às existentes.

Agora vamos tentar alguns casos de erro:

```
» a = FileWriter()
Error using FileWriter (line 21)
No file name supplied

» a = FileWriter(123)
Error using FileWriter (line 36)
Input filename is not a valid string

» a = FileWriter('newfile.txt');
» a.writeToFile(123);
Error using FileWriter/writeToFile (line 69)
Input parameter is not a valid string
```

Essa classe parece estar funcionando conforme desejado.

## Teste 12.1

Neste teste, faremos uma verificação rápida da sua compreensão sobre os conceitos apresentados no Capítulo 12. Se você tiver problemas com o teste, releia as seções, pergunte ao seu instrutor ou discuta o material com um colega. As respostas para esse teste estão no final do livro.

1. O que é uma classe? O que é um objeto? Explique a diferença entre os dois.
2. Como você cria uma classe definida pelo usuário no MATLAB?
3. Quais são os componentes principais de uma classe?
4. O que é um construtor? Como é possível distinguir um construtor de outros métodos em uma classe?
5. O que é um método destruidor? Se existir, quando um destruidor é executado?
6. O que são eventos? O que aciona um evento? Como um programa atende e responde aos eventos?
7. O que são exceções? Quando as exceções são lançadas? Como elas são criadas? Como elas são manuseadas por um programa?
8. O que é uma subclasse? Explique como uma subclasse é criada de outra classe.

## 12.12 Resumo

No Capítulo 12, apresentamos os fundamentos da programação orientada a objetos no MATLAB. Um objeto é um componente de software cuja estrutura é como a dos objetos no mundo real. Cada objeto consiste em uma combinação de dados (chamados de propriedades) e comportamentos (chamados de métodos). As propriedades são variáveis que descrevem as características essenciais do objeto, enquanto os métodos descrevem como o objeto se comporta e como as suas propriedades podem ser modificadas.

Classes são os projetos básicos do software a partir das quais os objetos são criados. Uma classe é uma construção de software que especifica o número e o tipo de propriedades a ser incluídos em um objeto e os métodos que serão definidos para ele. Os métodos aparecem em duas variedades: métodos de instância e métodos estáticos. Os métodos de instância executam cálculos que envolvem as propriedades de um objeto. Em contrapartida, os métodos estáticos executam cálculos que não envolvem as propriedades de um objeto. Eles podem ser usados sem criar objetos da classe primeiro, se desejado.

Cada classe contém quatro tipos de componentes:

1. **Propriedades**. As propriedades definem as variáveis de instância que serão criadas quando um objeto for instanciado de uma classe.
2. **Métodos**. Os métodos implementam os comportamentos de uma classe.
3. **Construtor**. Construtores são métodos especiais que especificam como inicializar um objeto quando foi instanciado. Eles sempre possuem o mesmo nome que a classe na qual estão definidos.
4. **Destruidor**. Destruidores são métodos especiais que limpam os recursos (arquivos abertos etc.) utilizados por um objeto pouco antes de ser destruído. Eles sempre possuem o mesmo nome `delete`.

As classes são criadas utilizando uma estrutura `classdef` e as propriedades e os métodos são definidos nos blocos `properties` e `methods` na estrutura `classdef`. Pode haver mais de um bloco `properties` e `methods` em uma definição de classe, sendo que cada um especifica as propriedades ou os métodos que possuem diferentes atributos.

O comportamento de classes, propriedades e métodos pode ser modificado, especificando os atributos associados ao bloco em que estão definidos. Alguns dos atributos mais importantes possíveis foram fornecidos nas Tabela 12.1 e 12.2.

O MATLAB admite dois tipos de classes: **classes de valor** e **classes de identificador**. Se um objeto de um tipo de classe de valor for atribuído a outra variável, o MATLAB *copiará* o objeto original e agora haverá dois objetos na memória. Em contrapartida, se um objeto de uma classe do identificador for atribuído a outra variável, o MATLAB *copiará uma referência* (um **identificador**) para a classe e duas variáveis conterão identificadores que apontam para o *mesmo* objeto na memória. As classes de valor são utilizadas para armazenar e manipular os dados numéricos e de cadeia no MATLAB. As classes do identificador se comportam mais como objetos em outras linguagens de programação como C++ e Java.

Os dados armazenados nas propriedades de uma classe podem ser protegidos da modificação imprópria utilizando os métodos de acesso e/ou os controles de acesso. Os métodos de acesso interceptam as expressões de atribuição, utilizando as propriedades, e verificam se os dados são válidos antes de permitir que a atribuição ocorra. Os controles de acesso ocultam o acesso a propriedades de modo que os métodos fora de um objeto não podem modificar as propriedades diretamente.

É possível criar definições personalizadas de operadores como +, −, *, e / de modo que trabalhem com classes definidas pelo usuário. Isso é feito definindo métodos na classe com nomes padrão. Se um método do nome apropriado for encontrado em uma classe, ele será chamado quando o operador correspondente for encontrado em um programa. Por exemplo, se o método `plus(a,b)` for definido em uma classe, ele será chamado sempre que dois objetos dessa classe forem adicionados juntos utilizando o operador `a + b`.

Eventos são avisos que um objeto transmite quando acontece algo, como uma mudança no valor de propriedade ou um usuário que insere dados no teclado ou clicando em um botão com um mouse. Listeners são objetos que executam um método de retorno de chamada quando notificado que ocorreu um evento de interesse. Os programas utilizam os eventos para comunicar coisas que acontecem aos objetos, e respondem a esses eventos executando a função de retorno de chamada do listener.

**Exceções** são interrupções no fluxo normal da execução do programa devido a erros no código. Quando ocorre um erro do qual um método não pode se recuperar sozinho, ele coleta informações sobre o erro (qual foi o erro, em qual linha ocorreu e a pilha de chamada que descreve como a execução do programa chegou a esse ponto). Ele agrupa essas informações em um objeto MException e então lança a exceção. As estruturas try/catch são utilizadas para capturar e identificar as exceções quando elas ocorrem.

### 12.12.1 Resumo das Boas Práticas de Programação

As regras a seguir devem ser adotadas ao trabalhar com classes MATLAB.

1. Defina um construtor para uma classe inicializar os dados nos objetos dela quando forem instanciados. Certifique-se de suportar um caso padrão (um sem argumentos) no design do construtor.
2. Quando um método de instância é chamado, não inclua o objeto na lista de método de argumentos de chamada.
3. Use os métodos de acesso para proteger as propriedades da classe de serem modificadas de maneiras inadequadas. Os métodos de acesso devem verificar os tipos de dados válidos, intervalos de subscrito etc., antes de permitir que uma propriedade seja modificada.
4. Defina um método delete para fechar os arquivos ou excluir outros recursos antes que um objeto seja destruído.
5. Utilize os métodos estáticos para implementar cálculos de utilidade em uma classe.

### 12.12.2 Resumo do MATLAB

O resumo a seguir lista todos os comandos e funções do MATLAB apresentados neste capítulo, junto a uma breve descrição de cada item.

| | |
|---|---|
| class | Retorna a classe do argumento de entrada. |
| classdef | Palavra-chave para marcar o início de uma definição de classe. |
| clear | Função para remover uma referência para um objeto identificador da memória. Se não houver outra referência ao objeto, ele também será excluído. |
| delete | Função para remover um objeto de uma classe do identificador da memória. |
| delete | Método em uma classe que é chamado quando o objeto está prestes a ser destruído. |
| events | Palavra-chave para marcar o início de um bloco de eventos que definiu os eventos produzidos por uma classe. |
| isa | Função que testa se um objeto pertence a uma classe particular. |
| methods | Função que lista os métodos não ocultos definidos em uma classe. |
| methods | Palavra-chave para marcar o início de um bloco de métodos que declara os métodos em uma classe. |
| MException | Classe de exceção MATLAB que é criada quando ocorre um erro durante a execução do MATLAB. |
| properties | A função que lista propriedades não ocultas definidas em uma classe. |
| properties | Palavra-chave para marcar o início de um bloco de propriedades que declara as variáveis em uma classe. |
| bloco try / catch | Estrutura de código usada para rastrear exceções no código MATLAB. |

## 12.13 Exercícios

**12.1** Demonstre que múltiplas cópias da classe `Timer` do Exemplo 12.1 podem funcionar independentemente sem interferir umas nas outras. Escreva um programa que crie um conjunto aleatório 50 × 50 de equações simultâneas e então resolva as equações. Crie três objetos `Timer` da seguinte maneira: um para sincronizar o processo de criação da equação, um para sincronizar o processo de solução da equação e um para sincronizar o processo inteiro (criação mais solução). Mostre que os três objetos estão funcionando independentemente sem interferir uns nos outros.

**12.2** Melhore a classe `Timer` do Exemplo 12.1 de modo que não falhe se estiver sincronizando os objetos após a meia-noite. Para fazer isso, você precisará usar a função `datenum`, que converte uma data e hora em um número de data serial que representa os anos desde o ano zero, incluindo as partes fracionárias. Para calcular o tempo decorrido, represente a hora inicial e o tempo decorrido como números de data serial e subtraia os dois valores. O resultado será o tempo decorrido em anos, que então precisa ser convertido em segundos para uso na classe `Timer`. Crie um método estático para converter um número de data em anos para um número de data em segundos e use esse método para converter a hora inicial e o tempo decorrido em seus cálculos.

**12.3** Crie uma classe do identificador chamado `PolarComplex` que contém um número complexo representado em coordenadas polares. A classe deve conter duas propriedades chamadas `magnitude` e `angle`, em que o ângulo é especificado em radianos. A classe deve incluir métodos de acesso para permitir acesso controlado aos valores de propriedade, bem como métodos para somar, subtrair, multiplicar e dividir dois objetos `PolarComplex`. Objetos `PolarComplex` podem ser convertidos para a forma retangular usando as seguintes equações:

$$c = a + bi = z \angle \theta \tag{12.7}$$

$$a = z \cos \theta \tag{12.8}$$

$$b = z \operatorname{sen} \theta \tag{12.9}$$

$$z = \sqrt{a^2 + b^2} \tag{12.10}$$

$$\theta = \operatorname{tg}^{-1} \frac{b}{a} \tag{12.11}$$

Os números complexos são mais bem somados e subtraídos na forma retangular.

$$c_1 + c_2 = (a_1 + a_2) + (b_1 + b_2)i \tag{12.12}$$

$$c_1 - c_2 = (a_1 - a_2) + (b_1 - b_2)i \tag{12.13}$$

Os números complexos são mais bem multiplicados e divididos na forma polar.

$$c_1 \times c_2 = z_1 z_2 \angle \theta_1 + \theta_2 \tag{12.14}$$

$$\frac{c_1}{c_2} = \frac{z_1}{z_2} \angle \theta_1 - \theta_2 \tag{12.15}$$

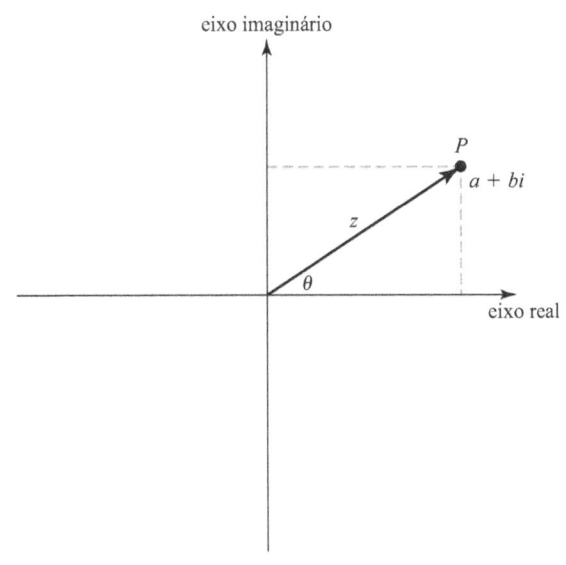

**Figura 12.13** Representando um número complexo em coordenadas polares.

Crie métodos que somam, subtraem, multiplicam e dividem os números `PolarComplex` baseados nas Equações (12.12) a (12.15), projetando-os para que dois objetos possam ser manipulados com símbolos matemáticos ordinários. Inclua métodos estáticos para converter e voltar a conversão da forma retangular para polar para usar com esses cálculos.

**12.4 Vetores Tridimensionais** O estudo das dinâmicas de objetos no movimento em três dimensões é uma área importante da engenharia. No estudo das dinâmicas, a posição e a velocidade dos objetos, forças, torques etc., geralmente são representados por vetores de três componentes $\mathbf{v} = x\,\hat{\mathbf{i}} + y\,\hat{\mathbf{j}} + z\,\hat{\mathbf{k}}$, em que os três componentes $(x, y, z)$ representam a projeção do vector $\mathbf{v}$ juntamente com os eixos $x$, $y$ e $z$ respectivamente, e $\hat{\mathbf{i}}$, $\hat{\mathbf{j}}$ e $\hat{\mathbf{k}}$ são vetores de unidade juntamente com os eixos $x$, $y$, e $z$ (veja a Figura 12.14). As soluções de vários problemas mecânicos envolvem a manipulação desses vetores de maneiras específicas.

As operações mais comuns executadas nesses vetores são:

1. **Soma**. Dois vetores são adicionados incluindo separadamente seus componentes $x$, $y$ e $z$. Se $\mathbf{v}_1 = x_1\,\hat{\mathbf{i}} + y_1\,\hat{\mathbf{j}} + z_1\,\hat{\mathbf{k}}$ e $\mathbf{v}_2 = x_2\,\hat{\mathbf{i}} + y_2\,\hat{\mathbf{j}} + z_2\,\hat{\mathbf{k}}$, então $\mathbf{v}_1 + \mathbf{v}_2 = (x_1 + x_2)\,\hat{\mathbf{i}} + (y_1 + y_2)\,\hat{\mathbf{j}} + (z_1 + z_2)\,\hat{\mathbf{k}}$.

2. **Subtração**. Dois vetores são subtraídos tirando separadamente seus componentes $x$, $y$ e $z$. Se $\mathbf{v}_1 = x_1\,\hat{\mathbf{i}} + y_1\,\hat{\mathbf{j}} + z_1\,\hat{\mathbf{k}}$ e $\mathbf{v}_2 = x_2\,\hat{\mathbf{i}} + y_2\,\hat{\mathbf{j}} + z_2\,\hat{\mathbf{k}}$, então $\mathbf{v}_1 - \mathbf{v}_2 = (x_1 - x_2)\,\hat{\mathbf{i}} + (y_1 - y_2)\,\hat{\mathbf{j}} + (z_1 - z_2)\,\hat{\mathbf{k}}$.

3. **Multiplicação por um Escalar**. Um vetor é multiplicado por um escalar multiplicando separadamente cada componente por ele. Se $\mathbf{v} = x\,\hat{\mathbf{i}} + y\,\hat{\mathbf{j}} + z\,\hat{\mathbf{k}}$, então $a\mathbf{v} = ax\,\hat{\mathbf{i}} + ay\,\hat{\mathbf{j}} + az\,\hat{\mathbf{k}}$.

4. **Divisão por um Escalar**. Um vetor é dividido por um escalar dividindo separadamente cada componente pelo escalar. Se $\mathbf{v} = x\,\hat{\mathbf{i}} + y\,\hat{\mathbf{j}} + z\,\hat{\mathbf{k}}$, então $\dfrac{\mathbf{v}}{a} = \dfrac{x}{a}\,\hat{\mathbf{i}} + \dfrac{y}{a}\,\hat{\mathbf{j}} + \dfrac{z}{a}\,\hat{\mathbf{k}}$

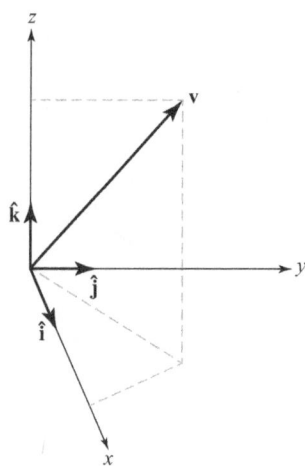

**Figura 12.14** Um vetor tridimensional.

5. **O Produto Escalar**. O produto escalar de dois vetores é uma forma de operação de multiplicação executada em vetores. Ele produz um escalar que é a soma dos produtos dos componentes do vetor. Se $\mathbf{v}_1 = x_1\hat{\mathbf{i}} + y_1\hat{\mathbf{j}} + z_1\hat{\mathbf{k}}$ e $\mathbf{v}_2 = x_2\hat{\mathbf{i}} + y_2\hat{\mathbf{j}} + z_2\hat{\mathbf{k}}$, então o produto escalar dos vetores é $\mathbf{v}_1 \cdot \mathbf{v}_2 = x_1 x_2 + y_1 y_2 + z_1 z_2$.
6. **O Produto Vetorial**. O produto vetorial é outra operação de multiplicação que aparece frequentemente entre os vetores. O produto vetorial de dois vetores é outro vetor cuja direção é perpendicular ao plano formado pelos dois vetores de entrada. Se $\mathbf{v}_1 = x_1\hat{\mathbf{i}} + y_1\hat{\mathbf{j}} + z_1\hat{\mathbf{k}}$ e $\mathbf{v}_2 = x_2\hat{\mathbf{i}} + y_2\hat{\mathbf{j}} + z_2\hat{\mathbf{k}}$, então o produto de cruzamento dos dois vetores é definido como
$\mathbf{v}_1 \times \mathbf{v}_2 = (y_1 z_2 - y_2 z_1)\hat{\mathbf{i}} + (z_1 x_2 - z_2 x_1)\hat{\mathbf{j}} + (x_1 y_2 - x_2 y_1)\hat{\mathbf{k}}$.
7. **Magnitude**. A magnitude de um vetor é definida como $\mathbf{v} = \sqrt{x^2 + y^2 + z^2}$.

Crie uma classe de *valor* chamada `Vector3D`, com três propriedades x, y e z. Defina um construtor para criar objetos de vetor de três valores de entrada. Defina os métodos de acesso `get` e `put` para cada propriedade e defina os métodos para executar as sete operações de vetor definidas acima. Certifique-se de designar os métodos para que trabalhem com a sobrecarga do operador quando possível. Em seguida, crie um programa para testar todas as funções de suas novas classes.

12.5 Se nenhuma exceção for lançada em um bloco `try`, onde a execução continua após o bloco `try` ser concluído? Se uma exceção for lançada em um bloco `try` e capturada em um bloco `catch`, onde a execução continuará depois que o bloco `catch` for concluído?

12.6 Modifique a classe `FileWriter` adicionando novos métodos para gravar dados numéricos para o arquivo como cadeias de texto, com um valor numérico por linha.

# Capítulo 13
# Gráficos do Identificador e Animação

Neste capítulo aprenderemos sobre uma maneira de baixo nível para manipular diagramas MATLAB (chamada de gráficos do identificador) e sobre como criar animações e filmes no MATLAB.

## 13.1 Gráficos do Identificador

**Gráficos do identificador** é o nome de um conjunto de funções de gráficos de baixo nível que controla as características dos objetos gráficos gerados pelo MATLAB. Os "identificadores" mencionados são identificadores para objetos de classes gráficas do MATLAB. Essas classes gráficas são classes do identificador porque são subclasses handle e a maioria do que aprendemos no Capítulo 12 se aplica a elas.

O sistema de gráficos do MATLAB foi substituído na Versão 2014b. O novo sistema de gráficos, às vezes, é referido como "Gráficos H2"; geralmente ele produz diagramas de melhor qualidade do que o antigo sistema. A discussão deste capítulo será sobre o novo sistema de Gráficos H2, mas também serão descritos os recursos do novo sistema que são compatíveis com versões anteriores do MATLAB.

Os objetos do gráfico do identificador correspondem a recursos gráficos, como figuras, eixos, linhas, caixas de texto e assim por diante. Cada objeto possui seu próprio conjunto de propriedades, que controlam quando e como o objeto será exibido em um diagrama. As diversas propriedades podem ser modificadas usando os identificadores, conforme discutiremos nesse capítulo.

Na realidade, usamos indiretamente os gráficos do identificador desde o início do livro. Por exemplo, aprendemos no Capítulo 3 a definir as propriedades extras ao desenhar o diagrama das linhas, tal como definir a espessura da linha:

```
plot(x,y,'LineWidth',2);
```

O 'LineWidth' era realmente uma propriedade do objeto dos gráficos do identificador que representam a linha que estamos colocando no diagrama e 2 é o valor a ser armazenado nessa propriedade.

As funções e as propriedades do gráfico do identificador são muito importantes para os programadores porque lhes permitem ter um bom controle da aparência dos diagramas e dos gráficos que eles criam. Por exemplo, é possível usar os gráficos do identificador para ativar uma grade somente em um eixo $x$ ou escolher uma cor de linha como laranja, que não é suportada pela opção LineSpec padrão do comando plot. Além disso, os gráficos do identificador permitem que um programador crie interfaces gráficas do usuário (GUIs) para os programas, como veremos no próximo capítulo.

Este capítulo apresenta a estrutura do sistema de gráficos MATLAB e explica como controlar as propriedades dos objetos gráficos para criar uma exibição desejada.

## 13.2 O Sistema de Gráficos do MATLAB

O sistema de gráficos MATLAB baseia-se em um sistema hierárquico de **objetos gráficos** básicos, dos quais cada um pode ser acessado por um **identificador** que se refere ao objeto.[1] Cada objeto gráfico é derivado de uma classe do identificador e cada classe representa algum recurso de um diagrama gráfico, como uma figura, um conjunto de eixos, uma linha, uma cadeia de caracteres de texto e assim por diante. Cada classe inclui **propriedades** especiais que descrevem o objeto, e alterar essas propriedades altera como o objeto específico será exibido. Por exemplo, uma `line` é um tipo de classe gráfica. As propriedades definidas em uma classe `line` incluem: dados $x$, dados $y$, cor, estilo de linha, espessura da linha, tipo de marcador e assim por diante. Modificar qualquer dessas propriedades alterará a maneira como a linha é exibida em uma Janela de Figuras.

Cada componente de um gráfico MATLAB é um objeto gráfico. Por exemplo, cada linha, eixos e cadeia de texto é um objeto separado com suas próprias características e identificador exclusivo próprios. Todos os objetos gráficos são organizados em uma hierarquia com **objetos pai** e **objetos filho**, conforme mostrado na Figura 13.1. Em geral, um objeto filho é aquele que aparece integrado no objeto pai. Por exemplo, um objeto de eixos é incorporado em uma figura e um ou mais objetos de linha poderiam ser incorporados no objeto dos eixos. Quando um objeto filho é criado, ele herda várias das suas propriedades de seu pai.

O objeto gráfico de mais alto nível no MATLAB é a `raiz`, que pode ser considerada a tela inteira do computador. O identificador no objeto `root` pode ser obtido a partir da função `groot`, que significa "Objeto Raiz do Gráfico". O objeto `root` do gráfico é criado automaticamente quando o MATLAB é inicializado e sempre fica presente até que o programa seja encerrado. As propriedades associadas ao objeto raiz são os padrões, que se aplicam a todas as janelas MATLAB.

No objeto raiz, pode haver uma ou mais Janelas de Figuras, ou apenas `figures`. Cada `figure` é uma janela separada na tela do computador que pode exibir os dados gráficos e cada figura tem suas próprias propriedades. As propriedades associadas a uma `figure` incluem cor, mapa de cores, tamanho de papel, orientação do papel, tipo de apontador e assim por diante.

Cada `figure` pode conter oito tipos de objetos: `uimenus`, `uicontextmenus`, `uicontrols`, `uitoolbars`, `uipanels`, `uitables`, `uibuttongroups` e `axes`. Uimenus, uicontextmenus, uicontrols, uitoolbars, uipanels, uitables e uibuttongroups são objetos gráficos especiais usados para criar interfaces gráficas do usuário – eles serão descritos no próximo capítulo. Axes são regiões em uma figura em que os dados são realmente colocados no diagrama. Pode haver mais de um conjunto de eixos em uma única figura.

Cada conjunto de eixos pode conter a quantidade de `lines`, cadeias de `text`, `patches` etc., necessárias para criar o diagrama de interesse.

---

[1] Antes do MATLAB R2014b, os identificadores do objeto gráfico eram valores `double` retornados das funções que criavam os objetos. A raiz era o objeto 0, as figuras eram os objetos 1, 2, 3 e assim por diante, e outros objetos gráficos tinham identificadores com valores não inteiros. No MATLAB R2014b e posteriores, o novo sistema de "Gráficos H2" foi ativado. Neste sistema, os identificadores do objeto gráfico são identificadores reais para classes MATLAB, com acesso a propriedades públicas da classe. Este capítulo descreve o novo sistema gráfico, mas grande parte dele funcionará nas antigas versões do MATLAB bem como para compatibilidade com versões anteriores.

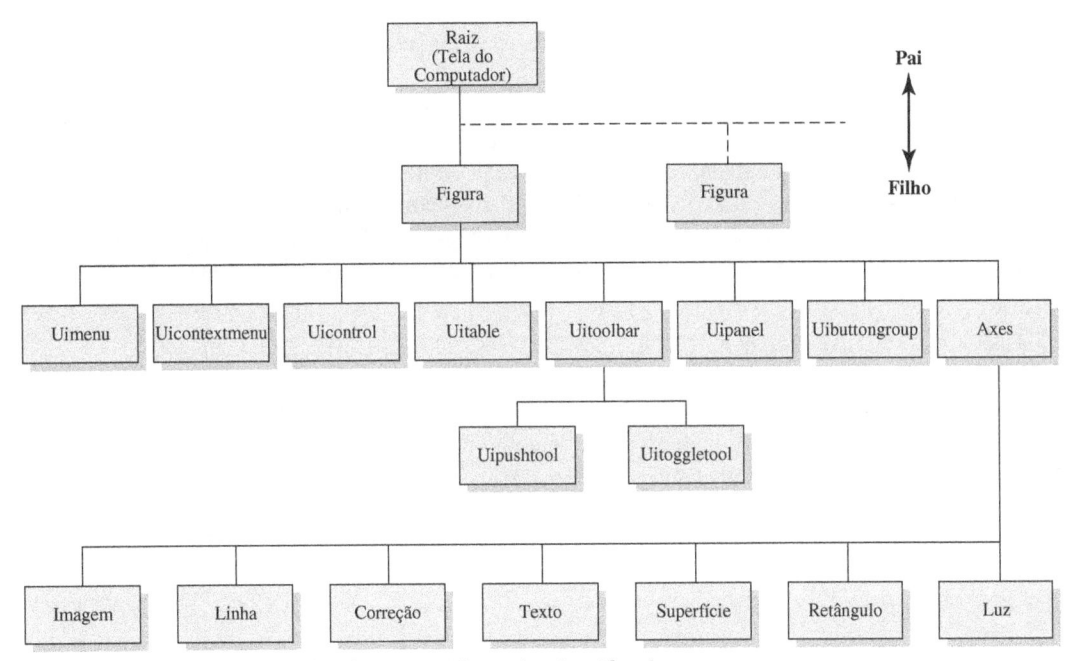

**Figura 13.1** A hierarquia de objetos gráficos do identificador.

## 13.3 Identificadores de Objeto

Quando um objeto gráfico é criado, a função de criação retorna um identificador para o objeto. Por exemplo, a ativação da função

```
» hndl = figure;
```

cria uma nova figura e retorna o identificador dessa figura na variável `hndl`. As propriedades das chaves públicas do objeto podem ser exibidas digitando seu nome na Janela de Comandos.

```
» hndl
hndl =
  Figure (1) with properties:

 Number: 1
   Name: ''
     Color: [0.940000000000000 0.940000000000000 0.940000000000000]
Position: [680 678 560 420]
   Units: 'pixels'

  Show all properties
```

Se o usuário então clicar na linha *Show all properties*, será exibida a lista completa de 64 propriedades públicas para esse objeto da figura.

Observe que uma das propriedades do objeto da figura é `Number`. Essa propriedade contém o número da figura, que é o valor que foi chamado de "identificador" no antigo sistema de gráfico da pré-Versão 2014b. O número do objeto raiz é sempre 0 e o número de cada objeto da figura normalmente é um inteiro positivo pequeno, como 1, 2, 3, .... Os números associados a todos os outros objetos gráficos são valores arbitrários de ponto flutuante.

O sistema de gráficos do identificador inclui muitas funções para obter e definir as propriedades nos objetos. Essas funções são todas designadas a aceitar o identificador real para um objeto ou a propriedade `number` desse identificador. Isso torna o sistema de Gráficos H2 compatível com versões anteriores dos programas MATLAB mais antigos.

Há funções MATLAB disponíveis para obter os controles de figuras, eixos e outros objetos. Por exemplo, a função `gcf` retorna o controle da figura selecionada no momento, `gca` retorna o controle dos eixos atuais na figura selecionada no momento e `gco` retorna o controle do objeto selecionado no momento. Essas funções serão discutidas detalhadamente mais tarde.

Por convenção, os identificadores geralmente são armazenados em variáveis que iniciam com a letra h. Essa prática nos ajuda a reconhecer os identificadores nos programas MATLAB.

## 13.4 Examinando e Alterando as Propriedades do Objeto

As propriedades do objeto descrevem os dados armazenados em um objeto gráfico quando é instanciado. Essas propriedades controlam aspectos de como esse objeto se comporta. Cada propriedade possui um **nome de propriedade** e um valor associado. Os nomes das propriedades são cadeias de caracteres geralmente exibidas em maiúsculas e minúsculas mistas com a primeira letra de cada palavra em maiúscula.

### 13.4.1 Alterando as Propriedades do Objeto no Momento da Criação

Quando um objeto é criado, todas as suas propriedades são automaticamente inicializadas com os valores padrão. Esses valores padrão podem ser substituídos no momento da criação incluindo pares `'PropertyName'`, `value` na função criação do objeto.[2] Por exemplo, vimos no Capítulo 3 que a espessura de uma linha poderia ser modificada no comando `plot` da seguinte maneira.

```
plot(x,y,'LineWidth',2);
```

Essa função substitui a propriedade `LineWidth` padrão com o valor 2 no momento em que o objeto de linha é criado.

### 13.4.2 Alterando as Propriedades do Objeto depois do Momento da Criação

As propriedades `public` de qualquer objeto podem ser examinadas ou modificadas a qualquer momento usando uma das três técnicas:

1. Acessando diretamente as propriedades usando a sintaxe de objeto padrão, que é o identificador de objeto seguido por um ponto e pelo nome da propriedade: `hndl.property`. (Essa técnica funciona somente para o novo sistema de Gráfico H2.)
2. Acessando as propriedades por meio das funções `get` e `set`. (Essa técnica funciona para sistemas de gráficos novos e antigos.)
3. Usando o Editor de Propriedades.

As duas primeiras abordagens são mais idênticas em operação.

### 13.4.3 Examinando e Alterando as Propriedades Usando a Notação de Objetos

As propriedades do objeto podem ser examinadas usando a referência de objeto `handle.property`. Se o comando "`handle.property`" for digitado na linha de comandos, a propriedade

---

[2] Os exemplos de funções de criação do objeto incluem `figure`, que cria uma nova figura, `axes`, que cria um novo conjunto de eixos em uma figura, e `line`, que cria uma linha em um conjunto de eixos. As funções de alto nível como `plot` também são funções de criação de objeto.

correspondente será exibida. Se somente o identificador de objeto for digitado na Janela de Comandos, o MATLAB exibirá *todas* as propriedades públicas dele.

As propriedades do objeto também podem ser alteradas usando a referência do objeto `handle.property`. O comando

```
handle.property = value;
```

definirá a propriedade para o valor especificado se for uma seleção legal para essa propriedade.

Por exemplo, suponha que colocamos em diagrama a função $y(x) = x^2$ de 0 a 2 com as seguintes expressões:

```
x = 0:0.1:2;
y = x.^2;
hndl = plot(x,y);
```

O diagrama resultante é apresentado na Figura 13.2a. O identificador da linha no diagrama é armazenado em `hndl` e podemos usá-lo para examinar ou modificar as propriedades da linha. Digitar `hndl` na linha de comandos retornará uma lista de propriedades do objeto.

```
» hndl
hndl =
  Line with properties:

            Color: [0 0.447000000000000 0.741000000000000]
        LineStyle: '-'
```

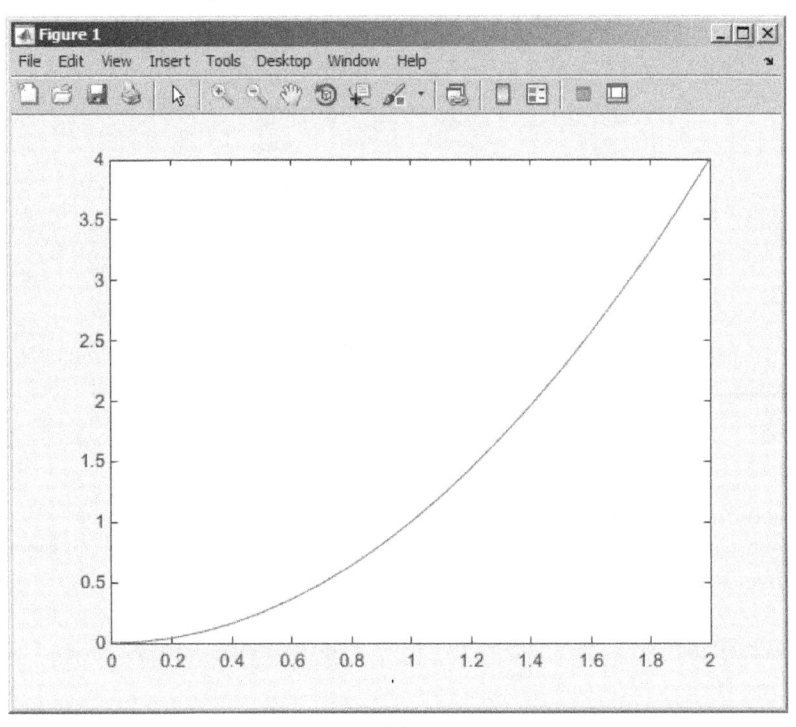

(a)

(b)

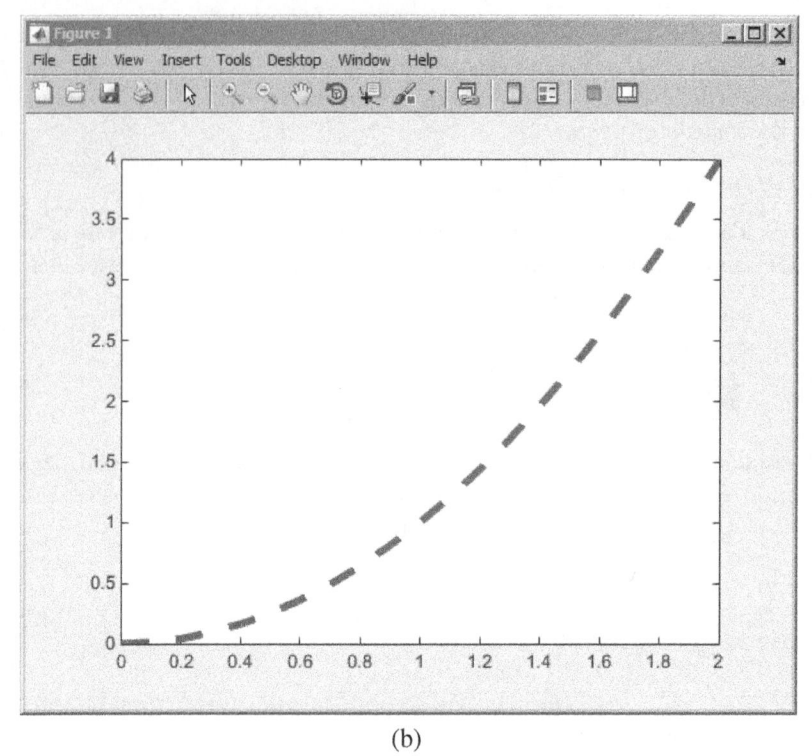

**Figura 13.2** (a) Diagrama da função $y = x^2$ usando a espessura de linha padrão. (b) Diagrama da função depois de modificar as propriedades `LineWidth` e `LineStyle`.

```
       LineWidth: 0.500000000000000
          Marker: 'none'
      MarkerSize: 6
 MarkerFaceColor: 'none'
           XData: [1x21 double]
           YData: [1x21 double]
           ZData: []
```

Observe que a espessura da linha corrente é de 0,5 pixels e o estilo dela é uma linha sólida. Podemos alterar a espessura e o estilo da linha com os seguintes conjuntos de comandos:

» `hndl.LineWidth = 4;`
» `hndl.LineStyle = '--';`

O diagrama após um comando ser emitido é mostrado na Figura 13.2b.

Observe que a propriedade a ser examinada ou definida deve ser colocada em maiúscula exatamente conforme definido na classe ou ela não será reconhecida.

### 13.4.4 Examinando e Alterando as Propriedades Usando as Funções `get/set`

As propriedades do objeto também podem ser examinadas usando a função `get`. A função `get` também exibirá a propriedade. Essa função assume a forma

```
value = get(handle,'PropertyName')
value = get(handle)
```

em que `value` é o valor contido na propriedade especificada do objeto cujo identificador é fornecido. Se somente o identificador for incluído na ativação da função `get`, a função retornará uma matriz de estrutura em que os nomes da propriedade e os valores de *todas* as propriedades públicas são mostrados.

As propriedades do objeto podem ser alteradas usando a função `set`. A função `set` assume a forma

```
set(handle,'PropertyName1',value1,...);
```

em que pode haver qualquer número de pares `'PropertyName', value` em uma única função.

Por exemplo, suponha que colocamos em diagrama a função $y(x) = x^2$ de 0 a 2 com as seguintes expressões:

```
x = 0:0.1:2;
y = x.^2;
hndl = plot(x,y);
```

O diagrama resultante é apresentado na Figura 13.2a. O identificador da linha no diagrama é armazenado em `hndl` e podemos usá-lo para examinar ou modificar as propriedades da linha. Ativar a função `get(hndl)` retornará todas as propriedades dessa linha em uma estrutura, com cada nome da propriedade sendo um elemento da estrutura.

```
» result = get(hndl)
result =
       AlignVertexCenters: 'off'
               Annotation: [1x1 matlab.graphics.eventdata.Annotation]
             BeingDeleted: 'off'
                BusyAction: 'queue'
             ButtonDownFcn: ''
                  Children: []
                  Clipping: 'on'
                     Color: [0 0.447000000000000 0.741000000000000]
                 CreateFcn: ''
                 DeleteFcn: ''
               DisplayName: ''
          HandleVisibility: 'on'
                   HitTest: 'on'
             Interruptible: 'on'
                 LineStyle: '-'
                 LineWidth: 0.500000000000000
                    Marker: 'none'
           MarkerEdgeColor: 'auto'
           MarkerFaceColor: 'none'
                MarkerSize: 6
                    Parent: [1x1 Axes]
                  Selected: 'off'
        SelectionHighlight: 'on'
                       Tag: ''
                      Type: 'line'
             UIContextMenu: []
                  UserData: []
                   Visible: 'on'
                     XData: [1x21 double]
                 XDataMode: 'manual'
```

```
XDataSource: "
        YData: [1x21 double]
YDataSource: "
        ZData: []
ZDataSource: "
```

Observe que a espessura da linha corrente é de 0,5 pixels e seu estilo é uma linha sólida. Podemos alterar a espessura e o estilo da linha com a seguinte função set:

» `set(hndl,'LineWidth',4,'LineStyle','--')`

O diagrama após um comando ser emitido é mostrado na Figura 13.2b; ele é idêntico independentemente do método usado para modificar as propriedades da linha.

As funções `get/set` possuem três vantagens significativas sobre a notação de objeto para examinar e mover as propriedades dos gráficos:

1. As funções `get/set` trabalham com sistemas de gráficos novos e antigos, de modo que os programas escritos através de seu uso funcionarão em versões anteriores do MATLAB.
2. As funções `get/set` localizarão as propriedades apropriadas e as exibirão ou modificarão mesmo se a capitalização de uma propriedades estiver incorreta. Isso não é verdadeiro para a notação do objeto. Por exemplo, a propriedade 'LineWidth' deve ser capitalizada exatamente dessa maneira na notação do objeto, mas 'lineWidth' ou 'linewidth' também funcionaria em uma função `get` ou `set`.
3. Quando uma propriedade tiver uma lista enumerada de valores legais, a função `set(hndl,'property')` retornará uma lista de todos os valores legais possíveis. A notação do objeto não fará isso. Por exemplo, os estilos da linha legal de um objeto `line` são:

» **set(hndl,'LineStyle')**
```
    '-'
    '--'
    ':'
    '-.'
    'none'
```

### 13.4.5 Examinando e Alterando as Propriedades Utilizando o Editor de Propriedade

O acesso direto às propriedades do objeto ou as funções `get` e `set` pode ser muito útil para os programadores, porque elas podem ser diretamente inseridas nos programas MATLAB para modificar uma figura, com base na entrada de um usuário. Como veremos no próximo capítulo, essas funções são usadas extensivamente na programação GUI.

Para o usuário final, entretanto, é mais fácil mudar as propriedades de um objeto MATLAB interativamente. O Editor de Propriedades é uma ferramenta baseada em GUI, projetada para este propósito. O Editor de Propriedades é iniciado selecionando o botão Editar ( ) na barra de ferramentas da figura e, depois, clicando no objeto que deseja modificar com o mouse. Como alternativa, o editor de propriedade pode ser iniciado a partir da linha de comandos com ou sem uma lista de objetos a serem editados:

```
propedit(HandleList);
propedit;
```

Por exemplo, as seguintes expressões criarão um diagrama que contém a linha $y = x^2$ sobre o intervalo de 0 a 2 e abrirão o Editor de Propriedade para permitir que o usuário altere interativamente as propriedades da linha.

```
figure(2);
```

```
x = 0:0.1:2;
y = x.^2;
hndl = plot(x,y);
propedit(hndl);
```

O Editor de Propriedades invocado por essas expressões é apresentado na Figura 13.3. Ele contém uma série de caixas de listagem que varia dependendo do tipo de objeto que está sendo modificado.

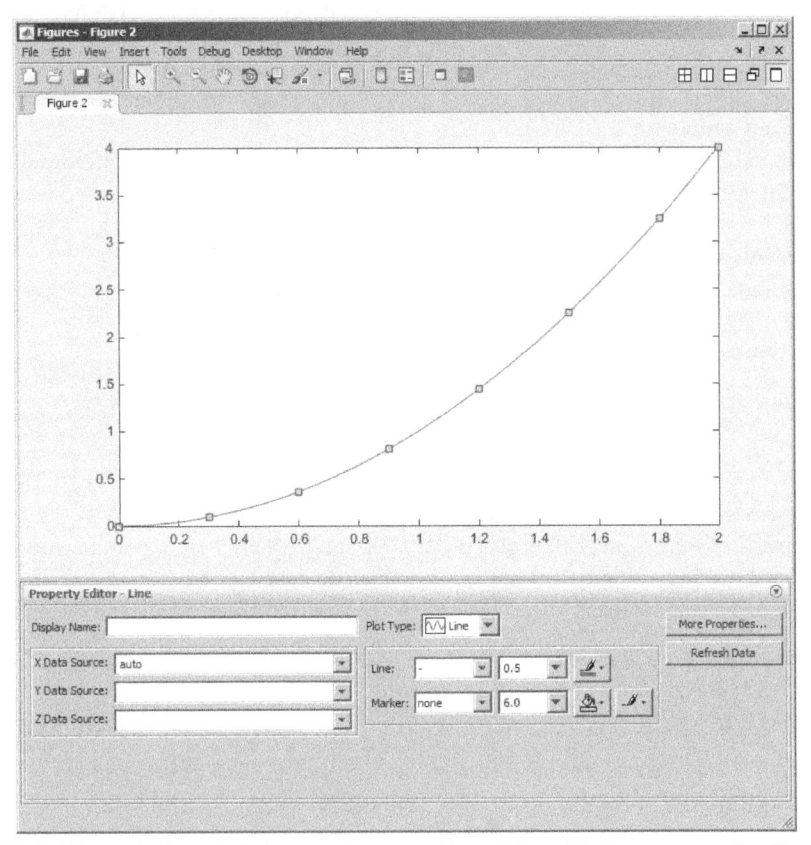

**Figura 13.3** O Editor de Propriedade ao editar um objeto `line`. Mudanças no estilo são mostradas na figura à medida que o objeto é editado.

## ▶ Exemplo 13.1 – Usando Comandos Gráficos de Baixo Nível

A função sinc(x) é definida pela equação

$$\text{sinc } x = \begin{cases} \dfrac{\sin x}{x} & x \neq 0 \\ 1 & x = 0 \end{cases} \quad (13.1)$$

Desenhe o diagrama dessa função de $x = -3\pi$ a $x = 3\pi$. Use as funções do gráfico do identificador para personalizar o diagrama da seguinte maneira:

1. Tornar o fundo da figura rosa.
2. Usar somente as linhas de grade do eixo $y$ (não as linhas de grade do eixo $x$).
3. Desenhar o diagrama da função como uma linha sólida laranja de dois pontos de espessura.

**Solução** Para criar esse gráfico, precisamos colocar em diagrama a sincronização da função $x$ de $x = -3\pi$ para $x = 3\pi$ usando a função `plot`. O comando `plot` retornará um comando para a primeira linha, que poderemos gravar e usar mais tarde.

Depois de desenhar o diagrama da linha, precisamos modificar a cor do objeto *figure*, seus status da grade *axes* e sua cor e largura *line*. Essas modificações exigem que tenhamos acesso aos identificadores dos objetos `figure`, `axes` e `line`. O identificador do objeto `figure` é retornado pela função `gcf`, o `axes` é retornado pela função `gca` e o `line` é retornado pela função `plot` que o criou.

As propriedades gráficas de baixo nível que devem ser modificadas podem ser encontradas na documentação do Navegador de Ajuda *on-line* do MATLAB, no tópico "Handle Graphics". Elas são a propriedade `'Color'` da figura corrente, a propriedade `'YGrid'` dos eixos correntes e as propriedades `'LineWidth'` e `'Color'` da linha.

1. **Estabeleça o problema**
   Desenhe o diagrama da sincronização da função $x$ de $x = -3\pi$ para $x = 3\pi$ usando uma figura com um fundo rosa, somente linhas de grade de eixo $y$ e linha laranja sólida de dois pontos de espessura.
2. **Defina as entradas e saídas**
   Não há entrada para este programa e a única saída é a figura especificada.
3. **Descreva o algoritmo**
   Este programa pode ser quebrado em três grandes passos.

   ```
   Calculate sinc(x)
   Plot sinc(x)
   Modify the required graphics object properties
   ```

   A primeira etapa principal é calcular a sincronização $x$ de $x = -3\pi$ para $x = 3\pi$. Isso pode ser feito com expressões vetorizadas, mas elas produzirão um NaN em $x = 0$, porque a divisão de 0/0 é indefinida. Devemos substituir o NaN por um 1,0 antes de desenhar o diagrama da função. O pseudocódigo detalhado desta etapa é:

   ```
   % Calculate sinc(x)
   x = -3*pi:pi/10:3*pi
   y = sin(x) ./ x

   % Find the zero value and fix it up.  The zero is
   % located in the middle of the x array.
   index = fix(length(y)/2) + 1
   y(index) = 1
   ```

   A seguir, devemos fazer o diagrama da função, gravando o identificador da linha resultante para modificações adicionais. O pseudocódigo detalhado para esta etapa é:

   ```
   hndl = plot(x,y);
   ```

   Agora devemos usar os comandos dos gráficos do identificador para modificar o fundo da figura, grade do eixo $y$ e cor e espessura da linha. Lembre-se de que o identificador de figura pode ser recuperado com a função `gcf` e o de eixo pode ser recuperado com a função `gca`. A cor rosa pode ser criada com o vetor RGB [1 0.8 0.8] e a cor laranja pode ser criada com o vetor RGB [1 0.5 0]. O pseudocódigo detalhado para esta etapa é:

   ```
   set(gcf,'Color',[1 0.8 0.8])
   set(gca,'YGrid','on')
   set(hndl,'Color',[1 0.5 0],'LineWidth',2)
   ```

4. **Transforme o algoritmo em expressões MATLAB**
   O programa MATLAB final é mostrado a seguir.

```
%   Script file: plotsinc.m
%
%   Purpose:
%     This program illustrates the use of handle graphics
%     commands by creating a plot of sinc(x) from -3*pi to
%     3*pi, and modifying the characteristics of the figure,
%     axes, and line using the "set" function.
%
%   Record of revisions:
%       Date            Programmer          Description of change
%       ====            ==========          =====================
%     04/02/14         S. J. Chapman        Original code
%
% Define variables:
%     hndl            -- Handle of line
%     x               -- Independent variable
%     y               -- sinc(x)

% Calculate sinc(x)
x = -3*pi:pi/10:3*pi;
y = sin(x) ./ x;

% Find the zero value and fix it up. The zero is
% located in the middle of the x array.
index = fix(length(y)/2) + 1;
y(index) = 1;

% Plot the function.
hndl = plot(x,y);

% Now modify the figure to create a pink background,
% modify the axis to turn on y-axis grid lines, and
% modify the line to be a 2-point-wide orange line.
set(gcf,'Color',[1 0.8 0.8]);
set(gca,'YGrid','on');
set(hndl,'Color',[1 0.5 0],'LineWidth',2);
```

5. **Teste o programa**

Testar este programa é muito simples – apenas o executamos e examinamos o diagrama resultante. O diagrama criado é apresentado na Figura 13.4 e tem as características que desejávamos.

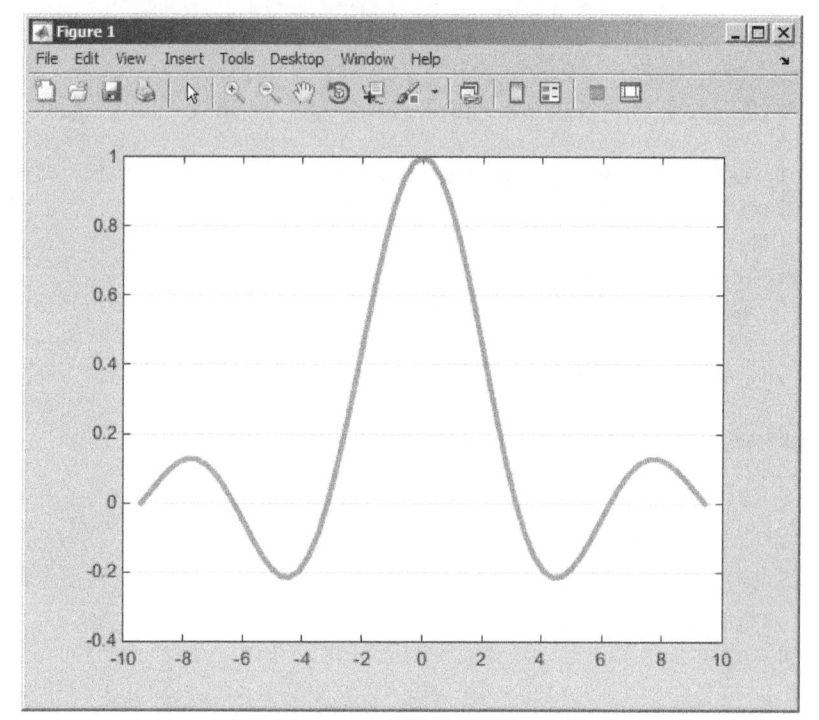

**Figura 13.4** Diagrama de sincronização *x versus x*.

Será solicitado que você modifique esse programa para usar a notação de propriedade do objeto em um exercício de fim de capítulo.

## 13.5 Usando `set` para Listar os Possíveis Valores da Propriedade

A função `set` pode ser usada para fornecer as listas de valores possíveis das variáveis. Se a chamada de uma função `set` contiver o nome de uma propriedade, mas não um valor correspondente, `set` retorna uma lista de todas as escolhas legais para esta propriedade. Por exemplo, o comando `set(hndl, 'LineStyle')` retornará uma lista de todos os estilos de linha legais:

```
set(hndl,'LineStyle')
ans =
    '-'
    '--'
    ':'
    '-.'
    'none'
```

Essa função mostra que os estilos de linha legais são `'-'`, `'--'`, `':'`, `'-.'`, e `'none'`, com a primeira escolha como padrão.

Se a propriedade não tiver um conjunto fixo de valores, o MATLAB retornará uma matriz celular vazia:

```
» set(hndl,'LineWidth')
ans =
    {}
```

A função `set(hndl)` retornará todas as opções possíveis para todas as propriedades de um objeto.

```
» xxx = set(hndl)
xxx =
                   Color: {}
               EraseMode: {4x1 cell}
               LineStyle: {5x1 cell}
               LineWidth: {}
                  Marker: {14x1 cell}
              MarkerSize: {}
         MarkerEdgeColor: {2x1 cell}
         MarkerFaceColor: {2x1 cell}
                   XData: {}
                   YData: {}
                   ZData: {}
           ButtonDownFcn: {}
                Children: {}
                Clipping: {2x1 cell}
               CreateFcn: {}
               DeleteFcn: {}
              BusyAction: {2x1 cell}
        HandleVisibility: {3x1 cell}
                 HitTest: {2x1 cell}
           Interruptible: {2x1 cell}
                Selected: {2x1 cell}
       SelectionHighlight: {2x1 cell}
                     Tag: {}
            UIContextMenu: {}
                UserData: {}
                 Visible: {2x1 cell}
                  Parent: {}
             DisplayName: {}
               XDataMode: {2x1 cell}
             XDataSource: {}
             YDataSource: {}
             ZDataSource: {}
```

Todos os itens nessa lista podem ser expandidos para ver a lista disponível de opções.

```
» xxx.EraseMode
ans =
    'normal'
    'background'
    'xor'
    'none'
```

## 13.6 Dados Definidos pelo Usuário

Além das propriedades padrões, definidas para um objeto GUI, um programador pode definir propriedades especiais para reter dados específicos do programa. Essas propriedades extras são uma maneira conveniente de armazenar qualquer tipo de dados que um programador possa desejar associar ao objeto GUI. Qualquer quantidade de qualquer tipo de dados pode ser armazenada e usada para qualquer propósito.

Os dados definidos pelo usuário são armazenados de uma maneira semelhante às propriedades padrões. Cada item de dados possui um nome e um valor. Os valores dos dados são armazenados em um objeto com a função `setappdata` e recuperados do objeto usando a função `getappdata`.

A forma geral de `setappdata` é

```
setappdata(hndl,'DataName',DataValue);
```

em que `hndl` é o identificador do objeto no qual armazenar os dados, `'DataName'` é o nome fornecido aos dados e `DataValue` é o valor designado a esse nome. Observe que o valor dos dados pode ser numérico ou uma sequência de caracteres.

Por exemplo, suponha que desejamos definir dois valores de dados especiais, um contendo o número de erros que ocorreram em uma determinada figura e outro contendo uma cadeia descrevendo o último erro detectado. Esses valores de dados poderiam receber os nomes `'ErrorCount'` e `'LastError'`. Se assumirmos que `h1` é o identificador da figura, o comando para criar esses itens de dados e iniciá-los seria:

```
setappdata(h1,'ErrorCount',0);
setappdata(h1,'LastError','No error');
```

Os dados do aplicativo podem ser recuperados a qualquer momento usando a função `getappdata`. Os dois formulários de `getappdata` são

```
value = getappdata(hndl,'DataName');
struct = getappdata(hndl);
```

em que `hndl` é o identificador do objeto que contém os dados e `'DataName'` é o nome dos dados a serem recuperados. Se um `'DataName'` for especificado, o valor associado a esse nome de dados será retornado. Se não for especificado, *todos* os dados definidos pelo usuário associados a esse objeto serão retornados em uma estrutura. Os nomes dos itens de dados serão nomes do elemento da estrutura na estrutura retornada.

Para o exemplo fornecido acima, `getappdata` produzirá os seguintes resultados:

```
» value = getappdata(h1,'ErrorCount')
value =
     0
```

### Tabela 13.1: Funções para Manipular Dados Definidos pelo Usuário

| Função | Descrição |
|---|---|
| `setappdata(hndl,'DataName',DataValue)` | Armazena `DataValue` em um item nomeado `'DataName'` no objeto especificado pelo identificador `hndl`. |
| `value = getappdata(hndl,'DataName')`<br>`struct = getappdata(hndl)` | Recupera os dados definidos pelo usuário a partir do objeto especificado pelo identificador `hndl`. A primeira forma recupera somente o valor associado a `'DataName'` e a segunda forma recupera todos os dados definidos pelo usuário. |
| `isappdata(hndl,'DataName')` | Uma função lógica que retorna um 1 se `'DataName'` for definido no objeto especificado pelo identificador `hndl` e 0 do contrário. |
| `rmappdata(hndl,'DataName')` | Remove o item de dados definido pelo usuário denominado `'DataName'` do objeto especificado pelo identificador `hndl`. |

```
» struct = getappdata(h1)
struct =
    ErrorCount: 0
    LastError: 'No error'
```

As funções associadas aos dados definidos pelo usuário estão resumidas na Tabela 13.1.

## 13.7 Localizando Objetos

Cada novo objeto gráfico criado tem seu próprio identificador e esse identificador é recuperado pela função que o criou. Se pretende modificar as propriedades de um objeto que você cria, é uma boa ideia salvar o identificador para uso posterior com get e set.

> **Boa Prática de Programação**
>
> Se pretende modificar as propriedades de um objeto que você cria, salve o identificador desse objeto de modo que suas propriedades possam ser examinadas e modificadas posteriormente.

Entretanto, às vezes podemos não ter acesso ao identificador. Suponha que tenhamos perdido o identificador por alguma razão. Como podemos examinar e modificar os objetos gráficos? O MATLAB fornece quatro funções especiais para ajudar a encontrar os identificadores de objetos.

- gcf – Retorna o identificador da *figura* corrente.
- gca – Retorna o identificador dos *eixos* correntes na *figura* corrente.
- gco – Retorna o identificador do *objeto* corrente.
- findobj – Localiza um objeto gráfico com um valor de propriedade especificado.

A função gcf retorna o identificador da figura corrente. Se não existir nenhuma figura, gcf *criará uma* e retornará seu identificador. A função gca retorna o identificador dos eixos correntes na figura corrente. Se não existir nenhuma figura ou se a figura corrente existir, mas não contiver eixos, gca *criará um conjunto de eixos* e retornará seu identificador. A função gco tem a forma

```
h_obj = gco;
h_obj = gco(h_fig);
```

em que h_obj é o identificador do objeto e h_fig é o identificador de uma figura. A primeira forma dessa função retorna o identificador do *objeto corrente na figura corrente,* enquanto a segunda forma da função retorna o identificador do *objeto corrente em uma figura especificada.*

**O objeto corrente é definido como o último objeto clicado com o mouse**. Esse objeto pode ser qualquer objeto gráfico, exceto a raiz. Não haverá objeto corrente em uma figura até que tenha ocorrido um clique do mouse nela. Antes do primeiro clique do mouse, a função gco retornará uma matriz vazia []. Diferente de gcf e gca, gco não cria um objeto se ele não existir.

Assim que o identificador de um objeto é conhecido, podemos determinar o tipo do objeto examinando sua propriedade 'Type'. A propriedade 'Type' será a cadeia de caracteres, como 'figure', 'line', 'text', e assim por diante.

```
h_obj = gco;
type = get(h_obj,'Type')
```

A maneira mais fácil de encontrar um objeto MATLAB arbitrário é com a função findobj. A forma básica desta função é

```
hndls = findobj('PropertyName1',value1,...)
```

Este comando começa pelo objeto raiz e procura, em toda a árvore, todos os objetos que têm os valores especificados para as propriedades especificadas. Observe que múltiplos pares de propriedade/valor podem ser especificados e `findobj` retornará somente os identificadores de objetos que correspondem a *todos* eles.

Por exemplo, suponha que tenhamos criado as Figuras 1 e 3. Em seguida, a função `findobj('Type','figure')` retornará os resultados:

```
» h_fig = findobj('Type','figure')
h_fig =
  2x1 Figure array:

  Figure    (1)
  Figure    (3)
```

Essa forma da função `findobj` é muito útil, mas pode ser lenta porque deve pesquisar a árvore de objetos inteira para localizar qualquer correspondência. Se você usar um objeto múltiplas vezes, faça somente uma chamada para `findobj` e salve o identificador para reutilização.

Restringir o número de objetos que devem ser pesquisados pode aumentar a velocidade de execução desta função. Isso pode ser feito com a seguinte forma da função:

```
hndls = findobj(Srchhndls,'PropertyName1',value1,...)
```

Aqui, somente os identificadores listados na matriz `Srchhndls` e seus filhos serão pesquisados para localizar o objeto. Por exemplo, suponha que desejamos localizar todas as linhas tracejadas na Figura 1. O comando para isso seria:

```
hndls = findobj(1,'Type','line','LineStyle','--');
```

### Boa Prática de Programação

Se possível, restrinja o escopo de suas pesquisas com `findobj` para torná-las mais rápidas.

## 13.8 Selecionando Objetos com o Mouse

A função `gco` retorna o controle do objeto corrente, que é o último objeto selecionado com o mouse. Cada objeto tem uma **região de seleção** associada e assume-se que qualquer clique do mouse nessa região de seleção seja um clique sobre esse objeto. Isso é muito importante para objetos estreitos, como linhas ou pontos – a região de seleção permite ao usuário ser um pouco descuidado com o posicionamento do mouse e, ainda assim, selecionar a linha. A espessura e a forma de uma região de seleção variam para tipos diferentes de objetos. Por exemplo, a região de seleção para uma linha é de 5 pixels em ambos os lados da linha, enquanto a região de seleção para uma superfície, um padrão ou um objeto texto é o menor retângulo que pode conter o objeto.

A região da seleção para um objeto `axes` é a área dos eixos mais a área dos títulos e das legendas. Entretanto, linhas e outros objetos dentro dos eixos têm uma prioridade maior, de modo que, para selecionar os eixos, você deve clicar em um ponto deles que não fique perto de linhas ou texto. Clicar sobre uma figura fora da região dos eixos selecionará a própria figura.

O que acontece se um usuário clicar em um ponto que tenha dois ou mais objetos, como a inserção de duas linhas? A resposta depende da **ordem de empilhamento** dos objetos. Ela é a ordem em que o MATLAB seleciona os objetos. Essa ordem é especificada pela ordem dos identificadores listados na propriedade `'Children'` de uma figura. Se um clique estiver na região de seleção de dois ou mais objetos, aquele com a mais alta posição na lista `'Children'` será selecionado.

O MATLAB inclui uma função chamada `waitforbuttonpress` que, às vezes, é usada ao selecionar os objetos gráficos. A forma dessa função é:

```
k = waitforbuttonpress
```

Quando executada, esta função parará o programa até que uma tecla seja pressionada ou um botão do mouse seja clicado. A função retorna 0 se detectar um clique em um botão do mouse, e 1 se detectar uma tecla pressionada.

A função pode ser usada para fazer uma pausa em um programa até que ocorra um clique do mouse. Após a ocorrência do clique, o programa pode recuperar o identificador do objeto selecionado usando a função `gco`.

## ▶ Exemplo 13.2 – Selecionando Objetos Gráficos

O programa mostrado abaixo explora as propriedades dos objetos gráficos e, incidentalmente, mostra como selecionar os objetos usando `waitforbuttonpress` e `gco`. O programa permite que os objetos sejam selecionados repetidamente até que uma tecla seja pressionada.

```
%   Script file: select_object.m
%
%   Purpose:
%     This program illustrates the use of waitforbuttonpress
%     and gco to select graphics objects. It creates a plot
%     of sin(x) and cos(x) and then allows a user to select
%     any object and examine its properties. The program
%     terminates when a key press occurs.
%
%   Record of revisions:
%       Date           Programmer         Description of change
%       ====           ==========         =====================
%     04/02/14       S. J. Chapman        Original code
%
%   Define variables:
%     details        -- Object details
%     h1             -- handle of sine line
%     h2             -- handle of cosine line
%     handle         -- handle of current object
%     k              -- Result of waitforbuttonpress
%     type           -- Object type
%     x              -- Independent variable
%     y1             -- sin(x)
%     y2             -- cos(x)
%     yn             -- Yes/No

% Calculate sin(x) and cos(x)
x = -3*pi:pi/10:3*pi;
y1 = sin(x);
y2 = cos(x);

% Plot the functions.
h1 = plot(x,y1);
set(h1,'LineWidth',2);
hold on;
h2 = plot(x,y2);
set(h2,'LineWidth',2,'LineStyle',':','Color','r');
```

```
title('\bfPlot of sin \itx \rm\bf and cos \itx');
xlabel('\bf\itx');
ylabel('\bfsin \itx \rm\bf and cos \itx');
legend('sine','cosine');
hold off;

% Now set up a loop and wait for a mouse click.
k = waitforbuttonpress;

while k == 0
   % Get the handle of the object
   handle = gco;

   % Get the type of this object.
   type = get(handle,'Type');

   % Display object type
   disp (['Object type = ' type '.']);

   % Do we display the details?
   yn = input('Do you want to display details? (y/n) ','s');

   if yn == 'y'
      details = get(handle);
      disp(details);
   end

   % Check for another mouse click
   k = waitforbuttonpress;
end
```

Quando esse programa é executado, ele produz o diagrama mostrado na Figura 13.5. Experimente, clicando em vários objetos no diagrama e vendo as características resultantes.

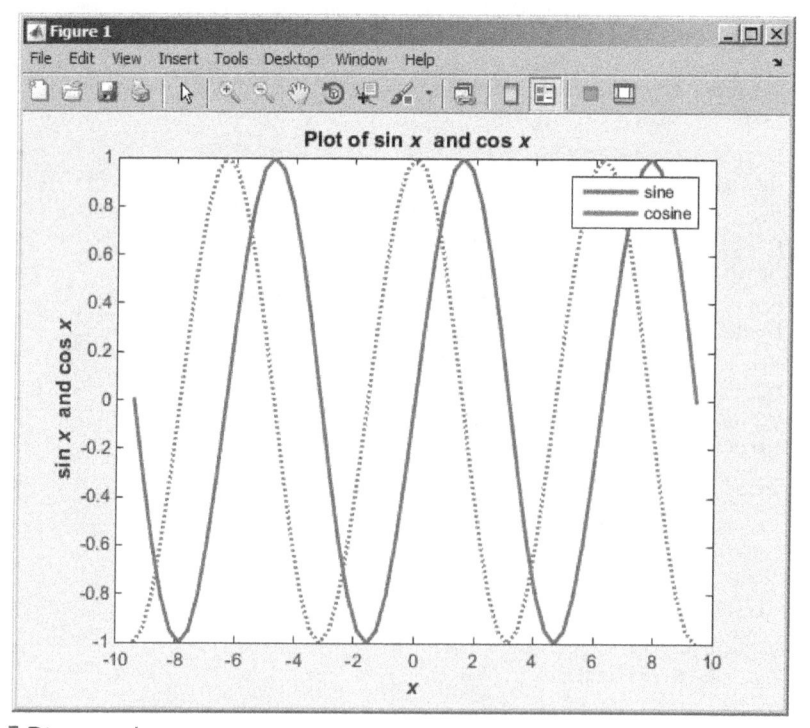

**Figura 13.5** Diagrama do sen *x* e cos *x*.

## 13.9 Posição e Unidades

Muitos objetos MATLAB possuem uma propriedade `'position'`, que especifica o tamanho e a posição do objeto na tela do computador. Esta propriedade difere ligeiramente para diferentes tipos de objetos, como descrito na seção a seguir.

### 13.9.1 Posições da `figure` Objetos

A propriedade `'position'` de uma figura especifica o local dela na tela do computador usando um vetor de linha de quatro elementos. Os valores nesse vetor são [left bottom width height], em que left é a borda à esquerda da figura, bottom é sua borda inferior, width é sua largura e height é sua altura. Esses valores de posição estão nas unidades especificadas na propriedade `'Units'` para o objeto. Por exemplo, a posição e as unidades associadas a uma figura corrente podem ser encontradas desta maneira:

```
» get(gcf,'Position')
ans =
    176    204    672    504
» get(gcf,'Units')
ans =
pixels
```

Esta informação especifica que o canto inferior esquerdo da janela da figura corrente está 176 pixels à direita e 204 pixels acima do canto inferior esquerdo da tela e a figura tem 672 pixels de largura e 504 pixels de altura. Essa é a região desenhável da figura, excluindo bordas, barras de rolagem, menus e a área de título da figura.

A propriedade `'units'` de uma figura é padronizada em pixels, mas pode ser em polegadas, centímetros, pontos, caracteres ou coordenadas normalizadas. Pixels são pixels de tela, que são a menor forma retangular que pode ser desenhada em uma tela de computador. As telas típicas de computadores terão, no mínimo, 640 pixels de largura × 480 pixels de altura e as telas podem ter mais de 1.000 pixels em cada direção. Como o número de pixels varia entre as telas de computador, o tamanho de um objeto especificado em pixels também varia.

As coordenadas normalizadas são coordenadas no intervalo de 0 a 1, em que o canto inferior esquerdo da tela está em (0,0) e o canto superior direito está em (1,1). Se uma posição do objeto for especificada em coordenadas normalizadas, isso aparecerá na mesma posição relativa na tela independentemente de sua resolução. Por exemplo, as seguintes expressões criam uma figura e a colocam no quadrante superior esquerdo da tela em qualquer computador, independentemente do tamanho da tela.[3]

```
h1 = figure(1)
set(h1,'units','normalized','position',[0 .5 .5 .45])
```

### Boa Prática de Programação

Se quiser colocar uma janela em um local específico, será mais fácil colocar a janela no local desejado usando as coordenadas normalizadas e os resultados serão os mesmos, independentemente da resolução da tela do computador.

---

[3] A altura normalizada dessa figura é reduzida a 0,45 para deixar espaço para o título da figura e a barra de menus, ambos os quais estão acima da área de desenho.

### 13.9.2 Posições de Objetos `axes` e `uicontrol`

A posição dos objetos `axes` e `uicontrol` também é especificada por um vetor de quatro elementos, mas a posição do objeto é especificada em relação ao canto inferior esquerdo da *figura* em vez da posição da tela. Em geral, a propriedade `'Position'` de um objeto filho é relativa à posição de seu pai.

Por padrão, as posições dos objetos dos eixos são especificadas em unidades *normalizadas* em uma figura, com (0,0) representando o canto inferior esquerdo e (1,1) representando o canto superior direito da figura.

### 13.9.3 Posições de Objetos `text`

Diferente de outros objetos, os objetos `text` possuem uma propriedade de posição que contém somente dois ou três elementos. Esses elementos correspondem aos valores *x*, *y* e *z* do objeto de texto *em* um objeto `axes`. Observe que esses valores estão nas unidades mostradas nos próprios eixos.

A posição do objeto texto com relação ao ponto especificado é controlada pelas propriedades HorizontalAlignment e VerticalAlignment do objeto. A HorizontalAlignment pode ser {Left}, Center ou Right; e a VerticalAlignment pode ser Top, Cap, {Middle}, Baseline ou Bottom.

O tamanho dos objetos `text` é determinado pelo tamanho da fonte e pelo número de caracteres sendo exibidos, de modo que não existem valores de altura e largura associados.

---

### ▶ Exemplo 13.3 – Posicionando Objetos em uma Figura

Como mencionado, as posições de eixos são definidas em relação ao canto inferior esquerdo do quadro em que estão contidos, enquanto as posições de objetos texto são definidas em eixos nas unidades dos dados mostradas nos eixos.

Para ilustrar o posicionamento dos objetos gráficos em uma figura, escreveremos um programa que criará dois conjuntos sobrepostos de eixos em uma única figura. O primeiro conjunto de eixos exibirá o sen *x versus x* e terá um comentário de texto anexado à linha de exibição. O segundo conjunto de eixos exibirá o cos *x versus x* e terá um comentário de texto no canto inferior esquerdo.

Um programa para criar a figura é apresentado a seguir. Observe que estamos usando a função `figure` para criar uma figura vazia e, em seguida, usaremos duas funções `axes` para criar dois conjuntos de eixos na figura. A posição das funções `axes` é especificada em unidades normalizadas na figura, de modo que o primeiro conjunto de eixos, que inicia em (0.05, 0.05), está no canto inferior esquerdo da figura e o segundo conjunto de eixos, que inicia em (0.45, 0.45), está no canto superior direito da figura. Cada conjunto de eixos tem a função correspondente representada sobre ele.

O primeiro objeto `text` é anexado ao primeiro conjunto de eixos na posição $(-\pi, 0)$, que é um ponto na curva. A propriedade `'HorizontalAlignment'`, `'right'` é selecionada, de modo que o *ponto de ligação* $(-\pi, 0)$ fica no *lado direito* da cadeia de texto. Como resultado, o texto aparece à *esquerda* do ponto de ligação na figura final. (Isso pode ser confuso para programadores novos!)

O segundo objeto `text` é anexado ao segundo conjunto de eixos na posição $(-7.5, -0.9)$, que está próximo ao canto inferior esquerdo dos eixos. Essa cadeia usa o alinhamento horizontal padrão, que é `'left'`, de modo que o ponto de ligação $(-7.5, -0.9)$ fica no *lado esquerdo* da cadeia do texto. Como resultado, o texto aparece à direita do ponto de ligação na figura final.

```
%   Script file: position_object.m
%
%   Purpose:
%     This program illustrates the positioning of graphics
```

```
%   graphics objects.  It creates a figure, and then places
%   two overlapping sets of axes on the figure.  The first
%   set of axes is placed in the lower left-hand corner of
%   the figure, and contains a plot of sin(x).  The second
%   set of axes is placed in the upper right hand corner of
%   the figure, and contains a plot of cos(x).  Then two
%   text strings are added to the axes, illustrating the
%   positioning of text within axes.
%
%  Record of revisions:
%      Date              Programmer           Description of change
%      ====              ==========           =====================
%    04/03/14          S. J. Chapman          Original code
%
% Define variables:
%    h1              -- Handle of sine line
%    h2              -- Handle of cosine line
%    ha1             -- Handle of first axes
%    ha2             -- Handle of second axes
%    x               -- Independent variable
%    y1              -- sin(x)
%    y2              -- cos(x)

% Calculate sin(x) and cos(x)
x = -2*pi:pi/10:2*pi;
y1 = sin(x);
y2 = cos(x);

% Create a new figure
figure;

% Create the first set of axes and plot sin(x).
% Note that the position of the axes is expressed
% in normalized units.
ha1 = axes('Position',[.05 .05 .5 .5]);
h1 = plot(x,y1);
set(h1,'LineWidth',2);
title('\bfPlot of sin \itx');
xlabel('\bf\itx');
ylabel('\bfsin \itx');
axis([-8 8 -1 1]);

% Create the second set of axes and plot cos(x).
% Note that the position of the axes is expressed
% in normalized units.
ha2 = axes('Position',[.45 .45 .5 .5]);
h2 = plot(x,y2);
set(h2,'LineWidth',2,'Color','r','LineStyle','--');
title('\bfPlot of cos \itx');
xlabel('\bf\itx');
ylabel('\bfsin \itx');
axis([-8 8 -1 1]);
```

```
% Create a text string attached to the line on the first
% set of axes.
axes(ha1);
text(-pi,0.0,'sin(x)\rightarrow','HorizontalAlign-
ment','right');

% Create a text string in the lower left-hand corner
% of the second set of axes.
axes(ha2);
text(-7.5,-0.9,'Test string 2');
```

Quando esse programa é executado, ele produz o diagrama mostrado na Figura 13.6. Você deve executar esse programa novamente em seu computador, alterando o tamanho e/ou o local dos objetos sendo colocados em diagrama e observando os resultados.

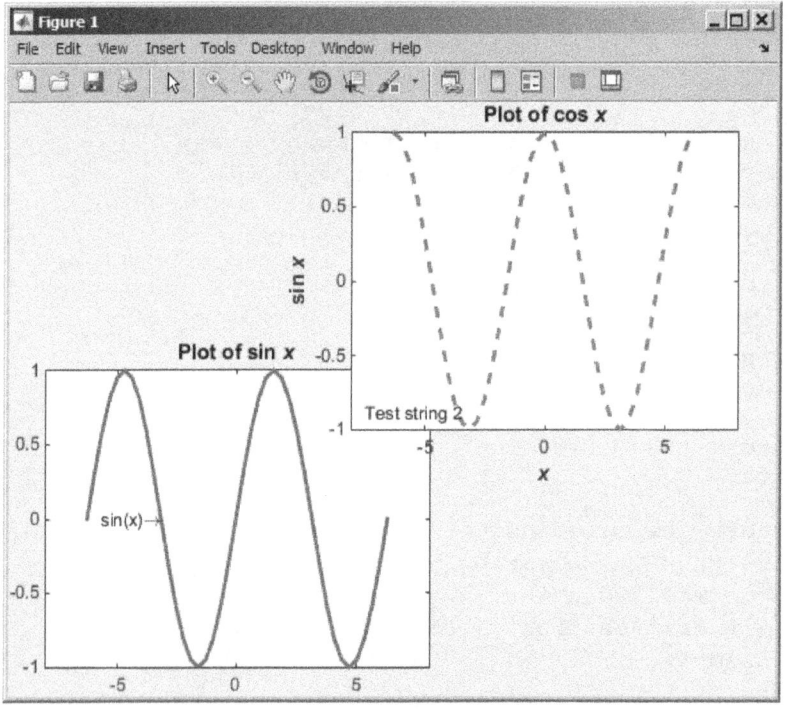

**Figura 13.6** A saída do programa `position_object`.

## 13.10 Posições da Impressora

As propriedades 'Position' e 'Units' especificam o local de uma figura na *tela do computador*. Também existem cinco outras propriedades que especificam o local de uma figura em uma folha de papel *quando ela é impressa*. Essas propriedades estão resumidas na Tabela 13.2.

**Tabela 13.2: Propriedades da Figura Relacionadas à Impressão**

| Opção | Descrição |
| --- | --- |
| `PaperUnits` | Unidades para medidas do papel: [{inches}|centimeters|normalized|points] |
| `PaperOrientation` | [{portrait}|landscape] |
| `PaperPosition` | Um vetor de posição da forma [left, bottom, width, height] em que todas as unidades são as especificadas em PaperUnits. |
| `PaperSize` | Um vetor de dois elementos que contém o tamanho da potência, por exemplo, [8.5 11] |
| `PaperType` | Define o tipo de papel. Observe que definir essa propriedade automaticamente atualiza a propriedade. PaperSize. [{usletter}|uslegal|A0|A1|A2|A3|A4| A5|B0|B1|B2|B3|B4|B5|arch-A|arch-B| arch-C|arch-D|arch-E|A|B|C|D|E| tabloid|<custom>] |

Por exemplo, para determinar que um diagrama seja impresso no modo paisagem, em papel A4 e em unidades normalizadas, podemos estabelecer as seguintes propriedades:

```
set(hndl,'PaperType','A4')
set(hndl,'PaperOrientation','landscape')
set(hndl,'PaperUnits','normalized');
```

## 13.11 Propriedades Padrão e de Fábrica

O MATLAB designa propriedades padrão para cada objeto quando ele é criado. Se essas propriedades não forem as que deseja, você deve usar `set` para selecionar os valores desejados. Se precisar alterar uma propriedade em cada objeto que criar, esse processo poderia se tornar muito cansativo. Para estes casos, o MATLAB permite que você modifique a própria propriedade padrão, para que todos os objetos herdem o valor correto da propriedade quando criados.

Quando um objeto gráfico é criado, o MATLAB procura um valor padrão para cada propriedade, examinando o pai do objeto. Se o pai estabelecer um valor padrão, este valor será usado. Se não, o MATLAB examinará o pai do pai para ver se o objeto estabelece um valor padrão, e assim por diante, até o objeto raiz. O MATLAB usa o *primeiro* valor padrão que encontra ao trabalhar de volta na árvore.

As propriedades padrão podem ser definidas em qualquer ponto na hierarquia do objeto gráfico que são *mais altas* do que o nível no qual o objeto é criado. Por exemplo, uma cor de `figure` padrão seria definida no objeto `root` e então todas as figuras criadas após esse tempo teriam a nova cor padrão. Por outro lado, uma cor `axes` padrão poderia ser definida no objeto `root` ou no objeto `figure`. Se a cor `axes` padrão for definida no objeto `root`, ela se aplicará a todos os novos eixos em todas as figuras. Se a cor `axes` padrão for definida no objeto `figure`, ela se aplicará a todos os novos eixos na figura corrente somente.

Os valores padrão são definidos usando uma cadeia de caracteres que consiste em `'default'` seguido pelo tipo de objeto e pelo nome da propriedade. Portanto, a cor da figura padrão seria definida com a propriedade `'defaultFigureColor'` e a cor axes padrão seria definida com a propriedade `'defaultAxesColor'`. Alguns exemplos de definição de valores padrão são mostrados a seguir:

| | |
|---|---|
| `set(groot,'defaultFigureColor','y')` | Fundo da figura amarelo – todas as novas figuras |
| `set(groot,'defaultAxesColor','r')` | Fundo dos eixos vermelho – todos os novos eixos em todas as figuras |
| `set(gcf,'defaultAxesColor','r')` | Fundo dos eixos vermelho – todos os novos eixos somente na figura corrente |
| `set(gca,'defaultLineLineStyle',':')` | Estabelece o estilo de linha padrão para tracejado, só nos eixos correntes. |

Se você estiver trabalhando com as propriedades de objetos existentes, é sempre uma boa ideia restaurá-los à sua condição existente depois que forem usados. *Se você mudar as propriedades padrão de um objeto em uma função, grave os valores originais e restaure-os antes de sair da função.* Por exemplo, suponha que desejemos criar uma série de figuras em unidades normalizadas. Poderíamos gravar e restaurar as unidades originais da seguinte forma:

```
saveunits = get(groot,'defaultFigureUnits');
set(groot,'defaultFigureUnits','normalized');
...
<MATLAB statements>
...
set(groot,'defaultFigureUnits',saveunits);
```

Se quiser personalizar o MATLAB para usar diferentes valores padrão o tempo todo, você deve definir os padrões no objeto `root` sempre que o MATLAB for inicializado. A maneira mais fácil de fazer isso é colocar os valores padrão no arquivo `startup.m`, que é automaticamente executado sempre que o MATLAB é iniciado. Por exemplo, suponha que você sempre use papel A4 e sempre queira uma grade em seus diagramas. Então poderia definir as seguintes linhas no `startup.m`:

```
set(groot,'defaultFigurePaperType','A4');
set(groot,'defaultFigurePaperUnits','centimeters');
set(groot,'defaultAxesXGrid','on');
set(groot,'defaultAxesYGrid','on');
set(groot,'defaultAxesZGrid','on');
```

Há três valores de cadeias de caracteres especiais que são usados com gráficos do identificador: `'remove'`, `'factory'` e `'default'`. Se você definiu um valor padrão para uma propriedade, o valor `'remove'` removerá o padrão definido. Por exemplo, suponha que você tenha estabelecido a cor padrão da figura como amarelo:

```
set(groot,'defaultFigureColor','y');
```

A seguinte chamada de função cancelará essa definição padrão e restaurará a definição padrão anterior:

```
set(groot,'defaultFigureColor','remove');
```

A cadeia `'factory'` permite que um usuário substitua um valor padrão e use o valor padrão original do MATLAB como substituinte. Por exemplo, a seguinte figura é criada com a cor padrão de fábrica, apesar de uma cor padrão amarela ter sido definida anteriormente.

```
set(groot,'defaultFigureColor','y');
figure('Color','factory')
```

A cadeia `'default'` força o MATLAB a pesquisar a hierarquia do objeto até localizar um valor padrão para a propriedade desejada. Ela usa o primeiro valor padrão que encontra. Se não encontrar um valor padrão, usa o valor padrão de fábrica para tal propriedade. Este uso é ilustrado a seguir:

```
% Set default values
set(groot,'defaultLineColor','k');    % root default = black
set(gcf,'defaultLineColor','g'); % figure default = green

% Create a line on the current axes. This line is green.
hndl = plot(randn(1,10));
set(hndl,'Color','default');
pause(2);

% Now clear the figure's default and set the line color to the new
% default. The line is now black.
set(gcf,'defaultLineColor','remove');
set(hndl,'Color','default');
```

## 13.12 Propriedades dos Objetos Gráficos

Existem centenas de diferentes propriedades dos objetos gráficos – muitas para ser discutidas aqui em detalhes. O melhor lugar para encontrar uma lista completa das propriedades dos objetos gráficos é o Navegador de Ajuda distribuído com o MATLAB.

Mencionamos algumas das propriedades mais importantes para cada tipo de objeto gráfico à medida que precisamos delas ('LineStyle', 'Color' etc.). Um conjunto completo de propriedades é apresentado na documentação do Navegador de Ajuda do MATLAB na descrição de cada tipo de objeto.

## 13.13 Animações e Filmes

Os gráficos do identificador podem ser usados para criar animações no MATLAB. Existem duas abordagens possíveis para essa tarefa:

1. Apagando e redesenhando
2. Criando um filme

No primeiro caso, o usuário desenha uma figura e depois atualiza seus dados regularmente usando os gráficos do identificador. Sempre que os dados são atualizados, o programa redesenhará o objeto com novos dados, produzindo uma animação. No segundo caso, o usuário desenha uma figura, captura uma cópia dela como um quadro em um filme, redesenha a figura, captura a nova como o próximo quadro no filme, e assim por diante até que o filme inteiro tenha sido criado.

### 13.13.1 Apagando e Redesenhando

Para criar uma animação apagando e redesenhando, o usuário primeiro cria um diagrama e então altera os dados exibidos no diagrama atualizando os objetos da linha, e assim por diante usando os gráficos do identificador. Para ver como isso funciona, considere a função

$$f(x,t) = A(t)\operatorname{sen} x \qquad (13.2)$$

em que

$$A(t) = \cos t \qquad (13.3)$$

Para um dado tempo $t$, essa função será o diagrama de uma onda do seno. No entanto, a amplitude dessa onda variará com o tempo, de modo que o diagrama parecerá diferente em diferentes momentos.

A chave para criar uma animação é salvar o identificador associado à linha que faz o diagrama da onda do seno e então atualizar a propriedade 'YData' desse identificador em cada etapa do tempo com os novos dados do eixo *y*. Observe que não teremos que alterar os dados *x* porque os limites *x* do diagrama serão os mesmos o tempo todo.

Um exemplo de programa que cria a onda do seno que varia com o tempo é mostrado abaixo. Nesse programa, criamos a onda do seno no tempo $t = 0$ e capturamos um identificador `hndl` para o objeto de linha quando ele é criado. Em seguida, os dados do diagrama são recalculados em um laço em cada etapa de tempo e a linha é atualizada utilizando os gráficos do identificador.

Observe o comando `drawnow` no laço de atualização. Esse comando faz com que o gráfico seja renderizado no momento em que é executado, o que assegura que a exibição seja atualizada sempre que novos dados são carregados no objeto da linha.

Além disso, observe que definimos os limites do eixo *y* para que sejam de $-1$ a $1$ usando o comando de gráficos do identificador `set(gca,'YLim',[-1 1])`. Se os limites do eixo *y* não forem definidos, a escala do diagrama mudará com cada atualização e o usuário não conseguirá informar se a onda do seno está ficando maior e menor.

Finalmente, observe que existe um comando `pause(0.1)` comentado no programa. Se executado, esse comando pausaria por 0,1 segundo após cada atualização do desenho. O comando `pause` pode ser utilizado em um programa se as atualizações estiverem ocorrendo muito rapidamente quando forem executadas (porque um determinado computador é muito rápido), e ajustar o tempo de atraso permitirá que o usuário ajuste a taxa de atualização.

```
%   Script file: animate_sine.m
%
%   Purpose:
%     This program illustrates the animation of a plot
%     by updating the data in the plot with time.
%
%   Record of revisions:
%       Date          Programmer         Description of change
%       ====          ==========         =====================
%     05/02/14        S. J. Chapman      Original code
%
% Define variables:
%   h1              -- Handle of line
%   a               -- Amplitude of sine function at an instant
%   x               -- Independent variable
%   y               -- a * cos(t) * sin(x)

% Calculate the times at which to plot the sine function
t = 0:0.1:10;

% Calculate sin(x) for the first time
a = cos(t(1));
x = -3*pi:pi/10:3*pi;
y = a * sin(x);

% Plot the function.
figure(1);
hndl = plot(x,y);
xlabel('\bfx');
ylabel('\bfAmp');
title(['\bfSine Wave Animation at t = ' num2str(t(1),'%5.2f')]);

% Set the size of the y axes
set(gca,'YLim',[-1 1]);

% Now do the animation
```

```
for ii = 2:length(t)

  % Pause for a moment
  drawnow;
  %pause(0.1);

  % Calculate sin(x) for the new time
  a = cos(t(ii));
  y = a * sin(x);

  % Update the line
  set(hndl, 'YData', y);

  % Update the title
title(['\bfSine Wave Animation at t = ' num2str(t(ii),'%5.2f')]);
end
```

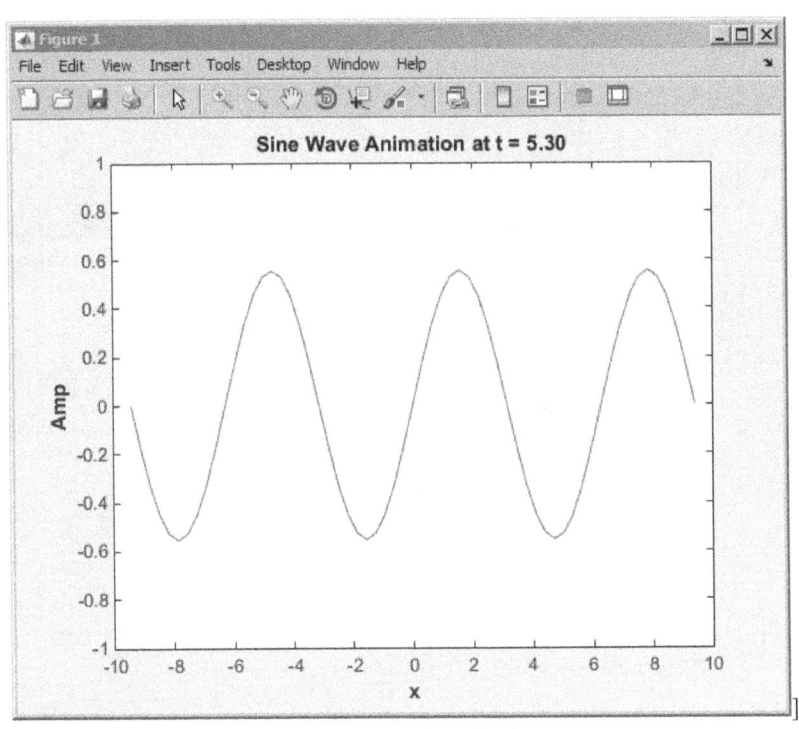

**Figura 13.7** Uma captura instantânea da animação de onda do seno.

Quando esse programa é executado, a amplitude da onda do seno aumenta e cai. Uma captura instantânea da animação é mostrada na Figura 13.7.

Também é possível executar animações de diagramas tridimensionais, conforme mostrado no próximo exemplo.

## ▶ Exemplo 13.4 – Animando um Diagrama Tridimensional

Crie uma animação tridimensional da função

$$f(x,y,t) = A(t) \operatorname{sen} x \operatorname{sen} y \qquad (13.4)$$

em que

$$A(t) = \cos t \tag{13.5}$$

para o tempo $t = 0$ s para $t = 10$ s em etapas de 0,1 s.

**Solução** Para um dado tempo $t$, essa função será o diagrama de uma onda de seno tridimensional que varia em $x$ e $y$. No entanto, a amplitude da onda do seno variará com o tempo, de modo que o diagrama parecerá diferente em diferentes momentos.

Esse programa será semelhante ao exemplo de onda do seno variável da página anterior, exceto pelo fato de que o diagrama em si será um diagrama de superfície 3D e os dados $z$ precisam ser atualizados em cada etapa de tempo em vez dos dados $y$. O diagrama original 3D surf é criado usando meshgrid para criar as matrizes de valores $x$ e $y$, avaliando a Equação (13.4) em todos os pontos na grade e colocando no diagrama a função surf. Depois disso, a Equação (13.4) é reavaliada em cada etapa de tempo e a propriedade 'ZData' do objeto surf é atualizada utilizando os gráficos do identificador.

```
%   Script file: animate_sine_xy.m
%
%   Purpose:
%     This program illustrates the animation of a 3D plot
%     by updating the data in the plot with time.
%
%   Record of revisions:
%       Date            Programmer          Description of change
%       ====            ==========          =====================
%     06/02/14        S. J. Chapman         Original code
%
%   Define variables:
%     h1              -- Handle of line
%     a               -- Amplitude of sine function at an instant
%     array1          -- Meshgrid output for x values
%     array2          -- Meshgrid output for y values
%     x               -- Independent variable
%     y               -- Independent variable
%     z               -- cos(t) * sin(x) * sin(y)

% Calculate the times at which to plot the sine function
t = 0:0.1:10;

% Calculate sin(x)*sin(y) for the first time
a = cos(t(1));
[array1,array2] = meshgrid(-3*pi:pi/10:3*pi,-3*pi:pi/10:3*pi);
z = a .* sin(array1) .* sin(array2);

% Plot the function.
figure(1);
hndl = surf(array1,array2,z);
xlabel('\bfx');
ylabel('\bfy');
zlabel('\bfAmp');
title(['\bfSine Wave Animation at t = ' num2str(t(1),'%5.2f')]);

% Set the size of the z axes
set(gca,'ZLim',[-1 1]);

% Now do the animation
for ii = 2:length(t)
```

```
   % Pause for a moment
   drawnow;
   %pause(0.1);

   % Calculate sine(x) for the new time
   a = cos(t(ii));
   z = a .* sin(array1) .* sin(array2);

   % Update the line
   set(hndl, 'ZData', z);

   % Update the title
   title(['\bfSine Wave Animation at t = ' num2str(t(ii),'%5.2f')]);
end
```

Quando esse programa é executado, a amplitude das ondas do seno bidimensional sobre a superfície aumenta e cai com o tempo. Uma captura instantânea da animação é mostrada na Figura 13.8.

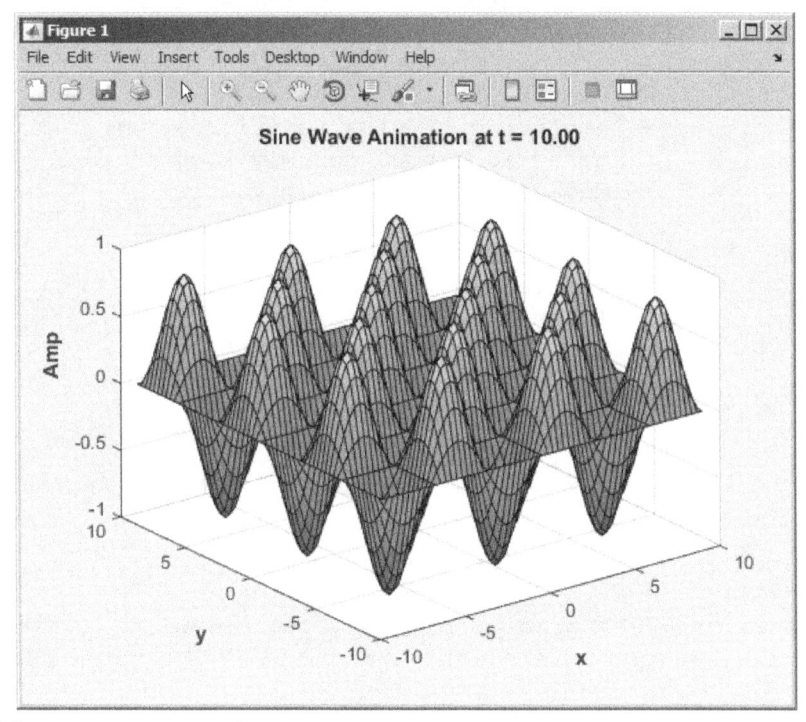

**Figura 13.8** Uma captura instantânea da animação de onda tridimensional do seno. [Veja o encarte colorido.]

## 13.13.2 Criando um Filme

A segunda abordagem para as animações é criar um filme MATLAB. Um filme MATLAB é um conjunto de uma figura que foi capturada em um objeto de filme, que pode ser salvo para o disco e reproduzido de volta em algum momento futuro sem realmente refazer todos os cálculos que criaram os diagramas no primeiro lugar. Como os cálculos não precisam ser executados novamente, às vezes o filme pode ser executado mais rápido e com menos instabilidade do que o programa original que realizou os cálculos e os diagramas.[4]

---

[4] Às vezes, o método de apagar e redesenhar é mais rápido do que o filme – ele depende de quantos cálculos são necessário para criar os dados a serem exibidos.

Um filme fica armazenado em uma matriz de estrutura MATLAB, com cada quadro do filme sendo um elemento da matriz da estrutura. Cada quadro de um filme é capturado usando uma função especial chamada getframe depois que os dados no diagrama tiverem sido atualizados e forem reproduzidos de volta usando o comando movie.

Uma versão do programa do diagrama do seno bidimensional que cria um filme MATLAB é mostrada abaixo. As expressões que criam e reproduzem o filme estão destacadas em negrito.

```
%   Script file: animate_sine_xy_movie.m
%
%   Purpose:
%     This program illustrates the animation of a 3D plot
%     by creating and playing back a movie.
%
%   Record of revisions:
%        Date             Programmer           Description of change
%        ====             ==========           =====================
%      06/02/14          S. J. Chapman         Original code
%
% Define variables:
%    h1              -- Handle of line
%    a               -- Amplitude of sine function at an instant
%    array1          -- Meshgrid output for x values
%    array2          -- Meshgrid output for y values
%    m               -- Index of movie frames
%    movie           -- The movie
%    x               -- Independent variable
%    y               -- Independent variable
%    z               -- cos(t) * sin(x) * sin(y)

% Clear out any old data
clear all;

% Calculate the times at which to plot the sine function
t = 0:0.1:10;

% Calculate sin(x)*sin(y) for the first time
a = cos(t(1));
[array1,array2] = meshgrid(-3*pi:pi/10:3*pi,-3*pi:pi/10:3*pi);
z = a .* sin(array1) .* sin(array2);

% Plot the function.
figure(1);
hndl = surf(array1,array2,z);
xlabel('\bfx');
ylabel('\bfy');
zlabel('\bfAmp');
title(['\bfSine Wave Animation at t = ' num2str(t(1),'%5.2f')]);

% Set the size of the z axes
set(gca,'ZLim',[-1 1]);

% Capture the first frame of the movie
m = 1
M(m) = getframe;

% Now do the animation
```

```
for ii = 2:length(t)

    % Pause for a moment
    drawnow;
    %pause(0.1);

    % Calculate sine(x) for the new time
    a = cos(t(ii));
    z = a .* sin(array1) .* sin(array2);

    % Update the line
    set(hndl, 'ZData', z);

    % Update the title
    title(['\bfSine Wave Animation at t = ' num2str(t(ii),'%5.2f')]);

    % Capture the next frame of the movie
    m = m + 1;
    M(m) = getframe;
end
% Now we have the movie, so play it back twice
movie(M,2);
```

Quando esse programa é executado, você verá a cena reproduzida três vezes. A primeira vez ocorre enquanto filme está sendo criado e as próximas duas vezes enquanto ele está sendo reproduzido.

## 13.14 Resumo

Cada elemento de um diagrama MATLAB é um objeto gráfico. Cada objeto é identificado por um identificador exclusivo e cada objeto possui muitas propriedades associadas, que afetam a maneira como o objeto é exibido.

Objetos MATLAB estão dispostos em uma hierarquia com **objetos pais** e **objetos filhos**. Quando um objeto filho é criado, ele herda muitas propriedades de seus pais.

O objeto gráfico de mais alto nível no MATLAB é o root, que pode ser visto como toda a tela do computador. Esse objeto é acessado usando a função groot. Sob a raiz, pode haver uma ou mais Janelas de Figuras. Cada figure é uma janela separada na tela do computador que pode exibir dados gráficos e cada figura possui suas próprias propriedades.

Cada figure pode conter sete tipos de objetos: uimenus, uicontextmenus, uicontrols, uitoolbars, uipanels, uitables, uibuttongroups e axes. Uimenus, uicontextmenus, uicontrols, uitoolbars, uipanels e uibuttongroups são objetos gráficos especiais usados para criar interfaces gráficas do usuário – eles serão descritos no próximo capítulo. Axes são regiões em uma figura em que os dados são realmente colocados em diagrama. Pode haver mais de um conjunto de eixos em uma única figura.

Cada conjunto de eixos pode conter a quantidade de lines, cadeias de text, patches etc. necessária para criar o diagrama de interesse.

As propriedades do objeto gráfico público podem ser acessadas e alteradas, usando a sintaxe do objeto (object.property) ou métodos get e set. A sintaxe do objeto funciona somente para o MATLAB Versão R2014b e posteriores. Os métodos get e set também funcionam para versões anteriores do MATLAB.

Os identificadores da figura corrente, eixos correntes e objeto corrente podem ser recuperados com as funções gcf, gca e gco, respectivamente. As propriedades de qualquer objeto podem ser examinadas e modificadas pelas funções get e set.

Existem centenas de propriedades associadas às funções gráficas do MATLAB e o melhor lugar para encontrar os detalhes dessas funções é a documentação on-line do MATLAB.

As animações do MATLAB podem ser criadas apagando e redesenhando os objetos usando os gráficos do identificador para atualizar o conteúdo dos objetos ou para criar os filmes.

### 13.14.1 Resumo das Boas Práticas de Programação

As seguintes diretrizes devem ser adotadas ao trabalhar com os gráficos do identificador MATLAB.
1. Se pretende modificar as propriedades de um objeto que você cria, salve o identificador desse objeto de modo que suas propriedades possam ser examinadas e modificadas posteriormente.
2. Se possível, restrinja o escopo de suas pesquisas com findobj para torná-las mais rápidas.
3. Se quiser colocar uma janela em um local específico, será mais fácil colocá-la usando as coordenadas normalizadas e os resultados serão os mesmos, independentemente da resolução da tela do computador.

### 13.14.2 Resumo do MATLAB

O resumo a seguir lista todos os comandos e funções do MATLAB apresentados neste capítulo, junto a uma breve descrição de cada item.

| | |
|---|---|
| axes | Cria novos eixos/torna os eixos atuais. |
| figure | Cria uma nova figura/torna a figura atual. |
| findobj | Localiza um objeto baseado em um ou mais valores de propriedades. |
| gca | Obtém o identificador dos eixos correntes. |
| gcf | Obtém o identificador da figura corrente. |
| gco | Obtém o identificador do objeto corrente. |
| get | Obtém propriedades do objeto. |
| getappdata | Obtém dados definidos pelo usuário em um objeto. |
| groot | Retorna um identificador para o objeto root. |
| isappdata | Teste para ver se um objeto contém os dados definidos pelo usuário com o nome especificado. |
| rmappdata | Remove os dados definidos pelo usuário de um objeto. |
| set | Estabelece as propriedades do objeto. |
| setappdata | Armazena os dados definidos pelo usuário em um objeto. |
| waitforbuttonpress | Pausa o programa, esperando por um clique do mouse ou uma entrada no teclado. |

## 13.15 Exercícios

**13.1** O que significa o termo "gráficos do identificador"?

**13.2** Use o Sistema de Ajuda do MATLAB para aprender sobre as propriedades Name e NumberTitle de um objeto figure. Crie uma figura contendo um diagrama da função $y(x) = e^x$ para $-2 \leq x \leq 2$. Mude as propriedades mencionadas para suprimir o número da figura e nela adicionar o título "Janela de Gráfico".

**13.3** Escreva um programa que modifica a cor da figura padrão para laranja e a largura da linha padrão para 3,0 pontos. Depois, crie uma figura com o diagrama da elipse definido pelas equações

$$x(t) = 10 \cos t$$
$$y(t) = 6 \operatorname{sen} t \qquad (13.6)$$

de $t = 0$ para $t = 2\pi$. Qual é a cor e a espessura da linha resultante?

**13.4** Use o Sistema de Ajuda MATLAB para aprender sobre a propriedade `CurrentPoint` de um objeto `axes`. Use esta propriedade para criar um programa que cria um objeto `axes` e que desenha o diagrama de uma linha que conecta os locais dos sucessivos cliques do mouse nos eixos. Use a função `waitforbuttonpress` para esperar pelos cliques do mouse e atualizar o diagrama após cada clique. Finalize o diagrama quando pressionar uma tecla do teclado.

**13.5** Modifique o programa criado no Exemplo 13.1 para especificar as propriedades usando a sintaxe do objeto MATLAB em vez das funções `get/set`.

**13.6** Use o Sistema de Ajuda do MATLAB para aprender sobre a propriedade `CurrentCharacter` de um objeto `figure`. Modifique o programa criado no Exercício 13.4, testando a propriedade `CurrentCharacter` quando ocorrer o pressionamento do teclado. Se o caractere digitado no teclado for "c" ou "C", altere a cor da linha em exibição. Se o caractere digitado no teclado for "s" ou "S", altere o estilo da linha em exibição. Se o caractere digitado no teclado for "w" ou "W", altere a espessura da linha em exibição. Se o caractere digitado no teclado for "x" ou "X", termine o diagrama. (Ignore todos os outros caracteres de entrada.)

**13.7** Crie um programa MATLAB que coloque em diagrama as funções

$$x(t) = \cos \frac{t}{\pi}$$
$$x(t) = 2 \operatorname{sen} \frac{t}{2\pi} \qquad (13.7)$$

para o intervalo $-2 \leq t \leq 2$. O programa então deve esperar os cliques do mouse e, se o mouse tiver clicado em uma das duas linhas, esse programa deve alterar sua cor aleatoriamente entre vermelho, verde, azul, amarelo, ciano, magenta ou preto. Use a função `waitforbuttonpress` para esperar pelos cliques do mouse e atualize o diagrama após cada clique. Use a função `gco` para determinar o objeto sobre o qual clicou e use a propriedade `Type` do objeto para determinar se o clique foi sobre uma linha.

**13.8** A função `plot` coloca em diagrama uma linha e retorna um identificador para essa linha. Esse controle pode ser usado para capturar ou ajustar as propriedades da linha depois de ela ter sido criada. Duas das propriedades de uma linha são `XData` e `YData`, que contêm os valores $x$ e $y$ atualmente colocados em diagrama. Escreva um programa que desenhe em diagrama a função

$$x(t) = \cos(2\pi t - \theta) \qquad (13.8)$$

entre os limites $-1,0 \leq t \leq 1,0$ e salve o identificador da linha resultante. O ângulo $\theta$ é inicialmente 0 radianos. Em seguida, redesenhe o diagrama da linha diversas vezes com $\theta = \pi/10$ rad, $\theta = 2\pi/10$ rad, $\theta = 3\pi/10$ rad e assim por diante até $\theta = 2\pi$ rad. Para redesenhar o diagrama da linha, use um laço `for` para calcular os novos valores de $x$ e $t$ e atualize as propriedades `XData` e `YData` da linha usando a sintaxe do objeto do MATLAB. Pause 0,5 segundos entre cada atualização, usando o comando `pause` do MATLAB.

**13.9** Crie um conjunto de dados em algum outro programa em seu computador, como Microsoft Word, Microsoft Excel, um editor de texto e assim por diante. Copie o conjunto de dados para a área de trabalho utilizando a função de cópia do Windows ou Unix e então utilize a função `uiimport` para carregar o conjunto de dados no MATLAB.

**13.10** **Padrões de Onda** No oceano aberto sob circunstâncias em que o vento fica soprando constantemente na direção do movimento das ondas, as sucessivas frentes de ondas tendem a ficar paralelas. A altura da água em qualquer ponto pode ser representada pela equação

$$h(x,y,t) = A \cos\left(\frac{2\pi}{T}t - \frac{2\pi}{L}x\right) \qquad (13.9)$$

em que $T$ é o período das ondas em segundos, $L$ é o espaçamento entre os picos de onda e $t$ é o tempo corrente. Assuma que o período da onda seja de 4 s e o espaçamento entre os picos da onda de 12 m. Crie uma animação desse padrão de onda para uma região de $-300$ m $\leq x \leq 300$ m e $-300$ m $\leq y \leq 300$ m sobre um tempo de $0 \leq t \leq 20$ s usando apagar e redesenhar.

13.11 **Padrões de Onda** Crie um filme dos padrões de onda do Exercício 13.10 e reproduza-o.

13.12 **Gerando um Campo Magnético Rotativo** O princípio fundamental da operação da máquina elétrica AC é que "*se um conjunto trifásico de correntes, cada uma de igual magnitude e diferindo em fase de 120°, fluir em um enrolamento trifásico, então ele produzirá um campo magnético rotativo de magnitude constante*". O enrolamento trifásico consiste em três enrolamentos separados espaçados 120° graus de distância ao redor da superfície da máquina. A Figura 13.9 mostra três enrolamentos *a-a'*, *b-b'* e *c-c'* em um estator, com um campo magnético **B** saindo de cada conjunto de enrolamentos. A magnitude e a direção da densidade do fluxo magnético de cada conjunto de enrolamentos é

$$\mathbf{B}_{aa'}(t) = B_M \operatorname{sen} \omega t \angle 0° \text{ T}$$
$$\mathbf{B}_{bb'}(t) = B_M \operatorname{sen} (\omega t - 120°) \angle 120° \text{ T} \quad (13.10)$$
$$\mathbf{B}_{cc'}(t) = B_M \operatorname{sen} (\omega t - 240°) \angle 240° \text{ T}$$

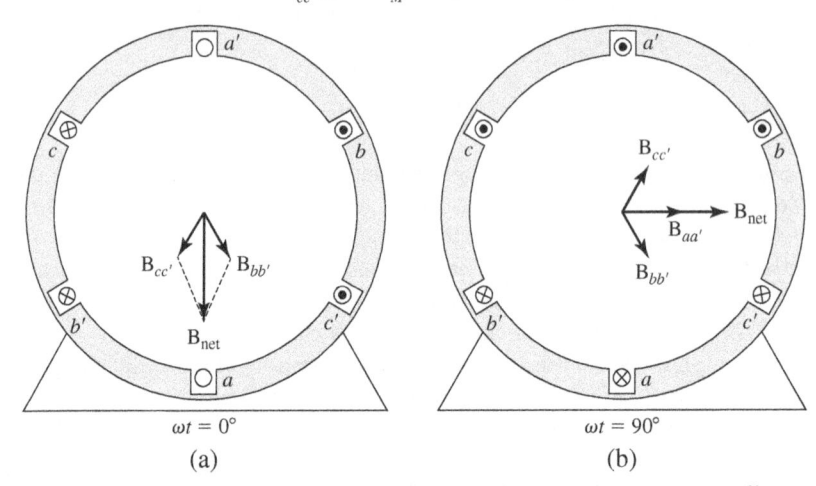

**Figura 13.9** Captura instantânea do campo magnético total dentro do motor ac trifásico no tempo (a) $\omega t = 0°$; (b) $\omega t = 90°$.

O campo magnético do enrolamento *a-a'* é orientado para a direita (em 0°). O campo magnético do enrolamento *b-b'* é orientado em um ângulo de 120° e o campo magnético do enrolamento *b-b'* é orientado em um ângulo de 240°.

O campo magnético total em qualquer momento é

$$\mathbf{B}_{net}(t) = \mathbf{B}_{aa'}(t) + \mathbf{B}_{bb'}(t) + \mathbf{B}_{cc'}(t) \quad (13.11)$$

A qualquer momento $\omega t = 0°$, os campos magnéticos são adicionados conforme mostrado na Figura 13.9a de modo que o campo da rede fique inativo. No tempo $\omega t = 90°$, os campos magnéticos são adicionados conforme mostrado na Figura 13.9b de modo que o campo de rede fique à direita. Observe que o campo de rede possui a mesma amplitude, mas é girado em um ângulo diferente.

Escreva um programa que crie uma animação desse campo magnético rotativo, mostrando que o campo magnético de rede é constante na amplitude, mas girando no ângulo com o tempo.

**13.13 Superfície de Sela** Uma superfície de sela é uma superfície que faz a curva para cima em uma dimensão e para baixo na dimensão ortogonal de modo que pareça com uma sela. A seguinte equação define uma superfície de sela

$$z = x^2 - y^2 \tag{13.12}$$

Desenhe o diagrama dessa função e demonstre que possui uma forma de sela.

# Capítulo 14

# Interfaces Gráficas do Usuário

Uma Interface Gráfica do Usuário (GUI) é uma interface pictorial para um programa. Uma boa GUI pode fazer com que os programas sejam mais fáceis de serem usados fornecendo a eles uma aparência consistente e com controles intuitivos como botões de comando, caixas de edição, caixas de listagem, barras deslizantes, menus e assim por diante. A GUI deve se comportar de uma maneira compreensível e previsível, de modo que um usuário saiba o que esperar quando executar uma ação. Por exemplo, quando ocorrer um clique do mouse em um botão de comando, a GUI deve iniciar a ação descrita no rótulo do botão.

Este capítulo contém uma introdução aos elementos básicos das GUIs do MATLAB. Ele não contém uma descrição completa de seus componentes ou características, mas nos fornece os fundamentos necessários para criar GUIs funcionais para seus programas.

## 14.1 Como Funciona a Interface Gráfica do Usuário

Uma interface gráfica do usuário fornece ao usuário um ambiente familiar no qual trabalhar. Ela contém botões de comando, botões alternar, listas, menus, caixas de texto e assim por diante, todos já familiares para o usuário, de modo que ele possa se concentrar no propósito do aplicativo em vez das mecânicas envolvidas na execução. No entanto, as GUIs são mais difíceis para o programador, porque um programa baseado em GUI deve estar preparado para os cliques do mouse (ou possivelmente para entradas do teclado) para qualquer elemento da GUI a qualquer momento. Essas entradas são conhecidas como **eventos**, e um programa que responde aos eventos é denominado *conduzido pelo evento*.

Os três elementos principais necessários para criar uma Interface Gráfica do Usuário MATLAB são:

1. **Componentes**. Cada item em uma GUI do MATLAB (botões de comando, rótulos, caixas de edição e assim por diante) é um componente gráfico. Os tipos de componentes incluem **controles** gráficos (botões de comando, botões alternar, caixas de edição, listas, barras deslizantes e assim por diante), elementos estáticos (caixas de texto), **menus**, **barras de ferramentas** e **eixos**. Os controles gráficos e as caixas de texto são criados pela função `uicontrol` e os menus são criados pelas funções `uimenu` e `uicontextmenu`. As barras de ferramentas são criadas pela função `uitoolbar`. As tabelas são criadas pela função `uitable`. Os eixos, que são usados para exibir os dados gráficos, são criados pelos `axes` da função.
2. **Recipientes**. Os componentes de uma GUI devem ser organizados em um **recipiente**, que é uma janela na tela do computador. O recipiente mais comum é uma **figura**. Uma figura é uma janela

na tela do computador que possui uma barra de título ao longo do topo, e que opcionalmente pode ter menus anexados. No passado, as figuras eram criadas automaticamente sempre que era feita a diagramação dos dados. No entanto, as figuras vazias podem ser criadas com a função `figure` e elas podem ser usadas para reter qualquer combinação de componentes e outros recipientes.

Os outros tipos de recipientes são **painéis** (criados pela função `uipanel`) e **grupos de botão** (criados pela função `uibuttongroup`). Os painéis podem conter componentes ou outros recipientes, mas não possuem uma barra de título e não podem ter menus anexados. Os grupos de botões são painéis especiais que podem gerenciar grupos de botões de rádio ou botões alternar para assegurar que não mais de um botão no grupo fique ativo a qualquer momento.

3. **Retornos de chamada**. Finalmente, deve haver alguma maneira de executar uma ação se um usuário clicar com um mouse em um botão ou digitar as informações em um teclado. Um clique do mouse ou um pressionamento de teclas é um **evento** e o programa MATLAB deve responder a cada evento se o programa tiver que executar sua função. (Discutimos os eventos no Capítulo 12.) Por exemplo, se um usuário clicar em um botão, esse evento deve fazer com que o código MATLAB que implementa a função do botão seja executado. O código executado em resposta a um evento é conhecido como **retorno de chamada**. Deve haver um retorno de chamada para implementar a função de cada componente gráfico na GUI.

Os elementos básicos da GUI estão resumidos na Tabela 14.1 e alguns elementos de amostra são mostrados na Figura 14.1. Estudaremos os exemplos desses elementos e então construiremos as GUIs de trabalho a partir deles.

### Tabela 14.1: Alguns Componentes Básicos da GUI

| Componente | Criado Por | Descrição |
|---|---|---|
| | | **Recipientes** |
| Figura | `figure` | Cria uma figura, que é um recipiente que pode reter componentes e outros recipientes. Figuras são janelas separadas que possuem barras de título e podem ter menus. |
| Painel | `uipanel` | Cria um painel, que é o recipiente que pode reter componentes e outros recipientes. Diferente das figuras, os painéis não possuem barras de título ou menus. Os painéis podem ser colocados dentro das figuras ou de outros painéis. |
| Grupo de Botões | `uibuttongroup` | Cria um grupo de botões, que é um tipo especial de painel. Os grupos de botões administram automaticamente os grupos de botões de rádio ou botões alternar para assegurar que só um item do grupo fique ativo num determinado momento. |
| | | **Controles Gráficos** |
| Botão de comando | `uicontrol` | Um componente gráfico que implementa um botão de comando. Ele aciona um retorno de chamada quando clicado com um mouse. |
| Botão alternar | `uicontrol` | Um componente gráfico que implementa um botão alternar. Um botão alternar fica "ligado" ou "desligado" e muda de estado sempre que é clicado. Cada clique do botão do mouse também aciona um retorno de chamada. |

## Tabela 14.1: Alguns Componentes Básicos da GUI (continuação)

| Componente | Criado Por | Descrição |
|---|---|---|
| | | **Controles Gráficos** |
| Botão de rádio | `uicontrol` | Um botão de rádio é um tipo de botão alternar que aparece como um pequeno círculo no centro quando está "ligado". Os grupos de botões de rádio são usados para implementar opções mutuamente exclusivas. Cada clique do mouse em um botão de rádio aciona um retorno de chamada. |
| Caixa de opção | `uicontrol` | Uma caixa de opção é um tipo de botão alternar que aparece como um pequeno quadrado com um visto dentro quando está "ligado". Cada clique do mouse em uma caixa de opção aciona um retorno de chamada. |
| Caixa de edição | `uicontrol` | Uma caixa de edição exibe uma cadeia de texto e permite que o usuário modifique as informações exibidas. Um retorno de chamada é acionado quando o usuário pressiona a tecla `Enter` ou quando o usuário clica em um objeto diferente com o mouse. |
| Caixa de listagem | `uicontrol` | Uma caixa de listagem é um controle gráfico que exibe uma série de cadeias de texto. Um usuário pode selecionar uma das cadeias de texto clicando uma ou duas vezes sobre elas. Um retorno de chamada é acionado quando o usuário seleciona uma cadeia. |
| Menus *popup* | `uicontrol` | Um menu *popup* é um controle gráfico que exibe uma série de cadeias de texto em resposta a um clique do mouse. Quando não se clica sobre o menu *popup*, somente a cadeia atualmente selecionada fica visível. |
| Barra deslizante | `uicontrol` | Uma barra deslizante é um controle gráfico que ajusta um valor de uma maneira suave e contínua, arrastando o controle com um mouse. Cada mudança na barra deslizante aciona um retorno de chamada. |
| Tabela | `uitable` | Cria uma tabela de dados. |
| | | **Elementos Estáticos** |
| Campo de texto | `uicontrol` | Cria um rótulo, que é uma cadeia de texto localizada em um ponto na figura. Os campos de texto nunca acionam retornos de chamada. |
| | | **Menus, Barras de ferramentas, Eixos** |
| Itens do menu | `uimenu` | Cria um item do menu. Os itens do menu acionam um retorno de chamada quando um botão do mouse é solto sobre eles. |
| Menus de contexto | `uicontextmenu` | Cria um menu de contexto, que é um menu que aparece sobre um objeto gráfico quando um usuário clica com o botão direito do mouse sobre esse objeto. |
| Barra de ferramentas | `uitoolbar` | Cria uma barra de ferramentas, que é uma barra no topo da figura que contém os botões de acesso rápido. |

## Tabela 14.1: Alguns Componentes Básicos da GUI (continuação)

| Componente | Criado Por | Descrição |
|---|---|---|
| | | **Menus, Barras de ferramentas, Eixos** |
| Botão de comando da barra de ferramentas | `uipushtool` | Cria um botão de comando para acessar uma barra de ferramentas. |
| Botão alternar da barra de ferramentas | `uitoggletool` | Cria um botão alternar para acessar uma barra de ferramentas. |
| Eixos | `axes` | Cria um novo conjunto de eixos no qual exibir os dados. Os eixos nunca acionam retornos de chamada. |

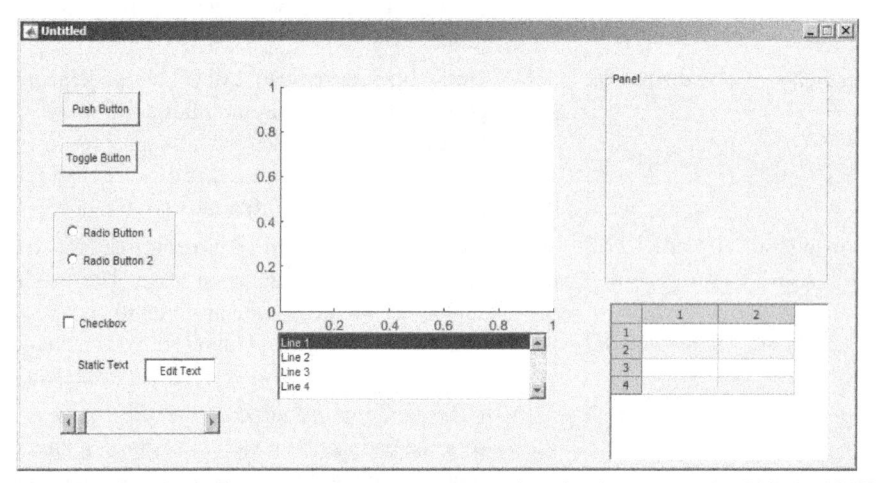

**Figura 14.1** Uma Janela de Figura que mostra os exemplos de elementos da GUI do MATLAB. De cima para baixo e da esquerda para a direita, os elementos são: (1) um botão de comando; (2) um botão alternar no estado "ligado"; (3) dois botões de rádio em um grupo de botões; (4) uma caixa de opção; (5) uma legenda e uma caixa de edição; (6) uma barra deslizante; (7) um conjunto de eixos; (8) uma caixa de listagem; (9) um painel; e (10) uma tabela.

## 14.2 Criando e Exibindo a Interface Gráfica do Usuário

As Interfaces Gráficas do Usuário do MATLAB são criadas usando uma ferramenta chamada `guide`, o Ambiente de Desenvolvimento da GUI. Essa ferramenta permite que um programador apresente a GUI, selecionando e alinhando os componentes a serem colocados dentro dela. Depois que os componentes estiverem no lugar, o programador pode editar suas propriedades: nome, cor, tamanho, fonte, texto a ser exibido e assim por diante. Quando o `guide` salva a GUI, ele cria um programa de trabalho incluindo as funções de esqueleto que o programador pode modificar para implementar o comportamento da GUI.

Quando o `guide` é executado, ele cria o Editor de Layout, mostrado na Figura 14.2. A grande área cinza com linhas de grade é a *área do layout*, em que um programador pode apresentar a GUI. A janela do Editor de Layout possui um conjunto de componentes de GUI juntamente com o lado esquerdo da área do layout. Um usuário pode criar qualquer número de componentes da GUI clicando primeiro no componente desejado e depois arrastando seu contorno na área do layout. O topo da janela possui uma barra com uma série de ferramentas úteis que permitem ao usuário distribuir e alinhar os componentes da GUI, modificar as propriedades de seus componentes, adicionar menus e assim por diante.

As etapas básicas necessárias para criar uma GUI do MATLAB são:

1. Decida quais elementos são necessários para a GUI e qual será a função de cada um. Faça um rascunho do layout dos componentes à mão em um pedaço de papel.
2. Use a ferramenta MATLAB chamada `guide` (GUI Development Environment) para esboçar os componentes em uma figura. O tamanho, o alinhamento e o espaçamento dos componentes na figura podem ser ajustados usando as ferramentas construídas no `guide`.

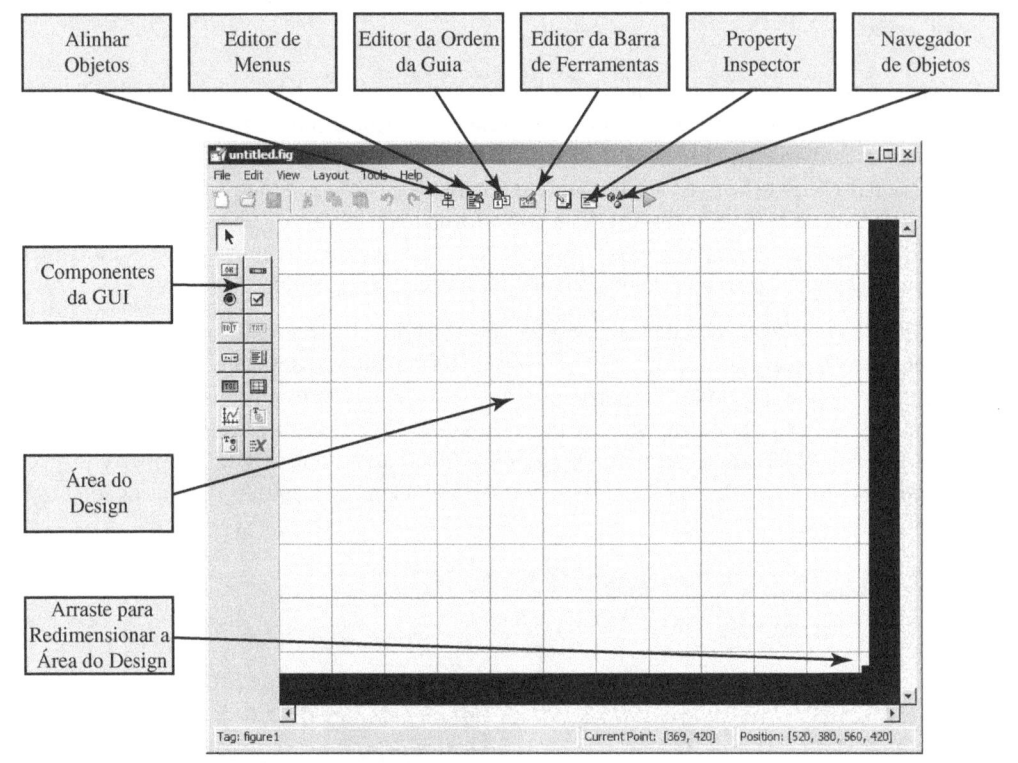

**Figura 14.2** A janela da ferramenta `guide`.

3. Use a ferramenta MATLAB chamada Property Inspector (construída no `guide`) para dar a cada componente um nome (uma "tag") e para definir suas características, como cor, texto que a exibe e assim por diante.
4. Salve a figura em um arquivo. Quando a figura for salva, dois arquivos serão criados no disco com o mesmo nome, mas com extensões diferentes. O arquivo `fig` contém o layout da GUI e seus componentes, enquanto o arquivo M contém o código para carregar a figura e também as funções de retorno de chamada do esqueleto para cada elemento da GUI.
5. Escreva o código para implementar o comportamento associado a cada função de retorno de chamada.

Como um exemplo dessas etapas, vamos considerar uma GUI simples que contenha um único botão de comando e uma única cadeia de texto. Sempre que o botão de comando for clicado, a cadeia de texto será atualizada para mostrar o número total de cliques desde quando a GUI foi iniciada.

**Etapa 1:** O projeto desta GUI é muito simples. Ele contém um único botão de comando e um único campo de texto. O retorno de chamada do botão de comando fará com que o número exibido no campo de texto aumente em um sempre que o botão for pressionado. O esquema geral da GUI é mostrado na Figura 14.3.

**Etapa 2:** Para esboçar os componentes na GUI, execute o `guide` da função do MATLAB. Quando o `guide` é executado, ele cria a janela mostrada na Figura 14.2.

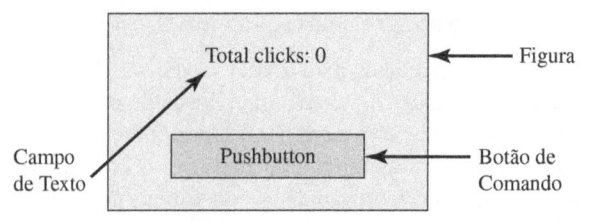

**Figura 14.3** Layout geral para uma GUI que contém um único botão de comando e um único campo de texto.

Primeiro, devemos definir o tamanho da área do layout, que se tornará o tamanho da GUI final. Fazemos isso arrastando o pequeno quadrado no canto inferior direito da área do layout até que tenha o formato e o tamanho desejados. Em seguida, clique no botão "pushbutton" na lista de componentes da GUI e crie o formato do botão de comando na área do layout. Finalmente, clique no botão "text" na lista de componentes da GUI e crie o formato do campo de texto na área do layout. A figura resultante após essas etapas é mostrada na Figura 14.4. Agora podemos ajustar o alinhamento desses dois elementos usando a Ferramenta de Alinhamento, se desejado.

**Etapa 3:** Para definir as propriedades do botão de comando, clique no botão na área do layout e depois selecione "Property Inspector" ( ) na barra de ferramentas. Como alternativa, clique com o botão direito no botão e selecione "Property Inspector" no menu *popup*. A janela Property Inspector, mostrada na Figura 14.5, aparecerá. Observe que essa janela lista cada propriedade disponível para o botão de comando e nos permite definir cada valor usando uma interface GUI. O Property Inspector executa a mesma função que as funções `get` e `set` apresentadas no Capítulo 13, mas de uma forma muito mais conveniente.

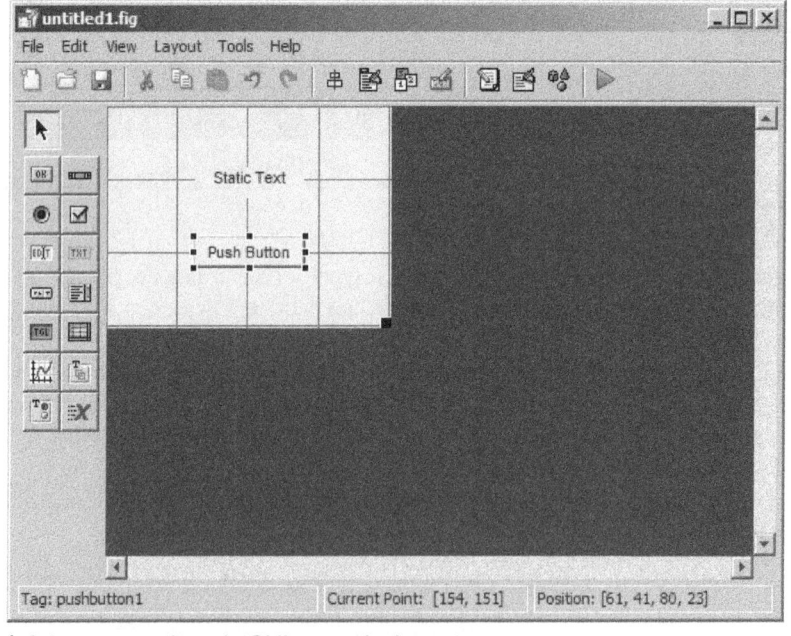

**Figura 14.4** O layout completo da GUI na janela do `guide`.

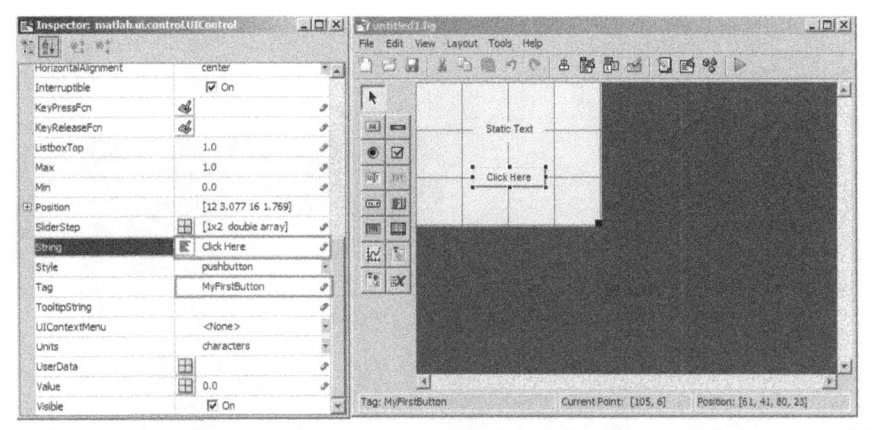

**Figura 14.5** O Property Inspector que mostra as propriedades do botão de comando. Observe que String está definida para `Click Here` e a Tag está definida para `MyFirstButton`.

Para o botão de comando podemos definir várias propriedades, como cor, tamanho, fonte, alinhamento de texto e assim por diante. No entanto, *devemos* definir duas propriedades: a propriedade String, que contém o texto a ser exibido, e a propriedade Tag, que é o nome do botão de comando. Nesse caso, a propriedade String será definida como `Click Here` e a propriedade Tag será definida como MyFirstButton.

Para o campo de texto, *devemos* definir duas propriedades: a propriedade String, que contém o texto a ser exibido, e a propriedade Tag, que é o nome do campo de texto. Esse nome será necessário pela função de retorno de chamada e atualizará o campo do texto. Nesse caso, a propriedade String será definida como `Total Clicks: 0` e a propriedade Tag será padronizada como `MyFirstText`. A área do layout após essas etapas é mostrada na Figura 14.6a.

É possível definir as propriedades da figura sozinha clicando em um ponto limpo no Editor de Layout e usar o Property Inspector para examinar e definir as propriedades da figura. Embora não seja exigido, é uma boa ideia definir a propriedade Name da figura. A cadeia na propriedade Name será exibida na barra de títulos da GUI resultante quando for executada. Nesse programa, definiremos Name como `MyFirstGUI`.

Também é uma boa ideia verificar e definir as opções da GUI nesse momento. Selecione o item de menu "Tools (Ferramentas) > Opções da GUI (GUI Options) " e a GUI mostrada na Figura 14.6b aparecerá. As opções de tecla ajustáveis nessa GUI são:

1. **Comportamento de redimensionamento** – Esse menu *popup* permite que o projetista especifique se a GUI tem um tamanho fixo ou variável. Se tiver tamanho variável, todos os elementos da GUI poderão ser escalados proporcionalmente ou a GUI poderá executar uma função de retorno de chamada para esboçar novamente os componentes quando mudar de tamanho.
2. **Acessibilidade da linha de comandos** – Isso especifica se essa GUI se torna a figura corrente quando um retorno de chamada estiver sendo executado. O padrão é que seja, de modo que a função gcf aponte para a GUI durante a execução do retorno de chamada. Você provavelmente nunca precisará mudar essa opção.
3. **Gerar arquivo FIG e arquivo MATLAB** – Esse botão de rádio especifica que Guide deve gerar um arquivo de figura com o layout da GUI e um arquivo M que criaria a GUI e trataria os retornos de chamada. Essa opção sempre deve ser definida.

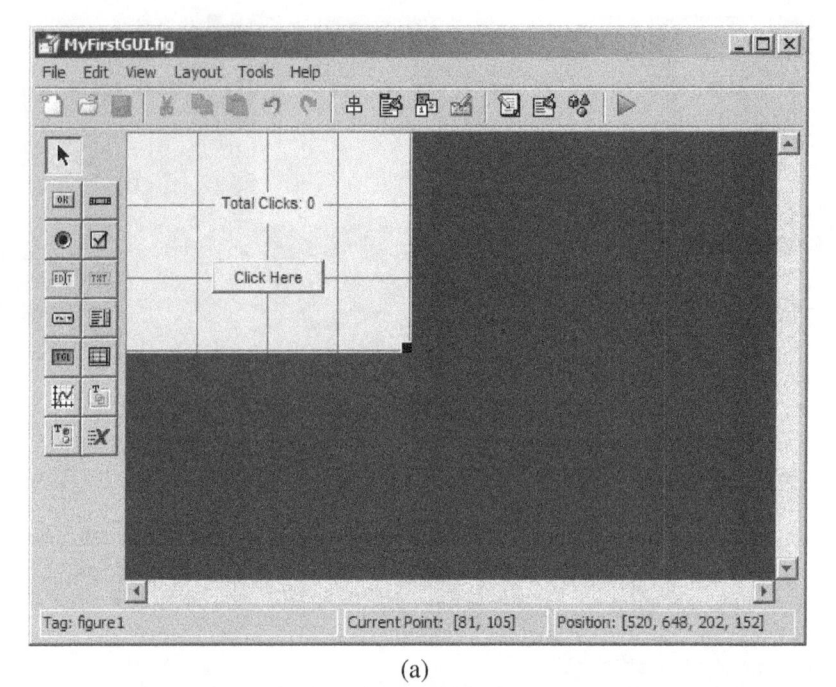

(a)

(b)

**Figura 14.6** (a) A área de design após as propriedades do botão de comando e o campo de texto serem modificados. (b) Definindo as opções da GUI.

4. **Gerar protótipos da função de retorno de chamada** – Essa caixa de opção especifica que serem Guide deve gerar esqueletos de todas as funções de retorno de chamada, de modo que o programador só tenha que preencher as funções. Essa opção sempre deve estar definida.
5. **A GUI permite que somente uma instância seja executada** – Essa caixa de opção especifica que somente uma cópia da GUI deva ter permissão para ser executada por vez. Se essa caixa estiver marcada, o MATLAB reutilizará a mesma GUI sempre que necessário em vez de criar uma nova cópia.
6. **Usar o esquema de cores do sistema para fundo** – Esta caixa de opção especifica que Guide deve fazer com que a cor de fundo da GUI corresponda à cor do sistema operacional no qual está sendo executado. Se esse interruptor estiver ligado, a cor de fundo da GUI se ajustará automaticamente caso o mesmo programa seja executado em diferentes tipos de computadores (ou seja, um PC Windows e um Mac). Essa opção sempre deve estar definida.

**Etapa 4:** Agora salvaremos a área de layout sob o nome MyFirstGUI. Selecione o item de menu "Arquivo/Salvar Como ", digite o nome MyFirstGUI como o nome do arquivo e clique em "Salvar". Essa ação criará automaticamente dois arquivos, MyFirstGUI.fig e MyFirstGUI.m. O arquivo da figura contém a GUI real que criamos. O arquivo M contém o código que carrega o arquivo da figura e cria a GUI, mais uma função de retorno de chamada do esqueleto para cada componente da GUI ativo.

Nesse ponto, temos uma GUI completa, mas uma que ainda não executa o trabalho para o qual foi designada. É possível iniciar essa GUI, digitando MyFirstGUI na Janela de Comandos, conforme mostrado na Figura 14.7. Se o botão for clicado nessa GUI, nada acontecerá.

O arquivo M criado automaticamente por guide é mostrado na Figura 14.8. Esse arquivo contém a função principal MyFirstGUI, mais as funções locais para especificar o comportamento dos componentes ativos da GUI. O arquivo contém uma *função de retorno de chamada simulada para cada componente ativo da GUI* que você definiu. Nesse caso, o único componente ativo da GUI foi o botão de comando, de modo que existe uma função de retorno de chamada denominada MyFirstButton_Callback, que é executada quando o usuário clica no botão.

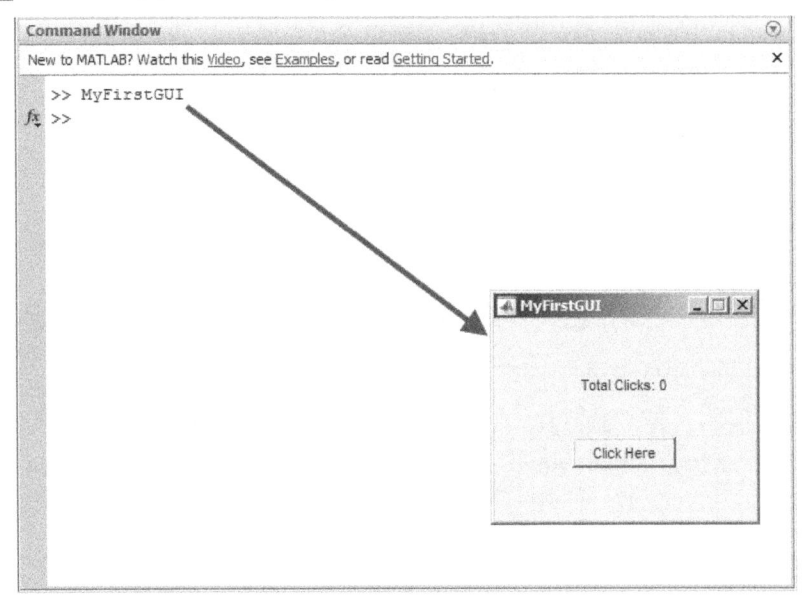

**Figura 14.7** Digitar MyFirstGUI na Janela de Comandos inicia a GUI.

```
function varargout = MyFirstGUI(varargin)          ◄──── Função principal
% MYFIRSTGUI MATLAB code for MyFirstGUI.fig
%      MYFIRSTGUI, by itself, creates a new MYFIRSTGUI or raises the existing
%      singleton*.
%
%      H = MYFIRSTGUI returns the handle to a new MYFIRSTGUI or the handle to
%      the existing singleton*.
%
%      MYFIRSTGUI('CALLBACK',hObject,eventData,handles,...) calls the local
%      function named CALLBACK in MYFIRSTGUI.M with the given input arguments.
%
%      MYFIRSTGUI('Property','Value',...) creates a new MYFIRSTGUI or raises the
%      existing singleton*.  Starting from the left, property value pairs
%      are applied to the GUI before MyFirstGUI_OpeningFcn gets called.  An
%      unrecognized property name or invalid value makes property application
%      stop.  All inputs are passed to MyFirstGUI_OpeningFcn via varargin.
```

```
%
%      *See GUI Options on GUIDE's Tools menu. Choose "GUI allows only one
%      instance to run (singleton)".
%
% See also: GUIDE, GUIDATA, GUIHANDLES

% Edit the above text to modify the response to help MyFirstGUI

% Last Modified by GUIDE v2.5 27-Aug-2014 16:04:03

% Begin initialization code - DO NOT EDIT
gui_Singleton = 1;
gui_State = struct('gui_Name',       mfilename, ...
                   'gui_Singleton',  gui_Singleton, ...
                   'gui_OpeningFcn', @MyFirstGUI_OpeningFcn, ...
                   'gui_OutputFcn',  @MyFirstGUI_OutputFcn, ...
                   'gui_LayoutFcn',  [] , ...
                   'gui_Callback',   []);
if nargin && ischar(varargin{1})
    gui_State.gui_Callback = str2func(varargin{1});
end

if nargout
    [varargout{1:nargout}] = gui_mainfcn(gui_State, varargin{:});
else
    gui_mainfcn(gui_State, varargin{:});
end
% End initialization code - DO NOT EDIT

% --- Executes just before MyFirstGUI is made visible.
function MyFirstGUI_OpeningFcn(hObject, eventdata, handles, varargin)
% This function has no output args, see OutputFcn.
% hObject    handle to figure
% eventdata  reserved - to be defined in a future version of MATLAB
% handles    structure with handles and user data (see GUIDATA)
% varargin   command line arguments to MyFirstGUI (see VARARGIN)

% Choose default command line output for MyFirstGUI
handles.output = hObject;

% Update handles structure
guidata(hObject, handles);

% UIWAIT makes MyFirstGUI wait for user response (see UIRESUME)
% uiwait(handles.figure1);

% --- Outputs from this function are returned to the command line.
function varargout = MyFirstGUI_OutputFcn(hObject, eventdata, handles)
% varargout  cell array for returning output args (see VARARGOUT);
% hObject    handle to figure
% eventdata  reserved - to be defined in a future version of MATLAB
% handles    structure with handles and user data (see GUIDATA)
```

[Função de abertura da figura]

[Função de saída de dados]

```
% Get default command line output from handles structure
varargout{1} = handles.output;
```
*Função do botão de retorno de chamada*

```
% --- Executes on button press in MyFirstButton.
function MyFirstButton_Callback(hObject, eventdata, handles)
% hObject    handle to MyFirstButton (see GCBO)
% eventdata  reserved - to be defined in a future version of MATLAB
% handles    structure with handles and user data (see GUIDATA)
```

**Figura 14.8** O arquivo M para `MyFirstGUI`, criado automaticamente pelo `guide`.

Se a função `MyFirstGUI` for chamada *sem* argumentos, a função exibirá a GUI contida no arquivo `MyFirstGUI.fig`. Se a função `MyFirstGUI` for chamada *com* argumentos, então a função assumirá que o primeiro argumento é o nome de uma função local (subfunção) e chamará essa função local usando `feval`, passando os outros argumentos para essa subfunção.

Cada função de retorno de chamada manipula eventos de um único componente da GUI. Se ocorrer um clique do mouse (ou entrada de teclado para os campos de edição) no componente da GUI, a função de retorno de chamada do componente será automaticamente chamada pelo MATLAB. O nome da função de retorno de chamada será o valor na propriedade `Tag` do componente da GUI mais os caracteres "`_Callback`". Portanto, a função de retorno de chamada para `MyFirstButton` será nomeada `MyFirstButton_Callback`.

Os arquivos M criados pelo `guide` contêm retornos de chamada para o componente ativo da GUI, mas esses retornos de chamada ainda não fazem nada.

**Etapa 5:** Agora, precisamos escrever o código da subfunção de retorno de chamada para o botão de comando. Essa função incluirá uma variável `persistent` que pode ser usada para contar o número de cliques que ocorreram. Quando ocorrer um clique no botão de comando, o MATLAB chamará a função `MyFirstGUI` com a cadeia '`MyFirstButton_ Callback`' como o primeiro argumento. Em seguida, a função `MyFirstGUI` chamará a subfunção `MyFirstButton_Callback`, como mostrado na Figura 14.9. Essa função deve aumentar a contagem de cliques em um, criar uma nova cadeia de texto contendo a contagem e armazenar a nova cadeia na propriedade `String` do campo de texto `MyFirstText`. A função para executar essa etapa é mostrada abaixo:

```
function MyFirstButton_Callback(hObject, eventdata, handles)
% hObject    handle to MyFirstButton (see GCBO)
% eventdata  reserved - to be defined in a future version of MATLAB
% handles    structure with handles and user data (see GUIDATA)

% Declare and initialize variable to store the count
persistent count
if isempty(count)
   count = 0;
end
% Update count
count = count + 1;

% Create new string
str = sprintf('Total Clicks: %d',count);

% Update the text field
set (handles.MyFirstText,'String',str);
```

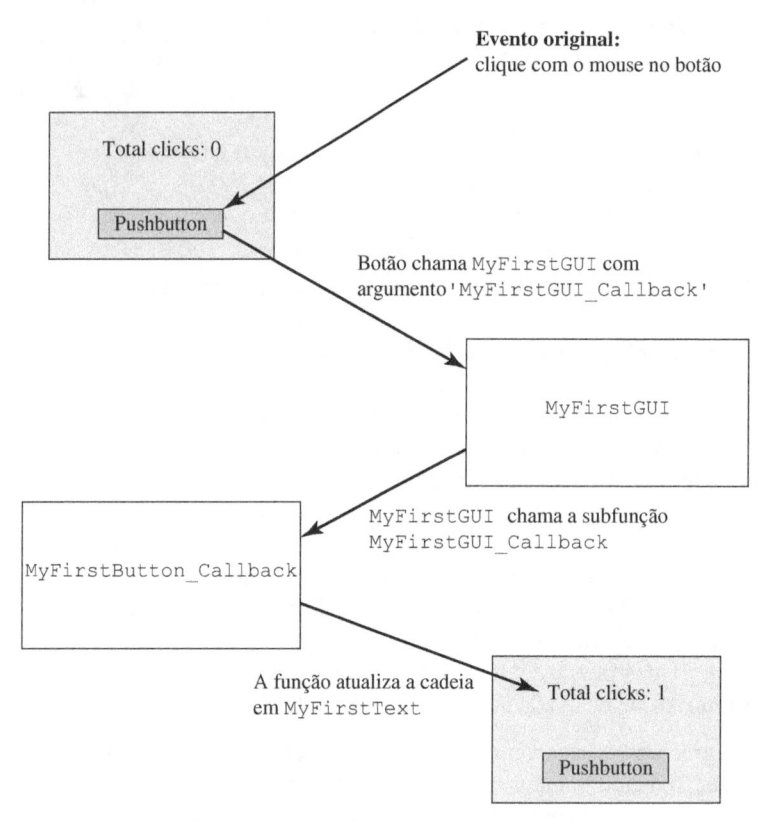

**Figura 14.9** Manuseio de evento no programa `MyFirstGUI`. Quando um usuário clica no botão com o mouse, a função `MyFirstGUI` é chamada automaticamente com o argumento `'MyFirstButton_Callback'`. A função `MyFirstGUI`, por sua vez, chama a subfunção `MyFirstButton_Callback`. Essa função incrementa `count` e depois salva a nova no campo de texto na GUI.

Observe que essa função declara uma variável persistente `count` e a inicializa para zero. Sempre que a função é chamada, ela incrementa `count` em 1 e cria uma nova cadeia contendo a contagem. Em seguida, ela atualiza a cadeia exibida no campo de texto `MyFirstText`.

O programa resultante é executado digitando `MyFirstGUI` na Janela de Comandos. Quando o usuário clica no botão, o MATLAB chama automaticamente a função `MyFirstGUI` com `MyFirstButton_Callback` como o primeiro argumento e a função `MyFirstGUI` chama a subfunção `MyFirstButton_Callback`. Essa função incrementa a variável `count` em um e atualiza o valor exibido no campo de texto. A GUI resultante após três pressionamentos de botão é mostrada na Figura 14.10.

### Boa Prática de Programação

Use `guide` para dispor uma nova GUI e use o Property Inspector para definir as propriedades iniciais de cada componente como o texto exibido no componente, a cor do componente e o nome da função de retorno de chamada, se necessário.

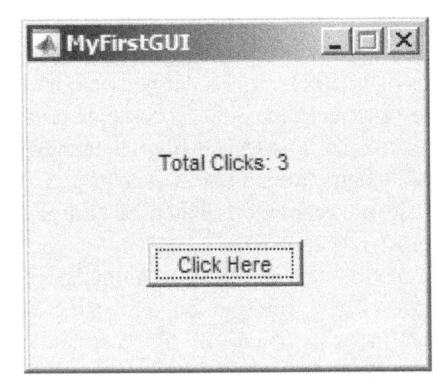

**Figura 14.10** O programa resultante após três pressionamentos de botão.

### Boa Prática de Programação

Depois de criar uma GUI com guide, edite manualmente o arquivo M resultante para adicionar comentários que descrevam seu propósito e componentes, e para implementar o comportamento de retornos de chamada.

## 14.2.1 Uma Olhada Sob o Capô

A Figura 14.8 mostra o arquivo M que foi gerado automaticamente pelo guide para MyFirstGUI. Agora examinaremos esse arquivo M mais detalhadamente para entender como ele funciona.

Primeiro, vamos examinar declaração da função principal em si. Observe que essa função usa varargin para representar seus argumentos de entrada e varargout para representar seus resultados de saída. Como aprendemos no Capítulo 10, a função varargin pode representar um número arbitrário de argumentos de entrada e a função varargout pode representar um número variável de argumentos de saída. Portanto, *um usuário pode chamar a função MyFirstGUI com qualquer número de argumentos.*

A função principal inicia com uma série de comentários que servem como a mensagem de saída exibida quando o usuário digita "help MyFirstGUI". Você deve editar esses comentários para refletir a função real de seu programa.

Em seguida, a função principal cria uma estrutura chamada gui_State. O código para criar essa estrutura é mostrado abaixo:

```
gui_Singleton = 1;
gui_State = struct('gui_Name',       mfilename, ...
                   'gui_Singleton',  gui_Singleton, ...
                   'gui_OpeningFcn', @MyFirstGUI_OpeningFcn, ...
                   'gui_OutputFcn',  @MyFirstGUI_OutputFcn, ...
                   'gui_LayoutFcn',  [] , ...
                   'gui_Callback',   []);
if nargin && ischar(varargin{1})
    gui_State.gui_Callback = str2func(varargin{1});
end
```

A estrutura contém algumas informações de controle, mais os identificadores de função para algumas das funções locais no arquivo. Outras funções da GUI do MATLAB usam esses identificadores de função para chamar as funções locais de fora do arquivo M. Observe que o primeiro argumento é convertido em um identificador de função de retorno de chamada usando str2func, se existir.

O valor `gui_Singleton` especifica se pode haver uma ou mais cópias simultâneas da GUI. Se `gui_Singleton` for 1, pode haver somente uma cópia da GUI. Se `gui_Singleton` for 0, pode haver muitas cópias simultâneas da GUI. O `guide` define isso com base na seleção feita na página de opções da GUI, conforme descrito na Etapa 3 do processo de criação da GUI.

A função principal chama a função do MATLAB `gui_mainfcn` e passa a estrutura `gui_State` e todos os argumentos de entrada para ela. A função `gui_mainfcn` é uma função integrada do MATLAB. Na realidade, ela realiza o trabalho de criar a GUI ou chamar a função local apropriada em resposta a um retorno de chamada.

Se o usuário chamar `MyFirstGUI` *sem* argumentos, a função `gui_mainfcn` carregará a GUI do arquivo de figura `MyFirstGUI.fig`. Em seguida, a função `gui_mainfcn` cria uma estrutura contendo os identificadores de todos os objetos na figura atual e chama a função de abertura de arquivo `MyFirstGUI_OpeningFcn`, que armazena essa estrutura como dados do aplicativo na figura.

```
% Update handles structure
guidata(hObject, handles);
```

A função `guihandles` salva uma estrutura que contém identificadores de todos os objetos na figura especificada em seu objeto. Os nomes dos elementos na estrutura correspondem às propriedades `Tag` de cada componente GUI e os valores são os identificadores de cada componente. Por exemplo, a estrutura do identificador retornado em `MyFirstGUI.m` é

```
» handles = guihandles(fig)
handles =
         figure1: [1x1 Figure]
     MyFirstText: [1x1 UIControl]
   MyFirstButton: [1x1 UIControl]
```

Existem três componentes da GUI nesta figura – a figura em si, mais um campo de texto e um botão de comando. A função `guidata` salva a estrutura de identificadores como dados de aplicativo na figura, usando a função `setappdata` que estudamos no Capítulo 13.

A função `gui_OpeningFcn` fornece uma maneira para que o programador personalize a GUI antes de mostrá-la ao usuário. Observe a expressão `uiwait` comentada. Se o programador remover o comentário desta linha, o MATLAB será bloqueado e esperará pela entrada da GUI antes de continuar. Também é possível fazer outras personalizações aqui, como mudar as cores de fundo e assim por diante.

Finalmente, a função `gui_mainfcn` chama a função de saída `MyFirstGUI_OutputFcn` para retornar a estrutura de identificadores para o arquivo M que criou a GUI. Essa estrutura fornece aos arquivos M de chamada as informações necessárias para trabalhar com a GUI programaticamente.

Depois que a GUI é criada, o usuário pode interagir com ela usando o mouse e (possivelmente) o teclado. Quando o usuário clica em um elemento ativo da GUI, o MATLAB chama `MyFirstGUI` com o nome da função de retorno de chamada do elemento da GUI no primeiro argumento. Se `MyFirstGUI` for chamado *com* argumentos, a função `gui_mainfcn` chamará a função de retorno de chamada usando esse identificador de função. O retorno de chamada executa e responde ao clique do mouse ou à entrada do teclado, conforme apropriado.

A Figura 14.11 resume a operação de `MyFirstGUI` na primeira chamada e nas subsequentes.

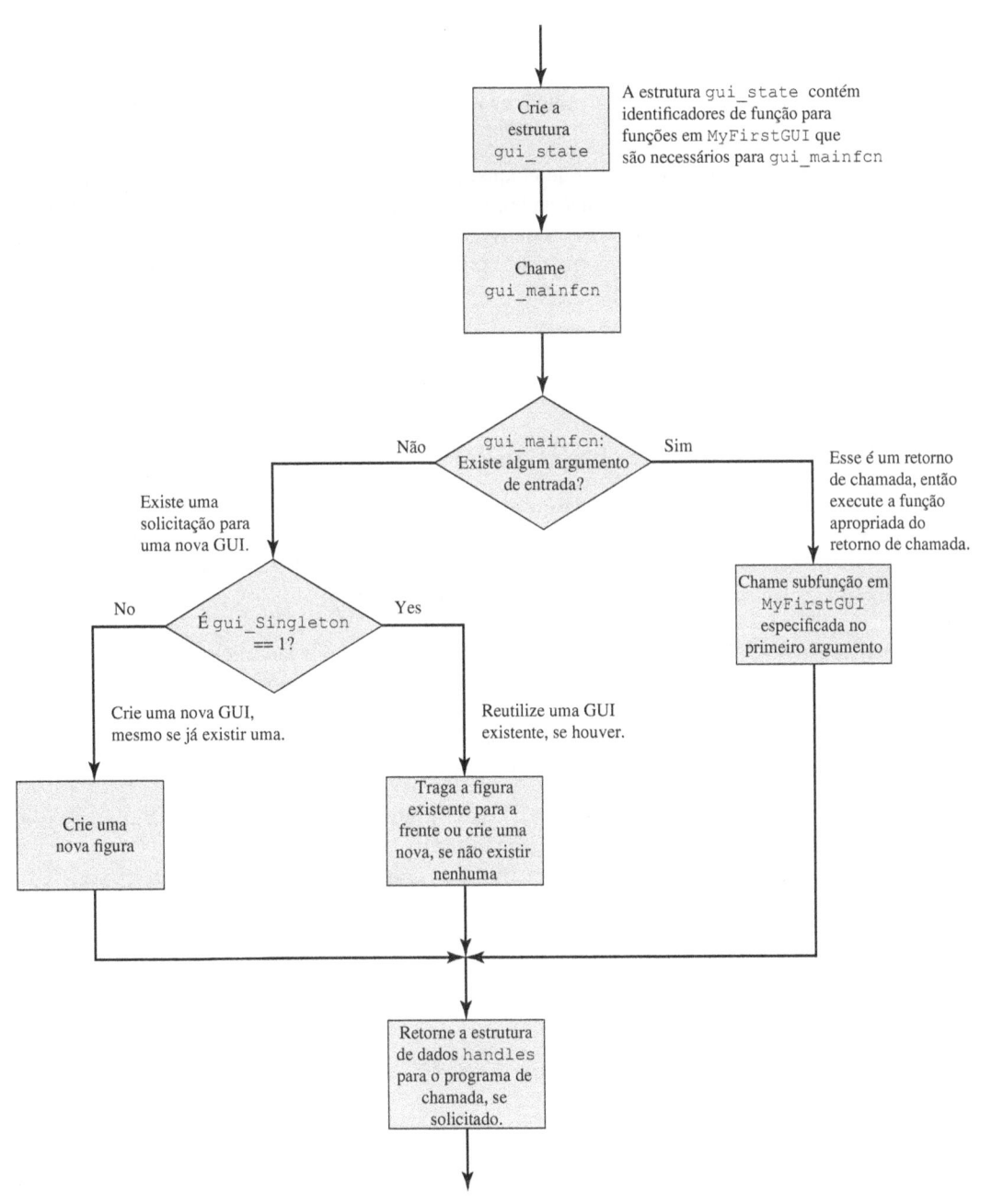

**Figura 14.11** A operação de `MyFirstGUI`. Se não houver argumentos de chamada, crie uma GUI ou exiba uma existente. Se houver argumentos de chamada, o primeiro será considerado um nome da função de retorno de chamada e `MyFirstGUI` chamará a função apropriada de retorno de chamada.

### 14.2.2 A Estrutura de uma Subfunção de Retorno de Chamada

Cada subfunção de retorno de chamada possui a forma padrão

```
function ComponentTag_Callback(hObject, eventdata, handles)
```

em que `ComponentTag` é o nome do componente que gera o retorno de chamada (a cadeia em sua propriedade `Tag`). Os argumentos dessa subfunção são:

- **hObject** – O identificador da figura pai.
- **eventdata** – A matriz atualmente não usada (no MATLAB 2014B).
- **handles** – A estrutura handles contém os identificadores de todos os componentes da GUI na figura.

Observe que cada função de retorno de chamada possui acesso total à estrutura handles, e então cada função de retorno de chamada pode modificar qualquer componente da GUI na figura. Tiramos proveito dessa estrutura na função de retorno de chamada para o botão de comando em MyFirstGUI, em que a função de retorno de chamada para o botão de comando modificou o texto exibido no campo de texto.

```
% Update the text field
set (handles.MyFirstText,'String',str);
```

### 14.2.3 Adicionando Dados do Aplicativo a uma Figura

É possível armazenar qualquer informação específica de aplicativo necessária para um programa GUI na estrutura handles em vez de usar memória global ou persistente para esses dados. O design da GUI resultante é mais robusto, porque outros programas MATLAB não podem modificar acidentalmente os dados globais dela e porque múltiplas cópias da mesma não podem interferir entre si.

Para adicionar dados locais à estrutura de identificadores, devemos modificar manualmente o arquivo M depois que ele for criado pelo guide. Um programador primeiro adiciona os dados locais necessários à estrutura handles e depois chama guidata para atualizar a estrutura handles armazenada na figura. Por exemplo, para adicionar o número de count de cliques do mouse à estrutura handles, modificaríamos a função MyFirstButton_Callback da seguinte maneira:

```
function MyFirstButton_Callback(hObject, eventdata, handles)
% hObject   handle to MyFirstButton (see GCBO)
% eventdata  reserved - to be defined in a future version of
   MATLAB
% handles   structure with handles and user data (see GUIDATA)

% Create the count field if it does not exist
if ~isfield(handles,'count')
   handles.count = 0;
end

% Update count
handles.count = handles.count + 1;

% Save the updated handles structure
guidata(hObject, handles);

% Create new string
str = sprintf('Total Clicks: %d',handles.count);

% Update the text field
set (handles.MyFirstText,'String',str);
```

> **Boa Prática de Programação**
>
> Armazene os dados do aplicativo da GUI na estrutura `handles`, de modo que fique automaticamente disponível a qualquer função de retorno de chamada.

> **Boa Prática de Programação**
>
> Se você modificar qualquer dos dados do aplicativo GUI na estrutura `handles`, certifique-se de salvar a estrutura com uma chamada para `guidata` antes de sair da função em que ocorreu as modificações.

### 14.2.4 Algumas Funções Úteis

São usadas ocasionalmente três funções especiais no design das funções de retorno de chamada: `gcbo`, `gcbf` e `findobj`. Essas funções não são realmente necessárias com as GUI do MATLAB, porque as mesmas informações estão disponíveis na estrutura de dados `handles`. No entanto, elas foram usadas normalmente em versões anteriores do MATLAB e um programador certamente as encontrará.

A função `gcbo` *(obter objeto de retorno de chamada)* retorna o identificador do objeto que gerou o retorno de chamada, enquanto a função `gcbf` *(obter figura de retorno de chamada)* retorna o identificador da figura que contém o objeto. Essas funções podem ser usadas por uma função de retorno de chamada para determinar o objeto e a figura que produz o retorno de chamada, de modo que possa modificar os objetos nessa figura.

A função `findobj` pesquisa todos os objetos filhos em um objeto pai, procurando aqueles que possuem um valor específico de uma propriedade especificada. Ela retorna um identificador a qualquer objeto com características correspondentes. A forma mais comum de `findobj` é

```
Hndl = findobj(parent,'Property',Value);
```

em que `parent` é o identificador de um objeto pai como uma figura, `'Property'` é a propriedade a ser examinada e `'Value'` é o `value` pelo qual procurar.

Por exemplo, suponha que um programador gostaria de mudar a cor de todas as linhas em um diagrama na figura de retorno de chamada. Ele poderia localizar as linhas e mudar sua cor para vermelho com as seguintes expressões

```
Hndl = findobj(gcbf,'Type','Line');
for ii = 1:length(Hndl)
   set( Hndl,'Color','r' );
end
```

## 14.3 Propriedades do Objeto

Cada objeto da GUI inclui uma lista extensiva de propriedades que podem ser usadas para personalizar o objeto. Essas propriedades são ligeiramente diferentes para cada tipo de objeto (figuras, eixos, `uicontrols` e assim por diante). Todas as propriedades para todos os tipos de objetos estão documentadas no Navegador de Ajuda on-line, mas algumas mais importantes para os objetos `figure` e `uicontrol` estão resumidas nas Tabelas 14.2 e 14.3.

As propriedades do objeto podem ser modificadas usando o Property Inspector ou as funções `get` e `set`. Embora o Property Inspector seja uma maneira conveniente de ajustar as propriedades durante o design da GUI, devemos usar `get` e `set` para ajustá-las dinamicamente de dentro de um programa, como em uma função de retorno de chamada.

## Tabela 14.2: Propriedades `figure` Importantes

| Propriedade | Descrição |
|---|---|
| Color | Especifica a cor da figura. O valor é uma cor predefinida como `'r'`, `'g'` ou `'b'`, ou um vetor de três elementos que especifica os componentes vermelhos, verdes e azuis da cor em uma escala 0-1. Por exemplo, a cor magenta seria especificada por [1 0 1]. |
| CurrentCharacter | Contém o caractere que corresponde à última tecla pressionada nessa figura. |
| CurrentPoint | Local do último clique do botão nessa figura, medido do canto inferior esquerdo da figura em unidades especificadas na propriedade Units. |
| Dockable | Especifica se a figura pode ou não ser acoplada à área de trabalho. Os valores possíveis são `'on'` ou `'off'`. |
| MenuBar | Especifica se o conjunto padrão de menus aparece na figura ou não. Os valores possíveis são `'figure'` para exibir os menus padrões ou `'none'` para excluí-los. |
| Name | Uma cadeia que contém o nome que aparece na barra de títulos de uma figura. |
| NumberTitle | Especifica se o número da figura aparece, ou não, na barra de títulos. Os valores possíveis são `'on'` ou `'off'`. |
| Position | Especifica a posição de uma figura na tela, nas unidades especificadas pela propriedade `'units'`. Esse valor aceita um vetor de quatro elementos em que os primeiros dois são posições $x$ e $y$ do canto inferior esquerdo da figura e os próximos dois elementos são a largura e a altura da figura. |
| SelectionType | Especifica o tipo de seleção para o último clique do mouse nessa figura. Um único clique retorna o tipo `'normal'`, enquanto um clique duplo retorna o tipo `'open'`. Existem opções adicionais; consulte a documentação on-line do MATLAB. |
| Tag | O "nome" da figura, que pode ser usado para localizá-la. |
| Units | As unidades usadas para descrever a posição da figura. As opções possíveis são `'inches'`, `'centimeters'`, `'normalized'`, `'points'`, `'pixels'` ou `'characters'`. As unidades padrões são `'pixels'`. |
| Visible | Especifica se a figura é visível ou não. Os valores possíveis são `'on'` ou `'off'`. |
| WindowStyle | Especifica se a figura é normal ou modal (consulte a discussão da Caixas de Diálogo). Os valores possíveis são `'normal'` ou `'modal'`. |

## Tabela 14.3: Propriedades `uicontrol` Importantes

| Propriedade | Descrição |
|---|---|
| BackgroundColor | Especifica a cor de fundo do objeto. O valor é uma cor predefinida como `'r'`, `'g'` ou `'b'`, ou um vetor de três elementos que especifica os componentes vermelho, verde e azul da cor em uma escala 0-1. Por exemplo, a cor magenta seria especificada por [1 0 1]. |
| Callback | Especifica o nome e os parâmetros da função a ser chamada quando o objeto é ativado por um teclado ou entrada de texto. |

## Tabela 14.3: Propriedades `uicontrol` Importantes (continuação)

| Propriedade | Descrição |
|---|---|
| `Enable` | Especifica se esse objeto é selecionável ou não. Se não estiver ativado, ele não responderá à entrada do mouse ou do teclado. Os valores possíveis são `'on'` ou `'off'`. |
| `FontAngle` | Uma cadeia que contém o ângulo da fonte para o texto exibido no objeto. Os valores possíveis são `'normal'`, `'italic'` e `'oblique'`. |
| `FontName` | Uma cadeia que contém o nome da fonte para o texto exibido no objeto. |
| `FontSize` | Um número que especifica o tamanho da fonte para o texto exibido no objeto. |
| `FontUnits` | As unidades nas quais o tamanho da fonte está definido. As opções possíveis são `'inches'`, `'centimeters'`, `'normalized'`, `'points'` e `'pixels'`. As unidades padrão de fonte são `'points'`. |
| `FontWeight` | Uma cadeia que contém o peso da fonte para o texto exibido no objeto. Os valores possíveis são `'light'`, `'normal'`, `'demi'` e `'bold'`. O peso da fonte padrão é `'normal'`. |
| `ForegroundColor` | Especifica a cor do primeiro plano do objeto. |
| `HorizontalAlignment` | Especifica o alinhamento horizontal de uma cadeia de texto no objeto. Os valores possíveis são `'left'`, `'center'` e `'right'`. |
| `Max` | O tamanho máximo da propriedade `value` para este objeto. |
| `Min` | O tamanho mínimo da propriedade `value` deste objeto. |
| `Parent` | O identificador da figura que contém este objeto. |
| `Position` | Especifica a posição do objeto na tela, nas unidades especificadas pela propriedade `'units'`. Esse valor aceita um vetor de quatro elementos no qual os dois primeiros são as posições *x* e *y* do canto inferior esquerdo do objeto *em relação à figura que o contém* e os dois próximos elementos são a largura e a altura do objeto. |
| `Tag` | O "nome" do objeto, que pode ser usado para localizá-lo. |
| `TooltipString` | Especifica o texto de ajuda a ser exibido quando um usuário coloca o ponteiro do mouse sobre um objeto. |
| `Units` | As unidades usadas para descrever a posição da figura. As opções possíveis são `'inches'`, `'centimeters'`, `'normalized'`, `'points'`, `'pixels'`, ou `'characters'`. As unidades padrão são `'pixels'`. |
| `Value` | O valor atual de `uicontrol`. Para botões alternar, caixas de opção e botões de rádio, o valor é `max` quando o botão estiver ligado e `min` quando o botão estiver desligado. Outros controles possuem diferentes significados para esse termo. |
| `Visible` | Especifica se esse objeto é visível ou não. Os valores possíveis são `'on'` ou `'off'`. |

## 14.4 Componentes da Interface Gráfica do Usuário

Esta seção resume as características básicas dos componentes comuns da interface gráfica do usuário. Ela descreve como criar e usar cada componente, bem como os tipos de eventos que cada um pode gerar. Os componentes discutidos nesta seção são:

- Campos de texto estático
- Caixas de edição
- Botões de comando
- Botões alternar
- Caixas de opção
- Botões de rádio
- Menus *popup*
- Caixas de listagem
- Barras deslizantes
- Tabelas

### 14.4.1 Campos de Texto Estático

Um **campo de texto estático** é um objeto gráfico que exibe uma ou mais cadeias de texto, que são especificadas na propriedade `String` do campo de texto. A propriedade `String` aceita uma cadeia ou uma matriz celular de cadeias. Se o valor de entrada for uma cadeia, ela será exibida em uma única linha. Se o valor de entrada for uma matriz celular de cadeias, o primeiro elemento será exibido na primeira linha da caixa de texto, o segundo na segunda e assim por diante. É possível especificar como o texto é alinhado na área de exibição, definindo a propriedade de alinhamento horizontal. Por padrão, os campos de texto são centralizados horizontalmente. Um campo de texto é criado por um `uicontrol` cuja propriedade de estilo é `'text'`. Um campo de texto pode ser adicionado a uma GUI utilizando a ferramenta de texto (🔲) no Editor de Layout.

Os campos de texto não criam retornos de chamada, mas o valor exibido nele pode ser atualizado a partir de outra função de retorno de chamada do componente mudando a propriedade `String` do campo de texto, conforme mostrado no programa `MyFirstGUI` na Seção 14.2.

### 14.4.2 Caixas de Edição

Uma **caixa de edição** é um objeto gráfico que permite que um usuário insira uma ou mais cadeias de texto. Ela é criada por um `uicontrol` cuja propriedade de estilo é `'edit'`. Se a propriedade `min` e a propriedade `max` forem definidas como 1, então *a caixa de edição aceitará uma única linha de texto*, e gerará um retorno de chamada quando o usuário pressionar a tecla Enter ou a tecla ESC depois de digitar o texto.

A Figura 14.12a mostra uma GUI simples contendo uma caixa de edição denominada `'EditBox'` e um campo de texto denominado `'TextBox'`. Quando um usuário pressiona Enter ou ESC depois de digitar uma cadeia na caixa de texto, o programa chama automaticamente a função `EditBox_Callback`, que é mostrada na Figura 14.12b. Essa função localiza a caixa de edição, usando a estrutura `handles` e recupera a cadeia digitada pelo usuário. Em seguida, localiza o campo de texto e exibe a cadeia nele. A Figura 14.13 mostra essa GUI logo depois de ter sido iniciada e depois que o usuário tiver digitado a palavra `'Hello'` na caixa de edição.

Se a propriedade `max` for definida para um número maior do que a propriedade `min`, então *a caixa de edição aceitará a quantidade de linhas de texto que o usuário deseja inserir*. A caixa de texto incluirá a barra de rolagem vertical para permitir que o usuário suba e desça nos dados. Tanto a barra de rolagem quanto as setas para cima e para baixo podem ser usadas para mover-se entre as linhas de entrada. Se o usuário pressionar a tecla Enter em uma caixa de edição de múltiplas linhas, a linha atual será concluída e o cursor descerá até a próxima para entrada adicional. Se o usuário pressionar a tecla ESC ou clicar em um ponto no fundo da figura com o mouse, um retorno de chamada será gerado e os dados digitados na caixa de edição ficarão disponíveis como uma matriz celular de cadeias na propriedade uicontrol's String.

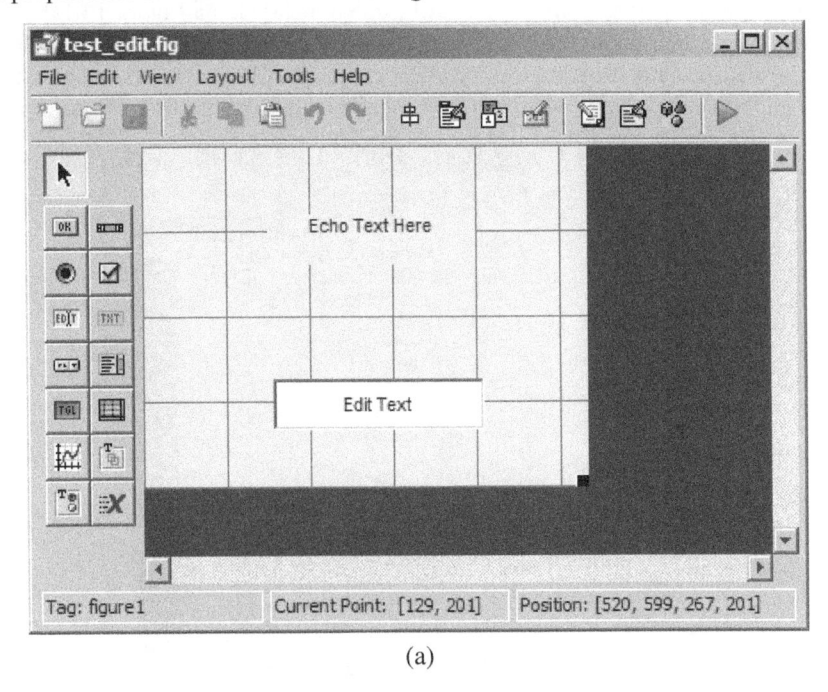

(a)

```
function EditBox_Callback(hObject, eventdata, handles)

% Find the value typed into the edit box
str = get (handles.EditBox,'String');

% Place the value into the text field
set (handles.TextBox,'String',str);
```
(b)

**Figura 14.12** (a) Layout de uma GUI simples com uma caixa de edição de linha única e um campo de texto. (b) A função de retorno de chamada para essa GUI.

(a)                                          (b)

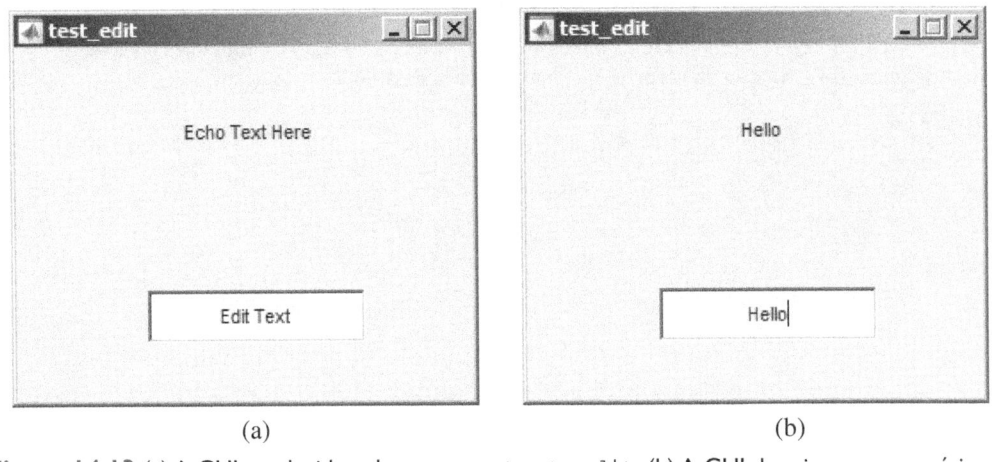

**Figura 14.13** (a) A GUI produzida pelo programa test_edit. (b) A GUI depois que um usuário digita 'Hello' na caixa de edição e pressiona Enter.

A Figura 14.14a mostra uma GUI simples contendo uma caixa de edição de múltiplas linhas denominada 'EditBox2' e um campo de texto denominado 'TextBox2'. Quando um usuário pressiona ESC depois de digitar um conjunto de linhas na caixa de edição, o programa chama automaticamente a função EditBox2_Callback, que é mostrada na Figura 14.14b. Esta função localiza a caixa de edição usando a estrutura handles e recupera as cadeias digitadas pelo usuário. Em seguida, localiza o campo de texto e exibe as cadeias nele. A Figura 14.15 mostra esta GUI logo após ter sido iniciada e depois que o usuário tiver digitado quatro linhas na caixa de edição.

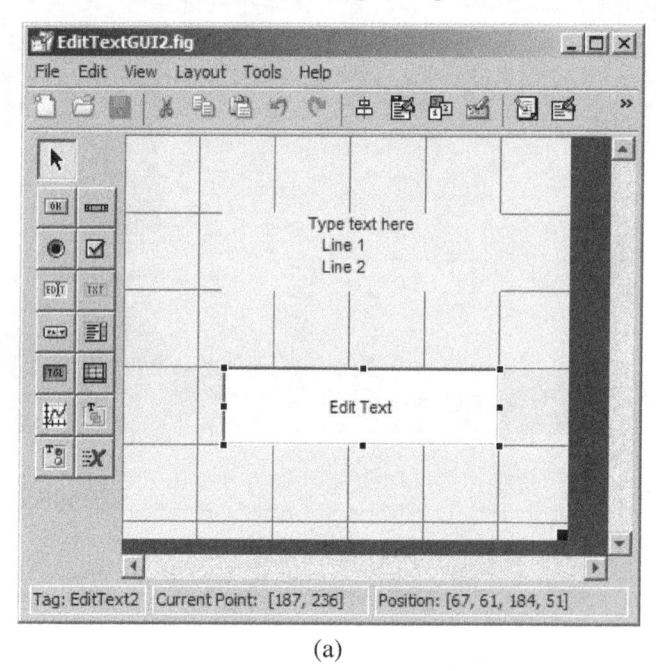

(a)

```
function EditBox2_Callback(hObject, eventdata, handles)

% Find the value typed into the edit box
str = get (handles.EditBox,'String');

% Place the value into the text field
set (handles.TextBox2,'String',str);
```
(b)

**Figura 14.14** (a) Layout de uma GUI simples com uma caixa de edição de múltiplas linhas e um campo de texto. (b) A função de retorno de chamada para essa GUI.

(a) (b)

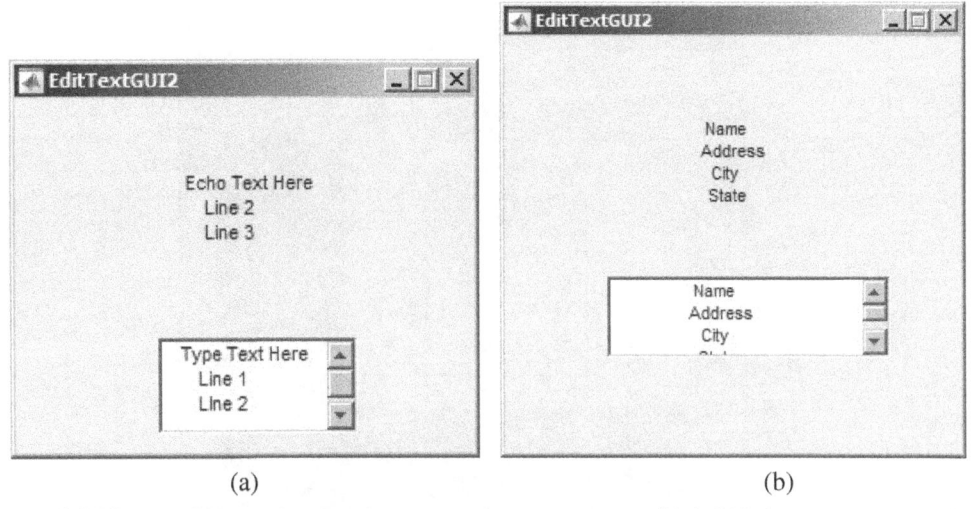

**Figura 14.15** a) A GUI produzida pelo programa `test_edit2`. (b) A GUI depois que um usuário digita quatro linhas na caixa de edição e pressiona ESC.

### 14.4.3 Botão de Comando

Um **botão de comando** é um componente no qual um usuário pode clicar para acionar uma ação específica. O botão de comando gera um retorno de chamada quando o usuário clica nele com o mouse. Um botão de comando é criado através da criação de um `uicontrol` cuja propriedade de estilo é `'pushbutton'`. Ele pode ser adicionado a uma GUI utilizando a ferramenta de botão de comando ( ) no Editor de Layout.

A função `MyFirstGUI` na Figura 14.10 ilustra o uso do botão de comando.

### 14.4.4 Botões Alternar

Um **botão alternar** é um tipo de botão que possui dois estados: ligado (pressionado) e desligado (não pressionado). Um botão alternar comuta entre esses dois estados sempre que o mouse clica nele e gera um retorno de chamada a cada vez. A propriedade `'Value'` do botão alternar é definida como `max` (geralmente 1) quando o botão está ligado e `min` (geralmente 0) quando o botão está desligado.

Um botão alternar é criado por um `uicontrol` cuja propriedade de estilo é `'togglebutton'`. Ele pode ser incluído em uma GUI utilizando a ferramenta do botão alternar ( ) no Editor de Layout.

A Figura 14.16a mostra uma GUI simples que contém um botão alternar denominado `'ToggleButton'` e um campo de texto denominado `'TextBox'`. Quando um usuário clica no botão alternar, ele chama automaticamente a função `ToggleButton_Callback`, que é mostrada na Figura 14.16b. Essa função localiza o botão alternar, utilizando a estrutura `handles` e recupera seu estado da propriedade `'Value'`. Em seguida, localiza o campo de texto e exibe o estado nele. A Figura 14.17 mostra esta GUI logo depois ter sido iniciada e depois que o usuário tiver clicado no botão alternar pela primeira vez.

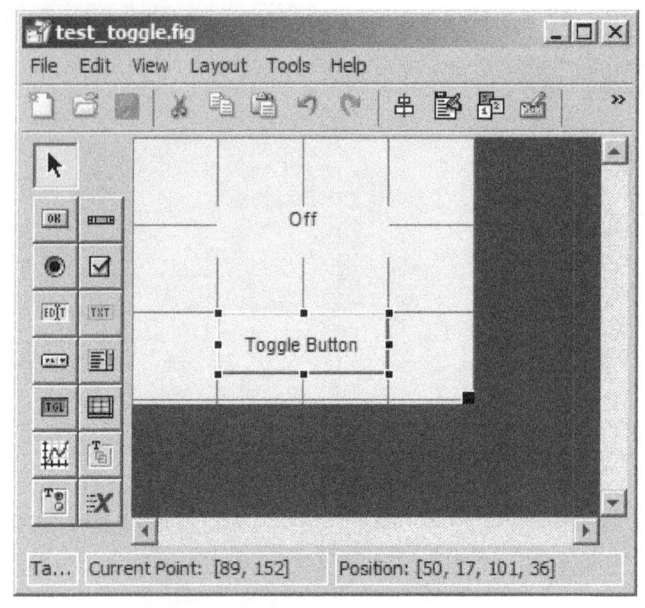

(a)

```
function ToggleButton_Callback(hObject, eventdata, handles)
% hObject    handle to ToggleButton (see GCBO)
% eventdata  reserved - to be defined in a future version of MATLAB
% handles    structure with handles and user data (see GUIDATA)

% Find the state of the toggle button
state = get(handles.ToggleButton,'Value');

% Place the corect value into the text field
if state == 0
   string ='Off';
else
   string ='On';
end
set (handles.TextBox,'String',string);
```
(b)

**Figura 14.16** (a) Layout de uma GUI simples com um botão alternar e um campo de texto. (b) A função de retorno de chamada para essa GUI.

### 14.4.5 Caixas de Opção e Botões de Rádio

As caixas de opção e os botões de rádio são essencialmente idênticos aos botões alternar, exceto pelo fato de que possuem formas diferentes. Assim como botões alternar, eles possuem dois estados: ligado e desligado. Eles comutam entre esses dois estados sempre que o mouse clica neles, gerando um retorno de chamada a cada vez. A propriedade 'Value' da caixa de opção ou do botão de rádio é definida como max (geralmente 1) quando estão ligados e min (geralmente 0) quando estão desligados. Tanto as caixas de opção quanto os botões de rádio estão ilustrados na Figura 14.1.

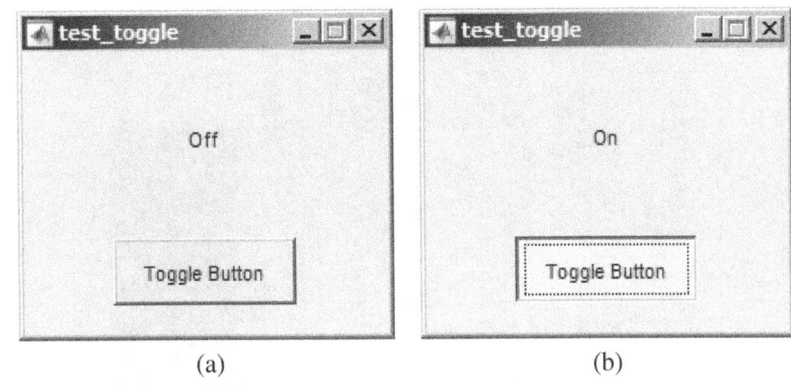

**Figura 14.17** (a) A GUI produzida pelo programa `test_togglebutton` quando o botão alternar está desligado. (b) A GUI quando o botão alternar está ligado.

Uma caixa de opção é criada por um `uicontrol` cuja propriedade de estilo é `'checkbox'`, e um botão de rádio é criado por um `uicontrol` cuja propriedade de estilo é `'radiobutton'`. Uma caixa de opção pode ser adicionada a uma GUI utilizando a ferramenta de caixa de opção ( ⦿ ) no Editor de Layout, e um botão de rádio pode ser adicionado a uma GUI utilizando a ferramenta de botão de rádio ( ⦿ ) no Editor de Layout.

As caixas de opção são usadas tradicionalmente para exibir as opções liga/desliga, enquanto os grupos de botões de rádio são usados tradicionalmente para selecionar entre as opções mutuamente exclusivas.

A Figura 14.18a mostra uma GUI simples que contém uma caixa de opção denominada `'CheckBox'` e um campo de texto denominado `'TextBox'`. Quando um usuário clica na caixa de opção, ele chama automaticamente a função `CheckButton_Callback`, que é mostrada na Figura 14.18b. Essa função localiza a caixa de opção, usando a estrutura `handles` e recupera seu estado da propriedade `'Value'`. Em seguida, localiza o campo de texto e exibe o estado nele. A Figura 14.19 mostra esta GUI logo depois de ser iniciada e depois que o usuário tiver clicado no botão alternar pela primeira vez.

A Figura 14.20a mostra um exemplo de como criar um grupo de opções mutuamente exclusivas com botões de rádio. A GUI nessa figura cria três botões de rádio, rotuladas Option 1, Option 2 e Option 3, mais um campo de texto para exibir os resultados atualmente selecionados.

As funções correspondentes de retorno de chamada são mostradas na Figura 14.20b. Quando o usuário clica em um botão de rádio, a função correspondente de retorno de chamada é executada. Essa função define a caixa de texto para exibir a opção atual, liga esse botão de rádio e desliga todos os outros.

A Figura 14.21 mostra essa GUI depois que a Option 2 tiver sido selecionada.

(a)

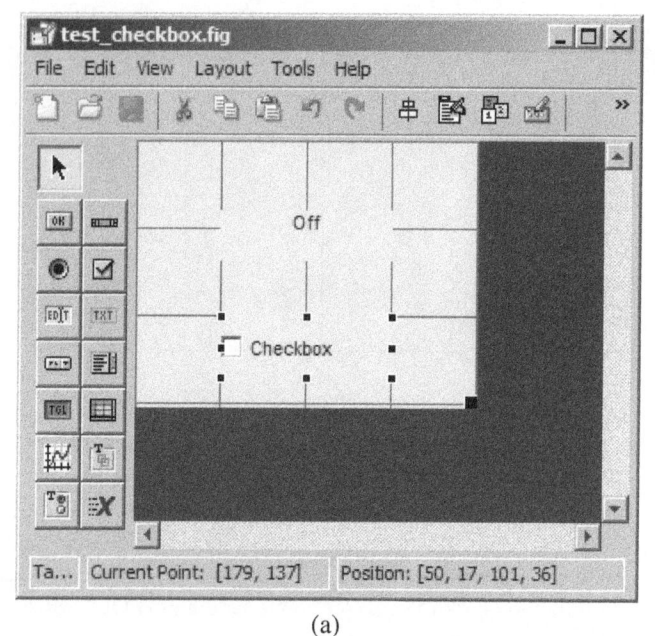

```
function CheckBox_Callback(hObject, eventdata, handles)

% Find the state of the checkbox
state = get(handles.CheckBox,'Value');

% Place the value into the text field
if state == 0
   set (handles.TextBox,'String','Off');
else
    set (handles.TextBox,'String','On');
end
```
(b)

**Figura 14.18** (a) Layout de uma GUI simples com uma caixa de opções e um campo de texto. (b) A função de retorno de chamada para essa GUI.

(a)  (b)

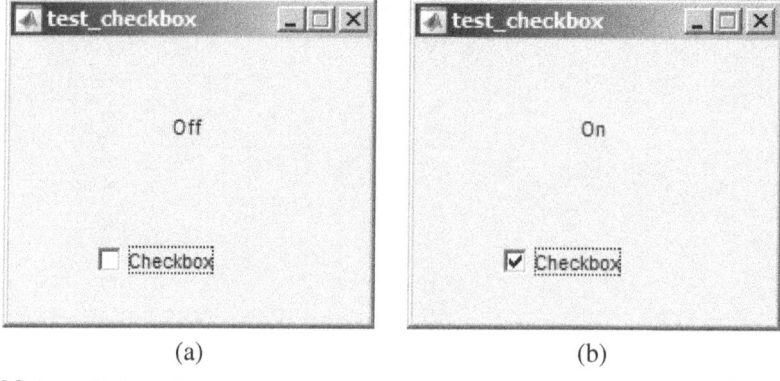

**Figura 14.19** (a) A GUI produzida pelo programa `test_checkbox` quando o botão alternar está desligado. (b) A GUI quando o botão alternar está ligado.

(a)

```
function Option1_Callback(hObject, eventdata, handles)

% Display the radio button clicked in the text field
set (handles.TextBox,'String','Option 1');

% Update all radio buttons
set (handles.Option1,'Value',1);
set (handles.Option2,'Value',0);
set (handles.Option3,'Value',0);

function Option2_Callback(hObject, eventdata, handles)

% Display the radio button clicked in the text field
set (handles.TextBox,'String','Option 2');

% Update all radio buttons
set (handles.Option1,'Value',0);
set (handles.Option2,'Value',1);
set (handles.Option3,'Value',0);

function Option3_Callback(hObject, eventdata, handles)

% Display the radio button clicked in the text field
set (handles.TextBox,'String','Option 3');

% Update all radio buttons
set (handles.Option1,'Value',0);
set (handles.Option2,'Value',0);
set (handles.Option3,'Value',1);
```

(b)

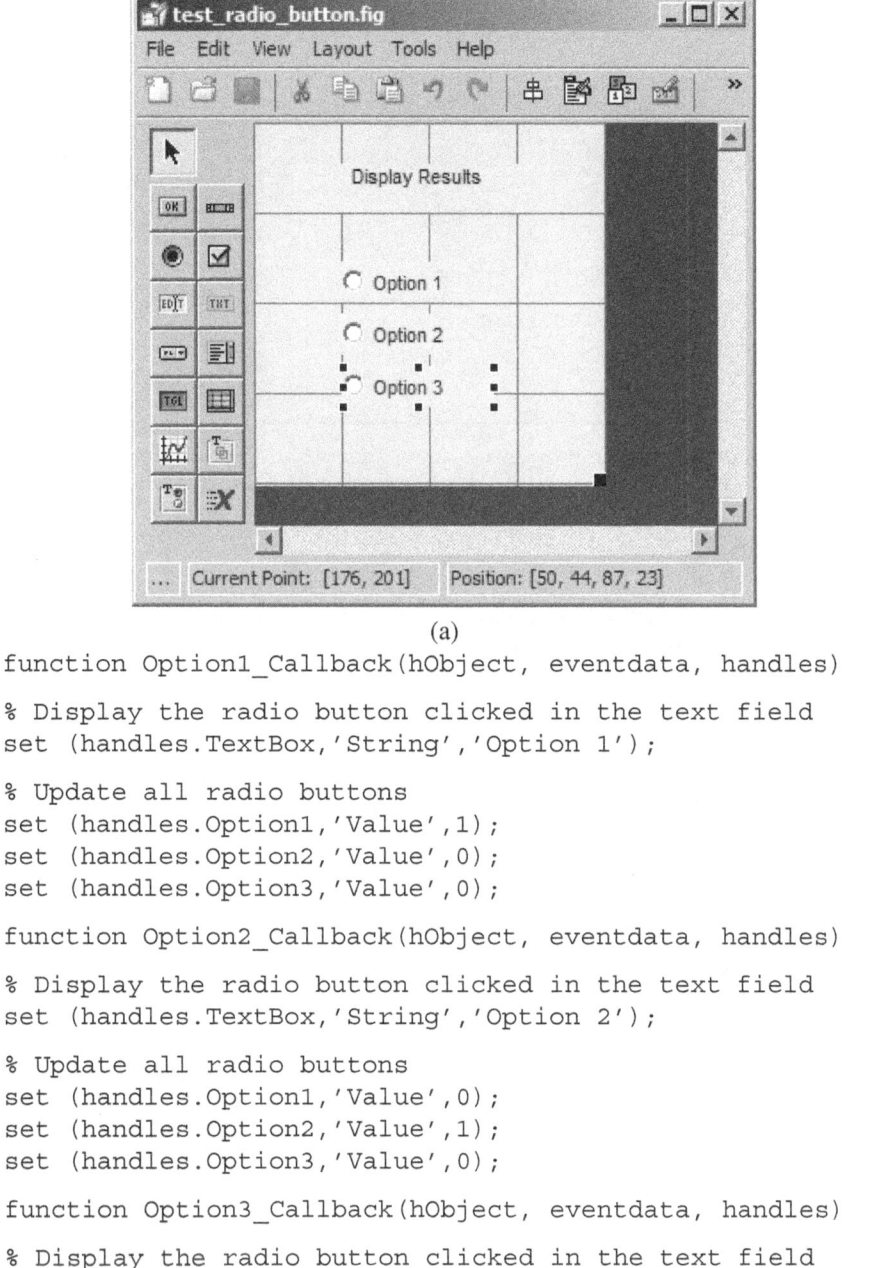

**Figura 14.20** (a) Layout de uma GUI simples com três botões de rádio e um campo de texto. (b) As funções de retorno de chamada para essa GUI. Quando um usuário clica em um botão de rádio, isso fica definido como "on" e todos os outros botões de rádio ficam definidos como "off".

```
    ┌─ test_radio_button ─ □ × ┐
    │                            │
    │         Option 2           │
    │                            │
    │         ○ Option 1         │
    │                            │
    │         ● Option 2         │
    │                            │
    │         ○ Option 3         │
    │                            │
    └────────────────────────────┘
```

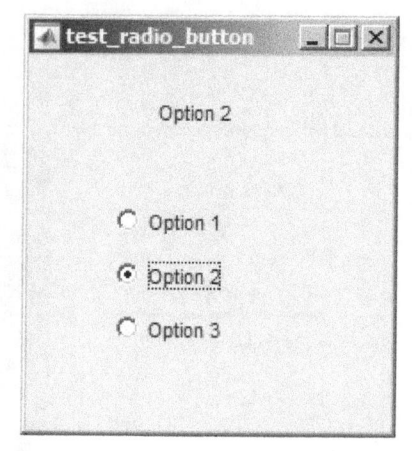

**Figura 14.21** A GUI produzida pelo programa `test_radio_button` quando a Option 2 tiver sido selecionada.

### 14.4.6 Menus *Popup*

Os menus *popup* são objetos gráficos que permitem que um usuário selecione uma lista de opções mutuamente exclusivas. A lista de opções dentre as quais o usuário pode selecionar é especificada por uma matriz celular de cadeias, e a propriedade `'Value'` contém um número inteiro que indica qual delas está atualmente selecionada. Um menu *popup* pode ser adicionado a uma GUI utilizando a ferramenta de menu *popup* (▣) no Editor de Layout.

A Figura 14.22a mostra um exemplo de um menu *popup*. Essa GUI nessa figura cria um menu *popup* com cinco opções, rotuladas `Option 1`, `Option 2` e assim por diante.

A função correspondente de retorno de chamada é mostrada na Figura 14.22b. A função de retorno de chamada recupera a opção selecionada verificando o parâmetro `'Value'` do menu *popup* e cria e exibe uma cadeia contendo esse valor no campo de texto. A Figura 14.23 mostra essa GUI depois que a `Option 4` tiver sido selecionada.

### 14.4.7 Caixas de Listagem

As caixas de listagem são objetos gráficos que exibem muitas linhas de texto e permitem que um usuário selecione uma ou mais dessas linhas. Se houver mais linhas de texto do que pode caber na caixa de listagem, uma barra de rolagem será criada para permitir que o usuário suba ou desça na caixa de listagem. As linhas de texto dentre as quais o usuário pode selecionar estão especificadas por uma matriz celular de cadeias e a propriedade `'Value'` indica quais das cadeias estão atualmente selecionadas.

Uma caixa de listagem é criada por um `uicontrol` cuja propriedade de estilo é `'listbox'`. Uma caixa de listagem pode ser adicionada a uma GUI usando a ferramenta da caixa de listagem (▣) no Editor de Layout.

As caixas de listagem podem ser usadas para selecionar um único item de uma seleção de possíveis opções. No uso normal da GUI, um único clique do mouse em um item da lista seleciona o item, mas não faz com que ocorra uma ação. Em vez disso, a ação espera em algum acionador externo, como um botão de comando. No entanto, um clique duplo do mouse faz com que uma ação ocorra imediatamente. Os eventos de clique único e de clique duplo podem ser distintos usando a propriedade `SelectionType` da figura na qual ocorreram os cliques. Um clique único do mouse colocará a cadeia `'normal'` na propriedade `SelectionType`, enquanto um clique duplo do mouse colocará a cadeia `'open'` na propriedade `Selection Type`.

(a)

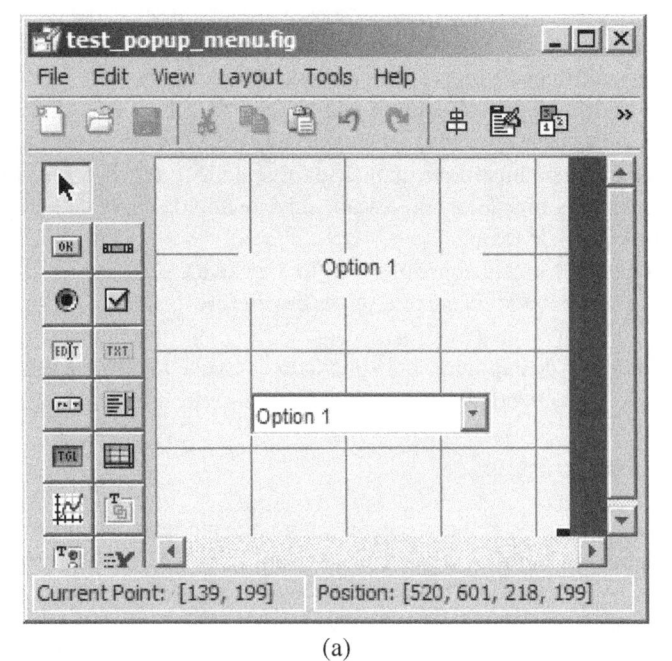

```
function PopupMenu_Callback(hObject, eventdata, handles)
% Find the value of the popup menu
value = get(handles.PopupMenu,'Value');
% Place the value into the text field
str = ['Option' num2str(value)];
set (handles.TextBox,'String',str);
```
(b)

**Figura 14.22** (a) Layout de uma GUI simples com um menu *popup* e um campo de texto para exibir a seleção atual. (b) As funções de retorno de chamada para essa GUI.

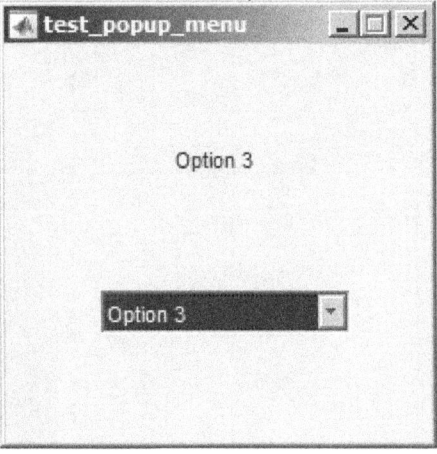

**Figura 14.23** A GUI produzida pelo programa `test_popup_menu`.

Também é possível que uma caixa de listagem permita múltiplas seleções da lista. Se a diferença entre as propriedades `max` e `min` da caixa de listagem for maior que um, então são permitidas múltiplas seleções. Caso contrário, só um item pode ser selecionado na lista.

A Figura 14.24a mostra um exemplo de uma caixa de listagem de seleção única. A GUI nessa figura cria uma caixa de listagem com oito opções, rotuladas `Option 1`, `Option 2` e assim por diante. Além disso, ela cria um botão de comando para executar a seleção e um campo de texto para exibir a opção selecionada. A caixa de listagem e o botão de comando geram retornos de chamada.

As funções correspondentes de retorno de chamada são mostradas na Figura 14.24b. Se uma seleção for feita na caixa de listagem, a função `Listbox1_Callback` será executada. Essa função verificará a *figura que produz o retorno de chamada* (usando a função `gcbf`) para ver se a ação de seleção foi um clique único ou um clique duplo. Se foi um clique único, a função não fará nada. Se foi um clique duplo, então a função obtém o valor selecionado da caixa de listagem e escreve uma cadeia apropriada no campo de texto.

Se o botão de comando for selecionado, a função `Button1_Callback` será executada. Essa função obtém o valor selecionado da caixa de listagem e escreve a cadeia apropriada no campo de texto.

Em um exercício de fim de capítulo, será solicitado que você modifique esse exemplo para permitir múltiplas seleções na caixa de listagem.

### 14.4.8 Barras deslizantes

As barras deslizantes são objetos gráficos que permitem que um usuário selecione os valores de um intervalo contínuo entre o valor mínimo especificado e um valor máximo especificado movendo uma barra com um mouse. A propriedade `'Value'` da barra deslizante é definida para um valor entre `min` e `max` dependendo da posição da barra deslizante.

Uma barra deslizante é criada por um `uicontrol` cuja propriedade de estilo é `'slider'`. Uma barra deslizante pode ser adicionada a uma GUI utilizando a ferramenta da barra deslizante (▬) no Editor de Layout.

A Figura 14.26a mostra o layout de uma GUI simples contendo uma barra deslizante e um campo de texto. A propriedade `'Min'` dessa barra deslizante é definida como zero e a propriedade `'Max'` é definida como um. Quando um usuário arrasta a barra deslizante, ele chama automaticamente a função `Slider1_Callback`, que é mostrada na Figura 14.26b. Essa função recebe o valor da barra deslizante da propriedade `'Value'` e exibe o valor no campo de texto. A Figura 14.27 mostra esta GUI com a barra deslizante em alguma posição intermediária em seu intervalo.

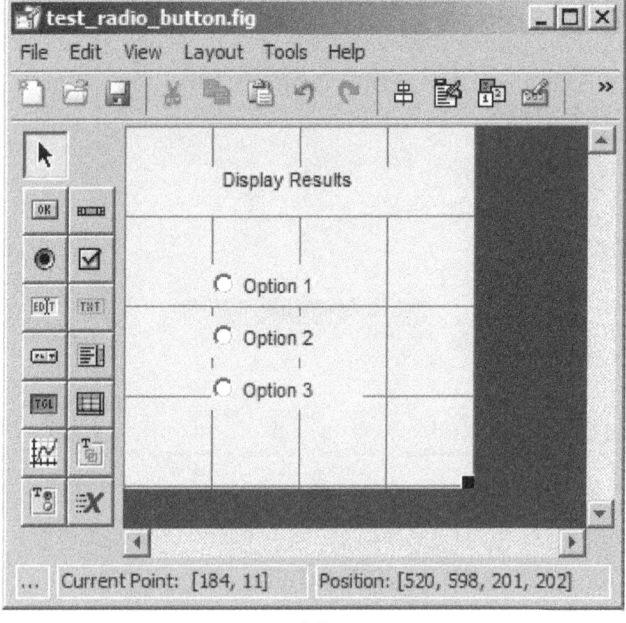

(a)

```
function Button1_Callback(hObject, eventdata, handles)
% Find the value of the popup menu
value = get(handles.Listbox1,'Value');

% Update text label
str = ['Option' num2str(value)];
set (handles.Label1,'String',str);

function Listbox1_Callback(hObject, eventdata, handles)
% If this was a double click, update the label.
selectiontype = get(gcbf,'SelectionType');
if selectiontype(1) =='o'
   % Find the value of the popup menu
   value = get(handles.Listbox1,'Value');

   % Update text label
   str = ['Option' num2str(value)];
   set (handles.Label1,'String',str);
end
```
(b)

**Figura 14.24** (a) Layout de uma GUI simples com uma caixa de listagem, um botão de comando e um campo de texto. (b) As funções de retorno de chamada para essa GUI.

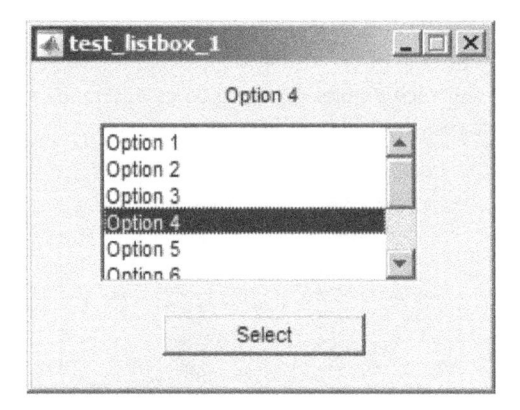

**Figura 14.25** A GUI produzida pelo programa `test_listbox`.

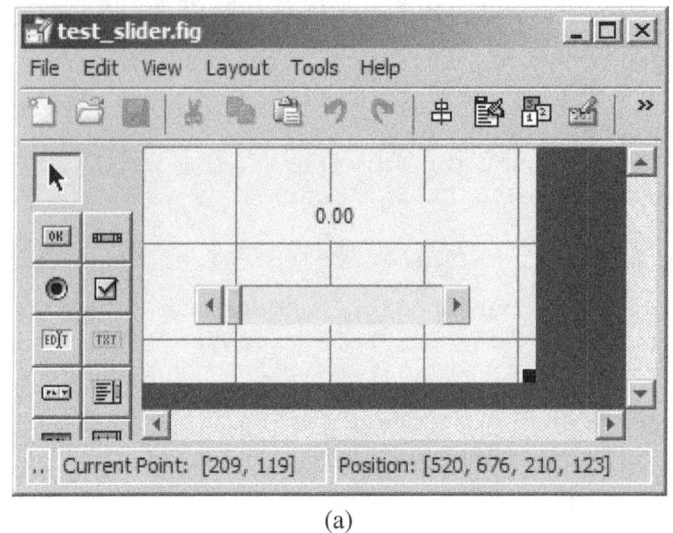

(a)

```
function Slider1_Callback(hObject, eventdata, handles)

% Find the value of the slider
value = get(handles.Slider1,'Value');

% Place the value in the text field
str = sprintf('%.2f',value);
set (handles.Label1,'String',str);
```
(b)

**Figura 14.26** (a) Layout de uma GUI simples com uma barra deslizante e um campo de texto. (b) A função de retorno de chamada para essa GUI.

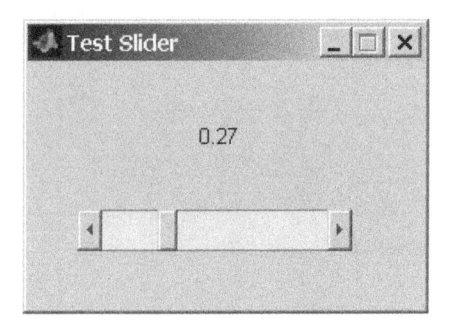

**Figura 14.27** A GUI produzida pelo programa `test_slider`.

### 14.4.9 Tabelas

Uma tabela é uma exibição bidimensional de dados com linhas e colunas. As barras deslizantes são objetos gráficos que permitem que um usuário selecione os valores de um intervalo contínuo entre o valor mínimo especificado e um valor máximo especificado movendo uma barra com um mouse. A propriedade 'Value' da barra deslizante é definida para um valor entre min e max dependendo da posição da barra deslizante.

Uma tabela é criada por um objeto `uitable`. Uma tabela pode ser adicionada a uma GUI usando a ferramenta de tabela (▦) no Editor de Layout. O `uitable` é diferente do `uicontrol` utilizado para outros elementos da GUI e possui diferentes propriedades que devem ser definidas para utilizá-lo corretamente. As propriedades de tecla necessárias para um `uitable` são:

1. `Data` – Uma matriz celular bidimensional que contém uma coleção de valores a serem exibidos na tabela. Os tipos de dados exibidos na tabela podem ser mistos, com algumas colunas sendo numéricas, algumas lógicas e outros caracteres. O tamanho da tabela geralmente especificado para ser igual ao tamanho dos dados fornecidos à tabela.
2. `ColumnName` – Uma matriz celular unidimensional que contém os rótulos para cada coluna na tabela.
3. `ColumnFormat` – Uma matriz celular unidimensional que contém o formato dos dados a serem exibidos em cada coluna (`'numeric'`, `'logical'`, e assim por diante).
4. `ColumnEditable` – Uma matriz lógica unidimensional de valores lógicos indica se cada coluna pode ser editada ou não.
5. `RowName` – Uma matriz celular unidimensional que contém rótulos para cada linha na tabela.
6. `CellEditCallback` – A função especificada será chamada quando os dados em uma célula da tabela forem modificados.
7. `CellSelectionCallback` – A função especificada será chamada quando a seleção da célula for modificada e fornecerá uma lista de todas as células atualmente selecionadas.

A Figura 14.28a mostra o layout para uma GUI simples que contém uma tabela e dois campos de texto. A tabela é 3 × 4, porque os dados de inicialização eram a matriz celular {1, 2, 3, 4; 5, 6, 7, 8; 9, 10, 11, 12}. O Property Inspector foi usado para especificar que as colunas 1, 3 e 4 eram editáveis e a coluna 2 não era. As funções de retorno de chamada foram definidas para `CellEditCallback` e `CellSelectionCallback`.

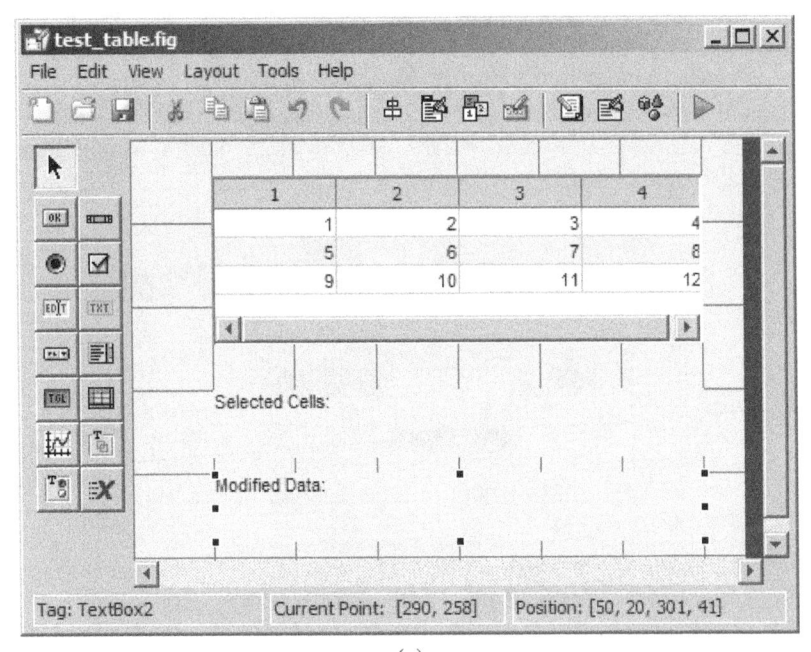

(a)

```
function uitable1_CellSelectionCallback(hObject, eventdata, handles)
% Get the cells selected
rows = eventdata.Indices(:,1);
columns = eventdata.Indices(:,2);

% List the (row,column) pairs selected
string = ['Selected Cells:'];
for ii = 1:length(rows)
```

```
        string = [string'(', int2str(rows(ii))',' int2str(columns(ii))')'];
end
% Set the list into the string
set (handles.TextBox1,'String', string);

% Clear the modified cell
set (handles.TextBox2,'String','Modified Cell:');
```
**function uitable1_CellEditCallback(hObject, eventdata, handles)**
```
% Get the cells selected
rows = eventdata.Indices(:,1);
columns = eventdata.Indices(:,2);

% Display the data change
string = ['Modified Cell: (', int2str(rows)',' int2str(columns)')'];
string = [string'; Old data =' num2str(eventdata.PreviousData)];
string = [string'; New data =' num2str(eventdata.NewData)];
% Set the list into the string
set (handles.TextBox2,'String', string);
```
(b)

**Figura 14.28** (a) Layout de uma tabela de amostra com dois campos de texto. (b) As funções de retorno de chamada para essa GUI.

A estrutura `eventdata` é retornada para cada retorno de chamada, com informações como as células atualmente selecionadas e os valores novos e antigos quando uma célula é modificada. A GUI de amostra exibe a célula selecionada e quaisquer informações modificadas. As funções de retorno de chamada para criar a lista de células selecionadas e para mostrar os dados modificados em uma célula são mostradas na Figura 14.28b. A Figura 14.29 mostra essa GUI com as células selecionadas e modificadas.

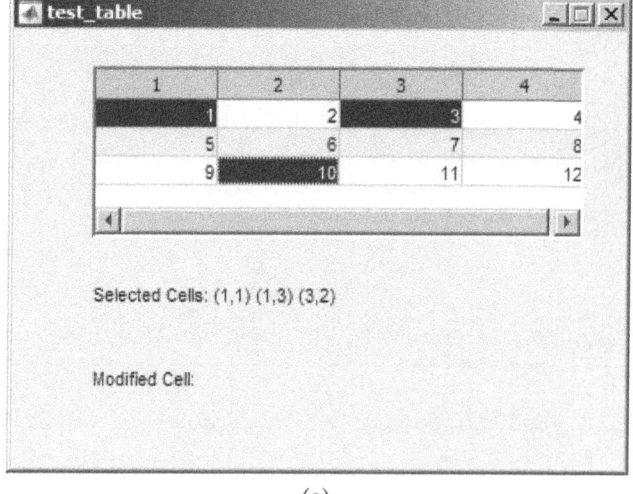

(a)

Interfaces Gráficas do Usuário | 541

(b)

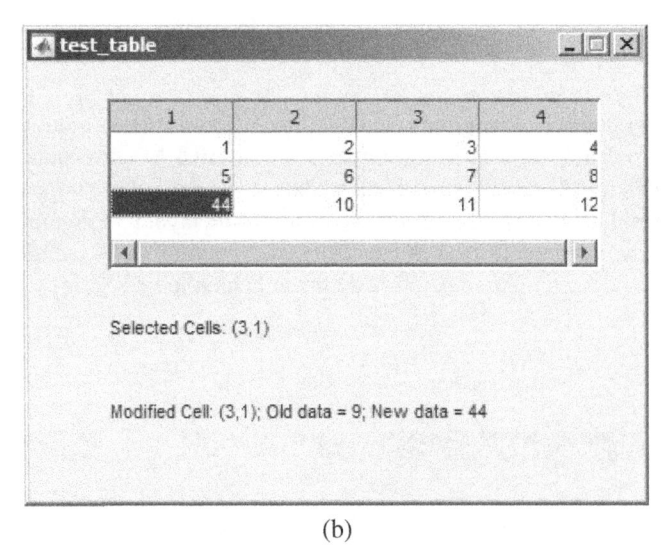

**Figura 14.29** (a) A GUI `test_table` com múltiplas células selecionadas; (b) A GUI `test_table` com os dados na célula (3,1) modificados.

## ▶Exemplo 14.1 – Conversão de Temperatura

Escreva um programa que converta a temperatura de graus Fahrenheit para graus Celsius e vice-versa sobre o intervalo 0-100 °C, utilizando uma GUI para aceitar os dados e exibir os resultados. O programa deve incluir uma caixa de texto para a temperatura em graus Fahrenheit, uma caixa de edição para a temperatura em graus Celsius e uma barra deslizante para permitir o ajuste contínuo de temperatura. O usuário deve conseguir inserir as temperaturas na caixa de edição ou movendo a barra deslizante e todos os elementos da GUI devem se ajustar aos valores correspondentes.

**Solução** Para criar esse programa, precisaremos de um campo de texto e uma caixa de edição para a temperatura em graus Fahrenheit, outro campo de texto e uma caixa de edição para a temperatura em graus Celsius e uma barra deslizante. Também precisaremos de uma função para converter graus Fahrenheit em graus Celsius, e uma função para converter graus Celsius em graus Fahrenheit. Finalmente, precisaremos escrever funções de retorno de chamada para suportar entradas do usuário.

O intervalo de valores a serem convertidos será de 32-212°F ou 0-100°C; portanto, será conveniente configurar a barra deslizante para cobrir o intervalo 0-100 e para tratar o valor da barra deslizante como uma temperatura em graus C.

A primeira etapa nesse processo é usar o `guide` para projetar a GUI. Podemos usar o `guide` para criar cinco elementos GUI necessários e localizá-los aproximadamente nas posições corretas. Em seguida, podemos usar o Property Inspector para executar as seguintes etapas:

1. Selecione os nomes apropriados para cada elemento da GUI e armazene-os nas propriedades apropriadas da `Tag`. Os nomes serão `'Label1'`, `'Label2'`, `'Edit1'`, `'Edit2'` e `'Slider1'`.
2. Armazene `'Degrees F'` e `'Degrees C'` nas propriedades `String` dos dois rótulos.
3. Defina os limites máximo e mínimo da barra deslizante para 0 e 100, respectivamente.
4. Armazene os valores iniciais na propriedade `String` dos dois campos de edição e na propriedade `Value` da barra deslizante. Inicializaremos a temperatura para 32°F ou 0°C, que corresponde a um valor da barra deslizante de 0.

5. Defina a propriedade Name da figura que contém a GUI para 'Temperature Conversion'.

Depois que essas mudanças forem feitas, a GUI deve ser salva para o arquivo temp_conversion.fig. Isso produzirá um arquivo de figura e um arquivo M correspondente. O arquivo M conterá stubs para três funções de retorno de chamada necessárias pelos campos de edição e a barra deslizante. A GUI resultante é mostrada durante o processo de layout na Figura 14.30.

A próxima etapa no processo é criar as funções para converter graus Fahrenheit em graus Celsius. A função to_c converterá a temperatura de graus Fahrenheit em graus Celsius. Ela deve implementar a equação

$$\deg C = \frac{5}{9}(\deg F - 32) \qquad (14.1)$$

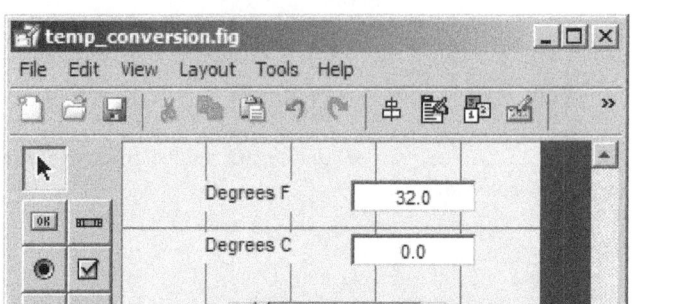

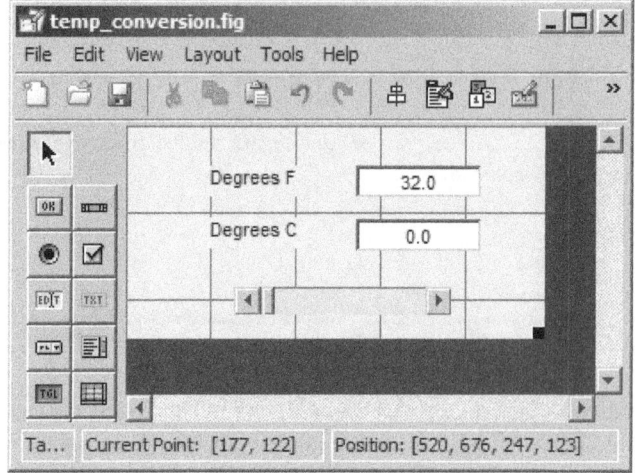

**Figura 14.30** Layout da GUI de conversão de temperatura.

O código dessa função é

```
function deg_c = to_c(deg_f)
% Convert degrees Fahrenheit to degrees C.
deg_c = (5/9) * (deg_f - 32);
end % function deg_c
```

A função to_f converterá a temperatura de graus Celsius em graus Fahrenheit. Ela deve implementar a equação

$$\deg F = \frac{5}{9} \deg C + 32 \qquad (14.2)$$

O código dessa função é

```
function deg_f = to_f(deg_c)
% Convert degrees Celsius to degrees Fahrenheit.
deg_f = (9/5) * deg_c + 32;
end % function deg_f
```

Finalmente, devemos escrever funções de retorno de chamada para ligá-los. As funções devem responder à caixa de edição ou à barra deslizante e devem atualizar todos os três componentes. (Observe que atualizaremos até a caixa de edição na qual o usuário digita, de modo que os dados possam ser exibidos com um formato consistente o tempo todo e os erros possam ser corrigidos se o usuário digitar um valor de entrada fora do intervalo.)

Aqui existe uma complicação extra porque os valores inseridos nas caixas de edição são *cadeias de caracteres* e desejamos tratá-los como *números*. Se um usuário digitar um valor 100 em uma caixa de edição, ele já criou realmente a cadeia de caracteres '100', não o número 100. A função de retorno de chamada deve converter as cadeias de caracteres em números de modo que a conversão possa ser calculada. Essa conversão é feita com a função str2num que converte uma cadeia de caracteres em um valor numérico.

Além disso, a função de retorno de chamada terá que limitar as entradas do usuário ao intervalo válido de temperatura, que é 0-100°C e 32-212°F.

As funções resultantes de retorno de chamada são mostradas na Figura 14.31.

```
function Edit1_Callback(hObject, eventdata, handles)

% Update all temperature values
deg_f = str2num( get(hObject,'String'));
deg_f = max( [ 32 deg_f] );
deg_f = min( [212 deg_f] );
deg_c = to_c(deg_f);

% Now update the fields
set (handles.Edit1,'String',sprintf('%.1f',deg_f));
set (handles.Edit2,'String',sprintf('%.1f',deg_c));
set (handles.Slider1,'Value',deg_c);

function Edit2_Callback(hObject, eventdata, handles)

% Update all temperature values
deg_c = str2num( get(hObject,'String') );
deg_c = max( [ 0 deg_c] );
deg_c = min( [100 deg_c] );
deg_f = to_f(deg_c);

% Now update the fields
set (handles.Edit1,'String',sprintf('%.1f',deg_f));
set (handles.Edit2,'String',sprintf('%.1f',deg_c));
set (handles.Slider1,'Value',deg_c);

function Slider1_Callback(hObject, eventdata, handles)

% Update all temperature values
deg_c = get(hObject,'Value');
deg_f = to_f(deg_c);

% Now update the fields
set (handles.Edit1,'String',sprintf('%.1f',deg_f));
set (handles.Edit2,'String',sprintf('%.1f',deg_c));
set (handles.Slider1,'Value',deg_c);
```

**Figura 14.31** As funções de retorno de chamada para a GUI de conversão de temperatura.

Agora o programa está completo. Execute-o e insira diversos valores diferentes utilizando as caixas de edição e as barras deslizantes. Certifique-se de usar alguns valores fora do intervalo. Eles parecem estar funcionando corretamente?

## 14.5 Recipientes Adicionais: Painéis e Grupos de Botões

As GUIs do MATLAB incluem dois outros tipos de recipientes: **painéis** (criados pela função uipanel) e **grupos de botões** (criados pela função uibuttongroup).

### 14.5.1 Painéis

Os painéis são recipientes que podem conter componentes ou outros recipientes, mas *não* possuem uma barra de títulos e não podem ter menus anexados. Um painel pode conter elementos da GUI como uicontrols, tabelas, eixos, outros painéis ou grupos de botão. Quaisquer elementos colocados em um painel serão posicionados em relação a ele. Se o painel for movido na GUI, todos os elementos nele também serão movidos. Os painéis são uma ótima maneira de agrupar os controles relacionados em uma GUI.

Um painel é criado por uma função uipanel. Ele pode ser adicionado a uma GUI utilizando a ferramenta de painel (▥) no Editor de Layout.

Cada painel possui um título e geralmente é cercado por uma linha gravada ou chanfrada que marca as bordas do painel. O título de um painel pode estar localizado no lado esquerdo, central ou direito da parte superior ou inferior do painel. As amostras dos painéis com várias combinações das posições de título e estilos de borda são mostradas na Figura 14.32.

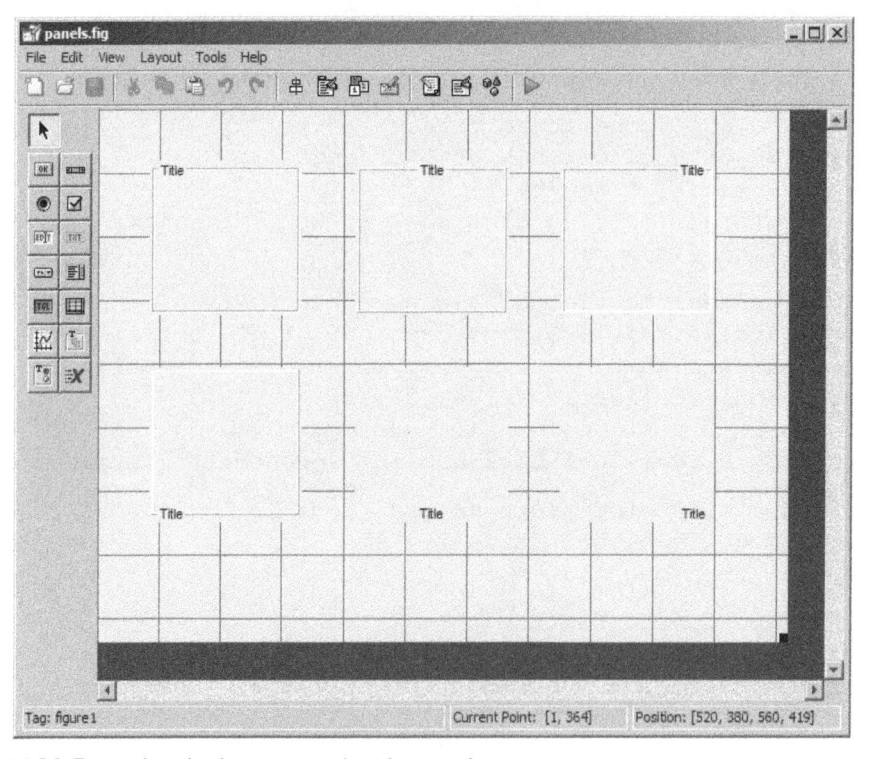

**Figura 14.32** Exemplos de diversos estilos de painel.

Vamos analisar um exemplo simples utilizando os painéis. Suponha que desejamos criar uma GUI para desenhar em diagrama a função $y = ax^2 + bx + c$ entre dois valores especificados $x_{mín}$ e $x_{máx}$. A GUI deve permitir que o usuário especifique os valores $a$, $b$, $c$, $x_{mín}$ e $x_{mín}$ e $x_{máx}$. Além disso, ela deve permitir que o usuário especifique o estilo, a cor e a espessura da linha sendo desenhada no diagrama. Esses dois conjuntos de valores (aqueles que especificam a linha e aqueles que especificam como ela aparecerá) são logicamente distintos, de modo que podemos agrupá-los em dois painéis na GUI. Um layout possível é mostrado na Figura 14.33. (Será solicitado que conclua essa GUI e crie um programa operacional no Exercício 14.7 no fim do capítulo.)

A Tabela 14.4 contém uma lista de algumas propriedades `uipanel` importantes. Essas propriedades podem ser modificadas pelo Inspector Property durante a fase de design ou durante a execução com as funções `get` e `set`.

## 14.5.2 Grupos de Botões

Os grupos de botões são um tipo especial de painel que pode gerenciar grupos de botões de rádio ou botões alternar para assegurar que *não mais de um botão no grupo fique ligado por vez*. Um grupo de botões é simplesmente como qualquer outro painel, exceto pelo fato de que ele assegura que no máximo um botão de rádio ou um botão alternar fica ligado num dado momento. Se um deles for ligado, o grupo de botões desligará quaisquer outros que já estiverem ligados.

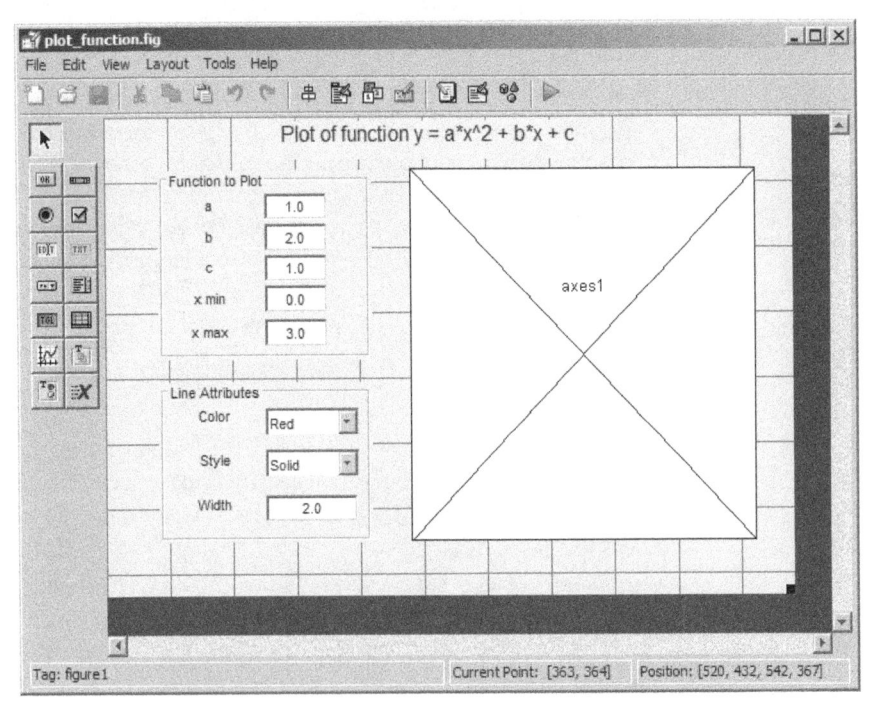

**Figura 14.33** Layout da GUI da Função do Diagrama usando os painéis para agrupar as características relacionadas.

**Tabela 14.4: Propriedades `uipanel` e `uibuttongroup` Importantes**

| Propriedade | Descrição |
|---|---|
| BackgroundColor | Especifica a cor do fundo de `uipanel`. O valor é uma cor predefinida como `'r'`, `'g'` ou `'b'`, ou um vetor de três elementos que especifica os componentes vermelho, verde e azul da cor em uma escala 0-1. Por exemplo, a cor magenta seria especificada por [1 0 1]. |
| BorderType | Tipo de borda ao redor do `uipanel`. As opções são `'none'`, `'etchedin'`, `'etchedout'`, `'beveledin'`, `'beveledout'` ou `'line'`. O tipo de borda padrão é `'etchedin'`. |
| BorderWidth | Espessura da borda ao redor de `uipanel`. |
| FontAngle | Uma cadeia que contém o ângulo da fonte para o texto do título. Os valores possíveis são `'normal'`, `'italic'` e `'oblique'`. |

**Tabela 14.4: Propriedades `uipanel` e `uibuttongroup` Importantes Continuação**

| Propriedade | Descrição |
|---|---|
| `FontName` | Uma cadeia que contém o nome da fonte para o texto do título. |
| `FontSize` | Um número que especifica o tamanho da fonte para o texto do título. |
| `FontUnits` | As unidades nas quais o tamanho da fonte está definido. As opções possíveis são `'inches'`, `'centimeters'`, `'normalized'`, `'points'` e `'pixels'`. As unidades padrão de fonte são `'points'`. |
| `FontWeight` | Uma cadeia que contém a espessura da fonte para o texto do título. Os valores possíveis são `'light'`, `'normal'`, `'demi'` e `'bold'`. O peso da fonte padrão é `'normal'`. |
| `ForegroundColor` | Especifica a cor da fonte do título e a borda. |
| `HighlightColor` | Especifica a cor de destaque da borda 3D. |
| `Position` | Especifica a posição de um painel relativo a sua `figure` pai, `uipanel` ou `uibuttongroup`, nas unidades especificadas pela propriedade `'units'`. Esse valor aceita um vetor de quatro elementos no qual os dois primeiros são as posições $x$ e $y$ do canto inferior esquerdo do painel e os dois próximos são a largura e a altura do painel. |
| `ShadowColor` | Especifica a cor da sombra da borda 3D. |
| `Tag` | O "nome" do `uipanel`, que pode ser usado para acessá-lo. |
| `Title` | A cadeia de títulos. |
| `TitlePosition` | Local da cadeia de títulos no `uipanel`. Os valores possíveis são `'lefttop'`, `'centertop'`, `'righttop'`, `'leftbottom'`, `'centerbottom'` e `'rightbottom'`. O valor padrão é `'lefttop'`. |
| `Units` | As unidades usadas para descrever a posição do `uipanel`. As possíveis opções são `'inches'`, `'centimeters'`, `'normalized'`, `'points'`, `'pixels'` ou `'characters'`. As unidades padrão são `'normalized'`. |
| `Visible` | Especifica se esse `uipanel` está visível ou não. Os valores possíveis são `'on'` ou `'off'`. |

Um grupo de botões é criado por uma função `uibuttongroup`. Ele pode ser adicionado a uma GUI usando a ferramenta do grupo de botões (▣) no Editor de Layout.

Se um botão de rádio ou um botão alternar for controlado por um grupo de botões, o usuário deve anexar o nome da função a ser executada quando esse botão for selecionado em uma propriedade de grupo de botão especial chamada `SelectionChangedFcn`. Esse retorno de chamada é executado pela GUI sempre que um botão de rádio ou botão alternar muda o estado. *Não* coloque a função na propriedade usual `Callback`, porque o grupo de botões substitui a propriedade de retorno de chamada para cada botão de rádio ou botão alternar que ele controla.

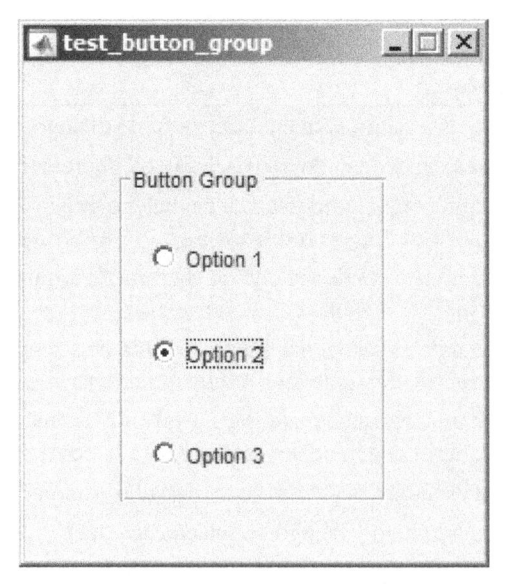

**Figura 14.34** Um grupo de botões que controla três botões de rádio.

A Figura 14.34 mostra uma GUI simples que contém um grupo de botões e três botões de rádio, rotulados 'Option 1', 'Option 2' e 'Option 3'. Quando um usuário clica em um botão de rádio no grupo, ele será ligado e todos os outros no grupo serão desligados.

## 14.6 Caixas de Diálogo

Uma **caixa de diálogo** é um tipo especial de figura que é utilizado para exibir informações ou para obter entrada de um usuário. As caixas de diálogo são usadas para exibir erros, fornecer avisos, fazer perguntas ou obter entrada do usuário. Elas também são usadas para selecionar arquivos ou propriedades da impressora.

As caixas de diálogo podem ser **modais** ou **não modais**. Uma caixa de diálogo modal não permite que qualquer outra janela no aplicativo seja acessada até que seja liberada, embora uma caixa de diálogo normal não bloqueie o acesso a outras janelas. As caixas de diálogo modal geralmente são usadas para aviso e mensagens de erro que precisam de atenção urgente e não podem ser ignoradas. Por padrão, a maioria das caixas de diálogo são não modais.

O MATLAB inclui muitos tipos de caixas de diálogo, os mais importantes deles estão resumidos na Tabela 14.5. Examinaremos somente alguns tipos de caixas de diálogo aqui, mas é possível consultar a documentação on-line do MATLAB para obter detalhes de outros.

### Tabela 14.5: Caixas de Diálogo Selecionadas

| Propriedade | Descrição |
|---|---|
| `dialog` | Cria uma caixa de diálogo genérica. |
| `errordlg` | Exibe uma mensagem de erro em uma caixa de diálogo. O usuário deve clicar no botão OK para continuar. |
| `helpdlg` | Exibe uma mensagem de ajuda em uma caixa de diálogo. O usuário deve clicar no botão OK para continuar. |
| `inputdlg` | Exibe uma solicitação para dados de entrada e aceita os valores de entrada do usuário. |
| `listdlg` | Permite que um usuário faça uma ou mais seleções a partir de uma lista. |

## Tabela 14.5: Caixas de Diálogo Selecionadas (continuação)

| Propriedade | Descrição |
|---|---|
| msgbox | Exibe uma mensagem em uma caixa de diálogo. |
| printdlg | Exibe a caixa de diálogo de seleção da impressora. |
| questdlg | Faz uma pergunta. Essa caixa de diálogo pode conter dois ou três botões, que, por padrão, são rotulados Yes, No e Cancel. |
| uigetdir | Exibe uma caixa de diálogo de abertura de arquivo. Essa caixa permite que um usuário selecione um diretório a ser aberto. |
| uigetfile | Exibe uma caixa de diálogo de abertura de arquivo. Essa caixa permite que um usuário selecione uma arquivo a ser aberto *mas não o abre realmente*. |
| uiputfile | Exibe uma caixa de diálogo para salvar o arquivo. Essa caixa permite que um usuário selecione um arquivo a ser salvo *mas não o salva realmente*. |
| uisave | Salva as variáveis de espaço de trabalho para um arquivo. |
| uisetcolor | Exibe a caixa de diálogo de seleção de cores. |
| uisetfont | Exibe uma caixa de diálogo de seleção de fonte. |
| waitbar | Exibe ou atualiza uma caixa de diálogo da barra de espera. |
| warndlg | Exibe uma mensagem de aviso em uma caixa de diálogo. O usuário deve clicar no botão OK para continuar. |

### 14.6.1 Caixas de Diálogo de Aviso e de Erro

As caixas de diálogo de aviso e de erro possuem parâmetros de chamada e comportamento semelhantes. Na verdade, a única diferença entre eles é o ícone exibido na caixa de diálogo. A sequência de chamada mais comum para essas caixas de diálogo é

```
errordlg(error_string,box_title,create_mode);
warndlg(warning_string,box_title,create_mode);
```

O error_string ou o warning_string é a mensagem a ser exibida ao usuário e box_title é o título da caixa de diálogo. Finalmente, create_mode é uma cadeia que pode ser 'modal' ou 'non-modal', dependendo do tipo de caixa de diálogo que você deseja criar.

Por exemplo, a seguinte expressão cria uma mensagem de erro modal que não pode ser ignorada pelo usuário. A caixa de diálogo produzida por essa expressão é mostrada na Figura 14.35.

```
errordlg('Invalid input values!','Error Dialog Box','modal');
```

### 14.6.2 Caixas de Diálogo de Entrada

As caixas de diálogo de entrada solicitam a um usuário que insira um ou mais valores que podem ser utilizados por um programa. Elas podem ser criadas com uma das seguintes sequências de chamada.

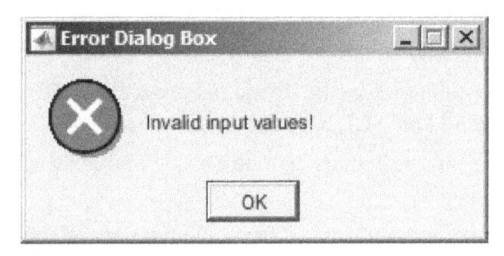

Figura 14.35 Uma caixa de diálogo de erro.

```
answer = inputdlg(prompt)
answer = inputdlg(prompt,title)
answer = inputdlg(prompt,title,line_no)
answer = inputdlg(prompt,title,line_no,default_answer)
```

Aqui, o `prompt` é uma matriz celular de cadeias de caracteres, com cada elemento da matriz correspondendo a um valor que o usuário será solicitado a inserir. O parâmetro `title` especifica o título da caixa de diálogo, enquanto `line_no` especifica o número de linhas a ser permitido para cada resposta. Finalmente, `default_answer` é uma matriz celular que contém as respostas padrão que serão utilizadas se o usuário falhar ao inserir os dados para um determinado item. Observe que deve haver uma quantidade de respostas padrão igual à dos prompts.

Quando o usuário clicar no botão OK na caixa de diálogo, sua resposta será retornada como uma matriz celular na `answer` variável.

Como um exemplo de uma caixa de diálogo de entrada, imagine que desejamos permitir que um usuário especifique a posição de uma figura que usa um diálogo de entrada. O código para executar essa função seria

```
prompt{1} = 'Starting x position:';
prompt{2} = 'Starting y position:';
prompt{3} = 'Width:';
prompt{4} = 'Height:';
title = 'Set Figure Position';
default_ans = {'50','50','180','100'};
answer = inputdlg(prompt,title,1,default_ans);
```

A caixa de diálogo resultante é mostrada na Figura 14.36.

### 14.6.3 As Caixas de Diálogo `uigetfile`, `uisetfile` e `uigetdir`

As caixas de diálogo `uigetfile` e `uisetfile` permitem que um usuário selecione interativamente os arquivos a serem abertos ou salvos. Essas funções utilizam as caixas de diálogo padrão de abertura de arquivo ou de salvamento de arquivo para o determinado sistema operacional no qual o MATLAB está sendo executado. Elas retornam cadeias de caracteres que contêm o nome e o caminho do arquivo, mas não o leem ou salvam realmente. O programador é responsável por gravar o código adicional para esse propósito.

A forma dessas duas caixas de diálogo é

```
[filename, pathname] = uigetfile(filter_spec,title);
[filename, pathname] = uisetfile(filter_spec,title);
```

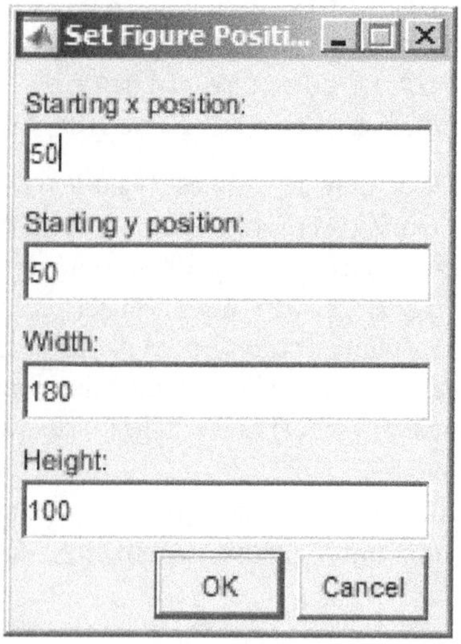

**Figura 14.36** Uma caixa de diálogo de entrada.

O parâmetro `filter_spec` é uma cadeia que especifica o tipo de arquivos a serem exibidos na caixa de diálogo, como as `'*.m'`, `'*.mat'`, e assim por diante. O parâmetro `title` é uma cadeia que especifica o título da caixa de diálogo. Depois que a caixa de diálogo é executada, `filename` contém o nome do arquivo selecionado e `pathname` contém o caminho do arquivo. Se o usuário cancelar a caixa de diálogo, `filename` e `pathname` serão definidos como zero.

O seguinte arquivo de script ilustra o uso dessas caixas de diálogo. Ele solicita ao usuário que insira o nome de um arquivo mat e depois leia o conteúdo desse arquivo. A caixa de diálogo criada por esse código em um sistema Windows 7 é mostrada na Figura 14.37. (Esse é o diálogo do arquivo aberto padrão para o Windows 7. Ele aparecerá um pouco diferente em outros sistemas Windows ou Linux).

```
[filename, pathname] = uigetfile('*.mat','Load MAT File');
if filename ~= 0
   load([pathname filename]);
end
```

A caixa de diálogo `uigetdir` permite que um usuário selecione interativamente um diretório. Essa função usa a caixa de diálogo de seleção de diretório padrão para determinado sistema operacional no qual o MATLAB está sendo executado. Ela retorna o nome do diretório, mas não faz realmente nada com ele. O programador é responsável por escrever o código adicional para usar o nome do diretório.

A forma dessa caixa de diálogo é

```
directoryname = uigetdir(start_path, title);
```

O parâmetro `start_path` é o caminho do diretório inicialmente selecionado. Se não for válido, a caixa de diálogo será aberta com o diretório base selecionado. O parâmetro `title` é uma cadeia que especifica o título da caixa de diálogo. Depois que a caixa de diálogo é executada, `directoryname` contém o nome do diretório selecionado. Se o usuário cancelar a caixa de diálogo, `directoryname` será definido como zero.

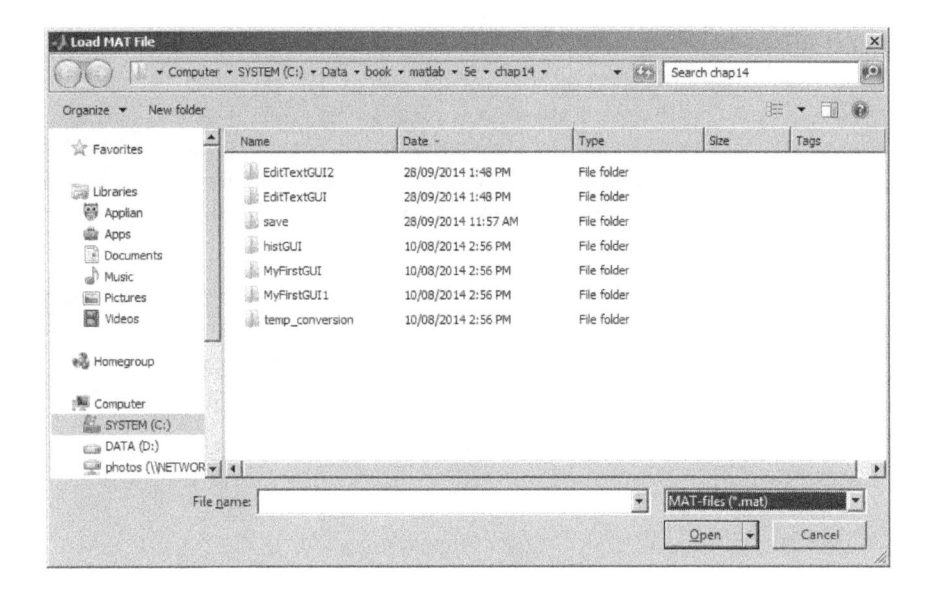

**Figura 14.37** Uma caixa de diálogo de abertura de arquivo criada por `uigetfile`.

O seguinte arquivo de script ilustra o uso dessa caixa de diálogo. Ele solicita ao usuário que selecione um diretório que inicia com o diretório de trabalho atual do MATLAB. Essa caixa de diálogo criada por esse código em um sistema Windows 7 é mostrada na Figura 14.38. (Esse é o diálogo do arquivo aberto padrão para Windows 7. Ele aparecerá um pouco diferente em outros sistemas Windows ou Linux).

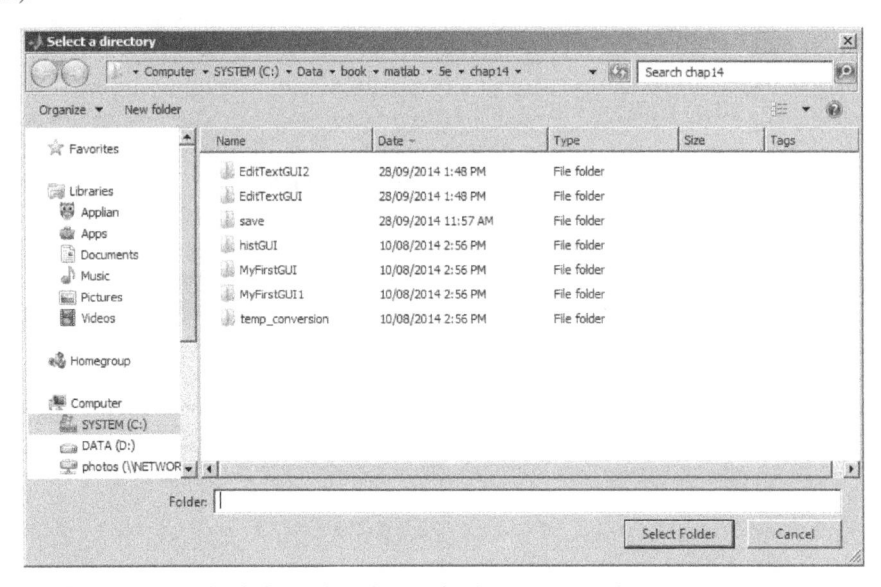

**Figura 14.38** Uma caixa de diálogo de seleção de diretório criada por `uigetdir`.

```
dir1 = uigetdir('C: \book\matlab\5e\chap14','Select a directory');
if dir1 ~= 0
   cd(dir1);
end
```

## 14.6.4 As Caixas de Diálogo `uisetcolor` e `uisetfont`

As caixas de diálogo `uisetcolor` e `uisetfont` permitem que um usuário selecione interativamente as cores ou as fontes utilizando as caixas de diálogo para o computador no qual o MATLAB está sendo executado. As aparências dessas caixas variarão para diferentes sistemas operacionais. Elas fornecem uma maneira padrão de selecionar cores ou fontes em uma GUI do MATLAB.

Consulte a documentação on-line do MATLAB para aprender mais sobre essas caixas de diálogo de propósito especial. Nós as usaremos em alguns dos exercícios de fim de capítulo.

### Boa Prática de Programação

As caixas de diálogo fornecem informações ou solicitam entrada nos programas baseados em GUI. Se as informações são urgentes e não devem ser ignoradas, torne modais as caixas de diálogo.

## 14.7 Menus

**Menus** também podem ser adicionados às GUIs do MATLAB. Um menu permite que um usuário selecione as ações sem que os componentes adicionais apareçam na exibição da GUI. Eles são úteis para selecionar as opções menos usadas sem confundir a GUI com muitos dos botões extras.

Existem dois tipos de menus no MATLAB: **menus padrão**, que são extraídos da barra de menus no topo da figura e **menus de contexto**, que aparecem sobre a figura quando um usuário clica com o botão direito do mouse sobre um objeto gráfico. Aprenderemos a criar e usar ambos os tipos de menus nessa seção.

Os menus padrão são criados com objetos `uimenu`. Cada item em um menu é um objeto `uimenu` separado, que inclui itens nos submenus. Esses objetos `uimenu` são semelhantes aos objetos `uicontrol` e possuem muitas das mesmas propriedades como `Parent`, `Callback`, `Enable` e assim por diante. Uma lista das propriedades `uimenu` mais importantes é fornecida na Tabela 14.6.

Cada item de menu é anexado a um objeto pai, que é uma figura para os menus de nível superior ou outro item de menu para submenus. Todos os `uimenus` conectados ao mesmo pai aparecem no mesmo menu e a cascata de itens forma uma árvore de submenus. A Figura 14.39a mostra um menu MATLAB típico em operação, enquanto a Figura 14.39b mostra o relacionamento entre os objetos que constituem o menu.

Os menus do MATLAB são criados utilizando o Editor de Menus, que pode ser selecionado clicando no ícone ( ) na barra de ferramentas no `guide` Editor de Layout. A Figura 14.39c mostra o Editor de Menu com os itens que geram essa estrutura de menus. As propriedades adicionais na Tabela 14.6 que não são mostradas no Editor de Menus podem ser definidas com o Editor de Propriedades (`propedit`).

## Tabela 14.6: Propriedades `uimenu` Importantes

| Propriedade | Descrição |
|---|---|
| `Accelerator` | Um único caractere que especifica o teclado equivalente para o item de menu. A combinação de teclado CTRL + tecla permite que um usuário ative o item de menu a partir do teclado. |
| `Callback` | Especifica o nome e os parâmetros da função a ser chamada quando o item do menu for ativado. Se o item do menu tiver um submenu, o retorno de chamada será executado *antes que o submenu seja exibido*. Se o item de menu não tiver submenus, o retorno de chamada será executado quando o botão do mouse for *solto*. |
| `Checked` | Quando essa propriedade estiver `'on'`, um visto será colocado à esquerda do item de menu. Essa propriedade pode ser usada para indicar o status dos itens de menu que comutam entre dois estados. Os valores possíveis são `'on'` ou `'off'`. |
| `Enable` | Especifica se este item de menu é selecionável ou não. Se não estiver ativado, o item de menu não responderá aos cliques do mouse ou teclas aceleradoras. Os valores possíveis são `'on'` ou `'off'`. |
| `ForegroundColor` | Define a cor do texto no item do menu. |
| `Label` | Especifica o texto a ser exibido no menu. O caractere e comercial (&) pode ser usado para especificar um mnemônico de teclado para este item de menu; ele não aparecerá no rótulo. Por exemplo, a cadeia de caracteres `'&File'` criará um item de menu que exibe o texto `'File'` e responde à tecla F. |
| `Parent` | O identificador do objeto pai para esse item de menu. O objeto pai poderia ser uma figura ou outro item de menu. |
| `Posição` | Especifica a posição de um item de menu na barra de menus ou em um menu. A posição 1 é a posição de menu à extrema esquerda para um menu de nível superior e a posição mais alta em um submenu. |
| `Separador` | Quando essa propriedade for `'on'`, uma linha separadora será desenhada acima desse item de menu. Os valores possíveis são `'on'` ou `'off'`. |
| `Tag` | O "nome" do item de menu, que pode ser usado para acessá-lo. |
| `Visible` | Especifica se esse item de menu é visível ou não. Os valores possíveis são `'on'` ou `'off'`. |

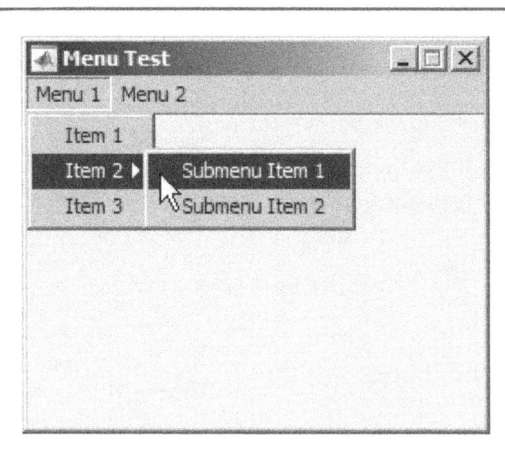

(a)

**Figura 14.39** (a) Uma estrutura típica de menu.

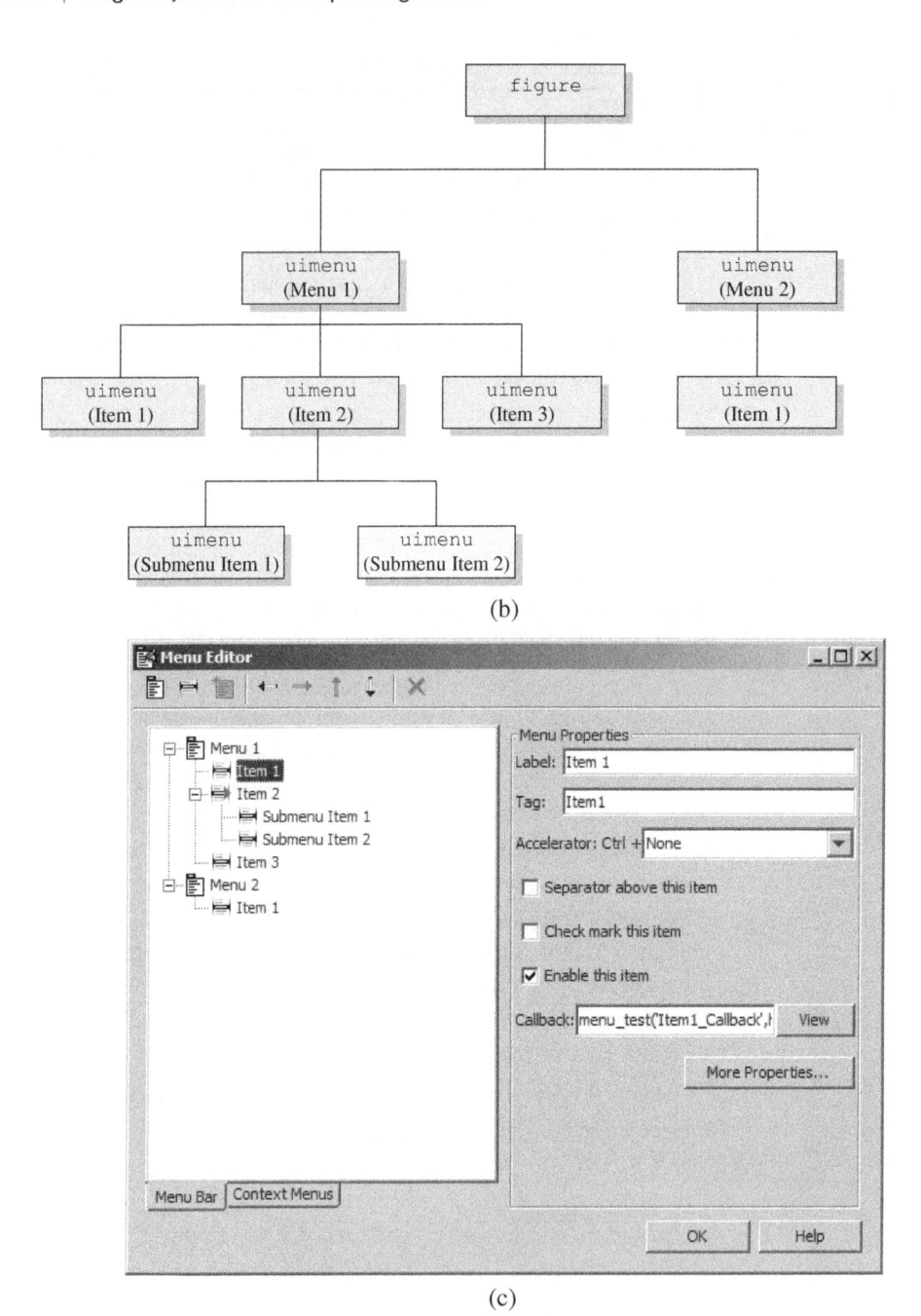

**Figura 14.39** (*continuação*) (b) O relacionamento entre os itens `uimenu` que criam o menu. (c) A estrutura do Editor de Menu que gera esses menus.

## Tabela 14.7: Propriedades `uicontextmenu` Importantes

| Propriedade | Descrição |
|---|---|
| Callback | Especifica o nome e os parâmetros da função a serem chamados quando o menu de contexto é ativado. O retorno de chamada é executado antes que o menu de contexto seja exibido. |
| Parent | O identificador do objeto pai para esse menu de contexto. |
| Tag | O "nome" do menu de contexto, que pode ser usado para acessá-lo. |
| Visible | Especifica se esse menu de contexto é visível ou não. Essa propriedade é definida automaticamente e normalmente não deve ser modificada. |

Os menus de contexto de nível superior são criados pelos objetos `uicontextmenu` e os itens de nível inferior nos menus de contexto são criados pelos objetos `uimenu`. Os menus de contexto são basicamente os mesmos que os menus padrão, exceto pelo fato de que podem ser associados a qualquer objeto GUI (eixos, linhas, texto, figuras e assim por diante).

### 14.7.1 Suprimindo o Menu Padrão

Cada figura MATLAB é fornecida com um conjunto padrão de menus padrão. Se desejar excluir esses menus de uma figura e criar seus próprios menus, você deve desligar os menus padrão. A exibição dos menus padrão é controlada pela propriedade `MenuBar` da figura. Os valores possíveis dessa propriedade são `'figure'` e `'none'`. Se a propriedade for definida como `'figure'`, os menus padrão serão exibidos. Se a propriedade for definida como `'none'`, os menus padrão serão suprimidos. É possível usar o Property Inspector para definir a propriedade `MenuBar` para suas GUIs quando criá-las.

### 14.7.2 Criando os Próprios Menus

Criar seus próprios menus padrão para uma GUI é basicamente um processo de três etapas.

1. Primeiro, crie uma nova estrutura de menus com o Editor de Menus. Use o Editor de Menu para definir a estrutura, fornecendo a cada item do menu um `Label` a ser exibido e um valor `Tag` exclusivo. Também é possível especificar se existe uma barra separadora entre os itens de menus e se cada um possui ou não um visto ao lado. Uma função de retorno de chamada simulada será gerada automaticamente para cada item de menu.
2. Se necessário, edite as propriedades de cada item de menu usando o Property Inspector. O Property Inspector pode ser iniciado clicando no botão More Options no Editor de Menus. As propriedades mais importantes do item de menu (`Label`, `Tag`, `Callback`, `Checked` e `Separator`) podem ser definidas no Editor de Menu, de modo que o Property Inspector não seja geralmente necessário. No entanto, se você tiver que definir alguma das outras propriedades listadas na Tabela 14.6, precisará utilizar o Property Inspector.
3. Terceiro, implemente uma função de retorno de chamada para executar as ações necessárias para seus itens de menu. A função do protótipo é criada automaticamente, mas você deve adicionar o código para fazer com que cada item de menu se comporte corretamente.

O processo de construir menus será ilustrado em um exemplo no fim dessa seção.

> **Erros de Programação**
>
> Somente as propriedades Label, Tag, Callback, Checked e Separator de um item de menu podem ser definidas a partir do Editor de Menus. Se precisar definir alguma das outras propriedades, terá que utilizar o Property Inspector na figura e selecionar o item de menu apropriado a ser editado.

### 14.7.3 Teclas Aceleradoras e Mnemônicos do Teclado

Os menus MATLAB suportam teclas aceleradoras e mnemônicos do teclado. As **teclas aceleradoras** são combinações "CTRL + tecla" que fazem com que um item de menu seja executado *sem abrir o menu primeiro*. Por exemplo, a tecla aceleradora "o" pode ser designada ao item de menu Arquivo/Abrir. Nesse caso, a combinação do teclado CTRL + o fará com que a função de retorno de chamada File (Arquivo)/Open (Abrir) seja executada.

Algumas combinações CRTL + tecla são reservadas para o uso do sistema operacional do host. Essas combinações são diferentes entre os sistemas PC e Linux; consulte a documentação on-line do MATLAB para determinar quais combinações são legais para seu tipo de computador.

As teclas aceleradoras são definidas ajustando a propriedade Accelerator em um objeto uimenu.

**Mnemônicos do teclado** são letras simples que podem ser pressionadas para fazer com que um item de menu seja executado assim que o menu for aberto. A letra mnemônica do teclado para um determinado item de menu é sublinhada.[1] Para os menus de nível superior, o mnemônico de teclado é executado pressionando ALT mais a tecla mnemônica ao mesmo tempo. Assim que o menu de nível superior é aberto, o simples pressionamento da tecla mnemônica faz com que um item de menu seja executado.

A Figura 14.40 ilustra o uso dos mnemônicos do teclado. O menu Arquivo é aberto com as teclas ALT + f e assim que é aberto, o item de menu Exit pode ser executado simplesmente digitando "x".

Os mnemônicos do teclado são definidos colocando o caractere e comercial (&) antes da letra mnemônica desejada na propriedade Label. O e comercial não será exibido, mas a seguinte letra será sublinhada e atuará como uma tecla mnemônica. Por exemplo, a propriedade Label do item de menu Exit na Figura 14.40 é 'E&xit'.

### 14.7.4 Criando Menus de Contexto

Os menus de contexto são criados da mesma maneira que os menus comuns, exceto pelo fato de que o item de menu de nível superior é um uicontextmenu. O pai de um uicontextmenu deve ser uma figura, mas o menu de contexto pode ser associado e responder aos cliques do botão direito do mouse em qualquer objeto gráfico. Os menus de contexto são criados utilizando a seleção "Menu de Contexto" no Editor de Menus. Depois que o menu de contexto é criado, qualquer número de itens de menu pode ser criado sob ele.

---

[1] No Windows, os sublinhados ficam ocultos até que a tecla ALT seja pressionada. Esse comportamento pode ser modificado. Por exemplo, os sublinhados podem ficar visíveis o tempo todo no Windows 7, selecionando a opção "Sublinhar os atalhos do teclado e as teclas de acesso" na Central de Facilidade de Acesso do Painel de Controle.

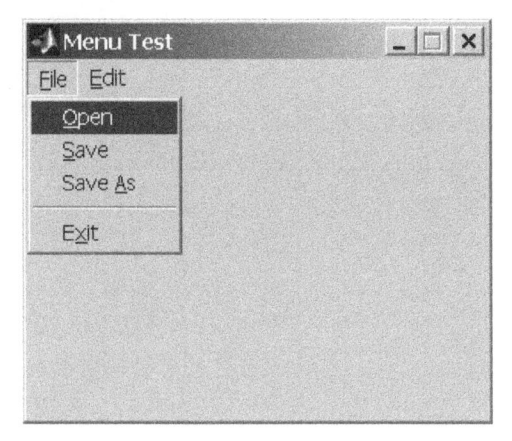

**Figura 14.40** Um exemplo que mostra os mnemônicos do teclado. O menu mostrado foi aberto digitando as teclas ALT+f e a opção Exit poderia ser executada simplesmente digitando "x".

Para associar um menu de contexto a um objeto específico, você deve definir a propriedade UIContextMenu do objeto para o identificador do uicontextmenu. Normalmente isso é feito usando o Property Inspector, mas pode ser feito com o comando set conforme mostrado abaixo. Se Hcm for o identificador para um menu de contexto, as seguintes expressões associarão o menu de contexto a uma linha criada por um comando plot.

```
H1 = plot(x,y);
set (H1,'UIContextMenu',Hcm);
```

Criaremos um menu de contexto e associaremos ele a um objeto gráfico no exemplo a seguir.

## ▶ Exemplo 14.2 – Desenhando o Diagrama dos Pontos de Dados

Escreva um programa que abra um arquivo de dados especificado pelo usuário e desenhe o diagrama da linha especificada pelos pontos no arquivo. O programa deve incluir um menu File, com os itens de menu Open e Exit. O programa também deve incluir um menu de contexto anexado à linha, com as opções para alterar seu estilo. Assuma que os dados no arquivo estejam no formato de pares $(x,y)$, com um par de valores de dados por linha.

**Solução** Esse programa deve incluir um menu padrão com itens de menu Open e Exit, mais um conjunto de eixos no qual desenhar o diagrama dos dados. Ele também deve incluir um menu de contexto que especifica diversos estilos de linha, que podem ser anexados à linha depois que for desenhado em diagrama. As opções devem incluir estilos de linha sólidos, traçados, pontilhados e traço-ponto.

A primeira etapa na criação desse programa é utilizar o guide para criar a GUI necessária, que é somente um conjunto de eixos nesse caso (veja a Figura 14.41a). Em seguida, devemos usar o Editor de Menu para criar o menu File (Arquivo). Esse menu conterá os itens de menu Open e Exit, conforme mostrado na Figura 14.41b. Observe que devemos usar o Editor de Menus para definir Label e Tag para cada um desses itens de menu. Também definiremos os mnemônicos de teclado "F" para File, "O" para Open e "x" para Exit e colocaremos um separador entre os itens de menu Open e Exit. A Figura 14.41b mostra o item do menu Exit. Observe que "x" é o mnemônico do teclado e que o interruptor do separador está ligado.

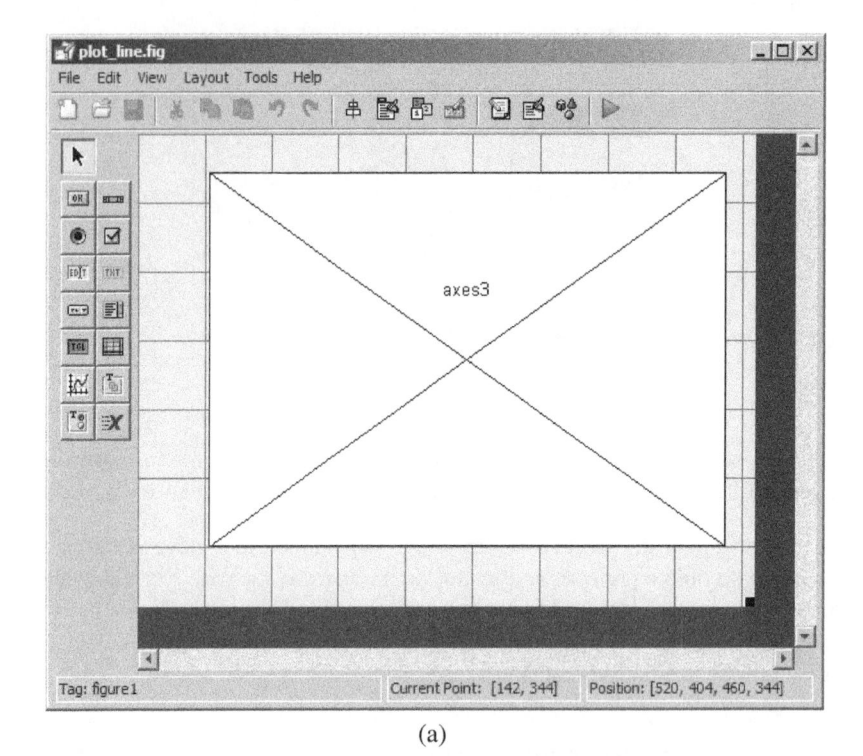

(a)

(b)

**Figura 14.41** O layout para plot_line. (b) O menu File no Menu Editor.

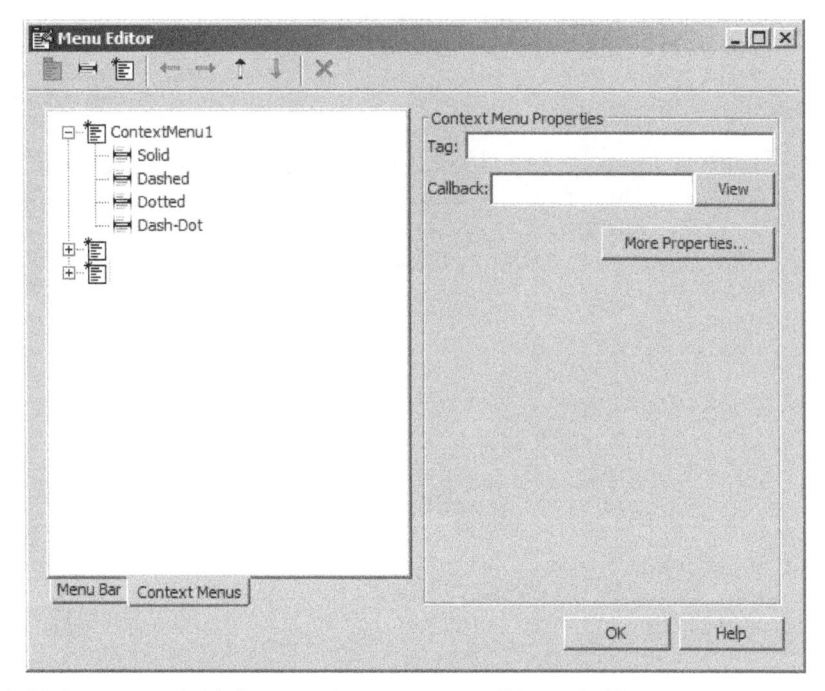

**Figura 14.41** (*continuação*) (c) O menu de contexto no Editor de Menu.

Em seguida, devemos usar o Editor de Menu para criar o menu de contexto. Esse menu inicia com um objeto uicontextmenu, com quatro itens de menu anexados (veja a Figura 14.41c). Novamente, devemos definir as cadeias de caracteres Label e Tag para cada um desses itens de menus.

Nesse ponto, a GUI deve ser salva como plot_line.fig, e plot_line.m será criado automaticamente. As funções simuladas de retorno de chamada serão criadas automaticamente para os itens de menu.

Depois que a GUI for criada, devemos implementar seis funções de retorno de chamada para os itens de menu Open, Exit e linestyle. A função de retorno de chamada mais difícil é a resposta ao item de menu File/Open. Esse retorno de chamada deve solicitar ao usuário o nome do arquivo (usando uma caixa de diálogo uigetfile), abrir o arquivo, ler os dados, salvá-los em matrizes x e y, e fechar o arquivo. Em seguida, ele deve desenhar o diagrama da linha e salvar o identificador da linha como dados de aplicativo de modo que possamos usá-lo para modificar o estilo da linha posteriormente. Finalmente, devemos associar o menu de contexto à linha. A função FileOpen_Callback é mostrada na Figura 14.42. Observe que a função usa uma caixa de diálogo para informar o usuário de erros de abertura de arquivo.

```
function varargout = FileOpen_Callback(h, eventdata, ...
                                        handles, varargin)

% Get the file to open
[filename, pathname] = uigetfile ('*.dat','Load Data');
if filename ~= 0

    % Open the input file
    filename = [pathname filename];
    [fid,msg] = fopen(filename,'rt');

    % Check to see if the open failed.
    if fid < 0

        % There was an error--tell user.
        str = ['File ' filename ' could not be opened.'];
```

*Obter o nome do arquivo a ser aberto*

*Abrir arquivo*

```
            title = 'File Open Failed';
            errordlg(str,title,'modal');        ← Mensagem de erro
        else                                      se a abertura falhar

            % File opened successfully.  Read the (x,y) pairs from
            % the input file.  Get first (x,y) pair before the
            % loop starts.
            [in,count] = fscanf(fid,'%g',2);    ← Ler os dados
            ii = 0;

            while ~feof(fid)
                ii = ii + 1;
                x(ii) = in(1);
                y(ii) = in(2);
                % Get next (x,y) pair
                [in,count] = fscanf(fid,'%g',2);
            end

            % Data read in.  Close file.
            fclose(fid);
                                                 ← Desenhar diagrama
            % Now plot the data.                    da linha
            hline = plot(x,y,'LineWidth',3);
            xlabel('x');
            ylabel('y');                         ← Definir menu
            grid on;                                de contexto

            % Associate the context menu with line
            set(hline,'Uicontextmenu',handles.ContextMenu1);

            % Save the line's handle as application data
                handles.hline = hline;           ← Salvar o identificador
                guidata(gcbf, handles);             como dados do app

        end
    end
```

**Figura 14.42** A função de retorno de chamada File/Open.

As funções restantes de retorno de chamada são muito simples. A função `FileExit_Callback` simplesmente fecha a figura e as funções de estilo de linha simplesmente definem o estilo da linha. Quando o usuário clicar com o botão direito do mouse sobre a linha, o menu de contexto aparecerá. Se o usuário selecionar um item do menu, o retorno de chamada resultante usará o identificador salvo da linha para mudar suas propriedades. Essas cinco funções são mostradas na Figura 14.43.

A saída do programa final é mostrada na Figura 14.44. Experimente isso em seu próprio computador para verificar se ela se comporta corretamente.

```
function varargout = FileExit_Callback(h, eventdata, ...
                                handles, varargin)
close(gcbf);

function varargout = LineSolid_Callback(h, eventdata, ...
                                handles, varargin)
set(handles.hline,'LineStyle','-');

function varargout = LineDashed_Callback(h, eventdata, ...
                                handles, varargin)
set(handles.hline,'LineStyle','--');

function varargout = LineDotted_Callback(h, eventdata, ...
                                handles, varargin)
set(handles.hline,'LineStyle',':');

function varargout = LineDashDot_Callback(h, eventdata, ...
                                handles, varargin)
set(handles.hline,'LineStyle','-.');
```

Figura 14.43 As funções de retorno de chamada restantes em `plot_line`.

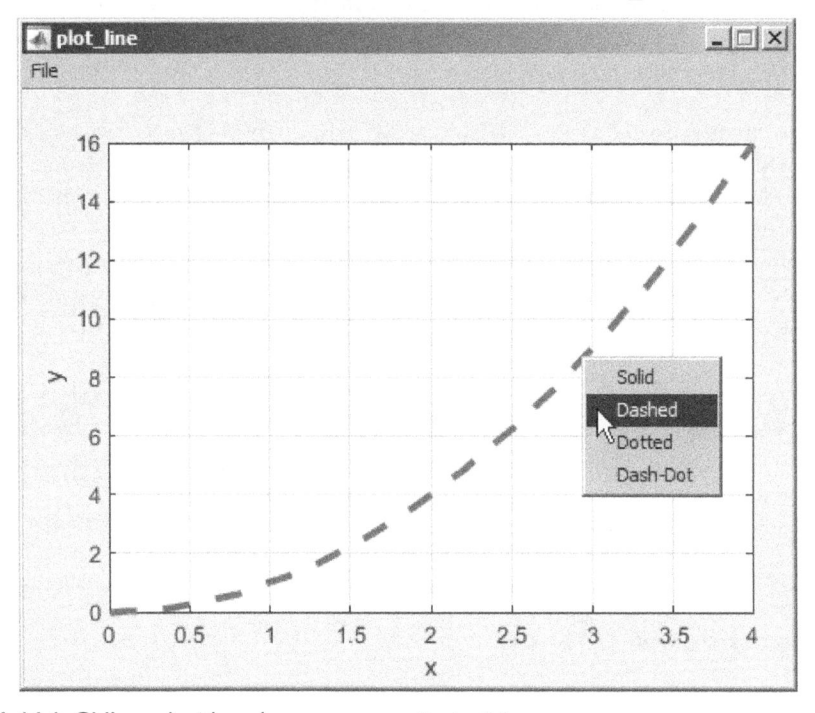

Figura 14.44 A GUI produzida pelo programa `plot_line`.

## Teste 14.1

Este teste apresenta uma verificação rápida do seu entendimento dos conceitos apresentados nas Seções de 14.1 a 14.7. Se você tiver problemas com o teste, releia a seção, pergunte ao seu instrutor ou discuta o material com um colega. As respostas para esse teste estão no final do livro.

1. Liste os tipos de componentes gráficos discutidos neste capítulo. Qual o propósito de cada um?
2. Liste os tipos de recipientes discutidos neste capítulo. Quais são as diferenças entre eles?
3. O que é uma função de retorno de chamada? Como as funções de retorno de chamada são usadas nas GUIs do MATLAB?
4. Descreva as etapas necessárias para criar um programa baseado em GUI.
5. Descreva o propósito da estrutura de dados dos identificadores.
6. Como os dados de aplicativo são salvos em uma GUI do MATLAB? Por que você gostaria de salvar os dados de aplicativo em uma GUI?
7. Como é possível tornar um objeto gráfico invisível? Como é possível desligar um objeto gráfico de modo que não responda aos cliques do mouse ou entrada do teclado?
8. Quais dos componentes da GUI descritos neste capítulo respondem aos cliques do mouse? Quais respondem às entradas do teclado?
9. Quais são as caixas de diálogo? Como é possível criar uma caixa de diálogo?
10. Qual é a diferença entre uma caixa de diálogo modal e não modal?
11. Qual é a diferença entre um menu padrão e um menu de contexto? Quais componentes são usados para criar esses menus?
12. O que são teclas aceleradoras? O que são mnemônicos?

## 14.8 Dicas para Criar GUIs Eficientes

Esta seção lista algumas dicas diversas para criar eficientes interfaces gráficas do usuário.

### 14.8.1 Dicas de Ferramenta

**Dicas de ferramenta** de suporte das GUIs do MATLAB, que são pequenas janelas de ajuda que aparecem ao lado de um objeto da GUI `uicontrol` sempre que o mouse fica sobre o objeto por um momento. As dicas de ferramenta são usadas para fornecer a um usuário ajuda rápida sobre o propósito de cada objeto em uma GUI.

Uma dica de ferramenta é definida ajustando a propriedade `TooltipString` de um objeto à cadeia que você deseja exibir. Será solicitado que crie dicas de ferramenta nos exercícios de fim de capítulo.

> **Boa Prática de Programação**
>
> Defina as dicas de ferramenta para fornecer aos usuários dicas úteis sobre as funções de seus componentes da GUI.

### 14.8.2 Barras de ferramentas

As GUIs do MATLAB também podem suportar *barras de ferramentas*. Uma barra de ferramentas é uma linha de botão de comando especial ou botões alternar ao longo do topo de uma figura, logo abaixo da barra de menus. Cada botão possui uma pequena figura ou ícone sobre ela, representando sua função. Temos visto exemplos de barras de ferramentas na maioria das figuras MATLAB produzidas neste livro. Por exemplo, a Figura 14.45 mostra um diagrama simples que exibe a barra de ferramentas padrão.

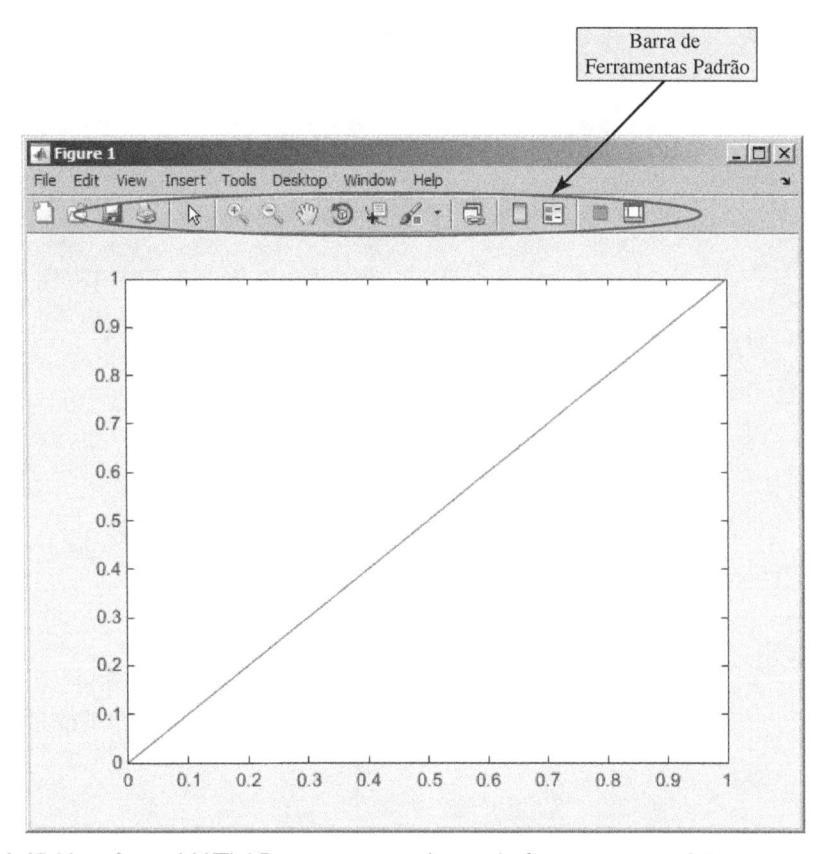

**Figura 14.45** Uma figura MATLAB que mostra a barra de ferramentas padrão.

Cada figura possui uma propriedade ToolBar, que determina se a barra de ferramentas de figura padrão é exibida ou não. Os valores possíveis dessa propriedade são 'none', 'auto' e 'figure'. Se a propriedade for 'none', a barra de ferramentas padrão não será exibida. Se a propriedade for 'figure', a barra de ferramentas padrão será exibida. Se a propriedade for 'auto', a barra de ferramentas padrão será exibida a menos que o usuário defina uma barra de ferramentas personalizada. Se a propriedade for 'auto' e o usuário definir uma barra de ferramentas personalizada, ela será exibida em vez da barra de ferramentas padrão.

Um programador pode criar sua própria barra de ferramentas usando a função uitoolbar e pode adicionar a barra de ferramentas equivalente de botão de comando e botões alternar para a barra de ferramentas usando as funções uipushtool e uitoggletool. A barra de ferramentas definida pelo usuário pode ser exibida além ou em vez da barra de ferramentas da figura padrão.

As barras de ferramentas são criadas e modificadas no guide clicando no Editor da Barra de Ferramentas ( ).

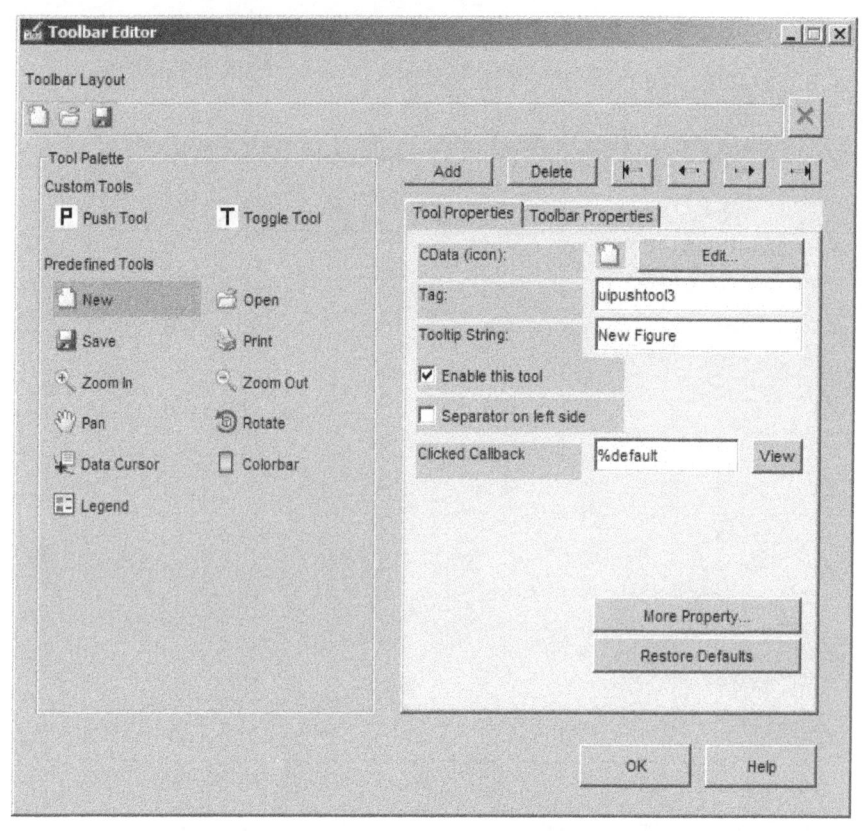

**Figura 14.46** O Editor da Barra de Ferramentas permite que um programador adicione os itens à barra de ferramentas arrastando e soltando-os da Paleta de Ferramentas para o Layout da Barra de Ferramentas.

### 14.8.3 Aprimoramentos Adicionais

Os programas baseados em GUI podem ser muito mais sofisticados do que descrevemos nesse capítulo introdutório. Além da propriedade `Callback` que usamos no capítulo, `uicontrols` suportam quatro outros tipos de retorno de chamada: `CreateFcn`, `DeleteFcn`, `ButtonDownFcn` e `KeyPressFcn`. As figuras do MATLAB também suportam três tipos importantes de retornos de chamada: `WindowButtonDownFcn`, `WindowButtonMotionFcn` e `WindowButtonUpFcn`.

A propriedade **CreateFcn** define um retorno de chamada que é chamado automaticamente sempre que um objeto é criado. Ela permite que um programador personalize seus objetos conforme são criados durante a execução do programa. Como esse retorno de chamada é executado antes que o objeto seja completamente definido, um programador deve especificar a função a ser executada como a propriedade padrão da raiz antes que o objeto seja criado. Por exemplo, a seguinte expressão fará com que a função `function_name` seja executada sempre que um `uicontrol` for criado. A função será chamada depois que o MATLAB criar as propriedades do objeto, de modo que fique disponível para a função quando for executada.

```
set(groot,'DefaultUicontrolCreateFcn','function_name')
```

A propriedade **DeleteFcn** define um retorno de chamada que é chamado automaticamente sempre que um objeto é destruído. Ela é executada antes que as propriedades do objeto sejam destruídas, de modo que fiquem disponíveis para a função quando forem executadas. Esse retorno de chamada fornece ao programador uma oportunidade de executar o trabalho de limpeza personalizado.

A propriedade **ButtonDownFcn** define um retorno de chamada que é chamado automaticamente sempre que um botão do mouse é pressionado em uma borda de cinco pixels ao redor de um uicontrol. Se o botão do mouse for pressionado no uicontrol, o Callback será executado. Caso contrário, se estiver perto da borda, o ButtonDownFcn será executado. Se o uicontrol não estiver ativado, o ButtonDownFcn será executado mesmo para os cliques no controle.

A propriedade **KeyPressFcn** define um retorno de chamada que é automaticamente chamado sempre que uma tecla é pressionada enquanto o objeto especificado é selecionado ou destacado. Essa função pode descobrir qual tecla foi pressionada, verificando a propriedade CurrentCharacter da figura cercada ou verificando o conteúdo da estrutura de dados do evento passado para o retorno de chamada. Ela pode usar essas informações para mudar o comportamento, dependendo da tecla que foi pressionada.

As funções de retorno de chamada de nível de figura **WindowButtonDownFcn, WindowButtonMotionFcn,** e **WindowButtonUpFcn** permitem que um programador implemente recursos como animações e arrastar e soltar, porque os retornos de chamada podem determinar as localizações iniciais, intermediárias e finais em que o botão do mouse é pressionado. Elas abrangem mais do que o escopo deste livro, mas é válido aprender sobre o assunto. Consulte a seção *Criando Interfaces Gráficas do Usuário (Creating Graphical User Interfaces)* na documentação do usuário do MATLAB para obter uma descrição desses retornos de chamada.

## ▶Exemplo 14.3 – Criando uma GUI do Histograma

Escreva um programa que abra um arquivo de dados especificado pelo usuário e calcule um histograma dos dados no arquivo. O programa deve calcular a média, mediana e desvio padrão dos dados no arquivo. Ele deve incluir um menu File, com itens de menu Open e Exit. Ele também deve incluir um meio de permitir que o usuário mude o número de seus compartimentos no histograma.

Selecione uma cor que não seja a cor padrão para a figura e os fundos das legendas do texto, use os mnemônicos de teclado para itens de menu e adicione dicas de ferramentas onde apropriado.

**Solução** Esse programa deve incluir um menu padrão com itens de menu Open e Exit, um conjunto de eixos no qual desenhar o diagrama do histograma e um conjunto de seis campos de texto para a média, a mediana e o desvio padrão dos dados. Três desses campos de texto conterão as legendas e três conterão os valores somente de leitura para a média, a mediana e o desvio padrão. Eles também devem incluir uma legenda e um campo de edição que permitam ao usuário selecionar o número de compartimentos a serem exibidos no histograma.

Selecionaremos uma cor azul-clara [0.6 1.0 1.0] para o fundo dessa GUI. Para que a GUI tenha um fundo azul-claro, esse vetor colorido deve ser carregado na propriedade 'Color' da figura e na propriedade 'BackgroundColor' de cada legenda do texto com o Property Inspector durante o layout da GUI.

A primeira etapa na criação desse programa é usar o guide para representar a GUI necessária (veja a Figura 14.47a). Em seguida, use o Property Inspector para definir as propriedades dos sete campos de texto e campo de edição. Os campos devem receber tags exclusivas de modo que possamos localizá-los a partir das funções de retorno de chamada. Em seguida, use o Menu Editor de para criar o menu File (veja a Figura 14.47b). Finalmente, a GUI resultante deve ser salva como histGUI, criando histGUI.fig e histGUI.m.

(a)

(b)

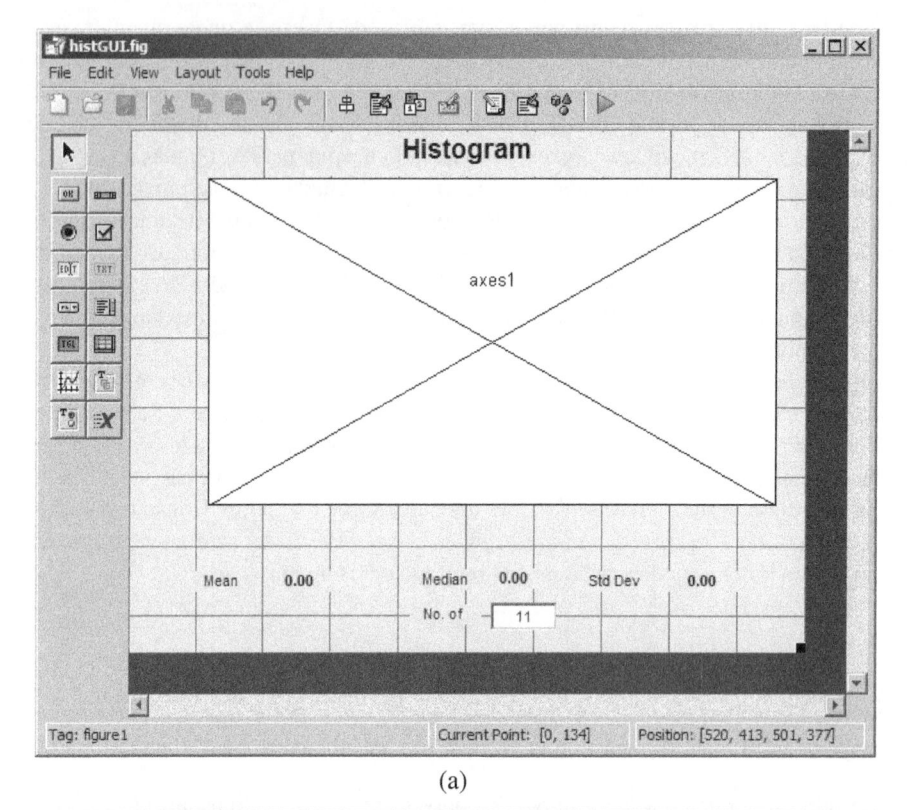

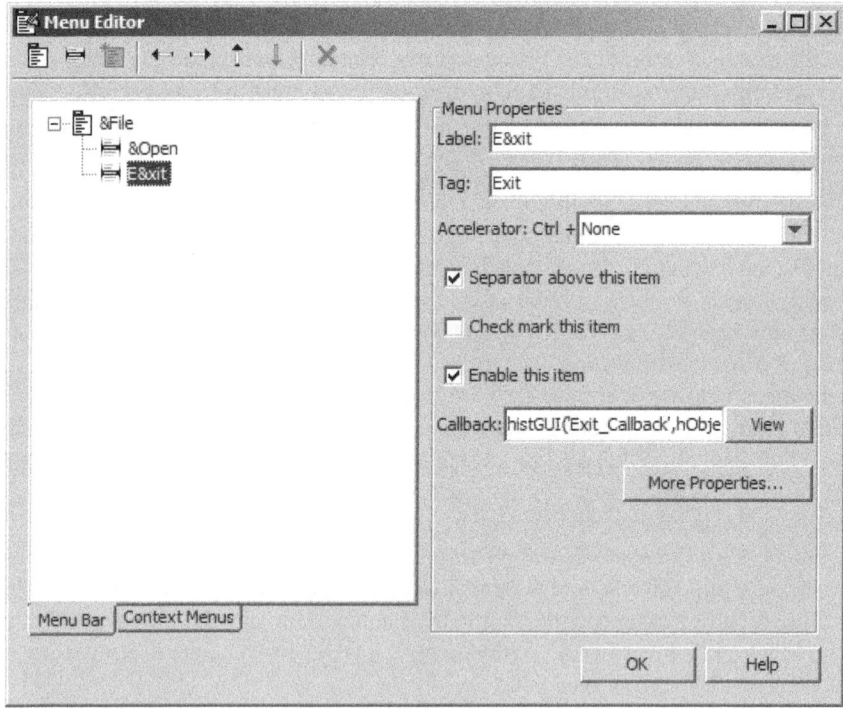

**Figura 14.47** (a) O layout para `histGUI`. (b) O menu File no Editor de Menu.

Depois que histGUI.m for salvo, a função histGUI_OpeningFcn deve ser editada para inicializar a cor de fundo da figura e para salvar o número inicial de compartimentos de histograma na estrutura handles. O código modificado para a função de abertura é:

```
% --- Executes just before histGUI is made visible.
function histGUI_OpeningFcn(hObject, eventdata, handles, varargin)
% This function has no output args, see OutputFcn.
% hObject     handle to figure
% eventdata   reserved - to be defined in a future version of MATLAB
% handles     structure with handles and user data (see GUIDATA)
% varargin    command line arguments to histGUI (see VARARGIN)

% Choose default command line output for histGUI
handles.output = hObject;

% Set the initial number of bins
handles.nbins = 11;

% Update handles structure
guidata(hObject, handles);
```

Em seguida, devemos criar funções de retorno de chamada para o item de menu File/Open, o item de menu File/Exit e a caixa de edição "number of bins".

O retorno de chamada File/Open deve solicitar ao usuário um nome de arquivo e depois ler os dados do arquivo. Ele deve calcular e exibir o histograma e atualizar os campos de texto das estatísticas. Observe que os dados no arquivo também devem ser salvos na estrutura handles, de modo que fiquem disponíveis para novo cálculo se o usuário mudar o número de compartimentos no histograma. A função de retorno de chamada para executar essas etapas é mostrada abaixo:

```
function Open_Callback(hObject, eventdata, handles)
% hObject     handle to Open (see GCBO)
% eventdata   reserved - to be defined in a future version of MATLAB
% handles     structure with handles and user data (see GUIDATA)

% Get file name
[filename,path] = uigetfile('*.dat','Load Data File');
if filename ~= 0

   % Read data
   x = textread([path filename],'%f');

   % Save in handles structure
   handles.x = x;
   guidata(gcbf, handles);

   % Create histogram
   hist(handles.x,handles.nbins);

   % Set axis labels
   xlabel('\bfValue');
   ylabel('\bfCount');

   % Calculate statistics
   ave = mean(x);
   med = median(x);
   sd  = std(x);
   n   = length(x);
```

```
% Update fields
set (handles.MeanData,'String',sprintf('%7.2f',ave));
set (handles.MedianData,'String',sprintf('%7.2f',med));
set (handles.StdDevData,'String',sprintf('%7.2f',sd));
set (handles.TitleString,'String',['Histogram (N = ' int2str(n) ')']);
end
```

O retorno de chamada File/Exit é trivial. Tudo o que ele deve fazer é fechar a figura.

```
function Exit_Callback(hObject, eventdata, handles)
% hObject    handle to Exit (see GCBO)
% eventdata  reserved - to be defined in a future version of MATLAB
% handles    structure with handles and user data (see GUIDATA)

close(gcbf);
```

O retorno de chamada NBins deve ler o valor de entrada numérica, arredondá-lo para o inteiro mais próximo, exibir esse número inteiro no Edit Box e recalcular e exibir o histograma. Observe que o número de compartimentos também deve ser salvo na estrutura handles, de modo que fique disponível para recálculo se o usuário carregar um novo arquivo de dados. A função de retorno de chamada para executar essas etapas é mostrada abaixo:

```
function NBins_Callback(hObject, eventdata, handles)
% hObject    handle to NBins (see GCBO)
% eventdata  reserved - to be defined in a future version of MATLAB
% handles    structure with handles and user data (see GUIDATA)

% Get number of bins, round to integer, and update field
nbins = str2num(get(hObject,'String'));
nbins = round(nbins);
if nbins < 1
   nbins = 1;
end
set (handles.NBins,'String',int2str(nbins));

% Save in handles structure
handles.nbins = nbins;
guidata(gcbf, handles);

% Re-display data, if available
if handles.nbins > 0 & ~isempty(handles.x)

   % Create histogram
   hist(handles.x,handles.nbins);

end
```

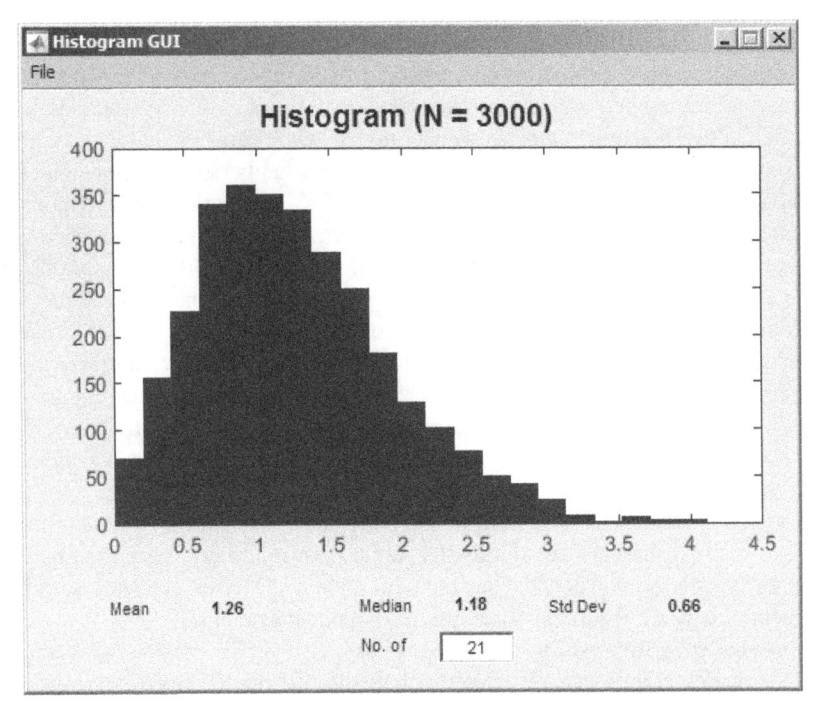

**Figura 14.48** A GUI produzida pelo programa `histGUI`.

O programa final é mostrado na Figura 14.48. Experimente com seu próprio computador verificar se ele se comporta corretamente.

## 14.9 Resumo

No Capítulo 14, aprendemos a criar interfaces gráficas do usuário MATLAB. As três partes fundamentais de uma GUI são os componentes (`uicontrols`, `uimenus`, `uicontextmenus`, `uitables`, barras de ferramentas e eixos), recipientes para contê-los e retornos de chamada para implementar as ações em resposta aos cliques do mouse ou entradas do teclado.

Os componentes padrão da GUI criados pelo `uicontrol` incluem campos de texto, caixas de edição, botão de comando, botões alternar, caixas de opção, botões de rádio, menus *popup*, caixas de listagem e barras deslizantes. O componente de GUI padrão criado por `uitable` é a tabela MATLAB. Os componentes de GUI padrão criados por `uimenu` e `uicontextmenu` são menus padrão e menus de contexto.

Os recipientes MATLAB consistem em figuras, painéis e grupos de botões. As figuras são criadas pela função `figure`. Elas são janelas separadas, completas com barras de título, menus e barras de ferramentas. Os painéis são criados pela função `uipanel`. Eles são recipientes que residem em figuras e outros recipientes e não possuem barras de título, menus ou barras de ferramentas. Os painéis podem conter componentes `uicontrol` e outros painéis ou grupos de botões e esses itens serão expostos em relação ao próprio painel. Se o painel for movido, todo o seu conteúdo moverá com ele. Os grupos de botões são criados pela função `uibuttongroup`. Eles são tipos especiais de painéis que controlam quaisquer botões de rádio ou botões alternar neles contidos para assegurar que somente um deles possa estar ativo por vez.

Qualquer um desses componentes e recipientes pode ser colocado em uma figura que usa o `guide` (a ferramenta GUI Development Environment). Depois que o layout da GUI tiver sido concluído, o usuário deve editar as propriedades do objeto com o Property Inspector e depois escrever uma função de retorno de chamada para implementar as ações associadas a cada objeto da GUI.

As caixas de diálogo são figuras especiais para exibir informações ou para obter entrada de um usuário. As caixas de diálogo são usadas para exibir erros, fornecer avisos, fazer perguntas ou obter entrada do usuário. Elas também são usadas para selecionar arquivos ou propriedades da impressora.

As caixas de diálogo podem ser modais ou não modais. Uma caixa de diálogo modal não permite que qualquer outra janela no aplicativo seja acessada até que seja liberada, embora uma caixa de diálogo normal (não modal) não bloqueie o acesso a outras janelas. As caixas de diálogo modal geralmente são usadas para aviso e mensagens de erro que precisam de atenção urgente e não podem ser ignoradas.

Os menus também podem ser adicionados às GUIs do MATLAB. Um menu permite que um usuário selecione as ações sem que os componentes adicionais apareçam na exibição da GUI. Eles são úteis para selecionar as opções menos usadas sem confundir a GUI com muitos dos botões extras. Os menus são criados com o Editor de Menu e depois o programador deve escrever uma função de retorno de chamada para implementar as ações associadas a cada item de menu. Para cada item de menu, o usuário deve usar o Editor de Menu para definir pelo menos as propriedades `Label` e `Tag`.

As teclas aceleradoras e os mnemônicos do teclado podem ser usados para acelerar a operação das janelas.

Compilar as funções do MATLAB para pcode pode acelerar a execução de um programa. Isso também protege seu investimento em seu código-fonte permitindo que você distribua o programa a terceiros na forma de arquivos pcode. Eles também podem ser livremente executados, mas não é fácil para alguém refazer a engenharia dos arquivos e tomar suas ideias.

Os componentes `uicontrol` do MATLAB possuem diversas propriedades adicionais para especificar tipos menos comuns de retornos de chamada, incluindo `CreateFcn`, `DeleteFcn`, `ButtonDownFcn` e `KeyPressFcn`. As figuras do MATLAB também possuem diversas propriedades para especificar tipos de retornos de chamada, incluindo `WindowButtonDownFcn`, `WindowButtonMotionFcn` e `WindowButtonUpFcn`. Esses diversos retornos de chamada permitem que um usuário personalize a aparência e a resposta das GUIs do MATLAB para diversas entradas do usuário.

### 14.9.1 Resumo das Boas Práticas de Programação

As seguintes regras devem ser adotadas ao trabalhar com as GUIs do MATLAB.
1. Use o `guide` para dispor uma nova GUI e use o Property Inspector para definir as propriedades iniciais de cada componente como o texto exibido no componente, a cor do componente e o nome da função de retorno de chamada, se necessário.
2. Depois de criar uma GUI com o `guide`, edite manualmente a função resultante para adicionar comentários que descrevam seus propósito e componentes e para implementar a função de retornos de chamada.
3. Armazene os dados de aplicativo da GUI na estrutura `handles`, de modo que fique automaticamente disponível a qualquer função de retorno de chamada.
4. Se você modificar qualquer dos dados de aplicativo da GUI na estrutura `handles`, certifique-se de salvar a estrutura com uma chamada para `guidata` antes de sair da função em que ocorreu as modificações.
5. As caixas de diálogo fornecem informações ou solicitam entrada nos programas baseados em GUI. Se as informações são urgentes e não devem ser ignoradas, torne modais as caixas de diálogo.
6. Defina as dicas de ferramentas para fornecer aos usuários referências úteis sobre as funções de seus componentes da GUI.

### 14.9.2 Resumo do MATLAB

O resumo a seguir lista todos os comandos e funções do MATLAB apresentados neste capítulo, junto a uma breve descrição de cada item. Além disso, consulte os resumos das propriedades do objeto gráfico nas Tabelas 14.2, 14.3, 14.4, 14.6 e 14.7.

| | |
|---|---|
| axes | Função para criar um conjunto de eixos. |
| dialog | Cria uma caixa de diálogo genérica. |
| errordlg | Exibe uma mensagem de erro. |
| helpdlg | Exibe uma mensagem de ajuda. |
| findobj | Localiza um objeto de GUI combinando uma ou mais de suas propriedades. |
| gcbf | Obtém a figura de retorno de chamada. |
| gcbo | Obtém o objeto de retorno de chamada. |
| guidata | Salva os dados do aplicativo da GUI em uma figura. |
| guihandles | Obtém a estrutura handles dos dados de aplicativo armazenados em uma figura. |
| guide | Ferramenta de Ambiente de Desenvolvimento da GUI. |
| inputdlg | Diálogo para obter os dados de entrada do usuário. |
| printdlg | Imprime a caixa de diálogo. |
| questdlg | A caixa de diálogo para fazer uma pergunta. |
| uibuttongroup | Cria um recipiente do grupo de botões. |
| uicontrol | Função para criar um objeto da GUI. |
| uicontextmenu | Função para criar um menu de contexto. |
| uigetdir | Caixa de diálogo para selecionar um diretório. |
| uigetfile | Caixa de diálogo para selecionar um arquivo de entrada. |
| uimenu | Função para criar um menu padrão ou um item de menu em um menu padrão ou um menu de contexto. |
| uipanel | Cria um painel. |
| uipushtool | Crie um botão de comando em uma barra de ferramentas definida pelo usuário. |
| uiputfile | Caixa de diálogo para selecionar um arquivo de saída. |
| uisetcolor | Exibe a caixa de diálogo de seleção de cores. |
| uisetfont | Exibe uma caixa de diálogo de seleção de fonte. |
| uitable | Função para criar uma tabela. |
| uitoggletool | Cria um botão alternar em uma barra de ferramentas definida pelo usuário. |
| uitoolbar | Cria uma barra de ferramentas definida pelo usuário. |
| warndlg | Exibe uma mensagem de aviso. |

## 14.10 Exercícios

**14.1** Explique as etapas necessárias para criar uma GUI no MATLAB.

**14.2** Quais tipos de componentes podem ser usados nas GUIs do MATLAB? Quais funções as criam e como selecionar um determinado tipo de componente?

**14.3** Quais tipos de recipientes podem ser utilizados nas GUIs do MATLAB? Qual função cria cada um deles?

**14.4** Como funciona uma função de retorno de chamada? Como uma função de retorno de chamada pode localizar as figuras e os objetos que precisa manipular?

**14.5** Crie uma GUI que use um menu padrão para selecionar a cor de fundo exibida pela GUI. Inclua teclas aceleradoras e mnemônicos de teclado no design do menu. Projete a GUI de modo que seja padronizada para um fundo verde.

**14.6** Crie uma GUI que use um menu de contexto para selecionar a cor de fundo exibida pela GUI. Projete a GUI de modo que seja padronizada para um fundo amarelo.

**14.7** Escreva um programa GUI que desenhe o diagrama da equação $y(x) = ax^2 + bx + c$. O programa deve incluir um conjunto de eixos para o diagrama e deve incluir um painel contendo os elementos da GUI para inserir os valores de $a$, $b$, $c$, e o mínimo e o máximo $x$ para desenhar o diagrama. Um painel separado deve conter controles para definir o estilo, a cor e a espessura da linha sendo desenhada em diagrama. Inclua as dicas de ferramenta para cada um de seus elementos GUI.

**14.8** Modifique a GUI do Exercício 14.7 para incluir um menu. O menu deve incluir dois submenus para selecionar a cor e o estilo da linha desenhada em diagrama, com um visto ao lado das opções de menu atualmente selecionadas. O menu também deve incluir uma opção Exit. Se o usuário selecionar essa opção, o programa deve criar uma caixa de diálogo de questão modal perguntando "Are You Sure? " com as respostas apropriadas. Inclua teclas aceleradoras e mnemônicos de teclado no projeto do menu. (Observe que os itens de menu duplicam alguns elementos da GUI, de modo que se um item de menu for selecionado, os elementos correspondentes da GUI devem ser atualizados também e vice-versa.)

**14.9** Modifique o exemplo de Caixa de Listagem na Seção 14.4.7 para permitir múltiplas seleções na caixa de listagem. O campo de texto deve ser expandido para múltiplas linhas, para que possa exibir uma lista de todas as seleções sempre que o botão Select for clicado.

**14.10 Distribuições de Número Aleatório** Crie uma GUI para exibir as distribuições de diferentes tipos de números aleatórios. O programa deve criar as distribuições gerando uma matriz de 1.000.000 valores aleatórios de uma distribuição e usando a função `hist` para criar um histograma. Certifique-se de identificar o título e os eixos do histograma corretamente.

O programa deve suportar distribuições uniformes, Gaussian e Rayleigh, com a seleção de distribuição feita por um menu *popup*. Além disso, ele deve ter uma caixa de edição para permitir que o usuário selecione o número de compartimentos no histograma. Certifique-se de que os valores inseridos na caixa de edição sejam legais (o número de compartimentos deve ser um número inteiro positivo).

**14.11** Modifique a GUI de conversão de temperatura do Exemplo 14.1 para adicionar um "termômetro". O termômetro deve ser um conjunto de eixos retangulares com um nível de "fluido" vermelho correspondendo à temperatura atual em graus Celsius. O intervalo do termômetro deve ser 0-100°C.

**14.12** Modifique a GUI de conversão de temperatura do Exercício 14.11 para permitir ajuste da temperatura exibida clicando no mouse. (**Aviso:** Esse exercício requer material não discutido neste capítulo. Consulte a propriedade `CurrentPoint` de objetos `axes` na documentação on-line do MATLAB.)

**14.13** Crie uma GUI que contenha um título e quatro botões de comando agrupados em um painel. O botão de comando deve ser rotulado "Title Color, " "Figure Color, " "Panel Color" e "Title Font". Se o botão Title Color for selecionado, abra uma caixa de diálogo `uisetcolor` e mude o texto do título para que fique na cor selecionada. Se o botão Figure Color for selecionado, abra uma caixa de diálogo `uisetcolor` e mude a cor da figura e a cor de fundo do texto do título para que seja a cor selecionada. Se o botão Panel Color for selecionado, abra uma caixa de diálogo `uisetcolor` e mude o fundo do painel para que fique na cor selecionada. Se o botão Title Font for selecionado, abra uma caixa de diálogo `uisetfont` e mude o texto do título para que fique na fonte selecionada.

**14.14** Crie uma GUI que contenha um título e um grupo de botões. O grupo de botões será intitulado "Style" e deve conter quatro botões de rádio rotulados "Plain, " "Italic, " "Bold" e "Bold Italic". Projete a GUI de modo que o estilo no botão de rádio atualmente selecionado seja aplicado ao texto do título.

**14.15 Ajuste dos Quadrados Mínimos** Crie uma GUI que possa ler um conjunto de dados de entrada a partir de um arquivo e execute um ajuste de quadrados mínimos para os dados. Os dados serão armazenados em um arquivo de disco no formato $(x, y)$, com um $x$ e um valor $y$ por linha. Execute o ajuste de quadrados mínimos com a função MATLAB `polyfit` e desenhe o diagrama dos dados originais e da linha ajustada de quadrados mínimos. Inclua dois menus: File e Edit. O menu File deve incluir os itens de menu File/Open e File/Exit, e o usuário deve receber um prompt "Are You Sure? " antes de sair. O item de menu Edit deve permitir que o usuário personalize a exibição, incluindo o estilo de linha, a cor da linha e o status da grade.

**14.16** Modifique a GUI do exercício anterior para incluir um item de menu Edit/Preferences que permita ao usuário suprimir o prompt de saída "Are You Sure? ".

**14.17** Modifique a GUI do exercício anterior para ler e gravar um arquivo de inicialização. O arquivo deve conter o estilo e a cor de linha, a opção de grade (on/off) e a opção de prompt de saída feita pelo usuário em execuções anteriores. Essas opções devem ser automaticamente gravadas e salvas quando o programa sair por meio do item de menu File/Exit e devem ser lidas e usadas sempre que o programa for iniciado novamente.

# Apêndice A

# UTF-8
# Conjunto de Caracteres

As cadeias MATLAB usam o conjunto de caracteres UTF-8, que contém muitos milhares de caracteres armazenados em um campo de 16 bits. Os primeiros 128 caracteres são os mesmos do conjunto de caracteres ASCII e são mostrados na tabela abaixo. Os resultados das operações de comparação da cadeia MATLAB dependem das *posições lexicográficas relativas* dos caracteres sendo comparados. Por exemplo, o caractere 'a' no conjunto de caracteres é a posição 97 na tabela, enquanto o caractere "A" está na posição 65. Portanto, o operador relacional `'a' > 'A'` retornará um 1 (verdadeiro), já que 97 > 65.

A tabela abaixo mostra o conjunto de caracteres ASCII, com os dois primeiros dígitos decimais do número de caracteres definido pela linha e o terceiro dígito definido pela coluna. Portanto, a letra `'R'` agora está na linha 8 e na coluna 2, de modo que é o caractere 82 no conjunto de caracteres ASCII.

|    | 0   | 1   | 2   | 3   | 4   | 5   | 6   | 7   | 8   | 9   |
|----|-----|-----|-----|-----|-----|-----|-----|-----|-----|-----|
| 0  | nul | soh | stx | etx | eot | enq | ack | bel | bs  | ht  |
| 1  | nl  | vt  | ff  | cr  | so  | si  | dle | dc1 | dc2 | dc3 |
| 2  | dc4 | nak | syn | etb | can | em  | sub | esc | fs  | gs  |
| 3  | rs  | us  | sp  | !   | "   | #   | $   | %   | &   | '   |
| 4  | (   | )   | *   | +   | ,   | -   | .   | /   | 0   | 1   |
| 5  | 2   | 3   | 4   | 5   | 6   | 7   | 8   | 9   | :   | ;   |
| 6  | <   | =   | >   | ?   | @   | A   | B   | C   | D   | E   |
| 7  | F   | G   | H   | I   | J   | K   | L   | M   | N   | O   |
| 8  | P   | Q   | R   | S   | T   | U   | V   | W   | X   | Y   |
| 9  | Z   | [   | \   | ]   | ^   | _   | `   | a   | b   | c   |
| 10 | d   | e   | f   | g   | h   | I   | j   | k   | l   | m   |
| 11 | n   | o   | p   | q   | r   | s   | t   | u   | v   | w   |
| 12 | x   | y   | z   | {   | \|  | }   | ~   | del |     |     |

# Apêndice B

# Resposta dos Testes

Esse apêndice contém as respostas para todos os testes do livro.

## Teste 1.1, página 22

1. A Janela de Comando MATLAB é a janela em que um usuário insere os comandos. Um usuário pode inserir comandos interativos no prompt de comandos (») na Janela de Comandos e eles serão executados no ponto. A Janela de Comandos também é usada para inciar a execução de arquivos M. A Janela Editar/Depurar é um editor usado para criar, modificar e depurar arquivos M. A Janela Figura é usada para exibir a saída gráfica MATLAB.
2. É possível obter ajuda no MATLAB:
    - Digitando `help <command_name>` na Janela de Comandos. Esse comando exibirá as informações sobre um comando ou a função na Janela de Comandos.
    - Digitando `lookfor <keyword>` na Janela de Comandos. Esse comando exibirá na Janela de Comandos uma lista de todos os comandos ou funções contendo a palavra-chave em suas primeiras linhas de comentário.
    - Iniciando o Navegador de Ajuda digitando `helpwin` ou `helpdesk` na Janela de Comandos, selecionando "Help" (Ajuda) no menu Start (Iniciar), ou clicando no ícone de ponto de interrogação ( ? ) na área de trabalho. O Navegador de Ajuda contém uma descrição extensiva baseada em hipertexto de todas as características no MATLAB, mais uma cópia completa de todos os manuais on-line nos formatos HTML e Adobe PDF. É a fonte de ajuda mais abrangente no MATLAB.
3. Um espaço de trabalho é a coleção de todas as variáveis e matrizes que podem ser usadas pelo MATLAB quando um determinado comando, arquivo M ou função estiver em execução. Todos os comandos executados na Janela de Comandos (e todos os arquivos de script executados a partir da Janela de Comandos) compartilham um espaço de trabalho comum, de modo que podem compartilhar todas as variáveis. O conteúdo do espaço de trabalho pode ser examinado com o comando `whos`, ou graficamente com o Navegador de Espaço de Trabalho.
4. Para limpar o conteúdo de um espaço de trabalho, digite `clear` ou `clear variables` na Janela de Comandos.

5. Os comandos para executar esse cálculo são:
```
» t = 5;
» x0 = 10;
» v0 = 15;
» a = -9.81;
» x = x0 + v0 * t + 1/2 * a * t^2
x =
    -37.6250
```
6. Os comandos para executar esse cálculo são:
```
» x = 3;
» y = 4;
» res = x^2 * y^3 / (x - y)^2
res =
    576
```

As Perguntas 7 e 8 são destinadas a fazer que você explore as características do MATLAB. Não há uma única resposta "certa" para elas.

## Teste 2.1

1. Uma matriz é uma coleção de valores de dados organizados em linhas e colunas, e são conhecidos por um único nome. Valores individuais de dados em uma matriz são acessados por meio do nome dela, seguido de subscritos entre parênteses que identificam a linha e a coluna do valor particular. O termo "vetor" geralmente descreve uma matriz com somente uma dimensão, enquanto o termo "matriz" costuma ser utilizado para descrever matrizes com duas ou mais dimensões.
2. (a) Essa é uma matriz $3 \times 4$; (b) c(2, 3) = -0.6; (c) Os elementos da matriz cujo valor é 0.6 são c(1, 4), c(2, 1) e c(3, 2).
3. (a) $1 \times 3$; (b) $3 \times 1$; (c) $3 \times 3$; (d) $3 \times 2$; (e) $3 \times 3$; (f) $4 \times 3$; (g) $4 \times 1$.
4. w(2,1) = 2
5. x(2,1) = −20i
6. y(2,1) = 0
7. v(3) = 3

## Teste 2.2

1. (a) c(2,:) = [0,6   1,1   −0,6   3,1]

   (b) $c(:, end) = \begin{bmatrix} 0,6 \\ 3,1 \\ 0,0 \end{bmatrix}$

   (c) $c(1:2, 2:end) = \begin{bmatrix} -3,2 & 3,4 & 0,6 \\ 1,1 & -0,6 & 3,1 \end{bmatrix}$

   (d) c(6) = 0,6
   (e) c(4, end) = [−3,2   1,1   0,6   3,4   −0,6   5,5   0,6   3,1   0,0]

   (f) $c(1:2,2:4) = \begin{bmatrix} -3,2 & 3,4 & 0,6 \\ 1,1 & -0,6 & 3,1 \end{bmatrix}$

   (g) $c([1\ 3],2) = \begin{bmatrix} -3,2 \\ 0,6 \end{bmatrix}$

(h) c([2 2],[3 3]) = $\begin{bmatrix} -0{,}6 & -0{,}6 \\ -0{,}6 & -0{,}6 \end{bmatrix}$

2. (a) a = $\begin{bmatrix} 7 & 8 & 9 \\ 4 & 5 & 6 \\ 1 & 2 & 3 \end{bmatrix}$ (b) a = $\begin{bmatrix} 4 & 5 & 6 \\ 4 & 5 & 6 \\ 4 & 5 & 6 \end{bmatrix}$ (c) a = $\begin{bmatrix} 4 & 5 & 6 \\ 4 & 5 & 6 \end{bmatrix}$

3. (a) a = $\begin{bmatrix} 1 & 0 & 0 \\ 1 & 2 & 3 \\ 0 & 0 & 1 \end{bmatrix}$ (b) a = $\begin{bmatrix} 1 & 0 & 4 \\ 0 & 1 & 5 \\ 0 & 0 & 6 \end{bmatrix}$ (c) a = $\begin{bmatrix} 1 & 0 & 0 \\ 0 & 1 & 0 \\ 9 & 7 & 8 \end{bmatrix}$

## Teste 2.3

1. O comando necessário é format long e.
2. (a) Essas expressões obtêm o raio de um círculo do usuário e calculam e exibem a área do círculo. (b) Essas expressões exibem o valor de $\pi$ como um número inteiro, de modo que exibem a cadeia de caracteres: The value is 3!.
3. A primeira expressão emite o valor 12345.67 no formato exponencial, a segunda expressão emite o valor no formato de ponto flutuante; a terceira expressão emite o valor em formato geral; e a quarta expressão emite o valor no formato de ponto flutuante em um campo com 12 caracteres de comprimento, com quatro casas após a pontuação decimal. Os resultados dessas expressões são:

```
value = 1.234567e+004
value = 12345.670000
value = 12345.7
value = 12345.6700
```

## Teste 2.4

1. (a) Essa operação é ilegal. A multiplicação da matriz deve ser entre matrizes do mesmo formato ou entre uma matriz e um escalar. (b) Multiplicação legal da matriz: resultado = $\begin{bmatrix} 4 & 4 \\ 3 & 3 \end{bmatrix}$ (c) Multiplicação legal da matriz: result = $\begin{bmatrix} 2 & 1 \\ -2 & 4 \end{bmatrix}$ (d) Essa operação é ilegal. A multiplicação da matriz b * c produz uma matriz 1 × 2 e a é uma matriz de 2 × 2, de modo que a adição é ilegal. (e) Essa operação é ilegal. A multiplicação da matriz b .* c está entre duas matrizes de diferentes tamanhos, de modo que a multiplicação é ilegal.

2. Esse resultado pode ser encontrado a partir da operação x = A\B: $x = \begin{bmatrix} -0{,}5 \\ 1{,}0 \\ -0{,}5 \end{bmatrix}$

## Teste 3.1

1.
```
x = 0:pi/10:2*pi;
x1 = cos(2*x);
y1 = sin(x);
plot(x1,y1,'-ro','LineWidth',2.0,'MarkerSize',6,...
    'MarkerEdgeColor','b','MarkerFaceColor','b')
```

2. Essa pergunta não possui uma única resposta específica, qualquer combinação de ações que mudam os marcadores é aceita.
3. `'\itf\rm(\itx\rm) = sin \theta cos 2\phi'`
4. `'\bfPlot of \Sigma \itx\rm\bf^{2} versus \itx'`
5. Essa cadeia de caracteres cria os caracteres: $\tau_m$
6. Essa cadeia de caracteres cria os caracteres: $x_1^2 + x_2^2$ (unidades: **m²**)
7.
```
g = 0.5;
theta = 2*pi*(0.01:0.01:1);
r = 10*cos(3*theta);
polar (theta,r,'r-')
```

O diagrama resultante é mostrado abaixo:

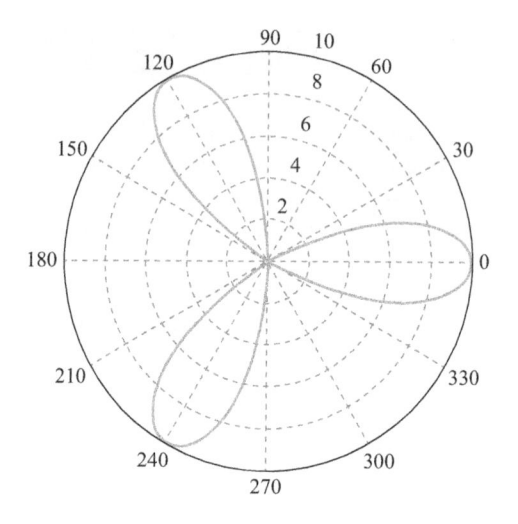

8.
```
figure(1);
x = linspace(0.01,100,501);
y = 1 ./ (2 * x .^ 2);
plot(x,y);
figure(2);
x = logspace(0.01,100,101);
y = 1 ./ (2 * x .^ 2)
loglog(x,y);
```

Os diagramas resultantes são mostrados a seguir. O diagrama linear é dominado pelo valor muito grande em $x = 0{,}01$ e quase nada é visível. A função se parece com uma linha reta no diagrama loglog.

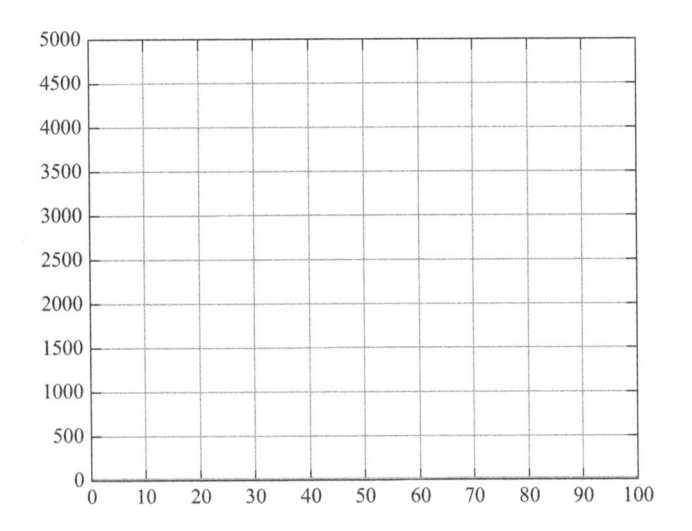

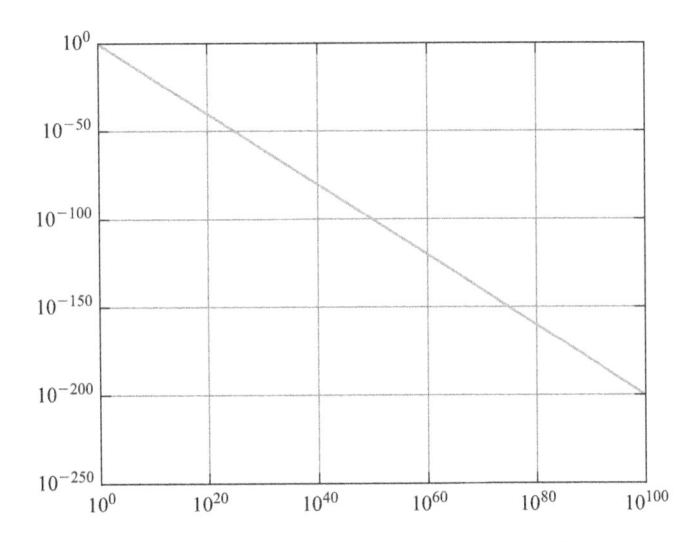

## Teste 4.1

| Expressão | Resultado | Comentário |
|---|---|---|
| 1. a > b | 1 (logical verdadeiro) | |
| 2. b > d | 0 (logical falso) | |
| 3. a > b && c > d | 0 (logical falso) | |
| 4. a == b | 0 (logical falso) | |
| 5. a & b > c | 0 (logical falso) | |
| 6. ~~b | 1 (logical verdadeiro) | |

7. ~(a > b) $\begin{bmatrix} 1 & 0 \\ 0 & 1 \end{bmatrix}$
(matriz logical)

8. a > c && b > c    Ilegal    Os operadores && e || funcionam somente entre operandos *scalar*.

9. c <= d    Ilegal    O operador <= deve estar entre matrizes do mesmo tamanho ou entre uma matriz e um escalar.

10. logical(d) $\begin{bmatrix} 1 & 1 & 1 \\ 0 & 1 & 0 \end{bmatrix}$
(matriz logical)

11. a * b > c $\begin{bmatrix} 1 & 0 \\ 0 & 1 \end{bmatrix}$
(matriz logical)

A expressão a * b é avaliada primeiro, produzindo a matriz double $\begin{bmatrix} 2 & -4 \\ 0 & 20 \end{bmatrix}$ e a operação logical é avaliada em segundo lugar, produzindo a resposta final.

12. a * (b > c) $\begin{bmatrix} 2 & 0 \\ 0 & 2 \end{bmatrix}$
(matriz double)

A expressão b > c produziu a matriz logical $\begin{bmatrix} 1 & 0 \\ 0 & 1 \end{bmatrix}$ e ao multiplicar essa matriz logical por 2 converteu-se os resultados de volta para uma matriz double.

13. a*b^2 > a*c    0 (logical falso)

14. d || b > a    1 (logical verdadeiro)

15. (d | b) > a    0 (logical falso)

16. isinf(a/b)    0 (logical falso)

17. isinf(a/c)    1 (logical verdadeiro)

18. a > b && ischar(d)    1 (logical verdadeiro)

19. isempty(c)    0 (logical falso)

20. (~a) & b    0 (logical falso)

21. (~a) + b    −2 (valor double)    ~a é um 0 lógico. Quando adicionado a b, o resultado é convertido de volta para um valor double.

## Teste 4.2

1. ```
if x >= 0
    sqrt_x = sqrt(x);
else
    disp('ERROR: x < 0');
    sqrt_x = 0;
end
```
2. ```
if abs(denominator) < 1.0E-300
    disp('Divide by 0 error.');
else
    fun = numerator / denominator;
    disp(fun)
end
```
3. ```
if distance <= 100
    cost = 0.50 * distance;
elseif distance <= 300
    cost = 50 + 0.30 * (distance - 100);
else
    cost = 110 + 0.20 * (distance - 300);
end
```
4. Essas expressões estão incorretas. Para que essa estrutura funcione, a segunda expressão `if` precisaria ser uma expressão `elseif`.
5. Essas expressões são legais. Elas exibirão a mensagem "Prepare to stop."
6. Essas expressões serão executadas, mas não farão o que o programador pretendeu. Se temperature for 150, essas expressões imprimirão "Human body temperature exceeded." em vez de "Boiling point of water exceeded.", porque a estrutura `if` executa a primeira condição `true` e ignora o restante. Para obter o comportamento adequado, a ordem desses testes deve ser invertida.

## Teste 5.1

1. 4 vezes
2. 0 vezes
3. 1 vez
4. 2 vezes
5. 2 vezes
6. ires = 10
7. ires = 55
8. ires = 25;
9. ires = 49;
10. Com laços e ramificações:

    ```
    for ii = -6*pi:pi/10:6*pi
        if sin(ii) > 0
            res(ii) = sin(ii);
        else
            res(ii) = 0;
        end
    end
    ```
    Com código vetorizado:
    ```

```
arr1 = sin(-6*pi:pi/10:6*pi);
res = zeros(size(arr1));
res(arr1>0) = arr1(arr1>0);
```

## Teste 6.1

1. Os arquivos de script são simplesmente coleções de expressões MATLAB que são armazenadas em um arquivo. Arquivos de script compartilham o espaço de trabalho da Janela de Comandos, assim, qualquer variável definida antes de o arquivo de script ser iniciado fica visível para ele, e as variáveis por ele criadas permanecem no espaço de trabalho após o término da execução do arquivo. Arquivos de script não têm argumentos de entrada e não retornam resultados, mas podem se comunicar entre si pelos dados deixados no espaço de trabalho. Em contrapartida, cada função do MATLAB é executada em seu próprio espaço de trabalho independente. Ela recebe dados de entrada por meio de uma lista de argumentos de entrada, e retorna resultados por uma lista de argumentos de saída.
2. O comando `help` exibe todas as linhas de comentário em uma função até que a primeira linha em branco ou a primeira expressão executável seja alcançada.
3. A linha de comentário H1 é a primeira linha de comentário no arquivo. Essa linha é pesquisada e exibida pelo comando `lookfor`. Ela sempre deve conter um resumo de uma linha do propósito de uma função.
4. No esquema de passagem-por-valor, uma *cópia* de cada argumento de entrada é passada de um agente de chamada para uma função, em vez do argumento original em si. Essa prática contribui para o bom design do programa porque os argumentos de entrada podem ser livremente modificados na função sem causar efeitos colaterais indesejados no agente de chamada.
5. Uma função MATLAB pode ter qualquer número de argumentos e nem todos precisam estar presentes sempre que a função é chamada. A função `nargin` é usada para determinar o número de argumentos de entrada realmente presentes quando uma função for chamada e a função `nargout` é usada para determinar o número de argumentos de saída realmente presentes quando uma função é chamada.
6. Essa chamada de função está incorreta. A função `test1` deve ser chamada com dois argumentos de entrada. Nesse caso, a variável y será indefinida na função `test1` e a função será interrompida.
7. Essa chamada de função está correta. A função pode ser chamada com um ou dois argumentos.

## Teste 7.1

1. Uma função local é uma segunda função ou subsequente definida em um arquivo. As funções locais se parecem com funções ordinárias, mas elas são acessíveis somente a outras funções no mesmo arquivo.
2. O escopo de uma função é definido como os locais no MATLAB de onde a função pode ser acessada.
3. As funções privadas são funções que residem em subdiretórios com o nome especial `private`. Elas são visíveis somente para as outras funções no diretório `private` ou para funções no diretório pai. Em outras palavras, o escopo dessas funções é restrito ao diretório privado e ao diretório pai que o contém.
4. Funções aninhadas são funções que são definidas inteiramente no corpo de outra função, chamada de função host. Elas ficam visíveis somente para a função host em que são incorporadas e para outras funções aninhadas incorporadas no mesmo nível na mesma função host.
5. O MATLAB localiza as funções em uma ordem específica da seguinte maneira:
   - O MATLAB verifica se existe uma função aninhada na função corrente com o nome especificado. Se existir, ela é executada.

- O MATLAB verifica se existe uma função local no arquivo corrente com o nome especificado. Se existir, ela é executada.
- O MATLAB procura uma função privada com o nome especificado. Se existir, ela é executada.
- O MATLAB procura uma função com o nome especificado no diretório corrente. Se existir, ela é executada.
- O MATLAB procura uma função com o nome especificado no caminho MATLAB. O MATLAB parará a busca e executará a primeira função com o nome correto localizado no caminho.

6. Um identificador de função é um tipo de dado do MATLAB que retém informações a serem utilizadas ao referenciar uma função. Ao criar um identificador de função, o MATLAB captura todas as informações sobre a função que precisará executar isso no futuro. Depois que o identificador é criado, ele pode ser usado para executar a função em algum momento.
7. O resultado retorna o nome da função da qual o identificador foi criado:
```
>> myfun(@cosh)
ans =
cosh
```

## Teste 8.1

1. (a) verdadeiro (1); (b) falso (0); (c) 25
2. Se array for uma matriz complexa, a função plot(array) desenhará o diagrama de componentes reais de cada elemento na matriz *versus* componentes imaginários de cada elemento na matriz.

## Teste 9.1

1. Essas expressões concatenam as duas linhas juntas e a variável res contém a cadeia 'This is a test!This line, too.'
2. Essas expressões são ilegais – não existe função strcati.
3. Essas expressões são ilegais – as duas cadeias devem ter o mesmo número de colunas e essas cadeias são de diferentes comprimentos.
4. Essas expressões são legais – a função strvcat pode preencher os valores de entrada de diferentes comprimentos. O resultado é que as duas cadeias aparecem em diferentes linhas no resultado final:
```
» res = strvcat(str1,str2)
res =
This is another test!
This line, too.
```
5. Essas expressões retornam verdadeiro (1), porque as duas cadeias são correspondentes nos 5 primeiros caracteres.
6. Essas expressões retornam os locais de cada 's' na cadeia de entrada: 4  7  13.
7. Essas expressões atribuem o caractere 'x' a cada local em str1 que contém um espaço em branco. A cadeia de caracteres resultante é Thisxisxaxtest!xx.
8. Essas expressões retornam uma matriz com 12 valores, correspondendo aos 12 caracteres na cadeia de caracteres de entrada. A matriz de saída contém 1 nos locais de cada valor alfanumérico e 0 em todos os outros locais:
```
» str1 = 'aBcD 1234 !?';
» res = isstrprop(str1,'alphanum')
  Columns 1 through 5
```

```
              1       1       1       1       0
   Columns 6 through 10
              1       1       1       1       0
   Columns 11 through 12
              0       0
```

9. Essas expressões mudam todos os caracteres alfabéticos nas primeiras sete colunas de `str1`. A cadeia resultante é `ABCD 12 34 !?`.
10. `str1` contém 456 com três espaços em branco antes e depois dele e `str2` contém abc com três espaços em branco antes e depois dele. A cadeia `str3` é a concatenação das duas cadeias de caracteres, de modo que tem 18 caracteres de comprimento: `   456      abc   `. A cadeia `str4` é a concatenação das duas cadeias de caracteres com espaços iniciais e finais removidos, de modo que tem 6 caracteres de comprimento: `456abc`. A cadeia `str5` é a concatenação das duas cadeias de caractere somente com os espaços em branco finais removidos, de modo que tem 12 caracteres de comprimento: `   456      abc`.
11. Essas expressões falharão, porque `strncmp` requer um parâmetro de comprimento.

## Teste 9.2

1. Essas expressões são ilegais, porque não é possível adicionar objetos dessas duas classes.
2. Essas expressões são ilegais, porque não é possível multiplicar objetos dessas duas classes.
3. Essas expressões são legais, porque os objetos `single` e `double` podem ser multiplicados usando a multiplicação de matriz. O resultado é uma única matriz contendo $\begin{bmatrix} 3 & 2 \\ -2 & 3 \end{bmatrix}$.
4. Essas expressões são legais, porque os objetos `single` e `double` podem ser multiplicados usando a multiplicação de matriz. O resultado é uma única matriz que contém $\begin{bmatrix} 3 & 0 \\ 0 & 3 \end{bmatrix}$.

## Teste 10.1

1. As matrizes esparsas são um tipo especial de matriz na qual a memória é alocada somente para elementos diferentes de zero na matriz. Os valores de memória são alocados para os subscritos e o valor de cada elemento em uma matriz esparsa. Em contrapartida, um local de memória é alocado para cada valor em uma matriz completa, independentemente de o valor ser 0 ou não. As matrizes esparsas podem ser convertidas em matrizes completas usando a função `full` e as matrizes completas podem ser convertidas em matrizes esparsas utilizando a função `sparse`.
2. Uma matriz celular é uma matriz de "ponteiros", da qual cada elemento pode apontar para qualquer tipo de dados MATLAB. Ela difere de uma matriz ordinária em que cada elemento de uma matriz celular pode apontar para um tipo diferente de dados, como uma matriz numérica, uma cadeia de caracteres, outra matriz celular ou uma estrutura. Além disso, as matrizes celulares usam chaves { } em vez de parênteses ( ) para selecionar e exibir o conteúdo das células.
3. *A indexação do conteúdo* envolve colocar chaves { } em torno dos subscritos da célula, juntamente com o conteúdo da célula na notação ordinária. Este tipo de indexação define o conteúdo da estrutura de dados contida em uma célula. *A indexação da célula* envolve colocar chaves { } em torno dos dados a serem armazenados em uma célula, juntamente com subscritos de célula na notação comum de subscritos. Este tipo de indexação cria uma estrutura que contém os dados especificados, depois atribui esta estrutura de dados a uma célula.
4. Uma estrutura é um tipo de dado no qual cada elemento individual recebe um nome. Os elementos individuais de uma estrutura são conhecidos como campos e cada campo em uma estrutura pode ter um tipo diferente. Os campos individuais são endereçados combinando o nome da estrutura com o nome do campo, separados por um ponto. As estruturas diferem das matrizes ordinárias porque essas e os elementos da matriz celular são endereçados pelo subscrito, enquanto os elementos da estrutura são endereçados por nome.

5. A função `varargin` aparece como o último item em uma lista de argumentos de entrada, e retorna uma matriz celular contendo todos os argumentos reais especificados quando a função é chamada, cada um em um elemento individual de uma matriz celular. Essa função permite que uma função MATLAB suporte qualquer número de argumentos de entrada.

6. (a) `a(1,1) = [3x3 double]`. O conteúdo do elemento da matriz celular `a(1,1)` é uma matriz dupla 3 × 3 e essa estrutura de dados é exibida.

   (b) $a\{1,1\} = \begin{bmatrix} 1 & 2 & 3 \\ 4 & 5 & 6 \\ 7 & 8 & 9 \end{bmatrix}$. Essa expressão exibe o *valor* da estrutura de dados armazenada no elemento `a(1,1)/`.

   (c) Essas expressões são ilegais, porque não é possível multiplicar uma estrutura de dados por um valor.

   (d) Essas expressões são legais, porque você *pode* multiplicar o conteúdo da estrutura de dados por um valor. O resultado é $\begin{bmatrix} 2 & 4 & 6 \\ 8 & 10 & 12 \\ 14 & 16 & 18 \end{bmatrix}$.

   (e) $a\{2, 2\} = \begin{bmatrix} -4 & -3 & -2 \\ -1 & 0 & 1 \\ 2 & 3 & 4 \end{bmatrix}$.

   (f) Essa expressão é legal. Ela inicia o elemento da matriz celular `a(2, 3)` para ser uma matriz dupla 2 × 1 contendo os valores $\begin{bmatrix} -17 \\ 17 \end{bmatrix}$.

   (g) `a{2,2}(2,2) = 0`.

7. (a) `b(1).a - b(2).a` = $\begin{bmatrix} -3 & 1 & -1 \\ -2 & 0 & -2 \\ -3 & 3 & 5 \end{bmatrix}$.

   (b) `strncmp(b(1).b,b(2).b,6) = 1`, porque os dois elementos da estrutura contêm cadeias de caracteres que são idênticas em seus 6 primeiros caracteres.

   (c) `mean(b(1).c) = 2`

   (d) Essa expressão é ilegal, porque não é possível tratar um elemento individual de uma matriz de estrutura como se fosse uma matriz em si.

   (e) `b = 1x2 struct array with fields:`
       a
       b
       c

   (f) `b(1).('b') = 'Element 1'`

   (g) `b(1) =`
       a: [3x3 double]
       b: 'Element 1'
       c: [1 2 3]

## Teste 11.1

1. A função `textread` foi projetada para ler os arquivos ASCII que são formatados nas colunas de dados, em que cada coluna pode ser de um tipo diferente. Esse comando é muito útil para importar as tabelas de dados impressas por outros aplicativos, porque pode tratar de dados de tipos mistos em um único arquivo.

2. Os arquivos MAT são usuários relativamente eficientes de espaço em disco e armazenam a precisão total de cada variável – nenhuma precisão é perdida devido à conversão e a partir do formato ASCII. (Se a compressão for utilizada, os arquivos MAT ocuparão ainda menos espaço.) Além disso, os arquivos MAT preservam todas as informações sobre cada variável no espaço de trabalho, incluindo sua classe, nome e se é global ou não. Uma desvantagem dos arquivos MAT é que eles são exclusivos para o MATLAB e não podem ser usados para compartilhar os dados com outros programas.
3. A função `fopen` é usada para abrir os arquivos e a função `fclose` é usada para fechá-los. Em PCs (mas não em computadores Linux ou UNIX), existe uma diferença entre o formato de um arquivo de texto e um arquivo binário. Para abrir os arquivos no modo de texto em um PC, um `'t'` deve ser anexado à cadeia de permissão na função `fopen`.
4. `fid = fopen('myinput.dat','at')`
5. ```
   fid = fopen('input.dat','r');
   if fid < 0;
       disp('File input.dat does not exist.');
   end
   ```
6. Essas expressões estão incorretas. Elas abrem um arquivo como um arquivo de texto, mas então leem os dados no formato binário. (A função `fscanf` deve ser usada para ler os dados do texto.)
7. Essas expressões estão corretas. Elas criam uma matriz x de 10 elementos, abrem um arquivo de saída binária `file1`, escrevem a matriz para o aquivo e o fecham. Em seguida, o abrem novamente para leitura e leem os dados na matriz `array` em um formato [2 Inf]. O conteúdo resultante da matriz é $\begin{bmatrix} 1 & 3 & 5 & 7 & 9 \\ 2 & 4 & 6 & 8 & 10 \end{bmatrix}$.

## Teste 11.2

1. Operações de E/S formatadas produzem arquivos formatados. Um arquivo formatado contém caracteres reconhecíveis, números e assim por diante, armazenados como texto ASCII. Os arquivos formatados possuem as vantagens de que podemos ver prontamente qual tipo de dados eles contêm e é fácil trocá-los entre os diferentes tipos de programa que os usam. No entanto, as operações de E/S formatadas demoram mais para serem lidas e escritas e os arquivos formatados consomem mais espaço do que os arquivos não formatados. As operações de E/S não formatadas copiam as informações de uma memória do computador diretamente para o arquivo de disco sem as conversões. Essas operações são muito mais rápidas do que as operações de E/S formatadas porque não existe conversão. Além disso, os dados ocupam uma quantidade de espaço em disco muito menor. No entanto, os dados não formatados não podem ser examinados e interpretados diretamente por humanos.
2. A E/S formatada deve ser usada sempre que precisarmos trocar dados entre o MATLAB e outros programas, ou quando uma pessoa precisar examinar e/ou modificar os dados no arquivo. Caso contrário, a E/S não formatada deve ser usada.
3. ```
   fprintf('    Table of Cosines and Sines\n\n');
   fprintf(' theta      cos(theta)   sin(theta)\n');
   fprintf(' =====      ==========   ==========\n');
   for ii = 0:0.1:1
       theta = pi * ii;
       fprintf('%7.4f %11.5f %11.5f\n',theta,cos(theta),sin(theta));
   end
   ```
4. Essas expressões estão incorretas. O descritor `%s` deve corresponder a uma cadeia de caracteres na lista de saída.
5. Essas expressões estão tecnicamente corretas, mas os resultados são indesejáveis. É possível misturar os dados binários e formatados em um único arquivo assim como fazem essas expres-

sões, mas é muito difícil usar o arquivo para qualquer propósito. Normalmente, os dados binários e os dados formatados devem ser escritos para arquivos separados.

## Teste 12.1

1. Uma classe é uma área de cobertura do software da qual os objetos são criados. Ela define as propriedades, que são os dados no objeto, e os métodos, que são a maneira pela qual os dados são manipulados. Quando os objetos são instanciados (criados), cada objeto recebe sua própria cópia exclusiva das variáveis da instância definidas nas propriedades, mas compartilham os mesmos métodos.
2. Uma classe definida pelo usuário é criada utilizando a estrutura classdef. As propriedades e os métodos são declarados em blocos properties e methods na definição de classe. A estrutura básica da definição da classe é

   ```
   classdef (Attributes) ClassName < SuperClass
       properties (Attributes)
           PropertyName1
           PropertyName2
           ...
       end
       methods (Attributes)
           function [obj = ] methodName(obj,arg1,arg2, ...)
               ...
           end
       end
   end
   ```

3. Os componentes principais em uma classe são:
   - **Propriedades.** As propriedades definem as variáveis de instância que serão criadas quando um objeto for instanciado de uma classe. As variáveis de instância são dados encapsulados dentro de um objeto. Um novo conjunto de variáveis de instância é criado sempre que um objeto é instanciado a partir da classe.
   - **Métodos.** Os métodos implementam os comportamentos de uma classe. Alguns métodos podem ser explicitamente definidos em uma classe, enquanto outros podem ser herdados das superclasses da classe.
   - **Construtor.** Construtores são métodos especiais que especificam como inicializar um objeto quando foi instanciado.
   - **Destruidor.** Destruidores são métodos especiais que limpam os recursos (arquivos abertos etc.) utilizados por um objeto pouco antes de ser destruído.
4. Construtores são métodos especiais que especificam como inicializar um objeto quando foi instanciado. Os argumentos do construtor incluem valores a serem utilizados na inicialização das propriedades. Os construtores são fáceis de serem identificados porque possuem o mesmo nome que a classe que estão inicializando e o único argumento de saída é o objeto construído. Observe que os construtores sempre devem ser construídos para aceitar o caso com entradas padrão (sem argumentos) bem como o caso com argumentos porque o construtor pode ser chamado sem argumentos quando os objetos das subclasses forem criados.
5. Destruidores são métodos especiais que limpam os recursos (arquivos abertos etc.) utilizados por um objeto pouco antes de ele ser destruído. Pouco antes de um objeto ser destruído, ele faz uma chamada para um método especial nomeado **delete** se ele existir. O único argumento de entrada é o objeto a ser destruído e não deve haver argumento de saída. Várias classes não precisam de método delete algum.

6. Eventos são avisos que um objeto transmite quando acontece algo, como uma mudança no valor da propriedade ou um usuário que insere dados no teclado ou clicando em um botão com um mouse. Listeners são objetos que executam um método de retorno de chamada quando notificado que ocorreu um evento de interesse. Os programas utilizam os eventos para comunicar coisas que acontecem aos objetos e respondem a esses eventos, executando a função de retorno de chamada do listener. Os eventos são acionados quando um método chama a função `notify` no evento. Um programa pode atender e responder a um evento registrando como um listener para esse evento usando a função `adlistener`. (Listeners são objetos que executam um método de retorno de chamada quando notificado de que ocorreu um evento de interesse.)
7. Exceptions são interrupções no fluxo normal da execução do programa devido a erros no código. Quando ocorre um erro do qual um método não pode se recuperar sozinho, ele coleta informações sobre o erro (qual foi o erro, em qual linha ocorreu e a pilha de chamada que descreve como a execução do programa chegou a esse ponto). Ele agrupa essas informações em um objeto MException e então lança a exceção usando a função `throw`. Os programas manipulam as exceções utilizando estruturas `try` / `catch`. O código é executado na parte `try` da estrutura e os erros que ocorrem são pegos na parte `catch` da estrutura, em que podem ser examinados e esforços podem ser feitos para recuperação do problema.
8. Uma subclasse é uma classe que é derivada de uma classe pai, chamada superclasse. A subclasse herda todas as propriedades públicas ou protegidas e os métodos da classe pai e pode incluir propriedades adicionais e substituir os métodos definidos na superclasse. Uma subclasse é criada especificando a superclasse na definição de classe.

```
classdef (Attributes) ClassName < SuperClass


end
```

## Teste 14.1

1. Os tipos de componentes gráficos discutidos nesse capítulo estão listados abaixo, juntamente com seus propósitos.

### Tabela B.1: Componentes da GUI Discutidos no Capítulo 14

| Componente | Criado Por | Descrição |
|---|---|---|
| | | **Controles Gráficos** |
| Botão de comando | `uicontrol` | Um componente gráfico que implementa um botão de comando. Ele aciona um retorno de chamada quando clicado com um mouse. |
| Botão Alternar | `uicontrol` | Um componente gráfico que implementa um botão alternar. Um botão alternar é "ligado" ou "desligado" e muda o estado sempre que é clicado. Cada clique do botão do mouse também aciona um retorno de chamada. |
| Botão de Rádio | `uicontrol` | Um botão de rádio é um tipo de botão alternar que aparece como um pequeno círculo com um ponto no meio quando está "ligado". Os grupos de botões de rádio são usados para implementar opções mutuamente exclusivas. Cada clique do mouse em um botão de rádio aciona um retorno de chamada. |

**Tabela B.1: Componentes da GUI Discutidos no Capítulo 14** (*continuação*)

| Componente | Criado Por | Descrição |
|---|---|---|
| | | **Controles Gráficos** |
| Caixa de Seleção | `uicontrol` | Uma caixa de seleção é um tipo de botão alternar que aparece como um pequeno quadrado com um visto nele quando está "ligado". Cada clique do mouse em uma caixa de seleção aciona um retorno de chamada. |
| Caixa de Edição | `uicontrol` | Uma caixa de edição exibe uma cadeia de texto e permite que o usuário modifique as informações exibidas. Um retorno de chamada é acionado quando o usuário pressiona a tecla `Enter`. |
| Caixa de Listagem | `uicontrol` | Uma caixa de listagem é um controle gráfico que exibe uma série de cadeias de texto. Um usuário pode selecionar uma das cadeias de texto clicando uma ou duas vezes sobre elas. Um retorno de chamada é acionado quando o usuário seleciona uma cadeia. |
| Menus *Popup* | `uicontrol` | Um menu *popup* é um controle gráfico que exibe uma série de cadeias de texto em resposta a um clique do mouse. Quando não se clica sobre o menu *popup*, somente a cadeia atualmente selecionada fica visível. |
| Barra Deslizante | `uicontrol` | Uma barra deslizante é um controle gráfico que ajusta um valor de uma maneira suave e contínua, arrastando o controle com um mouse. Cada mudança na barra deslizante aciona um retorno de chamada. |
| Tabela | `uitable` | Cria uma tabela de dados. |
| | | **Elementos Estáticos** |
| Quadro | `uicontrol` | Cria um quadro, que é uma caixa retangular em uma figura. Os quadros são usados para agrupar conjuntos de controles juntos. Os quadros nunca acionam retornos de chamada. (Esse é um componente desaprovado, que nunca deve ser usado em novas GUIs.) |
| Campo de Texto | `uicontrol` | Cria um rótulo, que é uma cadeia de texto localizada em um ponto na figura. Os campos de texto nunca acionam retornos de chamada. |
| | | **Menus, Barras de Ferramentas, Eixos** |
| Itens de Menu | `uimenu` | Cria um item de menu. Os itens de menu acionam um retorno de chamada quando um botão do mouse é solto sobre eles. |

## Tabela B.1: Componentes da GUI Discutidos no Capítulo 14 (*continuação*)

| Componente | Criado Por | Descrição |
|---|---|---|
| | | **Menus, Barras de Ferramentas, Eixos** |
| Menus de Contexto | `uicontextmenu` | Cria um menu de contexto, que é um menu que aparece sobre um objeto gráfico quando um usuário clica com o botão direito do mouse sobre esse objeto. |
| Barra de Ferramentas | `uitoolbar` | Cria uma barra de ferramentas, que é uma barra no topo da figura que contém os botões de acesso rápido. |
| Botão de Comando da Barra de Ferramentas | `uipushtool` | Cria um botão de comando para acessar uma barra de ferramentas. |
| Botão Alternar da Barra de Ferramentas | `uitoggletool` | Cria um botão alternar para acessar uma barra de ferramentas. |
| Eixos | `axes` | Cria um novo conjunto de eixos para exibir os dados. Os eixos nunca acionam retornos de chamada. |

2. Os tipos de contêineres discutidos neste capítulo estão listados abaixo, juntamente com suas diferenças.

## Tabela B.2: Componentes da GUI Discutidos no Capítulo 14

| Componente | Criado Por | Descrição |
|---|---|---|
| | | **Contêineres** |
| Figura | `uicontrol` | Cria uma figura, que é um contêiner que pode reter os componentes e outros contêineres. Figuras são janelas separadas que possuem barras de título e podem ter menus. |
| Painel | `uipanel` | Cria um painel, que é o contêiner que pode reter componentes e outros contêineres. Diferente das figuras, os painéis não possuem barras de título ou menus. Os painéis podem ser colocados dentro das figuras ou de outros painéis. |
| Grupo de Botões | `uibuttongroup` | Cria um grupo de botões, que é um tipo especial de painel. Os grupos de botões administram automaticamente os grupos de botões de rádio ou botões alternar para assegurar que só um item do grupo fique ativo num determinado momento. |

3. Uma função de retorno de chamada é uma função que é executada sempre que ocorre uma ação (clique do mouse, entrada do teclado etc.) em um componente específico da GUI. Elas são usadas para executar uma ação quando um usuário clicar ou digitar um componente da GUI. As funções de retorno de chamada são especificadas pela propriedade 'Callback' em um `uicontrol`, `uimenu`, `uicontextmenu`, `uipushtool` ou `uitoggletool`. Quando uma nova GUI é criada, os retornos de chamada são definidos automaticamente por `guide` para ser `xxx_Callback`, em que `xxx` é o valor da propriedade `Tag` do componente da GUI correspondente.

4. As etapas básicas necessárias para criar uma GUI do MATLAB são:
   - Decida quais elementos são necessários para a GUI e qual será a função de cada elemento. Faça um rascunho do layout dos componentes à mão em um pedaço de papel.
   - Use uma ferramenta MATLAB chamada `guide` (GUI Development Environment) para apresentar os componentes em uma figura. O tamanho da figura e o alinhamento e espaçamento dos componentes na figura podem ser ajustados usando as ferramentas construídas no `guide`.
   - Use uma ferramenta MATLAB chamada Property Inspector (construída no `guide`) para fornecer a cada componente um nome (uma "tag") e para definir as características de cada componente, como sua cor, o texto que exibe e assim por diante.
   - Salve a figura em um arquivo. Quando a figura for salva, dois arquivos serão criados no disco com o mesmo nome, mas com extensões diferentes. O arquivo `fig` contém a GUI real que você criou e o arquivo M contém o código para carregar a figura e também os retornos de chamada do esqueleto para cada elemento da GUI.
   - Escreva o código para implementar o comportamento associado a cada função de retorno de chamada.
5. A estrutura de dados `handles` é uma estrutura que contém os identificadores de todos os componentes em uma figura. Cada elemento da estrutura possui um nome de um componente e o valor do seu identificador. Essa estrutura é passada para cada função de retorno de chamada, permitindo que cada função tenha acesso a cada componente na figura.
6. Os dados do aplicativo podem ser salvos em uma GUI adicionando-os à estrutura de identificadores e salvando essa estrutura depois que for modificada usando a função `guidata`. Desde que a estrutura `handles` é automaticamente passada para cada função de retorno de chamada, os dados adicionais incluídos na estrutura ficarão disponíveis a qualquer função de retorno de chamada na GUI. (Cada função que modifica a estrutura `handles` deve ter a certeza de salvar a versão modificada com uma chamada para `guidata` antes que a função saia.)
7. Um objeto gráfico pode se tornar invisível definindo sua propriedade 'Visible' para 'off'. Um objeto gráfico pode ser desativado de modo que não responda aos cliques do mouse ou entrada do teclado, definindo sua propriedade 'Enable' para 'off'.
8. Todos os botões de comando, botões alternar, botões de rádio, caixas de opção, caixas de listagem, menus *popup* e barras deslizantes responderão aos cliques do mouse. As caixas de edição respondem às entradas do teclado.
9. Uma caixa de diálogo é um tipo especial de figura que é usado para exibir informações ou para obter entrada de um usuário. As caixas de diálogo são usadas para exibir erros, fornecer avisos, fazer perguntas ou obter a entrada do usuário. As caixas de diálogo podem ser criadas por quaisquer funções listadas na Tabela 14.5, incluindo `errordlg`, `warndlg`, `inputdlg`, `uigetfile` e assim por diante.
10. Uma caixa de diálogo modal não permite que qualquer outra janela no aplicativo seja acessada até que seja liberada, embora uma caixa de diálogo normal não bloqueie o acesso a outras janelas.
11. Um menu padrão é ligado a uma barra de menus que é executada no topo de uma figura, enquanto um menu de contexto pode ser anexado a qualquer componente da GUI. Os menus padrão são ativados por cliques normais do mouse na barra de menus, enquanto os menus de contexto são ativados por cliques com o botão direito do mouse sobre o componente associado da GUI. Os menus são construídos de componentes `uimenu`. Os menus de contexto são construídos de componentes `uicontextmenu` e `uimenu`.
12. As teclas aceleradoras são teclas que podem ser digitadas para fazer com que um item do menu seja selecionado. As teclas mnemônicas do teclado são combinações de CTRL+tecla que fazem com que o item de menu seja executado. A diferença principal entre as teclas aceleradoras e os mnemônicos do teclado é que estas funcionam somente para selecionar um item do menu se ele já tiver sido aberto, enquanto os mnemônicos do teclado podem acionar uma ação mesmo se um menu não tiver sido aberto.

# Índice Remissivo

Observação: Os números em **negrito** indicam ilustrações ou tabelas.

&, &&, operadores lógicos E, 121-122
!, caractere de ponto de exclamação, 16
%*s, descritor de formato, 368
%, caractere de conversão, 41, 381
%f, caracteres de conversão, 41
&&, operador lógico E, 117
( ), parênteses, 23, 35, 44, 49, 123
*, operador de multiplicação, 18
-, operação de subtração, 18
', operador de transposição, 29
., operador de acesso (ponto), 417-418
., símbolo de distinção de operação, 45-46
/, operador de divisão, 18
/n, caracteres de escape, 41, **382**
:, operador de dois pontos, 29, 89-90
;, caractere de ponto-e-vírgula, 27-29, 127
@ operador para criar identificadores de função, 253-254
[ ], colchetes nas matrizes, 27, 345
\, caractere de escape, 94
^, caractere de escape, 94
^, operador de exponenciação, 18
_, caractere de escape, 94
_, caractere de sublinhado, 24
{ }, chaves, construtores de célula, 94, 338-339, 341
|, ||, operadores inclusivos OR, 122
~, operador lógico NOT, 123
~=, operador de não equivalência, 119, 284
+, operador de soma, 18
<, operador de menor que, 118
<, símbolo de declaração de subclasse, 455
<-, valor da variável (pseudocódigo), 117
<=, operador de menor que ou igual a, 118
=, operador de atribuição, 18, 44, 128
==, operador de equivalência, 119, 284, 313
>, operador de maior que, 117-118
>, operador de maior que, 117-118
>=, operador de maior que ou igual a, 118
>>, prompt de comando, 5
..., caractere de continuação (reticências), 6
xor, operador exclusivo OR, 122-123

## A

Acesso, 433-439
   controles, 434
   Exemplo de classe Timer para, 435-439
   métodos, 433-435
   private, 434, 439
   protected, 434
   public, 439
   variáveis de instância e, 433
Acesso private, 434, 439
Acesso protected, 434
Acesso public, 439
Algoritmo de classificação de seleção, 214-217
Analisador de Código, 146-148, 171
Animação, 495-502
   apagando e redesenhando, 495-499
   criação de filme, 499-501
   diagrama tridimensional, 498-499
   gráficos de identificador para, 495-501
Aninhamento, 131-133, 173-174, 205, 250-253, 257-258, 357
Argumentos, 203, 204-206, 210-218, 218-222, 346-348, 519-521, **521**
   arquivos M e, 204-206
   declaração da função principal, 519-522, **521**
   entrada/saída da GUI, 519-521
   entrada/saída da matriz celular, 346-**348**
   esquema de valor de passagem, 210-218
   função varargin, 346-348, 519-520
   função varargout, 348-349, 519-520
   independência da variável de função e, 203
   listas de entrada, 203-205
   listas de saída, 203-205
   opcional, 218-222
   real, 205, 209-218
   simulado, 205
Argumentos simulados, 205

Arquivos, 42-44, 204-208, 367-410, 441
   abrindo e fechando, 374-375
   arquivos de dados, 42-44
   arquivos de script, 204-205
   arquivos não formatados, 389-393
   comando save, 369-371
   comandos e funções MAT, 369-371
   definindo métodos de classe em, 441
   E/S formatada para, 380-393
   fid (id do arquivo), 371-374
   função exist, 393-396
   função fclose, 376
   função feof, 396
   função ferror, 396
   função fgetl, 388
   função fgets, 389
   função fopen, 372-376
   função fprintf, 380-385
   função fread, 377-379
   função frewind, 396-397
   função fscanf, 387-388
   função fseek, 397
   função ftell, 396
   função fwrite, 376-377
   função sprintf, 385
   função textread, 367-368
   função textscan, 402-403
   função uiimport, 404-407
   funções binárias de E/S para, 376-380, 389-393
   funções de entada/saída (E/S), 367-410
   funções definidas pelo usuário e, 205-209
   posicionamento e status, 393-402
   processando o MATLAB, 371
Arquivos de script, 6, 204-205
Arquivos M, 6, 6-**10**, 204-208
Arquivos não formatados, 389-393. *Ver também* Funções binárias de E/S
Atributos de classes, 423-426
Atributos property, **424**

# B

Barras de ferramentas, eficiência da GUI e, 510, 561-563
Barras deslizantes, 535-**538**
Base de elemento por elemento para operações, 45, 64
bloco methods, 441
Botões, 511-513, 529-**533**
   alternar, 529-530, **530**
   botões de comando, 511-513, 529
   criação da GUI de, 511-513
   propriedades dos, 512-513
   rádio, 530-**533**
Botões alternar, 529-530, **530**
Botões de comando, 511-513, 529
Botões de rádio, 530-**533**

# C

Cadeias de caracteres, **52**, 310-323, 345-346, 376-378, 380-**382**, 384-385
   caracteres categorizados em, 312-315
   caracteres de escape em, **382**
   colchetes [ ] para inserção das, 345

   comparando, 312-313, 321-324
   concatenando, 311
   conversão, **52**, 310, 317-319
   conversão de maiúsculas e minúsculas, 316
   conversões cadeia-para-numérico, 317-319
   conversões numérica-em-cadeia, 317-318
   cortando espaço em branco usando, 316
   desigualdade, comparando com, 313
   formato, 380-**382**, 384-385
   função fprintf, 384-385
   função sprintf, 385
   funções de E/S binária e, 376-378
   funções MATLAB, **52**, **319**
   igualdade, comparando com, 312-313
   matrizes celulares das, 345-346
   matrizes celulares de, 310-311
   operador de equivalência (==) e, 313
   operadores relacionais para, 313
   pesquisando/substituindo caracteres em, 315
   precision, 376-378
   variável char, 310
   variável double, 310
Cadeias de precisão, 376-378
Cadeias de texto, 93-95
   controle de diagramação de, 93-97
   modificadores de fluxo para, 94
   sequências de escape, 94-95
   símbolo grego para, **94**
   símbolos matemáticos para, **94**
Caixa de diálogo de aviso, 547
Caixa de diálogo de entrada, 547-549
Caixa de diálogo de erro, 547
Caixa de diálogo modal, 547
Caixa de diálogo não modal, 547
Caixas de diálogo, 547-551
   aviso, 547
   entrada, 547-549
   erro, 547
   modal, 547
   não modal, 547
   propriedades, **547**
   uigetdir, 549-551
   uigetfile, 549-550
   uisetcolor, 551
   uisetfile, 549
   uisetfont, 551
Caixas de diálogo uigetdir, 549-551
Caixas de diálogo uigetfile, 549-550
Caixas de diálogo uisetcolor, 551
Caixas de diálogo uisetfile, 549
Caixas de diálogo uisetfont, 551
Caixas de edição, 526-529
Caixas de listagem, 533-535
Caixas de seleção, 530-533
Cálculos matemáticos no MATLAB, 18-19
Caminho de pesquisa, 17-18
Campos, 350-354, 356-357
   adicionando a estruturas, 353
   dentros das estruturas, 350-352
   matrizes da estrutura e, 310-354, 356-357
   nomes do campo dinâmico, 356
   removendo a partir das estruturas, 353

Campos de texto, componentes GUI, **509**, 526
Campos de texto estático, **509**, 526
Caractere de conversão (%), 41, 381
Caracteres, 7, 41-42, 245-246, 266, 310-316
    avaliação da função para, 245-246
    cadeias de, 7, 245-246, 266, 310-316
    categorizando, 313
    comparando, 312-313
    conversão (%f), 41
    conversão de maiúsculas e minúsculas, 316
    desigualdade, comparando para, 313
    diagrama com cadeias, 266
    escape (\n), 41
    espaço em branco, 316
    igualdade, comparando com, 312-313
    matriz dos, 310-311
    matrizes bidimensionais, 311
    pesquisando/substituindo, 315
    saída formatada usando, 41-**41**
Caracteres de espaço em branco, 316
Chaves do construtor de células { }, 94, 338-340
Classe do identificador, 413, 420, 426, 428-431
Classes, 411-470
    arquivos para definir os métodos, 441
    atributos, 423-426
    boa prática de programação para, 466
    comandos e funções para, **467**
    construtores, 417, 419-422, 455-459
    criação, 417-419
    destruidores, 417, 431-433
    eventos, 446-449
    exceções, 449-451
    herança, 414-**416**, 454-456
    hierarquia das, 414, 452-453
    identificador, 413, 420, 426, 428-431
    instanciação, 413-415
    listando tipos, propriedades e métodos, 422
    listeners, 446-449
    membros, 413
    mensagens, 413
    métodos, 411-415, 416-417, 419-422, 422, **425**, 431-441
    métodos e controles de acesso, 433-439
    métodos estáticos, 414-415
    objetos, 411-415
    operador de acesso (ponto), 417-418
    palavras-chaves para, 417-418
    programação orientada a objetos (OOP), 411-470
    propriedades, 413, 416-417, 422-**424**, 449
    sobrescrevendo operadores, 441-446
    subclasses, 416, 452-465
    superclasses, 416-417, 452-465
    valor, 420, 426-428
Classes definidas pelo usuário, *ver* Classes
Classes de valor, 420, 426-428
Classificando funções, 232-235
Código reutilizável, 203
comando/função axis, 83-86, 510
Comando Abort (control-c), 16
Comando ans, 19
comando clear, 12, 15, 344
comando clf, 15

comando diary, 17
comando drawnow, 496
comando handle.property, 474-476
comando hold, 86, 184
Comando legend, 57-**59**
Comando load, 42-43, 367-371
Comando pause, 496
Comando print, 54-**55**
Comando save, 42, 369-371
Comandos de formato para MATLAB, **41**
Comandos em MATLAB, 15-17, **69-70**, 369-371
Comando which, 17
Comando whos, 11, 333
Comentários, 7, 205
Compiladores, 3, 168-171
Compilador just-in-time (JIT), 3, 169-171
Componentes, 508-**509**, 526-543
    barras deslizantes, 535-**538**
    botões, 512-513, 529-**533**
    botões alternar, 529-530, **530**
    botões de comando, 511-513, 529
    botões de rádio, 530-533
    caixas de edição, 526-529
    caixas de listagem, 533-535
    caixas de seleção, 530-533
    campos de texto estático, 509, 526
    contêineres da GUI para, **508-510**
    controles gráficos para, **509**
    criação de, 511-513
    interfaces gráficas do usuário (GUIs), 508-**510**, 526-543
    menus, **509**, 533, **534**, **534**, 551-561
    tabelas, 538-539
Concatenando cadeias, 311
Conjunto de caracteres UTF-8, 573
Construção switch, 134-135
Construção try/catch, 135-141
Construções if/else, 175
Construções if, 125-133
    aninhamento, 131-133
    exemplos usando, 127-132
    operadores de dados lógicos em, 126-127
    orações else, 126
    orações elseif, 126, 134
    palavra-chave end, 126
    tabulação de código de, 127
Construtores, 417, 419-422, 455-459
    componente da classe de, 416-417
    métodos adicionados às classes usando, 419-422
    padrão, 420
    uso da subclasse e superclasse dos, 455-457
Construtor padrão, 420
Contêineres, 508-**509**, 543-547
    Componentes da GUI e, **508-510**
    figuras, 508, 521-522, **524**
    grupos de botões, 508, 544-547
    interfaces gráficas do usuário (GUIs), 508, 543-547
    painéis, 508, 543-545, **545**
    propriedades, **524**, **545**
Controles gráficos, 508
Conversão de caso para caracteres, 316
Coordenadas para diagramação, 281-283

Coordenadas polares, 282-283
Coordenadas retangulares, 281-283
Criação de filme, gráficos do identificador para, 499-501

# D

Dados, 39-43, 42-44, 116-124, 203, 223-233, 281-309, 309-329, 331-364, 376-389, 483-**484**, 521-522
   adição da figura de, 521-522
   arquivos, 42-44, 376-389
   boa prática de programação, 327-328, 363
   cadeias de caracteres, 310-323, 345-346, 384-385
   comando load, 42-43
   comando save, 42
   comandos e funções para, **319, 328-330, 363-363**
   compartilhamento, 223-229
   complexo, 281-292
   dados de caracteres, 384
   dados decimais, 382-383
   dados de ponto flutuante, 383
   diagramação, 281-307
   estrutura handles para, 522
   estruturas, 350
   funções binárias de E/S para, 376-380
   funções de E/S formatadas para, 380-389
   funções definidas pelo usuário para, 203, 223-233, 483-**484**
   gráficos do identificador e, 486-**485**
   GUI específica de aplicativo, 522
   matrizes celulares para, 338-349
   matrizes de caracteres como, 310
   matrizes de estrutura para, 350-363
   matrizes esparsas para, 331-337
   matrizes multidimensionais, 292-294
   memória global para, 223-229
   memória persistente para, 229-233
   números inteiros, 325-329
   ocultação, 204
   preservando os dados entre as chamadas, 229-233
   propriedades do objeto, 483-**484**
   saída, exibindo usando MATLAB, 39-43
   tipo de dados lógicos, 117-126
   tipos MATLAB de, 309
   variável char, 310
   variável double, 310, 333
   variável única, 324-326, 328
Dados complexos, 281-292. *Ver também* Matrizes multidimensional
   coordenadas polares, 282-283
   coordenadas retangulares, 281-283
   diagrama, 281-283, 289-291
   funções, 284
   funções MATLAB para, **284**
   imaginário, 284, 290-291
   números, 281-285
   operadores relacionais e, 284
   real, 284, 289-290
   variáveis, 283
Dados complexos imaginários, 284, 290
Dados complexos reais, 284, 289-290
Dados de aplicativo para figuras GUI, 522
Dados de caracteres, exibindo, 384
Dados decimais, exibindo, 382-383

Dados de ponto flutuante, exibindo, 383
Dados de saída, 39-43
   comandos de formato, **40**
   exibindo no MATLAB, 39-43
   formato padrão para, 39-40
   função disp, 41
   função fprintf, 41-42
Dados numéricos, 281-285
   complexo, 281-285
   coordenadas polares, 282-283
   coordenadas retangulares, 281-283
   funções MATLAB para, **284**
   magnitude de, 284
   operadores relacionais e, 284
Declaração da função principal, 519-522, **521**
Depuração, 66-68, 143-148
   Analisador de Código, 146-148
   depurador simbólico, 68, 143
   design do programa e, 143-149
   erro de sintaxe, 66
   erro de tempo de execução, 67
   erro lógico, 67
   Janela de Edição/Depuração, 5, 7-10, 143-148
   Parar se Erros/Avisos, 146
   ponto de interrupção condicional, 146
   pontos de interrupção, 144-145
Depurador simbólico, 68, 143
Descritor de formato (%*s), 368
Design de programa, 113-153, 155-203
   boa prática para, 148, 194
   comandos e funções para, **149, 194-194**
   depuração, 143-148
   expressões de controle para, 113
   função textread, 192-193
   Gerenciador de perfil MATLAB e, 177-179
   loops, 113, 155-202
   manutenção e, 204
   matrizes lógicas, 174-175
   ocultação de dados e, 203
   pseudocódigo, 116
   ramificações, 113, 125-143
   técnicas do topo para a base, 113-117
   tipo de dados lógicos, 117-126
   vetorização para, 155, 162, 168-169, 174-177
Diagramação, 2, 52-61, 79-111, 179-191, 266-272, 281-307, 556-560
   bidimensional, 79-112
   boa prática de programação, 109, 304
   cadeia de caracteres do texto, controle de, 93-95
   comando/função axis, 83-**86**
   comando hold, 184
   comando print, 54-**55**
   comandos e funções para, **109-110, 304**
   coordenadas para, 281-283
   cor da linha, estilo e controle, 56-59, 93
   dados complexos, 281-292
   dados complexos imaginários, 290
   dados complexos reais, 289-290
   diagramas da barra, 102, **104**
   diagramas da linha, 294-296
   diagramas de compasso, 101, **106**
   diagramas de contorno, 295, 298

diagramas de estrela, 101-**101**
diagramas de haste, 101-**102**
diagramas de malha, 296-**297**, 301-304
diagramas de pizza, 102, **106**-106
diagramas de superfície, 296-**297**, 301-304
diagramas polares, 96-**98**, 290-291
dualidade de comando/função, 83
escalas logarítmicas, 60-**60**, 79-83
espaçamento entre os pontos, 89-90
estilo do marcador e controle, 56-59, 93
exportando como imagens gráficas, 54-**55**
Formato Portable Network Graphics (PNG), 54
função de figura, 87, 268
função ezplot, 266-267
função fplot, 266-267
função plot, 52, 56, 106-108
funções, **106**, 266-272
funções definidas pelo usuário para, 265-272
histogramas, 268-272
imprimindo, 54
inclinação da linha e trajetórias, 179-191
independência do dispositivo do MATLAB, 2, 52
legendas, 56-**59**
método de quadrados mínimos para, 179-184
modificadores de fluxo, 94
múltiplas figuras, 86
múltiplos diagramas, 56, 86
pontos de dados, 556-561
salvando e anotando os diagramas, 98-101
sequências de escape para, 94-95
subdiagramas, 87-89
tridimensional, 294-304
Diagramas bidimensionais, 79-112. *Ver também* Diagramação
Diagramas de barra, 101, **104**
Diagramas de barra horizontal, 101, **104**
Diagramas de compasso, 101, **106**
Diagramas de contorno, 295, 298
Diagramas de escada, 101-**101**
Diagramas de fluxo, 100-**101**
Diagramas de linha, 294-296
Diagramas de pizza, 101, 106
Diagramas de superfície, 296-**297**, 301-304
Diagramas mesh, 296-**297**, 301-304
Diagramas polares, 96-**98**, 290-291
Diagramas tridimensionais, 294-304, 498-499
  animação de, 499
  diagramas da linha, 294-296
  diagramas de contorno, 295, 298
  diagramas de malha, 296-**297**, 301-304
  diagramas de superfície, 296-**297**, 301-304
  funções para, **296**
  matrizes multidimensionais para, 299-301
  objetos criados de, 301-304
Diagramas xy, 53, 83-**85**
Dicas de ferramenta, eficiência da GUI e, 561
Dicionário de dados, 25
Dualidade de comando/função, 83

# E

Ecoando valores, 28
Editor de Menus, 551-555
Editor de Propriedade, 478-**479**
Encaixando e desencaixando as janelas, 10
Encapsulamento, 412
Entrada do teclado, inicializando variáveis utilizando, 30-31
Equações diferenciais resolvidas usando identificadores de função, 259-261
Erro de sintaxe, 66
Erro de tempo de execução, 67
Erro lógico, 67
Erros de arredondamento, 119-120
Escalas logarítmicas, diagramação, 60-**60**, 79-83
Escopo de uma função, 249
Espaço de Trabalho no MATLAB, 11-12
Esquema de valor de passagem, 210-218
  algoritmo de classificação de seleção, 214-217
  conversão retangular-para-polar, 210-212
  passando argumentos para funções, 209-218
Estilo e controle do marcador, diagramação, 56-59, 93
estrutura eventdata, 540
estrutura handles, 521-522
Estruturas, 350
Estruturas try/catch, 451
Eventos, 446-449, 507, 508. *Ver também* Retornos de chamada bloco events, 447
Exceções, 449-451
  capturando, 451
  corrigindo, 451
  criando, 451
  estruturas try/catch, 451-452
  lançando, 449, 451
  mensagens de erro, 450, 452
  propriedades do objeto, 449
Exemplos de equação quadrática, 126-130, 285-287
Exemplos de função fatorial, 162, 265
Expressão de função, 204
expressão end, 126, 174, 205, 251, 417
Expressão return, 204-205
Expressão uiwait, 520
Expressões, 26
expressões break, 171-173
Expressões continue, 171-173
Expressões de atalho, inicializando as variáveis utilizando, 29-30
Expressões de atribuição, 27-29, 36, 340, 350-352
  expressões, 27
  indexação de célula, 340
  indexação de conteúdo, 340
  matrizes celulares alocadas usando, 340
  matrizes de estrutura construídas com, 350-352
  ponto-e-vírgula para, 28
  submatrizes e, 36
  variáveis inicializadas usando, 27-30
Expressões de controle, 113-153, 155-202
  boa prática de programação para, 148, 194
  comandos e funções para, **149**, **194**-194
  construção switch, 134-135
  construção try/catch, 135-141
  construções if, 126-133
  design de programa e, 113
  loops, 113, 155-202
  loops for, 160-174

loops while, 155-159
palavra-chave end, 126, 174
ramificações, 113, 125-143
tabulação de, 127, 166
Expressões true/false, 117-118, 155-176.

## F

Faixa de ferramentas, 4-**5**, 6-7
Ferramenta de caminho, 18
ferramenta guide, 510-511, 514, 517-519
figures, 87, 472-**472**, 489-494, 508, 520-524
    contêineres da GUI como, 508, 521-522, **526**
    dados de aplicativo adicionados a, 522
    gráficos de identificador e, 472-**472**, 490-494
    objetos, 472-**472**, 489-494
    posição de, 489-493
    posições da impressora, 492-493
    propriedades de, 472-**472**, **524**
    propriedade unit para, 489
    seleção de múltiplas figuras, 86
Formato Portable Network Graphics (PNG), 54
Função abs(c), 284
função addpath, 18
função angle(c), 284
Função celldisp, 341
Função cellplot, 341
Função cellstr, 345
Função countcalls, 257-258
função disp, 41, 453
função editpath, 18
função end, 35, 90-91
função error, 219
função eval, 245-246
função exist, 393-396
função explode, 102
função eye, 30
função ezplot, 266-267
função fclose, 376
função feof, 396
função ferror, 396
função feval, 245-246, 254, 256
função findobj, 485-486, 523
função fopen, 372-376
função fread, 377-379
função frewind, 396-397
função fscanf, 387-388
função fseek, 397
função ftell, 396
função fwrite, 376-377
função fzero, 245, 256
função gcbf, 523
função gcbo, 523
função gcf, 87
função gcf, 485
função get, 476-478
função getappdata, 485-486
função getfield, 355-356
função getframe, 500-501
função grid, 53
função groot, 472
função guihandles, 520
Função help, 14, 205

função hist, 268-270
Função host, 250
Função imag, 284
Função incr, 29, 90
Função input, 31
Função inputname, 219
Função isa, 457
Função issparse, 334
Função linespace, 90-91
Função loglog, 60, 80
Função logspace, 90
Função lookfor, 14-15, 205
função max, 218
função methods, 457
função nargchk, 219
função nargin, 218, 420
função nargout, 218, 221-222
função notify, 447
função ode45, 258-259, 262-263
função ones, 30
Função path, 18
Função plot, 52, 56, 106-108, 289-292
Função plotfunc, 254
Função properties, 457
Função real, 284
Função rmfield, 353
Função rmpath, 18
Função rose, 269
Função set, 476-478, 482-486
Função setappdata, 486
Função setfield, 355-356
Função size, 30, 357
Função sort, 214, 233
Função sortrows, 214, 234
Função sprintf, 385
Função start, 90-91
Função str2func, 253
Função strcat, 311
Função strcmp, 312
Função strfind, 315
Função strmatch, 315
Função strncmp, 312
Função strrep, 315
Função strtok, 315
Função strvcat, 311
Função textread, 192-193, 367-368
Função textscan, 402-403
Função title, 53
Função uibuttongroup, **545**-546
Função uiimport, 404-**407**
Função uipanel, 543, **545**
Função varargin, 346-348, 519-520
Função varargout, 348-349, 519-520
Função waitforbuttonpress, 486
Função warning, 218-220
Função xlabel, 53
Função ylabel, 53
Função zeros, 30
Funções, 1-2, 30, **31**, 35, **38**-38, 41-42, 50-53, **69-70**,
    83-84, **106-110**, 124-**124**, 203-243, 245-280, 284,
    310-325, 367-410
    ângulo, 284

aninhado, 205, 250-253, 257
anônimo, 264-265
arquivos M e, 204-208
arredondando, **51**
cadeias de caracteres, **52**, 310-323
complexo, 284
conversão do tipo, 284
definido pelo usuário, 203-243
diagramação, **109**, **109-111**, 266
dualidade de comando/função, 83
embutido, 30, **31**, 50-53
entrada/saída (E/S), 367-410
entradas de matriz e, 50-53
escopo de, 249
esquema de valor de passagem, 210-218
exibição de saída de dados, 41-43
função, 245-248
histogramas, 268-272
host, 250
identificadores, 253-264
inicializando variáveis usando, 30, **31**
local, 249-250
lógico, 124-**124**
matemática, **51**, 238
matemática, **51**, 285
MATLAB, 1-2, 203-210
ordem de avaliação, 253
predefinido, 1-2, **38**-38
primária, 249
private, 250
recursivo, 265
subfunções, 249
submatrizes e, 35
textread, 367-368
utilitário, 250
valor absoluto, 284
Funções anônimas, 264-265
Funções binárias de E/S, 376-380, 389-393
    cadeias precision e, 376-378
    E/S formatada em comparação a, 390-393
    função fread, 377-379
    função fwrite, 376-377
Funções de ângulo, 284
Funções de arredondamento, **52**
Funções de conversão, **52**, 310, 317-319, **380**-384
    cadeia-para-numérico, 317-319
    cadeias de caracteres, **52**, 310, 317-319
    dados variáveis, 310-316
    especificadores de formato, **381**-384
    exibição de dados decimais, 382-383
    exibição de dados de ponto flutuante, 383
    exibição de dados do caractere, 384
    Funções MATLAB, **52**
    maiúsculas e minúsculas, 316
    número-para-cadeia, 317-318
Funções de conversão de tipo, 284
Funções de E/S formatadas, 380-393
    cadeias de caracteres, 380-**382**, 384-385
    caracteres de escape, **382**
    E/S binária em comparação a, 390-393
    especificadores de caractere de conversão (%), **381**-384
    exibição de dados decimais, 382-383
    exibição de dados de ponto flutuante, 383
    exibição de dados do caractere, 384
    função fgetl, 389
    função fgets, 389
    função fplot, 266-267
    função fprintf, 380-385
    função fprintf, 41-42, 380-385
    função fscanf, 387-388
    função sprintf, 385
    sinalizadores, **382**
Funções de entrada/saída (E/S), 367-410, 519-522, **521**
    abertura e fechamento de arquivo, 372-376
    argumentos da GUI, 519-521
    Arquivos MAT, comandos e funções para, 369-**371**
    binário, 376-380, 389-393
    boa prática de programação, 407
    comando load, 367-371
    comando save, 369-371
    comandos e funções para, **372**, **408-409**
    comparação de, 390-393
    formatado, 380-393
    função textscan, 402-403
    função uiimport, 404-407
    id do arquivo (fid), 371-374
    método de quadrados mínimos e, 397-402
    posicionamento de arquivo e status, 393-402
    Processamento de arquivo MATLAB, 371
    textread, 367
Funções definidas pelo usuário, 203-243, 245-280, 483-**484**
    arquivos M e, 205-208
    benefícios de subtarefa de, 203
    boa prática de programação, 235, 273
    código reutilizável, 203
    comandos e funções para, **235-236**, **246**, **256**, **274**
    compartilhamento de dados, 223-229
    design do topo para a base e, 203
    diagramação com, 266
    esquema de valor de passagem, 210-218
    expressão end, 205, 251
    expressão function, 205
    expressão return, 205
    funções aninhadas, 205, 250-253, 257
    funções anônimas, 264-265
    funções de classificação, 232-235
    funções de função, 245-248
    funções de número aleatório, 235
    funções de utilitário, 250
    funções locais, 249-250
    funções private, 250
    funções recursivas, 265
    gráficos do identificador e, 486-**485**
    histogramas, 268-272
    identificadores de função, 253-264
    linha de comentário H1, 205
    listas de argumento, 203, 205, 210-222
    manutenção do programa e, 203
    memória global, 223-229
    memória persistente, 229-233
    ocultação de dados, 203
    ordem de avaliação, 253
    pontos de interrupção para chamadas de função, 207-209

preservando os dados entre as chamadas, 229-233
propriedades do objeto, 483-**484**
subfunções, 249
teste de unidade, 203
Funções de número aleatório, 235
Funções de retorno de chamada, 446-449, 508, 514, 517-518, 521, 523, 563-564
    criação da GUI e, 514, 517-518
    eventos para, 446-449, 508
    função gcbf, 523
    função gcbo, 523
    funções simuladas, 515, 517-518
    interfaces gráficas do usuário (GUIs) e, 508, 514, 517-518, 523, 563-564
    listeners para, 446-449
    propriedade ButtonDownFcn, 564
    propriedade CreateFcn, 563
    propriedade da classe manipular e, 449
    propriedade DeleteFcn, 563-564
    propriedade KeyPressFcn, 564
    protótipos, 514
    subfunções, 521
Funções de utilitário, 250
Funções de valor absoluto, 284
funções fgetl/fgets, 389
Funções integradas, 1, 30, **31**, 50-53
    arredondando, **51**
    cadeia, **52**
    entradas de matriz usando, 51
    inicializando variáveis usando, 30, **31**
    matemático, **51**
    resultados opcionais das, 50
    uso do MATLAB das, 1, 50-53
Funções locais, 249-250
Funções lógicas, 124-**124**
Funções matemáticas, **51**, 285
Funções predefinidas, 1-2, **38**-38
Funções primárias, 249
Funções private, 250
Funções rand/randn, 235
Funções recursivas, 265
Funções semilogx/semilogy, 60, 80
Funções simuladas de retorno de chamada, 515, 517-518
Funções struct, 352-353

## G

Geradores de número aleatório, 224-229
Gráficos do identificador, 471-503
    animação, 495-502
    boa prática de programação, **502**
    comandos e funções para, **502**
    criação de filme, 499-501
    dados definidos pelo usuário, 483-**485**
    figures, 472-**472**, 489-494
    função get para, 476-478
    função set para, 476-478, 482-486
    identificadores do objeto, 472-474
    identificadores para objetos gráficos, 472-474
    localizando objetos, 485-486
    MATLAB uso de, 471-472
    objetos filho, 472
    objetos gráficos, 471, 495

    objetos pai, 472, **472**
    posições da impressora, 492-493
    posições do objeto, 489-493
    propriedade position, 489-493
    propriedades do objeto, 471, 473-485, 494-495
    propriedades padrão e de fábrica, 494-495
    root, 472-**472**
    seleção do objeto do mouse, 486-488
    sistema hierárquico de, 472-**472**
    valores de propriedade, 482-486
Grupos de botões, 508, 544-547

## H

Herança, 414-**416**, 454-456
Hierarquia, 48, **68**, 119, 122, 414-**414**, 472-**472**
    classes, 414
    herança e, 414-**416**
    objetos gráficos, 472-**472**
    operações, 48-49, **68**, 119, 123
Histogramas, 268-272, 564-567

## I

ID do arquivo (fid), 371-374
Identificadores de função, 253-264
    criando, 253-256
    função feval, 254, 256
    função func2str, 254-255
    função str2func, 253
    funções aninhadas e, 257
    Funções MATLAB para, **256**
    operador @, 253
    resolvendo equações diferenciais usando, 258-261
    significado de, 256-257
    taxa de declínio radioativa usando, 261-264
identificadores de função e, 257-258
    construções if, 132-133
    função host, 250
    funções, 205, 250-253
    loops, 173-174
    matrizes de estrutura, 357
Imagens gráficas, exportando diagramas como, 54-**55**
Indexação de célula, 340
Indexação de conteúdo, 340
Inicializando variáveis, 26-**31**
Inspetor de Propriedade, 512-513
Instanciação de objetos, 413-415
Interface gráfica do usuário (GUI), 2, 507-571
    acessibilidade da linha de comandos, 513
    argumentos de entrada/saída para, 519-521, **521**
    barras de ferramentas, **510**, 561-563
    barras deslizantes, 535-**538**
    boa prática de programação, 569
    botões, 511-513, 529-**533**
    caixas de diálogo, 547-551
    caixas de edição, 526-529
    caixas de listagem, 533-535
    comandos e funções para, **569**-**570**
    componentes, 508-**510**, 526-543
    comportamento de redimensionamento, 513
    contêineres, 508, 543-547
    cor de fundo, 514

criando, 510-523, 561-572
dados de aplicativo para, 522
declaração da função principal, 519-522, **521**
dicas de ferramentas, 561
elementos MATLAB, **508-510**
estrutura handles para, 521-522
eventos, 507-508
ferramenta guide, 510-511, 514, 517-519
figuras, 508, 521-522, **524**
gerar arquivos FIG e MATLAB, 513-514
grupos de botões, 508, 544-547
Inspetor de Propriedade, 512-513
instâncias permitidas a serem executadas, 514
menus, 533, **534**, **534**, 551-561
opções, 513-514
painéis, 508, 543-545, **545**
propriedades do objeto, 523-**526**
retornos de chamada, 508, 514, 517-518, 523, 563-564
tabelas, 538-539

## J

Janela de Comando, 4-6
Janela de Documento, **5**, 7-10
Janela de Edição/Depuração, 5, 7-10, 143-148
Janela de Histórico de Comando, **5**, 7
Janelas, 3-11
    área de trabalho MATLAB e, 4-10
    Comando, **4-6**
    Editar, 3, 6-10
    encaixando e desencaixando, 10
    Figura, 3, **5**, 10-11
    Histórico de comando, **5**, 7
Janelas da figura, 3, **5**, 10-11
Janelas de edição, 3, 7-10

## L

Lançar a exceção, 449, 451
Linguagem de tipo forte, 26
Linguagem de tipo fraco, 26
Linha de comentário H1, 205
Linhas, diagramação, 56-59, 93, 179-191
    cor, estilo e controle, 56-59, 93
    inclinação, 179-183
    método de quadrados mínimos para, 179-184
    trajetórias, 185-191
Listeners, 446-449
Loops, 113, 155-202
    aninhamento, 173-174
    boa prática de programação para, 194
    comandos e funções para, **194-194**
    compilador just-in-time (JIT), 169-171
    design do programa e, 113, 126-143
    exemplos de, 179-191
    expressões break, 171-173
    expressões continue, 171-173
    for, 160-174
    matrizes lógicas, 174-175
    variável index, 160-162, 167
    vetorização de, 155, 162, 168-169, 174-177
    while, 155-159

loops for, 160-174
    aninhamento, 173-174
    compilador just-in-time (JIT) para, 169-171
    detalhes de operação, 166
    expressões break, 171-173
    expressões continue, 171-173
    pré-alocando matrizes, 167
    resultados de matriz, 160-162, 167-169, 174-175
    tabulação de, 166
    variável index, 160-162, 167
    vetorização de, 162, 168-169
Loops while, 155-159, 171-173
    análise estatística usando, 156-160
    expressões break, 171-173
    expressões continue, 171-173
    expressões verdadeiro/falso para, 155-157

## M

Matrix Laboratory (MATLAB), 1-22, 23-77, 83-84, 143-149, 168-171, 177-179, 192-193, 203-243, 245-280, 331-365, 367-410, **442**, 471-472, 493-495, 507-571
    ajuda em, 14
    ambiente, 3-20
    área de trabalho, 10-12
    área de trabalho, 4-**5**
    arquivos de dados, 42-44
    arquivos de script em, 204-205
    Arquivos MAT, comandos e funções para, 369-371
    Arquivos M em, 6, 6-**10**, 204-208
    boa prática de programação, 68, 148
    cálculos matemáticos em, 18-19
    caminho de pesquisa, 17-18
    comando load, 42-43, 367-371
    comando save, 42, 369-371
    comandos de formatação, **40**
    comandos em, 15-17, **69-70**, 369-371
    compilador, 3, 168-171
    compilador just-in-time (JIT), 169-171
    componentes, 508-**509**, 526-543
    contêineres, 508, 543-547
    dados de saída, exibindo, 39-43
    desvantagens de, 3
    diagramação, 2, 52-61, 83
    dualidade de comando/função, 83
    elementos da GUI, **508-510**
    encaixando e desencaixando as janelas, 10
    função textread, 192-193
    funções, 1-2, **69-70**
    funções de entrada/saída, 367-410
    funções definidas pelo usuário, 203-243, 245-280
    funções integradas, 50, **51-52**
    Gerenciador de perfil, 177-179
    gráficos do identificador, 494-495
    imagens gráficas, 54-**55**
    independência da plataforma, 2, 370
    interfaces gráficas do usuário (GUIs), 2, 507-571
    Janela de Comando, 4-6
    Janela de Histórico de Comando, 5, 7
    Janelas da figura, 3, **5**, 10-11
    Janelas de edição, 3, 7-**10**
    matrizes, 3, 11, 23-27, 32-38, 44-46, 331-364
    matrizes celulares, 338-349

matrizes de estrutura, 350-363
matrizes esparsas, 331-337
navegadores, 4-**5**, 12-13
operações em, 44-50, **68**
operações escalares, 37, 44-47
operadores e funções, **442**
processamento de arquivo, 371
programas de depuração, 66-68, 143-148
propriedades do objeto de fábrica e padrão, 493-495
resolução de problema, exemplos de uso, 60-67
símbolos especiais, **21**, **69-69**
símbolos matemáticos em, 18, **21**
sintaxe em, 143
sistemas gráficos, 471-473
valores especiais predefinidos, **37**-39
vantagens do, 2
variáveis, 3, 11-12, 18-20, 23-31
Matrizes, 3, 11, 23-30, 32-38, 44-46, 50, 160-162, 167-168, 174-175, 292-294, 310-311, 331-364
    Ambiente MATLAB e, 3, 10-11
    bidimensional, 32-**32**, 311
    boa prática de programação, 363
    caractere, 310
    célula, 338-349
    colchetes e pontos-e-vírgulas para, 27
    comandos e funções, **363-363**
    comando whos para, 11
    entrada usando funções, 51
    esparso, 331-337
    estrutura, 350-363
    expressões de atalho, 29-30
    função size, 30, 357
    funções de cadeia de caracteres e, 310-311
    inicializando variáveis em, 27
    lógico, 174-175
    matrizes, 23, 44-46
    matrizes de identidade, 30
    multidimensional, 32-35, 292-294
    operações, 44-47
    ordem da linha e da coluna, 24, 36
    parênteses ( ) para, 23, 35, 44, 49
    pré-alocando, 167
    resultados for de loop, 160-162, 167-169, 174-176
    submatrizes, 35-38
    tamanho de, 23-**24**
    tipos de dados como, 310
    valores, 23-24, 26-29, 35-39
    variáveis e, 23-27
    vazio, 27
Matrizes, 23-24, 30, 44-46, 331-337. *Ver também* Matrizes; Matrizes esparsas
    esparso, 331-337
    funções MATLAB para, 335
    identidade, 30
    matrizes como, 23-24
    operações, 44-47
    vetores, 23-24
    vetorização, 168-169, 174-177
Matrizes bidimensionais, 32-**32**, 311. *Ver também* Matrizes multidimensionais
Matrizes celulares, 338-349
    apontadores em, 338-339

argumentos para entrada/saída, 346-348
boa prática de programação, 363
cadeias de caracteres em, 345-346
chaves { } para a construção das, 338-340
colchetes [ ] para a inserção da cadeia, 345
criando, 340
estendendo, 341-344
excluindo, 343-345
exibindo conteúdo de, 341
expressões de atribuição, alocando usando, 340
função cell, pré-alocando com, 340
função varargin, 346-348
função varargout, 348-349
funções de célula do MATLAB, **346**
indexação da célula, 340
indexação de conteúdo, 340
significado de, 345-349
uso de dados em, 344
Matrizes de dados, 27
Matrizes de estrutura, 350-363
    aninhamento, 357
    campos em, 350-354
    criando, 350-352
    dados usados em, 354-355
    exemplo de vetor polar de, 359-362
    expressões de atribuição para, 350-352
    função getfield, 355-356
    função setfield, 355-356
    função size, 357
    funções de estrutura MATLAB, **358**
    funções struct, 352-353
    nomes de campo dinâmicos, 356
Matrizes de identidade, 30
Matrizes esparsas, 331-337
    atributo sparse, 333
    comando whos para, 333
    funções da matriz MATLAB, **335**
    gerando, 334
    matrizes, 331-337
    trabalhando com matrizes, 334-337
Matrizes lógicas, 174-175
Matrizes multidimensionais, 32-35, 292-294, 299-301, 310
    acessando com uma dimensão, 34-35
    armazenando na memória, 33
    bidimensional, 32-**32**, 311
    diagramação tridimensional com, 298-301
    matrizes de caracteres como dados de cadeia, 310
    ordem principal da coluna, 33
    tipos de dados complexos, 292-294
Matriz vazia, 27
Médias de execução, 229-233
Membros de classes, 413
Memória, 33-34, 223-233
    compartilhando dados, 223-229
    esquema de alocação, 33
    funções definidas pelo usuário e, 223-233
    global, 223-229
    matrizes multidimensionais armazenadas em, 32-34
    persistente, 229-233
    preservando os dados entre as chamadas, 229-233
Memória global, 223-229
Memória persistente, 229-233

Mensagens, 413
Mensagens de erro, 450, 452
Menus, **509**, 533, **534**, **534**, 551-561
    componentes da GUI como, **510**
    contexto, 551, 555-556
    criando, 554-556
    mnemônicos de teclado para, 555, **556**
    padrão, 551, 554-556
    popup, 533
    suprimindo padrão, 554
    teclas aceleradoras para, 555
Menus de contexto, 551, 555-556
Menus padrão, 551, 554-555
Menus popup, 533
método add, 420-421
método delete, 417, 431-433
método getReport( ), 451
Método length, 420-421
Métodos, 411-415, 416-417, 419-422, **425**, 431-**442**, 453
    acesso, 433-435
    adicionando às classes, 419-422
    arquivos separados para definição, 441
    atributos, **425**
    componente de classe de, 413, 416-417
    comportamento de objeto e, 411-413
    construtores, 417, 419-422
    delete, 417, 431-432
    estático, 414
    herança de, 414-**416**
    instância, 412, 420-421
    listagem, 422
    operador de acesso (ponto) para, 417
    operadores MATLAB e funções de, **442**
    sobrecarga do operador, 442-**442**
    substituindo, 415-**416**, 453
Métodos de instância, 412, 420-421
Métodos estáticos, 414-415
Mnemônicos do teclado, 555, **556**
Modificadores de fluxo, 94
Modularidade, 412

## N

Navegador de ajuda, 5
Navegador de caminho, **5**
Navegador de Espaço de Trabalho, 4-**5**, 12
Navegador de pasta atual, 4-**5**, 13
Navegador do diagrama, 98
Navegadores, **4-5**, 12-13, 98
Nomeando variáveis, 24-26
Nomes de campo dinâmico, 356
Números inteiros, 325-328
    limitações de, 327
    tipos assinados e não assinados, 325
    valores, 325-327

## O

Objetos, 411-415, 446-449, 471-493
    dados definidos pelo usuário para, 483-**484**
    encapsulamento, 412
    figures, 472-**472**, 489-494
    filho, 472, **472**
    gráficos do identificador e, 471-493
    identificadores, 472-474
    instanciação, 413-415
    listeners, 446-449
    localizando, 485
    manuseio de mensagem, 413
    ordem de empilhamento, 486
    pai, 472
    posições axes, 490
    posições text, 490
    posições uicontrol, 490
    propriedade position para, 489-493
    propriedades, 471, 473-485
    região de seleção, 486
    regiões axes, 472
    root, 472
    seleção do mouse, 486-488
    selecionando, 487
Objetos filhos, 472, **472**
Objetos gráficos, 471, 495
Objetos pai, 472, **472**
Objetos root, 472
Objetos uicontext, 554
Objetos uicontrol, 490, **524-525**
Objetos uimenu, 551, **552**
Objeto uitable, 538
Ocultação de dados, 203
Ocultação de informações, 412
Operações, 44-50, **68**, 117-124, 442-446
    aritmética, **44**, **45-44**, **48**
    base elemento-a-elemento para, 45, 64
    design de programação usando, 116-124
    escalar, 45
    hierarquia das, 48, **68**, 119, 122
    matriz, 43-47
    matriz, 45-47
    operador de atribuição (=), 44
    operadores e funções do MATLAB, **442**
    operadores lógicos, 117, 120-124
    operadores relacionais, 117-120
    parênteses ( ), 44, 49, **123-123**
    símbolo de distinção (.) para, 45
    sobrescrevendo operadores, 441-446
    valores true/false de, 117-118
Operações escalares, 37, 44-45
    atribuído para submatrizes, 38
    operações aritméticas para, **44**
    operador de atribuição (=), 44
Operador de acesso (ponto), 417-418
Operador de atribuição (=), 44, 119
operadores de equivalência e não equivalência, 119-120
    construções if usando, 126-127
    erros roundoff, 119-120
    funções lógicas, 124-**124**
    operadores lógicos, 117, 120-124
    operadores relacionais, 117-120
    tabelas de verdades, 121
Operadores lógicos, 117, 120-124
    E ( &, &&), 121-122
    hierarquia de, 122
    NOT (~), 124
    OR (|, ||) inclusivo, 122

OR (xor) exclusivo, 122-123
tabelas de verdades para, 121
Operadores lógicos inclusivos OR (< - ), 122
Operadores relacionais, 117-120, 284, 313
    comparação de caractere de cadeia usando, 312
    igualdade e, 119-120
    números complexos e, 284
    operador de equivalência (==), 119, 313
    operador de não equivalência (~=), 119
    valores true/false de, 117-119
Operador lógico E (&, &&), 121-122
Operador lógico exclusivo OR (xor), 122-123
Operador lógico NOT (~), 123
Operador relacional de equivalência (==), 119, 284, 313
Operador relacional de não equivalência (~=), 119, 284
orações else, 126
orações elseif, 126, 134
Ordem de empilhamento, 486

## P

Painéis, 508, 543-545, **545**
palavra-chave classdef, 417-418
palavra-chave method, 417
Palavra-chave properties, 417-418
Palavras-chaves, 7, 417-418
Parar se Erros/Avisos, 146
Pesquisando/substituindo os caracteres nas cadeias, 315
Ponteiros em matrizes celulares, 338-339
Ponto de interrupção condicional, 146
Pontos de dados, diagramação, 556-561
Pontos de interrupção, 144-146, 207-210
    chamadas de função e, 207-209
    condicional, 145-146
    depurando com, 144-145
Posições de impressora para figuras, 492-493
posições do objeto axes, 490
Posições do objeto text, 490
Programação conduzida a eventos, 507
Programação orientada a objeto (OOP), 411-470
    arquivos, 441
    atributos, 423-426
    boa prática de programação para, 466
    classes e, 411-470
    comandos e funções para, **467**
    construtores, 417
    destruidores, 417, 431-433
    eventos, 446-449
    exceções, 449-451
    herança, 416-**416**, 454-456
    listeners, 446-449
    mensagens, 413
    métodos, 411-415, 416-417, 419-422, 422, **425**, 431-441
    métodos e controles de acesso, 433-439
    métodos estáticos, 439-441
    objetos, 411-415
    propriedades, 412, 416-417, 422-**424**, 449
    sobrescrevendo operadores, 441-446
    subclasses, 416, 452-465
    superclasses, 416, 452-465
Programação, *ver* Programação orientada a objeto (OOP)
Programas de procedimento, 411
Programas sequenciais, 113
Propriedade ButtonDownFcn, 564
Propriedade CreateFcn, 563
Propriedade da mensagem, 449
Propriedade de causa, 449
Propriedade DeleteFcn, 563-564
Propriedade de pilha, 449
Propriedade do identificador, 449
Propriedade KeyPressFcn, 564
Propriedade LineWidth, 93
Propriedade position, 489-493
Propriedades, 412, 416-417, 422-**424**, 449
    atributos, 423-**424**
    componente de classe de, 413, 416-417
    eventos e listeners, 449
    exceção, 449
    listagem, 422
    variáveis de instância como, 412, 416
Propriedades do objeto, 471, 473-485, 493-495, 523-**525**
    comando handle.property, 474-476
    comandos gráficos de nível inferior, 479-482
    dados definidos pelo usuário, 483-**484**
    Editor de Propriedade para, 478-**479**
    figure, **524**
    função getappdata para, 485-486
    função get para, 476-478
    função setappdata para, 486
    função set para, 476-478, 482-486
    gráfico, 495
    gráfico do identificador e, 471, 473-485
    interface gráfica do usuário (GUI), 523-**526**
    listando valores de, 482-486
    mudando após o momento da criação, 474
    mudando no momento da criação, 474
    notação para exame de, 474-478
    padrão e fábrica, 493-494
    posições da impressora, 492-493
    uicontrol, **524-525**
Propriedades PostGet/PostSet, 449
Propriedades PreGet/PreSet, 449
Propriedade string, 526
Propriedade unit para figuras, 489
Pseudocódigo, uso de no design do programa, 116

## Q

Quadrados mínimos, método dos, 179-184, 397-402

## R

Ramificações, 113, 125-143, 148-149
    boa prática de programação para, 148
    comandos e funções para, **149**
    construção if, 125-133
    construção switch, 134-135
    construção try/catch, 135-141
    design do programa e, 113, 126-143
    operadores de dados lógicos nas, 126-127
Região de seleção, 486
Regiões axes, 472
Regra do divisor de voltagem, 287-289

## S

Salvando e anotando os diagramas, 98-101
Seleção de objetos do mouse, 486-488
Selecionando objetos, 487-488
Sequências de caracteres de escape, 41, 94-95, **382**
    saída formatada e, 41
    texto de diagramação usando, 93-97
    uso de cadeias de formato de, 382
Símbolos especiais, 21, **69**-69
Símbolos gregos, 94
Símbolos matemáticos, 18, **21**, **94**
Sinalizadores, formatação, **382**
Sintaxe no MATLAB, 143
Sobrecarga do operador, 442-**442**
Sobrescrevendo métodos, 414-**416**, 453
Sobrescrevendo operadores, 441-446
Subclasses, 416, 452-465
    construtores para, 455-457
    função disp para, 453
    herança de classe e, 416, 455-456
    hierarquia de classe de, 452-453
    métodos sobrepostos em, 414, 453
    símbolo de declaração (<) para, 455
Subdiagramas, 87-89
Subfunções, 249, 521
Submatrizes, 35-38
    escalares atribuídas a, 37
    expressões de atribuição e, 36
    formato de valores em, 35-36
    função end, 35
Subtarefas, 203
Superclasses, 416-417, 452-465
    construtores para, 455-457
    função disp para, 453
    função isa para, 457
    função methods para, 457
    função properties para, 457
    herança de classe e, 416
    hierarquia de classe de, 452-453

## T

Tabelas, 538-539
Tabulação de código, 127, 166
Tamanho de uma matriz, 23-**24**
Taxa de declínio radioativa, identificadores de função para, 261-264
Teclas aceleradoras, 555
Técnicas de design do topo até a base, 113-117, 203
Testando unidade, 203
Tipo de dados lógicos, 117-127

## V

Valores, 23-29, 35-39, 43-45, 117
    complexo, 26
    ecoando, 28
    expressões de atribuição para, 27-29
    formato de em submatrizes, 35-36
    função end para, 35
    imaginário, 26
    matrizes como, 23-**24**
    notação de pseudocódigo para, 116
    operador de acesso (dot) para, 418
    operadores de atribuição para, 44
    predefinido no MATLAB, **37**-39
    real, 26
Valores complexos, 26
Valores imaginários, 26
Valores pós-cadeia, 58-**59**
Valores reais, 26
Variáveis, 4, 11-12, 18-20, 23-32, 117, 160-162, 208-218, 223, 251, 283, 310
    cálculos matemáticos para, 18-19
    char, 26
    colchetes e pontos-e-vírgulas para matrizes de, 27
    comando clear para, 12, 15
    comando whos para, 11
    complexo, 283
    dicionário de dados e, 25
    double, 26
    entrada do teclado, 30-31
    esquema de valor de passagem, 210-218
    exibido no MATLAB, 4, 11-13
    expressões, 26
    expressões de atribuição, 27-29
    expressões do atalho, 29-30
    funções aninhadas e, 251-253
    funções de conversão de cadeia de caracteres para, 310
    funções integradas, 30, **31**
    global, 223
    índice loop, 160-162
    inicializando, 26-**30**
    input, 31
    matrizes de dados, 27
    matrizes e, 23-29
    nomeando, 24-26
    valor de pseudocódigo (<-), 117
    var, 26-27
variável área, 4
Variável char, 26, 310
variável double, 26, 310, 333, 441
Variável index, 160-162, 167
Variável ischar, 310
Variável isletter, 310
Variável isspace, 310
Variável isstrprop, 310-313
Variável result, 208
Variável single, 324-327
Variável var, 26-27
Vetor de coluna, 24
Vetor de linha, 24
Vetores, 23-24
Vetorização, 155, 162, 168-169, 174-177
    design de programa usando, 155
    loops for, 162, 167-169
    matrizes lógicas e, 174-175

**Figura 1.5 (d)** O Editor MATLAB, exibido como uma janela independente.

Os comentários em um arquivo M aparecem em verde, variáveis e números em preto, cadeias de caracteres completas aparecem em magenta, as cadeias de caracteres incompletas em vermelho e palavras-chave da linguagem aparecem em azul.

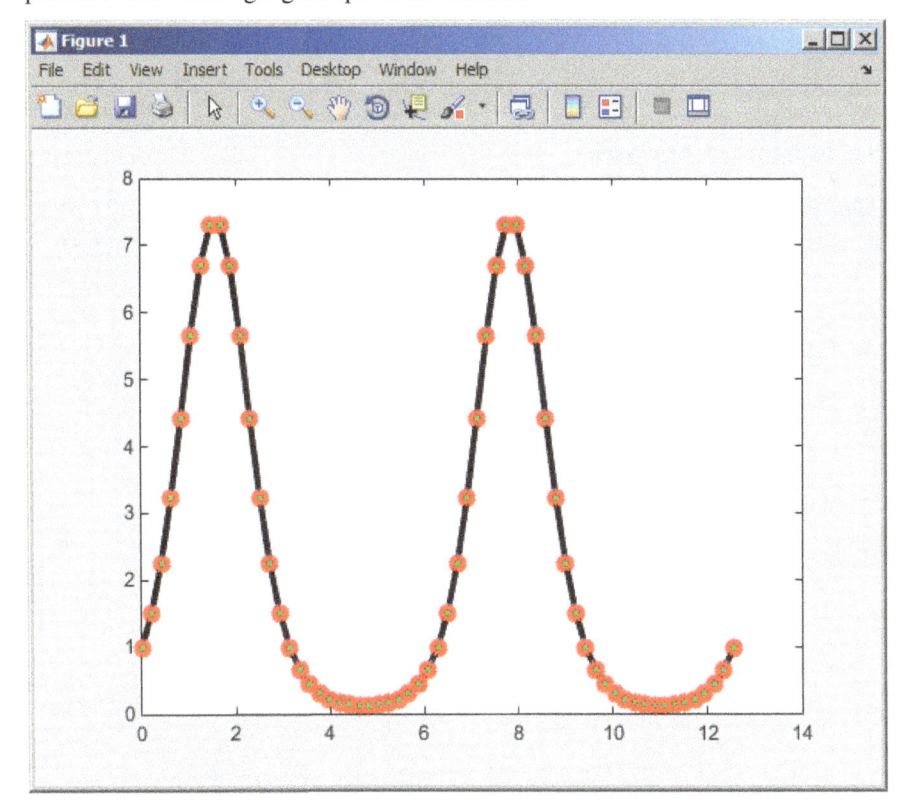

**Figura 3.8** Um diagrama que ilustra o uso das propriedades `LineWidth` e `Marker`.

```
plot(x,y,'-ko','LineWidth',3.0,'MarkerSize',6,...'MarkerEdgeColor', 'r','MarkerFaceColor','g')
```

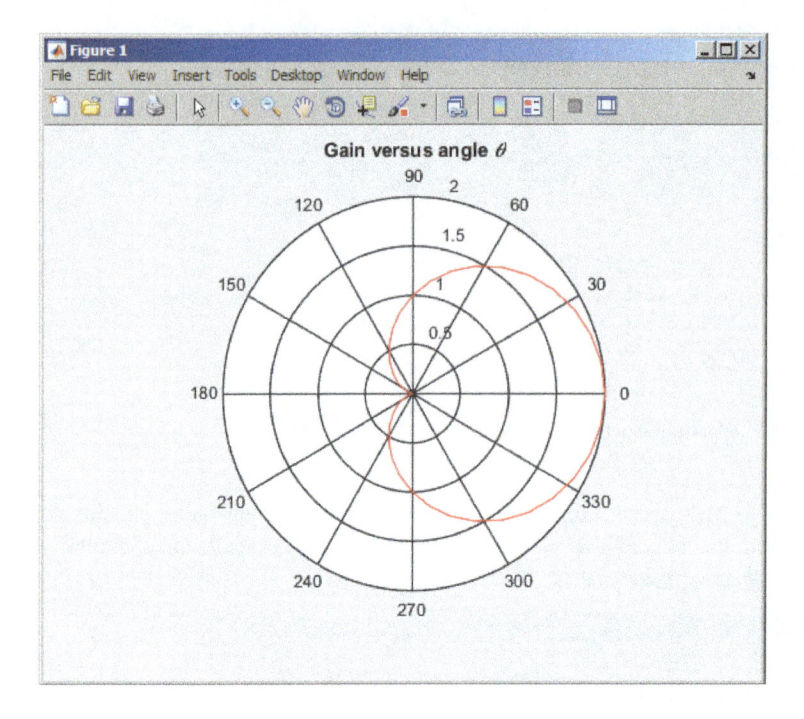

**Figura 3.10** Ganho de microfone cardioide.

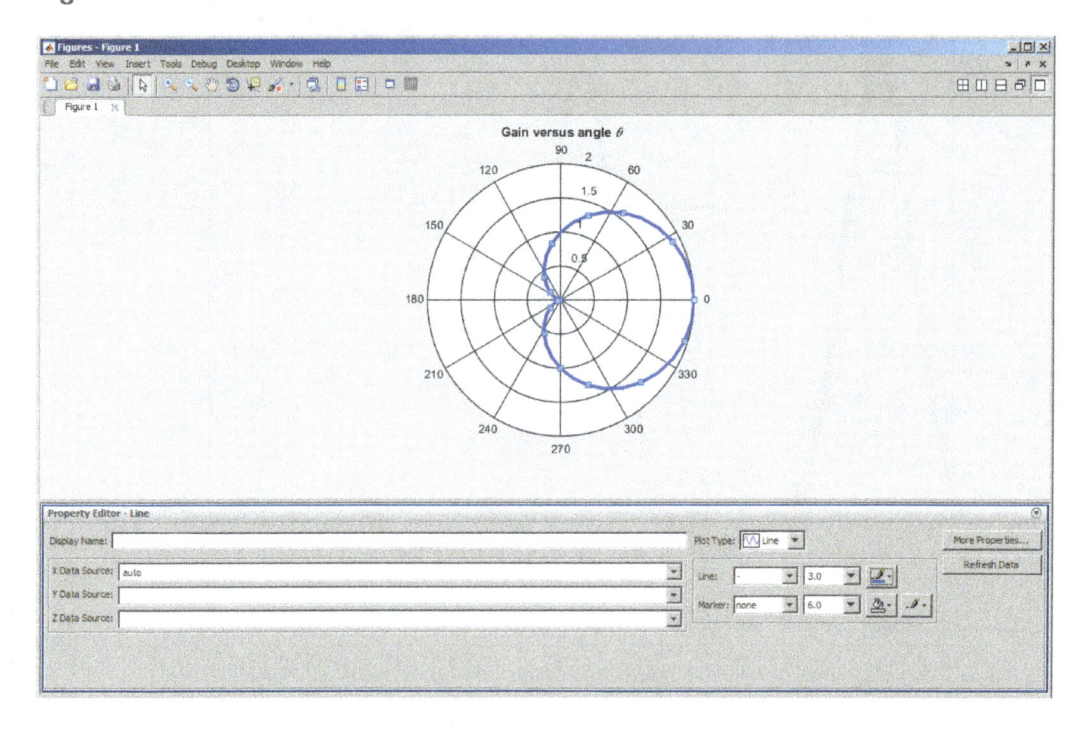

**Figura 3.12** Figura 3.10 depois que a linha tiver sido modificada utilizando as ferramentas de edição criadas na barra de ferramentas da figura.

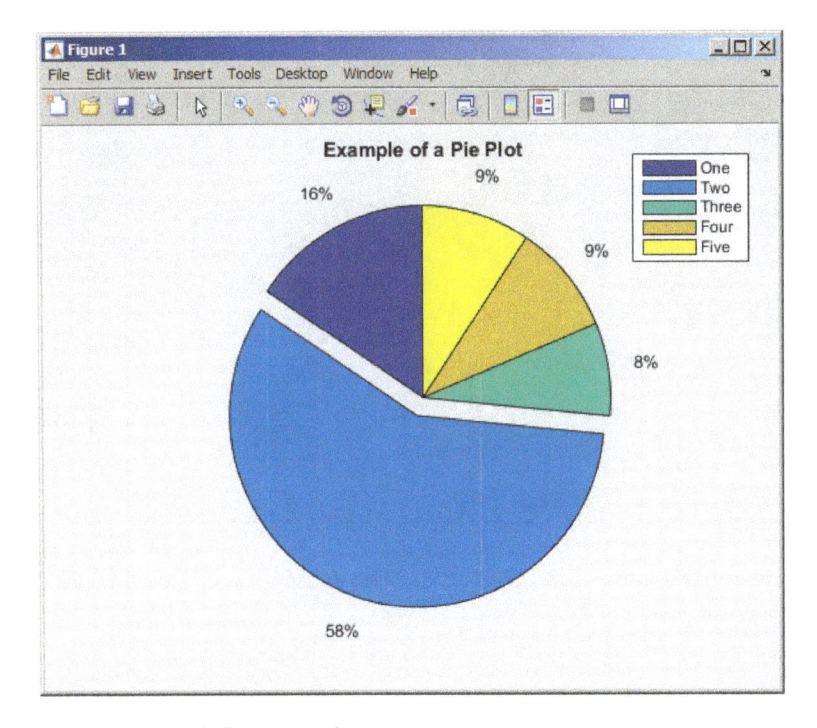

**Figura 3.15** (e) Diagrama de pizza.

**Figura 4.5** Janela de Edição/Depuração com um programa MATLAB carregado.

```
% Prompt the user for the coefficients of the equation
disp ('This program solves for the roots of a quadratic ');
disp ('equation of the form A*X^2 + B*X + C = 0. ');
a = input ('Enter the coefficient A: ');
b = input ('Enter the coefficient B: ');
c = input ('Enter the coefficient C: ');

% Calculate discriminant
discriminant = b^2 - 4 * a * c;

% Solve for the roots, depending on the value of the discriminant
if discriminant > 0 % there are two real roots, so...

    x1 = ( -b + sqrt(discriminant) ) / ( 2 * a );
    x2 = ( -b - sqrt(discriminant) ) / ( 2 * a );
    disp ('This equation has two real roots:');
    fprintf ('x1 = %f\n', x1);
    fprintf ('x2 = %f\n', x2);
```

**Figura 4.6** A janela após um ponto de interrupção ter sido definido. Observe o ponto vermelho à esquerda da linha com o ponto de interrupção.

```
% Prompt the user for the coefficients of the equation
disp ('This program solves for the roots of a quadratic ');
disp ('equation of the form A*X^2 + B*X + C = 0. ');
a = input ('Enter the coefficient A: ');
b = input ('Enter the coefficient B: ');
c = input ('Enter the coefficient C: ');

% Calculate discriminant
discriminant = b^2 - 4 * a * c;

% Solve for the roots, depending on the value of the discriminant
if discriminant > 0 % there are two real roots, so...

    x1 = ( -b + sqrt(discriminant) ) / ( 2 * a );
    x2 = ( -b - sqrt(discriminant) ) / ( 2 * a );
    disp ('This equation has two real roots:');
    fprintf ('x1 = %f\n', x1);
    fprintf ('x2 = %f\n', x2);
```

**Figura 4.7** Uma seta verde será exibida pela linha atual durante o processo de depuração.

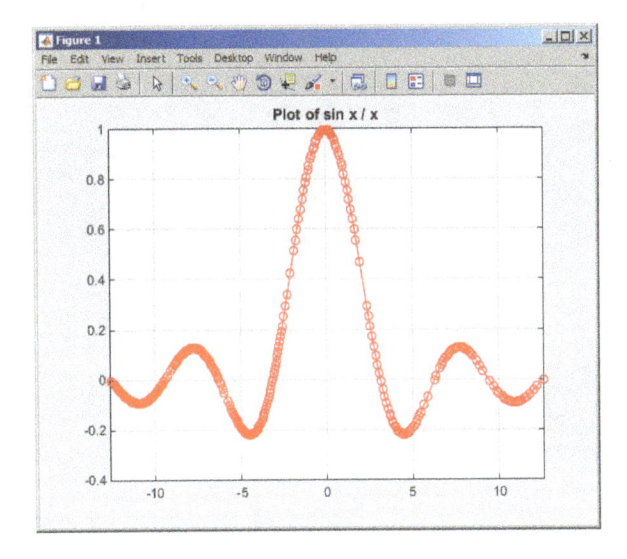

**Figura 7.8** A função f(x) = senx/x, desenhada com a função `fplot`.

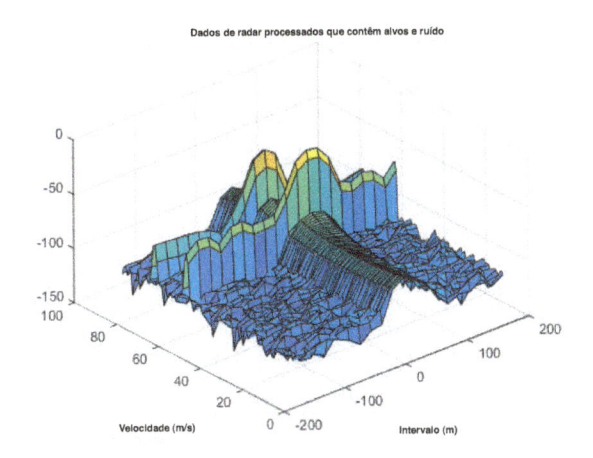

**Figura 7.10** Um espaço de radar intervalo-velocidade que contém dois alvos e o ruído de fundo.

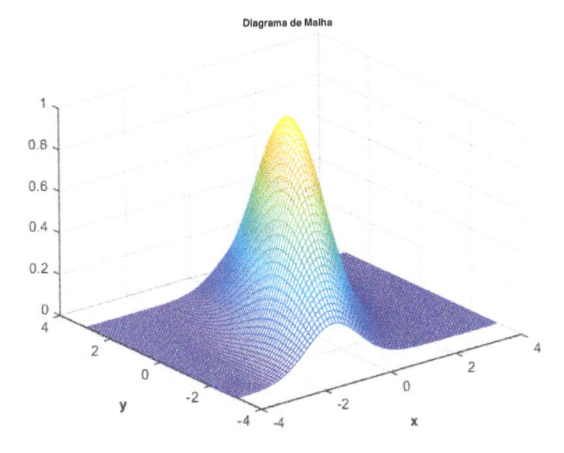

**Figura 8.9** (a) Um diagrama de malha da função $z(x,y) = e^{-0,5}[x^2 + 0,5(x-y)^2]$

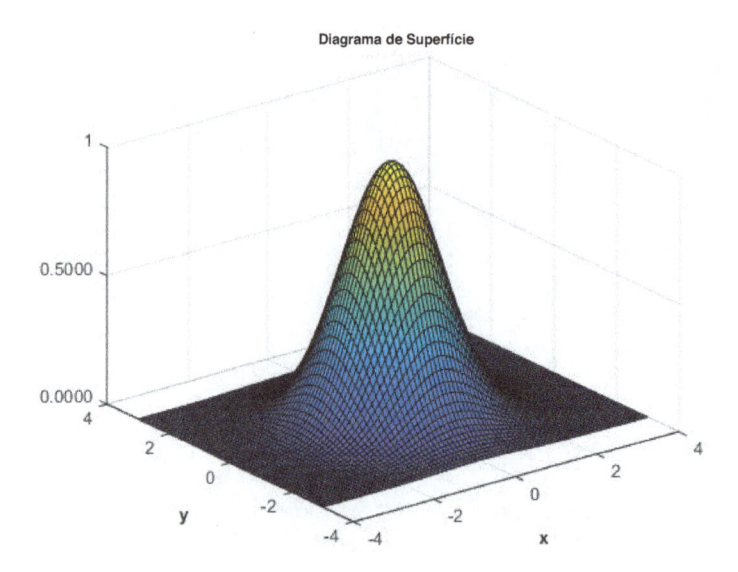

**Figura 8.9** (b) Um diagrama de superfície da mesma função.

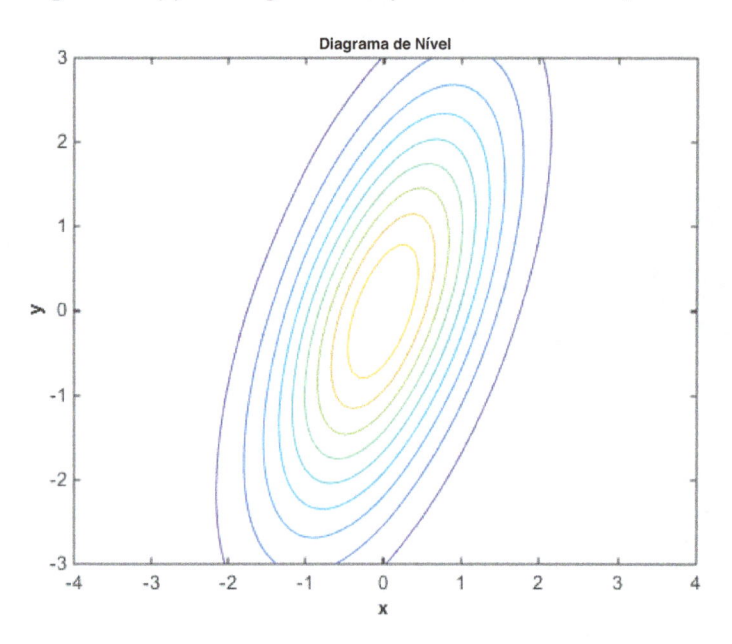

**Figura 8.9** (c) Um diagrama de nível da mesma função.

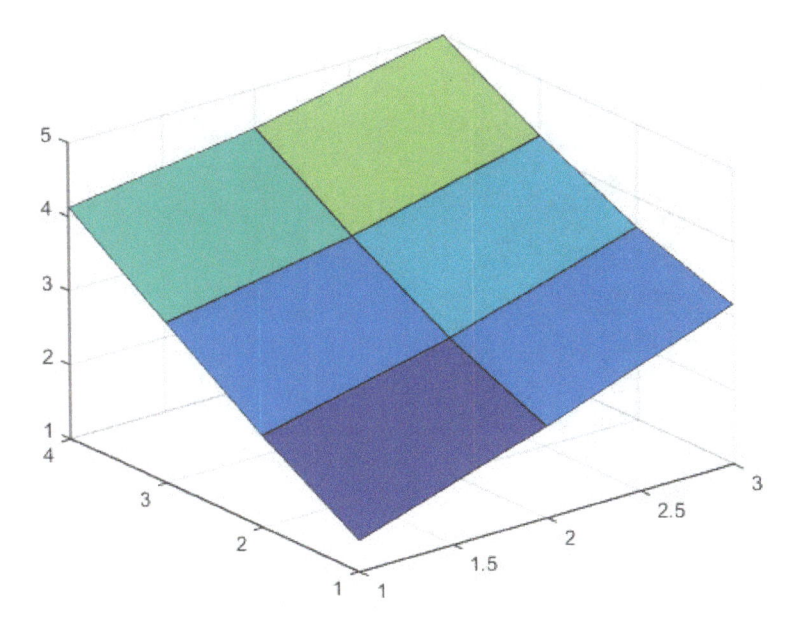

Figura 8.10 Um diagrama de superfície da função $z(x,y) = \sqrt{x^2 + y^2}$ para $x = 0, 1$ e 2, e para $y = 0$, 1, 2 e 3.

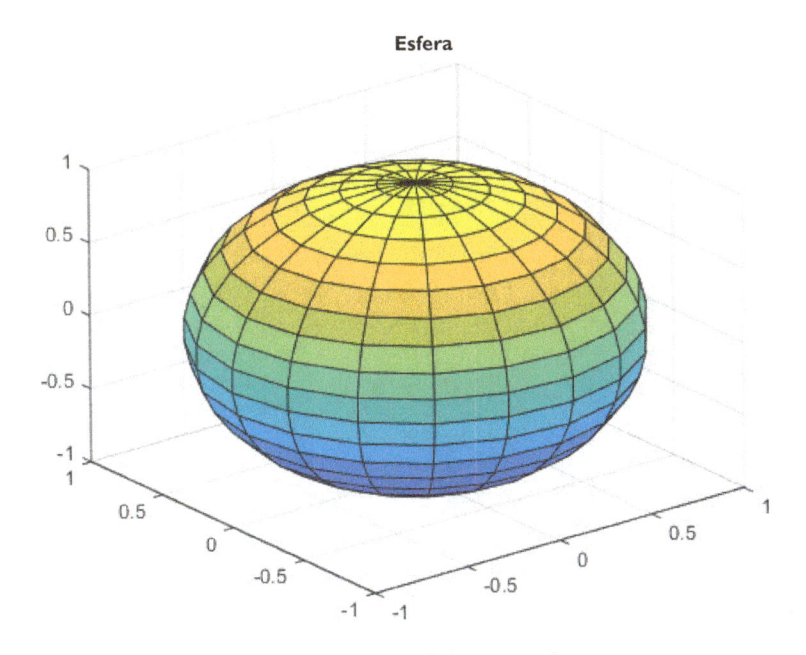

Figura 8.11 Diagrama tridimensional de uma esfera.

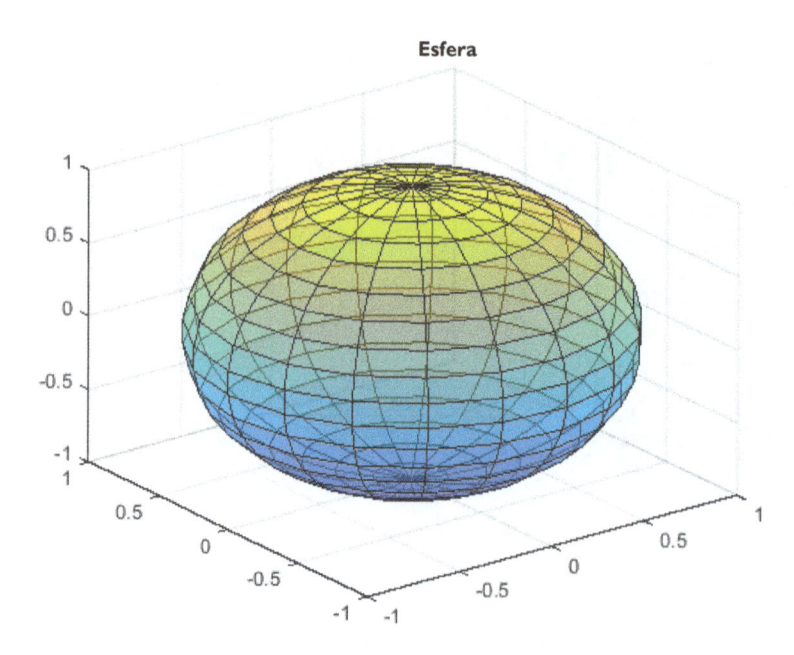

**Figura 8.12** Uma esfera parcialmente transparente, criada com um valor alfa de 0,5.

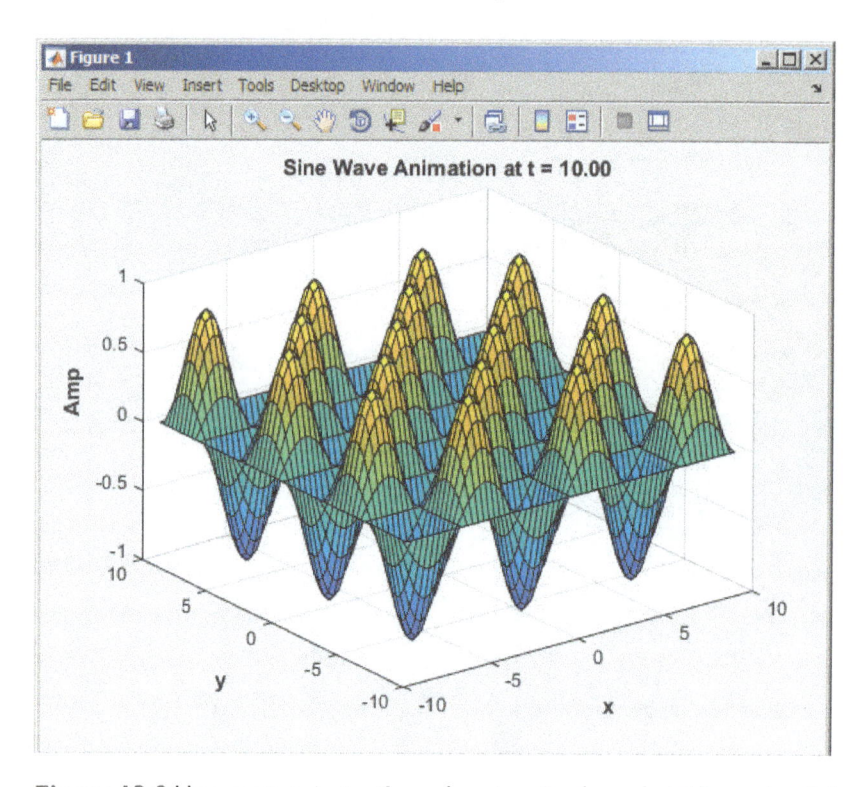

**Figura 13.8** Uma captura instantânea da animação de onda tridimensional do seno.